U0190511

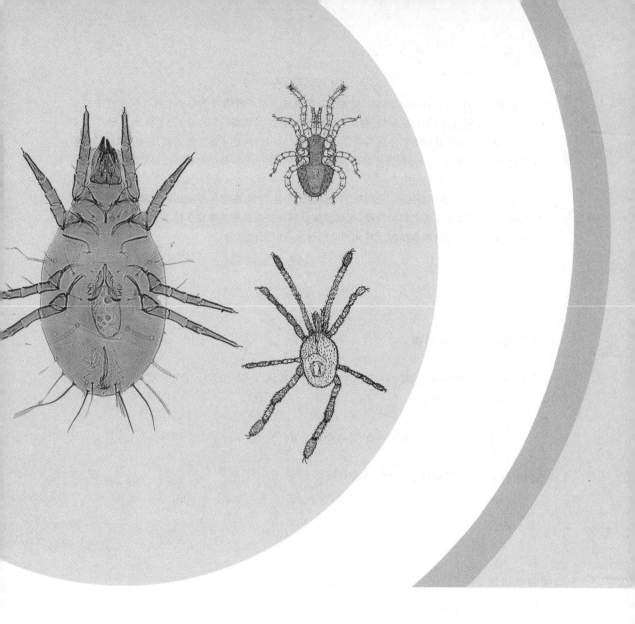

Domestic Mites in China
中国家栖螨类

叶向光　主编

中国科学技术大学出版社

内 容 简 介

全书共八章,含插图400余幅。本书较为系统地介绍了蜱螨亚纲中孳生在居民家庭中的螨类。概述了蜱螨亚纲的分类、研究现状与发展趋势;介绍了螨类的形态特征、生物学、生态学和主要类群,螨类的为害及螨类与疾病的关系;并针对家螨习性阐述了螨类的防制,包括环境防制、物理防制、化学防制、生物防制、遗传防制、法规防制等。因此,本书对于家螨防制及由其引起疾病的预防可以起到积极的作用。

本书适用于从事预防医学、流行病学、临床医学、生物学、农学等专业的高校师生在研究螨类学习时参考,也适用于海关检验检疫、疾病预防控制和虫媒病防治等专业技术人员在工作中学习参考,更适用于城乡居民在防制家螨和预防螨性疾病时阅读参考。

图书在版编目(CIP)数据

中国家栖螨类/叶向光主编. —合肥:中国科学技术大学出版社,2023.8
ISBN 978-7-312-05676-5

Ⅰ.中… Ⅱ.叶… Ⅲ.螨类—介绍—中国 Ⅳ.S852.74

中国国家版本馆CIP数据核字(2023)第105144号

中国家栖螨类
ZHONGGUO JIAQI MAN LEI

出版	中国科学技术大学出版社
	安徽省合肥市金寨路96号,230026
	http://press.ustc.edu.cn
	https://zgkxjsdxcbs.tmall.com
印刷	合肥华苑印刷包装有限公司
发行	中国科学技术大学出版社
开本	787 mm×1092 mm 1/16
印张	30.5
插页	4
字数	768千
版次	2023年8月第1版
印次	2023年8月第1次印刷
定价	148.00元

编 委 会

前　言

　　蜱螨(tick & mite)是隶属节肢动物门(Arthropoda)、蛛形纲(Arachnida)、蜱螨亚纲(Acari)的一类小型节肢动物,种类繁多,分布广泛,遍布世界各地,凡有人生活的地方几乎都有蜱螨孳生。城乡居民居家环境中栖息的螨类种类颇多,包括粉螨、革螨、辐螨和甲螨等。它们广泛地孳生在粮食、干果、沙发、衣物、家具、家用电器、宠物窝巢、人体皮屑和有机粉尘中,污染家居环境、为害储藏物,并能引起人畜多种疾病,这些孳生在居民家中营自由生活的螨类称为家栖螨类(domestic mites)。

　　近年来,随着人们生活水平的日益提高,屋宇生态系统越来越适应家栖螨类的栖息,居室螨类的虫口密度呈不断上升的趋势,由于社会节奏的加快,人们交往频繁,货物运输等为螨类扩散提供了便利。有些家栖螨类可通过叮刺、吸血和传播病原生物危害人类健康,如柏氏禽刺螨(*Ornithonyssus bacoti* Hirs,1913)叮刺吸血可造成局部皮肤损害,并能传播汉坦病毒(Hantaan virus)引起肾综合征出血热(hemorrhagic fever with renal syndrome)。有些家栖螨皮蜕、粪粒和螨体分解产物等都是螨源性过敏原,可引起人体过敏,如屋尘螨(*Dermatophagoides pteronyssinus* Trouessart,1897)的排泄物、代谢产物、尸体都是很强的过敏原,可以引起人过敏性皮炎(allergic dermatitis)、过敏性鼻炎(allergic rhinitis)以及过敏性哮喘(allergic asthma)等。为有效防止家栖螨类的异地传播,科学预警螨媒性疾病的发生、发展和流行,海关卫生检疫部门高度重视蜱螨的监测工作,已把蜱螨作为病媒生物重点监测对象。为普及蜱螨的专业知识,以及为海关蜱螨检验检疫人才培养提供帮助和提高城乡居民的制螨防病意识,我们组织编写了本书,供海关检验检疫人员在工作中学习参考,并供城乡居民在家栖螨类防制和螨性过敏预防时阅读参考,帮助他们提升专业知识。

　　全书共八章,含插图400余幅,简明扼要地介绍了中国家栖螨类及其危害。第一章"概述",简述了家栖螨类的分类和研究现状与发展趋势;第二章"形态特征",概要介绍了粉螨、革螨、辐螨和甲螨等家栖螨类的一般特征;第三章"生物学",叙述了家栖螨类的生活史、繁殖、生境、生理和遗传等;第四章"生态学",阐述了现代屋宇生态系统和家栖螨类的个体生态学、种群生态学、群落生态学和分子生态学;第五章"主要类群",主要介绍了粉螨亚目、革螨亚目、辐螨亚目和甲螨亚目中的常见种类;第六章"为害",介绍了家栖螨类对贮藏食物的为害和对室内环境的污染;第七章"与疾病的关系",归纳了家栖螨类引起的过敏性疾病和对人体的非特异侵染;第八章"防制",介绍了家栖螨类的防制原则和防制措施。

本书在编写过程中,作者主要参考了《蜱螨学》(李隆术、李云瑞编著)、《蜱螨与人类疾病》(孟阳春、李朝品、梁国光主编)、《中国仓储螨类》(陆联高编著)、《医学蜱螨学》(李朝品主编)、《医学节肢动物学》(李朝品主编)、《中国粉螨概论》(李朝品、沈兆鹏主编)和 *The Mites of Stored Food and Houses*(Hughes A. M. 编)等专著和论文,在此一并表示衷心的感谢。

本书在编写之前,编委会征求了同行教授、专家和学者的意见,得到了他们的关心、支持和帮助,他们对本书的编写提出了许多宝贵的意见和建议,在此表示衷心感谢。为统一全书风格,提高编写质量,先后在合肥海关安徽国际旅行卫生保健中心召开了两次编写会议。来自吉林大学、南昌大学、哈尔滨医科大学、山东农业大学、安徽师范大学、淮北师范大学、皖南医学院、济宁医学院、齐齐哈尔医学院、南京海关和合肥海关等单位的学者参加了会议。各与会学者集思广益,对本书编写提纲提出了诸多建设性意见,最终确定了编写内容,并落实了各编者的职责和义务。同时全体编者共同约定,编写内容均标明作者,各作者对自己编写的内容负责。

本书插图第一章、第二章、第三章和第五章的第一节由湛孝东仿绘,其余的由各部分作者提供。书末的彩图由王赛寒摘引自有关专家(李朝品、宋昌明、叶向光)的著作,全书插图均由王赛寒负责审校。此外王赛寒同志还兼任了本书的编写秘书,为本书的编写做了许多具体的工作,在此深表感谢。

本书是编者和审者同心协力、辛勤劳动的结晶。尽管大家竭尽全力,力求不出错误,但限于编者水平、各自的学术观点、资料取舍等原因,该书疏漏之处在所难免,尚祈同行专家及广大读者不吝赐教,以便再版时修订。

叶向光

2022年6月于合肥

目　　录

第一章 概 述

　　家栖螨类(domestic mites)是指那些孳生在居室内和储藏物中的螨类,包括粉螨、革螨、辐螨和甲螨,种类很多,形态各异,栖息环境多样,但体躯结构大致相同(图1.1)。它们广泛分布于人居环境中,有的种类以储藏物和有机碎屑为食,有的孳生在人们豢养的犬、猫等动物窝巢中,有的孳生在鼠形动物等小动物身上。家栖螨类与人类的生活、健康、经济等各方面都有着密切的关系,它们可通过叮刺、吸血、寄生、传病以及引起变态反应等危害人体健康。例如:柏氏禽刺螨(*Ornithonyssus bacoti* Hirs,1913)(图1.2)叮刺吸血可造成局部皮肤损害,并能传播汉坦病毒(Hantaan virus)引起肾综合征出血热(hemorrhagic fever with renal syndrome);人疥螨(*Sarcoptes scabiei hominis* Hering,1834)(图1.3)寄生于人体皮肤表皮层内引起疥疮(scabies);屋尘螨(*Dermatophagoides pteronyssinus* Trouessart,1897)(图1.4)的排泄物、代谢产物、尸体裂解物都是很强的过敏原,可以引起人的过敏疾病,如过敏性皮炎(allergic dermatitis)、过敏性鼻炎(allergic rhinitis)以及过敏性哮喘(allergic asthma)等。家栖螨类在世界各地的房舍中普遍存在,尤以粉螨最为常见,广泛孳生于空调、地毯、沙发、枕头、被褥、床垫、椅垫等处,特别是厨房和储藏室中孳生种类较多,密度也较高。如食物充足、温湿适宜,家栖螨类可孳生于室内任何地方。由于它们体型微小,一般用肉眼很难发现,长期以来未能引起人们的足够重视。

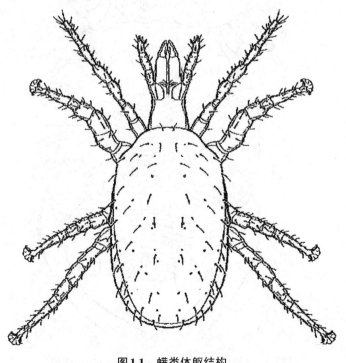

图1.1　螨类体躯结构

(仿Krantz)

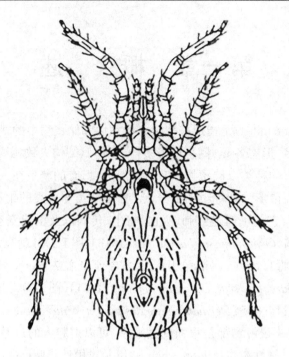

图1.2　柏氏禽刺螨(*Ornithonyssus bacoti*)♀腹面

（仿Hirs）

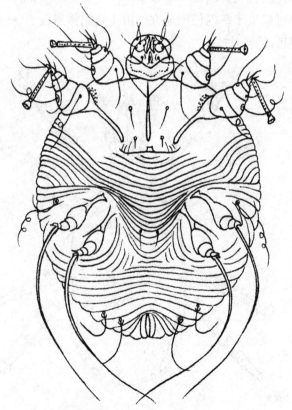

图1.3　人疥螨(*Sarcoptes scabiei hominis*)♀腹面

（仿Hering）

图 1.4　屋尘螨(*Dermatophagoides pteronyssinus*)♀腹面

(仿温廷桓)

第一节　分　　类

　　蜱螨亚纲(Acari)的分类尚不完善,迄今蜱螨的分类大多以成螨(少数以幼螨或若螨)的外部形态特征为物种的鉴定依据,目阶元分类系统和名称目前尚未统一,科、属阶元上存在的分歧就更多了。

一、蜱螨分类的历史沿革

　　研究蜱螨分类的学者众多,历史上 Baker 等(1958)、Hughes(1976)、Krantz(1978)和 Evans(1992)的分类系统对蜱螨分类曾产生过重要影响。

　　Baker等(1958)将所有的蜱螨划归为蜱螨目(Acarina),下设5个亚目:爪须亚目(Ony-chopalpida)、中气门亚目(Mesostigmata)、蜱亚目(Ixodides)、绒螨亚目(Trombidiformes)和疥螨亚目(Sarcoptiformes)。疥螨亚目(Sarcoptiformes)又分成甲螨总股(Oribatei)和粉螨总股(Acaridides)。

　　Hughes(1948)在 *The Mites Associated with Stored Food Products*(《贮藏农产品中的螨类》)一书中将螨类分为疥螨亚目(Sarcoptiformes)、恙螨亚目(Trombidiformes)和寄螨亚目(Parasitiformes)。Hughes(1961)在 *The Mites of Stored Food*(《贮藏食物的螨类》)一书中将粉螨总股内设5个总科:虱螯螨总科(Pediculocheloidea)、鳌螨总科(Listrophoroidea)、尤因螨总科(Ewingoidea)、食菌螨总科(Anoetoidea)和粉螨总科(Acaroidea)。在这个分类系统中,前4个总科均只有1个科,即虱螯螨科(Pediculochelidae)、鳌螨科(Listrophoridae)、尤因螨科(Ewingidae)、食菌螨科(Anoetidae)。而粉螨总科下设13个科,其中除粉螨科(Acaridae)和表皮螨科(Epidermoptidae)外,其余的均为寄生性,宿主为哺乳类、鸟类和昆虫。Hughes(1976)在 *The Mites of Stored Food and Houses*(《贮藏食物与房舍的螨类》)一书中将原属粉螨总股的类群提升为无气门目(Astigmata),或称粉螨目(Acaridida)。在该目下设粉螨科(Acaridea)、食甜螨科(Glycyphagidae)、果螨科(Carpoglyphidae)、嗜渣螨科(Chortoglyphidae)、麦食螨科(Pyroglyphidae)和薄口螨科(Histiostomidae)。此外他还对1961年提出的粉螨总科的分类意见做了很大的修正,即将原来的食甜螨亚科提升为食甜螨科,将原属于食甜螨亚科的嗜渣螨属和果螨属分别提升为嗜渣螨科和果螨科,把原属食甜螨亚科脊足螨属(Gohieria)的棕脊足螨(*G. fusca*)列为食甜螨科的钳爪螨亚科,把原来属于表皮螨科的螨类归类为麦食螨科。

　　Krantz(1970)将蜱螨目提升为亚纲,得到全世界蜱螨学家的公认。他将蜱螨亚纲下设3个目、7个亚目、69个总科,其中的无气门亚目(Acaridida)又分为粉螨总股(Acaridides)和瘙螨总股(Psoroptides);粉螨总股下设3个总科,分别为粉螨总科(Acaroidea)、食菌螨总科(Anoetoidea)和寄甲螨总科(Canestrinioidea)。Krantz(1978)又将蜱螨亚纲(Acari)分为2个目、7个亚目,即寄螨目(Parasitiformes)和真螨目(Acariformes),其中寄螨目包括4个亚目:节腹螨亚目(Opilioacarida)、巨螨亚目(Holothyrida)、革螨亚目(Gamasida)和蜱亚目(Ixodida);真螨目(Acariformes)包括3个亚目:辐螨亚目(Actinedida)、粉螨亚目(Acaridida)和甲螨亚目(Oribatida)。Krantz和Walter(2009)把蜱螨亚纲重新分为2个总目(下设125个总科,540个科),即寄螨总目(Parasitiformes)和真螨总目(Acariformes),其中寄螨总目包括4个目:节腹螨目(Opilioacarida)、巨螨目(Holothyrida)、蜱目(Ixodida)和中气门目(Mesostigmata);真螨总目包括2个目:绒螨目(Trombidiformes)和疥螨目(Sarcoptiformes)。以前的粉螨亚目(Acaridida)被降格为甲螨总股(Desmonomatides或Desmonomata)下的无气门股(Astigmatina)。该无气门股下分10个总科,76个科,包括2个主要类群:粉螨(Acaridia)和瘙螨(Psoroptidia)。

　　Evans(1992)沿用Krantz蜱螨亚纲的概念,在该亚纲下设3个总目,7个目:节腹螨总目(Opilioacariformes)、寄螨总目(Parasitiformes)和真螨总目(Acariformes),其中真螨总目下设绒螨目(Trombidiformes)、蜱螨目(Acaridida)和甲螨目(Oribatida)。鉴于目前蜱螨尚无统一的分类系统,为便于普及家栖螨知识,编者参考Krantz(1978)的分类系统列出家栖螨类常见亚目检索表(表1.1)。

表1.1 家栖螨类常见亚目检索表

1. 足Ⅰ、Ⅱ胫节末端的背部有1条长鞭状感棒,长度超出该节的末端(除薄口螨科Histiostomidae外)…… ·· 2

无鞭状感棒 ·· 3

2. 表皮充分骨化,在前足体背面后缘有1对明显的假气门器··················甲螨亚目(Oribatida)

3. 表皮稍骨化,体柔软,无明显假气门器,无气门 ······················粉螨亚目(Acaridida)

具胸叉和气门沟,气门易见 ·· 4

4. 常位于躯体两侧并与管状的气门沟相通·······················革螨亚目(Gamasida)

气门不易见,常位于颚体上或颚体基部,有时与气门沟相通 ···············辐螨亚目(Actinedida)

为了解不同蜱螨分类学家的分类见解,特将Evans(1992)和Krantz et Walter(2009)分类系统作简要对比(表1.2)。

表1.2 蜱螨亚纲的2个分类系统比较

Evans(1992)	Krantz et Walter(2009)
蜱螨亚纲Acari	蜱螨亚纲Acari
非辐几丁质总目(暗毛类)Anactinotrichida	寄螨总目Parasitiformes
背气门目Notostigmata	节腹螨目Opilioacarida
巨螨目Hologhyrida	巨螨目Holothyrida
中气门目Mesostigmata	中气门目Mesostigmata
蜱目Ixodida	蜱目Ixodida
辐几丁质总目(亮毛类)Actinotrichida	真螨总目Acariformes
前气门目Prostigmata	绒螨目Trombidiformes
无气门目Astigmata	疥螨目Sarcoptiformes
甲螨目Oribatida	

蜱螨每年都有新种新属不断发现,分类研究仍处于"百家争鸣"的状态。各个学者因采用的标本和研究方法不同,研究结论也不尽相同。随着研究工作的不断深入,同一学者的分类结论也会不断修正。

二、本书采用的分类体系

本书有关螨类的分类,综合了国内外蜱螨研究的成果,借鉴了Evans等(1961)、Hughes(1976)的无气门目分类系统和Krantz(1978)蜱螨亚纲(Acari)的分类系统,仍沿用Krantz(1978)将蜱螨亚纲(Acari)分为2个目7个亚目,即寄螨目(Parasitiformes)和真螨目(Acariformes),其中寄螨目包括4个亚目:节腹螨亚目(Opilioacarida)、巨螨亚目(Holothyrida)、革螨亚目(Gamasida)和蜱亚目(Ixodida);真螨目(Acariformes)包括3个亚目:辐螨亚目(Actinedida)、蜱螨亚目(Acaridida)和甲螨亚目(Oribatida)的分类系统。

第二节 研究现状与发展趋势

纵观我国对蜱螨学的研究进程,20世纪30年代,冯兰洲和钟惠澜两位教授就进行了回归热螺旋体感染非洲钝缘蜱的实验研究;50~60年代,我国学者相继开展了蜱螨媒性疾病的研究,研究范围从分类和区系调查到生活史研究、季节消长、与宿主的关系等,以及对所传疾病的流行病学调查,积累了丰富的基础资料;1963年首届全国蜱螨学术讨论会在长春召开,为我国蜱螨学研究指明了方向;70年代,随着医学蜱螨学研究不断深入,对蠕形螨和尘螨的形态、生态、致病性、诊断、治疗和流行病学进行了广泛的研究;80年代以来,我国蜱螨学专著陆续出版,如李隆术等(1988)的《蜱螨学》、忻介六(1989)的《应用蜱螨学》、邓国藩等(1989)的《中国蜱螨概要》等(表1.3),对于蜱螨学的人才培养和科学研究等发挥了积极的作用;90年代以后,对医学蜱螨学的研究更加深入、领域更为广泛,如蜱、螨细胞的培养,蜱类和革螨的染色体核型、分带及其系统演化,同工酶技术应用于蜱螨分类研究,蜱螨基因组的提取及其cDNA文库的建立,蜱类基因组多态性DNA的研究,恙虫立克次体在恙螨体内的基因序列的扩增、鉴定及克隆的研究等。在2005年"第八届蜱螨学学术讨论会"上,颁发了"首届中国蜱螨学贡献奖"。2018年我国学者刘敬泽在"第十五届国际蜱螨学大会"当选国际蜱螨学大会执行理事,为我国蜱螨学界赢得了荣誉。总之,我国医学蜱螨学研究正在与其他相关学科紧密结合、共同发展,也必将为人类的健康事业做出更大的贡献。

表1.3 中国重要的蜱螨学专著和译著

出版时间	作者和译者	书名	出版社
1966年1月	忻介六、徐荫祺	蜱螨学进展1965	上海科学技术出版社
1975年7月	译者未署名	蜱螨分科手册	上海人民出版社
1978年8月	邓国藩	中国经济昆虫志(第15册)蜱螨亚纲蜱总科	科学出版社
1980年3月	潘综文、邓国藩	中国经济昆虫志(第17册)蜱螨亚纲革螨总科	科学出版社
1981年11月	王慧芙	中国经济昆虫志(第23册)蜱螨亚纲叶螨总科	科学出版社
1983年2月	忻介六、沈兆鹏(译)	储藏食物与房舍的螨类	农业出版社
1983年3月	陈国仕	蜱类与疾病概论	人民卫生出版社
1984年3月	忻介六	蜱螨学纲要	高等教育出版社
1984年11月	江西大学	中国农业螨类	上海科学技术出版社
1986年5月	匡海源	农螨学	农业出版社
1984年12月	温廷恒	中国沙螨	学林出版社
1988年11月	李隆术、李云瑞	蜱螨学	重庆出版社
1988年12月	忻介六	农业螨类学	农业出版社
1989年2月	忻介六	应用蜱螨学	复旦大学出版社
1989年6月	邓国藩、王慧芙等	中国蜱螨概要	科学出版社

续表

出版时间	作者和译者	书名	出版社
1991年5月	邓国藩、姜在阶	中国经济昆虫志(第39册)蜱螨亚纲硬蜱科	科学出版社
1993年12月	邓国藩等	中国经济昆虫志(第40册)蜱螨亚纲皮刺螨总科	科学出版社
1995年6月	匡海源	中国经济昆虫志(第44册)蜱螨亚纲瘿螨总科(一)	科学出版社
1995年6月	孟阳春、李朝品、梁国光	蜱螨与人类疾病*	中国科学技术大学出版社
1995年10月	洪晓月、张智强	*The Eriophyoid Mites of China*	Associated Publishers, USA
1996年2月	梁来荣、钟江等(译)	生物防治中的螨类:图标检索手册	复旦大学出版社
1996年4月	李朝品、武前文	房舍和储藏物粉螨*	中国科学技术大学出版社
1997年2月	金道超	水螨分类理论和中国区系初志	贵州科学技术出版社
1997年4月	于心、叶瑞玉、龚正达	新疆蜱类志*	新疆科技卫生出版社
1997年5月	张智强、梁来荣	农业螨类图解检索	同济大学出版社
1997年5月	吴伟南等	中国经济昆虫志(第53册)蜱螨亚纲植绥螨科	科学出版社
1997年12月	黎家灿	中国恙螨:恙虫病媒介和病原体研究	广东科技出版社
1998年	忻介六等	捕食螨的生物学及其在生物防治中的作用	SAAS, UK
2002年	林坚贞、张智强	*Tarsonemidae of the World*	SAAS, UK
2005年1月	匡海源等	中国瘿螨志(二)	中国林业出版社
2006年9月	李朝品	医学蜱螨学	人民军医出版社
2009年4月	吴伟南	中国动物志(无脊椎动物第47卷)植绥螨科	科学出版社
2010年6月	张智强、洪晓月、范青海	*Xin Jie-Liu Centenary: Progress in Chinese Acarology*	Magnolia Press, New Zealand
2012年2月	洪晓月	农业螨类学*	中国农业出版社
2013年8月	刘敬泽、杨晓军	蜱类学*	中国林业出版社
2016年6月	李朝品、沈兆鹏	中国粉螨概论*	科学出版社
2018年6月	李朝品、沈兆鹏	房舍和储藏物粉螨*(第2版)	科学出版社
2020年6月	叶向光	常见医学蜱螨图谱*	科学出版社
2020年11月	李朝品、叶向光	粉螨与过敏性疾病*	中国科学技术大学出版社
2021年1月	陈泽、杨晓军	蜱的系统分类学*	科学出版社
2023年2月	叶向光	粉螨常见种类识别与防制	中国科学技术大学出版社

引自:洪晓月.2012.《农业螨类学》.*作者增补

家栖螨类孳生在房舍和储藏物中,营自生生活或寄生生活,对社会经济发展和人类健康危害很大。为此,在医学蜱螨学研究中家栖螨类的综合防制也是一项值得关注的工作。近年来,有关家栖螨类的研究已摆上蜱螨研究者的日程,如家栖螨类分类与防制,家栖螨类与过敏性疾病的关系,除螨技术与环境治理等都还存在着一些值得深入研究的问题。

一、科普宣传

关于家栖螨类,大多数人至今对其孳生环境及其对人类的危害尚不了解。因此做好科普宣传,使城乡居民了解家栖螨类的危害性及其传播途径,提高人们防制家栖螨类和预防家栖螨类过敏的认知,对蜱螨工作者来说任重道远。

二、人才培养和学科队伍建设

人才是学科发展之本。但遗憾的是,由于受到不同行业经济发展不平衡等诸多因素的影响,导致从事基础研究的优秀人才数量日趋下降,尤其是从事家栖螨类研究的人员数量有明显缩减的趋势,有的单位甚至出现了人才断层现象。2013年11月,在重庆西南大学召开的"第十届全国蜱螨学术讨论会"上,代表们普遍认为学科队伍的不稳定已导致蜱螨学研究整体进展缓慢。因此,培养蜱螨学研究的专业人才和保持学科队伍稳定已成为当务之急。相关教学和科研单位、学术团体应以保护现有人才资源为基点,重视蜱螨学研究的科技人才队伍建设,通过院校教育、举办培训班、召开蜱螨学学术会议和出版教材与专著等多种形式培养人才,不断创新人才培养模式,壮大蜱螨学研究专业技术队伍。同时,也要加强国内外的合作与交流,不断提高蜱螨学研究人员的能力和素质。

三、分类与区系调查研究

我国蜱螨分类研究仅有六七十年的历史,但成绩卓著。由于蜱螨种类繁多、形态各异、生境多样等原因,导致目前蜱螨分类系统仍不完善。例如,目一级的分类各学者使用的系统和术语尚不统一,科一级的分类系统更是混乱。就粉螨科而言,据国际权威 O'Connor(1982)的总结,其包括79属,其中15属仅有成螨描述,37属仅有若螨描述,仅有15属成螨和若螨均有描述,另有7属无法辨别。至于粉螨的种名问题则更多,如腐食酪螨(*Tyrophagus putrescentiae*),又称为卡氏长螨,其拉丁文学名出现多个,有 *Tyrophagus castellanii*、*Tyrophagus noxius*、*Tyrophagus brauni* 等。由此看来,尽管 Hughes(1976)、O'Connor(1982)和我国学者沈兆鹏(1984)、王孝祖(1989)、李朝品(1996)等对粉螨分类已有较为系统的研究,且《英汉蜱螨学词汇》的问世使蜱螨的科学术语和名称取得了初步统一,但新的螨种、属,甚至是科在不断地被发现,这些发现也在不断挑战着现在的科、属概念。

随着分子生物学新技术的快速发展,线粒体DNA序列、核糖体DNA序列、电镜、比较形态学、同工酶、染色体分类、形态支序分析等被广泛地应用于蜱螨的分类、鉴定以及系统发生分析研究,分子标记技术已成为蜱螨分类研究的重要手段之一。然而这些新方法都是在经典形态学分类的基础上发展起来的,无论哪种新方法都不可能替代经典形态学的分类方法。

随着国内外蜱螨分类的研究进展,蜱螨每年都有新种报道,蜱螨实际存在的物种数远远超出了现在已确认的数量。

对于动物分类与区系调查研究来说,标本采集、制作和保存非常重要。就蜱螨标本而言,大量的标本散落在全国各地高等院校和研究机构的专业人员手中,使之存放分散,缺乏系统性,或因收集不全、保管不善,造成遗失的情况。因此,在国家专门研究机构中建立国家级标本馆集中保管这些标本就显得非常重要。此外,在我国许多地区,特别是一些偏远地区,尚未开展家栖螨类种类的调查研究,亟待不同地区的家栖螨类研究者合作开展研究工作,将家栖螨类研究工作仍是空白的地区加以拓展。

四、生物学和生态学研究

目前,有关蜱螨的生物学和生态学研究已形成多学科相互支撑、协同发展的态势,如生态学已形成了分子生态学、遗传生态学、进化生态学、行为生态学、化学生态学、景观生态学和全球生态学等。蜱螨的研究范围同时向宏观和微观展开,形成分子—细胞—组织—器官—个体—群落—生态系统等多个层面。随着知识的更新、新技术和新方法的推广应用,如光学技术、化学分析技术、同位素分析技术、分子系统学技术、生物遗传学技术和新型生态模型等,蜱螨生物学和生态学研究必将取得更加辉煌的成就。

五、家栖螨类的防制研究

家栖螨类呈世界性分布,不仅污染和为害储藏物,而且也可危害人体健康。目前防制家栖螨类的主要措施一般包括环境防制、物理防制、化学防制、生物防制、遗传防制和法规防制。但由于家栖螨类孳生环境的特殊性,防制家栖螨类不宜使用农药,如有机氯、有机磷、氨基甲酸酯类和拟除虫菊酯类农药,避免农药对环境造成污染。因为此类农药不仅对人具有神经毒性、遗传毒性和致癌作用,还可在人体脂肪和肝脏中积累,诱发肝酶改变,侵犯肾脏,引起中毒,影响人正常的生理活动,甚至死亡;而且可诱发突变,导致畸胎、影响后代健康和缩短寿命等严重后果。又因家栖螨类的卵和休眠体对这些农药已经产生耐药性,因此防制家栖螨类必须采取综合性防制措施。目前生物防制中"以螨治螨"正蓬勃兴起,且方兴未艾,如利用肉食螨防制某些家栖害螨日趋受到人们的重视。

六、螨性疾病的防制研究

家栖螨类与屋宇生态密切关联。螨体小而轻,可通过不同途径引起人体过敏和非特异侵染人体,甚至引起螨媒性疾病。关于与家栖螨类有关疾病的防制,目前研究较多的是过敏性疾病,其中有关"疫苗"的研究是目前研究的热点,尤其是肽疫苗和基因工程疫苗的研究近年来备受人们重视。

综上所述,21世纪充满机遇和挑战,我国家栖螨类研究应重视专业技术人才队伍建设;注重应用分子系统学、生物地理学、生态与环境学、分子遗传学的新知识、新技术和新方法,努力研究螨媒性疾病、螨源性疾病及其螨类的综合防制等有关科学问题,尤其要加强害螨控制和益螨利用研究,从宏观和微观上全面提高研究水平,在"创新驱动"发展战略的指引下,把握机遇,迎接挑战,面向未来,取得更加辉煌的成就。

(叶向光)

参 考 文 献

马恩沛,沈兆鹏,陈熙雯,等,1984.中国农业螨类[M].上海:上海科学技术出版社.

邓国藩,王敦清,顾以铭,等,1993.中国经济昆虫志:第40册·蜱螨亚纲·皮刺螨总科[M].北京:科学出版社.

江斌,吴胜会,林琳,等,2012.畜禽寄生虫病诊治图谱[M].福建:福建科学技术出版社.

李生吉,赵金红,湛孝东,等,2008.高校图书馆孳生螨类的初步调查[J].图书馆学刊,3(28):67-72.

李祥瑞,2011.动物寄生虫病彩色图谱[M].2版.北京:中国农业出版社.

李隆术,李云瑞,1988.蜱螨学[M].重庆:重庆出版社.

李朝品,沈兆鹏,2016.中国粉螨概论[M].北京:科学出版社.

李朝品,姜玉新,刘婷,等,2013.伯氏嗜木螨各发育阶段的外部形态扫描电镜观察[J].昆虫学报,56(2):212-218.

李朝品,程彦斌,2018.人体寄生虫学实验指导[M].3版.北京:人民卫生出版社.

李朝品,2006.医学蜱螨学[M].北京:人民军医出版社.

李朝品,2009.医学节肢动物学[M].北京:人民卫生出版社.

邱汉辉,1983.家畜寄生虫图谱[M].江苏:江苏科学技术出版社.

何琦琛,王振澜,吴金村,等,1998.六种木材对美洲室尘螨的抑制力探讨[J].中华昆虫,18:247-257.

汪诚信,2002.有害生物防制(PCO)手册[M].武汉:武汉出版社.

忻介六,1984.蜱螨学纲要[M].北京:高等教育出版社.

忻介六,1988.农业螨类学[M].北京:农业出版社.

张本华,甘运兴,1958.常见医学昆虫图谱[M].北京:人民卫生出版社.

张智强,梁来荣,洪晓月,等,1997.农业螨类图解检索[M].上海:同济大学出版社.

陆宝麟,吴厚永,2003.中国重要医学昆虫分类与鉴别·中国重要蜱类的分类与鉴别[M].郑州:河南科技出版社.

陆宝麟,1982.中国主要医学动物鉴定手册[M].北京:人民卫生出版社.

陈文华,刘玉章,何琦琛,等,2002.长毛根螨(*Rhizoglyphus setosus* Manson)在台湾危害洋葱之新记录[J].植物保护学会会刊,44:249-253.

周淑君,周佳,向俊,等,2005.上海市场新床席螨类污染情况调查[J].中国寄生虫病防治杂志,18(4):254.

孟阳春,李朝品,梁国光,1995.蜱螨与人类疾病[M].合肥:中国科学技术大学出版社.

赵辉元,1996.畜禽寄生虫与防制学[M].长春:吉林科学技术出版社.

洪晓月,2012.农业螨类学[M].北京:中国农业出版社.

郭天宇,许荣满,2017.中国境外重要病媒生物[M].天津:天津科学技术出版社.

谢禾秀,刘素兰,徐业华,等,1982.蠕形螨的分类和一新亚种[J].动物分类学报,7(3):265-269.

黎家灿,1997.中国恙螨:恙虫病媒介和病原研究[M].广州:广东科技出版社.

潘錝文,邓国藩,1980.中国经济昆虫志:第17册·蜱螨目·革螨股[M].北京:科学出版社.

Baker E W, Camin J H, Cunliffe F, et al., 1975.蜱螨分科检索[M].上海:上海人民出版社.

Akdis C A, Akdis M, Bieber T, et al., 2006. Diagnosis and treatment of atopic dermatitis in children and adults:european academy of allergology and clinical immunology/american academy of allergy, asthma and Immunology/PRACTALL Consensus Report[J]. Allergy, 61:969-987.

Asher I, Baena-Cagnani C, Boner A, et al., 2004. World allergy organization guidelines for prevention of allergy and allergic asthma[J]. Int Arch Allergy Immunol, 35(1):83-92.

Basta-Juzbasic A, Subic J S, Ljubojevic S, 2002. Demodex folliculorum in development of dermatitis rosaceiformis steroidica and rosacea-related diseases[J]. Clinics in Dermatology, 20(2):135-140.

Bush R K, 2008. Indoor allergens, environmental avoidance, and allergic respiratory disease[J]. Allergy Asthma. Proc, 29(6):575-579.

Chauve C, 1998. The poultry red mite Dermanyssus gallinae (De Geer, 1778): current situation and future prospects for control[J]. Veterinary Parasitology, 79(3):239-245.

Chyi-Chen Ho, Chuan-Song Wu, 2002. Suidasia mite found from the human ear[J]. Formosan Entomol, 22:291-296.

Chyi-Chen Ho, 1993. Two new species and a new record of schwiebiea oudemans from Taiwan (Acari: acaridae)[J]. Internat J Acarol, 19 (1):45-50.

Fox M T, Baker A S, Farquhar R, et al., 2004. First record of ornithonyssus bacoti from a domestic pet in the United Kingdom[J]. The Veterinary Record, 154 (14):437-438.

Gerald D Schmidt, Larry S Robert, John Janovy J R, 2013. Foundations of parasitology[M]. New York: McGraw Hill.

Leung T F, Ko F W, Wong G W, 2012. Roles of pollution in the prevalence and exacerbations of allergic diseases in Asia[J]. J Allergy Clin Immunol, 129(1):42-47.

Li C P, Cui Y B, Wang J, et al., 2003. Acaroid mite, intestinal and urinary acariasis[J]. World J. Gastroenterol., 9(4):874.

Li C P, Cui Y B, Wang J, et al., 2003. Diarrhea and acaroid mites: a clinical study[J]. World J. Gastroenterol., 9(7):1621.

Li C P, Wang J, 2000. Intestinal acariasis in Anhui province[J]. World J. Gasteroentero., 6(4):597.

Li G P, Liu Z G, Zhang N S, et al., 2006. Therapeutic effects of DNA vaccine on allergen-induced allergic airway inflammation in mouse model[J]. Cell Mol Immunol, 3(5):379-384.

Sun T, Yin K, Wu L Y, et al., 2014. A DNA vaccine encoding a chimeric allergen derived from major group 1 allergens of dust mite can be used for specific immunotherapy[J]. Int. J. Clin. Exp. Pathol., 15;7(9):5473-83.

Voorhorst R, Spieksma-Boezeman M I, Spieksma F T, 1964. Is a mite (Dermatophagoides sp.) the producer of the house-dust allergen[J]. Allerg Asthma(Leipz), 10:329-334.

Yang B, Li C, 2016. Characterization of the complete mitochondrial genome of the storage mite pest Tyrophagus longior (Gervais)(Acari: Acaridae) and comparative mitogenomic analysis of four acarid mites [J]. Gene, 1(576):807-819.

Yunker C E, 1955. A proposed calssification of the Acaridae(Acarina, Sarcoptiformes)[J]. Proc. Helminthol. Soc. Washington, 22:98-105.

Zhan X, Li C, Xu H, et al., 2015. Air-conditioner filters enriching dust mites allergen[J]. Int J Clin Exp Med, 8(3):4539-4544.

Zhang Z Q, Hong X Y, Fan Q H, 2010. Xin Jie-Liu centenary: progress in Chinese acarology[J]. Zoosymposia, 4:1-345.

第二章　形态特征

　　家栖螨类是指在"特定环境"中孳生的多个螨类群体,它们都隶属于蛛形纲,都与屋宇生态相关联。蛛形纲的虫体分头胸部和腹部,或头胸腹愈合成躯体,头胸部无触角、足4对。该纲可分为11个亚纲,其中蛛形亚纲(Araneae)和蜱螨亚纲(Acari)在经济、医学上较为重要。蛛形亚纲的特征为头胸部和腹部分开,两者由细柄相连接,足长在头胸部,口器着生在头胸部前方。蜱螨亚纲的特征为头胸腹合一,虫体分颚体和躯体两部分,足体和末体合成袋状躯体,躯体不分节或分节不明显,足着生在足体上,口器着生在颚体中;一般幼螨有足3对,成螨有足4对(图2.1)。螨与蜱的形态区别见表2.1。

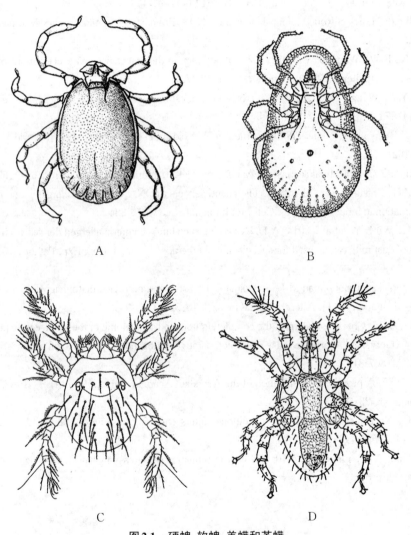

A

B

C

D

图2.1　硬蜱、软蜱、恙螨和革螨
A.硬蜱(背面);B.软蜱(腹面);C.恙螨幼虫(背面);D.革螨(腹面)
(A仿于心;B、C仿徐岁南,甘运兴;D仿Hirst)

表 2.1 螨与蜱形态区别

	蜱	螨
体形	一般较大,肉眼可见	一般较小,通常用显微镜观察
体壁	厚,呈革质状	薄,多呈膜状
体毛	毛少而短	多数全身遍布长毛
口下板	显露,有齿	隐入,无齿,或无口下板(营自生生活螨类有齿)
须肢	分节明显	分节不明显,有的螨几乎不分节
螯肢	角质化	发育不充分,多呈叶状或杆状
气门	后气门在足Ⅲ或足Ⅳ基节附近	有前气门、中气门或无气门等
气门沟	缺如	常有

第一节　外部形态

螨类体躯可分为颚体(gnathosoma)和躯体(idiosoma),躯体又可分为着生4对足的足体和足后面的末体两部分。足体又可分为前足体(Ⅰ、Ⅱ对足的部分)和后足体(Ⅲ、Ⅳ对足的部分)。也可把整个螨体分为前后两部分,前者称为前半体,后者称为后半体。前半体包括颚体和前足体,后半体包括后足体和末体(图2.2)。螨类雌性个体一般大于雄性个体,成螨与若螨一般有足4对,而幼虫仅有足3对。

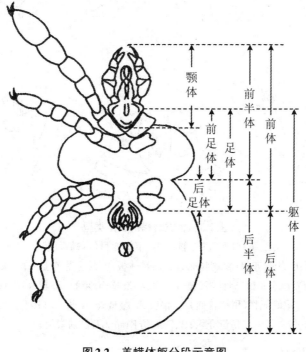

图2.2 恙螨体躯分段示意图

(仿陈心陶)

表2.2　粉螨体躯区分名称表

口器区	足Ⅰ、Ⅱ区	足Ⅲ、Ⅳ区	足后区
颚体 （gnathosoma）	躯体（idiosoma）		末体 （opisthosoma）
	前足体（propodosoma）	后足体（metapodosoma）	
	足体（podosoma）		
	前体（prosoma）		
	前半体（proterosoma）	后半体（hysterosoma）	

一、颚体

　　颚体由颚盖（gnathotectum）、口下板（hypostome）、螯肢（chelicera）和须肢（palp）等组成（图2.3）。多数螨的颚体位于躯体前端，少数螨（如革螨亚目尾足螨股和隐喙螨科的螨类）的颚体则位于躯体前端的颚基窝内。由于螨类脑不在颚体内而在其后方的躯体内，因此螨类的颚体与昆虫的头意义不同。

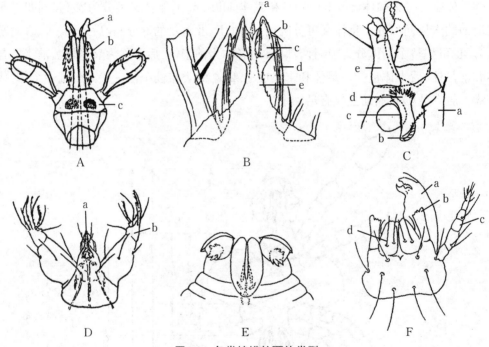

图2.3　各类蜱螨的颚体类型

A. 蜱亚目（硬蜱背面）:a. 螯肢;b. 口下板;c. 颚基。B. 革螨亚目（革螨背面）:a. 上唇;b. 内磨针;c. 角突;
d. 涎针;e. 口上板;C. 粉螨亚目（粉螨腹面）:a. 前足体板;b. 足Ⅰ基节上毛;c. 头沟足;d. 格氏器;
e. 下头（颚体）;D. 辐螨亚目（肉食螨）颚体背面:a. 螯肢;b. 须肢;E. 辐螨亚目（蠕形螨腹面）;
F. 甲螨亚目（甲螨背面）:a. 螯肢;b. 螯楼;c. 须肢;d. 口侧骨片
（A、C仿忻介六;B、D、F仿Krantz;E仿刘素兰）

1. 颚基（gnathobase）
颚基由须肢基节愈合而成,结构因种而异,基部呈圆筒状,端部喙状,中心为食管,食道前端为口。颚基底壁向前伸展的部分称为口下板。颚基上方外侧有须肢1对,须肢之间有螯肢1对(图2.4)。

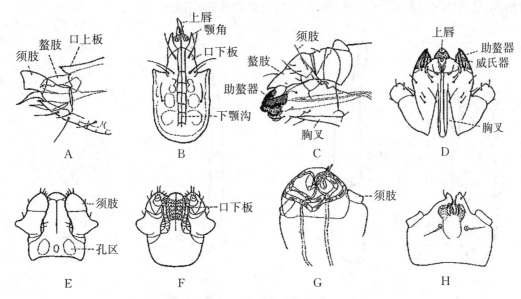

图2.4 颚基构造与类型

A、B.中气门目;C、D.节腹螨目;E、F.蜱目;G、H.绒螨目

(A、B仿Evans,Till;C、D仿Alberti,Coons;G、H仿Fan,Walter)

2. 颚盖(gnathotectum)

颚盖又称为口上板(epistome),位于螨类颚体背面的中央,为覆盖颚体的膜质物(图2.5)。蜱的颚基也称为假头基(basis capitui),位于假头基部的一个分界明显的几丁质区,两侧缘有1对角状物,称为耳状突(auricula)。硬蜱的假头基因种属不同而异,呈矩形、六角形、三角形或梯形等;软蜱假头基较小,一般近方形,其上无孔区。

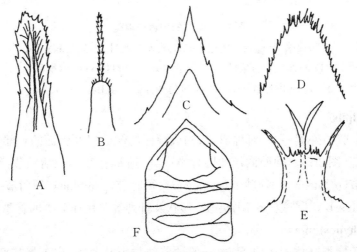

图2.5 革螨颚盖形状

A.平盘螨科;B.犹伊螨科;C.狭螨科;D.厉螨科;E.巨螯螨科;F.真(蚍)螨科

(A~F仿李隆术,李云瑞)

3. 螯肢（chelicera）

螯肢为颚基上半部中央向前伸出的一对杆状结构，一般由螯基（螯杆或螯节）、中节和端节构成，是颚体两对附肢中位于中间的一对，为取食器官（图2.6）。

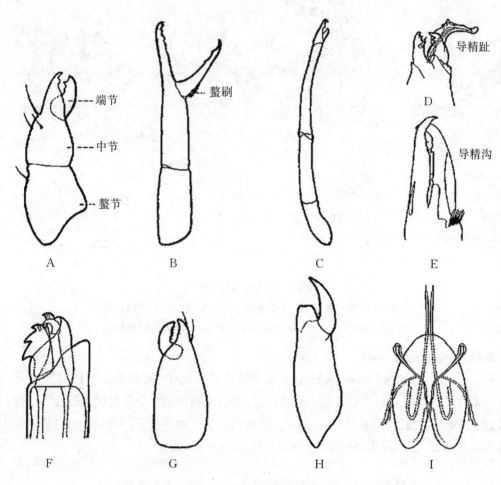

图2.6　螯肢的构造与类型

A. 节腹螨目；B～E. 中气门目；B. 皮刺螨亚目；C. 尾足螨总科；

D. 皮刺螨亚目雄螨；E. 寄螨科雄螨；F. 蜱目；G～I. 绒螨科

（A仿Krantz；B～E、G、H仿Walter；F仿Balashov）

4. 须肢（palpus）

须肢位于螯肢的外侧，左右对称成对，构成颚体的侧面以及腹面的一部分，具有感觉和抓握食物的功能（图2.7）。须肢的形状因种类而异，通常有1～6个活动节：须转节（palptrochanter）、须股节（palpfemur）、须膝节（palpgenu）、须胫节（palptibia）、须跗节（palptarsus）、须趾节（palpal apotele）。其节数、各节刚毛数、形状及排列等常用作分类的重要依据。

5. 口下板（hypostome）

口下板位于螨类颚体的中央下方，一般被螯肢与须肢覆盖，口下板基部有特殊排列的毛。蜱类口下板位于螯肢的腹面，与螯肢合拢形成口腔，形状和长短因种类而异。蜱的口下板上有成列的倒齿，用于叮刺寄主皮肤和附着在寄主身上。

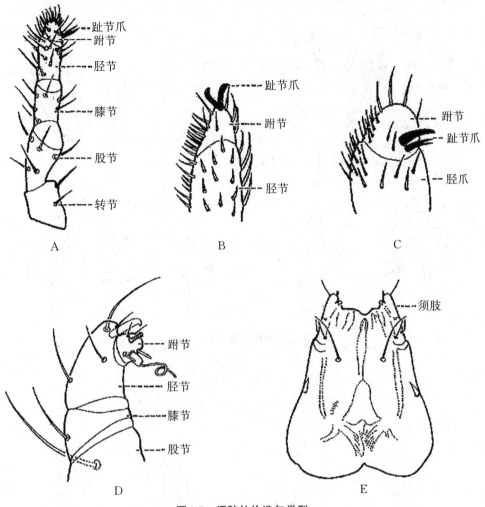

图2.7　须肢的构造与类型
A. 中气门目;B. 节腹螨目;C. 寄螨目;D. 绒螨目叶螨科;E. 疥螨目粉螨科
（A、C、D 仿 Krantz;B 仿 Walter;E 仿 Fan,Zhang）

二、躯体

　　躯体位于颚体的后方,大多数为囊状,背面观呈椭圆形(图2.8A)。躯体背面与腹面均着生着各种形状的毛(图2.9),分别呈刚毛状、分支状、棘状、羽状、栉状、鞭状、叶状和球状(图2.10)等。有些螨类躯体表皮较柔软,而有些则形成不同程度骨化的板,其中在背面的称为背板或盾板(图2.11)。盾板在雄性硬蜱中覆盖整个背面,雌性以及幼虫和若虫只占背面的前半部;而软蜱的躯体均由弹性的革质表皮构成。蜱螨躯体上主要的外部结构分别与运动、呼吸、交配、感觉和分泌等功能有关。

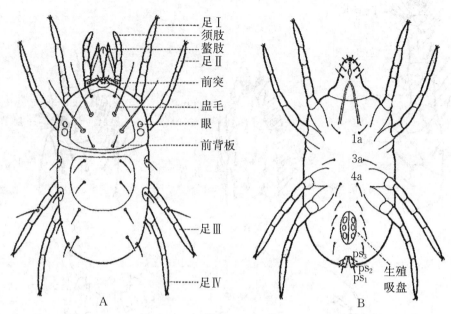

图2.8　真螨总目形态模式图

A. 中气门目;B. 真螨目

（仿Evans）

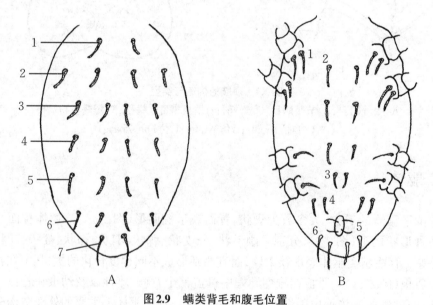

图2.9　螨类背毛和腹毛位置

A.背毛:1.顶毛;2.胛毛;3.肩毛;4.背毛;5.腰毛;6.骶毛;7.尾毛;

B.腹毛:1.基节毛;2.基节间毛;3.前生殖毛;4.生殖毛;5.肛毛;6.后刚毛

（仿李隆术,李云瑞）

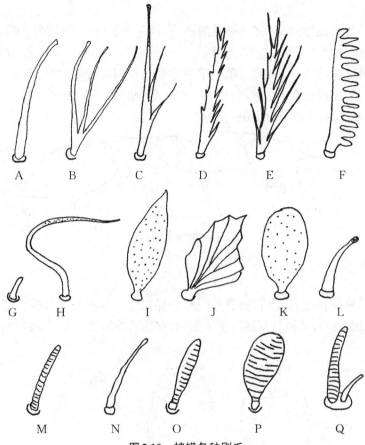

图2.10 蜱螨各种刚毛

A. 五枝毛;B. 叉毛;C. 分支毛;D. 细枝毛;E. 羽状毛;F. 栉状毛;G. 微毛;H. 鞭状毛;
I. 叶状毛;J. 扇状毛;K. 球状毛;L. 棘状毛;M~Q. 各种感觉毛
(仿李隆术,李云瑞)

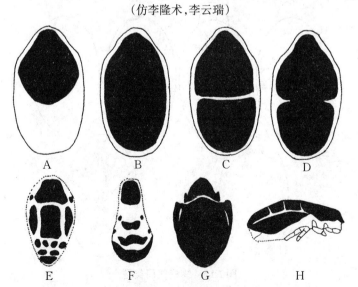

图2.11 各类蜱螨的背板

A、B. 蜱亚目(A. 硬蜱♀,B. 硬蜱♂);B~D. 革螨亚目;E. 辐螨亚目;F~H. 甲螨亚目
(仿李隆术,李云瑞)

1. 足

螨类的足着生于足体腹面,它是螨类的运动器官(图2.12)。成螨与若螨有足4对,幼螨有足3对。足通常分为6节,分别为基节(coxa)、转节(trochanter)、股节(femur)、膝节(genu)、胫节(tibia)和跗节(tarsus)。足上毛的数量与排列有特定规律,称为毛序,毛序为分类的重要特征。蜱类成虫有足4对,每足由6节构成,从腹侧开始依次为基节、转节、股节、胫节、后跗节(metatarsus)和跗节(tarsus)。

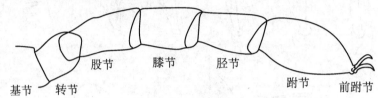

图2.12 蜱螨足的构造

(仿洪晓月)

2. 气门

大多数螨类在躯体上有气门,依靠气门与外界相通。不同类群的螨类其气门的有无和位置各不相同(图2.13),是种类鉴别的重要依据;有些螨类无气门或/和气门沟。蜱类腹面有

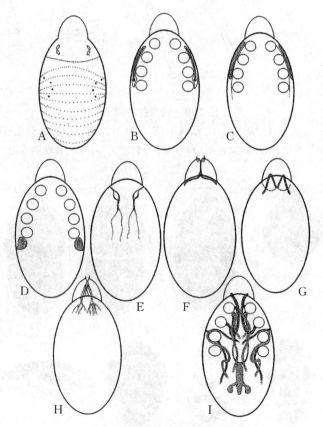

图2.13 蜱螨气门类型

A. 节腹螨亚目;B. 中气门亚目;C. 巨螨亚目;D. 蜱亚目;E. 前气门亚目(异气门总股);F. 前气门亚目(缝颚螨总科);G. 前气门亚目(叶螨总科);H. 前气门亚目(寄殖螨股);I. 甲螨亚目(复合气管系统)

(仿Krantz)

气门板(peritreme)1对,位于第4对足基节的外侧面,其形状因种而异,是分类的重要依据。在气门板中部有一几丁质化的气门斑(macula),气门(stigma)呈半圆形,裂口位于其间。

3. 肛门

螨类的肛孔通常位于末体的后端(图2.14)。蜱类的肛孔位于躯体腹面后部正中,是由一对半月形肛瓣构成的纵裂口。

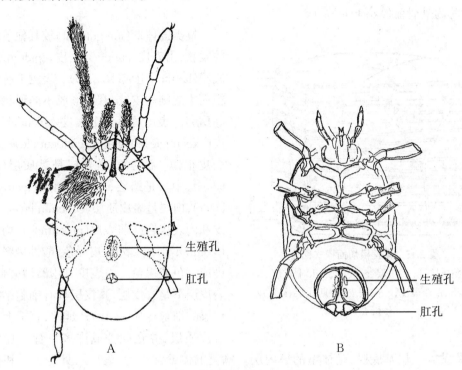

生殖孔

肛孔

生殖孔

肛孔

A   B

图2.14 蜱螨的肛孔与生殖孔

A.绒螨科;B.携卵螨科

(仿李隆术,李云瑞)

4. 外生殖器

雌螨的外生殖器是生殖孔(genital aperture)或交配囊(图2.14),只有成螨有生殖孔,雌螨生殖孔的位置因种类而不同,在有些科的分类上,雌螨外生殖器的形态是很有价值的分类特征;雄螨的外生殖器是阳茎,阳茎的形状和构造在鉴别种类上也非常重要。蜱类生殖孔位于前部或靠中部,在生殖孔前方和两侧有1对向后伸展的生殖沟。

第二节 内 部 器 官

螨类的内部器官均浸浴体腔液中,这种体液是含有多种化学成分的无色液体,通常称为血淋巴(haemolymph),体腔称为血腔(haemocoel)。

一、体壁

螨类体躯最外层的组织是体壁(integument),不同种类的螨体壁硬化程度不同。体壁的功能是维持螨类的固有外形、供肌肉附着和参与体躯的运动,因与脊椎动物的骨骼功能类似,常称为外骨骼(exoskeleton)。

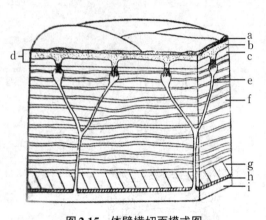

图2.15 体壁横切面模式图

a. 黏质层, b. 盖角层, c. 表皮层, d. 上皮层, e. 孔道, f. 外表皮, g. 内表皮, h. 斯氏层, i. 真皮

(仿忻介六)

螨类的体壁(integument)较其他节肢动物的柔软,由表皮(cuticle)、真皮(epidermis)和基底膜(lamina)组成(图2.15)。表皮上有纤细或粗而不规则的皮纹,有时形成不同形状的刻点和瘤突。表皮可分为上表皮(epicuticle)、外表皮(exocuticle)和内表皮(endocuticle)三层。上表皮很薄,无色素,最外层是黏质层(cement layer),中层是蜡层,亦称盖角层(tectostracum layer),内层是表皮质层(cuticulin layer)。外表皮和内表皮合称前表皮(procuticle),均由几丁质(chitin)形成。外表皮无色,酸性染料可使之染成黄色或褐色。内表皮可用碱性染料染色。表皮层下是真皮层,真皮层具有细胞结构。真皮层的细胞有管(孔)向外延伸,直至上表皮的表皮质层,并在此分成许多小管。真皮细胞之下紧贴着一层基底膜,是体壁的最内层。螨类的体壁常称为"表皮",具有支撑和保护体躯、呼吸和调节体内水分吸入与排出、防止病原体侵入、参与运动,以及通过感觉毛或其他结构接受外界刺激的功能。Hughes(1959)认为,表皮的功能主要是呼吸和调节水分吸入与排出。Knülle 和 Wharton(1964)认为,在临界平衡点之上,表皮所吸收的水分可与非活性吸湿剂相比拟。螨类的体壁有表皮细胞特化而成的皮腺(dermal gland),如侧腹腺(latero-abdorninal gland)和末体腺(opisthosomal gland)。皮腺的分泌物经裂缝或管(孔)分泌到体外,可能与报警、聚集和性信息素的分泌有关,毛和各种感觉器性状和功能都与此相关联,如粉螨科(Acaridae)、果螨科(Carpoglyphidae)和麦食螨科(Pyoglyphidae)螨类的末体背腺(opisthonotal gland)均能分泌报警外激素(alarm pheromones)。粉螨表皮有的比较坚硬,有的相当柔软,有的有花纹、瘤突或网状格等,在分类学上均具有一定的意义。辐螨亚目(Actinedida)螨类的腺体较复杂,除基节腺和唾液腺外,还有1~3对颚足腺与贯穿体侧的颚足沟(podocephalic canal)相连,将腺体的分泌物运至有关器官。

螨类无触角,须肢和足Ⅰ具有与触角相似的功能,是螨类重要的感觉器官。须肢和足Ⅰ之所以能起感觉器官的作用,是因为其上着生有各种不同类型的毛和感觉器,如触觉毛(tactile setae)、感觉毛(sensory setae)、黏附毛(tenent setae)、格氏器(Grandjean's organ)、哈氏器(Haller's organ)和琴形器(lyrate organ)等。螨类躯体上刚毛的长短和形状各异,有丝状、鞭状、扇状等,其数目和毛序(chatotaxy)具有分类意义。按功能可分为三类,即触觉毛、感觉毛和黏附毛。触觉毛遍布全身,感觉毛多生在附肢上,黏附毛多着生在跗节末端的爪上。触觉毛大多为刚毛状,司触觉,有保护躯体的作用;感觉毛呈棒状,有细轮状纹,端部钝圆,内壁有轮状细纹,亦称感棒(solenidion);黏附毛顶端柔软而膨大,可分泌黏液,以利螨体黏附在孳生物的表面。感棒常用希腊字母表示,股节上用 θ(theta),膝节上用 σ(sigma),胫节上用 φ(phi),跗节上用 ω(omega)表示。芥毛(famuli)着生在足 I 跗节上,用希腊字母 ε(epsilon)表示。蜱螨躯体上的各种毛,无论是触觉毛、感觉毛还是黏附毛都有感觉作用,按光学特性可分为两类:一类具有辐基丁质(actinochitin)芯,亦称亮毛素的光毛质芯。这种亮毛素实质上是一种具光化学活性的嗜碘物质,即光毛质(actinopilin),具有此物质的大多数刚毛轴在偏光下会出现双折射(birefringent)的发光现象且易于碘染。另一类不具有亮毛素的光毛质芯,在光学上均为不旋光的,因此不出现折光现象,也不易碘染。Grandjean(1935)把含有光毛质刚毛的螨类(前气门目、无气门目和隐气门目)归为光毛质类群,亦称亮毛类(Actinochitinosi);把不含有光毛质刚毛的螨类归类为无光毛质类群,亦称暗毛类(Anactinochitinosi)。此两类分别相当于 Evans(1961)所提出的复毛类(Actinochaeta)和单毛类(Anactinochaeta)。螨类躯体上有很多刚毛,这些刚毛都与螨类的感觉有关,感觉器官类型与数量随种类和发育期而异。

1. 格氏器(Grandjean's organ)

格氏器是一种温度感受器,位于足 I 和足 II 基节之间。有些粉螨前足体的前侧缘(足 I 基节前方,紧贴体侧)可向前形成一个薄膜状(呈角状突起)的骨质板,即格氏器。格氏器环绕在颚体基部,有的很小,有的膨大呈火焰状,如薄粉螨(*Acarus gracilis*)(图2.16)。格氏器基部有一个向前伸展弯曲的侧骨片(lateral sclerite),围绕在足 I 基部。侧骨片后缘为基节上凹陷(supracoxal fossa),亦称假气门(pseudostigma),凹陷内着生有基节上毛(supracoxal seta),也称伪气门刚毛(pseudostigmatic setae)(图2.17)。基节上毛的形状可呈杆状,如伯氏嗜木螨(*Caloglyphus berlesei*)(图2.18A)或分枝状,如家食甜螨(*Glycyphagus domesticus*)(图2.18B)。

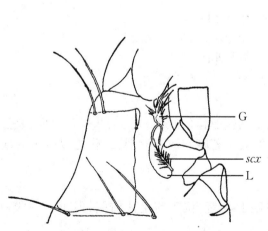

图2.16 薄粉螨(*Acarus gracilis*)右足 I 区域侧面

scx. 基节上毛;G. 格氏器;L. 侧骨片

(仿李朝品)

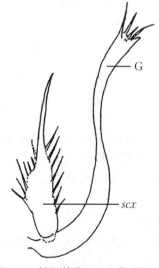

图2.17 粉螨基节上毛和格氏器

G. 格氏器;*scx*. 基节上毛

(仿李朝品,沈兆鹏)

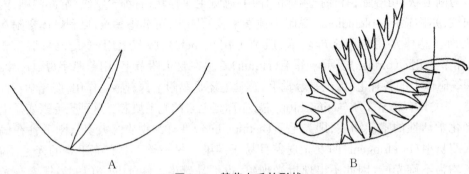

图2.18　基节上毛的形状

A. 伯氏嗜木螨(*Caloglyphus berlesei*)基节上毛;B. 家食甜螨(*Glycyphagus domesticus*)基节上毛

(仿李朝品)

2. 哈氏器(**Haller's organ**)

哈氏器位于足Ⅰ跗节背面,有小毛着生于表皮的凹窝处,既是嗅觉器官,也是湿度感受器(图2.19)。

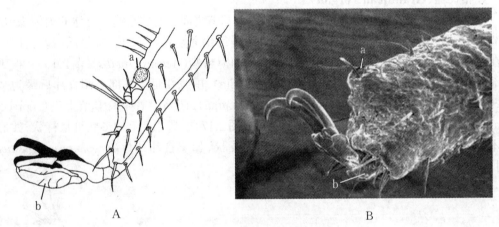

图2.19　硬蜱足Ⅰ跗节

A. 足Ⅰ跗节形态示意图;B. 足Ⅰ跗节电镜照片

a. 哈氏器,b. 爪间突

(A. 仿李隆术,李云瑞;B. Tyler Woolley)

3. 克氏器(**Clapared's organ**)

克氏器又称尾气门(urstigmata),位于幼螨躯体的腹面,足Ⅰ、Ⅱ基节之间,是温度的感受器。大部分螨类的幼螨有克氏器,但会在若螨和成螨时消失,代之以生殖盘(genital sucker)。

4. 眼

螨类的眼是单眼,大多数螨类有单眼1~2对,位于前足体前侧,但也有一些种类无单眼。

5. 琴形器(**lyrate organ**)

琴形器又称隙孔(lyriform pore),是螨类体表许多微小裂孔中的一种。

二、消化系统

消化系统分为前肠、中肠和后肠三部分。前肠包括口腔,咽、食道及1对唾腺;中肠主要是胃,容量非常大;后肠又称直肠,很短,有直肠盘及1对开口于直肠的马氏管。

三、排泄系统

皮肤有皮腺,与马氏管一样具有排泄作用。第一对足有基节腺(coxal gland)在吸血及交配时分泌黏液。基节腺由环节动物的后管肾演变而成,但肾口已次生性封闭,共1~2对。位于前体部的两侧,为一薄壁的圆形囊,浸于血液,从四周的血中收集废物,经过一条盘曲的管,开口于第一或第一、三对步足的基节。马氏管来源于外胚层,是一种丝状盲管,一端在中肠与后肠相接处开口,另一端闭塞,游离在体腔中。

四、循环系统

心脏位于躯体前约2/3处,在胃的背侧,呈亚三角形,后端有心门,血淋巴从此进入心脏。心脏向前连接主动脉,在前端包围脑部,形成围神经血窦。由此再分4个动脉入各肢。当心周围的背腹肌收缩时,心脏膨大,血流则由各种血窦中环流入心。恙螨没有循环系统。

五、呼吸系统

有气孔1对,内连气管及分布于各组织中的支气管,通过气门进行气体交换,调节体内的水分平衡。若虫和成虫有较发达的气管系统。幼虫以体表进行呼吸,无气管系统。恙螨没有专门的呼吸器官。

六、神经系统

蜱具有1个中枢神经节或称为脑,位于足Ⅰ、Ⅱ基节的水平线。外围神经起于各神经节,分布至各器官。

七、生殖系统

蜱螨类雌雄异体,雄性有1对管状睾丸、1对输精管和贮精管,最后汇合入射精管,副腺亦开口于射精管(图2.20);雌性具有单个卵巢,接输卵管入子宫中,阴道开口于生殖孔,在阴道两侧有阴道副腺(图2.21)。螨类的生殖系统不同种类形态各异(图2.22)。

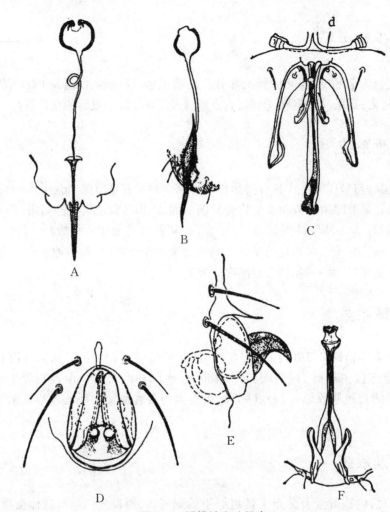

图2.20　螨雄性生殖器官

A.细须螨科;B.叶螨科;C.鸟喙螨科;D.食甜螨(腹面观);E.食甜螨(侧面观);F.小真石螨科

(仿李隆术,李云瑞)

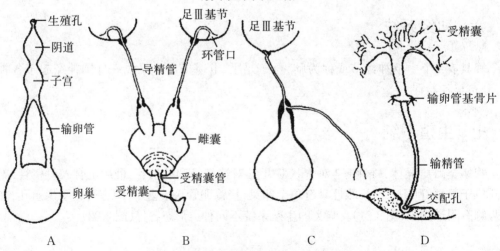

图2.21　螨雌性生殖器官

(A～C仿Evans,Till;D仿Fan,Zhang)

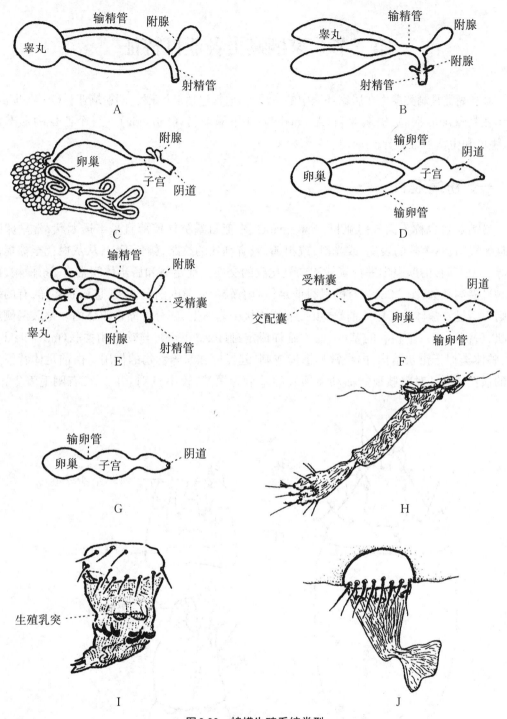

图2.22 蜱螨生殖系统类型

A. 寄螨科(雄螨);B. 尾足螨科(雄螨);C. 软蜱科(雌虫);D. 雌螨生殖系统概图;E. 赤螨科(雄螨);

F. 粉螨科(雌螨);G. 瘿螨科(雌螨);H. 隐爪螨属(Nanorchestes)产卵器;

I. 一种甲螨(*Acaronychus tragardhi*)产卵器;J. 矮汉甲螨属(Nanherma nnia)产卵器

(仿 Krantz,Walter)

(叶向光,崔 虹)

第三节　家栖螨类各亚目特征

　　家栖螨类是螨类孳生在居家环境中的一部分,通常包括4个亚目,即粉螨亚目(Acaridida)、革螨亚目(Gamasida)、辐螨亚目(Actinedida)和甲螨亚目(Oribatida)。每个亚目的形态特征、生境和生活习性各异。

一、粉螨亚目

　　粉螨亚目也称为无气门亚目(Astigmata),本亚目螨类体壁薄且呈半透明状,常呈卵圆形且无气门,具柔软的表皮,或光滑,或粗糙,或有细致的纹路,颜色不一,从灰白色至棕褐色不等。无气门,借助表皮进行氧气和二氧化碳的交换。前足体和后半体间常有1条横沟,部分螨科横沟缺如(图2.23)。有的螨科前足体具有较为明显的前足体板,且形状多样,有的螨科则不明显。颚体位于躯体前端,由关节膜连接于躯体上,部分可缩进躯体内。螯肢两侧扁平状,后部形成一个粗壮的基区,前方延伸成定趾(fixed digit),与动趾相关联(movable digit),整体类似于钳状结构,内缘常具锯齿或刺,起抓握和粉碎食物的作用。由前足体背板发出的肌肉可使1对螯肢独立活动。须肢的基节为颚基,较小,1对,共2节,有刚毛着生,末

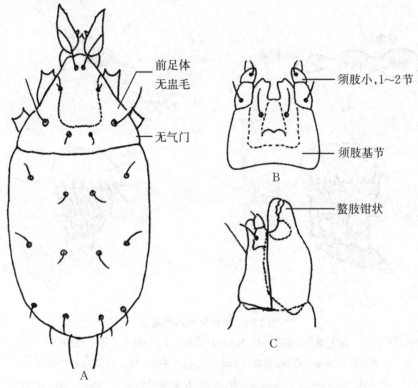

图2.23　粉螨亚目特征
A.体躯背面;B.须肢;C.颚体
(仿李朝品,沈兆鹏)

端有1根刚毛和1个偏心的圆柱体,推测可能是第三节痕迹或为1个感觉器官。粉螨体躯背面着生各类刚毛,如顶内毛(vi)、顶外毛(ve)、胛内毛(sci)、胛外毛(sce)、肩内毛(hi)、肩外毛(he)、背毛(d)、前侧毛(la)、后侧毛(lp)、骶内毛(sai)、骶外毛(sae)等;体躯腹面着生的刚毛较少,如肩腹毛、足基节上着生的基节毛(cx)、生殖毛(g或f、h、i)、肛前毛(pra)、肛后毛(pa)等,这些毛的着生位置、形状、长短、有无栉齿、缺如及排列方式等,是粉螨分类鉴定的重要依据。足基节不活动,与腹面愈合骨化,并形成表皮内突,颚体与足的肌肉是由这里发出的。跗节末端为前跗节,其上具爪,或爪缺如。足节和足上着生的各种刚毛如感棒(ω)、芥毛(ε)等的形状、位置、长短及数量,也常作为分类鉴定的依据。雌螨、雄螨的生殖孔着生于体躯腹面的足基节之间,常被1对生殖褶遮盖,具2对生殖吸盘。雌螨具交配囊,雄螨具阳茎。

该亚目的螨类大多营自生生活,食性杂,有菌食性的、腐食性的及植食性的,常孳生于相对湿度较大且有机质较丰富的环境中,如粮仓、房舍、动物巢穴、土壤和各种储藏物等。在房舍中,尘螨常在地毯、填充式家具、窗帘、空调尘灰等处大量繁殖,可引起人体各种过敏性疾病。李朝品和武前文(1996)在《房舍和储藏物粉螨》一书中将Hughes的无气门目与Krantz的粉螨亚目统起来,把粉螨亚目分为7个科,即粉螨科(Acaridea)、脂螨科(Lardoglyphidae)、食甜螨科(Glycyphagidae)、果螨科(Carpoglyphidae)、嗜渣螨科(Chortoglyphidae)、麦食螨科(Pyroglyphidae)和薄口螨科(Histiostomidae)。

腐食酪螨(*Tyrophagus putrescentiae* Schrank,1781)是粉螨科(Acaridae)最为常见的螨种(图2.24)。该螨在温度27 ℃左右、相对湿度70%以上,卵经4~5天孵化为幼螨,幼螨取食3

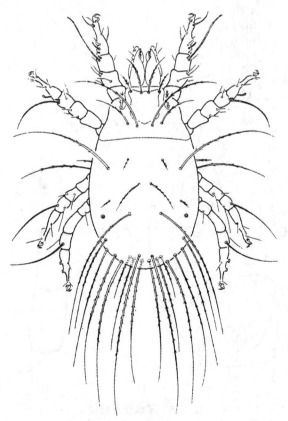

图2.24 腐食酪螨(*Tyrophagus putrescentiae*)♂背面
(仿温廷桓)

天,停止活动,经1天静息期,蜕皮为第一若螨,活动一段时间,静息1天,蜕皮为第三若螨,活动一段时间后,静息1天后,即蜕皮变为成螨。该螨发育的低温极限是7℃,生存的最低相对湿度为60%;高温极限为37℃,相对湿度可高达100%,在24~28℃、相对湿度为92%~100%的条件下,该螨可发育繁殖。腐食酪螨常孳生于富含脂肪、蛋白质的储藏食品中,常见于干酪、火腿、肉干、坚果、蛋粉、鱼干、花生、葵花籽、油菜籽、奶粉、蛋品、小麦、大米、烟草、海带、八角、辣椒干和花椒等中。

二、革螨亚目

革螨亚目也称为中气门亚目(Mesostigmata),本亚目螨体长为200~5000 μm(图2.25),常呈椭圆形或卵圆形,体色随着虫龄或吸血后的不同时期而变化,一般呈黄褐色、褐色、鲜红色或暗红色。头盖覆盖颚体,颚盖前缘形状不一,可作为分类特征;颚体腹面具毛≤4对;口下板常具3对刚毛,端部具角状颚角(corniculi),其大小、形状及顶端会聚与否,具有分类意义。须肢基部与颚基愈合,故分为5节:转节、股节、膝节、胫节和跗节;跗节内侧具1叉毛,一般为2叉或3叉,少数螨种不分叉或退化消失。体躯背、腹面分布着若干几丁质化较强的板,背腹交界处无锐利的界限。体背着生各种刚毛,因种类而异。具1对气门,着生于足Ⅲ、Ⅳ基节间的腹侧或侧背,常与伸长的气门沟相连,部分科的气门沟退化或缺如。体腹面

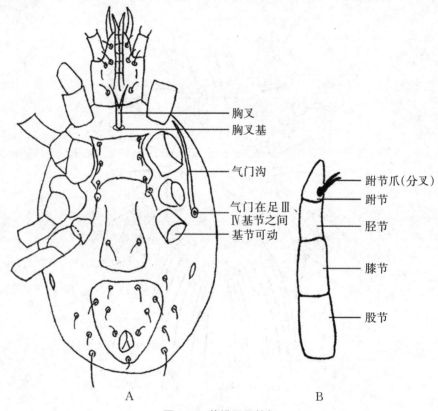

胸叉
胸叉基
气门沟
气门在足Ⅲ、
Ⅳ基节之间
基节可动

跗节爪(分叉)
跗节
胫节
膝节
股节

A　　　　　　　B

图2.25　革螨亚目特征
A. 体躯腹面;B. 须肢
(仿李朝品,沈兆鹏)

前方具胸叉(tritosternum),分2叉,有些内寄生类群革螨及蝠螨科(Spinturnicidae)退化或缺如。各足着生有各种刚毛,足基节一般能活动,有的具刺;跗节末端一般具1对爪和1个爪垫,有些螨科爪发达或退化。雌螨的生殖孔着生于胸板的后方,雄螨的则着生于胸板的前缘。雄螨的螯肢演变为导精趾(spermatophoral process),具外生殖器的作用,其特征较稳定,可作为分类的重要依据。

　　该亚目是蜱螨亚纲中种类较多的一个类群,栖息于各种场所,可分为自生生活与寄生生活两种生活方式。营自生生活的螨类,喜潮湿,常孳生于枯枝烂叶、腐木、家禽或家畜的粪便、干草堆及储藏物中,以腐败的有机物或捕食其他小型节肢动物为食。营寄生生活的螨类,其寄生宿主多样,可体外或体内寄生,以吸食血液或体液为生。常见宿主有哺乳动物、鸟类、爬行动物和无脊椎动物等。本亚目有近70个科,如寄螨科(Parasitidae)、植绥螨科(Phytoseiidae)、囊螨科(Ascidae)、巨螯螨科(Machelidae)、厉螨科(Laelapidae)、蛾螨科(Otophedomenidae)、皮刺螨科(Dermanyssidae)、尾足螨科(Uropodidae)、步甲螨科(Parantennulidae)等都与人类健康相关。

　　鸡皮刺螨(*Dermanyssus gallinae* Degeer,1778)是皮刺螨科的常见螨种(图2.26)。该螨为专性吸血的螨类,生活史经历5个完整时期,分别为卵、幼虫、前若虫、后若虫和成虫,在适宜的环境条件下,一般为7天左右。若虫与成虫多在夜间吸血,白天隐于宿主窝内,常见于家禽和其他鸟类的体表及窝巢。

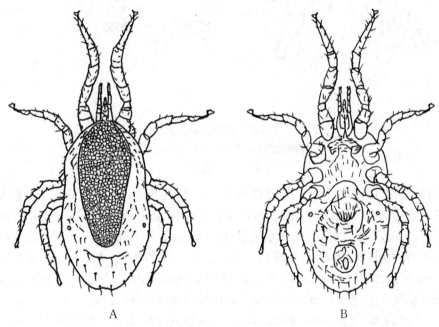

图2.26　鸡皮刺螨(*Dermanyssus gallinae*)
A. 背面;B. 腹面
(仿Hirst)

三、辐螨亚目

　　辐螨亚目也称为前气门亚目(Prostigmata),该亚目的螨类形体多样,大小不一,体长为

100~10000 μm。常以气管呼吸，气门着生于颚体基部，并与气门沟相连，有些螨类缺如（如海螨和瘿螨）（图2.27）。螯肢和须肢形态各异：螯肢有针状、钳状或退化，须肢有简单的、尖牙状的或拇爪突起的。足Ⅱ、Ⅲ的爪间突一般为膜质、垫状或放射状的。躯体骨化程度一般很低，无明显的胸板，有的具生殖板，但也超过2块；具2或3对吸盘，多着生于生殖孔的两侧。

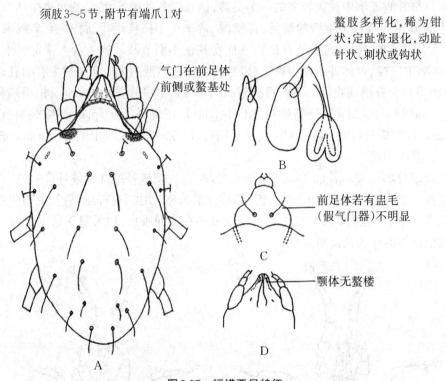

须肢3~5节，附节有端爪1对

气门在前足体前侧或螯基处

螯肢多样化，稀为钳状；定趾常退化，动趾针状、刺状或钩状

前足体若有虱毛（假气门器）不明显

颚体无螯楼

图2.27　辐螨亚目特征
A. 体躯背面；B. 螯肢；C. 前足体；D. 颚体
（仿李朝品，沈兆鹏）

　　该亚目的螨类食性有植食性、捕食性和寄生性等，与其他亚目不同的是其植食性比较明显。其栖息地广泛，常见于陆地、淡水和海洋等环境中，陆生的约有60个科，水生的有53个科。在经济上有重要意义的科，如真足螨科（Eupodidae）、叶爪螨科（Penthaleidae）、镰螯螨科（Tydeidae）、吸螨科（Bdellidae）、蒲螨科（Pyemotidae）、跗线螨科（Tarsonemidae）、长须螨科（Stigmaeidae）、肉食螨科（Cheyletidae）、蠕形螨科（Demodicidae）、叶螨科（Tetranychidae）、瘿螨科（Eriophyidae）、绒螨科（Trombidiidae）、恙螨科（Trombiculidae）等。

　　马六甲肉食螨（*Cheyletus malaccensis* Oudemans，1903）是肉食螨科的常见种类（图2.28），食性为捕食性，贪食，每只成螨1天可捕食8~12只粉螨。该螨也是季节性螨类，喜温暖环境，温度为20~25 ℃时大量孳生。常栖息于各种不同的储藏粮食中，如面粉、小麦、大米、玉米及加工副产品等，常群集于粮堆面层，以捕食粉螨科的螨类和其他微小节肢动物为生。

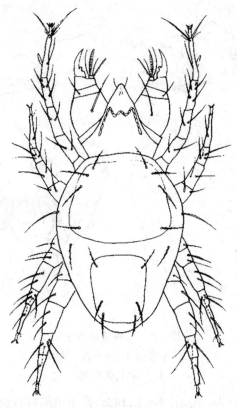

图 2.28 马六甲肉食螨（*Cheyletus malaccensis*）

（仿 Hughes）

四、甲螨亚目

甲螨亚目也称为隐气门亚目（Cryptostigmata），螨体常呈长圆形或卵圆形，体长为100～1600 μm，体色为褐色至黑褐色（图2.29）。大部分螨类体躯表皮骨化程度高，常布有裂纹、刻点等。颚体常隐藏于前背喙区，螯肢通常为钳齿状；须肢简单，由3～5节构成，下头（Inzracapitulum）具1对螯楼（rutella）。前足体背板（也称前背）有三种类型，分别为前背后折型、前背不后折活动型和前背愈合不活动型。与仓储有关的甲螨多为后两种类型。背板上具孔区、背囊或隙孔，这些结构均与呼吸有关，是直接进行气体交换的附属器官。以气管呼吸，气管开口于足的足盘腔内，或通过短气管开口于足节或背前假气门器官。假气门器官或盅毛由一空心辐几丁质构成，内含感觉细胞，为原生质衍生物，是重要的感觉器官，其形状各异，有棒状、刚毛状、栉状、丝状或鞭状等。生殖板与肛门板相接或分离，具成对的生殖毛与肛毛。各足一般着生较近，各足节形状各异或相同，足跗节末端具爪，一般为1个或3个，具足盖（Tectopedia）。

该亚目大多行动缓慢，主要是食菌的或腐食的，但也取食藻类、细菌、酵母菌及高等植物。属高湿中温螨类，常栖息于腐殖质及土壤中，对分解土壤中的有机物质来说比蚯蚓更为重要。近年来，以甲螨作为监测环境污染的指标生物受到重视。该亚目也常见于仓库、发霉的粮食等处。该亚目种类多，截至目前，我国记载的与家栖有关的螨类，可分为广缝甲螨科（Cosmochthoniidae）、丽甲螨科（Liacaridae）、尖棱甲螨科（Ceratozetidae）、若甲螨科（Oribatulidae）和菌甲螨科（Scheloribatidae）等。

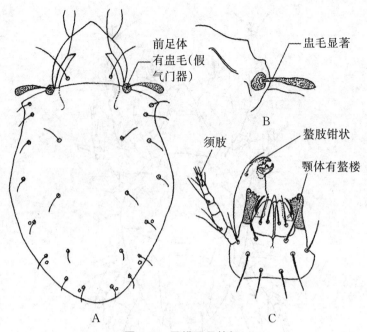

图2.29　甲螨亚目特征

A. 体躯背面；B. 盅毛；C. 颚体

（仿李朝品，沈兆鹏）

滑菌甲螨（*Scheloribates laevigatus* Koch，1835）是菌甲螨科常见种类（图2.30），喜温暖高湿环境，在温度为25℃，相对湿度为98%～100%的条件下，完成生活史需45～120天。常孳生于草地、腐殖质、苔藓、鼠穴、仓库的地脚霉粮等中。

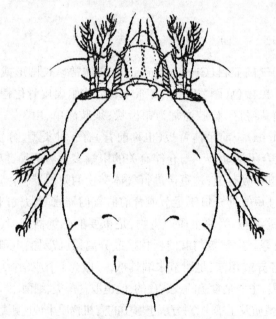

图2.30　滑菌甲螨（*Scheloribates laevigatus*）

（仿Hughes）

（王赛寒）

参 考 文 献

马立名,卢苗贵,2007.纳氏厉螨雄螨与后若螨描述(蜱螨亚纲:中气门目:厉螨科)[J].华东昆虫学报,16(2):159-160.

马立名,殷秀琴,陈鹏,2001.胸前下盾螨和茅舍血厉螨若螨描述(蜱螨亚刚:革螨股:厉螨科)[J].华东昆虫学报,10(1):118-119.

王全兴,2008.鸡皮刺螨的综合防治[J].养禽与禽病防治,2008,10:37.

王敦清,1993.耶氏厉螨及其在我国不同地区形态的差异(蜱螨亚刚:厉螨科)[J].地方病通报,8(3):78-82.

方美玉,林立辉,刘建伟,2005.虫媒传染病[M].北京:军事医学科学出版社.

邓国藩,王敦清,顾以铭,等,1993.中国经济昆虫志:第40册·蜱螨亚纲·皮刺螨总科[M].北京:科学出版社:1-391.

白学礼,闫立民,吴向林,等,2009.宁夏革螨组成、分布与危害[J].医学动物防制,25(7):487-493.

司马德,1957.医学昆虫鉴别手册[M].陆宝麟,译.北京:科学技术出版社.

闫毅,金道超,郭宪国,2009.云南省厉螨科新纪录(蜱螨亚纲:革螨股)及宿主新纪录[J].中国媒介生物学及控制杂志,20(2):137.

闫毅,2009.云南鼠类体表主要革螨的分类研究[D].贵阳:贵州大学,79-80.

李贵昌,刘起勇,2018.恙虫病的流行现状[J].疾病监测,33(2):129-138.

李贵昌,程琰蕾,吴海霞,等,2017.鸡皮刺螨皮炎病例调查报告[J].中国媒介生物学及控制杂志,28(4):373-375.

李隆术,朱文炳,2009.储藏物昆虫学[M].重庆:重庆出版社.

李隆术,李云瑞,1988.蜱螨学[M].重庆:重庆出版社.

李朝品,沈兆鹏,2016.中国粉螨概论[M].北京:科学出版社.

李朝品,武前文,1996.房舍和储藏物粉螨[M].合肥:中国科学技术大学出版社.

李朝品,姜玉新,刘婷,等,2013.伯氏嗜木螨各发育阶段的外部形态扫描电镜观察[J].昆虫学报,56(2):12-218.

李朝品,2009.医学节肢动物学[M].北京:人民卫生出版社.

李朝品,2019.医学节肢动物标本制作[M].北京:人民卫生出版社.

李朝品,2006.医学蜱螨学[M].北京:人民军医出版社.

吴观陵,2013.人体寄生虫学[M].4版.北京:人民卫生出版社.

沈兆鹏,1975.中国肉食螨初记和马六甲肉食螨的生活史[J].昆虫学报,18(3):316-324.

沈佐锐,赵汗青,于新文,2003.数学形态学在昆虫分类学上的应用研究[J].昆虫学报,46(3):339-344.

张际文,2015.中国国境口岸医学媒介生物鉴定图谱[M].天津:天津科学技术出版社.

林上进,郭宪国,2012.我国小板纤恙螨及其与人类疾病的关系[J].安徽农业科学,40(1):188-190.

林坚贞,张艳璇,1995.跗线螨亚科四新种记述(蜱螨亚纲:跗线螨科)[J].武夷科学,12:114-123.

林浩,郭宪国,董文鸽,等,2016.云南省微红纤恙螨形态学研究[J].中国病原生物学杂志,11(2):154-160.

林浩,董文鸽,宋文宇,等,2016.微红纤恙螨与地里纤恙螨的形态学比较[J].大理大学学报(自然科学版),1(12):62-66.

罗礼溥,郭宪国,2007.云南医学革螨数值分类研究:英文[J].热带医学杂志,7(1):7-9.

周慰祖,1992.厩真厉螨的生物学特性[J].动物学研究,13(1):53-57.

孟阳春,李朝品,梁国光,1995.蜱螨与人类疾病[M].合肥:中国科学技术大学出版社.

赵金红,湛孝东,孙恩涛,等,2015.中药红花孳生谷跗线螨的调查研究[J].中国媒介生物学及控制杂志,

26(6):587-589.

赵学影,赵振富,孙新,等,2013.谷跗线螨扫描电镜的形态学观察[J].中国人兽共患病学报,29(3):248-252,261.

赵绘,2002.毒厉螨致丘疹性荨麻疹2例[J].临床和实验医学杂志,1(4):255.

段绩辉,王军建,张湘君,等,2007.一起由格氏血厉螨袭人引起全家4人革螨皮炎的调查[J].中国媒介生物学及控制杂志,18(5):401.

洪晓月,2012.农业螨类学[M].北京:中国农业出版社.

耿明璐,郭宪国,郭宾,2013.云南省部分地区微红纤恙螨的分布及宿主选择[J].中华流行病学杂志,34(2):152-156.

郭天宇,许荣满,2017.中国境外重要病媒生物[M].天津:天津科学技术出版社.

郭宾,耿明璐,郭宪国,2013.于氏纤恙螨在云南省部分地区的分布及宿主选择[J].大理学院学报,12(3):20-25.

郭宾,郭宪国,耿明璐,等,2013.西盟合轮恙螨在云南省部分地区的分布及宿主选择[J].中国人兽共患病学报,29(4):418-421.

陶香林,王逸泉,叶长江,等,2018.茅舍血厉螨侵袭人体皮肤1例[J].中国血吸虫病防治杂志,30(4):476-478.

黄兵,董辉,韩红玉,2014.中国家畜家禽寄生虫名录[M].2版.北京:中国农业科学技术出版社.

蒋文丽,郭宪国,杨岳华,2017.高湖纤恙螨的研究现状[J].中国病原生物学杂志,12(5):484-486.

蒋文丽,郭宪国,宋文宇,等,2017.云南省微红纤恙螨分布规律的进一步研究[J].中国病原生物学杂志,12(10):979-982,993.

蒋学良,周婉丽,2004.四川畜禽寄生虫志[M].成都:四川科学技术出版社.

詹银珠,郭宪国,左小华,等,2011.云南省19县(市)小板纤恙螨地区分布及宿主选择研究[J].中国寄生虫学与寄生虫病杂志,29(5):393-396.

詹银珠,郭宪国,左小华,等,2011.云南省19个县(市)印度囊棒恙螨的分布调查[J].中国媒介生物学及控制杂志,22(6):521-524.

蔡邦华,蔡晓明,黄复生,2017.昆虫分类学[M].北京:化学工业出版社.

黎家灿,1997.中国恙螨:恙螨病媒介和病原体研究[M].广州:广东科技出版社.

潘錝文,邓国藩,1980.中国经济昆虫志:第17册·蜱螨目·革螨股[M].北京:科学出版社.

Beck W, 2008. Occurrence of a house-infesting tropical rat mite (Ornithonyssus bacoti) on murides and human beings[J]. Travel Medicine and Infectious Disease, 6(4):245-249.

Broce A B, Zurek L, Kalisch J A, et al., 2006. Pyemotes herfsi (Acari:Pyemotidae), a mite new to North America as the cause of bite outbreaks[J]. Journal of Medical Entomology, 43(3):610-613.

Cao M, Che L, Zhang J, et al., 2016. Determination of scrub typhus suggests a new epidemic focus in the Anhui province of China[J]. Scientific Reports, 6:20737.

Chauve C, 1998. The poultry red mite Dermanyssus gallinae (De Geer, 1778):current situation and future prospects for control[J]. Veterinary Parasitology, 79(3):239-245.

Chuluun B, Mariana A, Ho T, et al., 2005. A preliminary survey of ectoparasites of small mammals in Kuala Selangor Nature Park[J]. Tropical Biomedicine, 22(2):243-247.

Cross E A, 1965. The generic relationships of the Family Pyemotidae (Acairina:Trombidiformes)[J]. The Uneversity of Kansas Science Bulletin, XLV(2):3-1367.

Cross E A, Moser J C, 1975. A new dimorphic species of pyemotes and a key to previously-described forms (Acarina:Tarsonemoidea)[J]. Annals of the Entomological Society of America, 68(4):723-732.

Fox M T, Baker A S, Farquhar R, et al., 2004. First record of Ornithonyssus bacoti from a domestic pet in the United Kingdom[J]. The Veterinary Record, 154(14):437-8.

Gaud J, AtyeoW T, 1996. Feather mites of the world (Acarina, Astigmata): the supraspecific taxa. Annales du Musée Royal de l'Afrique Centrale[J]. Sciences Zoologiques, 277, 1-193, 1-436.

Gaud J, Rosen S, Hadani A, 1988. Les Acariens plumicoles de genre Megninia parasites despoulets domestiques[J]. Science veterinaires medicine compare, 90:83-98.

Guo X G, Speakman J R, Dong W G, et al., 2013. Ectoparasitic insects and mites on Yunnan red-backed voles (Eothenomys miletus) from a localized area in southwest China[J]. Parasitology Research, 112 (10): 3543-3549.

Huang L Q, Guo X G, Speakman J R, et al., 2013. Analysis of gamasid mites (Acari:Mesostigmata) associated with the Asian house rat, Rattus tanezumi (Rodentia:Muridae) in Yunnan province, southwest China [J]. Parasitology Research, 112(5):1967-1972.

Huang Y, Zhao L, Zhang Z, et al., 2017. Detection of a novel rickettsia from Leptotrombidium scutellare mites (Acari:Trombiculidae)from Shandong of China[J]. Journal of Medical Entomology, 54(3):544-549.

Kessler R H, Marques N M, 1973. Ocorrencia de Megninia cubitalis (Mégnin, 1877) parasitando Gallus gallus (L.) no Rio Grande do Sul, Brasil[J]. Arquivos Faculdade de Veterinaria Universidade Federal do Rio Grande do Sul, Porto Alegre, 1:25-29.

Kim D H, Oh D S, Ahn K S et al., 2012. An outbreak of caparinia tripilis in a colony of African pygmy hedgehogs (Atelerix albiventris) from Korea[J]. Korean Journal of Parasitology, 50(2):151-156.

Krantz G W, Walter D E, 2009. A manual of acarology[M]. 3rd ed. Lubbock:Texas Tech University Press.

Luo L P, Guo X G, Qian T J, et al., 2007. Distribution of gamasid mites on small mammals in Yunnan province, China[J]. Insect Science, 14:71-78.

Lv Y, Guo X G, Jin D C, 2018. Research progress on leptotrombidium deliense[J]. Korean Journal of Parasitology, 56(4):313-324.

Mehlhorn H, 2016. Encyclopedia of parasitology[M]. Heidelberg:Springer.

Mehlhorn H, Wu Z, Ye B, 2013. Treatment of human parasitosis in traditional Chinese medicine[J]. Parasitology Research Monographs, 6(30:620-631.

Montasser A A, 2013. Redescription of female Laelaps nuttalli Hirst, 1915 (Acari:Dermanyssoidea:Laelapidae)with emphasis on its gnathosoma, sense organs and pulvilli[J]. ISRN Parasitology:642350.

Peng P Y, Guo X G, Jin D C, et al., 2017. Species abundance distribution and ecological niches of chigger mites on small mammals in Yunnan province, southwest China[J]. Biologia, 72(9):1031-1040.

Peng P Y, Guo X G, Jin D C, et al., 2018. Landscapes with different biodiversity influence distribution of small mammals and their ectoparasitic chigger mites: a comparative study from southwest China[J]. PLoS ONE, 13(1):e0189987.

Peng P Y, Guo X G, Jin D C, 2018. A new species of Laelaps Koch (Acari:Laelapidae) associated with red spiny rat from Yunnan province, China[J]. Pakistan Journal of Zoology, 50(4):1279-1283.

Peng P Y, Guo X G, Ren T G, et al., 2015. Faunal analysis of chigger mites (Acari:Prostigmata) on small mammals in Yunnan province, southwest China[J]. Parasitology Research, 114(8):2815-2833.

Peng P Y, Guo X G, Ren T G, et al., 2016. An updated distribution and hosts:trombiculid mites (Acari: Trombidiformes) associated with small mammals in Yunnan province, southwest China[J]. Parasitology Research, 115(5):1923-1938.

Phasomkusolsil S, Tanskul P, Ratanatham S, et al., 2012. Influence of Orientia tsutsugamushi infection on the developmental biology of Leptotrombidium imphalum and Leptotrombidium chiangraiensis (Acari:Trombiculidae)[J]. Journal of Medical Entomology, 49(6):1270-1275.

Proctor H C, 2003. Feather mites (Acari:Astigmata):ecology, behavior, and evolution[J]. Annuales Revies Entomology, 48:185-209.

Rodkvamtook W, Gaywee J, Kanjanavanit S, et al., 2013. Scrub typhus outbreak, northern Thailand, 2006-2007[J]. Emerging Infectiuos Diseases, 19(5):774-777.

Roh J Y, Song B G, Park W I, et al., 2014. Coincidence between geographical distribution of leptotrombidium scutellare and scrub typhus incidence in South Korea[J]. PLoS ONE, 9(12):e113193.

Seto J, Suzuki Y, Otani K, et al., 2013. Proposed vector candidate:Leptotrombidium palpale for shimokoshi type orientia tsutsugamus[J]. Microbiology and Immunology, 57(2):111-117.

Shatrov A B, 2015. Comparative morphology and ultrastructure of the prosomal salivary glands in the unfed larvae Leptotrombidium orientale (Acariformes, Trombiculidae), A possible vector of tsutsugamushi disease agent[J]. Experimental and Applied Acarology, 66(3):347-367.

Shin E H, Roh J Y, Park W I, et al., 2014. Transovarial transmission of orientia tsutsugamushi in Leptotrombidium palpale (Acari:Trombiculidae)[J]. PLoS ONE, 9(4):e88453.

Takhampunya R, Tippayachai B, Korkusol A, et al., 2016. Transovarial transmission of co-existing orientia tsutsugamushi genotypes in laboratory-reared Leptotrombidium imphalum[J]. Vector-Borne and Zoonotic Diseases, 16(1):33-41.

Tilak R, Kunwar R, Wankhade U B, et al., 2011. Emergence of schoengastiella ligula as the vector of scrub typhus outbreak in darjeeling:has Leptotrombidium deliense been replaced?[J] Indian Journal of Public Health, 55(2):92-99.

Yu L C, Zhang Z Q, He L M, 2010. Two new species of Pyemotes closely related to P. tritici (Acari:Pyemotidae)[J]. Zootaxa, 2723:1-40.

第三章 生 物 学

家栖螨类多为陆生,喜孳生于阴暗潮湿的地方,大多数家栖螨类营自生生活,少数寄生生活。营自生生活的螨类多为植食性、腐食性或菌食性;寄生生活的螨类多寄生于动植物体内或体表。植食性螨类多以谷物、干果、中药材等为食,可污染危害储藏物和中药材。腐食性螨类则以腐烂的植物碎片、苔藓等为食,参与自然界的物质循环。菌食性螨类常取食各种菌类(如真菌、藻类、细菌等),严重危害食用菌等菇类的栽培。寄生性螨类,若寄生于农业害虫体内能抑制害虫繁殖,对农业生产有利;若寄生于益虫体内则对农业生产有害。更重要的是,某些螨的排泄物、分泌物和皮蜕等还可对人、畜造成严重危害。因此,家栖螨类因生境和孳生物不同,生物学特性也表现出多样性。家栖螨类生物学的研究内容包括个体发育过程,如卵的形态特征、生活史各期的发育时间、寿命、死亡率、繁殖力、数量和后代的性别比例及其影响因素等。

第一节 生 活 史

螨类的一个新个体(卵或幼体)从离开母体至发育性成熟成体为止的个体发育周期称为一代或一个世代。如卵胎生种类,世代从幼螨(或若螨、休眠体、成螨)自母体产出开始,到子代再次生殖为止。螨类在一年内所发生的世代数,或者由当年越冬螨开始活动到第二年越冬为止的生长发育过程,称为生活年史(简称生活史)。螨类完成一个世代所需的时间受种类、环境和气候条件的影响,其中环境因子(如温湿度)是重要的影响因素。同一种螨类,在我国温度较高的南方,完成一个世代所需的时间较短,每年发生的代数较多;在温度较低的北方,完成一个世代所需的时间较长,每年发生的代数较少。在南方,气候温暖,螨类的发生期和产卵期长,世代重叠现象明显,分清每一世代的界线比较困难;而北方寒冷,发生期和产卵期短,发生代数少,世代的界线比较容易划分。

一、生活史类型

螨类的生活史类型较为复杂,有的营自生生活,有的寄生生活,有的营自生生活和寄生生活兼而有之;有的对孳生物或宿主有严格的选择性,有的则不然;有的危害植物,有的危害动物;有的孳生在动物体表,有的寄生在动物体内;有的生活于土壤、落叶层、森林中半腐烂的落叶堆中,有的孳生在房舍和储藏物中。蜱螨亚纲5个亚目生活史类型各具特点,概括起来可用图3.1表示。

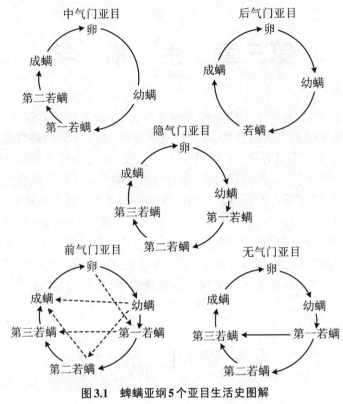

图3.1　蜱螨亚纲5个亚目生活史图解
（仿李朝品）

二、生活史过程

螨类的生活史过程一般要经过卵（egg）、幼螨（larva）、若螨（nymph）和成螨（adult）多个时期，其中若螨又分为第一若螨（protonymph，又称前若螨）、第二若螨（deutonymph）、第三若螨（tritonymph，又称后若螨）。有的种类第二若螨特化为1个休眠时期，因此第二若螨也称为休眠体（hypopus）。有的只有2个若螨期（如瘿螨科），分别称为第一若螨期和第二若螨期，它们各有1个静止期，静止期之后蜕皮进入下一个发育阶段。雄螨往往不经过第二若螨即变为成螨。有的无若螨期（如跗线螨科），从幼螨直接发育为成螨。有的幼螨和成螨之间仅有1个若螨期（如恙螨科、赤螨科、绒螨科和水螨科），但在若螨期前和若螨期后各有1个静止期，分别称为若蛹和成蛹，若蛹和成蛹相当于第一若螨期和第三若螨期。这类螨的幼螨都寄生于动物，若螨和成螨都是捕食性的。有的有2个若螨期（如革螨亚目、辐螨亚目的叶螨、粉螨亚目的一部分），有第一若螨期和第二若螨期，但叶螨的雄螨无第二若螨期，从第一若螨蜕皮直接发育为成螨。有的幼螨与成螨之间有3个若螨期（如吸螨科、镰螯螨科）。

（一）粉螨

粉螨的生活史（图3.2）分为卵、幼螨、第一若螨、第三若螨和成螨5个时期，但在第一若螨和第三若螨之间亦可有第二若螨（休眠体）。大多数营自生生活的粉螨为卵生，即从卵孵化出幼螨，幼螨具足3对，经过一段活动时期，便开始进入约24小时的静息期，然后蜕皮为第一若螨,再经24小时静息期蜕皮为第三若螨,具足4对,与成螨相似,经约24小时静息期蜕皮为成螨。粉螨的卵因外界环境(温湿度等)不同,其发育期所需要的时间也不同,一般情况下,温度为25℃、相对湿度为80%左右时较为适合粉螨卵的孵化与幼螨的发育。于晓和范青海(2002)研究表明,腐食酪螨(*Tyrophagus putrescentiae*)在一定温度范围内,其发育周期随温度的升高而降低,当温度为25℃、相对湿度为80%时,从卵孵化成幼螨仅需60小时,但是在30℃的条件下,卵的孵化时间较25℃时长,可能是因为温度较高对卵的孵化起到抑制作用。阎孝玉(1992)研究表明,椭圆食粉螨(*Aleuroglyphus ovatus*)在温度为30℃、相对湿度为85%时,其发育最快,平均10天即可完成一代,其中卵期为80小时、幼螨期为40小时、幼螨静息期为22小时、第一若螨期为28小时、第一若螨静息期为19小时、第三若螨期为29小时、第三若螨静息期为23小时。

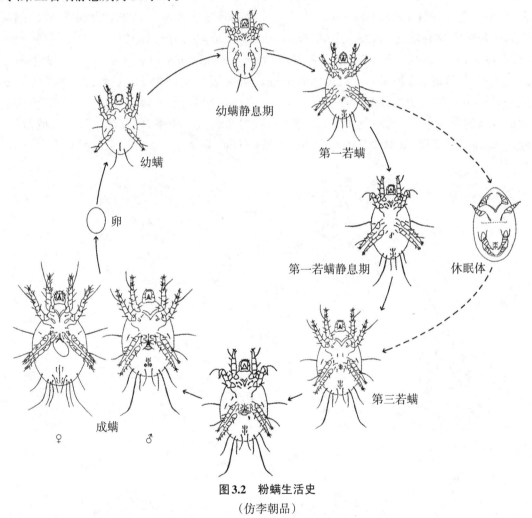

图3.2 粉螨生活史

(仿李朝品)

在第一若螨和第三若螨之间可能有一个较为特殊的时期(休眠体期),它是粉螨生活史中一个特殊的发育阶段。产生休眠体的原因十分复杂,有些学者认为具有遗传性,但食物的性质与质量、pH、温湿度、拥挤度、废物的积聚等因素均为诱导粉螨形成休眠体的重要因素。如当粗脚粉螨遇到低湿空气和含水量低的食料时,为适应不良环境,其第一若螨会蜕皮形成休眠体。粉螨在休眠体期不进食,其腹面末端有吸盘(sucker),可以此附着于昆虫、其他动物体、食品、工具等得以传播,还可使其在不良环境下生存,一旦等到所处环境好转,变得较为适宜时,便能蜕去硬皮恢复活动。大多数粉螨形成的休眠体是活动休眠体,只有少数粉螨形成不活动的休眠体,如粉螨属(*Acarus*)和食甜螨属(*Glycyphagus*)等。粉螨的休眠体在动物界中可能是独一无二的,对粉螨的发育和繁殖起到促进作用。

(二)革螨

革螨生活史(图3.3)通常分为卵、幼螨、第一若螨、第二若螨和成螨5个时期。革螨行卵生、卵胎生(ovovi-viparity),也可直接产幼螨或第一若螨。卵生型雌螨产卵后一般在1~2天孵出幼螨,在24小时内蜕皮为第一若螨,经2~6天发育为第二若螨,摄食后再经1~2天蜕皮为成螨。革螨在一般情况下可在1~2周完成生活史。自生生活型革螨的特点是各期发育完全,如柏氏禽刺螨(*Ornithonyssus bacoti*)等。寄生型革螨会缩减生活史发育期数,即幼螨甚至第一若螨发育胚胎化,如长血厉螨(*Haemolaelaps longipes*)产出的卵内已含幼螨;格氏血厉螨(*Haemolaelaps glasgowi*)、鼠颚毛厉螨(*Tricholaelaps myonyssognathus*)的主要生殖方式为直接产幼螨;毒厉螨(*Laelaps echidninus*)则直接产出幼螨,而茅舍血厉螨(*Haemolaelaps casalis*)的生殖方式主要是产第一若螨,有时产幼螨,其产卵现象极少。卵胎生可以增加幼螨的存活率,其间卵黄为其提供营养,减少幼螨饿死概率,也降低了被捕食的风险。此外,幼螨对于干燥、低温和其他不良环境的抵抗力弱,卵胎生可大大降低其死亡率。

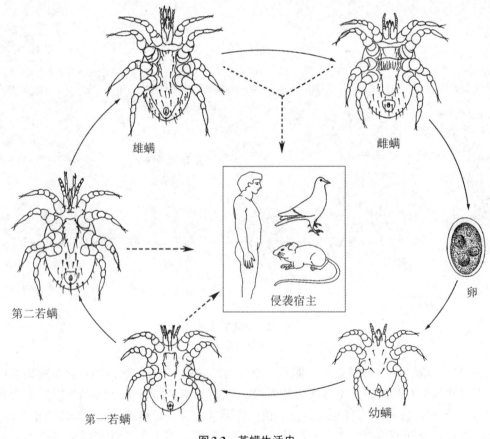

图3.3 革螨生活史
(仿李朝品)

(三) 恙螨

恙螨生活史(图3.4)分为卵、次卵(前幼螨)、幼螨、若蛹、若螨(稚螨)、成蛹和成螨7个时期,即在幼螨前有一前幼螨,在若螨期前后均有一静息期,分别为若蛹(nymphochrysalis)和成蛹(imagochrysalis)。恙螨从卵发育到成螨约需2个月,完成一代生活史约需3个月。在适宜(温湿度适宜、食物充足等)的条件下,一年可传3～4代,在自然界每年完成1～2代。

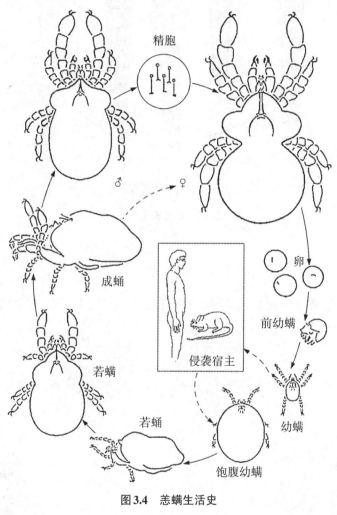

精胞

♂

成蛹

若螨

侵袭宿主

若蛹

饱腹幼螨

卵

前幼螨

幼螨

♀

图3.4 恙螨生活史
(仿温挺桓)

(四) 蠕形螨

蠕形螨的生活史(图3.5)包括卵、幼螨、前若螨、若螨和成螨5个时期,各期发育必须在人体上进行,多数情况下,雌螨产卵于毛囊内,卵期一般约为60小时,可孵出6足幼螨。幼螨寄生在毛囊内,约经36小时蜕皮,发育为前若螨。前若螨为其生活史中的一特殊期,约经72小时蜕皮,发育为若螨。若螨约经60小时蜕皮,发育为成螨。雌、雄成螨可间隔取食,约经120小时发育成熟,完成一代约需350小时。

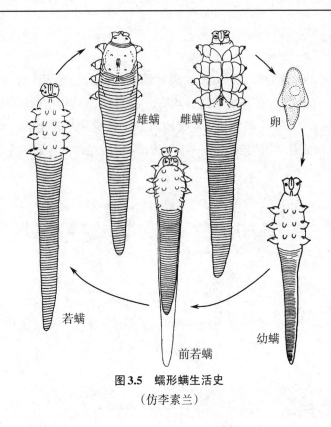

图3.5　蠕形螨生活史

（仿李素兰）

（五）疥螨

疥螨的生活史(图3.6)通常包括卵、幼螨、若螨和成螨4个时期,但雌性疥螨具2个若螨

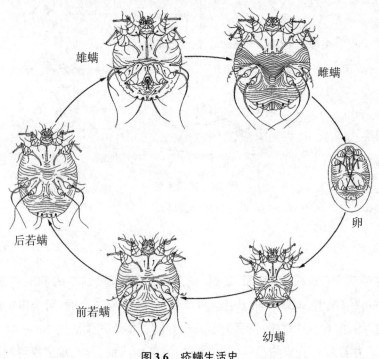

图3.6　疥螨生活史

（仿李朝品）

期,为5期。疥螨的生活史除交配活动外,均在宿主皮肤角质层其自掘的"隧道"内完成。雌疥螨在"隧道"内产的卵,其卵期一般为3~4天,但其卵期受外界环境影响,当外界环境温度降低,卵期可延长至10天左右。并且卵对环境具有一定的耐受性,离开宿主后10~30天也能发育。幼螨期为3~4天,在定居的"隧道"内蜕皮变为若螨,雄性若螨只有1期,经2~3天后蜕皮发育为雄螨;雌螨有2个若螨期,第一期若螨2~3天后变为第二期若螨(又称为青春期若螨)。幼螨很活跃,可离开"隧道"爬到宿主皮肤表面,重新再凿一"隧道"生活,有的在原来的"隧道"旁挖掘侧道定居,有的仍在母体"隧道"内寄居。雄螨在交配后不久便会死亡或筑一短"隧道"短期寄居。

(六)蒲螨

蒲螨是一种胎生螨类,生活史分为卵、幼螨、若螨和成螨4个时期。卵、幼螨、若螨均在体内发育,直至发育为成螨自母体产出。母体内发育成熟的雄螨从母体生殖孔处爬出,很少离开母体,附着于母体膨大的末体上刺吸寄生。雌幼螨即将出生时,会在母体内不停地活动,自动爬向母体生殖孔,母体外的雄螨以其强有力的第Ⅳ足伸入母体,将其拖出生殖孔。一旦雌螨从生殖孔产出,母体外的雄螨即与其交配,行有性生殖,1只雄螨可以与若干只雌螨交配,雄螨在交配后1天死亡。若将所有雄螨都从受孕雌螨的末体移去,雌螨则进行孤雌生殖,但产出的螨均为雄性。蒲螨对理化因素的耐受力不同,通常在28℃左右时较活跃。以赫氏蒲螨(Pyemotes herfsi)为例,孕雌螨的抵抗力最强,而受精的雌螨抵抗力较弱。通常孕雌螨在温度达39℃的情况下,大约100分钟死亡;在温度为60~70℃的干热情况下,3~5分钟死亡;在温度为80~90℃的湿热情况下,1分钟左右死亡。幼雌成螨在温度达50℃的情况下,5~15分钟死亡;在温度为80~90℃的湿热情况下,0.5分钟左右死亡。温度、湿度等环境因子对雌螨的繁殖影响较大。

(七)跗线螨

跗线螨的生活史分为卵、幼螨、若螨及成螨4个时期。卵孵化变成3对足的幼螨,幼螨进入静息期后,其后若螨到成螨的发育过程均在幼螨表皮下进行,最终成螨个体从幼螨背部表皮破壳而出。大多数跗线螨营孤雌生殖,这种现象是否能产生雌性或雄性后代,仍需进一步研究。李隆术等(1985)研究侧多食跗线螨(Polyphagotarsonemus latus)在25℃下卵、幼螨、若螨、产卵前期、世代发育历期分别为(2.30±0.20)天、(1.04±0.13)天、(0.84±0.07)天、(1.48±0.18)天和5.66天。

(八)甲螨

甲螨生活史通常包括卵、幼螨、第一若螨、第二若螨、第三若螨和成螨6个时期。甲螨卵期与幼螨期之间还包括1个静息的前幼螨期(prelarva)。而折甲螨的卵通常在母体内继续发育,直接产出前幼螨。

第二节　繁　殖

影响螨类生长发育的因素包括温度、湿度、光照、宿主和天敌等环境因子。温湿度与螨类的生长发育有着非常密切的关系,所以螨类具有明显的季节消长。在适宜的环境温度下,环境温度升高,体温就相应升高,螨体的新陈代谢作用加快,取食量也随之增大,螨的生长发育速度就增快。螨类多畏光(负趋光性)、怕热,喜欢孳生在阴暗潮湿的地方。光强度和方向的改变能够影响大多数螨的活动。影响螨类生长发育的还有生物因素,包括病原微生物、捕食性天敌和寄生性宿主等。自然界中大量的细菌、真菌和病毒等病原微生物可使螨致病,甚至寄生于螨体内导致其死亡。当然,季节变化会引起一些生物因素和环境因子发生不同程度的变化,导致螨类生长发育具有明显的季节消长。此外,人为因素、杀虫剂和食物种类等也是影响螨类生长发育的一些重要因素。

一、生殖

家栖螨类为雌雄异体的动物,其生殖方式主要为两性生殖,但经常进行单性生殖,即孤雌生殖(parthenogenesis)。所谓单性生殖是指未受精的卵直接发育为成螨的生殖方式。蜱螨类的单性生殖有三种:① 产雄单性生殖(arrhenotoky):由未受精卵产生单倍体的雄螨,这种生殖方式在革螨亚目和辐螨亚目的一些螨类中较为常见。单性生殖所产后代均为雄螨,这些雄螨还可以和母代回交,产下受精卵发育成雌螨和雄螨,但以雌螨占绝对优势。② 产雌单性生殖(thelytoky):由未受精卵产生雌螨,该生殖方式在某些革螨及辐螨亚目中很普遍,也可见于硬蜱及某些甲螨。③ 产两性单性生殖(amphoterotoky):由未受精卵产生雄性和雌性的后代,这只在辐螨亚目中有报道。甲螨的生殖方式有单性生殖和两性生殖。甲螨的单性生殖为产雌孤雌生殖(thelytoky),通常与栖息环境密切相关。甲螨有卵生、卵胎生及死后卵胎生三种繁殖方式。死后卵胎生是甲螨的卵在母体内孵化,待母体死亡后,幼螨或若螨咬破母体而出。肉食螨多为孤雌生殖,跗线螨也营孤雌生殖。某些革螨可以进行孤雌生殖,如巨螯螨(Macrocheles sp.)从孤雌生殖的卵发育为雄螨,可与其母螨交配。有些种类还可行卵胎生(图3.7)。有些螨类的卵在其母体中已完成了胚胎发育,因此从母体产下的不是卵而是幼螨,有时甚至是若螨、休眠体或成螨,这种生殖方式称为卵胎生。卵胎生完全不同于哺乳动物真正的胎生,螨类胚胎发育所需的营养由卵黄供给,而哺乳动物所需的营养则是通过胎盘从母体直接取得。

成螨期是螨类繁殖后代的关键阶段,成螨由后若螨蜕皮至交配、产卵,常有一定的间隔期。由后若螨蜕皮到第一次交配的间隔时间称为交配前期,大多数螨类的交配前期很短。由后若螨蜕皮到第一次产卵的间隔时间称为产卵前期,各种螨类的产卵前期常受温度的影响。

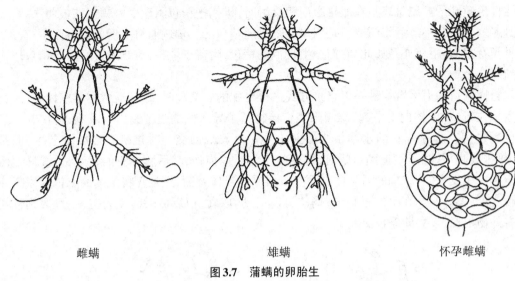

雌螨　　　　　　　　　雄螨　　　　　　　　　怀孕雌螨

图3.7　蒲螨的卵胎生

（仿杨庆爽，梁来荣）

二、交配

不同螨类交配习性（mating habits）不同，但可以归纳为两种类型：一种为直接方式，就是雄螨以骨化的阳茎把精子导入雌螨受精囊中，粉螨科的根螨交配是直接式的，雄螨的后半体腹面叠于雌螨后半体的背面，彼此方向相反。另一种为间接方式，其又包括两种交配方式：一种是雄螨产生精孢（spermatophore）或精袋（sperm packet），再以各种不同的方式传递到雌螨的生殖孔中，如甲螨；另一种是雄螨的螯肢形成形状不一的导精趾，用以传递精包。当植绥螨科的智利小植绥螨（*Phytoseiulus persimilis*）要交配时，雄螨积极找寻雌螨，而雌螨是等待不动的。找到雌螨后彼此相对用须肢和第1对足接触，然后雄螨反转身钻入雌螨体下，彼此腹面相对，雄螨以导精趾从其生殖孔取得精包，然后插入雌螨生殖孔，使精包进入受精囊。"交配"过程可持续2个多小时（图3.8）。革螨亚目的寄螨科（Parasitidae）是以足传递精包进

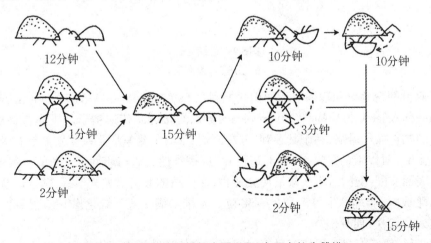

图3.8　智利小植绥螨的交配过程（有黑点的为雌螨）

（仿杨庆爽，梁来荣）

入雌性生殖孔的。尾足螨是在雌雄腹面相接触时,雄螨把精包附着于雌螨生殖板前缘,直接交到雌螨生殖孔中。后气门亚目是用口器来传递精包的。辐螨亚目中形成精包而不"交配"的种类有很多,甲螨亦是如此,它们产生带柄的精包,附着于他物,雌螨路过时拾起精包压入生殖孔。

粉螨亚目的大多数螨种是以直接方式进行交配的。交配时,雄螨通常在雌螨体下,用足紧紧抱住雌螨,末体向上举起,雄螨阳茎直接将精子导入雌螨受精囊内与雌螨进行交配,完成受精过程。但粉螨科的水芋根螨(*Rhizoglyphus callae*)交配时雄螨不在雌螨下方,而是雌、雄排成直线,当雄螨追到雌螨时,即用足Ⅰ将雌螨拖住,然后爬至它的背上,再缓慢地倒转躯体成相反方向,雄螨的后半体腹面叠于雌螨后半体背面,用足Ⅳ将雌螨的末体紧紧夹住进行交配(图3.9)。在交配过程中,螨体可以活动、取食,但以雌螨活动为主,一旦遇到惊扰或有外物阻拦,多立即停止交配。

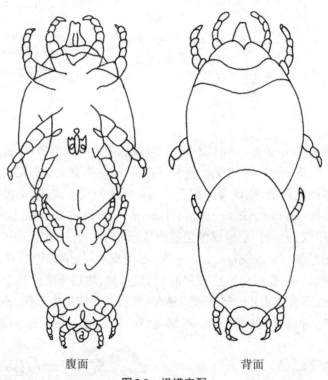

腹面　　　　　　　背面

图3.9　根螨交配
(仿杨庆爽,梁来荣)

粉螨亚目的粉螨科和辐螨亚目的肉食螨科(Cheyletidae)、叶螨科(Tetranychidae)、细须螨科(Tenuioalpidae)、长须螨科(Stigmaeidae)等以直接方式传递精子。雄螨在直接交配中以其特殊的构造抓住雌螨,利于其顺利完成交配。如有的雄螨后足及生殖器具有吸盘,有的雄螨有1对或1对以上的足增大(如羽螨科)。疥螨雄性成螨与雌性第二若螨一般于晚间在宿主皮肤表面交配,交配后不久雄螨便会死亡,而受精的雌若螨尤其活跃,钻进皮肤角质层,蜕皮变为雌成螨,雌螨一生可产卵20~50粒。雌雄尘螨一般于孵化出1~3天后直接交配,交配次数为1~2次,偶有3次。

革螨亚目、辐螨亚目及甲螨亚目等以间接方式传递精子。其传递方式各不相同:革螨亚目则用螯肢上的导精趾将精子传递并压入生殖孔中;辐螨亚目及甲螨亚目雄螨通过产生有柄的精孢于物体上,再由雌螨自行拾起而完成精子的传递。恙螨雄螨性成熟后,即分泌出液线(fluid thread),接触空气后硬化并形成柄,精孢放于柄上(图3.10),当与雌螨的外生殖器(genitalia)接触时,就被雌螨摘取,并在体内受精。辐螨亚目的其他螨及甲螨均产有柄精孢于物体上,由雌螨自行摘取。叶螨的交配行为是雄成螨在静止期的雌性第二若螨周围徘徊,帮助其转身和蜕皮,第二若螨一旦蜕皮成为雌成螨,雄螨即与之交配。交配时雄成螨从雌成螨末体后缘钻入雌体下,以足Ⅰ抱住雌体后半体,足Ⅱ和足Ⅲ彼此拉住,雄螨后端向上翘,将阳茎插入雌螨交配孔(图3.11)。蒲螨为卵胎生,在母体内经历卵、幼螨、若螨直至成螨,故所产出的螨即为性成熟的雌、雄成螨,母体内发育成熟的雄螨先产出,并在母体膨大的末体上刺吸寄生;在后来产出的雌螨爬到母体生殖孔处时,雄螨便帮助拖拉使雌螨产出,一旦雌螨产出即行两性交配,进行有性生殖。没有阳茎的种类不能进行真正意义上的交配,雄螨产生精包(图3.12),以不同的方式把精包送入雌螨的生殖孔(图3.13)。

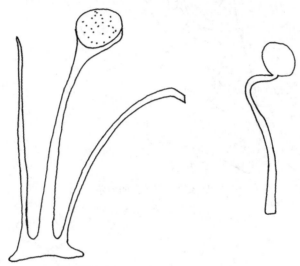

图3.10 恙螨(左)和甲螨(右)的精包
(仿杨庆爽,梁来荣)

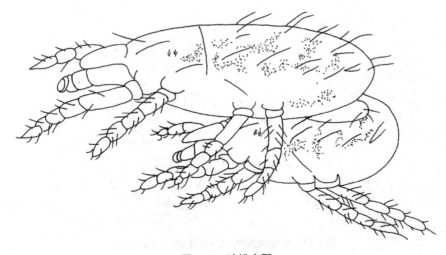

图3.11 叶螨交配
(仿杨庆爽,梁来荣)

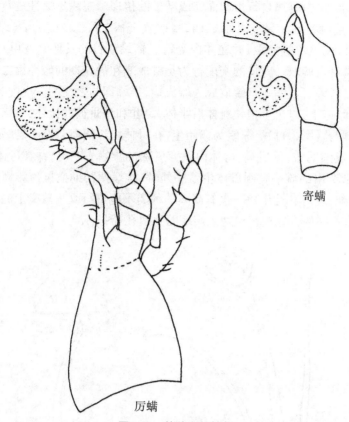

寄螨

厉螨

图 3.12　螯肢上的精包
（仿杨庆爽，梁来荣）

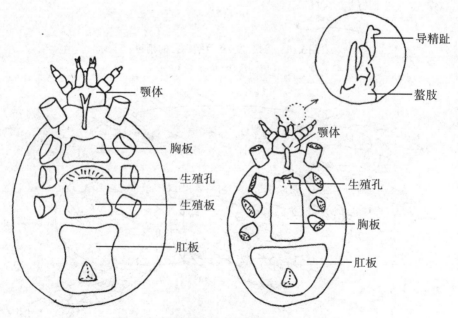

导精趾

螯肢

颚体

胸板

生殖孔

生殖板

肛板

颚体

生殖孔

胸板

肛板

图 3.13　植绥螨雌螨（左）和雄螨（右）的结构
（仿杨庆爽，梁来荣）

三、产卵

产卵是家栖螨类生活史的重要一环,因此了解它们的产卵行为十分必要,产卵量的多少除了因螨种而异外,还受到食物、温度、湿度、光照等外界环境条件以及取食种类的影响。

(一)粉螨

粉螨产下的卵可呈单粒、块状或小堆状排列。在实验室内饲养,经观察,雌螨多于交配后1~3天开始产卵,且多将卵产于离食物近、湿度较大的地方。粉螨产卵多少因螨种而异,1只雌螨可产卵10余粒,甚至数百粒。如椭圆食粉螨(*Aleuroglyphus ovatus*)一生可多次交配,于交配后1~3天开始产卵。以面粉作饲料,在温度25℃和相对湿度75%的条件下,可持续产卵4~6天,1只雌螨可以产卵33~78粒,平均为55.5粒,产卵期平均为3天。伯氏嗜木螨(*Caloglyphus berlesei*)昼夜均可产卵,产卵时间可持续4~8天,单雌可产卵6~93粒,平均为48.1粒。产卵方式为单产或聚产,聚产的每个卵块有2~12粒不等,排列整齐或呈不整齐的堆状,产卵开始后3~6天达高峰,最高日单雌产卵量为27粒,产卵持续期内偶有间隔1天不产卵现象。在产卵期间,仍可多次进行交配。腐食酪螨一生可交配多次,产卵多次。在温度为25℃时,平均产卵时间为19.61天,单雌日均产卵量为21.87粒。多数卵聚集呈堆状,也有少数呈散产状态。纳氏皱皮螨(*Suidasia nesbitti*)一生能多次交配,交配后1~3天便开始产卵。每一雌螨平均产卵30粒,有时可达40余粒。害嗜鳞螨(*Lepidoglyphus destructor*)的雌性成螨一生中交配多次,交配后1天内产卵,产卵期可持续9~13天,每雌产卵量通常为58~145粒,日产卵量为1~12粒不等。

不同季节产出螨卵的结构也存在差异,夏卵产后6小时内不耐干燥,而冬卵产下后则能在干燥环境中生存。粉螨的产卵量除受其自身产卵力的影响外,还受到食物、温度、湿度、光照、雨量、灌溉、肥料等环境条件及取食饲料种类的影响。刘婷等(2006)对腐食酪螨的生殖进行了较为详细的研究,结果表明:随着温度的升高,腐食酪螨雌成螨日均产卵量和平均产卵量呈先升后减的趋势,最高平均产卵量和最高日均产卵量均出现在25℃,这表明此温度更适宜该螨生长繁殖。

(二)革螨

寄生型革螨一般每次产卵或产幼螨1只,1只雌螨一生产卵或子代几个至几十个,甚至达数百余个。如鸡皮刺螨(*Dermanyssus gallinae*)一生可有5~7个生殖营养周期,每次可产卵2~20粒。柏氏禽刺螨(*Ornithonyssus bacoti*)一生产卵52~92粒。厩真厉螨(*Eulaelaps stabularis*)一生平均产15.2只幼螨,最多27只。茅舍血厉螨(*Haemolaelaps casalis*)、格氏血厉螨(*Haemolaelaps glasgowi*)和鼠颚毛厉螨(*Tricholaelaps myonyssognathus*)雌螨平均产子代依次为7~26只、94只和12只。钝绥螨(*Amblyseius anderson*)人工繁殖8天可增长10倍。鸟巢中囊禽刺螨(*Ornithonyssus bursa*)开始每次仅产几只螨,过一个繁殖季节可增至数千只,最多5万只。

（三）恙螨

恙螨雌螨的产卵同成螨本身的情况和外界因子中的温度、湿度、食物来源等都有关系，如实验室在同等条件下培养的地里纤恙螨（*Leptotrombidium deliense*）成螨，有一些个体产卵量大，一些个体产卵异常少或完全不产卵。一般的雌螨在（28±1）℃、相对湿度100％和有充分食物的条件下，通常在蜕皮后6～7天（少数为12～21天）开始产卵。恙螨产卵无明显规律，有时连续产卵，有时间歇性产卵；每天的产卵数量也有变化。产卵期变化较大，通常为8～253天，或更长时间，雌螨一生可产卵229～4450粒。每天每只雌螨产卵量为1～3粒（平均为2.61粒），最多达12粒。

（四）蠕形螨

蠕形螨一次只产1粒卵，相关资料较少，有待进一步研究。

（五）疥螨

疥螨Ⅱ期雌若螨则于交配后重新钻入宿主皮肤内挖掘"隧道"，不久蜕皮为成螨。再经2～3天开始产卵，每2～3天产卵一次，每次可产卵2～3粒。雌螨一生可产卵40～50粒，产卵后死亡于"隧道"末端，可生活6～8周。

（六）蒲螨

蒲螨在室温为20～22℃时可生活38天，母体产出下一代成螨。在合适的气温下，其发育繁殖时间可缩短为8～10天。在温度达28～35℃、相对湿度为85％～98％时，蒲螨可大量繁殖，高峰期1天可产螨50只。1只雌螨可产下一代螨200～300只，其雌雄比例为200:3～200:8。小蠹蒲螨具有较强的繁殖力，在26～29℃的条件下，单头产螨膨腹体平均可产（60.6±3.8）只，最多产83.0只，且雌性螨占93.7％～98.2％；球腹蒲螨（*Pyemotes ventricosus*）雌螨能够生产雌螨87.5只、雄螨5.5只，雌雄性比为15.9:1。

（七）跗线螨

跗线螨的卵呈白色，相对较大，表面平滑或具不同形态的突起或凹陷，单个产出。侧多食跗线螨（*Polyphagotarsonemus latus*）在温度为25℃、相对湿度为85％～90％的条件下，每雌日均卵量为（1.67±0.61）粒，总卵量为（31.24±8.32）粒。稻鞘跗线螨（*Steneotarsonemis* sp.）雌成螨产卵于叶鞘内壁，多数为单粒散产，少数为数粒乃至数十粒平列堆聚在一起，1只雌螨一生平均产卵数为6.6～14.6粒。

（八）甲螨

甲螨有卵生、卵胎生及死后卵胎生3种繁殖方式。死后卵胎生是甲螨的卵在母体内孵化，待母体死亡后，幼螨或若螨咬破母体而出。1只雌螨体内存在的卵数一般为1～2粒，少数种类可有10粒以上，但未见有20粒以上的种类。大多数雌螨一生的产卵量为40～70粒，个别可达200多粒。王克让等（1990）报道农田门罗点肋甲螨（*Punctoribates manzanoensis*）越冬雌成螨于3月出蛰活动，经取食补充营养，当平均气温达9℃时开始产卵，11月上中旬为产卵终止期。全年各代产卵前期为4～8.8天,一般为6天。产卵历期则第一代成螨平均为76.8天,最短为47天,最长为123天。由于产卵期长,导致各世代重叠。每只雌螨平均产卵181粒,最多为282粒,最少为111粒。日平均产卵量为2.34粒,日最高产卵量为9粒,一般为5～6粒,最少为零。产卵高峰期集中在产卵期的前半期。产卵结束甲螨可继续存活16天。喂养链格孢菌的甲螨将卵产在菌丛表面、菌丝丛间。产卵方式以散产为主,也有2～3粒或5～6粒卵聚集在一起的情况。不同种类甲螨的产卵场所不同,一般将卵产在地面或枯叶下等富含腐殖质的地方,有的将卵产于腐烂植物的组织、皮蜕或菌丝上。

四、寿命

不同螨种的家栖螨类的寿命差异较大,雄螨和雌螨之间也有差异。寿命的长短还与所处环境的温湿度、食物充沛程度和光照等因素有关。

雄性粉螨的寿命一般比雌螨短,多数交配后随即死亡。雄螨的寿命与其本身的生理状态密切相关,越冬雌螨在越冬场所能生存5～7个月,在室温条件下,雌螨的寿命为100～150天,雄螨为60～80天。粉螨的寿命除了与自身遗传生物特性相关外,还与温湿度及食物的营养成分有关。刘婷等(2007)对腐食酪螨(*Tyrophagus putrescentiae*)的寿命进行了研究,发现腐食酪螨各螨态发育历期与温度呈负相关,即随着温度升高,雌成螨50%死亡的时间逐渐缩短,平均寿命变短;随温度的降低平均寿命增长,12.5 ℃时寿命最长,为126.35天,30 ℃时寿命最短,为22.0天。此外,在12.5 ℃、15 ℃、20 ℃、25 ℃和30 ℃的条件下,用啤酒酵母粉为饲料饲养的腐食酪螨其各个阶段的发育历期均较在相同条件下以玉米粉饲养的腐食酪螨的发育历期短,即发育速率较快。

巢穴寄生型革螨的寿命较长,如茅舍血厉螨在温度为20～25 ℃、相对湿度为90%～100%的条件下,第一若螨与第二若螨平均可耐饿11～11.5天,雌螨的耐饿力更强,平均为11周,最长达20周,在20～25 ℃的条件下雌螨寿命达120～220天,只供血食可存活120～187天。厩真厉螨在温度为18～22 ℃的条件下,给予血食有50%的螨可存活5个月,10%的螨可存活至8个半月,该螨寿命在温度为5～10 ℃的条件下较长,在20～25 ℃下可存活半年以上,在25～30 ℃下平均可存活109天;鸡皮刺螨在无食环境中,温度为10～32.7 ℃的条件下,可活33周,在温度为25 ℃、相对湿度为80%的条件下能存活9个月;柏氏禽刺螨在温度为20～25 ℃时,大部分可存活5～6个月,最长可达9个月。

巢穴寄生向体表寄生的过渡型革螨,如鼠颚毛厉螨在温度为30 ℃、相对湿度为90%时,雌螨存活时间为25～74.9天,平均为39.9天,雄螨的存活时间为17～75.7天,平均为44.9天;裴氏厉螨实验室饲以家蝇碎组织,雌螨平均存活75.5天,雄螨存活72.5天。

体表寄生型革螨则与巢穴型革螨相反,其寿命较短,如林禽刺螨(*Ornithonyssus sylviarum*)在适温适湿的试管中,无食条件下雌螨只能存活3周,最多不超过4周;毒厉螨在温度为30 ℃、相对湿度为81%的条件下,雌螨寿命为61～69天,平均为78.8天,雄螨为57～76天。

自由生活型革螨通常寿命短,耐饿力弱,如埋葬甲异肢螨(*Poecilochirus necrophori*)雌螨的寿命只有9～10天。

刘静等(2008)报道以椰心叶甲为宿主,在温度为(25±2) ℃、相对湿度为75%±10%的条件下饲养蒲螨,其成螨寿命为(21.21±0.193)天;王智勇(2013)以苹小吉丁幼虫为宿主研究球腹蒲螨生物学发现,1只雌性球腹蒲螨的平均寿命为23天。

刘爱萍等(2008)研究表明温度对针茅狭跗线螨(*Steneotarsonemus stipa*)的寿命有显著影响,在20℃、25℃、30℃、35℃的条件下,随温度降低,针茅狭跗线螨的寿命延长。20℃下寿命最长,平均可达16.8天,25℃与20℃无显著差异,35℃时其寿命最短,平均仅为4.6天。

甲螨通常生长缓慢,生长周期长。温带地区的甲螨,通常可存活1~2年,有的可存活4~5年。

不同种类的恙螨寿命长短差异较大,一般为90~400天;在实验室恒温(25±1)℃环境下培养地里纤恙螨,有的寿命可达2~3年,少数可达4~5年。

蠕形螨的雌雄成螨可间隔取食,约经120小时发育成熟,完成一代约需350小时,即14.5天。蠕形螨两性差别在未成熟时期不明显,生活史各期均发生在宿主上,通常前若螨期最短,幼螨和若螨期大致相等,成螨期相对较长。雄螨在交配后死亡,雌螨寿命为2个月左右。

屈孟卿等(1988)实验显示离体雌性疥螨在温度较高、相对湿度较低时,平均寿命较短;反之,在温度较低、相对湿度较大时,平均寿命较长。如在10℃时,生活于生理盐水湿滤纸皿内的离体疥螨平均寿命为7.62天,最长可存活12天,而在35℃的上述条件下,其平均寿命为1.05天,最长可存活不足2天;而暴露在干滤纸皿内者的平均寿命为1.68天,最长可存活5天。在15℃、20℃和25℃条件下,暴露在干滤纸皿内者的平均寿命分别为2.49天、1.48天和1.16天,最长存活时间依次为5天、3天和2天;同样在此温度条件下,生理盐水湿滤纸皿的疥螨,平均寿命依次为5.86天、2.51天和1.94天;最长存活时间为12天、6天及3天。再以相同湿润条件,但温度分别为0℃和10℃时,前者的平均寿命为5.38天,最长寿命为10天;后者的平均寿命为7.62天,最长存活12天。在干燥条件下,0℃时其平均寿命为2.7天,最长存活4天;10℃时其平均寿命为1.68天,最长存活5天。

五、传播与扩散

螨类因取食、栖息、避敌、交配以及繁殖等需要,必然出现主动传播与扩散的行为,而有些螨类则受风、雨等外界条件的影响,做被动传播与扩散,这些螨类可开辟新的栖息地,继续生存与繁殖。

(一)粉螨

粉螨的足生有爪和爪间突,上具黏毛、刺毛或吸盘等攀附结构,其休眠体还具有特殊的吸附结构,使其易于附着在其他物体上,被携播至其他生境。此外,粉螨还可随气流传至高空,做远距离迁移。

为害贮粮和食品的粉螨,原来是栖息在鸟类和啮齿类巢穴中的螨类,正是由于鸟类和啮齿类动物的活动,把它们从自然环境带到人类的仓库里。有些螨类,如甜果螨(*Carpoglyphus lactis*)和食虫狭螨(*Thyreophagus entomophagus*),经过小白鼠和麻雀的消化道后还有一部分可以存活,特别是卵和休眠体的存活率更高,这样,小白鼠和麻雀就起到了传播这些螨类的作用。仓储物流、人工作业等也在不知不觉中为粉螨的传播提供了机会。

（二）革螨

营自生生活类群的革螨常在朽木、烂叶和土壤中孳生，主要靠爬行活动，或随孳生物的移动而移动；营寄生生活类群的革螨常寄生在鼠类和鸟类等多种动物的体表或巢穴中，可随这些动物的活动而将其携带到各处，鼠类的觅食、迁徙等活动是革螨扩散的重要因素。

（三）恙螨

恙螨喜群居，常呈岛状分布。恙螨个体细小，靠爬行活动，活动范围小，只能在其孳生地的一定范围内，向垂直和水平方向移动。通常在外界环境相对稳定的条件下，幼螨只在出生地半径为300 cm、垂直距离为10~20 cm这一范围活动。可攀登到草、石头或地面的某些物体上，或深入泥洞。故恙螨的扩散主要靠宿主携播，其散布范围的大小随宿主迁移或活动的情况而定，另外也可随暴雨和洪水散布各地。

（四）蠕形螨

蠕形螨可在外界存活1~4天，常活动于人体毛囊口以及皮肤表面，可经接触传播。其传播途径可分为异体传播（包括直接接触和间接接触）和自体传播。蠕形螨异体传播易于在带虫父母与子女之间、皮肤科医生与患者之间以及集体生活的幼儿和青少年间发生。直接接触感染是主要传播途径，例如：哺乳、亲吻、握手等直接接触感染部位的动作均可造成蠕形螨的传播；间接传播的主要途径为共用洗脸洁具等，如毛巾、脸盆、梳子、化妆品及化妆用具。因此，旅馆、发廊、美容店及化妆室等公共场所是蠕形螨间接传播的主要场所。蠕形螨自体传播的患者往往伴有鼻、耳以及皮肤等部位瘙痒，常用手揉鼻子、挖耳道、搔抓皮肤等，易造成蠕形螨从人体的一个部位传播到另一个部位，导致感染范围扩大。

（五）疥螨

疥螨散播和侵犯宿主的重要时期是受精后的雌性Ⅱ期若螨，其非常活跃，爬行迅速。此时，其既可再感染原宿主，又易感染新宿主，还可以污染被褥、衣服导致间接传播。据王仲文等（1989）通过解剖镜观察发现，受试的离体雌性活疥螨，在人手背皮肤表面的爬行无一定方向性，但爬行的路线绝大多数是沿皮纹沟前进，也可在短距离横越皮纹沟之后，再沿皮纹沟的走向爬行。

（六）蒲螨

蒲螨是多种害虫的体外寄生性天敌，小蠹蒲螨（*Pyemotes scolyti*）寄主谱很窄，只寄生于一种或几种小蠹；而球腹蒲螨寄主谱很广，可寄生于多种昆虫。小蠹蒲螨属于寡寄生性天敌，雄螨可以出现多态现象，雌螨仅寄生寄主幼体和蛹，不寄生成虫，但可以随成虫迁移，因此为迁移型螨。在自然界中蒲螨主要靠风力完成扩散和传播，直至落到植食性害虫体上，才真正开始寄生生活。

（七）跗线螨

跗线螨赖以为食的真菌栖息地有很多，但谷跗线螨孳生环境常在仓库，跗线螨螨体小而光滑,可侵入鸟类的羽毛根及哺乳动物的皮下,可能引起其传播。稻鞘跗线螨在适宜的温湿度条件下,主动爬行能力颇强,一般成螨每分钟可爬行数厘米至数十厘米,但幼螨的爬行能力稍弱。这种害螨能在叶鞘内壁活动,其扩散迁移方式除爬行外,还可凭借风力、流水和昆虫等媒介转移扩散。

(八)甲螨

甲螨可以借助风力进行扩散,有的甲螨进化出借助其他动物来进行扩散的方法,即携播(phoresy)。有的甲螨只通过一类动物进行扩散,携播者与被携播者存在一一对应的关系,而有的甲螨却并没有固定的选择对象。大多数携播类甲螨是通过一些脊椎动物来进行携播,尤其是啮齿类和鸟类,而有的甲螨则是通过昆虫进行携播。门罗点肋甲螨靠爬行或在平静的水面上作自由游走主动扩散。据实验测得,其在滤纸上每分钟平均能爬行3.36 cm。在平静水面,特别是在夜晚灯光照耀下的水面,翘起后半体,每分钟平均能游走3 cm,游走持续1~5分钟后,仰浮水面作片刻歇息又继续浮起游走;被动扩散可随风飘逸或借灌溉水流传播到更远的农田中去。

第三节　习性与生境

家栖螨类种类繁多、孳生场地多样,谷物、农副产品、棉花、中药材及人们的居住场所、灰尘等,均是家栖螨类理想的栖息场所。粮食和中药材仓库保管员、粮食加工厂工人及纺织工和搬运工等长期工作在有螨的环境中的人员,可被螨侵寄而致人体螨病。因此,家栖螨类不仅是储藏物的害螨,也是人体疾病的病原或媒介。

一、粉螨

粉螨生活史复杂,孳生场所、孳生物也多种多样,可孳生在家居环境、工作环境、储藏场所、畜禽圈舍、动物巢穴以及交通工具里。

(一)房舍及床垫灰尘

粉螨与人类的生活息息相关,在房舍及床垫中均有孳生,以人体皮屑、散落地面的食物残渣及房舍灰尘等为食。房舍螨类主要是粉螨,以屋尘螨(*Dermatophagoides pteronyssinus*)、粉尘螨(*Dermatophagoides farinae*)和梅氏嗜霉螨(*Euroglyphus maynei*)较为常见,其次为腐食酪螨(*Tyrophagus putrescentiae*)、粗脚粉螨(*Acarus siro*)、纳氏皱皮螨(*Suidasia nesbitti*)、水芋根螨(*Rhizoglyphus callae*)、拱殖嗜渣螨(*Chortoglyphus arcuatus*)、家食甜螨(*Glycyphagus domesticus*)和害嗜鳞螨(*Lepidoglyphus destructor*)等,还有少数捕食性螨类,如马六甲肉食螨(*Cheyletus malaccensis*)、普通肉食螨(*Cheyletus eruditus*)和鳞翅触足螨(*Cheletomorpha lepidopterorum*)等,这些肉食螨科螨类以粉螨为食。

刘群红等(2010)对阜阳地区100户居室环境的地面灰尘、床面灰尘、家具灰尘及衣物灰尘中粉螨孳生情况进行了调查研究,共检获粉螨3609只,隶属于6科15属,共19种。平均阳性孳生率为48.5％(194/400),其中以床面灰尘样本的阳性率(72％)最高,其次是地面灰尘(59％)、家具灰尘(37％)和衣物灰尘(26％)。

居室环境螨类孳生率与孳生密度随季节的不同而变化,赖乃揆(1988)在广州市16处采样点定点逐月调查床尘和衣尘标本,全年均可检出螨,各月检出率为48％～98％,其中2～3月阳性率较低,4月开始上升,5～6月和9～11月较高。

赵金红(2009)在安徽17个城市的居民宿舍、集体宿舍、办公室和旅馆等场所床面灰尘、地面灰尘、沙发灰尘和衣物灰尘中共分离鉴定出粉螨26种,隶属于6科16属,分别为粉螨科(Acaridae)粉螨属(*Acarus*)的粗脚粉螨(*A. siro*)、小粗脚粉螨(*A. farris*)、静粉螨(*A. immobilis*),嗜木螨属(*Caloglyphus*)的食菌嗜木螨(*C. mycophagus*)、食菌嗜木螨(*C. mycophagus*)、奥氏嗜木螨(*C. oudemansi*),食酪螨属(*Tyrophagus*)的腐食酪螨(*T. putrescentiae*)、腐食酪螨(*T. putrescentiae*),向酪螨属(*Tyrolichus*)的干向酪螨(*T. casei*),嗜菌螨属(*Mycetoglyphus*)的菌食嗜菌螨(*M. fungivorus*),食粉螨属(*Aleuroglyphus*)的椭圆食粉螨(*A. ovatus*),狭螨属(*Thyreophagus*)的食虫狭螨(*T. entomophagus*),皱皮螨属(*Suidasia*)的纳氏皱皮螨(*S. nesbitti*);食甜螨科(Glycyphagidae)食甜螨属(*Glycyphagus*)的家食甜螨(*G. domesticus*)、隐秘食甜螨(*G. privates*)和隐秘食甜螨(*G. privates*),嗜鳞螨属(*Lepidoglyphus*)的害嗜鳞螨(*L. destructor*)和米氏嗜鳞螨(*L. michaeli*),无爪螨属(*Blomia*)的弗氏无爪螨(*B. freemani*);麦食螨科(Pyroglyphidae)尘螨属(*Dermatophagoides*)的粉尘螨(*D. farinae*)、屋尘螨(*D. pteronyssinus*)和小角尘螨(*D. microceras*),嗜霉螨属(*Euroglyphus*)的梅氏嗜霉螨(*E. maynei*);脂螨科(Lardoglyphidae)脂螨属(*Lardoglyphus*)的扎氏脂螨(*L. phuszacheri*);嗜渣螨科(Chortoglyphidae)嗜渣螨属(*Chortoglyphus*)的拱殖嗜渣螨(*C. phusarcuatus*);果螨科(Carpoglyphidae)果螨属(*Carpoglyphus*)的甜果螨(*C. lactis*)。

粉螨还可在空调隔网的灰尘中孳生,崔玉宝和王克霞(2003)采集学校、饭店、娱乐场所、医院病房的空调隔尘网表面积尘共计360份,通过直接镜检法发现粉螨平均孳生率约为72.78％(262/360),其中娱乐场所的孳生率最高为88.57％(62/70)。随后朱玉霞等(2005)、白羽等(2007)、练玉银等(2007)、许礼发等(2008、2012)、湛孝东等(2013)和王克霞等(2013、2014)在不同地区的空调隔尘网中采集到粉螨,或在空调隔尘网灰尘中提取到了粉螨的过敏原或基因片段。

(二)粮食和食物

许多种粉螨可以在储藏粮食及食物中生活,如大麦、小麦、元麦、黑麦、莜麦、燕麦、荞麦、大米、黑米、糯米、稻谷、小米、谷子、穄子、黍子、玉米、高粱、黄豆、黑豆、绿豆、豇豆、豌豆、赤豆、扁豆和蚕豆等。粉螨以真菌和食物碎屑为食。粉螨还可以取食谷物胚芽,使受害谷物的营养价值和发芽率明显下降。死亡的螨体及其碎片、裂解产物,活螨的蜕皮、排泄物、代谢产物以及由粉螨传播的真菌及其他微生物,可严重污染食物。朱玉霞(2004)在淮南市唐山镇邱村对11种363份储藏蔬菜种子进行了粉螨调查研究,发现在135份种子中存在12种粉螨,孳生率为37.19％。12种粉螨隶属3科9属,即麦食螨科(Pyroglyphidae)的粉尘螨(*D. farinae*)、屋尘螨(*D. pteronyssinus*)和梅氏嗜霉螨(*E. maynei*),食甜螨科(Glycyphagidae)的隆头食甜螨(*G. ornatus*)、隐秘食甜螨(*G. privates*)、害嗜鳞螨(*L. destructor*)和膝澳食甜螨(*A. geniculatus*),粉螨科(Acaridae)的粗脚粉螨(*A. siro*)、小粗脚粉螨(*A. farris*)、腐食酪螨(*T.*

putrescentiae)、椭圆食粉螨(*A. ovatus*)和纳氏皱皮螨(*S. nesbitti*)。

粉螨还可严重污染面粉制作的食物,其外观和食用味道均有明显差异,从而影响食物的品质。粉螨在储粮中大量繁殖,有时可见谷物表面像地毯一样覆盖一层,可见数目之多。密闭储藏的大米(无害螨)启封后1月左右,就有粉螨大量发生。蒋峰和张浩(2019)在齐齐哈尔市粮店采集地脚粉10份、地脚米10份、玉米碴10份及挂面屑6份,共计36份样本,其中28份样本检出粉螨,阳性率约为77.8%,分离出粉螨60511只,平均孳生密度达168.09只/克,其中一份地脚粉的孳生密度高达2685.91只/克,共计9种粉螨隶属于3科8属,即粗脚粉螨(*A. siro*)、腐食酪螨(*T. putrescentiae*)、椭圆食粉螨(*A. ovatus*)、伯氏嗜木螨(*C. berlesei*)、罗宾根螨(*R. robini*)、纳氏皱皮螨(*S. nesbitti*)、害嗜鳞螨(*L. destructor*)、粉尘螨(*D. farinae*)和屋尘螨(*D. pteronyssinus*)。裴莉(2018)对大连地区农户的玉米、花生、大米、稻谷和糯米5种储粮共计500份样本进行检测,检测发现264份样本存在粉螨的污染,污染率为52.8%,其中以稻谷样本的阳检率最高,为75%(75/100),其他依次是玉米64%(64/100)、花生56%(56/100)、大米37%(37/100)和糯米32%(32/100),其平均孳生密度分别为(27.81±4.35)只/克、(52.31±5.16)只/克、(36.25±4.82)只/克、(32.37±3.89)只/克、(28.16±4.05)只/克。分离出粉螨12种,隶属于4科10属,即粉螨属(*Acarus*)、食酪螨属(*Tyrophagus*)、干向酪螨属(*Tyrolichus*)、嗜木螨属(*Caloglyphus*)、根螨属(*Rhizoglyphus*)、皱皮螨属(*Suidasia*)、脂螨属(*Lardoglyphu*)、嗜鳞螨属(*Lepidoglyphus*)、澳食甜螨属(*Austroglycyphagus*)和尘螨属(*Dermatophagoides*)。粉螨还可在储藏干果(红枣、桂圆、荔枝干、柿饼等)、蜜饯、食糖、干菜、海味、肉干、鱼干、奶粉、茶叶、火腿、糕点等中孳生。在中国台湾地区,各种储藏的粮食受到粉螨的危害率高达61%~100%。

粉螨对储藏粮食和食品的污染,既使经济上遭受严重损失,又严重危害了食品的品质和卫生。腐食酪螨严重危害火腿,使其表面密布似霜一层;还有食糖、干果、蜜饯等可致甜果螨大量繁殖,严重影响储藏食品的品质。在食品卫生方面,有些如糕点、茶叶和奶粉等直接食用食品,也有大量粉螨孳生,若有粉螨污染,可随食物直接进入人体导致螨病。据报道,中国台湾南部地区,储藏红糖的受染率达91%,每千克红糖中有螨1914只;白糖的受染率达71%,每千克白糖中有螨1412只。

(三)动物饲料

动物饲料和人的食物一样,经常受到粉螨的严重为害,是家畜养殖和饲料业的主要危害之一。常见的粉螨有粗脚粉螨、腐食酪螨和椭圆食粉螨等。近年来国外在对动物饲料的调查发现,90%的饲料受到螨类不同程度的危害,严重者每千克饲料中有各种储藏螨类(主要是粉螨)达150万只。英国曾对位于西南部的114个奶牛场使用的浓缩饲料进行调查,只有4个奶牛场的饲料样品没有发现螨类,并人为地把螨类污染程度分为6个等级。动物饲料的严重螨害使饲料的适口性差,减少了家禽的产量和奶牛的产奶量,降低了动物的繁殖率。此外,各类动物还出现维生素缺乏、抗病能力减弱、腹泻和呕吐等情况。用污染螨类的饲料长期喂养的动物,容易出现肝、肾、肾上腺和睾丸机能的衰退。用被粉螨污染的饲料喂养动物,往往会出现发育不良、生长缓慢,但其食量却增加的情况,这充分说明了饲料中的营养价值减少了。据Cusak等报道,粉螨的危害可致动物饲料的损失达50%。Wilkin等人曾用9对同胎仔猪(体重约20千克)分对照组和实验组做喂养实验,实验组给粉螨污染的饲料,对照组给无粉螨污染的饲料。结果是实验组比对照组喂养的饲料多,但实验组比对照组生长得慢,两组之间具有明显差异,并且差异会随实验的进展而增大。一般动物饲料中粉螨的危害可造成饲养动物10%重量的损失。

(四)中成药和中药材

近年来发现粉螨污染中成药,且在我国陆续发现长期从事中药材工作的保管员和工作人员患"肺螨病"。对于中成药及中药材的染螨问题,已经引起有关部门的关注和重视。据有关部门的调查发现,在1123批次的中成药和中药蜜丸中有110批次,共计51个品种有粉螨污染,平均染螨率在10%左右。有些中成药蜜丸蜡壳完好无损,但蜡壳内却发现粉螨,这显然是在加工时就被粉螨污染了。另对1456个中成药品种的调查中发现,有59个品种有粉螨污染,平均染螨率约为4.1%。也曾在生产青霉素针剂的车间里发现过粉螨。据重庆商业储运公司报道,在储存土霉素片和健胃片的地面上发现大量粗脚粉螨。人们食入被粉螨污染的中成药,可导致人体肠螨病。粉螨在干姜、陈皮、五加皮、羌活、秦艽、益母草、独活、川断、党参、合香、柴胡、旱莲草、桂枝、桔梗、川芎、徐长卿、炒白芍、金钱草、薄荷、海风藤、黄芪和半支莲等中药材中均有发现,并且孳生率较高。陈琪等(2013)对芜湖地区的76种964份储藏中药材调查发现,粉螨孳生率为22.51%,分离出粉螨31种,隶属6科18属。赵小玉和郭建军(2009)对贵州地区的618种1391份储藏中药材调查发现,孳生螨种35种,隶属4目18科28属,储藏中药材孳生率高达41.3%。

二、革螨

革螨基本上可分为营自生生活和营寄生生活两类。营自生生活者为掠食和腐食螨;营寄生生活者,可分专性血食、兼性血食和体内寄生。营自生生活的革螨常栖息于草丛、巢穴、土壤或枯枝烂叶下、朽木上等处;有些革螨生活于植物上,捕食其他螨类。在营寄生性革螨中有些大部分时间寄生于宿主体表为体表寄生型,以寄生于啮齿类动物体外的种类最常见;有的寄生于宿主的腔道为腔道寄生型,常见于鼻腔、呼吸道等;有些革螨大部分时间生活于宿主巢穴中为巢穴寄生型,只有吸血时才寄在主体上,饱食后即离开。

(一)掠食和腐食

有些螨类以食小昆虫、小螨为主,兼食有机质;有些栖息于枯枝烂叶下、朽木上或土壤里,以腐败有机物为主,也食小的节肢动物,如巨螯螨科(Macrochelidae)、寄螨科(Parasitidae)、囊螨科(Ascidae)、维螨科(Veigaiaidae)、植绥螨科(Phytoseiidae)和厚厉螨科(Pachylaelaptidae)等。有些螨类常孳生于畜粪或禽粪中,如家蝇巨螯螨(*Macrocheles muscaedomesticae*)能以家蝇的幼虫为食,使蝇卵死亡率为86%～99%,成为生物防制家蝇的方法。薛瑞德等(1986)报道,家蝇巨螯螨对腐食性蝇类,如家蝇(*Musca domestica*)、厩腐蝇(*Muscina stabulans*)和夏厕蝇(*Fannia canicularis*)等具有较强的侵袭力,当超过10只螨附着于蝇体时,蝇的卵巢滤泡发育受抑制,寿命缩短。每只雌螨平均每天消耗2颗蝇卵;每4只雌螨每日平均消耗1条一龄蝇类幼虫,捕食幼虫时往往数只螨集中侵袭。

四毛双革螨(*Digamasellus quadrisetus*)的雌螨吸食甲虫的血、淋巴或组织,钝绥螨捕食害螨、介壳虫的幼虫、植物花粉和真菌孢子等,幼螨嗜食叶螨(红蜘蛛)卵、若螨食红蜘蛛幼螨和若螨,以螯肢刺破猎获的红蜘蛛,吸吮其体液,使之死亡。钝绥螨捕食能力强,利用该螨综合防制柑橘红蜘蛛(*Panonychus citri*)已取得了很好的效果。兵下盾螨(*Hypoaspis miles*)也是典型的捕食者,喜食昆虫或腐败有机物,不喜食血,若给予虫与血的混合营养,每月平均产卵从3.3粒降至2.2粒;孟阳春等(1987)也观察到该螨喜食粉螨,在人工巢穴内喜在腐败有机物中。凹缘宽寄螨(*Euryparasitus emarginatus*)也喜食粉螨及其他革螨成螨或若螨的组织液和昆虫组织。

(二)专性血食

通过叮咬吸取血液,一生多次反复吸血。如皮刺螨科(Dermanyssidae)、巨刺螨科(Macronyssidae)、蝠螨科(Spinturnucidae)、厉螨科(Laelapidae)及血革螨亚科(Haemogamasidae)中的部分螨。鸡皮刺螨嗜吸鸡及其他鸟类的血,第一、第二若螨均经吸血后进行下阶段的发育,存在发育营养协调规律。雌螨一次大量吸血后产卵,吸血量越大,产卵越多,也存在生殖营养协调规律。柏氏禽刺螨嗜吸褐家鼠、小家鼠、黄胸鼠、大仓鼠、黑线仓鼠、花背仓鼠、东方田鼠、黑线姬鼠、黄毛鼠、田小鼠和臭鼩鼱等的血液;在褐家鼠、黄胸鼠、小家鼠和社鼠等体上检获的螨多数也是吸了血的。在20~25℃经7~10分钟,当15~18℃经20~35分钟吸饱血,存在发育营养和生殖营养协调规律。鸡皮刺螨和柏氏禽刺螨一次吸血量可达本身体重的8~12倍,同时适于一次大量吸血,其形态上亦有变化,表现为体表几丁质骨化区缩小,自由区增大。此外,蒋峰和李朝品(2019)研究证实,饥饿6个月的柏氏禽刺螨仍具有再次吸血的能力。

(三)兼性血食

自生生活向寄生生活、掠食向血食的过渡类型。各种革螨向血食过渡程度不一,食性较广,取食频繁,既可刺吸宿主血液和组织液,又可食游离血,有的还可掠食昆虫或吃动物性废物和有机质。这类革螨如厉螨科等,它们能否叮刺吸血是能否传病的生物学基础。

(四)体内寄生、专性吸食

腔道寄生革螨,如鼻刺螨科(Rhinonyssidae)寄生于鸟类鼻腔内;内刺螨科(Entonyssidae)寄生于蛇的呼吸道。体内寄生革螨以寄主的血液或体液为食。肺刺螨属(*Pneumonyssus*)和鼻刺螨属(*Rhinonyssus*)的革螨,螯肢较细,显然不能穿过黏膜,但在螨的消化道发现有宿主的红细胞和上皮细胞,证明其能吸食。鼻刺螨(*Rhinonyssus columbicola*)爪Ⅰ较小,但强烈弯曲,也可深刺鼻黏膜而食血。其他鼻刺螨,爪为刀斧状,能切开鼻黏膜,第一若螨取食,其足爪Ⅰ发达且足Ⅰ具感觉小丘,可感知取食部位和食物性质,第二若螨则无爪而不食。

三、恙螨

目前世界恙螨已知种数有超过3000种,我国已发现500多种,其分布几乎遍及全国。恙螨主要孳生于隐蔽、潮湿、多草、多鼠场所,以河岸、溪边、山坡、山谷、林缘、荒芜田园等杂草灌木丛生的地方为多,也可见于村镇附近的农作物区(菜园、花园、瓦砾场、墙角等处)。在外界环境条件相对稳定的情况下,恙螨的分布点也是比较稳定的,它与鼠类等动物宿主的活动有密切关系。

恙螨幼虫必须在动物宿主叮咬吸食后,方可继续发育。恙螨幼虫可寄生的宿主范围非常广泛,包括哺乳类、鸟类、爬行类、两栖类以及节肢动物等。在哺乳动物中,几乎所有种类如牛、羊、马、猴、虎、猫、犬、鼠以及小的食虫动物等都可被其寄生。多数恙螨种类没有宿主的特异性(host specificity),同一种幼虫可寄生于多种动物宿主体上,如地里纤恙螨幼虫的宿主于1952年记录的有11种鸟和57种哺乳动物,包括26种鼠以及灵猫、鹿与有袋类动物。但也有一些种类的幼虫,其宿主特异性比较严格,如蛤蟆恙螨属(*Hannemania*)的种类均寄生于两栖类动物,新棒恙螨属(*Neoschoengastia*)的种类均寄生于鸟类,滑顿恙螨属(*Whartonia*)的绝大多数种类寄生于蝙蝠,真恙螨属(*Eutrombicula*)的某些种类寄生于爬行类动物。与人关系较密切的恙螨多寄生于小型哺乳动物。

恙螨吸食前后的幼螨及其他各期均在地表生活,常在小溪两岸、田埂边、杂草丛生的场所,以及灌木丛或森林中比较潮湿、有遮荫的浅层泥土内孳生。也可在城市内,比较潮湿、建筑简陋、环境卫生不好的地区孳生。据在广州的调查,地里纤恙螨孳生于城市人口稠密的住宅区(主要在墙脚等处,占71.9%),附近的废园、空地、菜园等处(多在树基等处,占4.7%)以及人迹罕至的野外(主要在洞内,占23.4%)。这些孳生地基本上呈点状分布,并与穴居的鼠的活动有密切的关系。

恙螨幼螨在地表活动的情况也有规律性的变化,如地里纤恙螨是早晚多、中午前后少,而日本的红纤恙螨白天多、夜间少。因此恙螨幼螨一天中的活动时间主要与外界环境因子有关,其对恙螨幼螨的影响是复杂的。同时,不同恙螨种类对外界环境因子变化的响应也有所差异。

但吻体螨科(Smaridiidae Kramer, 1878)的种类形态独特(图3.14),种类较少,约50种。吻体螨分布极为广泛,除南极洲外,在世界各地都能找到吻体螨,它们出现在草地和枯枝落叶生境中。Wohltmann(2010)研究表明,吻体螨幼螨是寄生性的,第二若螨和成虫是捕食性的,而幼螨期、第一和第三若螨期的虫态是不动的,幼螨后活跃龄期是小型昆虫和其他节肢动物的猎食对象。吻体螨成螨白天在石头或裂缝下基本静止不动,但在夜间缓慢爬行。

(一)光对恙螨活动的影响

光强度和光源方向的改变均能影响恙螨幼螨的活动。不同恙螨种类的幼螨对光强度的选择也不相同,秋恙螨具有趋光性,地里纤恙螨也有明显的趋光性,但当强光与弱光同时存在时,幼螨反而集中在光强度较弱的一面。

(二)温度对恙螨活动的影响

温度与恙螨幼虫的生活有密切的关系。正常活动的温度范围是12～28 ℃,但最适宜的温度是20～30 ℃。在正常活动的温度范围内,幼螨的爬行速度和温度之间呈直线的关系。地里纤恙螨幼螨在室温中的爬行速度约10 cm/min,温度降低时,爬行速度也随之降低,当温度降到13 ℃以下时就停止活动了。一种恙螨(未定种)在26 ℃时每分钟爬行6.4 cm,温度升到35 ℃时,可增至10.5 cm/min。阿氏真恙螨(*T. alfreddugesi*)在10 ℃时呈不动状态,另一些恙螨种类则较耐低温,如犹棒刺螨(*Euschoengastia peromysci*)在0 ℃才停止活动,有时甚至可在−5 ℃经历38天后,仍可在室温下重新恢复活力。许多实验证明,在了解温度对恙螨生活的影响时,还必须将相对湿度的因素联系在内,例如地里纤恙螨在25 ℃、相对湿度为90%～100%时能够正常传代培育,但培养管内相对湿度低于50%,温度仍为25 ℃时,恙螨则很快死亡。

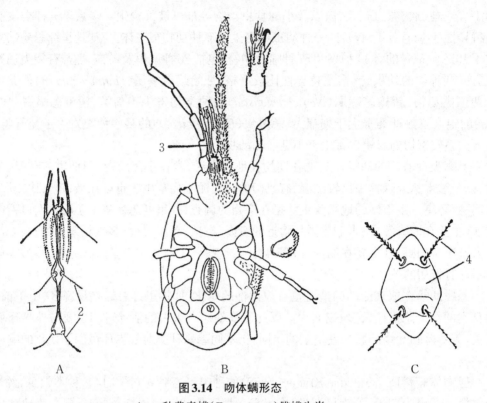

图3.14　吻体螨形态

A. 一种费索螨(*Fessonia* sp.)雌螨头脊

B. 一种吻体螨(*Smaris* sp.)腹面、须肢拇爪突起(顶端)及其典型的体刚毛

C. 吻体螨的盾状背前板　1.骨状头脊;2.感器;3.颚体狭,能伸缩;4.盾状头脊

(仿忻介六)

(三)湿度对恙螨活动的影响

湿度对恙螨生活力亦有重要的影响。恙螨幼螨的活动具有一定的向湿性。饱和湿度对幼螨生活最为有利。在阴天潮湿的情况下,从自然界中寻找恙螨孳生地较容易。不同恙螨种类的幼螨在不同类型水体中的发育和生活力均不相同;如印度囊棒恙螨(*Ascoschoengastia indica*)的幼螨在海水内可存活6～7天,而在井水中可发育至若螨期。幼螨对水抵抗力的强弱,对恙螨病的流行具有重要意义。

未进食的地里纤恙螨幼螨,在温度为(25±1) ℃的恒温环境中,当相对湿度为20%时,可生存(12.06±0.30)小时;湿度为30%时,可生存(12.37±0.4)小时。生存时间随着相对湿度的增加而延长,愈近饱和湿度延长得愈明显。到相对湿度为100%时,生存时间增至(7.78±0.28)天。

（四）音响、气流、颜色及物面状况等对恙螨幼螨的影响

巨大的音响可以使静止不动的恙螨幼螨活动。气流的速度能影响恙螨的活动,一般气流低时幼螨活动较慢,但太高的气流又可使恙螨停止活动。恙螨幼螨具有群集于尖端的习性。在实验室内观察到地里纤恙螨在石膏体表面群集的情况,似与锥形石膏体表面的倾斜度及颜色有一定的关系,在一定倾斜度的范围内,倾斜度愈大,幼螨集中的愈多愈快,但若超过一定的倾斜限度,幼螨就会跌落下来。在同样的锥形石膏体上,幼螨在白色的比在黑色的锥体面上集中得要多。而在野外,恙螨幼螨常聚集在植物叶子的尖端。

未进食的恙螨幼螨极易受空气中二氧化碳的变化影响而展开活动,因此藏匿于地面凹处的小板纤恙螨(*Leptotrombidium scuttellare*)在行人接近时迅速爬上地面等待攀登人体。恙螨幼虫常有向附近物体移动的习性,那些正在走动的物体,尤其是黑色的,对它们似乎有特别的吸引力。

四、蠕形螨

目前蠕形螨已知的种和亚种约达140个,其中至少有50种可寄生于各种哺乳动物体表或/和内脏中。寄生于人体的蠕形螨有毛囊蠕形螨(*Demodex folliculorum*)和皮脂蠕形螨(*Demodex brevis*)2种,主要寄生于人的毛囊和皮脂腺内。人体蠕形螨是一种专性寄生螨,对宿主有严格的选择性,一般认为人是人体蠕形螨唯一的宿主,但杨莉萍和易有云(1988)用人体蠕形螨接种幼犬均获成功,据此认为人畜之间有相互感染的可能性。

蠕形螨在皮脂较丰富的颜面部感染率最高,如鼻尖为69.7%,鼻翼为68.3%,颏为56.8%,眼睑为46%,外耳道为38.5%。但也可寄生于颈、肩背、胸、乳头、大阴唇、阴茎、阴囊和肛周等处,偶见在人舌的皮脂腺、毛细管痣寄生。孟阳春(1990)定量研究蠕形螨在面部的分布显示,毛囊蠕形螨感染率由高到低依次为颊上、颊中、颊下、额、鼻、眶下、口旁、鼻沟、耳旁、口上、下颚与鬓角。而皮脂蠕形螨也以颊部最多,其他部位分布比较平均。毛囊蠕形螨和皮脂蠕形螨在颊部的螨数,分别占面部螨总数的54.2%和41.8%,同一人体上可同时感染有毛囊蠕形螨和皮脂蠕形螨,但毛囊蠕形螨的感染率和感染度均大大超过皮脂蠕形螨。

人体蠕形螨主要以脂肪细胞、皮脂腺分泌物、角质蛋白质和细胞代谢产物为食。樊培方等(1990)通过老虎蠕形螨(*Demodex tigeris*)的超微结构及对宿主致病力的观察,认为蠕形螨的颚体锥状突、口下板、触须爪突以及足爪等均能撕开裂解角质层,以供螨体吞食,通过分泌酶形成食物空泡,围以食物膜消化角化物质,使吞入的碎片变为细小碎屑吸收。

蠕形螨具负趋光性,夜间光线暗时活动力增强。2种蠕形螨昼夜都可以主动爬出毛囊口,出现在皮肤表面。另外宿主的体温、环境温度变化也可直接影响螨的活动。

（一）温度

人体蠕形螨对温度较敏感,发育最适宜的温度为37 ℃,其活动力可随温度上升而增高,45 ℃时其活动达到高峰,54 ℃为致死温度。但在低温条件下人体蠕形螨的存活时间较长,4 ℃环境中可存活11天,5 ℃时成螨可活1周左右。可能是因为螨活动受温度影响较大,低温时活动较弱,消耗能量减少,螨体代谢降低,因此生存时间相对较长。吴建伟(1990)研究

显示,2种离体蠕形螨的活动能力在20~46℃时,随温度增高而增加,在30℃时,毛囊蠕形螨的活动频率约为20℃时的2.66倍,皮脂蠕形螨则为2.55倍,且螨的爬行速度均加快。提示在人体温(33℃)环境下,螨的移行能力较强,接触传播极易发生;同时表明温度的增高可能具有激发螨传播的作用。已有研究表明,人体蠕形螨在45℃时活动能力最强,在50℃时多数螨颚体、足体和末体均停止活动,约20分钟后多数死亡,在60℃时约经6分钟即可死亡。

(二)湿度

蠕形螨喜潮湿,怕干燥。研究表明蠕形螨适宜在高湿环境中生活,在23℃潮湿的纱布上可生存48~132小时;在温度为36℃、相对湿度为95%时,毛囊和皮脂蠕形螨可分别生存94小时和95小时,相对湿度为50%时则可分别生存5小时和2小时,但未见对蠕形螨在梯度湿度下生存能力的变化和适宜的生存湿度范围的研究报道。吴建伟(1990)研究结果显示,25℃时2种蠕形螨的生存时间与湿度梯度递增不呈直线关系,近似一指数曲线。当相对湿度低于65%时,生存时间均在4小时左右,相对湿度在96%时生存时间却显著增加,种间无差异,这进一步证实了蠕形螨仅适宜在高湿环境中生存。

五、疥螨

疥螨是一种永久性寄生螨类,寄生于人和哺乳动物的皮肤表皮层内。全世界已记载的疥螨有28种和15个亚种,宿主广泛,有7目17科43种哺乳动物,除人以外,尚有牛、马、骆驼、羊、犬、兔等,其物种通常按宿主的不同而命名,如人疥螨(*Sarcoptes scabiei*)、犬疥螨(*Canine scabies*)和兔疥螨(*Sarcoptes scabiei* var. *cuniculi*)等。

六、蒲螨

蒲螨多寄生在昆虫体外,其雌螨寄生于某些鳞翅目、同翅目、鞘翅目、双翅目及膜翅目的幼虫或蛹体上,并以刺吸其体液为食。雄螨则终生寄生于母体膨胀的末体上。所以蒲螨多在有昆虫的稻草、麦草、烟草、麻袋、棉籽或谷物上发现。蒲螨对宿主的选择并不严格,大多数粮仓害虫及农林昆虫都可被寄生,以球腹蒲螨为例,其常见自然宿主有家蚕、棉红铃虫、麦蛾、桃枝麦蛾、桑螟、二化螟、菜粉蝶、棉斑实蛾、莲纹夜蛾、谷象、棉铃象、四纹豆象、绿豆象、胡椒象、麦茎小蜂和苹果食心虫等。麦蒲螨是粮仓中鳞翅目昆虫幼虫及蛹的天敌,其注入毒素于昆虫体内,使其麻痹,甚至死亡。国内学者赖乃揆于1982年1月至1986年12月在广州检查屋尘样本时发现赫氏蒲螨,说明蒲螨亦可孳生于人类生活环境中。

七、跗线螨

跗线螨主要以真菌为食,常栖息在中药材、粮食等的贮藏场所,如粮库、面粉厂、中药厂、中药店和药材库等。尤以粮库及中药材仓库最多。谷跗线螨与粉螨、肉食螨、甲螨等的一些种类混合栖息于相同环境内。李朝品和李立(1990)报道,在粮仓、中药店、药材库中采集地脚样本、稻仓尘、麦仓尘、玉米仓尘、中药柜尘、中药厂选料车间地脚药渣中,均检出有谷跗线螨和其他螨种。仇祯绪等(1995)报道,在检查济南地区中药房中药材时,也检出了谷跗线螨,占所有检出螨类总数的20.31%。郅军锐和关惠群(2001)报道侧多食跗线螨(*Polyphagotarsonemus latus*)在辣椒上以幼螨和成螨危害幼芽、嫩叶、花和幼果,尤其在嫩叶背面取食,受害叶片变成褐色、油亮、发脆,常向叶背蜷缩成鸡爪状,严重时芽不能发出展开,于枝头形成一丛胡椒籽样小球,幼果受害后变厚、果变形、黄褐色硬脆、生长停滞。张宝棣和潘泽鸿(1981)报道稻鞘跗线螨主要栖息于水稻叶鞘内壁并潜藏其内吸食为害,且喜欢荫蔽湿润的环境,当叶鞘在保湿情况下该螨很少扩散;而当叶鞘干燥时,该螨很快向四周扩散。

八、甲螨

甲螨呈世界性分布,食性杂,一般认为甲螨是腐食性、藻食性和菌食性节肢动物。其中相当大一部分栖息在土壤中,在枯枝落叶、地衣、苔藓、草地中也有大量发现,另有少数种类生活于特定的生态环境中,如蚁洞、鸟窝、潮间带、海岸、清水植物组织。土壤甲螨主要集中在土壤的表层,个体的数量会随着土层的加深而逐渐减少。李隆术(1983)发现,甲螨在0~15 cm的土壤垂直范围内,土壤表层(0~5 cm)的甲螨数量最多(82.25%),而15 cm以下很难发现甲螨。李朝品(1996)调查发现,自地面至15 cm深的土层内甲螨的平均密度为1.80~1.92只/cm³,其中第一层(0~5 cm)的平均密度为1.60~1.63只/cm³,占83.61%~90.87%;第二层(5~10 cm)的平均密度为0.15~0.28只/cm³,占7.57%~14.51%;第三层(10~15 cm)的平均密度为0.03~0.04只/cm³,占1.56%~1.88%,表明甲螨大多栖息在0~10 cm土壤表层中。但有些甲螨是捕食性的,大翼甲螨科(Galumnidae)的一些种类以蝇类幼虫或线虫为食;肩翅尖棱甲螨(*Diapterobates humeralis*)能取食蚜虫。有的甲螨可以高等植物组织和它们的花粉为食,成为农业上的害螨,如稻菌甲螨(*Scheloribates oryzae*)危害水稻根部。

目前大多学者认为环境条件的差异对甲螨群落结构有很大的影响。生境不同,甲螨的种类与个体数量亦不同,环境的差异与甲螨的适应协同作用,形成了与一定环境相联系,具有一定内部结构的甲螨群落。据中外学者(王以方、青木淳一、石川和男等)关于甲螨季节动态的研究,认为土壤中甲螨密度与温度、湿度、日照度、食物源之间存在着一定的相关性。甲螨的种群密度与土壤温度呈负相关,与湿度呈正相关,与日照度呈负相关,而湿度可能是更为重要的环境因子。食物源也可影响甲螨密度,在针阔叶混交林地区,秋季落叶为甲螨提供丰富的食物源。

(李小宁,朱小丽)

参 考 文 献

丁丽军,赵莎莎,2019.宠物螨虫病的诊断和治疗[J].当代畜禽养殖业,6:28-29.

于晓,范青海,2002.腐食酪螨的发生与防治[J].福建农业科技,6:49-50.

于静淼,孙劲旅,尹佳,等,2014.北京地区尘螨过敏患者家庭螨类调查[J].中华临床免疫和变态反应杂志,8(3):188-194.

才让措,2020.藏羊螨病发生与治疗[J].畜牧兽医科学(电子版),6:137-138.

马国俊,2015.浅析羊的疫病防治[J].农民致富之友,18:242.

王仁虎,夏楠,裴兰英,等,2019.聊城地区规模化驴场皮肤病发病情况及病原调查[J].黑龙江畜牧兽医,5: 75-78,180-181.

王玉茂,李峰,沈志强,2012.兔球虫病和螨虫病的诊治[J].山东畜牧兽医,33(8):36-37.

王四洋,2018.螨虫病的发生及诊治[J].当代畜牧,27:15-17.

王克让,郑莉,黄士尧,1990.农田门罗点肋甲螨生物学特性的研究[J].植物保护,4:2-4.

王克霞,刘志明,姜玉新,等,2014.空调隔尘网尘螨过敏原的检测[J].中国媒介生物学及控制杂,25(2): 135-138.

王克霞,郭伟,湛孝东,等,2013.空调隔尘网尘螨变应原基因检测[J].中国病原生物学杂志,8(5): 429-431,435.

王智勇,2013.新疆野苹果林苹小吉丁生物防治技术研究[D].北京:中国林业科学研究院.

申虎琳,刘世君,2019.陕北白绒山羊饲养与螨虫防治[J].中国畜禽种业,15(3):115.

史存莲.西双版纳地区家庭螨类调查研究[C]//中华医学会、中华医学会变态反应学分会.中华医学会2011 年全国变态反应学术会议论文集.中华医学会、中华医学会变态反应学分会:中华医学会,2011:140.

白羽,刘志刚,张红云,等.2007.空调空气滤网灰尘中尘螨变应原Derf1和Derp1基因的检测[J].中国人兽共 患病学报,3:227-230.

兰明扬,1979.革螨的形态,生活习性及其临床意义[J].江苏医药,11:16.

邢福阳,2020.猪疥螨病的诊断与防治[J].农家参谋,11:124.

朱茜,2018.绵羊疥螨病的诊断[J].畜禽业,29(9):114.

朱玉霞,许礼发,王克霞,等,2005.空调隔尘网灰尘粉螨污染的调查[J].环境与健康杂志,22(6):479.

朱玉霞,崔玉宝,李朝品,2004.储藏菜种粉螨孳生情况初步调查[J].中国寄生虫病防治杂志,6:10.

刘静,张方平,韩冬银,等,2008.蒲螨生物学习性及对椰心叶甲龄期选择性的初步研究[J].植物保护,5: 86-89.

刘爱萍,徐林波,王慧,等,2008.针茅狭蛄线螨生物学及其寄主专一性研究[J].中国植保导刊,8:8-10.

刘群红,李朝品,刘小燕,等,2010.阜阳地区居室环境中粉螨的群落组成和多样性[J].中国微生态学杂志, 22(1):40-42.

次旦扎西,2020.羊体外寄生虫病的防治[J].兽医导刊,7:35.

关琛,方素芳,刘康雅,等,2019.冀西北地区绵羊螨虫感染情况调查研究[J].中国草食动物科学,39(4): 52-54.

安丽娜,2019.甘肃高山细毛羊螨虫病流行特点与防治措施[J].中国畜禽种业,15(7):72.

许正荣,2018.不同方法对绵羊螨虫病的治疗效果观察[J].农业开发与装备(10):142,148.

许礼发,湛孝东,李朝品,2012.安徽淮南地区居室空调粉螨污染情况的研究[J].第二军医大学学报,33 (10):1154-1155.

许礼发,王克霞,赵军,等,2008.空调隔尘网粉螨、真菌、细菌污染状况调查[J].环境与职业医学,1:79-81.

孙永春,马希波,2018.家畜螨虫病防治[J].中国畜禽种业,14(9):126-127.

孙劲旅.北京地区尘螨过敏患者家庭螨类调查[C]//中华医学会(Chinese Medical Association)、中华医学会 变态反应学分会、欧洲变态反应学及临床免疫学学会(EAACI).中华医学会2010年全国变态反应学术会 议暨中欧变态反应高峰论坛参会指南/论文汇编.中华医学会,2010:52.

孙苗,陈松,2012.羊螨虫病的防治[J].北方牧业(21):26.

孙晓辉,2020.羊螨病的综合防治措施[J].今日畜牧兽医,36(2):75.

李思琪,2019.中兽医治疗动物螨病的临床应用研究进展[J].湖北畜牧兽医,40(5):19-20.

李思琪,2019.浅谈中兽医理论对动物螨病辨证论治的临床应用研究[J].江西畜牧兽医杂志(2):3-5.

李健,2020.家兔螨虫病的预防与治疗[J].畜牧兽医科技信息(2):158.

李跃金,2016.兔螨病的药物治疗[J].农业开发与装备,8:177.

李隆术,李云瑞,卜根生,1985.侧杂食线螨的生长发育与温湿度的关系[J].昆虫学报,2:181-187.

李朝品,李立,1990.安徽人体螨性肺病流行的调查[J].寄生虫学与寄生虫病杂志,8(1):43-46.

杨孟可,李建领,刘赛,等,2020.宁夏枸杞对枸杞瘿螨为害的内源激素响应及外源水杨酸对枸杞瘿螨的影响[J].应用生态学报,31(7):1-8.

杨莉萍,易有云,1988.蠕形螨病的动物感染初报[J].中国寄生虫学与寄生虫病杂志,6(2):60.

来瑞贞,2018.精制敌百虫治疗猪疥螨病[J].甘肃畜牧兽医,48(7):55-56.

吴军明,占金阳,2018.浅析羊疥螨虫病的流行特点及防治对策[J].畜禽业,29(7):106-107.

吴松泉,王光丽,卢俊婉,等,2013.浙江丽水地区家庭螨类分布情况调查[J].环境与健康杂志,30(1):40-41.

吴建伟,孟阳春,1990.离体蠕形螨活动和生存能力的研究[J].苏州医学院学报,10(2):94-97,168-169.

何万平,李江凌,戴卓建,等,2015.伊维菌素治疗奶牛螨虫病试验[J].中国奶牛,22:21-23.

何娟,畅丽芳,迟玉杨,等,2013.不同剂量癣螨净对兔螨虫病治疗效果研究[J].吉林畜牧兽医,34(7):14-16.

沈兆鹏,2009.危害食品的昆虫和螨类[J].粮食科技与经济,33(1):37-39,41.

沈莲,孙劲旅,陈军,2010.家庭致敏螨类概述[J].昆虫知识,47(6):1264-1269.

张佰平,2020.伊维菌素治疗犬螨虫病效果观察[J].中国畜禽种业,16(1):162-163.

张宝棣,潘泽鸿,1981.稻鞘跗线螨生物学特性的初步观察[J].昆虫知识,2:10-11.

张鲁豫,赵莉,范毅,等,2011.轮台县杏树小蠹虫天敌种类及小蠹蒲螨生物学特性研究初探[J].新疆农业大学学报,34(6):507-511.

陆江,姜忠华,朱道仙,等,2019.复方丁香提取物软膏对犬螨虫性皮肤病防治的临床试验[J].黑龙江畜牧兽医,12:132-135.

陈琪,孙恩涛,刘志明,等,2013.芜湖地区储藏中药材孳生粉螨种类[J].热带病与寄生虫学,11(2):85-88.

陈伟明,2019.羊疥螨虫病的流行特点及防治对策探讨[J].农民致富之友,7:166.

陈国勇,汪卫平,方杰,2019.獭兔螨虫病的综合防治[J].江西畜牧兽医杂志,5:41-42.

陈道泽,2019.追杀"穷寇"扫螨虫:治螨对话[J].蜜蜂杂志,39(2):40-41.

林祚贵,徐洪齐,徐磊,2019.一例犬螨虫与真菌混合感染的诊治及体会[J].福建畜牧兽医,41(3):56-58.

郅军锐,关惠群,2001.侧多食跗线螨的生物学和生态学特性[J].山地农业生物学报,2:106-109.

依斯拉穆·麦麦提吐尔逊,高庆华,买尔旦·依米提,等,2015.不同方法对绵羊螨虫病的治疗效果观察[J].草食家畜,6:39-41.

练玉银,刘志刚,王红玉,等,2007.室内空调机滤尘网及空气中浮动尘螨变应原的测定[J].中国寄生虫学与寄生虫病杂志,4:325-327,332.

赵小玉,郭建军,2009.贵阳地区储藏中药材孳生螨类调查[J].西南大学学报(自然科学版),31(7):31-37.

赵金红,陶莉,刘小燕,等,2009.安徽省房舍孳生粉螨种类调查[J].中国病原生物学杂志,4(9):679-681.

钱丰,张文斌,贾育恒,等,2018.新型杀螨剂及捕食螨对苹果叶螨的防控试验报告[J].陕西农业科学,64(6):13-15,18.

唐国强,黎纯敏,朱煜飞,2019.犬螨虫和真菌混合感染性皮肤病的诊断与治疗[J].畜禽业,30(2):75-76.

黄琳,贾杏林,2016.黑山羊螨虫病的诊疗[J].湖南畜牧兽医,4:24-25.

梅桂如,2017.甘南地区藏羊螨病流行病学调查[J].甘肃畜牧兽医,47(10):117-119.

崔玉宝,王克霞,2003.空调隔尘网表面粉螨孳生情况的调查[J].中国寄生虫病防治杂志,6:59-61.

康娜,2019.冬季谨防羊螨虫病[N].农村新科技,12:2(6).

康振东,2018.羊疥癣病综合防治的相关措施[J].当代畜禽养殖业,6:21.

阎孝玉,杨年震,袁德柱,等,1992.椭圆食粉螨生活史的研究[J].粮油仓储科技通讯,6:53-55.

蒋峰,李朝品,2019.柏氏禽刺螨在中药材薏苡仁中的耐受力[J].中华疾病控制杂志,23(9):1155-1157.

蒋峰,张浩,2019.齐齐哈尔市市售粮食粉螨孳生的初步调查[J].齐齐哈尔医学院学报,40(13):1654-1656.

蒋峰,李朝品,2019.柏氏禽刺螨在中药材薏苡仁中的耐受力[J].中华疾病控制杂志,23(9):1155-1157.

韩露莹,2019.规模兔场兔螨虫病的诊治报告[J].福建畜牧兽医,41(4):57.

湛孝东,陈琪,郭伟,等,2013.芜湖地区居室空调粉螨污染研究[J].中国媒介生物学及控制杂志,24(4):

301-303.

赖乃揆,陈小右,欧阳铭,等,1988.广州地区尘螨致敏的研究[J].广州医学院学报,3:5-8.

窦长友,2018.兔螨虫病的综合防治措施[J].吉林农业,10:74.

裴莉,2018.大连地区农户储粮孳生粉螨群落组成及多样性研究[J].热带病与寄生虫学,16(3):153-155.

廖仲波,2019.羊螨虫病的病征和防治方法[J].中国动物保健,21(1):28-29.

樊培方,陆雅君,潘雅玲,等,1990.虎蠊形螨的超微结构及对宿主致病力的观察[J].上海农学院学报,8(1):1-8,79-81.

Campbell C, 2018. Influence of companion planting on damson hop aphid Phorodon humuli, two spotted spider mite Tetranychus urticae, and their antagonists in low trellis hops[J]. Crop Protection, 114:23-31.

Cheng L, Zhou W C, 2018. Sublingual immunotherapy of house dust mite respiratory allergy in China[J]. Allergologia et Immunopathologia.

Coexistence of two different genotypes of Sarcoptes scabiei derived from companion dogs and wild raccoon dogs in Gifu, Japan:The genetic evidence for transmission between domestic and wild canids[J]. Veterinary Parasitology, 2015, 212(s3/4):356-360.

David A S, Lake E C, 2020. Eriophyid mite Floracarus perrepae reduces climbing ability of the invasive vine Lygodium microphyllum[J]. Biological Control, 146:104271.

Dayaldasani-Khialani A, P Ocón-Sánchez, I Ru eda-Fernández, et al., 2019. House dust mite allergens:Sensitization pattern in a province of southern Spain[J]. Clinica Chimica Acta, 493:S97.

Elhakim E, Mohamed O, Elazouni I, 2020. Virulence and proteolytic activity of entomopathogenic fungi against the two-spotted spider mite, Tetranychus urticae Koch (Acari:Tetranychidae)[J]. Egyptian Journal of Biological Pest Control, 30(4). DOI:10. 1186/S4 1938-020-00227-y.

F Zélé, Altnta M, Santos I, et al., 2020. Interand intraspecific variation of spider mite susceptibility to fungal infections:Implications for the long-term success of biological control[J]. Ecology and Evolution, 10(7):3209-3221.

Fajana H O, Jegede O O, James K, et al., 2020. Uptake, toxicity, and maternal transfer of cadmium in the oribatid soil mite, Oppia nitens:Implication in the risk assessment of cadmium to soil invertebrates[J]. Environmental Pollution, 259:113912.

Farmaki R, Saridomichelakis M N, Leontides L, et al., 2010. Presence and density of domestic mites in the microenvironment of mite-sensitive dogs with atopic dermatitis[J]. Veterinary Dermatology, 21.

Fonseca M M, Pallini A, Marques P H, et al., 2020. Compatibility of two predator species for biological control of the two-spotted spider mite[J]. Experimental and Applied Acarology, 80(3):409-422.

Gontijo L M, Margolies D C, Nechols J R, et al., 2010. Plant architecture, prey distribution and predator release strategy interact to affect foraging efficiency of the predatory mite Phytoseiulus persimilis (Acari:Phytoseiidae) on cucumber[J]. Biological Control, 53(1):136-141.

Hubert J, Nesvorna M, Klu Ba L R, et al., 2013. A laboratory comparison of the effect of acetone-diluted chlorfenapyr standards with a commercial suspension formulation on four domestic mites (ACARI:Astigmata)[J]. International Journal of Acarology, 39(8):649-652.

Izdebska J N, Rolbiecki L, 2018. The status of Demodex cornei:description of the species and developmental stages, and data on demodecid mites in the domestic dog Canis lupus familiaris[J]. Medical & Veterinary Entomology, 32(3):346-357.

Johnston J D, Cowger A E, Graul R J, et al., 2019. Associations between evaporative cooling and dust-mite allergens, endotoxins, and β-(1→3)-d-glucans in house dust:a study of low-income homes[J]. Indoor Air, 29(4):1005-1017.

Kim M K, Jeong J S, Han K, et al., 2018. House dust mite and Cockroach specific Immunoglobulin E sensitization is associated with diabetes mellitus in the adult Korean population[J]. Scientific Reports, 8(1):2614.

Konecka E, Olszanowski Z, 2019. Detection of a new bacterium of the family Holosporaceae (Alphaproteobacteria:Holosporales) associated with the oribatid mite Achipteria coleoptrata[J]. Biologia.

Korotchenko E, Moya R, Scheiblhofer S, et al., 2020. Laser-facilitated epicutaneous immunotherapy with depigmented house dust mite extract alleviates allergic responses in a mouse model of allergic lung inflammation [J]. Allergy.

Krantz G W, Walter D E, 2009. A manual of acarology[M]. 3rd ed. Lubbock:Texas Tech University Press, 807.

Leite L G, Smith L, Roberts M, 2000. In Vitro Production of hyphal bodies of the mite pathogenic fungus neozygites floridana[J]. Mycologia, 92(2):201-207.

Martins L, Ventura A, Brazis P, et al., 2020. An investigation of cross-reactivity between the poultry red mite and house dust and storage mites in dogs with contact with chickens infested with red mites[J]. Veterinary Dermatology, 31.

McClure M S, 1995. Diapterobates humeralis (Oribatida:Ceratozetidae):an effective control agent of hemlock woolly adelgid (Homoptera:Adelgidae) in Japan[J]. Environmental Entomology, 24(5):1207-1215.

Moore T, Plunkett G A, 2018. Detection of dust mite allergens in homes throughout the US[J]. Journal of Allergy and Clinical Immunology, 141(2):AB126.

Mukwevho L, Mphephu T E, 2020. The role of the flower-galling mite, Aceria lantanae, in integrated control of the light pink 163LP variety of Lantana camara (L.) inSouth Africa[J]. Biological Control.

Navarro R, Wahlen K, Streiff D, et al., 2017. Pilot Study:Occurrence of Ear Mites and the Otic Flora in Domestic Ruminants on St. Kitts[J]. Veterinary Parasitology Regional Studies & Reports, 10:18-19.

Norton R A, Kethley J B, Johnston D E, et al., 1993. Phylogenetic perspectives on genetic systems and reproductive modes in mites[G]//Wrensch D, Ebbert M. Evolution and Diversity of Sex Ratio in Insects and Mites. New York:Chapman and Hall, 8-99.

Norton R A, Palmer S C, 1991. The distribution, mechanisms and evolutionary significance of parthenogenesis in oribatid mites[G]//Schuster R, Murphy P W, 107-136.

Novakova S M, Novakova P I, Yakovliev P H, et al., 2018. A three-year course of house dust mite sublingual immunotherapy appears effective in controlling the symptoms of allergic rhinitis[J]. American Journal of Rhinology and Allergy, 32(3).

Osman M A, Dhafar Z, Alqahtani A M, 2019. Biological responses of the two-spotted spider mite, tetranychus urticae to different host plant[J]. Archiv Für Pflanzenschutz, 52(17/18):1229-1238.

Rahimi M, Rezaei F, Mahmoudi A, 2017. The prevalence of pigeon fly (Pseudolynchia canariensis) and its phoretic association with mites in domestic pigeons kept in west ofIran[J]. Comparative Clinical Pathology, 26(4):1-4.

Roussel S, Reboux G, Naegele A, et al., 2013. Detecting and quantifying mites in domestic dust:a novel application for real-time PCR[J]. Environment international, 55C(Complete):20-24.

Russo S, 2018. My mite for its protection:The conservative woman as action hero in the writings of charlotte west[J]. Journal for Eighteenth-Century Studies, 41(1):43-60.

Sargison N D, Jacinavicius F, Fleming R H, et al., 2020. Investigation of a gamasid mite infestation in a UK textile mill caused by dermanyssus gallinae (DeGeer, 1778) (Mesostigmata:Dermanyssidae) special lineage L1[J]. Parasitology International, 78:102146.

Solarz K, 2009. Indoor mites and forensic acarology[J]. Experimental & Applied Acarology, 49(1/2):135-142.

Sompornrattanaphan M, Jitvanitchakul Y, Malainual N, et al., 2020. Dust mite ingestion-associated, exercise-induced anaphylaxis: a case report and literature review[J]. Allergy, Asthma, and Clinical Immunology: Official Journal of the Canadian Society of Allergy and Clinical Immunology, 16:2.

Stingeni L, Tramontana M, Principato M, et al., 2020. Re: Pyemotes ventricosus detection in a baby skin folds and alternative hypothesis for mite identification with reference to pyemotes ventricosus detection in a baby skin folds[J]. Journal of theEuropean Academy of Dermatology and Venereology, 34(1):e25-e27.

Sugimoto N, Osakabe M, 2019. Mechanism of acequinocyl resistance and cross-resistance to bifenazate in the two-spotted spider mite, tetranychus urticae (Acari: Tetranychidae)[J]. Applied Entomology and Zoology, 54(4):421-427.

Tayabali A F, Yan Z, Fine J H, et al., 2018. Acellular filtrate of a microbial-based cleaning product potentiates house dust mite allergic lung inflammation[J]. Food and Chemical Toxicology, 116(PtA):32-41.

Wu L, Xin J L, Aoki J, 1986. Two new species of oribatid mites of economic importance from China (Acari, Oribatida)[J]. Proceedings of the Japanese Society of Systematic Zoology, 34:27-31.

第四章 生 态 学

1866年,德国动物学家赫克尔(Haeckel)首次提出"生态学"一词,他把生态学定义为"研究动物与其有机及无机环境之间相互关系的科学",揭开了生态学发展的序幕。经过长期的发展和不断完善,目前生态学已经创立了独立的理论主体,即从生物个体与对其有直接影响的小环境到生态系统不同层级的有机体与环境关系的理论。现今,由于生态学研究内容与人类生存发展紧密关联,导致诸如生物多样性、全球气候变化和可持续发展等生态学问题成为研究热点。

生态学的研究内容按研究对象的不同组织层次可分为个体生态学(autecology)、种群生态学(population ecology)、群落生态学(community ecology)和生态系统(ecosystem)。家栖螨类(domestic mites)生态学主要研究环境因素对螨生长发育和繁殖的影响,即研究家栖螨类个体与其周围环境因子间的相互关系。家栖螨类种群生态学是研究螨类种群数量动态与环境相互作用关系的科学。家栖螨类群落生态学的研究对象为栖息在相同区域(如粮食仓库)内不同螨类的总体,研究内容包括种间关系和人为作用下的生物群落演替规律。生态系统指在自然界一定的空间内生物与环境构成的统一整体,在这个整体中,生物与环境之间相互制约与影响,并处于相对稳定的动态平衡。储藏物生态系统则是研究粮堆或其他储藏物中的物质流动、能量转化、信息传递及生态平衡,从而减少储藏物品质和数量的损失。

第一节 现代屋宇生态系统

现代屋宇生态系统是城市生态系统中的一个重要分支。屋宇生态系统由若干相互作用和相互制约的生态成分组成,它包括生物系统(如昆虫、鼠、细菌、真菌、放线菌和人类及其活动等)和非生物系统(如温湿度、气体、光照、雨量、水以及房型和结构、厨具、谷物、食物、衣服、药物、家具、地、灰尘等)两部分。这些组成部分相互联结起来构成具有一定结构和功能的有机整体,也就是研究屋宇内生物群落与其非生物环境之间相互作用的一个系统。

家栖螨类能在屋宇生态环境系统中长期、大量繁殖,与现代屋宇环境的特点密切相关。随着建筑工艺的提高,人类的居住及仓储条件得以不断改善,外界环境因子对这些屋宇环境的影响逐步减弱,这样的改变不仅满足了人类的需要,同时也适宜家栖螨类的孳生。在多种屋宇系统中,由于仓储环境有着自然因素变化微弱、人为影响因素小、孳生条件优越等特点,成为家栖螨类孳生的主要场所。

一、屋宇生态系统内生物与环境的关系

屋宇生态系统内生物个体和群体的生存和繁殖、种群分布和数量、群落结构和功能等都受环境因子的影响,而对生物有影响的各种环境因子称为生态因子(ecological factor)。生态

因子通常分为生物因子和非生物因子两大类。生物因子包括同种生物个体和异种生物个体。前者之间形成种内关系,后者之间形成种间关系,如捕食、竞争、寄生和互利共生等。非生物因子包括温度、湿度、大气、风和日照等。屋宇生态系统是一个多成分的极其复杂的系统,其内生物组成种类较多,下面主要介绍家栖螨类与生态因子之间的关系。

(一) 家栖螨类与非生物因子的关系

在每一个屋宇生态系统中,生物群落的生物是生态系统的主体,非生物因子是生态系统的基础,其条件的好坏直接决定着生态系统的复杂程度和生物群落的丰富度,同时生物群落又反作用于非生物因子。生物群落在适应环境的同时也在改变着周围的环境,各种基础物质将生物群落与非生物因子紧密联系起来。

家栖螨类的生活需要一定的综合环境因子,有些种类对综合环境因子的要求比较固定,如粮仓中粉螨的繁殖温度一般为18~28 ℃,粮食水分为14%~18%,但有些嗜热的螨类如伯氏嗜木螨(*Caloglyphus berlesei*)在温度30~32 ℃时繁殖迅速,椭圆食粉螨(*Aleuroglyphus ovatus*)在温度为38 ℃、相对湿度为100%时,尚能繁殖;但温度降至20 ℃、相对湿度降为40%~50%时,在储粮中则难以发现。螨类孳生须与其生境相适应,不同螨类的适应性不同,因为这种适应性不仅由遗传性来决定,还取决于外界环境的影响,如用生活在不同条件下的同种或变种螨类杂交,即可发现杂交优势现象,如生活力提高、适应力增强、繁殖力增加、抗病性提高等。螨类的生活力取决于新陈代谢的强度,新陈代谢的强度又取决于遗传特性及环境条件的变化。如有些螨类在冬季低温时有越冬现象,在温度过高或过低、水分缺乏、食物匮乏、低氧和光照等不利条件下,又能引起滞育现象。

螨类种群作为统一的整体影响着周围的环境,综合环境因子在彼此作用的同时又作为统一的整体直接或间接作用于螨类。直接作用是直接影响新陈代谢的因子(如食物种类和数量、居住小气候等),间接作用主要是物种之间的相互关系(如种间关系和种内关系等)。有的直接因子除了影响螨类外,还能影响它们的天敌,因此对螨类来说,也起到了间接作用。

(二) 家栖螨类与生物因子的关系

不同的屋宇环境如屋宇、粮食仓库、食品加工厂、饲料库和中草药库等,有昆虫、螨类、鼠类和微生物等生物群体,它们之间有着相互依存或相互制约的复杂关系。家栖螨类种群间可形成捕食、竞争和寄生等种间关系。

1. 捕食

家栖螨类孳生的屋宇系统中常常孳生着以粉螨为食的捕食性生物。如肉食螨(*Cheyletus*)、蒲螨(*Pyemotes*)等。这些捕食性螨类常以粉螨为食,是粉螨的天敌。夏斌等(2003)对普通肉食螨(*Cheyletus eruditus*)捕食腐食酪螨(*Tyrophagus putrescentiae*)的捕食效能进行分析,结果发现在12~28 ℃时,普通肉食螨捕食量随温度递增而增加,在温度为24 ℃、28 ℃时普通肉食螨具有较高捕食效能,并且雌成螨的捕食能力最强,其次是雄螨,幼、若螨。当猎物密度在一定范围内,捕食螨自身密度对捕食率有干扰作用,密度升高,捕食率下降。这为普通肉食螨的饲养及进行生物防制提供了参考。

2. 竞争

在一个群落中的生物总体是共同进化的,但种与种间的相互适应又是矛盾的、相对的,表现在每一种个体相对数量的变动,当生态条件转变为对某个种有利时,那么该种的相对数量则显著增加。种间竞争在较长的过程中使各个种形成生态专化性,因而只能在一定环境下分布,一般起主要作用的是食性,食性相同时彼此之间存在对食物的竞争。张继祖等(1997)报道福建嗜木螨(*Caloglyphus fujianensis*)在食物缺乏时,有互相残杀的现象,雌螨一般会吃掉雄螨,幼、若螨也会吃掉雌螨。

3. 寄生

有些螨类能寄生于动物体,在宿主身上取食,可引起宿主机械性损伤或作为病原媒介传播疾病引起间接损害。例如根螨(*Rhizoglyphus*)寄食于植物的根系周围及鳞茎表面为害其根系及鳞茎,造成其表皮组织受害,为害严重时,将导致植株死亡。根螨还会传播数种植物病害,如百合萎凋病、百合茎腐病等重要病害。此外,张继祖等(1997)报道福建嗜木螨(*Caloglyphus fujianensis*)是一种体外寄生螨,该螨附着于蛴螬颈体上,固定在胸腹部的褶皱处及胸足上,以颚体插入蛴螬体内取食寄主,轻者影响蛴螬的个体发育,重者使蛴螬体躯瓦解,直至死亡。

在粉螨种群中,也常存在一些关系密切的螨类,它们相互间取食不同菌类,如粗脚粉螨(*Acarus siro*)与害嗜鳞螨(*Lepidoglyphus destructor*),二者均可取食菌类,但各食不同菌种,常在粮堆中一起生活。粉螨属(*Acarus*)和食酪螨属(*Tyrophagus*)的螨类,也能同时在发霉的谷物里孳生,污染谷物。

二、屋宇生态系统的稳定性及其影响因素

生态系统具有一定的稳定性,即其具有保持或恢复自身结构和功能相对稳定的能力。生态系统稳定性的内在原因是生态系统的自我调节。生态系统处于稳定状态时即达到了生态平衡。储藏物螨类生活的每一个屋宇生态系统能够维持其机能正常运转必须依赖外界环境提供物质、能量的输入和输出以及信息传递处于稳定和通畅的状态,这是一种动态平衡,是生态系统内部长期适应的结果。但由于种间相互关系中所积累的矛盾和外部环境的影响以及人类活动引起的改变都是长期的,因此,在仓库管理中采取一些有效措施,如清洁卫生、改变储藏方式以及防制方法等,均可引起仓储昆虫和螨类群落的改变,导致其稳定性受到破坏。由于人为干预程度超过屋宇生态系统的阈值范围,破坏了其系统内的能量流动、物质循环和信息传递相互之间的生态平衡,从而出现生态失衡。因此,三大生态功能的平衡对屋宇生态系统稳定性的维持具有重要的意义。

(一)能量流动

仓库、食品厂等屋宇生态系统是人为的生态系统,在这个生态系统中生物和非生物因子相互作用,能量沿着生产者、消费者和分解者不断流动,形成能流,逐渐消耗其中的能量,如储粮的储备能,在储藏过程中这种储备能经常被很多有机物分解,导致粮食、食物和中药材等发霉变质。

在适宜的条件下,多数菌类(曲霉除外)在谷物含水量高时才活动,如真菌和放线菌在70%相对湿度时活动,细菌在90%相对湿度时活动。尤其是在被昆虫和螨类污染的谷物中,菌类活动更为活跃,系统中的能量散失也更剧烈,加之仓库中物理环境和人为活动的频

繁干扰,系统的稳定性受到影响。不同生态系统的自我调节能力是不同的,一般来说,一个生态系统的物种组成越复杂,结构越稳定,功能越健全,生产能力越高,它的自我调节能力也就越强;反之,生物种类成分少、结构简单、对外界干扰反应敏感和抵御能力小的生态系统自我调节能力就相对较弱。

(二) 物质循环

屋宇生态系统中有多级消费者,它们相互影响和促进。一级消费者如一些昆虫和螨类取食谷物、食品、饲料和中药材等,形成各种微生物以及第二级螨类和昆虫侵入的通道。此外,昆虫和螨类的排泄物和代谢物可改变仓储物资的碳水化合物和含水量,进一步促进微生物的侵染。一级消费者为二级消费者准备侵害和取食的条件。二级消费者包括食菌昆虫和螨类,如嗜木螨属(*Caloglyphus*)和跗线螨属(*Tarsonemus*)等可以取食侵入粮食的真菌。螨类、昆虫的捕食者和寄生者也是二级消费者,如肉食螨属(*Cheyletus*)和吸螨属(*Bdella*)螨类捕食粉螨。三级消费者很难与二级消费者区别开,三级消费者包括伪蝎、镰螯螨科(Tydeidae)等,有的寄生在取食粮食的鼠类和鸟类身上。一级消费者的排泄物有利于微生物的生长,也能被二级消费者和三级消费者(腐食生物)取食,各种动物尸体又是不少微生物的营养成分。养分从一种有机体到另一种有机体转移,完成氮素和其他成分的再循环,这种有机物的演替和营养的再循环逐渐污染仓储物资以致全部损失。

各个生物体之间通过食物联系在一起,即食物链,链中任何一个环节的改变,必将引起食物链结构的改变,从而引起群落组成的改变。屋宇中粮食、饲料、中草药等是食物链中的主要成分;昆虫、螨类、鼠等可取食或寄生在这些仓储物资上得到能量,植物、细菌、真菌等又通过呼吸、排泄、分解成无机物回到生态系统中;捕食或寄生的害虫和菌类取得能量,以热能的形式回到生态系统,继续形成污染等。此外,还有多重寄生现象。在这些屋宇生态系统中,从无机物到有机物再至无机物的物质循环方式回到生态系统中,往复循环,影响屋宇生态系统的变化和发展。

(三) 信息传递

在屋宇生态系统中普遍存在信息传递现象,这是长期历史发展过程中形成的特殊联系。信息素是影响生物重要生理活动或行为的微量小分子化学信息物质,根据其基本性质和功能,可分为种内信息素和种间信息素,种内信息素有性信息素、报警信息素和聚集信息素等,种间信息素有利他素、利己素和互益素等。螨类信息素是螨类释放以控制和影响同种或异种行为活动的重要化学信息物质。

家栖螨类的粉螨性信息素对螨类寻找配偶,种的繁衍具有重要作用。雌性信息素可使雄性找到该雌性,雄性信息素则可控制交尾行为的起止。Bocek等(1979)研究发现,在粗脚粉螨(*Acarus siro*)中,雌螨通常首先发现雄螨并追其行踪,而雄螨直到雌螨的末体接近它时才有反应。

报警信息素是粉螨在遇到危险时,释放特定的传递预警信息的化学物质。报警信息素不一定有严格的种间隔离或种的专一性,因为一种螨可以从其他种类的报警信息中获利。报警信息素有时也可以作为利己素,驱走同种的其他个体,甚至是捕食者。此外,许多信息素具有多功能作用,即一种化学物质对一种或者多种螨传递不同的信息。如2,6-HMBD是椭圆食粉螨(*Aleuroglyphus ovatus*)的雌性信息素和静粉螨(*Acarus immobilis*)的雄性信息素,又可作为阔食酪螨(*Tyrophagus palmarum*)的报警信息素,β-粉螨素是长食酪螨(*Tyrophagus longior*)的报警信息素和多食嗜木螨(*Caloglyphus polyphyllae*)的性信息素等。

聚集信息素是在种内引起种群高密度聚集的化学物质,可吸引大量螨类聚集在一起,有利于发现和逃避天敌、增加繁殖机会、抵御不良环境等。如家食甜螨(*Glycyphagus domesticus*)和害嗜鳞螨(*Lepidoglyphus destructor*)在特定生理阶段聚集,增加了成螨与配偶交配产生后代的机会。棕脊足螨(*Gohieria fusca*)的成螨和若螨若被移到新的环境中,当湿度低时,就会表现出聚集行为,以减少水分的散失来抵御不良环境。

螨类信息素对维持种群的正常生命活动和种的延续起着重要的作用,而有些信息素又具有专一性和独特性,对今后深入开展螨类信息素成分及其作用机制研究,以及对螨类系统学、害螨防制等方面具有广阔的应用前景。

三、屋宇家栖螨与人类健康的关系

家栖螨种类多,生存力强,分布广泛,多孳生于储藏粮食、农副产品(如大米、面粉、干果)和中药材中。在花生根部的土壤中就有大量的家栖螨类中的粉螨孳生,最多的是嗜木螨属(*Caloglyphus*)和食酪螨属(*Tyrophagus*)的螨种。它们取食霉菌孢子,黄曲霉(*Aspergillus flavus*)是其嗜食的一种,尤其是在花生壳破损后,它们可侵入花生壳内取食花生仁,其所携带的霉菌孢子便污染了花生仁,使花生仁霉烂。粉螨也可为害中药材,陶宁等(2016)对芜湖地区30种储藏动物性中药材粉螨孳生情况进行研究,结果表明,其中有28种中药材样本孳生粉螨,粉螨孳生率为93.3%,并指出在储藏和加工中药材的过程中应采取相关措施以防粉螨孳生。

家栖螨类不仅为害粮食及储藏物,造成经济损失,而且还能引起禽畜疾病,如螨病和禽畜中毒,因此应加强该螨类的防制,减少对屋宇的污染。螨喜湿怕干,因此良好通风、保持干燥环境,是防制螨的有效方法。螨一般在0℃左右停止活动,在40℃以上时死亡,因而将孳生有螨类的储藏物置日光下暴晒,是简便易行的灭螨方法。谷物、食品不能使用杀虫剂,应使用微波、电离辐射、微生物等手段,可阻碍螨类生长发育而使其死亡,具有良好的杀螨效果。另外,还应注意食品卫生,防止螨类污染食物。

第二节　个体生态学

个体生态学是以个体生物为研究对象,研究个体生物与环境之间的关系,特别是关于生物体对环境适应性的研究。早期对家栖螨的研究基本上都是个体生态学研究。主要是以家栖螨的个体及其栖息环境为研究对象,研究有关环境因子对家栖螨个体的影响,以及家栖螨个体在形态、生长、发育、繁殖、滞育、越冬、食性、寿命、产卵和栖息等生理行为方面的相互关系以及环境因素对这些生理行为的影响。

一、气候因素

气候因素通常包括温度、湿度、光照、气体、季节变化等,这些环境因素的联合作用所形成的综合效应,对螨的生长发育具有重要的影响。

(一)温度

家栖螨是一种变温的螯肢类动物,因此,其新陈代谢在很大程度上受外界环境温度的影响,而温度是对家螨影响较为显著的环境因素之一。家栖螨的生存需要适宜的温度条件,一般温度为8~40℃,螨能够维持正常的生存;而在其温度区间之外,都不适宜家栖螨的生长发育,甚至导致其死亡。

杨洁等(2013)研究了在15~30℃不同温度对椭圆食粉螨(*Aleuroglyphus ovatus*)发育历期的影响,结果表明在15~30℃,椭圆食粉螨均能正常发育,而且各螨态和全世代的发育历期随温度的升高而缩短。不同温度下完成一代的时间各不相同,30℃时发育历期(13.67天)较15℃时的相应值(39.67天)缩短近2.9倍。张涛(2007)研究了5种恒温(16℃、20℃、24℃、28℃、32℃)对腐食酪螨(*Tyrophagus putrescentiae*)发育历期的影响,结果表明腐食酪螨的整个发育历期随温度升高而缩短,不同温度下完成一代的时间各不相同,16℃时发育历期最长,为55.37天,而32℃时发育历期最短,为11.46天,缩短了4.8倍。此外,国内外其他学者也报道了温度对粉螨发育历期的影响。例如,忻介六等(1964)报道了椭圆食粉螨在温度25℃条件下,其生活史平均为16天。同样,Hughes(1976)报道了椭圆食粉螨在23℃条件下,其生长周期为14~21天。此后,阎孝玉等(1992)也研究发现椭圆食粉螨在30℃时,其整个发育历期平均为10天。综上,尽管不同的研究者对粉螨的发育历期的研究结果不尽相同,这可能与实验过程中实验条件的设置和选择有关,但由此可见,特定的温度区间对粉螨的生长发育历期具有积极的作用。

(二)湿度

任何生物都有适宜自己的生存湿度,家栖螨类的适宜湿度为60%~80%。适宜的栖息环境湿度是家栖螨类获取水分的重要来源。水分是粉螨身体的主要组成部分(占其体重的46%~92%),也是家栖螨类完成多种机体运输功能活动(如营养物质运输、代谢产物输送、废物排除和激素传递等)必不可少的物质成分。因此,湿度是家栖螨类生长发育和繁殖的重要环境因素,对家栖螨类的生长发育起着十分重要的作用。

(三)光照

家栖螨类对光具有负趋光性。光照能够影响到大多数家栖螨类的活动,因而,可以利用家栖螨类对光照反应的这一特性,对其采取一定的防制措施。

(四)气体

家栖螨类大多生活在储藏物中,而堆放储藏物的仓库内气体成分的变化直接影响到它们的呼吸作用。特别是在密封粮堆中,粮堆内的氧气成分随粮食、害螨、霉菌和微生物等生命活动的变化而改变,造成粮堆里低氧或缺氧。家栖螨类的生命活动与储藏环境内的氧气含量直接相关。此外,气味等因素也会对储藏物中的家栖螨类起到诱杀的作用。例如,将敌敌畏与熟石膏充分拌匀后,散发出的敌敌畏芳香与熟石膏的辛甘气味能吸引家栖螨类,成为家栖螨类的诱饵,起到诱杀家栖螨类的作用。

二、生物因素

生物因素是指环境中任何其他生物由于其生命活动,而对某种家栖螨所产生的直接或间接影响,以及该家栖螨个体间的相互影响。生物因素包括各种病原微生物、捕食性天敌和寄生性宿主等。

(一)微生物与粉螨的关系

粉螨能够携带、传播如霉菌等微生物。有关粉螨传播霉菌的研究以往报道甚少,李朝品(1992)和张荣波等(1998)就粉螨传播黄曲霉菌进行过相关报道。自然界中大量的病原微生物可使粉螨致病,其中主要有三大类群,即病原细菌、病原真菌及病毒。微生物寄生于粉螨体内可导致其死亡,可用来防制螨害。20世纪70年代,美国开始应用真菌杀螨剂防制柑橘作物螨害。在国内,2011年浙江大学生命科学学院首次创制成功2个高效绿色的柑橘害螨的真菌杀螨剂,在一定程度上解决了当前我国柑橘生产突出的螨害问题,对柑橘的无公害生产具有重要意义。

(二)捕食性螨类对粉螨的作用

捕食性螨类如肉食螨(*Cheyletus*)对害螨具有控制和调节作用,国内外学者对此也开展了较多的研究,其中包括肉食螨对粉螨的捕食效能的研究。例如,夏斌等(2007)对鳞翅触足螨(*Cheletomorpha lepidopterorum*)雌雄成螨在6个恒温(12 ℃、16 ℃、20 ℃、24 ℃、28 ℃和32 ℃)状态下对腐食酪螨(*Tyrophagus putrescentiae*)的功能反应进行了研究,其结果表明:鳞翅触足螨雌雄成螨对腐食酪螨的功能反应均属于Holling Ⅱ型,其中雌成螨的捕食能力强于雄成螨。随着温度的升高,捕食能力也相应提高。在腐食酪螨密度固定时,鳞翅触足螨的平均捕食量随着其自身密度的提高而逐渐减少。此外,李朋新(2008)研究了巴氏钝绥螨(*Amblyseius barkeri*)雌雄成螨在相对湿度85%、5个恒温(16 ℃、20 ℃、24 ℃、28 ℃和32 ℃)的实验条件下对椭圆食粉螨(*Aleuroglyphus ovatus*)的捕食效能,也得到了与之相类似的研究结果。

三、季节变化

季节变化会引起一些生物因素和环境因子(如温湿度、光照以及雨量等)发生不同程度的变化,这些变化因素会使粉螨的生长发育具有明显的季节消长。李朝品(1989)曾对粗脚粉螨(*Acarus siro*)的季节动态进行了调查研究,发现该螨从6月开始快速地孳生,7~8月达到高峰,此后开始缓慢下降。陶莉(2007)对皖北地区仓储环境孳生粉螨群落进行季节消长调查,结果表明粉螨从5月开始孳生,6月下旬和9月中旬达到最高峰,10月迅速下降。粉螨的季节消长与当地的温度、光照以及雨量的季节变化都是密切相关的,不同螨的季节消长情况可能会随着不同地区的环境气候、屋宇和仓库内环境条件的不同而有所差异。由于季节变化引起生境中的温湿度等气候因素变化,这对屋宇和储藏物粉螨的季节消长起到显著的作用。因此了解粉螨的季节消长对研究其生态及防制具有重要的意义。

四、人为因素

家栖螨的孳生场所非常广泛,其中谷物、农副产品、中药材以及人们的居住场所等均是粉螨理想的栖息场所。由于这些栖息场所环境较为稳定、湿度较高、温度恒定,加之人为影响因素较少,非常有利于粉螨的生长发育。由此可见,人为因素也是影响粉螨生长发育的一个不可忽视的重要因素。王晓春等(2007)通过对合肥市不同生境粉螨孳生情况及多样性调查研究,发现人为干扰是影响粉螨孳生的重要因素之一。因而,通过人为干扰来影响粉螨的栖息场所及其环境条件(如改变恒温、高湿度环境条件),使得栖息场所环境温湿度变化快,导致粉螨数量、种类减少,多样性及均匀度指数降低,进而破坏其多样性,以影响粉螨的生长发育。

五、其他因素

除上述影响因素外,杀螨剂和食物种类等也对家栖螨的生长发育具有影响。例如,一些常见的杀螨剂如灭螨醌(acequinocyl)、嘧螨酯(fluacrypyrim)(Dekeyser,2005)以及METI(mitochondrial electron transfer inhibitors,线粒体电子传递抑制剂)杀螨剂(Van Pottelberge et al.,2009)通过作用于线粒体蛋白质进而影响线粒体的电子传递从而达到杀螨的作用。此外,吕文涛(2008)通过对家食甜螨(*Glycyphagus domesticus*)生活史影响因素的研究结果表明,不同的饲料培养下的家食甜螨的全世代历期有所差异。即在相同的温度下(15℃),用玉米粉为饲料时,其全世代历期为39.72天,而用面包屑为饲料时,其全世代历期为27.95天,对比两种不同的饲料种类,可见后者比前者的生活史周期明显缩短了近12天。因而食物种类也是影响其发育的重要因素之一。

第三节　种群生态学

种群生态学(population ecology)是以种群作为研究对象的生态学分支学科。它研究种群的数量动态、分布以及种群与周围环境中生物与非生物因素之间的相互关系。随着研究的深入,粉螨的种群生态学研究已从种群数量特征及多样性等定性描述发展到种群生长发育和数量动态的定量模拟的运用,包括生命表、矩阵模型和多元分析等模型。

一、种群的结构

种群是同一物种在一定空间和时间内所有个体的总和,是物种生存、繁殖和进化的基本单位。种群由许多同种个体组成,但又不仅仅是个体的简单叠加,每一个种群都有其种群性别比、年龄组成、出生率和死亡率等特征。张继祖等(1997)对福建嗜木螨(*Caloglyphus fujianensis*)的种群性别比进行了研究,发现其种群会根据调节自身的性别比来适应各个季节中温度的变化。当日均温大于15 ℃时,雌雄性别比为0.8:1;当日均温小于12 ℃时,其性别比则为3.5:1。低温环境中的这种偏雌的性别比有利于提高螨的生殖力,这也是种群进化过程的一种适应策略。罗冬梅(2007)对椭圆食粉螨(*Aleuroglyphus ovatus*)的种群结构进行了相关实验分析,其研究表明:椭圆食粉螨的子代雌雄性别比随温度升高而增加。不同年龄组(成螨、若螨和幼螨)对高温的耐受能力存在差异,其中成螨耐高温的能力最强,若螨次之,幼螨最弱。随着实验温度的升高,种群中各年龄期的耐受能力相差很大。在37 ℃时,椭圆食粉螨3种年龄期都能正常生存,而在49 ℃时,各年龄期的螨处理35分钟全部死亡。故研究种群结构特征有助于了解种群的发展趋势,预测种群的兴衰,为防控粉螨对谷物和储藏物的危害提供指导。

二、种群的空间分布型

种群的空间分布型是指组成种群的个体在其生活空间中的位置状态或分布格局。研究种群的空间分布型有助于认识它们的生态过程以及它们与生境的相互关系。种群的空间分布有3种基本类型:集群分布、随机分布和均匀分布。集群分布体现了种群内部相互有利的生态关系,随机分布意味着种群内部没有明确的生态关系,均匀分布则反映了种群内部相互排斥的生态关系。

空间分布型是种群生态学研究的重要内容之一。从目前国内螨类种群空间生态学研究现状来看,以农业螨类空间分布型的研究较多。而对粉螨类的空间分布型研究主要集中在个别螨种,如陶莉等(2006)对腐食酪螨(*Tyrophagus putrescentiae*)的空间分布型的研究表明,腐食酪螨空间格局是以个体群为基本成分呈聚集分布,且密度越高,聚集度越大。罗冬梅(2007)对椭圆食粉螨(*Aleuroglyphus ovatus*)种群的空间分布进行了研究,其结果也表明椭圆食粉螨种群是呈聚集分布的。同样,孙恩涛(2014)对椭圆食粉螨群的空间布局进行了研究,也得出呈聚集分布的结论。此外,赵金红等(2012)对学生宿舍中粉尘螨(*Dermatophagoides farinae*)种群的空间分布型进行相关研究,采用扩散型指标测定粉尘螨在学生宿舍中的空间分布型,其结果表明粉尘螨呈聚集分布,同时采用Taylor幂法则分析粉尘螨聚集度与种群密度的关系,发现粉尘螨密度越高,呈现聚集度越大的趋势,作者进一步用Iwao m*/−x回归分析表明粉尘螨是以个体群的方式存在的。这些研究为有效控制以粉螨为主的人居环境害螨选择适合的防制策略提供了一定的理论依据。

三、生命表与种群的生态对策

(一)生命表

生命表是描述种群死亡过程及存活情况的一种有效工具。它是按种群生长的时间或按种群年龄(发育阶段)的程序编制的,系统记述种群死亡率、存活率和生殖率的一览表。生命表的意义在于提供一个分析和对比种群个体起作用生态因子的函数数量基础。通过生命表的组建和分析,不仅能够直接展示种群数量动态特征,如存活率、出生和死亡率、死亡原因和生命期望,而且可以进一步分析种群动态的内在机制,如分析种群存活动态、估计特定条件下种群的增长潜力及其数量消长趋势。生命表分为特定年龄生命表与特定时间生命表。

目前国内关于螨类的生命表的组建和分析研究较多,如叶螨类害螨比哈小爪螨(*Oligonychus biharensis*)和斯氏小盲绥螨(*Typhlodromips swirskii*)等实验种群都被报道过相关的生殖或生长发育生命表的组建分析(周玉书等,2006;季洁等,2005;陈霞等,2013)。对于粉螨生命表的研究,国内也有相关报道,如吕文涛等(2010)对家食甜螨(*Glycyphagus domesticus*)在不同温度下的实验种群生命表的组建分析,得出5个不同温度条件下家食甜螨的实验室种群发育情况。不同温度对家食甜螨的存活率及生殖力的影响较大,适宜的温度有利于家食甜螨的生长、发育和成熟。过低或过高的温度都对其个体发育及种群增长不利。此外,也有研究报道了其他粉螨如椭圆食粉螨(*Aleuroglyphus ovatus*)和腐食酪螨(*Tyrophagus putrescentiae*)等实验种群的生命表的组建分析(罗冬梅,2007;张涛,2007)。种群生命表的应用对螨虫种群动态方面的研究有着极其重要的意义,生命表中的参数可以清晰明了的显示出螨虫在各种因素影响下的变化趋势,生命表是用来研究、分析螨虫与生态因子(温度、湿度、光照、降雨、药物、种内及种间竞争和捕食等)的关系,是研究螨类对人类生活各方面的利弊作用不可缺少的一种工具。

(二) 种群的生态对策

种群生态对策的概念最初是由学者 MacArthur et Wilson(1967)引入到生态学中的。生态对策是指任何生物在某一特定的生态压力下,都可能采用有利于种群生存和发展的对策。在生态对策上,生物种对生态环境总的适应对策,必然表现在各个方面。主要有① 生殖对策:不同类型的生物采取不同的生殖对策。有些生物把较多的能量用于营养生长,而用于生殖的能量较少,因此这些生物的生殖能力就比较低。而另一些生物则把更多的能量用于生殖,以便产生大量的后代,这些生物所占有的生境往往是不太稳定的。② 生活史对策:分为 r 对策和 K 对策两种。r 对策的种群通常是短命的,其生殖率很高,产生大量的后代,但后代存活率低,发育快,成年个体小、寿命短且单次生殖多而小的后代,一旦环境条件转好就会以其高增长率 r 迅速恢复种群,使物种得以扩展。而 K 对策的种群通常是寿命长,种群数量稳定,竞争能力强;生物个体大,但生殖力弱,只能产生很少的后代。对于粉螨而言,一般个体较小,寿命较短,繁殖力较大,死亡率较高,食性较广,种群波动不太稳定,通常属于 r 对策者。

四、实验种群

为了验证某种假说,在实验室内,用人工方法给予条件(如饲养、圈养等)的种群称为实验种群(experimental population)。一般室内饲养的粉螨特定种群均为实验种群。

五、自然种群

从生活的环境而言,自然界的种群称为自然种群(natural population),是在一定时期内占据一定空间的同种生物的集群。自然种群中的个体并不是简单的集合,而是彼此可以交配,并通过繁殖将各自的基因传给后代。选择自然种群作为研究对象,已成为粉螨种群生态学研究的重要基础,通过对其自然种群的研究而得出的结果能更加如实地反映其种群数量动态、分布以及与周围环境相互作用的关系。因而,选择自然种群作为研究对象已成为粉螨研究不可或缺的组成部分。

六、种群数量动态-矩阵模型的应用

种群数量动态是指种群数量在时间和空间上的变动。研究种群数量动态的规律性,即揭示种群动态变化的主要原因,对种群数量进行预测和实施调控,不仅是种群研究的核心内容,也是种群生态学研究的主要任务。

种群数量动态研究方法主要有种群数量统计、实验种群研究和数学模型3类。其中利用数学的原理和方法来建立能概括和模拟种群变化的数学模型被广泛应用。近年来里斯来(Leisle)矩阵模型被广泛应用于种群的动态研究,该模型分析中要求对种群的年龄分布以等距间隔时间分成多个年龄组,用于动态地预测种群年龄分布及数量随时间的变化趋势特征。但是里斯来矩阵模型是按等距间隔时间划分年龄组的,而且时间间隔也要求与年龄组的间距一致。这使得大多数生物种群的应用受到了一定的限制。例如大多数粉螨,在一个生活史中可以划分为若干个发育阶段,例如卵—幼螨—若螨—成螨。但把一个生活史划分为等距间隔的若干个发育阶段是比较困难的,因而研究者Vandermeer(1975)在等期年龄组的里斯来矩阵模型的基础上建立了不等期年龄组的射影矩阵模型。就螨类而言各发育时期及龄期也是不相同的。因此,为了适应于研究螨种群,可以将上述模型与其他数学模型结合起来,如Morris-Watt(莫里斯-瓦特)数学模型适应于推算以一个生活史为单位的数量发展趋势。通过联合模型的应用,这将更便于进行粉螨生命表的数据分析,可能有助于粉螨种群动态的研究。此外,粉螨种群的动态描述还运用了其他数学模型,如捕食者与捕食物相互作用的Holing模型。李朋新等(2008)报道了巴氏钝绥螨(*Amblyseius barberi*)在不同温度下对猎物椭圆食粉螨(*Aleuroglyphus ouatus*)的捕食效能,其结果表明,在不同温度下,在一定猎物密度范围内,巴氏钝绥螨各螨态的捕食量随猎物密度的增大而增加,但当猎物增加到一定密度后,其捕食量则在一定阈值内波动,属于HollingⅡ型。数学模型的运用,对了解天敌对粉螨的作用方面起着重要的作用。

第四节 群落生态学

群落(community),也称为生物群落,指在特定时间和空间中各种生物种群之间以及它们与环境之间通过相互作用而有机结合的具有一定结构和功能的生物系统。群落生态学是研究生物群落与环境相互关系的科学,是生态学中的一门重要的分支学科。

一、群落的基本特征

（一）群落的物种组成

任何生物群落都是由一定的生物种类组成的,调查群落中的物种组成是研究群落特征的第一步。每个群落有各自的特征性质,一般对一个群落中的种类性质进行分类时可分为以下几个种类:① 优势种(dominant species),即对群落的结构和群落环境的形成有明显控制作用的种类。储藏物中的有些粉螨类对储物的污染或质地的破坏具有明显影响作用,其通常成为储藏物中的优势种。② 亚优势种(subdominant species),即个体数量与作用都次于优势种,但在决定群落环境方面仍起着一定作用的种类。③ 伴生种(companion species),为群落中常见种类,它与优势种相伴存在,但不起主要作用。④ 偶见种(rare species),即那些在群落中出现频率很低的种类。

（二）群落的数量特征

群落的数量特征反映群落种类的多样性,判断群落数量特征有以下几个分析指标:① 物种丰富度(species richness),即群落所包含的物种数目,是研究群落首先应该了解的问题。② 多度(abundance)和密度(density),前者是指群落内各物种个体数量的估测指标,而后者则是指单位面积上的生物个体数。③ 频度(frequency),是指某物种在样本总体中的出现频率。④ 优势度(dominance),是确定物种在群落中生态重要性的指标,优势度大的种就是群落中的优势种。⑤ 均匀度(species evenness),一个群落或生境中全部物种个体数目的分配状况,它反映的是各物种个体数目分配的均匀程度。

二、群落的结构

在生物群落中,各个种群在空间上的配置状况,即为群落的结构。群落的结构包括垂直结构、水平结构、时间结构和层片结构。

（一）群落的垂直结构

群落的垂直结构指群落在垂直方面的配置状态,其最显著的特征是成层现象,即在垂直方向分成许多层次的现象。例如,Peng等(2015)对云南省境内横断山脉的恙螨科(Trombiculidae)研究表明,该区域螨类种类多样性从低海拔(<500 m)到高海拔(>3500 m)具有垂直梯度特点。其中,在中海拔(2000~2500 m)分布的此类螨的种类多样性最高。

（二）群落的水平结构

群落的水平结构指群落的水平配置状况或水平格局,其主要表现特征是镶嵌性。镶嵌性即粉螨种类在水平方向不均匀配置,使群落在外形上表现为斑块相间的现象。具有这种特征的群落叫作镶嵌群落。在镶嵌群落中,每一个斑块就是一个小群落,小群落具有一定的种类成分组成,它们是整个群落的一小部分。

（三）群落的时间结构

螨群落中螨种的生命活动在时间上的差异,导致群落的组成和结构随时间序列发生相互配置,形成了螨群落的时间结构。螨群落除了在空间上的结构分化外,在时间上也有一定的分化。自然环境因素都有着极强的时间节律,如光照、温度和湿度的梯度周期变化等。在长期的进化过程中,螨群落中的物种也渐渐形成了与自然环境相适应的机能上的周期节律,随着气候的季节性交替,群落呈现出不同的外貌,如粉螨从春季开始大量生长发育,夏季达到种群数量高峰期,秋季则急剧下降,到了冬季基本死亡,呈现出明显的季节消长现象。

（四）群落的层片结构

层片作为群落的结构单元,是在群落产生和发展过程中逐步形成的。它的特点是具有一定的种类组成,所包含的物种具有一定的生态生物学一致性,并且具有一定的小环境,这种小环境是构成螨群落环境的一部分。在概念上层片的划分强调了群落的生态学方面,而层次的划分则着重于群落的形态。

三、群落的发展和演替

无论是成型的群落,还是正在发展形成过程中的群落,演替现象都是存在的,并且贯穿整个群落发展的始终。当群落中某个种群被其他种群完全替代时,便形成了一个新的生物群落,一个生物群落被另一个生物群落取代的这一过程称为群落的演替。螨种类繁多,分布广泛,多栖息繁衍于人类居室内的尘埃和储藏物中,这些孳生场所的温湿度、水分适宜,环境因素较为稳定,螨种群可以稳定发展。但群落之外的环境条件,如气候、雨量和光照等常可成为引起演替的重要条件。此外,人类活动也是引起演替的重要影响因素。人类对生物群落演替的影响远远超过其他自然因子,因为人类社会活动通常是有意识、有目的地进行的,可以对自然环境中的生态关系起着促进、抑制、改造和建设的作用。因此,在对仓储物粉螨进行管控时可以采取一些有效措施,如通风干燥、改变储藏方式以及以螨治螨等防制方法,均可改变仓储螨类群落的发展,致使其稳定性受到破坏,甚至造成群落演替。

第五节　分子生态学

迄今为止,没有人能给分子生态学下一个明确的定义,目前较为一致的看法是,分子生态学是应用分子生物学的原理和方法来研究生命系统与环境系统相互作用的机制及其分子机制的科学。它是在核酸和蛋白质等大分子水平上来研究和解释有关生态学和环境问题的一门新兴交叉学科。它探讨基因工程产物的环境适应性和投放环境后所引起的物种与环境相互作用、种间的相互作用、种内竞争等生态效应,并利用分子生物学原理发展一套针对这些生物监测的规范化技术,促进遗传工程的健康发展。从分子生态学的发展历史来看,它与分子种群生物学、分子环境遗传学和进化遗传学的关系极为密切。这三个学科的研究手段均涉及DNA和同工酶等分子分析技术。由此可见,分子生态学是从分子水平上研究与生态学有关的内容,是使用现代的分子生物学技术方法从微观的角度来研究生态学的问题,是宏观与微观的有机结合,是围绕着生态现象的分子活动规律这个中心进行的,包含了在生物形态、遗传、生理生殖和进化等各个水平上协调适应的分子机制。所以,分子生态学更能从本质上说明生物在自然界中的生态变化规律。

一、分子遗传标记

随着分子生物学的迅速发展及其在其他动物类群研究中的应用,应用各种分子标记(molecular markers)技术可以分析种群地理格局和异质种群动态,确定种群间的基因流,解决形态分类中的不确定性,确定基于遗传物质的谱系关系,还可以用来分析近缘种间杂交问题、近缘种的鉴定、系统发育和进化等问题,同时也为这些研究内容提供了新的方法和技术手段。

分子标记可以分成蛋白质水平的标记和DNA水平的标记。一个理想的分子标记应具有这些特点:① 进化迅速,具有较高的多态性。② 在不同生物类群中广泛分布,便于在种群内或种群间进行同源序列的比较。③ 遗传结构简单,无转座子、内含子和假基因等。④ 不发生重组现象。⑤ 便于实验检测和数据分析。⑥ 研究类群间的系统关系能够通过合理的简约性标准加以推断。

(一)蛋白质水平标记

同功酶电泳(isozyme electrophoresis)是较为常用的蛋白质水平的标记技术,同功酶(isozyme)是指催化相同的生化反应而酶分子本身的结构不相同的一组酶。同功酶虽然作用于相同的底物,但它们的分子量、所带电荷及构型均不相同,故电泳迁移速率快慢不等。同功酶电泳技术就是根据这一特性对一组同功酶进行电泳分离,经过特异性染色,使酶蛋白分子在凝胶介质上显示酶谱,然后应用于系统发育分析。酶电泳法主要见于早期的系统学研究,该方法可利用的遗传位点数量少、多态性低,不能充分反映DNA序列蕴含的丰富遗传变异,并且由于酶易失活,必须活体取得,尤其不适合对珍稀濒危生物的分子遗传学研究。目前这种标记技术已逐渐被DNA标记技术所取代。

(二)DNA水平标记

DNA水平标记又分成间接方法和直接方法,其中间接方法包括:随机扩增多态性分析(random amplified polymorphic, RAPD)、限制性片段长度多态性(restriction fragment length polymorphism, RFLP)、直接扩增片段长度多态性(direct amplification of length polymorphism, DALP)、扩增片段长度多态性(amplified fragment length polymorphism, AFLP)和微卫星DNA(Microsatellite DNA)等;直接方法是指核酸序列测定法。

近年来,随着核酸扩增和测序技术的迅速发展,利用DNA序列直接进行分子系统学、系统地理学、种群遗传学分析和物种分类鉴定等被广泛运用。DNA直接测序法能够准确检测个体间碱基差异,是灵敏度最高的遗传多样性检测手段。对脊椎动物而言,DNA序列主要包括线粒体基因(mtDNA)和核基因(nDNA)。动物的线粒体DNA片段是整个基因组中最早应用于系统进化领域的分子遗传标记,目前仍是应用最广泛的分子标记。与线粒体基因组相比,核基因组更加庞大,蕴含的遗传信息更为丰富。因此,选择合适的核基因并且联合线粒体数据进行物种研究,得出的结论也会更有说服力。

二、分子标记在螨类研究中的应用

(一) 分子标记与螨类系统发生

为了对螨类进行准确分类并运用到生产和科研中,应用分子标记等手段进行粉螨类分子系统学研究,能够高效地进行物种区别与鉴定、发现新种和隐存种以及进行系统发育分析。与传统的形态学鉴定相比,运用分子标记的分类能对处于不同发育阶段的生物进行鉴定,研究结果更客观而且可以被反复验证。因此,将传统形态学分类和分子生物学分类相结合,有助于正确鉴定生物物种以及探讨物种系统分类,为今后螨类分子系统学研究提供参考依据。

近年来,随着分子生物学的发展,在螨类的物种鉴定、系统发育、种群遗传学及物种的进化历史推断等相关研究中,越来越多的分子标记被广泛地运用,其中线粒体基因和核基因的运用最广泛,如动物线粒体基因标记Cytb、COⅠ、12S rRNA、16S rRNA和核基因核糖体ITS基因等。

(二) 螨类分子系统学研究中常用的基因

国内外的科学家对蜱螨亚纲(Acari)的种类进行了大量的分子生物学方面的研究。目前,用来进行螨类分子系统学研究的基因主要包括线粒体基因和核基因。其中线粒体DNA(mtDNA)成为分子系统研究中应用最为广泛的分子标记之一,这与mtDNA的以下特点有关:① 广泛存在于动物各种组织细胞中,易于分离和纯化。② 具有简单的遗传结构,无转座子、假基因和内含子等复杂因素。③ 严格的母性遗传方式,无重组及其他遗传重排现象。④ 以较快的速率变化,常在一个种的存在时间内就能形成可用于系统发生的分子标记。截至2015年12月,已有27种螨的线粒体基因组全序列被测定。但粉螨科(Acaridae)仅有食粉螨属(*Aleuroglyphus*)的椭圆食粉螨(*Aleuroglyphus ovatus*)、嗜木螨属(*Caloglyphus*)的伯氏嗜木螨(*Caloglyphus berlesei*)以及食酪螨属(*Tyrophagus*)的腐食酪螨(*Tyrophagus putrescentiae*)和长食酪螨(*Tyrophagus longior*)的mtDNA全序列被测定。这些粉螨的mtDNA全长约为14 kb,包括13种编码蛋白质基因(ATP6、ATP8、COⅠ-Ⅲ、ND1-6、ND4L和Cytb等)、2种rRNA基因(12S rRNA和16S rRNA)、22种tRNA基因(有的种存在tRNA基因缺少现象)和1个A+T丰富区(也称控制区)。

线粒体基因常被运用于螨类的分子系统学、物种鉴定及其分类地位的探讨。对粉螨而言,目前涉及其鉴定或系统发生的研究甚少,主要应用线粒体细胞色素c氧化酶亚基Ⅰ(cytochrome coxidase subunit Ⅰ,COⅠ)作为分子标记。COⅠ基因为线粒体基因组的蛋白质编码基因,由于该基因进化速率较快,常用于分析亲缘关系密切的种、亚种的分类及不同地理种群之间的系统关系。Yang等(2010)使用COⅠ基因部分序列对采自上海的6种无气门亚目的20个螨个体,包括粉螨科(Acaridae)的4个椭圆食粉螨(*Aleuroglyphus ovatus*)和4个腐食酪螨(*Tyrophagus putrescentiae*)进行无气门螨类的鉴定,分析表明椭圆食粉螨和腐食酪螨聚集在一起,两者形成单独一支系,认为粉螨科是一单独支系单元,具有较近的亲缘关系,其研究结果支持传统形态学的粉螨分类。粉螨科(Acaridae)的粗脚粉螨(Acarus siro)是一重要的农业害虫和环境过敏原。然而,许多被描述成粗脚粉螨的粉螨,或许属于它的姊妹种小粗脚粉螨(Acarus farris)或静粉螨(Acarus immobilis)中的某一个种,因为这3个种不易从形态学上进行区分。鉴于此,Webster等(2004)运用CO I 基因部分序列数据对粗脚粉螨与同属种小粗脚粉螨、静粉螨和薄粉螨(Acarus gracilis)4个种进行了分子系统学研究,结果表明利用CO I 基因序列数据能将粉螨属(Acarus)内4个种显著地区分开来,各自形成单系,且系统树的某些支系具有较高的置信度。此外,研究也表明小粗脚粉螨与静粉螨关系更近,而薄粉螨则处于支系拓扑结构的基部,表明与其他3种关系较远。但粗脚粉螨的分类地位与其他3个同属种关系并不明显,显示粗脚粉螨并未与其同属的其他种聚为一支,而是与食酪螨属(Tyrophagus)聚为一支。

核基因相比线粒体基因而言,具有进化速率慢、以替换为主以及基因更保守等特点。因此,核基因分子标记常常应用于分析比较高级的分类阶元,如科间、属间、不同种间及分化时间较早的种间的系统发生关系。常用的核基因是18S rDNA和rDNA基因的第二内转录间隔区(second internal transcribed spacer, ITS2)。Domes(2007)等利用18S rDNA的部分序列研究无气门螨类的4个科8个物种的系统发生关系,证实了形态学定义的粉螨科(Acaridae)的腐食酪螨(Tyrophagus putrescentiae)、线嗜酪螨(Tyroborus lini)、椭圆食粉螨(Aleuroglyphus ovatus)、粗脚粉螨(Acarus siro)和薄粉螨(Acarus gracilis)5个种聚集在一起,形成一个单系,然而有学者用ITS2基因序列数据对无气门螨类进行研究发现,粉螨科(Acaridae)的物种并未聚为一支,而是并系,在粉螨科(Acaridae)内的椭圆食粉螨和腐食酪螨的系统发生地位并没有被很好地确定。

仅使用一个线粒体基因片段或者核基因片段对生物进行分类均有其局限性,因为不同基因的进化速率不同,能够在系统树上的不同深度提供重要的系统进化信息,为了更好地解决系统进化的问题,应该综合运用不同类型的基因,如线粒体基因与核基因,或在基因组水平上分析生物种群的系统发育、分子进化,这也将成为分子系统学领域的一种必然发展趋势,可以帮助解决粉螨种群遗传学、种群生态学及系统进化等方面的问题。孙恩涛(2014)利用线粒体基因(rrnL-trnw-IGS-nad1)和核内核糖体基因ITS序列对国内分布的7个椭圆食粉螨(Aleuroglyphus ovatus)地理种群的遗传多样性和种群遗传结构进行分析,结果表明椭圆食粉螨种群间遗传分化显著,华北地区种群与华中和华南地区种群的遗传分化程度很高,遗传变异主要存在于种群内,而种群间的遗传分化相对较小。Yang等(2010)利用CO I 和ITS2联合分析了无气门亚目的系统进化关系,结果发现利用核基因和线粒体基因DNA序列构建的系统进化树与传统的形态学分类是相一致的。

线粒体基因组全序列作为研究动物系统发生的模型系统,是可以在基因组水平上进行系统研究的分子标记,是生物学家研究系统进化最有力的工具。

近年来,线粒体基因组序列逐渐被用来探讨粉螨科(Acaridae)、目等阶元的系统发生关系。Yang等(2016)用13个线粒体蛋白质编码基因的联合序列对真螨目(Acariformes)的系统发生进行分析,其结果支持真螨目是单系群,并且其中的粉螨类也是一单系群。从传统形态分类而言,也将粉螨科(Acaridae)划分为一个单独群。此外,该研究也表明粉螨科(Acaridae)隶属的无气门亚目是单系,这与Oconnor(1994)、Mironov等(2009)以及Gu等(2014)得出的研究结果一致。

此外,线粒体基因组也被用在其他螯肢类物种的系统进化研究中。Jeyaprakash 等(2009)用11个线粒体蛋白质编码基因(ND3和ND6除外)的联合序列分析了蜘蛛、蝎子、蜱螨的起源和分化时间,并构建了完整的系统进化树,其结果揭示了这三大类群是单系群。Dermauw 等(2009)通过对屋尘螨(*Dermatophagoides pteronyssinus*)的线粒体全序列的系统发育分析发现,该物种与另一个物种卷甲螨(*Steganacarus magnus*)聚为一支,并与恙螨亚目(Trombidiformes)形成一个姊妹群,而这一研究结果与传统的蜱螨亚纲(Acari)的分类观点是一致的。近年来,Burger 等(2012)和 Liu 等(2013)分别用16个物种的线粒体基因组全序列推测蜱亚目(Ixodides)的系统发生关系。两者的不同之处在于蜱亚目(Ixodides)中的主要分类单元的关系。前者的研究结果支持后气门类群(Metastriate)+硬蜱类群(Prostriate)组成的大类群与软蜱类的钝缘蜱亚科(Ornithodorinae)是姊妹群关系,然而,后者的结果则表明钝缘蜱亚科(Ornithodorinae)与硬蜱属(*Ixodes*)的关系更近,并且后气门类群与钝缘蜱亚科(Ornithodorinae)+硬蜱属(*Ixodes*)构成的类群是姊妹群关系。此外,利用分子数据与形态数据进行联合分析,将有助于系统阐明所研究对象的各分类群间的系统发生关系。

综上所述,近半个世纪来,螨类的研究得到了较快的发展,取得了一系列的成果。目前在医学节肢动物领域,随着不同学科的交叉融合,一些新兴的生态学分支如进化生态学、行为生态学、遗传生态学、景观生态学和全球生态学等不断出现。今后,螨类生态学研究将不断向更深层次发展,相信借助电子计算机技术、先进的分子生物学技术和化学分析技术等现代化的研究手段以及生态模型的应用,螨类生态学研究将会拥有更广阔的前景。

(杨邦和,黄永杰)

参 考 文 献

王晓春,郭冬梅,吕文涛,等,2007.合肥市不同生境粉螨孳生情况及多样性调查[J].中国病原生物学杂志,2(4):295-297.

吕文涛,褚晓杰,周立,等,2010.家食甜螨在不同温度下的实验种群生命表[J].医学动物防制,26(1):6-8.

吕文涛,2008.家食甜螨生活史影响因素的研究[D].淮南:安徽理工大学.

孙恩涛,2014.椭圆食粉螨线粒体基因组测序及种群遗传结构的研究[D].芜湖:安徽师范大学.

李朋新,夏斌,舒畅,等,2008.巴氏钝绥螨对椭圆食粉螨的捕食效能[J].植物保护,34(3):65-68.

李朝品,沈兆鹏,2016.中国粉螨概论[M].北京:科学出版社.

李朝品,张荣波,胡东,等,2007.安徽省部分地区不同环境内粉螨多样性调查[J].动物医学进展,28(7):32-34.

李朝品,1992.两种粉螨传播黄曲霉菌的实验研究[J].华东煤炭医专学报,3:39.

李朝品,1989.引起肺螨病的两种螨的季节动态[J].昆虫知识,26(2):94-95.

杨洁,尚素琴,张新虎,2013.温度对椭圆食粉螨发育历期的影响[J].甘肃农业大学学报,5:86-88.

忻介六,沈兆鹏,1964.椭圆食粉螨生活史的研究(蜱螨目,粉螨科)[J].昆虫学报,13(3):428-435.

张荣波,李朝品,袁斌,1998.粉螨传播霉菌的实验研究[J].职业医学,25(4):21-22

张艳旋,林坚贞,1996.马六甲肉食螨对害嗜鳞螨捕食效应研究[J].华东昆虫学报,5(1):65-68.

张涛,2007.腐食酪螨种群生态学研究[D].南昌:南昌大学.

张继祖,刘建阳,许卫东,等,1997.福建嗜木螨生物学特性的研究[J].武夷科学,13(1):221-228.

陈霞,张艳璇,季洁,等,2013.斯氏小盲绥螨取食3种花粉和椭圆食粉螨的实验种群生命表[J].植物保护,39(5):149-152.

罗冬梅,2007.椭圆食粉螨种群生态学研究[D].南昌:南昌大学.

季洁,张艳璇,陈霞,等,2005.比哈小爪螨实验种群生命表的研究[J].蛛形学报,14(1):37-41.

周玉书,朴春树,仇贵生,等,2006.不同温度下3种害螨实验种群生命表研究[J].沈阳农业大学学报,37(2):173-176.

赵金红,孙恩涛,等,2012.粉尘螨种群消长及空间分布型研究[J].齐齐哈尔医学院学报,33(11):1403-1405.

夏斌,张涛,邹志文,等,2007.鳞翅触足螨对腐食酪螨捕食效能[J].南昌大学学报(理科版),31(6):579-582.

夏斌,龚珍奇,邹志文,等,2003.普通肉食螨对腐食酪螨的捕食功能[J].南昌大学学报(理科版),27(4):334-337.

陶宁,段彬彬,王少圣,等,2016.芜湖地区储藏动物性中药材孳生粉螨种类及其多样性研究[J].中国血吸虫病防治杂志,28(3):297-300.

陶莉,李朝品,2006.腐食酪螨种群消长及空间分布型研究[J].南京医科大学学报(自然科学版),86(10):944-947.

陶莉,李朝品,2007.腐食酪螨种群消长与生态因子关联分析[J].中国寄生虫学与寄生虫病杂志,25(5):394-396.

阎孝玉,杨年震,袁德柱,等,1992.椭圆食粉螨生活史的研究[J].粮油仓储科技通讯,6:53-55

Avise J C, Arnold J, Ball R M, et al., 1987. Intraspecific phylogeography: the mitochondrial DNA bridge betweenpopulation genetics and systematics[J]. Annual Review of Ecology and Systematics, 18:489-522.

Barker P S, 1983. Bionomics of *Lepidoglyphus destructor* (Schrank)(Acarina: Glycyphagidae), a pest of stored cereals[J]. Can J Zool, 61(2):355-358.

Brown R P, Pestano J, 1998. Phylogeography of skinks (Chalcides) in the Canary Islands inferred frommitochondrial DNA sequences[J]. Mol Ecol, 7(9):1183-1191.

Burger T D, Shao R, Beati L, et al., 2012. Phylogenetic analysis of ticks (Acari: Ixodida)using mitochondrial genomes and nuclear rRNA genes indicates that the genus *Amblyomma* is polyphyletic[J]. Molecular Phylogenetics and Evolution, 64:45-55.

Dekeyser M A, 2005. Acaricide mode of action[J]. Pest Management Science, 61:103-110.

Dermauw W, Leeuwen T V, Vanholme B, et al., 2009. The complete mitochondrial genome of the house dust mite *Dermatophagoides pteronyssinus* (Trouessart): a novel gene arrangement among arthropods[J]. Bmc Genomics, 10:107.

Domes K, Althammer M, Norton R A, et al., 2007. The phylogenetic relationship between Astigmata and Oribatida (Acari)as indicated by molecular markers[J]. Exp Appl Acarol, 42:159-171.

Gu X B, Liu G H, Song H Q, et al., 2014. The complete mitochondrial genome of the scab mite psoroptes cuniculi (Arthropoda: Arachnida) provides insights into Acari phylogeny[J]. Parasite Vector, 7:340.

Hughes A M, 1976. The Mites of Stored Food and Houses[M]. London: Her Majesty's stationary Office.

Jeyaprakash A, Hoy M A, 2009. First divergence time estimate of spiders, scorpions, mites and ticks (subphylum: Chelicerata) inferred from mitochondrial phylogeny[J]. Exp. Appl. Acarol., 47(1):1-18.

Johnson W E, Slattery J P, Eizirik E, et al., 1999. Disparate phylogeographic patterns of molecular geneticvariation in four closely related south American small cat species[J]. Mol. Ecol., 8(s1):S79-S94.

Juste B J, Álvarez Y, Tabares E, et al., 1999. Phylogeography of African fruitbats (Megachiroptera) [J]. Molecular Phylogenetics and Evolution, 13(3):596-604.

Liu G H, Chen F, Chen Y Z, et al., 2013. Complete mitochondrial genome sequence data provides genetic evidence that the brown dog tick *Rhipicephalus sanguineus* (Acari: Ixodidae) represents a species complex[J].

International Journal of Biological Sciences, 9:361-369.

MacArthur R H, Wilson E O, 1967. The theory of island biogeography[M]. Princeton, NJ:Princeton University Press.

Manchenko G P, 2003. Handbook of detection of enzymes on electrophoretic gels (Second Edition)[M]. Florida:CRC Press.

Mironov S V, Bochkov A V, 2009. Modern conceptions concerning the macrophylogeny of acariform mites (Chelicerata, Acariformes) [J]. Entomological Review, 89:975-992.

Oconnor B M, 1994. In:Houck, M. (Ed.). Mites:ecological and evolutionary analysis of life-history patterns [M]. New York:Chapman & Hall.

Palyvos N E, Emmanouel N G, Saitanis C J, 2008. Mites associated with stored products in Greece[J]. Exp. Appl. Acarol., 44(3):213-226.

Peng P Y, Guo X G, Song W Y, 2015. Faunal analysis of chigger mites (Acari:Prostigmata) on small mammals in Yunnan province, southwest China[J]. Parasitol. Res., 114(8):2815-2833.

Redenbach Z, Taylor E B, 1999. Zoogeographical implications of variation in mitochondrial DNA of Arctic-grayling (*Thymallus arcticus*) [J]. Mol. Ecol., 8(1):23-35.

Sinha R N, Mills J T, 1968. Feeding and reproduction of the grain mite and the mushroom mite on some species of penicilliun[J]. J. Econ. Entomol., 61 (6):1548.

Sinha R N, 1966. Feeding and reproduction of some stored-product mites on seed-borne fungi[J]. J. Econ. Entomol., 59(5):1227.

Van Pottelberge S, Van Leeuwen T, Nauen R, et al., 2009. Resistance mechanisms to mitochondrial electron transport inhibitors in a field collected strain of *Tetranychus urticae* Koch (Acari:Tetranychidae) [J]. Bulletin of Entomological Research, 99:23-31.

Vandermeer J H, 1975. On the construction of the population projection matrix for a population grouped in unequal stage[J]. Biomatrics, 31:239-242.

Webster L M I, Thomas R H, McCormack G P, 2004. Molecular systematics of *Acarus siros*. 1*at.*, a complex of stored food pests[J]. Mol. Phylogenet. Evol., 32:817-822.

Wooding S, Ward R, 1997. Phylogeography and pleistocene evolution in the north American black bear[J]. Mol. Biol. Evol., 14(11):1096-1105.

Woording J P, 1969. Observations on the biology of six species of acarid mites[J]. Ann. Entomol. Soc. Am., 62:102-108.

Yang B, Cai J L, Cheng X J, 2011. Identification of astigmatid mites using ITS2 and CO I regions[J]. Parasitol. Res., 108:497-503.

Yang B H, Li C P, 2016. Characterization of the complete mitochondrial genome of the storage mite pest *Tyrophagus longior* (Gervais) (Acari:Acaridae) and comparative mitogenomic analysis of four acarid mites [J]. Gene, 576:807-819.

第五章 主 要 类 群

家栖螨类(domestic mites)或者说家庭螨类是房舍生态系统中的主要成员,广泛孳生在房舍和储藏物中,种类繁多,包括粉螨(acaroid mite)、革螨(gamasid mite)、辐螨(actinetid mite)和甲螨(oribatid mite)。粉螨可为害储藏物并可污染人们的生活环境,其排泄物、分泌物、蜕下的皮及死亡后的裂解物均是很强的变应原,可引起人体过敏。革螨大多数是自由生活的,少数是寄生生活的。寄生型革螨的宿主范围广泛,包括哺乳类、鸟类、爬行类、两栖类以及无脊椎动物,哺乳动物宿主以鼠类为主。革螨可叮刺人类皮肤造成局部皮肤损害(包括过敏性损害)和炎症性损害,称为革螨性皮炎。少数体内寄生革螨偶然侵入宿主体内,引起螨源性疾病,如肺刺螨属(*Pneumonyssus*)寄生肺部可以引起肺螨病(pulmonary acariasis)等。鼠类体表寄生的革螨可以传播立克次体痘(rickettsia pox),可以作为肾综合征出血热(hemorrhagic fever with renal syndrome,HFRS)的潜在传播媒介。辐螨包括跗线螨(tarsonemid mite)、蒲螨(pyemotid mite)、盾螨(scutacarid mite)、吸螨(bdellid mite)、巨须螨(cunaxid mite)、镰螯螨(tydeid mite)、肉食螨(cheyletid mite)和吻体螨(smaridid mite)等,在房舍中均可发现。其中有些种类孳生于储藏物中,有些孳生于宠物窝巢中,如兔皮姬螯螨(*Cheyletiella parasitivorax*)寄生在猫和兔皮肤上,刺穿宿主皮肤引起疥癣。甲螨种类很多,多为土壤中的腐食性、藻食性和菌食性螨类。但有些甲螨是捕食性的,如大翼甲螨科(Galumnidae)的一些种类以蝇类幼虫或线虫为食;有些甲螨能取食寄生型膜翅目昆虫的蛹;有的甲螨可以高等植物组织和花粉为食,成为农业害螨;少数甲螨种类,如滑菌甲螨(*Scheloribates laevigatu*)喜生活于腐殖质、苔藓及鼠巢中;有的甲螨可作为牛带绦虫的中间寄主。由于现代居室装修环境相对封闭,室内常种植花草或养殖宠物,因此家居环境中的螨种也随之增多。花卉上的叶螨、瘿螨,宠物身上的恙螨、革螨、蠕形螨、疥螨、痒螨、羽螨、蜂螨和癣螨等,在一定情况下都会造成室内环境污染,或直接侵袭人体,危害人体健康。

蜱螨的生物多样性极为丰富。Radford(1950)估计,世界上约有蜱螨3万种,隶属于1700属;Evans(1992)估计,自然界中蜱螨的物种超过60万种,但据Walter和Proctor(1999)统计,当时已描述并认定的蜱螨物种约有5500种。Krantz和Walter 2009年记述全球已知蜱螨约5500属和1200亚属,隶属于124总科、540科。

历史上,具有重要影响力的蜱螨分类系统主要有:Baker等(1958)、Hughes(1976)、Krantz(1978)和Evans(1992)的系统。

Baker等(1958)将所有蜱螨归为蜱螨目(Acarina),下设5亚目:爪须亚目(Onychopalpida)、中气门亚目(Mesostigmata)、蜱亚目(Ixodides)、绒螨亚目(Trombidiformes)和疥螨亚目(Sarcoptiformes)。疥螨亚目(Sarcoptiformes)又分成甲螨总股(Oribatei)和粉螨总股(Acaridides)。

Krantz(1970)将蜱螨目提升为亚纲,下设3目7亚目69总科。

Krantz(1978)又将蜱螨亚纲(Acari)分为2目7亚目,即寄螨目(Parasitiformes)和真螨目(Acariformes),其中寄螨目包括4亚目:节腹螨亚目(Opilioacarida)、巨螨亚目(Holothyrida)、

革螨亚目(Gamasida)和蜱亚目(Ixodida)。真螨目(Acariformes)包括3亚目:辐螨亚目(Actinedida)、粉螨亚目(Acaridida)和甲螨亚目(Oribatida)。Krantz和Walter(2009)把蜱螨亚纲重新分为2个总目,下设125总科,540科。即寄螨总目(Parasitiformes)和真螨总目(Acariformes),其中寄螨总目包括4个目:节腹螨目(Opilioacarida)、巨螨目(Holothyrida)、蜱目(Ixodida)和中气门目(Mesostigmata)。真螨总目包括2个目:绒螨目(Trombidiformes)和疥螨目(Sarcoptiformes)。

Evans(1992)沿用Krantz蜱螨亚纲的概念,在该亚纲下设3总目7目:节腹螨总目(Opilioacariformes)、寄螨总目(Parasitiformes)和真螨总目(Acariformes)。其中真螨总目下设绒螨目(Trombidiformes)、粉螨目(Acaridida)和甲螨目(Oribatida)。

Hughes(1948)在 *The Mites Associated with Stored Food Products*(《贮藏农产品中的螨类》)一书中将螨类分为疥螨亚目(Sarcoptiformes)、恙螨亚目(Trombidiformes)和寄生螨亚目(Parasitiformes)。

Hughes(1961)在 *The Mites of Stored Food*(《贮藏食物的螨类》)一书中将粉螨总股内设5个总科:虱螯螨总科(Pediculocheloidea)、鳌螨总科(Listrophoroidea)、尤因螨总科(Ewingoidea)、食菌螨总科(Anoetoidea)和粉螨总科(Acaroidea)。在这个分类系统中,前4个总科均只有1个科,即虱螯螨科(Pediculochelidae)、鳌螨科(Listrophoridae)、尤因螨科(Ewingidae)、食菌螨科(Anoetidae)。而粉螨总科下设13个科,其中除粉螨科(Acaridae)和表皮螨科(Epidermoptidae)外,其余的均为寄生性,宿主为哺乳类、鸟类和昆虫。所以粉螨总科中与农牧业及储藏物有关系的仅有粉螨科和表皮螨科2个科。

Hughes(1976)在 *The Mites of Stored Food and Houses*(《贮藏食物与房舍的螨类》)一书中将贮藏物螨类分为无气门目(Astigmata)、隐气门目(Cryptostigmata)、前气门目(Prostigmata)和中气门目(Mesostigmata)。

本书的分类体系参考Hughes(1976)对贮藏物螨类的分类意见,同时借鉴Krantz(1978)的分类系统,将家栖螨类分为粉螨亚目(Acaridida)、革螨亚目(Gamasida)、辐螨亚目(Actinedida)和甲螨亚目(Oribatida)。

(王赛寒)

第一节　粉　螨　亚　目

粉螨亚目(Acaridida)螨类特征:多为卵圆形,体软,无气门,极少有气管,体壁薄,半透明,颜色各异。背面前端有一背板,表皮柔软,可光滑、粗糙或有细致的皱纹。螯肢钳状,两侧扁平,内缘具刺或齿。须肢小,1~2节,紧贴颚体。足基节与腹面愈合,跗节端部吸盘状,常有单爪,前足体近后缘处无假气门器。雄螨具阳茎和肛吸盘,足Ⅳ跗节背面具跗节吸盘1对。雌螨具产卵孔,无肛吸盘和跗节吸盘。粉螨躯体背面、腹面、足上均着生各种刚毛,刚毛的长短、形状、数量及排序均是粉螨分类的重要依据。

粉螨亚目螨类是家栖螨中的重要种类,下设粉螨科(Acaridae)、脂螨科(Lardoglyphidae)、食甜螨科(Glycyphagidae)、果螨科(Carpoglyphidae)、嗜渣螨科(Chortoglyphidae)、麦食螨科(Pyroglyphidae)和薄口螨科(Histiostomidae)。粉螨亚目分科检索表见表5.1,粉螨生活史各期检索表见表5.2。

表5.1 粉螨亚目分科检索表(成螨)

(仿李朝品,沈兆鹏,2016)

1. 无顶毛,皮纹粗、肋状,第一感棒(ω_1)位于足Ⅰ跗节顶端 ······························ 麦食螨科
   有顶毛,皮纹光滑或不为肋状,ω_1在足Ⅰ跗节基部 ·· 2
2. 须肢末节扁平,螯肢定趾退化,生殖孔横裂,腹面有2对几丁质环 ······················· 薄口螨科
   须肢末节不扁平,螯肢钳状,生殖孔纵裂,腹面无角质环 ··· 3
3. 雌螨足Ⅰ～Ⅳ跗节爪分两叉,雄螨足Ⅲ跗节末端有两突起 ······························· 脂螨科
   雌螨足Ⅰ～Ⅳ跗节单爪或缺如 ·· 4
4. 躯体背面有分颈沟,足跗节有爪,爪由两骨片与跗节连接,爪垫肉质,雄螨末体腹面有肛吸盘,足Ⅳ跗
   节有吸盘 ··· 粉螨科
   躯体背面无分颈沟,足跗节无两骨片,有时有两个细腱,雄螨末体腹面无肛吸盘,足Ⅳ跗节无吸盘 ··· 5
5. 足Ⅰ和Ⅱ表皮内突愈合,呈"X"形 ·· 果螨科
   足Ⅰ和Ⅱ表皮内突分离 ·· 6
6. 雌螨生殖板大,新月形,生殖孔位于足Ⅲ～Ⅳ间,雄螨末体腹面有肛吸盘 ············· 嗜渣螨科
   雌螨无明显生殖板,若明显,生殖孔位于足Ⅰ～Ⅱ之间,雄螨末体腹面无肛吸盘 ·········· 食甜螨科

表5.2 粉螨生活史各期检索表

(仿李朝品,沈兆鹏,2016)

1. 退化的跗肢或有或无,并常包裹在第一若螨的表皮中 ··············· 不活动休眠体或第二若螨
   有很发达的跗肢 ··· 2
   有6足,有时有基节杆 ··· 幼螨
   有8足,无基节杆 ··· 3
2. 螯肢和须肢退化为叉状附肢。无口器。在躯体后端有吸盘集合活动休眠体或第二若螨螯肢和须肢
   发育正常。有口器。躯体后端腹面无吸盘 ··· 4
3. 有1对生殖感觉器及1条痕迹状的生殖孔 ··· 第一若螨
   有2对生殖感觉器 ··· 5
4. 生殖孔痕迹状。无生殖褶 ··· 第三若螨
   有生殖褶 ·· 6
5. 生殖褶短。阳茎有一系列几丁质支架支持 ··· 雄成螨
   生殖褶常长,或生殖孔由1或2块板蔽盖。通往交配囊的孔位于体躯后端 ················· 雌成螨

一、粉螨科

粉螨科(Acaridae Ewing et Nesbitt,1942)螨类躯体由背沟分为前足体和后半体,前足体背板常有,表皮光滑、粗糙或增厚成板,除皱皮螨属外,一般无细致的皱纹。躯体刚毛常光滑,有时略有栉齿,但无明显的分栉或呈叶状。爪发达,与跗节末端以1对骨片相连,前跗节柔软并包围了爪和骨片;前跗节延长,雌螨爪分叉。足Ⅰ、Ⅱ跗节第一感棒ω_1着生在跗节基部。雌螨的生殖孔为1条长的裂缝,并为1对生殖褶所蔽盖,在每个生殖褶的内面有1对生殖感觉器;雄螨常有1对肛门吸盘和2对跗节吸盘。

粉螨科已记述18属76种(Fan,Chen et Wang,2010)。粉螨科分属或常见种检索表见表5.3,粉螨属分种检索表见表5.4。

表5.3 粉螨科分属或常见种检索表

（仿Hughes，1976）

1. 顶外毛(ve)位于靠近前足体背面的前缘，与vi在同一水平上或稍后 ···················· 2

ve痕迹状或缺如，若有，则位于靠近前足体背板侧缘的中间 ························· 7

2. 在足Ⅰ膝节，感棒σ_1比σ_2长3倍以上，雌螨的爪决不分叉，雄螨的足Ⅰ股节膨大，并在腹面有锥状突起

粉螨属($Acarus$)在足Ⅰ膝节，感棒σ_1不及σ_2长的3倍；雌螨无分叉的爪，有异型雄螨，但经常发生同型雄螨 ··· 3

3. 胛内毛sci比胛外毛sce长，螯肢和足稍有颜色 ······························ 4

sci比sce短，螯肢和足淡棕色 ···················· 椭圆食粉螨($Aleuroglyphus\ ovatus$)

4. ve比膝节短，位于vi后方 ···················· 菌食嗜菌螨($Mycetoglyphus\ fungivorus$)

ve与膝节等长，或比膝节长，几位于vi的同一水平上 ························ 5

5. d_1和la约等长，比d_3和d_4短 ····································· 6

la的长为d_1的4~6倍 ···························· 干向酪螨($Tyrolichus\ casei$)

6. 足Ⅰ、Ⅱ跗节背面端部的e毛短，针状，足Ⅰ、Ⅱ跗节末端有5个腹端刺，其中的中间3个刺增厚········ 食酪螨属($Tyrophagus$)

e常为刺状，跗节末端有3个腹端 ···················· 刺线嗜酪螨($Tyroborus\ lini$)

7. 具胛内毛sci ·· 8

无胛内毛sci，足Ⅰ跗节ω_1、ω_2无刺毛，成螨缺sci，hi，d_1~d_2；雄螨后半体背缘有一块突出的板············· 食虫狭螨($Thyreophagus\ entomophagus$)

8. 表皮有细致的皱纹，或饰有鳞状花纹 ···················· 皱皮螨属($Suidasia$)

表皮光滑或几乎光滑 ·· 9

9. 在足Ⅰ跗节，Ba膨大形成粗壮的锥状刺，并与ω_1接近 ···················· 根螨属($Rhizoglyohus$)

在足Ⅰ跗节，Ba为细长刚毛，躯体背、侧面的刚毛完整，雄螨后半体无突出的板············· 嗜木螨属($Caloglyphus$)

表5.4 粉螨属分种检索表

（仿李朝品，2016）

1. 背毛d_2不超过d_1的2倍 ··································· 2

背毛d_2为d_1长的4~5倍 ···················· 薄粉螨($A.\ gracilis$)

2. 后半体刚毛hi、la、lp和d_1~d_4均短，特别是背毛d_2或d_3的长度不超过该毛基部至紧邻该毛后方的刚毛基部之间的距离 ···················· 粗脚粉螨复合体($A.\ siro$ complex)3

后半体刚毛hi、la、lp和背毛较长，一般而言，在一定种群的大多数个体中，d_2和d_3要比该毛基部至紧邻该毛后方的刚毛基部之间的距离 ···················· 长刚毛种群

3. 足Ⅰ和Ⅱ跗节上的腹端刺s大（雄螨足Ⅰ跗节不具此特征），约与跗节的爪等长，腹-后缘凹入，顶端向后。从侧面看，足Ⅱ跗节的感棒ω_1是横斜的，在顶端膨大之前有一明显的"鹅颈" ···················· 粗脚粉螨($A.\ siro$)

腹端刺s细小，约为跗节爪长之半，腹-后缘凸出，顶端向前。感棒ω_1呈45°，在顶端膨大之前无明显的"鹅颈" ··································· 4

4. 感棒ω_1的两边从基部起逐渐变粗，然后在膨大为圆头之前变狭而形成明显的颈。圆头最阔部分与杆的最阔部分相等 ···················· 小粗脚粉螨($A.\ farris$)

感棒ω_1的两边几乎平行，末端扩大为一个明显的卵状头，头的最阔部分比杆的最阔部分宽 ···················· 静粉螨($A.\ immobilis$)

5. 雌雄螨躯体背面有不固定的皱褶纹5~7条；雄螨足Ⅳ跗节上的w，r毛各在中部、基部跗节吸盘的相应位置，相距较远；足Ⅰ上的σ_1比σ_2长倍上 ···················· 庐山粉螨($A.\ lushanensis$)

（一）粉螨属

粉螨属（*Acarus* Linnaeus,1758）特征：顶内毛（*vi*）长度为顶外毛（*ve*）的1倍以上；第一背毛（d_1）与前侧毛（*la*）均较短；足 I 膝节感棒 σ_1 的长度较 σ_2 长3倍；雄螨足 I 粗大，足 I 股节处有一距状表皮突起，足 I 膝节腹面有2个表皮形成的小刺。

粉螨属常见种类包括：粗脚粉螨（*Acarus siro*）、小粗脚粉螨（*Acarus farris*）、薄粉螨（*Acarus gracilis*）和静粉螨（*Acarus immobilis*）等。

1. 粗脚粉螨（*Acarus siro* Linnaeus,1758）

【同种异名】　粗足粉螨；*Acarus siro var farinae* Linnaeus,1758；*Aleurobius farinae var Africana* Oudemans,1906；*Tyrophagus farinae* De Geer,1778。

【形态特征】　体无色、淡黄色或红棕色，椭圆形，雄螨长 320~460 μm，雌螨长 350~650 μm。雌雄螨体外形相似。颚体和足的颜色因食物和年龄的不同而呈淡黄色到红棕色。

雄螨：螯肢具明显的齿，定趾基部有上颚刺，其后方为锥状矩形生长物。全身刚毛细，除顶内毛（*vi*）和胛毛（*sc*）的栉齿较明显外，其余刚毛栉齿均不明显。前足体背板宽，*vi* 较长，几达螯肢顶端，顶外毛（*ve*）很短，不到 *vi* 的1/4长；胛毛（*sc*）约为躯体的1/4长，胛内毛（*sci*）比胛外毛（*sce*）稍短，排成横列；基节上毛（*scx*）基部膨大，有粗栉齿。格氏器（*G*）为一无色的表皮皱褶，端部延伸为不等长丝状物。后半体背面刚毛长度和粗细与营养状态有关，营养差的刚毛短而细；而营养丰富的刚毛长而粗。骶内毛（*sai*）和肛后毛 pa_2 较长，弯曲拖地。腹面足 I 表皮内突（*Ap*）愈合成胸板（*St*），足 II、III 和 IV 表皮内突分离。生殖孔位于足 IV 基节之间，支持阳茎（*P*）的侧支在后面分叉，阳茎为弓形管状物，末端钝。肛门后缘两侧有1对肛门吸盘。所有足的末端具发达的前跗节和梗节状的爪。足 I 的膝节和股节增大，股节腹面有一刺状突起，突起上有股节毛（*vF*）；足 I 膝节腹面有2对由表皮形成的小钝刺。足 I、II 跗节的第一感棒（ω_1）斜生，形成的角度一般小于45°，ω_1 在基部最粗，在顶端膨大前变细。芥毛（ε）似一微小的丘突，着生在感棒 ω_1 之前的一个小突起上。跗节顶端的刺 *u* 和 *v* 愈合成一大刺，足 III、IV 跗节上的腹端刺（*s*）增大，侧面观，*s* 的最长边与跗节的爪等长。足 I 膝节上的膝外毛（σ_1）是膝内毛（σ_2）长的3倍以上。足 IV 跗节上的1对交配吸盘位于该节基部（图5.1，图5.2）。

雌螨：与雄螨相似。躯体后缘因交配囊略凹，躯体背面刚毛的栉齿较雄螨的更少。腹面，肛周有肛毛5对，其中，a_3 最长，约为 a_1、a_4、a_5 的4倍，a_2 约为 a_1、a_4、a_5 的2倍；肛后毛 pa_1 和 pa_2 较长，超出躯体后缘很多。生殖孔位于足 III 和 IV 基节之间。足 I 未变粗，股节无锥状突起；足 I 跗节的端刺 *u* 和 *v* 是分开的，且比腹端刺（*s*）小；所有足的 *s* 都较大，且向后弯曲。

活动休眠体：躯体长约 230 μm，淡红色，背面拱起具小刻点，腹面内凹（图5.3，图5.4）。前足体背板向前突出，覆盖颚体，并与后半体分离。顶内毛（*vi*）栉齿明显，顶外毛（*ve*）较短，基节上毛位于足 I 基节上方，与 *vi* 几乎等长。背毛 d_2 位于 d_1 之间，而 d_2、d_3 和 d_4 在一纵列上；2对肩毛位于躯体两侧，与 d_1 和 d_2 基部在同一水平。侧毛3对（l_1、l_2、l_3），d_1、d_2、d_3、*sci* 和 l_1 几乎等长，d_1 是 d_4 的3倍长。腹面，足 II 基节内突和足 III 基节表皮内突相连。足 IV 基节表皮内突稍弯曲，不相连。足 II、III 和 IV 基节的边缘明显加厚。吸盘板小，与躯体后缘有一定距离；较大的中央吸盘周围有3对周缘吸盘，由透明区将其相互分开。生殖孔位于吸盘板前方，其两侧的1对生殖毛（*g*）与1对吸盘几乎在同一直线上。所有的足均有很发达的爪和退化的前跗

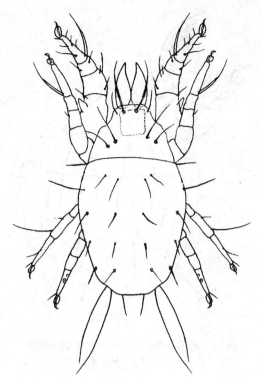

图5.1 粗脚粉螨（*Acarus siro*）♂背面
（仿李朝品，沈兆鹏）

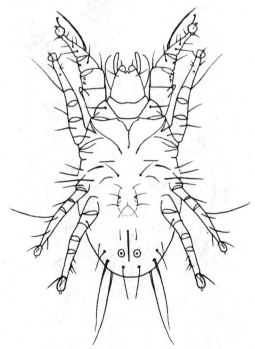

图5.2 粗脚粉螨（*Acarus siro*）♂腹面
（仿李朝品，沈兆鹏）

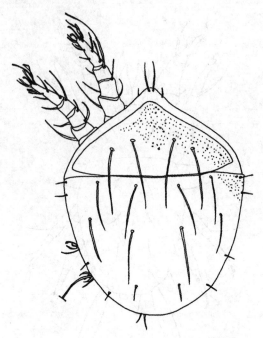

图5.3　粗脚粉螨（*Acarus siro*）休眠体背面

（仿李朝品，沈兆鹏）

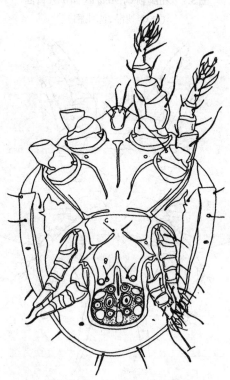

图5.4　粗脚粉螨（*Acarus siro*）休眠体腹面

（仿李朝品，沈兆鹏）

节,足上的某些刚毛和感棒变形、膨大或萎缩。足Ⅰ的第二感棒(ω_2)、膝节毛(σ)以及足Ⅲ的σ均不发达,腹刺复合体被2个膨大的叶状刚毛(vse)代替。足Ⅰ、Ⅱ跗节的ω_1较细长,顶端膨大,ω_3着生在背面中央;足Ⅰ、Ⅱ跗节的第二背端毛(e)顶端膨大呈吸盘状,足Ⅲ跗节的e为叶状,足Ⅳ跗节的e为躯体长的一半;各足的正中端毛(f)均为叶状,薄而透明;足Ⅳ的侧中毛r简单,其余各足的均为叶状;足Ⅰ~Ⅲ跗节的正中毛(m)或呈长叶状,腹中毛(w)宽而扁平,栉齿粗密;足Ⅲ跗节毛光滑,足Ⅳ跗节毛则扁平并有栉齿;足Ⅰ胫节的背胫刺(φ)比足Ⅰ跗节长,足Ⅱ胫节的φ与足Ⅱ跗节等长。

幼螨:似成螨,足3对(图5.5)。胛毛(sc)几乎等长,基节杆(CR)钝,向端部稍膨大,后肛毛不到躯体长的一半。

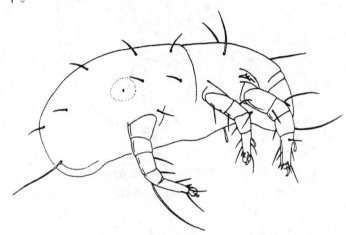

图5.5 粗脚粉螨(*Acarus siro*)幼螨侧面
(仿李朝品,沈兆鹏)

【孳生习性】 粗脚粉螨是重要的仓储螨类之一,其生境稳定,常年可被发现。其孳生的场所较多,如粮食仓库、面粉厂、粮食加工厂、中药材仓库和动物饲料库等。常见孳生物有谷物、粮食、中药材、蘑菇栽培料、居室灰尘等,也可在农场草堆中发现该螨。

【国内分布】 主要分布于黑龙江、吉林、北京、上海、四川、云南、甘肃、安徽和台湾等地区。

2. 小粗脚粉螨(*Acarus farris* Oudemans,1905)

【同种异名】 *Aleurobius farris* Oudemans,1905;褐足粉螨。

【形态特征】 雄螨躯体长约365 μm,雌螨较雄螨大。外形与粗脚粉螨相似,但足上有差别。

雄螨:侧面观,足Ⅰ、Ⅱ的第一感棒(ω_1)由基部向顶端稍膨大,于端部膨大为圆头之前略变细,ω_1与跗节背面形成的角度近90°(粗脚粉螨约45°)。足Ⅱ、Ⅲ和Ⅳ跗节的腹端刺(s)为其爪长的1/2~2/3,s顶端尖细。

雌螨:足Ⅰ~Ⅳ跗节的腹端刺(s)为其爪长的1/2~2/3,s顶端尖细;肛毛a_1、a_4和a_5长度相似,a_3最长,是a_1长度的2倍,a_2较a_1长1/3(图5.6)。

活动休眠体:躯体长约240 μm。后半体背面刚毛明显短,很少膨大或呈扁平形,背毛d_1、侧毛l_1和d_4几乎等长。腹面,表皮内突Ⅳ朝着中线向前弯曲,吸盘明显位于生殖毛的后外方。第一感棒(ω_1)均匀地逐渐变细(图5.7)。

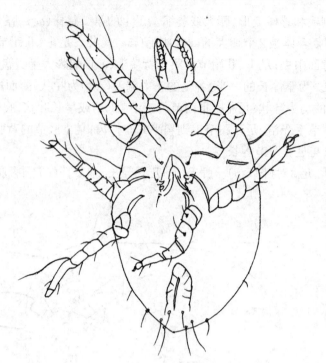

图5.6　小粗脚粉螨(*Acarus farris*)♀腹面
（仿李朝品，沈兆鹏）

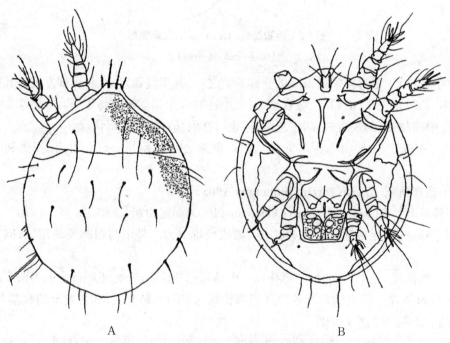

A   B

图5.7　小粗脚粉螨(*Acarus farris*)休眠体
A. 背面；B. 腹面
（仿李朝品，沈兆鹏）

【孳生习性】 房舍内可在大麦、燕麦、干酪、家禽饲料等上发现该螨。也常孳生于野外的草堆、鸟窝内和鸡舍的深层草堆中,偶尔也可在打包的干草中大量发现。其休眠体对干燥环境的抵抗力较弱,活动能力及附着其他螨类和昆虫的能力强,常附着昆虫及其他螨类而传播。

【国内分布】 主要分布于河南和安徽等地区。

3. 静粉螨(*Acarus immobilis* Griffiths,1964)

【同种异名】 无。

【形态特征】 成螨、第三若螨、第一若螨和幼螨形态与小粗脚粉螨各期相似,但成螨足Ⅰ跗节和足Ⅱ的第一感棒(ω_1)两边平行,顶端膨大为卵状末端。

不活动休眠体:躯体长约210 μm,卵圆形,白色,半透明(图5.8)。背拱腹凹,背面有刻点,前足体和后半体之间具一横沟;颚体退化,为1对隆起取代。背部毛序与小粗脚粉螨的活动休眠体相似,不同点:顶外毛(ve)及后半体后缘的1对刚毛缺如,所有刚毛较短,不易看出。后半体有1对孔隙,足Ⅳ基节水平在肩内毛(hi)之后有1对腺体。腹面,基节骨片以及生殖毛(g)及与邻近吸盘的相互关系与粗脚粉螨活动休眠体的相似,足Ⅳ基部表皮内突直形。与小粗脚粉螨的活动休眠体相比,足上刚毛与感棒数目、大小均减少(小),第一感棒(ω_1)末端膨大呈卵形,长度超过足Ⅰ、Ⅱ跗节长度的一半。足Ⅰ的膝节毛(σ)和胫节感棒(φ)均短钝,足Ⅰ和Ⅱ跗节的腹刺复合体和第二背端毛(e)缺如,足Ⅱ跗节的正中端毛(f)缺如,足Ⅲ和Ⅳ跗节的长刚毛e缺如。

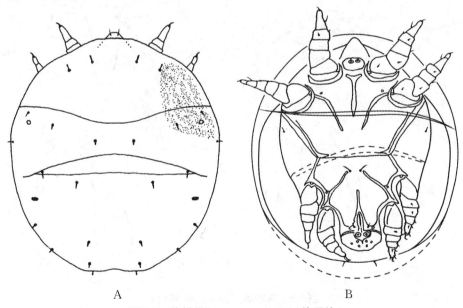

图5.8 静粉螨(*Acarus immobilis*)休眠体
A.背面;B.腹面
(仿李朝品,沈兆鹏)

【孳生习性】 静粉螨主要发现于野外,常发现于鸟窝,偶可在农场的原粮和仓库中发现。在谷物残屑、腐殖质、磨碎的草料中和干酪上也有报道。我国新记录由邹萍(1989)首先报道,采集于平菇菇床、构菌菌种瓶、假黑伞培养料(稻草)及棉籽壳。

【国内分布】 主要分布于上海、安徽等地区。

4. 薄粉螨(*Acarus gracilis* Hughes,1957)

【同种异名】 无。

【形态特征】 薄粉螨形态与粗脚粉螨相似。雄螨躯体长280~360 μm,雌螨躯体长200~250 μm。

雄螨:表皮有皱纹,躯体后部有微小乳突(图5.9)。背面刚毛稍有栉齿,胛毛(sc)、背毛d_1、d_3、d_4、肩毛(hi、hv)、前侧毛(la)、后侧毛(lp)和骶外毛(sae)均为短刚毛;背毛d_2、骶内毛(sai)和肛后毛(pa_1、pa_2)较长,d_2长度是d_1长度的4倍以上,sai为躯体长的70%。足Ⅰ股节上有1腹刺;足Ⅰ、Ⅱ跗节的感棒ω_1较长,并向顶端逐渐变细,ω_1与背中毛(Ba)基部间的距离较ω_1短;芥毛(ε)较明显,位于ω_1基部的末端,为一微小丘突;足Ⅳ跗节的交配吸盘位于该节基部且彼此接近。

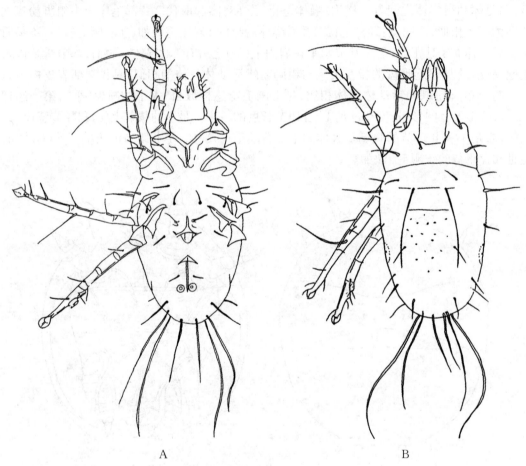

A   B

图5.9　薄粉螨(*Acarus gracilis*)♂

A. 腹面;B. 背面

(仿李朝品,沈兆鹏)

雌螨:前足体板较雄螨阔,后缘圆。背部刚毛的排序及长度与雄螨相似,但背毛d_3较长,是d_1长度的2倍以上;肛门区刚毛与粗脚粉螨相似,但肛后毛pa_2较长,肛毛a_3的长度不到a_1或a_2长度的2倍(图5.10)。

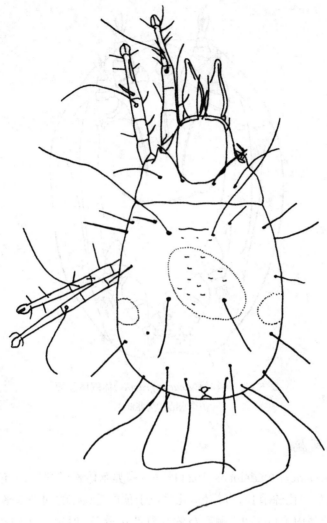

图5.10 薄粉螨(*Acarus gracilis*)♀背面
(仿李朝品,沈兆鹏)

不活动休眠体:躯体长200~250μm(图5.11)。与静粉螨不活动休眠体相似,不同点:吸盘板位置靠后,中央吸盘发达,吸盘均发育完全;基节骨片不甚发达;躯体后缘1对刚毛较长,与足Ⅳ跗节、胫节的长度之和相当;足上的刚毛与感棒、跗节的第一感棒(ω_1)比胫节感棒(φ)短,跗节刚毛常为叶状。

【孳生习性】 薄粉螨多在蝙蝠的栖息地、鸟巢、房屋、鼠窝以及石塔中孳生,也有报道在陈粮残屑、房屋瓦顶下蜕蛹和鼠类曾占据的旧窝残屑中发现该螨。陆云华(1997)在江西新余市渝水区北岗乡芙蓉村的米糠中首次采集到该螨。

【国内分布】 主要分布于江西、河南、安徽等地区。

(陶 宁)

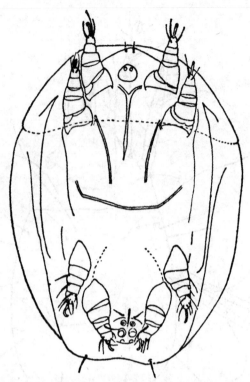

图5.11   薄粉螨(*Acarus gracilis*)休眠体腹面
(仿李朝品,沈兆鹏)

(二) 食酪螨属

食酪螨属(*Tyrophagus* Oudemans,1924)特征:螨类躯体长椭圆形,淡色,体后刚毛较长,表皮光滑。顶外毛(*ve*)比膝节长,有栉齿,几乎位于顶内毛(*vi*)的同一水平(图5.12),向下弯曲。胛外毛(*sce*)较胛内毛(*sci*)短,侧毛*la*约与背毛d_1等长,但短于d_3和d_4。食酪螨属螯肢较小。足较细长,跗节背端刚毛*e*为针状,腹面有5根刚毛,其中中央3根加粗。足Ⅰ膝节的膝外毛(σ_1)比膝内毛(σ_2)稍长。足Ⅳ节有2个吸盘。体后缘有5对较长的刚毛,即外后毛、内后毛各1对及肛后毛3对。食酪螨属足Ⅱ跗节上的感棒和基节上毛(*scx*)的形状是鉴定种类的重要依据(图5.13,图5.14)。

目前,国内记述的食酪螨属种类约有20种,即腐食酪螨(*Tyrophagus putrescentiae* Schrank,1781)、长食酪螨(*Tyrophagus longior* Gervais,1844)、尘食酪螨(*Tyrophagus perniciosus* Zachvatkin,1941)、阔食酪螨(*Tyrophagus palmarum* Oudemans,1924)、似食酪螨(*Tyrophagus similis* Volgin,1949)、热带食酪螨(*Tyrophagus tropicus* Roberston,1959)、瓜食酪螨(*Tyrophagus neiswanderi* Johnston et Bruce,1965)、短毛食酪螨(*Tyrophagus brevicrinatus* Roberston,1959)、笋食酪螨(*Tyrophagus bambusae* Tseng,1972)、垦丁食酪螨(*Tyrophagus kentinus* Tseng,1972)、拟长食酪螨(*Tyrophagus mimlongior* Jiang,1993)、景德镇食酪螨(*Tyrophagus jingdezhenensis* Jiang,1993)、赣江食酪螨(*Tyrophagus ganjiangensis* Jiang,1993)、粉磨食酪螨(*Tyrophages molitor* Zachvatkin,1844)、范尼食酪螨(*Tyrophage vanheurni* Oudemans,1924)、普通食酪螨(*Tyrophagus communis* Fan et Zhang,2007)和范张食酪螨

（*Tyrophagus fanetzhangorum* Fan et Zhang,2007)等。关于食酪螨属的分类地位,吴太葆等(2007)参照Krantz(1978)的粉螨分类系统,选取55个形态特征,对粉螨亚目4科15种粉螨进行了系统发育分析研究。结果显示,粉螨科的食酪螨属、食粉螨属、粉螨属聚在一起,食酪螨属和食粉螨属的亲缘关系较近,首先聚在一起,再与粉螨属聚类。应用系统发育分析软件(PAUP 4.0)构建的MP树和NJ树基本一致。此外,还基于*Cox*I基因构建了粉螨科5属的NJ树和MP树,结果基本一致,即食粉螨属和食酪螨属的亲缘关系较近,首先聚类,再与嗜木螨属、粉螨属相聚为一支。以上研究构建的形态树与分子树均表明,食酪螨属和食粉螨属亲缘关系较近。食酪螨属分种检索表见表5.5。

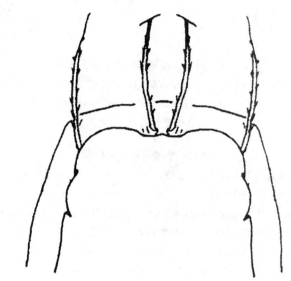

图5.12　腐食酪螨(*Tyrophagus putrescentiae*)顶毛的位置
(仿李朝品,沈兆鹏)

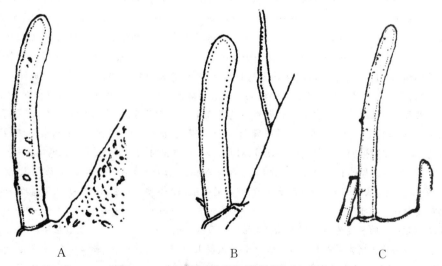

A　　　　　　　　　　B　　　　　　　　　　C

图5.13　食酪螨属螨类足Ⅱ跗节上的感棒

A.腐食酪螨(*Tyrophagus putrescentiae*);B.尘食酪螨(*Tyrophagus perniciosus*);

C.长食酪螨(*Tyrophagus longior*)

(仿李朝品,沈兆鹏)

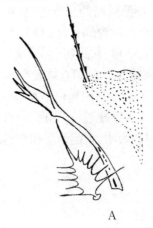

A　　　　　　　　B　　　　　　　　C

图5.14　食酪螨属螨类基节上的毛

A. 腐食酪螨(*Tyrophagus putrescentiae*)；B. 尘食酪螨(*Tyrophagus perniciosus*)；

C. 长食酪螨(*Tyrophagus longior*)

（仿李朝品,沈兆鹏）

表5.5　食酪螨属分种检索表

1. 前侧毛(*la*)几乎为第一背毛(*d_1*)长的2倍 ………………………… 热带食酪螨(*T. tropicus*)
   前侧毛(*la*)约与第一背毛(*d_1*)等长 …………………………………………………… 2

2. 基节上毛(*scx*)镰状,稍有栉齿,后侧毛(*lp*)远短于骶内毛(*sai*) ……… 短毛食酪螨(*T. brevicrinatus*)
   基节上毛(*scx*)栉齿状,后侧毛(*lp*)很长,与骶内毛(*sai*)等长 …………………………… 3

3. 第二背毛(*d_2*)短,最多为前侧毛(*la*)的2倍 ……………………………………………… 4
   第二背毛(*d_2*)常为前侧毛(*la*)长的2倍以上 ……………………………………………… 8

4. 在前足体板的前侧缘具有带色素的角膜,感棒ω_1与腐食酪螨的一样,可能更细 ……… 5
   在前足体板的前侧缘没有带色素的角膜,基节上毛(*scx*)有短的栉齿 ………………………… 6

5. 基节上毛(*scx*)基部膨大,雌螨肛毛a_5短于a_1、a_2、a_3,雄螨足Ⅳ跗节上腹中毛(*w*)、侧中毛(*r*)在端部
   吸盘同一水平上 …………………………………………………………… 瓜食酪螨(*T. neiswanderi*)
   基节上毛(*scx*)树枝状,雌螨肛毛a_5长于a_1、a_2、a_3,雄螨足Ⅳ跗节上*w*、*r*在端部吸盘的后方……………
   ………………………………………………………………………… 景德镇食酪螨(*T. jingdezhenensus*)

6. 感棒ω_1细长,向顶端逐渐变细,末端尖圆或具有一个稍微膨大的头,阳茎细长,顶端尖细,稍弯曲 …… 7
   感棒很粗,有一个明显膨大的头,阳茎短而粗,顶端截断状 ………………………… 似食酪螨(*T. similis*)

7. 雄螨足Ⅳ跗节上1对吸盘靠近该节基部,跗节刚毛*w*、*r*远离吸盘,基节上毛(*scx*)弯曲,具有大致等长
   的短侧刺,第二背毛(*d_2*)的长度约为第一背毛(*d_1*)和前侧毛(*la*)长的1~1.3倍 … 长食酪螨(*T. longior*)
   雄螨足Ⅳ跗节上1对吸盘较均匀分布于跗节,刚毛*w*、*r*在两吸盘间,基节上毛(*scx*)直,两侧具有2~3个较长
   的侧刺,第二背毛(*d_2*)的长度约为第一背毛(*d_1*)和前侧毛(*la*)长的2倍 …… 拟长食酪螨(*T. mimlongior*)

8. 基节上毛(*scx*)基部膨大,并有细长栉齿,阳茎的支架向外弯曲,阳茎2次弯曲,似茶壶嘴 ………… 9
   阳茎的支架向外弯曲 ……………………………………………………………………… 10

9. 第二背毛(*d_2*)的长度为第一背毛(*d_1*)长的2~2.5倍 ……………… 腐食酪螨(*T. putrescentiae*)
   第二背毛(*d_2*)的长度为第一背毛(*d_1*)长的6~8倍以上 …………… 赣江食酪螨(*T. ganjiangensis*)

10. 感棒ω_1细长,中部稍微膨大,然后缩成一个小头,阳茎小 ………… 阔食酪螨(*T. palmarum*)
    感棒ω_1短而粗,两侧平行,而在顶端膨大成明显的头,阳茎长,截断状……… 尘食酪螨(*T. perniciosus*)

5. 腐食酪螨（*Tyrophagus putrescentiae* Schrank,1781）

【同种异名】 *Tyrophagus castellanii* Hirst,1912；*Tyrophagus noxius* Zachvatkin,1935；

Tyrophagus brauni E. et F.Türk,1957。

【形态特征】 螨体无色,肢和足略带红色,表皮光滑,躯体上的刚毛细长而不硬直,常拖在躯体后面。螨体长约300 μm,位于足Ⅰ膝节的膝外毛(σ_1)比膝内毛(σ_2)稍长。第二背毛(d_2)为第一背毛(d_1)长的2~3.5倍,基节上毛(scx)膨大,并有细长栉齿。阳茎支架向外弯曲,形如壶状。

雄螨:躯体长280~350 μm,表皮光滑,附肢的颜色因食物而异,如在面粉和大米中无色,而在干酪、鱼干中有明显的颜色。躯体较其他种类细长,刚毛长而不硬直(图5.15)。前足体板后缘几乎挺直,向后伸展约达胛毛(sc)处。顶内毛(vi)与该螨的刚毛一样均有稀疏的栉齿,vi延伸且超出螯肢顶端;顶外毛(ve)长于足的膝节,位于vi稍后的位置。胛毛(sc)比前足体长,胛内毛(sci)长于胛外毛(sce),两对胛毛几乎成一横列。基节上毛(scx)扁平且基部膨大,有许多较长的刺,膨大的基部向前延伸为细长的尖端(图5.14A)。后半体背面,前侧毛(la)、肩腹毛(hv)和第一背毛(d_1)均为短刚毛,且几乎等长,约为躯体长度的1/10;d_2较长,为d_1长度的2~3.5倍;肩内毛(hi)长于肩外毛(he),且与螨体侧缘成直角;其余刚毛均较长。腹面,肛门吸盘呈圆盖状,且稍超出肛门后端,位于躯体末端的肛后毛pa_1较pa_2、pa_3短而细(图5.16)。螯肢具齿,有一距状突起和上颚刺。该螨有较发达的前跗节,各足末端有柄状的爪。足Ⅰ跗节长度超过该足膝、胫节之和,其上的感棒(ω_1)顶端稍膨大并与芥毛(ε)接近,亚

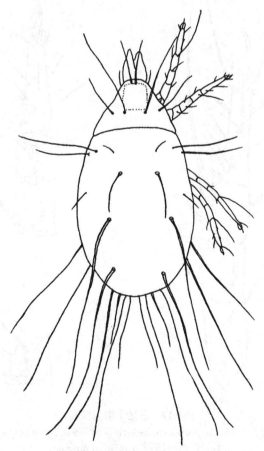

图5.15 腐食酪螨(*Tyrophagus putrescentiae*)♂背面

(仿李朝品,沈兆鹏)

基侧毛(aa)着生于ω_1的前端位置；背毛(d)和ω_3比第二背端毛(e)长，且明显超出爪的末端；u、v及s等跗节腹端刺均为刺状，跗节两侧为细长刚毛p、q。足Ⅰ膝节的膝内毛(σ_2)稍短于膝外毛(σ_1)（图5.17A）。足Ⅳ跗节中间有1对吸盘（图5.18A）。刚毛r接近基部，w远离基部。支撑阳茎的侧骨片向外弯曲，阳茎较短且弯曲呈"S"状（图5.19A）。

图5.16　腐食酪螨（*Tyrophagus putrescentiae*）肛门区
A. ♂；B. ♀
pa_1, pa_2, pa_3：肛后毛；a_1, a_2, a_4：肛毛
（仿李朝品，沈兆鹏）

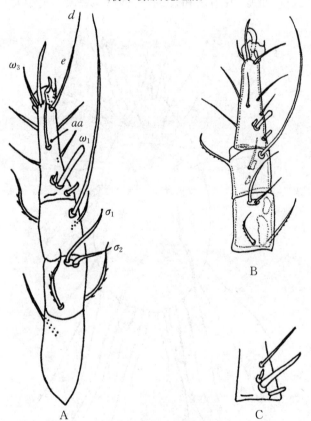

图5.17　右足Ⅰ端部背面
A. 腐食酪螨（*Tyrophagus putrescentiae*）；B. 尘食酪螨（*Tyrophagus perniciosus*）；
C. 长食酪螨（*Tyrophagus longior*）
ω_1, ω_3, σ_1, σ_3：感棒；aa, d, e：刚毛
（仿李朝品，沈兆鹏）

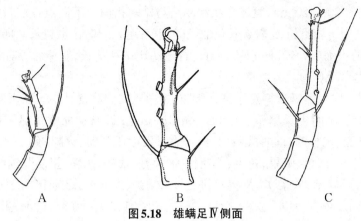

图5.18 雄螨足Ⅳ侧面

A.腐食酪螨(*Tyrophagus putrescentiae*)右足；B.尘食酪螨(*Tyrophagus perniciosus*)左足；

C.长食酪螨(*Tyrophagus longior*)右足

（仿李朝品,沈兆鹏）

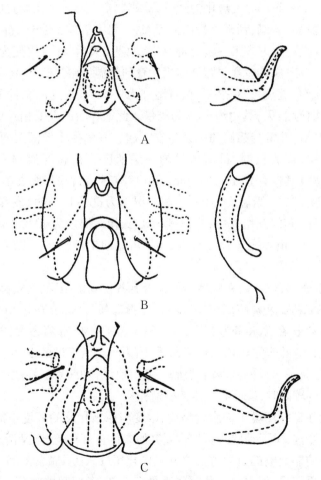

图5.19 生殖区和阳茎

A.腐食酪螨(*Tyrophagus putrescentiae*)；B.尘食酪螨(*Tyrophagus perniciosus*)；

C.长食酪螨(*Tyrophagus longior*)

（仿李朝品,沈兆鹏）

雌螨：躯体长 320~420 μm，躯体形状和刚毛与雄螨相似。不同点：肛门达躯体后端，周围有 5 对肛毛，其中 a_2 较 a_1 长，a_4 较 a_2 长（图 5.16）；肛后毛 pa_1 和 pa_2 也较长。卵稍有刻点。此外，此螨的幼螨的内毛(sci)较胛外毛(sce)长，背毛 d_3 比 d_1 和 d_2 长，躯体后缘有 1 对长刚毛，有基节杆(CR)和基节毛(cx)。

【孳生习性】 腐食酪螨喜栖息于富含脂肪、蛋白质的储藏食品中。在米面加工厂、饲料库，蛋品、干酪加工车间生长繁殖。Roberston(1961)记载，腐食酪螨是热带和亚热带的种类，易被干酪、乳酸、肉桂醛、茴香醛吸引，经常大量发生于蛋粉、火腿、鱼干、牛肉干、椰子仁干、干酪、肠衣、虾米、鱿鱼、坚果、花生、葵花籽、油菜籽、棉籽、奶粉、蛋品及饲料等，也可在小麦、小麦残屑、大米、碎米、米糠、烟草、麻籽饼、豆棒、橘饼、南瓜子、葡萄干、红薯条、红枣、黑枣、核桃、莲子、香菇干、面粉、大麦、麸皮、杂豆、杏仁、桂圆肉、白糖、红糖、饼干、蛋糕、豆粉糕、银耳、黑木耳、黄花、海石花、百合、竹笋、沙参、海带、八角、辣椒干、花椒和蒜头等中。据调查，在粮库、粮食加工厂、面粉加工厂等孳生环境中发现的粉螨，其中腐食酪螨有明显的种群优势。

雌雄交配后即产卵。卵白色，长椭圆形，前端略尖，表面光滑。在温度为 27 ℃ 左右、相对湿度为 70% 以上，卵经 4~5 天孵化为幼螨，幼螨取食 3 天，停止活动，颚体足向下弯曲，经 1 天静息期，蜕皮为第一若螨，活动一段时间后，进入第一若螨静息期，静息 1 天，蜕皮为第三若螨，活动一段时间后，再进入第三若螨静息期，静息 1 天后，即蜕皮变为成螨。成螨体毛长而多，行动缓慢，常被肉食螨捕食。腐食酪螨发育的低温极限是 7 ℃，高温极限为 37 ℃；相对湿度高，可高达 100%，在温度为 32 ℃、相对湿度为 98%~100% 的条件下，用啤酒酵母做饲料，其最快发育周期为 21 天，其中约 60% 为雌螨。此螨存活的最低相对湿度为 60%。

腐食酪螨喜群居，并常与粗脚粉螨杂生在一起。喜孳生于较潮湿而生霉的储粮与食品中。此螨蛀食米粒，形成孔洞，最后可只剩一层米皮。在温度为 24~28 ℃、相对湿度为 92%~100% 时，适宜其发育繁殖。Cunnington(1967)研究表明，腐食酪螨发育的最低温度为 7 ℃，最高温度为 37 ℃。当温度为 29 ℃、相对湿度为 60% 以下时，发育不适宜，行动减慢，食量减少，停止产卵，有的开始死亡；当温度为 0 ℃、相对湿度为 40%~50% 时，24 小时即可死亡；当温度为 -2 ℃、相对湿度为 90% 以上时，可短期生存。但当温度为 -7 ℃时，经 48 小时会全部死亡。

有的腐食酪螨亦取食真菌，在其体内外常带有各种真菌孢子，对食品中霉菌的传播起到重要作用。有些霉菌如散囊菌属($Eurotium$)和青霉属($Penicillium$)对此螨有吸引力。因此，腐食酪螨可以生长在含水量为 13%~15% 的谷物上，以霉菌为食，并可完成生活周期。腐食酪螨喜食霉菌，但并非完全依靠霉菌存活，因为在经消毒过的麦胚中它也能生活。它能被干酪气味和含有 1%~5% 的乳酸溶液所吸引。肉桂醛和茴香醛在浓度很低时对腐食酪螨有吸引作用，但浓度较高时，反而有一定的驱避作用。

据观察，生活在良好环境中的腐食酪螨，改变与原来相反的环境生活，经 1~2 天体侧两边突然凹入，形成宽沟，呈不动状态。如恢复其原来的良好环境，则又活动起来。因此，短期改变环境条件，是防制此螨的有效方法之一。磷化氢(PH_3)对腐食酪螨各活动期（幼螨若螨和成螨）的防制效果较好，但对卵及休眠体不易奏效，应考虑间歇施药，或连续 2 次低剂量熏蒸。此外，腐食酪螨可引起过敏性疾病，人与该螨接触后，可引起哮喘、肺螨病和肠螨病等。

【国内分布】 主要分布于北京、上海、重庆、河北、河南、江苏、浙江、湖南、山东、安徽、湖北、广西、陕西、福建、广东、四川、云南、西藏、香港、东北三省及台湾地区。

6. 尘食酪螨(*Tyrophagus perniciosus* Zachvatkin, 1941)

【同种异名】　无。

【形态特征】　胛内毛(sci)、肩内毛(hi)、后侧毛(lp)的长度为体长的1/5~1/3背毛(d_3、d_4)及骶内毛(sai)、骶外毛(sae)、肛后毛(pa_2、pa_3)的长度为体长的3/5~2/3,比d_1长2.5~4.5倍。基节上毛(scx)直,从顶端向基部逐渐膨大,两侧有梳状刺一列,每列9~10根,从基部到顶端逐渐缩短。肛后毛pa_1较pa_3靠近肛门吸盘。足跗节感棒ω短而粗,顶端稍膨大,呈球杆状,亚基侧毛(aa)位于侧方,靠近芥毛(ε),背中毛(Ba)位于aa前面。足Ⅳ跗节吸盘位于跗节中部,其中前吸盘与跗节毛r与w位于同一水平。

雄螨:躯体长450~500 μm,足和颚体骨化明显。雌雄两性形态相似,与腐食酪螨相比,躯体较阔。基节上毛(scx)向基部逐渐膨大,其侧面的梳状刺向顶端逐渐缩短(图5.14B)。背毛d_2为d_1长度的2.5~4.5倍。足跗节感棒(ω_1)较短,末端稍膨大(图5.17B)。足Ⅳ跗节远端吸盘约与腹毛位于同一水平(图5.18B)。支撑阳茎的侧骨片向内弯曲(图5.19B),阳茎长且弯曲成弓形,末端呈截断状(图5.19B)。

雌螨:躯体长550~700 μm,与雄螨相似(图5.20)。

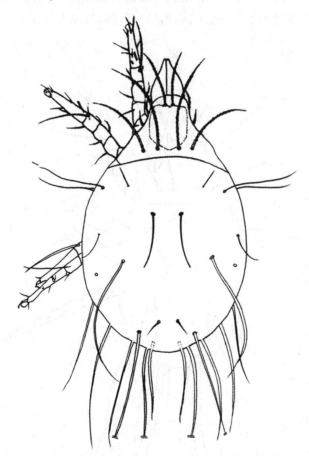

图5.20　尘食酪螨(*Tyrophagus perniciosus*)♀背面
(仿李朝品,沈兆鹏)

【孳生习性】　尘食酪螨分布较广泛,是粮食和食品仓库尘屑中常见的螨类,在粮仓久储面粉中为害严重,常栖息于储藏谷物、大米、面粉上层和碎屑、米糠中,在干酪、奶粉、小麦、燕麦、大麦及麸皮中也常发现。尘食酪螨为中湿性螨类,喜群居,在相对湿度70%以上、粮食水分为15.5%时对尘食酪螨最为适宜。温度对此螨亦有较大的影响,0℃时,多难以生存。在相对湿度为80%、温度为24~25℃时,繁殖最快,由卵孵化为幼螨,再经第一、第三若螨期发育为成螨需15~20天。

【国内分布】 主要分布于云南、江苏、广西、西藏和四川等地区。

7. 长食酪螨(*Tyrophagus longior* Gervais,1844)

【同种异名】 *Tyroglyphus infestans* Berlese,1844;*Tyrophagus tenuiclavus* Zachvatkin,1941。

【形态特征】 长食酪螨体躯较腐食酪螨宽,是一种大型的螨类。足和螯肢深色。由于具有较长而细的足,故名长食酪螨。体后毛较长,行动时常拖在地上如一列稀毛。基节上毛(scx)弯曲,基部不膨大,两侧有等长的短刺(图5.14C)。腹面生殖器官位于足Ⅳ之间。足Ⅰ、Ⅱ跗节的第一感棒(ω_1)长,从基部至顶端逐渐变细。足Ⅳ跗节有1对跗节吸盘,并靠近该跗节基部,侧中毛(r)、腹中毛(w)远离吸盘。

雄螨:躯体长330~535 μm,螯肢和足颜色较腐食酪螨深,有的螯肢具模糊的网状花纹(图5.21)。足上和躯体的刚毛与腐食酪螨相似,有弯曲的基节上毛(scx),其基部不膨大并

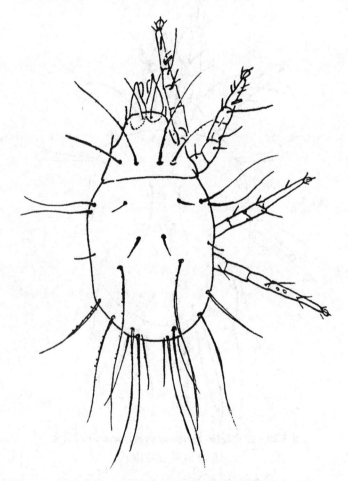

图5.21 长食酪螨(*Tyrophagus longior*)♂背面
(仿李朝品,沈兆鹏)

有等长的侧短刺,第二背毛(d_2)为d_1和前侧毛(la)长度的1～1.3倍。第三背毛(d_3)、第四背毛(d_4)很长,超过体躯长度,伸出末体外,比前侧毛(la)长6倍。胛内毛(sci)较胛外毛(sce)长1/3,并着生在前足体板后面同一水平线上。肛后毛(pa_3)与后侧毛(lp)几乎等长。足Ⅰ、Ⅱ跗节上的第一感棒(ω_1)长且向顶端渐细(图5.17C);足Ⅳ跗节长于膝、胫两节之和,靠近该节基部有1对跗节吸盘,其上刚毛r、w远离吸盘(图5.18C)。阳茎向前渐细呈茶壶嘴状,支撑阳茎的侧骨片向内弯曲(图5.19C)。肛门吸盘位于肛门后两侧。

雌螨:躯体长530～670 μm,除生殖区外,与雄螨基本无区别。此螨的幼螨与腐食酪螨幼螨相似。

【孳生习性】　长食酪螨分布广泛,常发生于储藏谷物、谷物堆垛、草堆中,并可形成优势种群。可在粮食仓库久储的霉面粉、腐米、地脚粮中发生,养殖场中也常有发现。亦在干酪、蘑菇、烂莴苣、烂芹菜和萝卜等蔬菜及霉木屑上发现。Chmielewski(1969)记载,在制糖甜菜种子、麻雀窝中发现此螨。Gigia(1964)记载,长食酪螨是鳕鱼干中常见的害螨。Bardy(1970)记载,仔鸡养殖房掉落的毛羽中发现数量较多。陆联高(1994)记述该螨可为害大米、面粉、碎米、小麦、花生、干酪、鱼干、蛋品、黄瓜、甜菜根、番茄及粮油副产品。污染严重的粮油,可产生一种臭味。

长食酪螨为两性生殖,雌雄交配后产卵。卵白色,椭圆形,一端略尖。在适宜的环境下,经4～5天孵化为白色幼螨,再经第一、第三若螨期变为成螨。未发现休眠体。成螨喜在较潮湿生霉的粮食中生活,并常与腐食酪螨、小粗脚粉螨等螨类群居在一起。此螨怕高温,40 ℃时多死亡。适宜发育繁殖温度为20～26 ℃,粮食水分为16％～18％,相对湿度为85％。Hughes(1976)记载,在温度为32 ℃,相对湿度为87％条件下完成生活史需20天左右。此螨能耐低温,在温度5 ℃左右时,正常存活;在温度为－10～－7 ℃时,易导致死亡或难以生存。人与长食酪螨接触可引起皮炎。长食酪螨还是引起肠螨病、尿螨病的重要病原。

【国内分布】　主要分布于北京、上海、河南、安徽、云南、浙江、广西、贵州、广东、西藏、四川、东北三省及台湾。

(杨邦和)

(三) 嗜酪螨属

嗜酪螨属(*Tyroborus* Oudemans,1924)的特征类似于食酪螨属,不同的是:跗节末端具3个腹刺,分别为中腹端刺(s)、内腹端刺($q+v$)、外腹端刺($p+u$);足Ⅰ和Ⅱ跗节的第二背端毛(e)呈粗刺状。

嗜酪螨属螨类的生物学特征也类似于食酪螨属,Hughes(1961)认为嗜酪螨属是食酪螨属的一部分。该属我国目前已记述的螨种有1种,即线嗜酪螨(*Tyroborus lini* Oudemans,1924)。

8. 线嗜酪螨(*Tyroborus lini* Oudemans,1924)

【同种异名】　*Tyrophagus lini sensu* Hughes,1961。

【形态特征】　雄螨:躯体长350～470 μm,呈长椭圆形(图5.22)。螯肢较粗壮,动趾和定趾均具有明显的齿。前足体板近似五角形,向后可延展到胛内毛位置,表面布有刻点,而周围的表皮较光滑。腹面的基节胸板由厚骨片组成,有明显的表皮内突(图5.23)。躯体刚毛的毛序类似于腐食酪螨,不同之处有:刚毛长,顶外毛(ve)和顶内毛(vi)均着生有栉齿。基节上

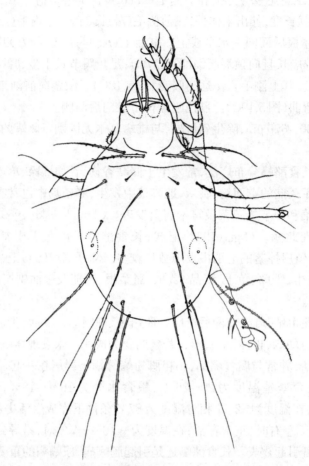

图 5.22　线嗜酪螨（*Tyroborus lini*）♂背面
（仿李朝品，沈兆鹏）

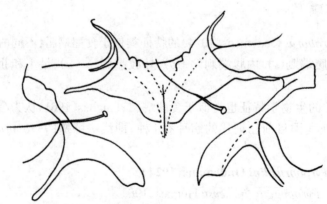

图 5.23　线嗜酪螨（*Tyroborus lini*）基节—胸板骨骼
（仿李朝品，沈兆鹏）

毛(scx)大,呈纺锤形,基部宽阔,边缘具刺。躯体背面的第一背毛(d_1)、肩腹毛(hv)和前侧毛(la)均较短,且几乎等长,d_2比d_1长4倍以上。其余的刚毛均较长,远超出体后缘。肛门距体后缘较远,具1对肛门吸盘。足粗短,足Ⅰ、Ⅱ跗节的感棒ω_1顶端略膨大为球状,第二背端毛(e)呈刺状或刚毛状;在跗节腹面末端着生有3根粗刺,分别是内腹端刺(q+v)、外腹端刺(p+u)、腹端刺(s),其中s最小(图5.24);足Ⅳ跗节的长度小于膝、胫节的长度之和,上着生有1对吸盘,且与该节两端的距离相等。阳茎小,呈"S"形,不伸长为尖头,支持阳茎的骨片外弯(图5.25)。

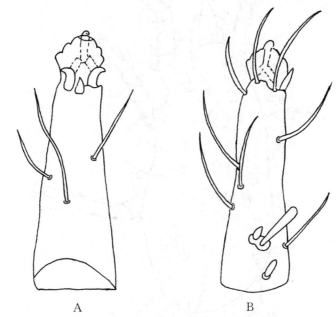

图5.24　线嗜酪螨(*Tyroborus lini*)足Ⅰ跗节

A.腹面;B.背面

(仿李朝品,沈兆鹏)

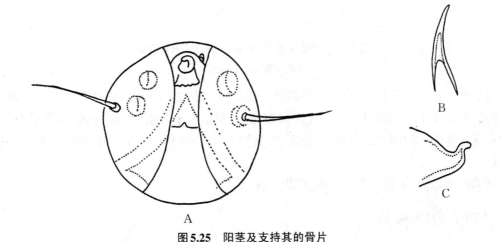

图5.25　阳茎及支持其的骨片

A.线嗜酪螨(*Tyroborus lini*)阳茎;B.干向酪螨(*Tyrolichus casei*)阳茎;

C.线嗜酪螨(*Tyroborus lini*)支持阳茎的骨片

(仿李朝品,沈兆鹏)

雌螨:躯体长400~650 μm,类似于雄螨。

幼螨:类似于成螨,不同点为:胛内毛(sci)短于胛外毛(sce),基节杆呈圆柱形,骶毛(sa)长,可超过体长的一半(图5.26)。

休眠体:还未发现。

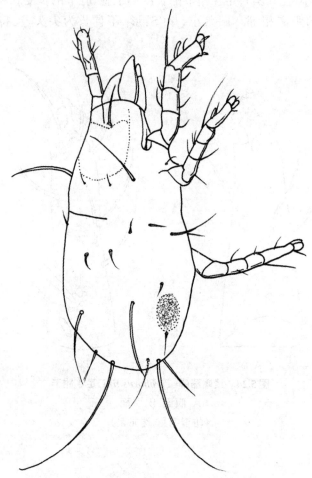

图5.26　线嗜酪螨(*Tyroborus lini*)幼螨背侧面
(仿李朝品,沈兆鹏)

【孳生习性】　该螨属中温中湿性螨类,在温度为22~24 ℃、相对湿度为85%左右时,繁殖速度较快,约15天完成1代。孳生环境多样,主要孳生于面粉、大米、小麦、米糠、饲料、黑木耳、花椒等储藏物中,也可在饲料仓库、大米加工厂、养鸡房的深层草堆及孵化箱的残屑中发现。

【国内分布】　主要分布于重庆、四川等地。

(四)向酪螨属

向酪螨属(*Tyrolichus* Oudemans,1924)的特征:类似于食酪螨属,不同的是:螨后半体的背毛约等长,仅有第一背毛(d_1)短小,前侧毛(*la*)长于d_1约2倍以上。着生于跗节的第二背端毛(*e*)呈粗短的刺状,5根腹端刺(*p*、*q*、*s*、*u*、*v*)大小约相等。

该属目前已记述的主要为干向酪螨(*Tyrolichus casei* Oudemans,1910)。

9. 干向酪螨(*Tyrolichus casei* Oudemans,1910)

【同种异名】 *Tyroglyphus siro* Michael,1903;*Tyrophagus casei sensu* Hughes,1961。

【形态特征】 雄螨:躯体长450~550 μm,呈宽卵圆形,体白色略透明,有光泽,螯肢与足的颜色较深。螯肢粗壮,定趾具5齿,动趾具4齿。前足体板近似正方形,后缘略外凸,具刻点。2对具栉齿的顶毛着生于前足体板前缘,且处于同一水平;顶内毛(*vi*)长于顶外毛(*ve*),约为2倍。基节上毛(*scx*)顶端拉长呈细长状,基部为膨大状,边缘具有以锐角着生的尖刺。胛内毛(*sci*)略长于胛外毛(*sce*)。后半体刚毛的毛序类似于腐食酪螨,毛略具栉齿;第一背毛(d_1)最短,第二背毛(d_2)是其长度的2倍左右;前侧毛(*la*)则是其长度的5倍左右;其余刚毛约等长,以扇形方式排列(图5.27)。各足粗短并布有网状纹,均具发达的爪及爪垫;基部的刚毛与感棒排列较为集中;跗节感棒ω_1呈柱状,中部略膨状,与芥毛(ε)着生于同一个凹陷处;跗节顶端的第二背端毛(*e*)呈粗短的刺状(图5.28A),腹面具5根腹端刺(*p*、*q*、*s*、*u*、*v*),环绕排列在爪的基部(图5.29A);足Ⅳ跗节的中央位置具1对吸盘。支撑阳茎的骨片内弯,阳茎直立渐窄,着生于足Ⅳ基节之间。

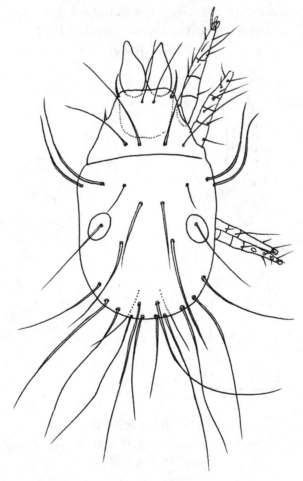

图5.27 干向酪螨(*Tyrolichus casei*)♂背面

(仿李朝品,沈兆鹏)

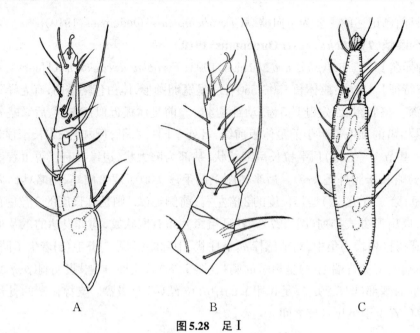

图5.28 足Ⅰ

A. 干向酪螨(*Tyrolichus casei*)右足Ⅰ背面;B. 菌食嗜菌螨(*Mycetoglyphus fungivorus*)左足Ⅰ外面;

C. 椭圆食粉螨(*Aleurolyphus ovatus*)右足Ⅰ背面

(仿李朝品,沈兆鹏)

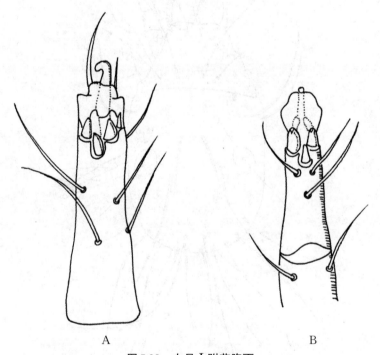

图5.29 右足Ⅰ跗节腹面

A. 干向酪螨(*Tyrolichus casei*)♀;B. 椭圆食粉螨(*Aleuroglyphus ovatus*)♂

(仿李朝品,沈兆鹏)

雌螨:躯体长 500～700 μm,体型大于雄螨。形态特征类似于雄螨,不同的是:肛门孔与躯体末端相距较远,交配囊的孔位于末端,通过1根细管与受精囊相连。

幼螨:d_2长于d_1的5倍左右,具基节杆。

休眠体:尚未发现。

【孳生习性】 该螨喜孳生于脂肪及蛋白质含量较丰富的食品中,常见于干酪、盐渍火腿、砂糖、面粉、大米、花生仁、小麦等谷物中,也可以在动物饲料、废弃的蜂巢、鼠窝及昆虫标本上发现,喜食谷物种子的胚芽,被为害的粮粒上具孔洞,严重的话可导致面粉产生臭味,影响人类健康。Oudemans(1910)曾在盛有人尿的容器中发现过该螨。在温度为22～27 ℃、粮食水分为15.5%～17%、相对湿度为85%～88%的环境中适宜其生存。可引起人体皮炎。

【国内分布】 主要分布于上海、四川、云南、湖南、江苏、福建、黑龙江、吉林、安徽、广东、广西、台湾等地。

(五) 嗜菌螨属

嗜菌螨属(*Mycetoglyphus* Oudemans,1932)的特征:顶内毛(vi)略带栉齿,约为顶外毛(ve)长度的4倍,且着生位置较其靠前;顶外毛(ve)光滑。跗节末端的第二背端毛(e)和腹端刺毛p、q、u、v、s均呈刺状。胛内毛(sci)略长于胛外毛(sce),且处于同一水平。足Ⅰ膝节的膝外毛(σ_1)长于膝内毛(σ_2),不及其长度的2倍。雄螨阳茎长。

嗜菌螨属是由澳大利亚学者在腐烂的有机物中首次发现的,在我国仅记载有菌食嗜菌螨(*Mycetoglyphus fungivorus* Oudemans,1932)1种。

10. 菌食嗜菌螨(*Mycetoglyphus fungivorus* Oudemans,1932)

【同种异名】 *Forcellinia fungivora sensu* Zachvatkin,1941;*Tyrophagus fungivorus sensu* (Türk et Türk,1957) Hughes,1961;*Tyrolichus fungivorus sensu* Karg,1971.

【形态特征】 雄螨:躯体长400～600 μm,呈长椭圆形,形状类似于食酪螨属。表皮无色或略呈浅灰色,螯肢及足的颜色较深,呈浅棕色。前足体板近似长方形,四角略圆,前缘中间略内凹,顶内毛(vi)则着生于其中,并可伸长至螯肢末端。躯体及足上刚毛的毛序与似食酪螨大致相同,但不同的是:顶内毛(vi)略带栉齿,大约长于顶外毛(ve)的4倍,且着生位置靠前;顶外毛(ve)光滑,着生位置靠后。前侧毛(la)极短,第一背毛(d_1)是其长度的1～1.5倍,第二背毛(d_2)是其长度的1.5～2倍;d_3、d_4约等长且明显长于d_1、d_2,往体后的方向伸展。基节上毛(scx)略弯曲,具稀疏的栉齿。足Ⅰ、Ⅱ跗节的ω_1呈棒球杆状;足Ⅰ～Ⅲ跗节的第二背端毛(e)和腹端刺p、q、u、v、s均呈刺状,大小略有差异。足Ⅳ跗节具1对吸盘,着生于该节基部的1/2处,与跗节毛r和w相距较远。阳茎为1根弯曲的长管,且着生于腹面的一块基板上。

雌螨:躯体长500～600 μm,形态特征类似于雄螨(图5.30)。

休眠体:躯体长约250 μm,体型比成螨小一半,后缘较为宽圆,体呈黄棕色。前足体板近似平直,前伸可遮盖颚基。无顶内毛(vi)。腹面清晰可见胸板和吸盘板,足Ⅰ基节板与足Ⅱ基节板互相分离;近圆形的吸盘板离体末端的距离较远。足Ⅰ跗节具4根刚毛,其中1根形状较宽阔,另外3根形状为针形;足Ⅳ跗节具2根刚毛,均为针形。

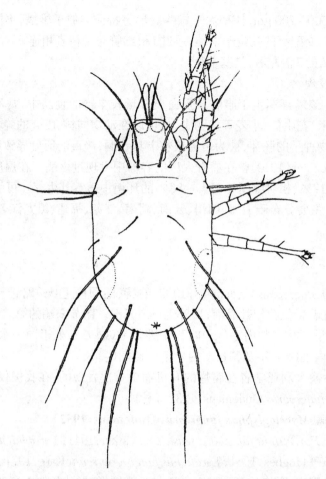

图5.30　菌食嗜菌螨(*Mycetoglyphus fungivorus*)♀背面
(仿李朝品,沈兆鹏)

【孳生习性】　该螨适宜在温暖、潮湿的环境中生存,多孳生于发霉的粮食及食品上。常见于室内及乘用车内的灰尘、发霉的粮食(大米、面粉、豆饼等)、腐烂的蔬菜和食用菌(莴笋、芹菜、萝卜、蘑菇等)、干果类(核桃仁、花生等)、腐烂潮湿的木头、储藏的中药材(麻黄、党参、僵蚕、蛞蝓、鼠妇虫等)、草堆、鸟巢、鼠穴、蚂蚁洞等中。在温度为24 ℃、相对湿度为85%~90%的环境下,该螨需2~3周完成1代。干燥环境下,该螨难以生存,储藏物应尽量置于干燥的环境中保存。

【国内分布】　主要分布于安徽、河南、湖南、福建、广西、云南、四川、黑龙江、吉林、辽宁等地。

(王赛寒)

(六) 食粉螨属

食粉螨属(*Aleuroglyphus* Zachvatkin, 1935)曾被 Troupeau(1878)命名为嗜粉螨属(*Tyroglyphus*),其代表种椭圆食粉螨(*Aleuroglyphus ovatus* Troupeau, 1878)也曾称为椭圆嗜粉螨(*Tyroglyphus ovatus* Troupeau, 1878),Zachvatkin(1935)将其修订为现名。目前该属在我国记载的种类有椭圆食粉螨、中国食粉螨(*Aleuroglyphus chinensis* Jiang, 1994)和台湾

食粉螨(*Aleuroglyphus formosanus* Tseng，1972)。

食粉螨属特征：顶外毛(*ve*)较长且有栉齿，长度超过顶内毛(*vi*)的一半，位于*vi*同一水平线。胛内毛(*sci*)比胛外毛(*sce*)短。基节上毛(*scx*)明显，有粗刺。跗节的第二背端毛(*e*)为毛发状，跗节有3个明显的腹端刺：*q*＋*v*、*p*＋*u*和*s*，它们着生的位置很接近。食粉螨属分种检索表见表5.6。

表5.6 食粉螨属分种检索表

雌螨肛毛4对；雄螨阳茎的支架挺直，为直管状，足跗节背端毛(*e*)为毛发状················
··· 椭圆食粉螨(*Aleuroglyphus ovatus*)

雌螨肛毛5对；雄螨阳茎末端弯曲，足跗节背端毛(*e*)为粗刺状 ······ 中国食粉螨(*Aleuroglyphus chinensis*)

11. 椭圆食粉螨(*Aleuroglyphus ovatus* Troupeau，1878)

【同种异名】 *Tyroglyphus ovatus* Troupeau，1878。

【形态特征】 此螨大小、一般形态与线嗜酪螨相似，足和螯肢深棕色，与躯体其余白而发亮的部分呈鲜明对比，故有褐足螨之名，易于识别。此螨躯体和足上的刚毛较完全，常被作为粉螨科、粉螨亚目，甚至整个储藏物粉螨的代表种而加以描述。

雄螨：体长480～550 μm(图5.31)。前足体板呈长方形，两侧略凹，表面具刻点；基节上毛(*scx*)呈叶状，两侧缘具较多长而直的梳妆突起；胛内毛(*sci*)短，仅为胛外毛(*sce*)长度的1/3。后半体背毛d_1、d_2、d_3及前侧毛(*la*)、肩内毛(*hi*)约与*sci*等长，均较短；d_4、后侧毛(*lp*)

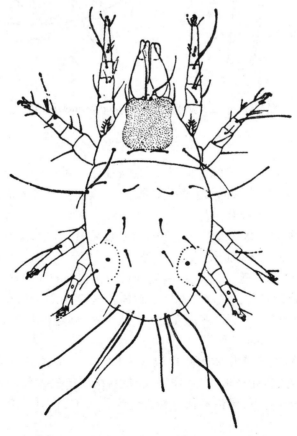

图5.31 椭圆食粉螨(*Aleuroglyphus ovatus*)♂背面
(仿李朝品，沈兆鹏)

相对较长；骶内毛(sai)、骶外毛(sae)及2对肛后毛(pa)为长刚毛。螨体所有刚毛均具小栉齿，短刚毛末端常有分叉且有时尖端扭曲。足短粗，足Ⅰ、Ⅱ跗节的感棒ω_1较长，尖端渐细，末端圆钝，且与芥毛(ε)着生在同一凹陷；跗节端部有$p+u$、$q+v$和s共3根粗大的腹端刺，末端2根腹刺顶端呈钩状；第二背端毛(e)为毛发状；足Ⅳ跗节的1对吸盘在其中间。生殖褶和生殖感觉器呈淡黄色，阳茎的支架挺直，后端分叉，阳茎为直管状。躯体腹面3对肛后毛(pa)几乎排列在同一直线上(图5.32A)。

雌螨：躯体长580~670 μm。形态与雄螨相似，不同点：肛门孔周围有肛毛(a)4对，其中a_2较长，超过躯体后缘；2对肛后毛(pa)也较长，且排列在同一直线上(图5.32B)。

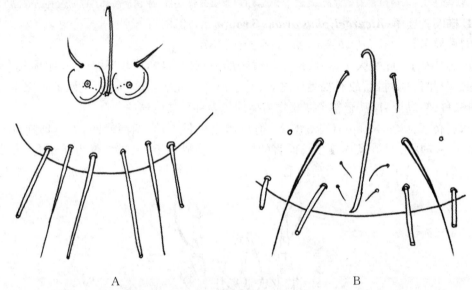

图5.32　椭圆食粉螨(*Aleuroglyphus ovatus*)肛门区

A. ♂；B. ♀

(仿李朝品，沈兆鹏)

幼螨：幼螨发育不完全，与成螨相似，胛内毛(sci)明显短于胛外毛(sce)，基节杆(CR)为一钝端管状物，足Ⅰ跗节的感棒ω_1从基部向顶端膨大，几乎达该节的末端。有1对长的肛后毛(pa)(图5.33)。生殖系统尚未形成。

【孳生习性】　椭圆食粉螨常孳生于仓储粮食及食品中，亦可在鼠洞及养鸡场中被发现。此螨孳生物常包括稻谷、大米、糙米、大麦、小麦、玉米、碎米、面粉、玉米粉、山芋粉、山芋片、饲料、鱼干制品、麸皮及米糠等。当其为害粮食时，先将谷物的胚芽吃掉，再吃其余部分，严重污染时，可使粮食产生难闻的气味。椭圆食粉螨有吃霉菌的习性，用霉菌饲养也能存活，在球黑孢霉和粉红单端孢霉上，此螨繁殖较快。从小麦、燕麦和大麦中分离出来的24种霉菌中，椭圆食粉螨嗜食其中的10种。

此螨喜湿热环境，在仓库中常聚集在温度为33~35 ℃的地方。在温度为20 ℃时，行动迟缓，不能正常发育，虽能产卵，但产卵率大减，一次仅产1~2粒。在温度为18 ℃、相对湿度为40%~50%的环境下，难以存活。在温度为7~8 ℃、相对湿度为90%的环境下，难以发现此螨。

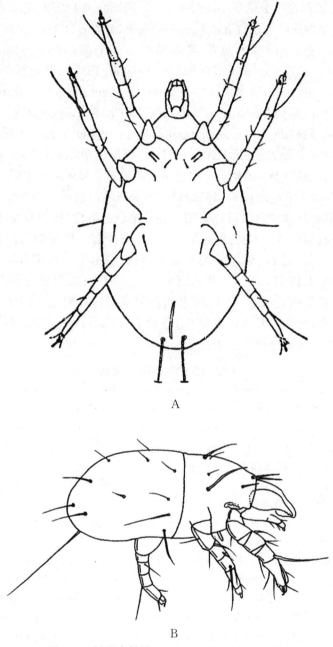

图5.33　椭圆食粉螨(*Aleuroglyphus ovatus*)幼螨

A.腹面;B.背侧面

(仿李朝品,沈兆鹏)

【国内分布】　主要分布于北京、上海、河北、河南、云南、湖南、浙江、四川、东北三省及台湾。

(俞保圣)

(七) 嗜木螨属

嗜木螨属(*Caloglyphus* Berlese,1923)在分类上属于真螨目(Acariformes)、粉螨科

(Acaridae),该属也被称为生卡螨属(*Sancassania*)。Krishna 等(1982)记录了该属有13种,我国现记载11种,包括伯氏嗜木螨(*Caloglyphus berlesei* Michael,1903)、食菌嗜木螨(*Caloglyphus mycophagus* Megnin,1874)、食根嗜木螨(*Caloglyphus rhizoglyphoides* Zachvatkin,1937)、奥氏嗜木螨(*Caloglyphus oudemansi* Zachvatkin,1937)、赫氏嗜木螨(*Caloglyphus hughesi* Samsinak,1966)、昆山嗜木螨(*Caloglyphus kunshanensis* Zou & Wang,1991)、奇异嗜木螨(*Caloglyphus paradoxa* Oudemans,1903)、嗜粪嗜木螨(*Caloglyphus coprophila* Mahunka,1968)、上海嗜木螨(*Caloglyphus shanghaiensis* Zou et Wang,1989)、卡氏嗜木螨(*Caloglyphus caroli* ChannaBasavanna et Krishna Rao,1982)和福建嗜木螨(*Caloglyphus fujiannensis* Zou,Wang et Zhang,1987)等。家栖类主要包括伯氏嗜木螨和食菌嗜木螨。

嗜木螨属(*Caloglyphus* Berlese,1923)螨类椭圆形,白色或浅灰色,足及螯肢呈淡褐色。前足体板长椭圆形,侧缘直,后缘略凹。顶外毛(ve)退化,或以微小刚毛存在,着生在前足体板侧缘中间;顶内毛(vi)伸达螯肢。足 I 基节处有一棒形假气门器。胛外毛(sce)比胛内毛(sci)长。后半体背、侧面的刚毛完全,较长的刚毛在基部可膨大。雄螨的躯体后缘不形成突出的末体板。足 I 、II 的背中毛(Ba)不加粗为锥形刺且远离第一感棒(ω_1);足 I 跗节有亚基侧毛(aa);足 I 、II 和 III 跗节末端的背端毛(e)为刺状;侧中毛(r)和正中端毛(f)常弯曲,端部可膨大呈叶状板;各跗节有 p、q、u、v、s 5根腹端刺,s 稍大,其余大小大体相同。嗜木螨属分种检索表见表5.7。

表5.7 嗜木螨属分种检索表

1. 基节上毛明显,边缘有明显栉齿 ·· 2
   基节上毛有时不明显,几乎光滑 ··· 5
2. 雌螨肛毛 a_4、a_6 为短刚毛 ··· 3
   雌螨肛毛 a_4、a_6 为长刚毛 ·· 昆山嗜木螨(*C. kunshanensis*)
3. 雄螨足 I 跗节的正中端毛显著膨大 ·································· 奥氏嗜木螨(*C. oudemansi*)
   雄螨足 I 跗节的正中端毛稍膨大 ··· 4
4. 骶外毛的长不及第一对背毛的2倍 ································· 赫氏嗜木螨(*C. hughesi*)
   骶外毛的长为第一对背毛的2倍以上 ······························ 卡氏嗜木螨(*C. caroli*)
5. 足 I 、II 跗节末端没有叶状刚毛,雄螨足 IV 跗节上的一对吸盘离该节两端的距离相等 ·········· 6
   足 I 、II 跗节末端有叶状刚毛,雄螨足 IV 跗节上吸盘位于该节端部的1/2处 ··········· 7
6. lp 和 d_4 约为 d_1 的2倍,d_3 和 d_4 约等长 ··················· 食根嗜木螨(*C. rhizoglyphoide*)
   lp 和 d_4 为 d_1 的3~5倍,d_3 比 d_4 短 ························ 奇异嗜木螨(*C. paradoxa*)
7. 基节上毛清楚,超过第一对背毛长之半 ························· 伯氏嗜木螨(*C. belesei*)
   基节上毛不明显,不超过第一对背毛长之半 ·· 8
8. 雌螨第四对背毛比第三对背毛明显 ··· 9
   雌螨第四对背毛比第三对背毛短或等长 ··· 10
9. 生殖孔与肛孔接触 ··· 嗜粪嗜木螨(*C. coprophila*)
   生殖孔与肛孔不连接 ··· 上海嗜木螨(*C. shanghaiensis*)
10. 雌螨第四对背毛与第三对背毛等长,后侧毛与第一背毛和第二背毛几等长··············
    ·· 食菌嗜木螨(*C. mycophagus*)
    雌螨第四对背毛较第三对背毛明显长,后侧毛超过第一背毛和第二背毛的3倍··········
    ·· 福建嗜木螨(*C. fujianensis*)

12. 伯氏嗜木螨（*Caloglyphus berlesei* Michael, 1903）

【同种异名】 *Tyloglyphus mycophagus* Menin, 1874; *Tyloglyphus mycophagus* Sensu Berlese, 1891; *Caloglyphus rodinovi* Zachvatkin, 1935。

【形态特征】 伯氏嗜木螨雌雄差异很大。

同型雄螨：躯体长 600~900 μm，无色，表皮光滑有光泽，附肢淡棕色；在潮湿环境躯体呈纺锤形，以足Ⅲ、Ⅳ间为最宽（图 5.34）。颚体狭长，顶端逐渐变细，螯肢有齿并有一明显的上颚刺。前足体板长方形，后缘稍凹或不规则。背面，除顶内毛(vi)外，所有躯体背面刚毛几乎完全光滑并在基部加粗；顶外毛(ve)短小，位于前足体板侧缘中间；2 对胛毛彼此间的距离相等，胛外毛(sce)比胛内毛(sci)长 3~4 倍；基节上毛(scx)明显，几乎光滑，大于背毛 d_1 长度的一半。格氏器为一断刺，表面有小突起（图 5.35）。后半体背面，背毛 d_1 短，d_2 为 d_1 长度的 2~3 倍，前侧毛(la)和肩内毛(hi)为 d_1 长度的 1.5~2 倍；第三背毛(d_3)、第四背毛(d_4)和后侧毛较长，d_4 超出躯体末端很多（图 5.34）。腹面，基节内突板发达，形状不规则；肛后毛 pa_2 比 pa_1 长 3~5 倍，pa_3 比 pa_2 长；有明显的圆形肛门吸盘（图 5.36）。各足较细长，末端为柄状的爪和发达的前跗节。足Ⅰ跗节的第一感棒(ω_1)顶端膨大，着生于芥毛(ε)的同一凹陷上；亚基侧毛(aa)的着生点远离感棒 ω_1 和 ω_2，顶端的第三感棒(ω_3)为一均匀圆柱体；第一背端毛(d)

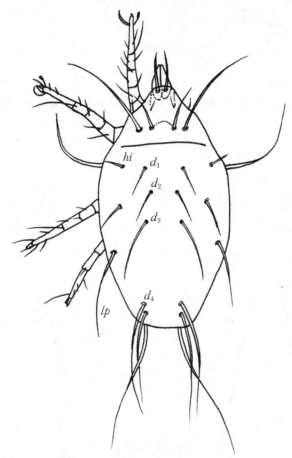

图 5.34 伯氏嗜木螨（*Caloglyphus Berlesei*）♂ 背面

d_1~d_4, hi, lp：躯体的刚毛

（仿李朝品，沈兆鹏）

超出跗节的末端,第二背端毛(e)为粗刺状,正中端毛(f)和侧中毛(r)为镰状且顶端膨大呈叶片状。腹面,正中毛(la)和腹中毛(w)为粗刺状,趾节基部有5个明显的刺状突起(图5.37)。胫节毛gT和hT为刺状,hT比gT粗大。膝节腹面刚毛有小栉齿。跗节Ⅳ的交配吸盘明显,位于该节端部的1/2处,正中端毛(f)细长,r和w为刺状(图5.38)。阳茎为1条挺直管状物,骨化明显。

异型雄螨:躯体长800~1000 μm,刚毛较同型雄螨的长,刚毛基部明显加粗(图5.39)。足Ⅲ明显加粗,各足的末端表皮内突粗壮(图5.40)。

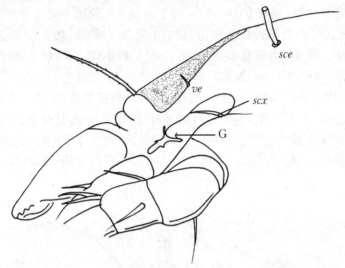

图5.35　伯氏嗜木螨(*Caloglyphus Berlesei*)第一若螨前足体侧面
sce,*ve*:刚毛;G:格氏器;*scx*:基节上毛
(仿李朝品,沈兆鹏)

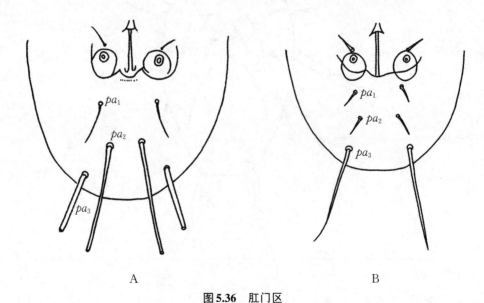

A　　　　　　　　　　　　　　　B

图5.36　肛门区
A. 伯氏嗜木螨(*Caloglyphus Berlesei*)♂;B. 食菌嗜木螨(*Caloglyphus mycophagus*)♂
pa_1,pa_2,pa_3:肛后毛
(仿李朝品,沈兆鹏)

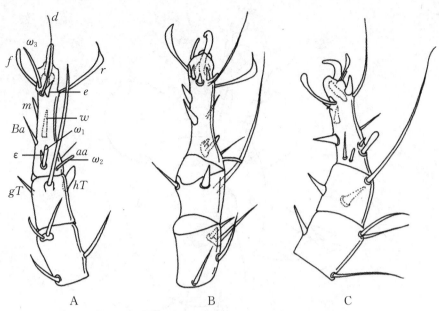

图5.37 伯氏嗜木螨(*Caloglyphus Berlesei*)♂的足

A.右Ⅰ足背面;B.左Ⅰ足腹面;C.食菌嗜木螨(*Caloglyphus mycophagus*)左Ⅰ足外面

$\omega_1 \sim \omega_3$:感棒;ε:芥毛;d,e,f,aa,Ba,m,r,w,gT,hT:刚毛

(仿李朝品,沈兆鹏)

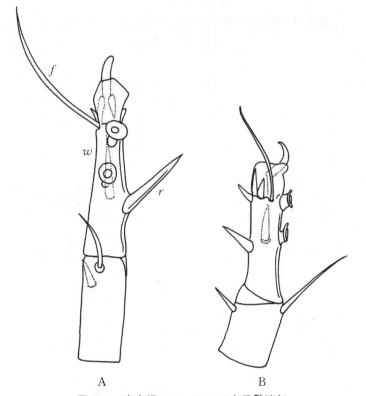

图5.38 嗜木螨(*Caloglyphus*)右足Ⅳ端部

A.伯氏嗜木螨(*Caloglyphus Berlesei*)♂;B.食菌嗜木螨(*Caloglyphus mycophagus*)♂

f,w,r:跗节毛

(仿李朝品,沈兆鹏)

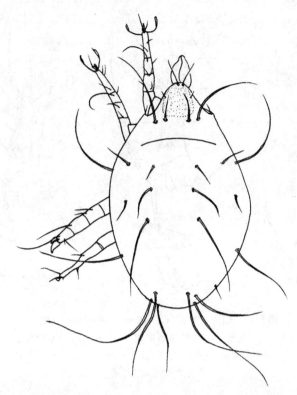

图 5.39 伯氏嗜木螨(*Caloglyphus Berlesei*)异型雄螨背面

（仿李朝品，沈兆鹏）

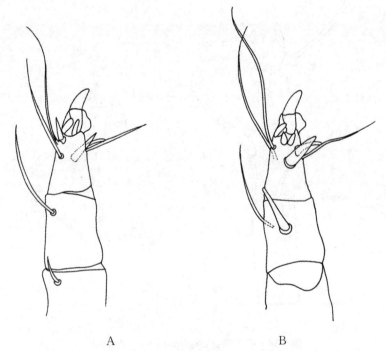

A   B

图 5.40 伯氏嗜木螨(*Caloglyphus Berlesei*)异型雄螨Ⅲ足末端

A. 背面；B. 腹面

（仿李朝品，沈兆鹏）

雌螨:躯体长800~1000 μm,比雄螨圆且明显膨胀(图5.41)。背毛(d)较同型雄螨短,背毛d_4比d_3短,有小栉齿,末端不尖。6对肛毛(a)微小(图5.42),2对在肛门前端两侧,4对围绕在肛门后端。生殖感觉器大且明显。足的毛序与同型雄螨相同,末端的交配囊被一小骨化板包围,有一细管与受精囊相通(图5.43)。

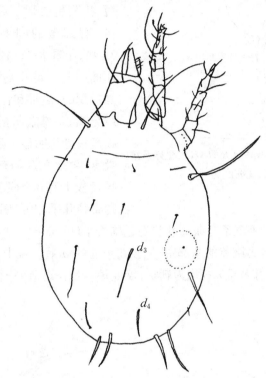

图5.41 伯氏嗜木螨(*Caloglyphus Berlesei*)♀背面

d_3,d_4:背毛

(仿李朝品,沈兆鹏)

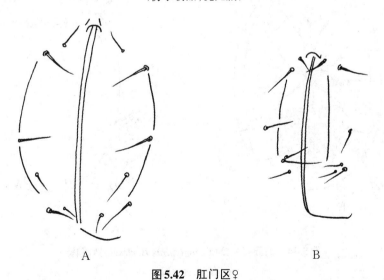

A   B

图5.42 肛门区♀

A. 伯氏嗜木螨(*Caloglyphus berlesei*);B. 食菌嗜木螨(*Caloglyphus mycophagus*)

(仿李朝品,沈兆鹏)

休眠体:躯体长250～350 μm,深棕色,体表呈拱形,前足体前面的外表皮光滑。前足体呈三角形,向前收缩成圆形的尖顶,顶内毛(vi)着生在顶尖上,2对胛毛(sc)较短,排列呈弧形。后半体较前足体长4～5倍,有细微的刚毛(图5.44)。腹面(图5.44),足Ⅱ基节内突外形稍弯曲,胸板的侧面明显。足Ⅱ基节板的内缘明显,但不是封闭的;足Ⅲ和Ⅳ基节板完全封闭,沿中线分离;各基节板的缘均加厚。生殖板和吸盘板骨化明显。足Ⅰ和Ⅲ基节板有基节吸盘;生殖孔两侧有1对吸盘和1对刚毛;吸盘板上有8个吸盘,中央吸盘和前吸盘的直径几乎相等(图5.45)。各足的爪和前

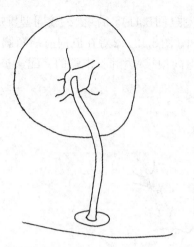

图5.43 伯氏嗜木螨(*Caloglyphus Berlesei*)♀生殖系统
(仿李朝品,沈兆鹏)

跗节发达,足Ⅰ和Ⅱ跗节有5条弯曲的叶状毛包围着爪(图5.46)。背端毛(e)的顶端膨大成杯状吸盘;第一感棒(ω_1)比该节的基部阔,但较跗节Ⅱ的ω_1短。背中毛(Ba)光滑。足Ⅰ、Ⅱ胫节的胫节毛hT,gT和膝节毛mG均为刺状,较ω_1短。足Ⅳ跗节的r长而弯曲(图5.44)并有栉齿,伸到跗节的末端。

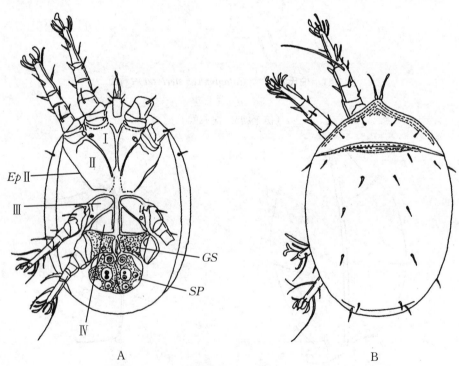

图5.44 伯氏嗜木螨(*Caloglyphus Berlesei*)休眠体
A. 腹面;B. 背面
Ⅰ～Ⅳ:基节板;EpⅡ:足Ⅱ基节内突;GS:生殖板;SP:吸盘板
(仿李朝品,沈兆鹏)

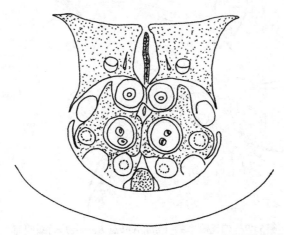

图5.45 伯氏嗜木螨(*Caloglyphus Berlesei*)休眠体吸盘板

(仿李朝品,沈兆鹏)

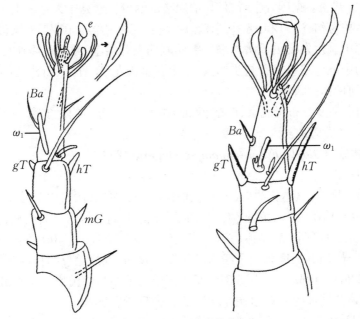

图5.46 休眠体足Ⅰ背面

A. 伯氏嗜木螨(*Caloglyphus Berlesei*);B. 罗宾根螨(*Rhizoglyphus robini*)

ω_1:感棒;e,Ba,gT,hT,mG:刚毛和刺

(仿李朝品,沈兆鹏)

　　幼螨:足上无叶状刚毛,基节杆发达(图5.47)。

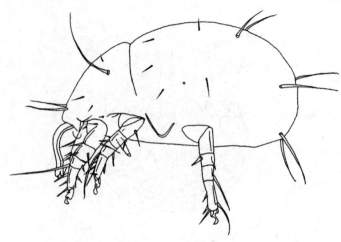

图5.47　伯氏嗜木螨(*Caloglyphus Berlesei*)幼螨侧面
(仿李朝品,沈兆鹏)

　　【孳生习性】　伯氏嗜木螨是仓储害螨之一,分布广泛,常在潮湿发霉的粮食及潮湿并有一层露珠的花生、亚麻籽上发生,也常在养虫饲料及养殖房草堆中发生。常与酪阳厉螨(*Androlaelaps casalis*)共生。据国外学者报道,伯氏嗜木螨可在蘑菇中大量孳生。

　　常见的孳生物为稻谷、大米、腐米、米糠、烂小麦、玉米粉等。国内,王凤葵(1993~1995)在陕西关中大蒜中首次发现伯氏嗜木螨危害储藏期大蒜鳞茎,致使蒜瓣坏死腐烂。李朝品等对中药材(店)中孳生粉螨进行初步调查,结果在金银花、丁香叶、山楂、五加皮、千里光等中药材里发现了伯氏嗜木螨。

　　【国内分布】　主要分布于北京、广东、河北、黑龙江、江苏、吉林、安徽、上海、四川、重庆、江西、河南、湖南、台湾等地。

13. 食菌嗜木螨(*Caloglyphus mycophagus* Megnin,1874)

　　【同种异名】　无。

　　【形态特征】　雄螨:躯体长约640 μm,比伯氏嗜木螨更圆(图5.48)。前足体板的后缘几乎平直,背面刚毛与伯氏嗜木螨的相似。顶内毛(vi)和胛内毛(sci)栉齿明显,基节上毛(scx)短,不到背毛d_1长度的一半;后半体的第一背毛(d_1)、第二背毛(d_2)和后侧毛(lp)几乎等长,背毛d_3和lp有变异,但其长度较伯氏嗜木螨的短。腹面,肛后毛(pa)排列分散,pa_2不到pa_1长度的2倍(图5.36)。跗节较短(图5.37),足Ⅰ跗节的毛序与伯氏嗜木螨的相似。足Ⅳ跗节的2个吸盘位于该节端部的1/2处(图5.38),正中端毛(f)稍膨大。

　　雌螨:躯体长约780 μm,几乎为球形,背毛d_4与d_3等长或比d_3长,并超出躯体后缘(图5.49);刚毛的排列同伯氏嗜木螨。腹面有肛毛6对(图5.42),后面一群位于肛门后端之前。交配囊位于末端,开口于受精囊。

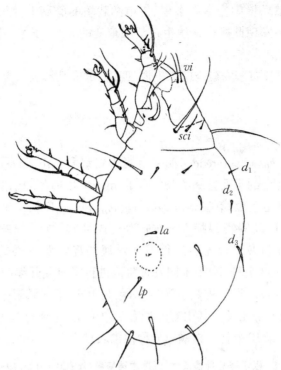

图5.48 食菌嗜木螨(*Caloglyphus mycophagus*)♂背侧面
vi,*sci*,*d₁*~*d₄*,*la*,*lp*:躯体的刚毛
(仿李朝品,沈兆鹏)

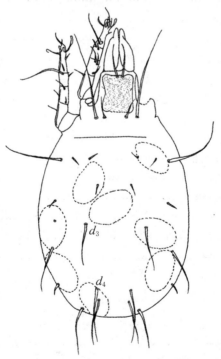

图5.49 食菌嗜木螨(*Caloglyphus mycophagus*)♀背面
d₃,*d₄*:背毛
(仿李朝品,沈兆鹏)

【孳生习性】　自然环境中生活在土壤、树苗和栽培的蘑菇上，Megnin和Cough分别在蘑菇和盆栽文竹孔隙中发现此螨。常孳生在潮湿霉变的大米、玉米、花生、米糠、麸皮中，有时可在腐殖质中生活。

【国内分布】　主要分布于安徽、江苏、上海、四川、重庆、黑龙江、吉林、辽宁、台湾等地。

（湛孝东）

（八）根螨属

根螨属（*Rhizoglyphus* Claprarède，1869）隶属于粉螨科（Acaridae），是一类孳生于农作物、花卉、中药材等植物上的重要害螨。1868年Fumouze和Robin描述并命名了一种生活于干缩的风信子花上的刺足食酪螨（*Tyrophagus echinopus* F. et R.），这是根螨属最早记述的种类。1869年，Claprarède以罗宾根螨 *R. robini* 为模式种，建立了根螨属。Van Eyndhoven（1963，1968）和Manson（1972）曾先后进行了根螨属的界定及种类的梳理。Fan et Zhang（2004）对大洋洲根螨属11个种、50个不同发育阶段进行了研究并编制了雌、雄成螨检索表，并列出了寄主和地理分布。据苏秀霞（2007）统计，自1868年记录第一个种至2007年，根螨属共记录有75个种（含6个亚种），其中有效种有54个（含6个亚种）。我国根螨的研究起于20世纪90年代初，共记录13个种。根螨属分种检索表见表5.8。

表5.8　根螨属分种检索表（毛序术语参考 Griffiths et al. 1990）

雄成螨

1. 肛后毛pa_3长于pa_2的3倍以上 ··· 2
   肛后毛pa_3短于pa_2 ·· 4
2. 肛吸盘板较小，无放射状纹 ······························· 罗宾根螨（*R. robini*）
   肛吸盘板较大，有放射状纹 ·· 3
3. 胛内毛sci长；背毛la与腺体孔gla距离较近 ········· 单列根螨（*R. singularis*）
   胛内毛sci退化；背毛la与腺体孔gla距离较远 ······· 短毛根螨（*R. brevisetosus*）
4. 背毛d_1，hi，la，d_2微小且等长；背毛la距gla近 ········· 大蒜根螨（*R. allii*）
   背毛d_1，hi，la，d_2长且不等长；背毛la距gla远 ······························ 5
5. 阳茎末端渐细；基节上毛scx长而尖 ··· 6
   阳茎末端整齐；基节上毛scx较粗壮 ·· 7
6. sci长；d_3较长，约为$d_3 \sim d_3$的2倍 ··························· 花叶芋根螨（*R. caladii*）
   sci微小；d_3较短，与$d_3 \sim d_3$几乎等长 ······················ 长毛根螨（*R. setosus*）
7. scx末端分叉；d_3与$d_3 \sim d_3$间距近等长 ···················· 水芋根螨（*R. callae*）
   scx末端无分叉；d_3约为$d_3 \sim d_3$间距的1/2 ······································ 8
8. 格氏器分叉明显；躯体较纤细 ··························· 水仙根螨（*R. narcissi*）
   格氏器无明显分叉；躯体较肥圆 ··························· 澳登根螨（*R. ogdeni*）

雌成螨

1. 输卵管小骨片间距小于20 μm ··· 2
   输卵管小骨片间距大于45 μm ··· 4
2. 具3对长肛毛；d_3约为$d_3 \sim d_3$的2倍；sci较长 ············· 花叶芋根螨（*R. caladii*）
   具6对肛毛；d_3与$d_3 \sim d_3$几乎等长；sci微小 ··············· 罗宾根螨（*R. robini*）
3. 具6对肛毛，a_1长且粗壮 ··································· 长毛根螨（*R. setosus*）

具3～6对肛毛,a_1微小或退化 ··· 5

4. 背毛d_1,hi,la,d_2短小,各毛长度相近;sci退化或微小 ·············· 6

背毛d_1,hi,la,d_2较长,各毛长度不等;sci长 ···························· 7

5. la～gla间距小于15 μm,$elcp$短于10 μm ················· 大蒜根螨($R. allii$)

la～gla间距约为24 μm,$elcp$约为20 μm ·········· 短毛根螨($R. brevisetosus$)

6. la与gla很接近;输卵管小骨片呈狭长V型 ··········· 单列根螨($R. singularis$)

la远离gla;输卵管小骨片呈倒Y型 ·· 8

7. 格氏器分叉明显;scx末端分叉;d_3长,与d_3～d_3几乎等长 ···· 水芋根螨($R. callae$)

格氏器分叉或不分叉;scx末端无分叉;d_3短,长度为d_3～d_3间距的1/2 ···· 9

8. 格氏器分叉明显;d_3约为d_3～d_3间距的1/2;躯体纤细 ········· 水仙根螨($R. narcissi$)

格氏器无明显分叉;d_3小于d_3～d_3间距的1/2;躯体肥圆 ········· 澳登根螨($R.ogdeni$)

14. 罗宾根螨(*Rhizoglyphus robini* Claparède,1869)

【同种异名】 罗氏根螨*Rhizoglyphus echinopus* (Fumouze et Robin,1868) sensu Hughes, 1961。

【形态特征】 雄螨(同型)(图5.50):躯体长450～720 μm,表面光滑,附肢淡红棕色。前足体板长方形,ve为微毛状或缺如。背刚毛光滑,sce、he、d_4、sai较长,超过躯体长度的1/4;sci、d_1、d_2、hi、la不及躯体长的10%;d_4,lp,sae比d_1长。基节上毛鬃状,较d_1长。生殖孔位于

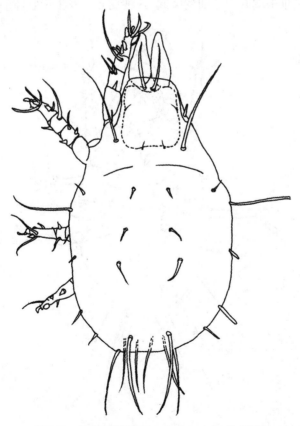

图5.50 罗宾根螨(*Rhizoglyphus robini*)♂背面

(仿李朝品,沈兆鹏)

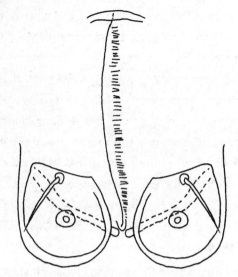

图5.51　罗宾根螨(*Rhizoglyphus robini*)♂肛门区
（仿李朝品，沈兆鹏）

足Ⅳ基节间，1对生殖褶蔽遮短阳茎，阳茎的支架近圆锥形。肛门孔较短，后端两侧有肛门吸盘（图5.51）无明显骨化的环。有肛后毛(pa)3对，pa_1较pa_2和pa_3短。颚体结构正常，螯肢齿明显。各足粗短，末端的爪和爪柄粗壮，前跗节退化并包裹柄的基部。腹面的刚毛p、q、s、u、v为刺状，包围柄的基部。足Ⅰ跗节的第一背端毛d、正中端毛f和侧中毛r弯曲，顶端稍膨大；第二背端毛e和腹中毛w为刺状，背中毛Ba为粗刺，位于芥毛ε之前；跗节基部的感棒ω_1、ω_2和ε相近，ω_3位于正常位置，胫节感棒φ超出爪的末端，胫节毛gT加粗。膝节的膝外毛σ_1和膝内毛σ_2等长，腹面刚毛呈刺状。足Ⅳ跗节有1对吸盘，位于该节端部的1/2处。

雄螨（异型）（图5.52）：躯体长600～780 μm。与同型雄螨的不同点：体形较大，颚体、表皮内突和足的颜色明显加深。背部刚毛均较长。足Ⅰ、Ⅱ、Ⅲ的侧中毛r，正中端毛f，第一背端毛d顶端膨大为叶状；足Ⅲ末端有一弯曲的突起，这种变异仅发生于躯体的一侧。

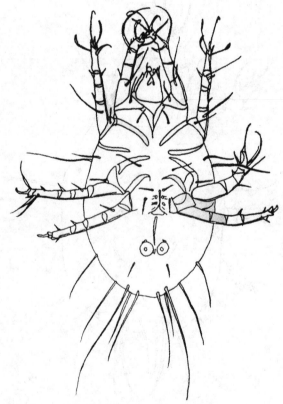

图5.52　罗宾根螨(*Rhizoglyphus robini*)异型♂
（仿李朝品，沈兆鹏）

雌螨：躯体长500～1100 μm。与雄螨相似,不同点:生殖孔位于足Ⅲ、Ⅳ基节间。肛门孔周围有肛毛6对,其中1对肛毛明显长于其他5对。交配囊孔位于末端,被1块弱骨化的板包围,交配囊与受精囊相连,受精囊由1对管道与卵巢相通。

休眠体(图5.53):躯体长250～350 μm。外形与伯氏嗜木螨的休眠体相似,不同点:颜色从苍白到深棕色,表皮有微小刻点,顶毛周围刻点明显。喙状突起明显,并完全蔽盖颚体。背刚毛均光滑。腹面胸板清楚,足Ⅲ和Ⅳ基节板轮廓明显,与生殖板分离。足Ⅰ和足Ⅲ基节有基节吸盘,生殖孔两侧有生殖吸盘和刚毛;吸盘板的2个中央吸盘较大,其余6个周缘吸盘大小一样。足粗短,足Ⅰ跗节的1条端部膨大的刚毛和5条叶状刚毛把爪包围。第一感棒ω_1较该足的跗节短,背中毛Ba刺状。足Ⅰ膝节的腹刺gT和hT比ω_1长。足Ⅳ跗节的第一背端毛d稍超出爪的末端。

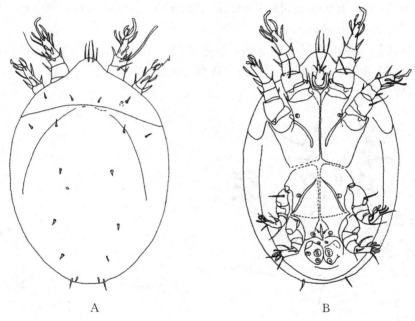

图5.53　罗宾根螨(*Rhizoglyphus robini*)休眠体

A. 背面;B. 腹面

(仿李朝品,沈兆鹏)

幼螨:相对于躯体的大小,背毛d_3和前侧毛(la)较其他发育期长;有基节杆,末端圆且光滑。

【孳生习性】　目前已知罗宾根螨的植物寄主有46种,隶属于16个科、35个属。如洋葱、大葱、韭葱、大蒜、细香葱、韭菜、苏铁、胡萝卜、大麦、稻、芍药、半夏、赤竹、黑麦、马铃薯、郁金香和玉米等。

其发育过程包括如下阶段:卵、幼螨、第一若螨(前若螨)、第二若螨(休眠体)、第三若螨(后若螨)、成螨(Diaz et al.,2000)。幼螨孵化后在植物表面群集取食,发育成熟后进入第一静息期,蜕皮后发育为第一若螨;第一若螨发育成熟后进入第二静息期,在不利的环境条件下形成休眠体,即第二若螨;若环境条件适宜,直接发育为第三若螨;再经一个静息期后发育为成螨;雄性成螨常有两型,一为与雌成螨形态相似的同型雄螨,另一为第三对足异常发达的异型雄螨。

该螨行严格的两性生殖,通常羽化后1～2天开始交配,一生可进行多次交配。食物与温度会影响交配频率及持续时间(Gerson,1982;Sakurai,1992)。

雌螨一次产卵量一般在200粒左右,产卵量高时,可达690多粒(江镇涛、葛春晖,1994)。

在适温27 ℃时,发育完成约需11天。在16~27 ℃时,发育速度与温度成正比,在35 ℃后,发育速度随着温度的升高而下降,致死临界高温是37 ℃(Gerson,1983)。罗宾根螨可以取食腐生真菌(Wooddy,1993)和植物病原菌(Abdel-Sater,2002),也可以取食未受害的植物根部(Okabe,1991)。休眠体常通过附着在节肢动物(甲虫、苍蝇和跳蚤等)身体上传播。当食物充足,再加上有利于生长的环境条件时,罗宾根螨一年能发生多代。

【国内分布】 吉林、山西、上海、重庆、浙江、福建、云南、四川、台湾等地。

15. 水芋根螨(*Rhizoglyphus callae* Oudemans,1924)

【同种异名】 刺足根螨(*Tyrogtyphus echinopus* Fumouze et Robin,1868)或鸡冠根螨(*Rhizoglyphus callae* Oudemans,1924);路氏根螨(*Rhizoglyphus lucasii* Hughes,1948);*Rhizoglyphus echinopus*(Fumouze et Robin,1868)。

【形态特征】 雄螨(图5.54,图5.55):躯体长650~700 μm。与罗宾根螨相似,不同点:ve为微刚毛,着生在前足体板的侧缘中央。背刚毛光滑,超过体长的1/10。支撑阳茎的支架叉分开角度较大。

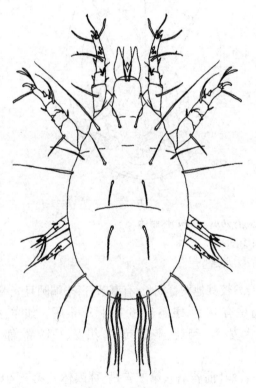

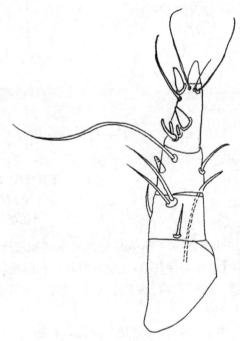

图5.54 水芋根螨(*Rhizoglyphus callae*)♂背面
(仿李朝品,沈兆鹏)

图5.55 右足Ⅰ背面
(仿李朝品,沈兆鹏)

雌螨:躯体长680~720 μm。与雄螨相似,不同点:交配囊被1个骨化明显的环包围,且直接与受精囊相通,受精囊较大且形状不规则。

休眠体:圆形或椭圆形,长250~370 μm,黄褐色,背腹扁平,口器退化,生殖孔下方有数对肛吸盘,足Ⅰ、Ⅱ显著缩短。

【孳生习性】 水芋根螨发生在水仙属(*Narcissus*)和小苍兰属(*Freesia*)的球茎上以及郁金香球茎和唐菖蒲属(*Gladiolus*)球茎上。在郁金香球茎上,它可侵害到球茎潮湿的内叶。Van Eyndhoven(1961)在风信子、百合和洋葱的鳞茎上采得此螨;而Oudemans的标本来自从爪哇进口到荷兰的水芋球茎。也曾在潮湿而腐烂的小麦碎屑以及猪油厂的脂肪碎块中发现。刺足根螨的寄主至少有14科28种。如洋葱、百合、马铃薯、甜菜、葡萄、石蒜、风信子、水仙以及中药的象贝、半夏等,还有一些禾谷类等。

其发育过程包括如下阶段:卵、幼螨、第一若螨、休眠体(第二若螨)、第三若螨、成螨。在室内温度为5℃和相对湿度为100%的条件下饲养,各螨态的平均历期:卵3.7天,幼螨3.9天,第一若螨2.8天和第三若螨2.9天。完成一代的平均时间为10~14天。幼螨以后的各期螨态,均有1次静息期。第三若螨蜕皮发育为成螨,约经0.5小时后进行交配,再经1~3天开始产卵,雌螨的平均产卵量为195.8粒,产卵期持续21~42天,平均24.5天。雌螨寿命可达42.9天。在饲养中未发现孤雌生殖。经测定发育最适温度为23~26℃,生长发育的下限温度为6~10℃。温度的高低影响完成一代所需时间的长短。如18.3~24℃完成一代需17~27天;20~26.7℃需9~13天。

在水芋根螨的个体发育中,遇不良环境,第一若螨不再发育而变成休眠体。Hughes(1978)报道水芋根螨和罗宾根螨不能交配繁殖。

据报道,水芋根螨在人体皮肤上使人感到痒和刺痛,血管肿胀如同炎症初期症状。

【国内分布】 主要分布于吉林、江苏和浙江等地。

16. 淮南根螨(*Rhizoglyphus huainanensis* Zhang,Li et Zhuge,2000)

【同种异名】 无。

【形态特征】 雌螨(图5.56,图5.57,图5.58):螨体为囊状,体长1006 μm,宽520 μm;体

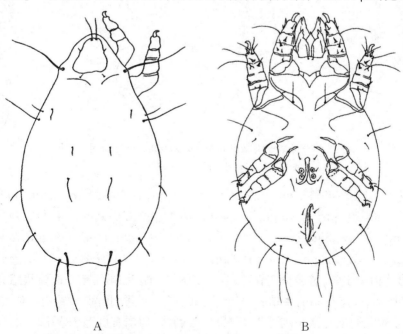

图5.56 淮南根螨(*Rhizoglyphus huainanensis*)♀
A. 背面;B. 腹面
(仿李朝品,沈兆鹏)

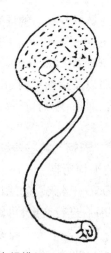

图5.57 淮南根螨(*Rhizoglyphus huainanensis*)
♀交配囊及管道
(仿李朝品,沈兆鹏)

表及附肢为深棕色,骨化程度较高。背面表皮不光滑,躯体部有9~14个椭圆形蚀刻痕迹(大小为135 μm×93 μm)。颚体较小,背面不易见。前足体板近梯形,其长度为180 μm,上边、下边宽度分别为115 μm、150 μm,板上密布微小蚀刻点。

vi 位于前足体板前端,比较明显,*ve* 为微小毛,位于前足体板侧缘中部一凹陷处。*sce* 粗长,为前足体背部最明显的刚毛,*sci* 位于 *sce* 内后侧,为微小刚毛,长度近于 d_1。*hi* 粗长,距 *he* 较近。*he* 短小,分颈沟后有背刚毛4对(d_1~d_4)。其中 d_1、d_2 微小,长度相近,d_4 较长,约为 d_1、d_2 长的3倍。d_4 位于躯体背侧末端,约为 d_3 的2倍。延伸于体后。*la* 微小不明显,*lp* 较长,约为 *la* 的2倍。*sai* 为长刚毛。未见基节上毛(*ps*)及骶外毛(*sae*)。

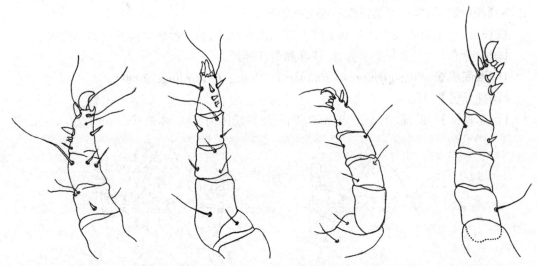

图5.58 淮南根螨(*Rhizoglyphus huainanensis*)♀足 I ~ IV
(仿李朝品,沈兆鹏)

背部各刚毛长度:*vi* 81.7 μm,*ve* 7.5 μm,*sci* 10 μm,*sce* 160 μm,*he* 18 μm,*hi* 94 μm,*la* 20 μm,*lp* 75 μm,*sai* 105 μm,d_1 15 μm,d_2 14 μm,d_3 41 μm,d_4 95 μm。毛间距:*vi*~*vi* 15 μm,*ve*~*ve* 85 μm,*sci*~*sci* 35 μm,*sce*~*sce* 115 μm,*hi*~*hi* 305 μm,*la*~*la* 360 μm,*lp*~*lp* 375 μm,d_1~d_1 190 μm,d_2~d_2 160 μm,d_3~d_3 160 μm,d_4~d_4 145 μm,*sai*~*sai* 115 μm,*he*~*he* 315 μm。

腹面颚体构造正常,螯肢分2节,每节有1根微小刚毛,端节有1根棒状感觉毛,须肢基部有1对较长刚毛,长10 μm,生殖孔呈"人"字形,位于足III、IV间,两侧有2对大而明显的生殖感觉器,生殖孔周围有微小刚毛3对。肛门纵列状,周围有肛毛6对,肛后毛 pa_1、pa_2,长度分别为40 μm、110 μm。交配囊孔位于躯体末端,为一骨化程度弱的板包围,交配囊由1条管与受精囊相连。

足粗短,平均长度为210 μm,各足末端均为一粗壮的爪和爪柄,退化的前跗节包裹柄基部。腹面有5根明显的刺,位于柄的基部。足Ⅰ跗节上 d、f、r 均弯曲,顶端稍膨大,e、w 为刺状,背中毛(Ba)为粗刺,位于芥毛 ε 之前,ω_1、ω_2 与 ε 较近,ω_3 位置正常,胫节上超出爪末端,gT 加粗,膝节上 σ_1、σ_2 几乎等长。

该螨种与罗宾根螨相似,主要区别点为:① 体型较大。② 表皮不光滑,骨化程度较强,颜色为深棕色,背部有蚀刻痕迹。③ 前足体板为梯形(罗宾根螨为长方形)。④ 该种背刚毛较短。罗宾根螨 sce、he、d_4、sai 超过躯体长的1/4,而新种上述刚毛未有超过躯体1/5者。⑤ 该种未见基节上毛 scx 及骶外毛 sae。⑥ 肛门周围有微小刚毛6对,肛后毛(pa)2对。该种与水芋根螨的主要区别在于,后者交配囊直接与1个大的不规则的受精囊相通,而该种则由管相连。

【孳生习性】 洋葱根茎。

【国内分布】 安徽。

17. 猕猴桃根螨(*Rhizoglyphus actinidia* Zhang,1994)

【同种异名】 无。

【形态特征】 雄螨(异型)(图5.59):体长为520~650 μm,体宽为210~260 μm。许多特征与雌螨相似,区别在于末体较短;生殖孔位于足Ⅳ两基节间;阴茎支架近圆锥形;2对生殖盘较小;足Ⅲ肥大粗壮,其粗度超过其他3对足的2倍以上,端部具一圆锥状稍弯曲的爪突;腹面后端有近圆形的肛吸盘1对。未发现正常雄螨。

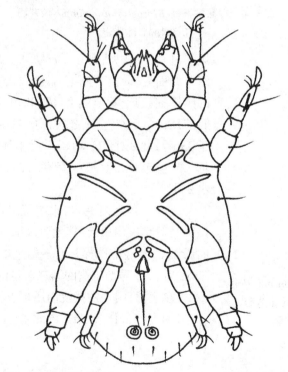

图5.59 猕猴桃根螨(*Rhizoglyphus actinidia*)异型♂腹面

(仿李朝品,沈兆鹏)

雌螨(图5.60,图5.61):体长为590~780 μm,宽为260~440 μm,无色,光滑,柔软,有光泽。躯体背面由一横沟明显分为前足体和后半体,前足体板呈长方形,后缘略不规则,末体较长,体躯后端不形成突出的末体板,附肢淡红棕色,螯肢钳状具齿,体背具刚毛,光滑较

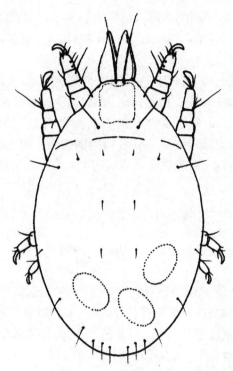

图5.60 猕猴桃根螨(*Rhizoglyphus actinidia*)♀背面

（仿李朝品,沈兆鹏）

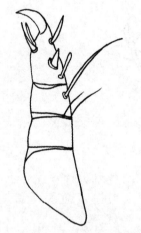

图5.61 猕猴桃根螨(*Rhizoglyphus actinidia*)♀左足Ⅰ背面

（仿李朝品,沈兆鹏）

短。具vi,ve缺如;具sce,sci缺如。足较粗短,在足Ⅰ、Ⅱ跗节背面后端,足背刚毛Ba膨大为锥状刺并与位于该节的感棒ω_1接近,跗节端毛(d、f和r)末端尖锐不弯曲膨大,胫节感棒φ毛刚直,不超过爪的末端。后肛毛3对,pa_3位于pa_2后,此2对肛毛均超出后半体末端,生殖孔位于足Ⅲ、Ⅳ基节间,生殖缝呈倒"Y"字形,具发达的生殖盘2对。

该种不具肛内毛,与水芋根螨(*R. callae*)易于区别。该种与罗宾根螨相近,其主要区别:①跗节端毛末端不弯曲膨大。②胫节感棒φ毛不超过爪端。③后肛毛pa_3位于pa_2后。④异型雄螨的第三对足的双足粗壮肥大。

【孳生习性】 猕猴桃肉质根上。

【国内分布】 分布于湖北省。

（张 浩）

（九）狭螨属

狭螨属(*Thyreophagus* Rondani, 1874)隶属于真螨目(Acariformes)粉螨科(Acaridae)。目前记录的种类主要有3种:食虫狭螨(*Thyreophagus entomophagus*)、伽氏狭螨(*Thyreophagus gallegoi*)和尾须狭螨(*Thyreophagus cercus*)。

狭螨属的特征:该属螨类呈椭圆形,体透明,体色随所食食物颜色的不同而变化。颚体宽大。无前背板,体表光滑少毛,成螨缺顶外毛(ve)、胛内毛(sci)、肩内毛(hi)、前侧毛(la)、第一背毛(d_1)和第二背毛(d_2)。雄螨体躯后缘延长为末体瓣,末端加厚呈半圆形叶状突,并位于躯体腹面同一水平。雌螨足粗短,每足末端有1爪。足Ⅰ跗节的背中毛(Ba)和前侧毛(anterior lateral,la)缺如;跗节末端有5根小腹刺,即p、q、u、v与s。爪中等大小,前跗节大且发达,覆盖爪的一半。雄螨体躯后缘延长为末体瓣(opisthosomal lobe)。尚未发现休眠体和异型雄螨。

18. 食虫狭螨(*Thyreophagus entomophagus* Laboulbene,1852)

【同种异名】 食虫粉螨(*Acarus entomophagus*)。

【形态特征】 成螨呈椭圆形或近似椭圆形,体长在290~610 μm范围,体表光滑,雌螨大于雄螨。

雄螨(图5.62):椭圆形,体狭长,体长为290~450 μm,表皮无色,光滑,螯肢,足呈淡红色,体色随消化道中食物颜色的不同而异。前足体板向后伸至胛毛处。螯肢定趾与动趾间有齿。体缺顶外毛(ve)、胛内毛(sci)、肩内毛(hi)、前侧毛(la)、第一背毛(d_1)、第二背毛(d_2)和第三背毛(d_3)。腹面有明显尾板——末体瓣。顶内毛(vi)着生于前足板前缘缺刻处。胛外毛(sce)最长,几乎为体长的50%。肩外毛(he)较后侧毛(posterior lateral,lp)长。基节上毛(scx)曲杆状。背毛(d_4)移位于末体瓣基。末体瓣腹面肛后毛(pa_1)、肛后毛(pa_2)为微毛,肛后毛(pa_3)为长毛。骶外毛(external sacral,sae)位于肛后毛(pa_2)外侧。生殖孔位于Ⅳ基节之间(图5.63)。前侧有2对生殖毛。末体瓣扁平(图5.64),腹凹,肛门后侧有1对圆形肛门

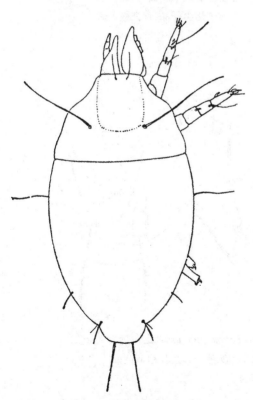

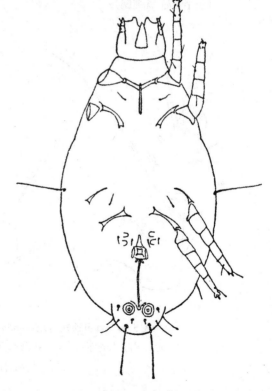

图5.62 食虫狭螨(*Thyreophagus entomophagus*)♂背面（仿李朝品,沈兆鹏）

图5.63 食虫狭螨(*Thyreophagus entomophagus*)♂腹面（仿李朝品,沈兆鹏）

吸盘(图5.65)。足短而粗,各足跗节末端有1个柄状爪,爪被发达的前跗节所包围。跗节Ⅰ(图5.66)第一感棒(ω_1)顶端变细,第二感棒(ω_2)杆状,位于第一感棒(ω_1)之前。端部背毛(d)超出爪末端,前生殖毛(g_1)、侧中毛(r)、腹中毛(w)为细长毛,第二背端毛(e)为小刺。腹端刺5根(p、u、s、v、q)位于爪基部,其中内腹端刺(p)、外腹端刺(q)较小。足Ⅳ跗节很短,与吸盘靠紧,胫节Ⅳ上的胫节感棒(φ)着生位置有1根刺。

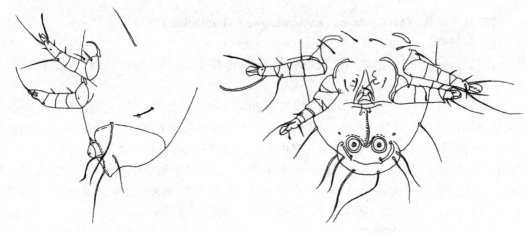

图5.64　食虫狭螨(*Thyreophagus entomophagus*)　　图5.65　食虫狭螨(*Thyreophagus entomophagus*)
　　　　 ♂躯体后半部侧面　　　　　　　　　　　　　 ♂躯体后半部腹面
　　　　　　(仿李朝品,沈兆鹏)　　　　　　　　　　　　　　(仿李朝品,沈兆鹏)

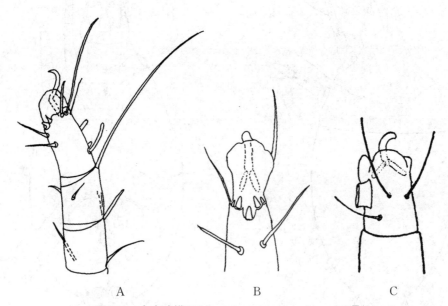

图5.66　食虫狭螨(*Thyreophagus entomophagus*)♂足
A.足Ⅰ端部节侧面;B.足Ⅰ跗节腹面(5根腹刺);C.足Ⅳ跗节侧面
(仿李朝品,沈兆鹏)

雌螨:体比雄螨细长,为455~610 μm。末体后缘尖,不形成末体瓣(图5.67),前足体背毛中顶外毛(ve)与胛内毛(sci)缺如,顶内毛(vi)位于前足体板前缘中央,伸出螯肢末端,胛外毛(sce)毛长约为体长的40%。后半体背毛中肩内毛(hi)、前侧毛(la)、第一背毛(d_1)和第二背毛(d_2)均缺如。肩外毛(he)与后侧毛(lp)几乎等长。第四背毛(d_4)为第三背毛(d_3)的2倍。肛后毛(pa_3)为全身最长毛,几乎为体长的1/2。腹面生殖孔位于足Ⅲ与Ⅳ基节之间,肛门伸展到体躯后缘。肛门两侧有2对长肛毛。交配囊孔位于体末端,1根环形细管与乳突状受精囊相连(图5.68)。

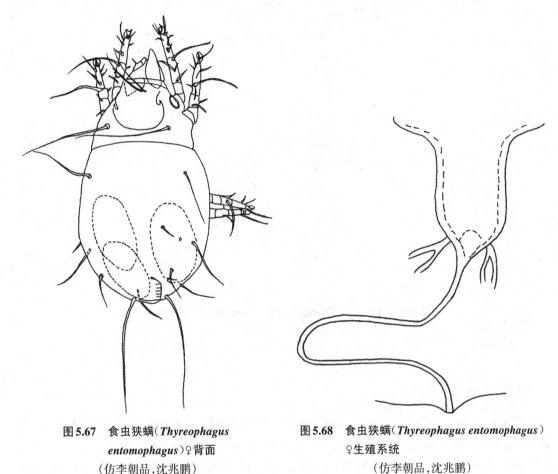

图5.67 食虫狭螨($Thyreophagus$ $entomophagus$)♀背面
(仿李朝品,沈兆鹏)

图5.68 食虫狭螨($Thyreophagus$ $entomophagus$)♀生殖系统
(仿李朝品,沈兆鹏)

未发现休眠体,也无异型雄螨。

幼螨:无基节杆。刚毛似成螨,前侧毛(la)为细短刚毛。各足前跗节发达。体后缘有1对长刚毛(图5.69)。

【孳生习性】 食虫狭螨($Thyreophagus$ $entomophagus$)可在面粉中孳生,而在储藏过久的大米、碎米也常孳生此螨,另外在草堆、蒜头、芋头、槟榔、昆虫标本、部分中药材也可孳生此螨。Micheal 等(1903)在黑麦麦角菌上发现食虫狭螨($Thyreophagus$ $entomophagus$)。Wasylik 等(1959)在麻雀窝中也发现此螨的存在。食虫狭螨($Thyreophagus$ $entomophagus$)多孳生于面粉加工厂、粮食仓库及啤酒厂等场所。

【国内分布】 主要分布于安徽、北京、福建、河北、河南、黑龙江、湖南、吉林、辽宁、上海、四川和台湾等地。

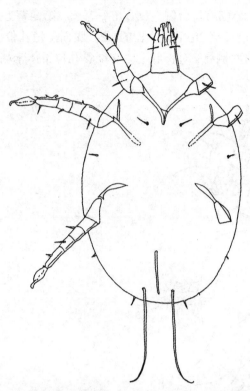

图5.69   食虫狭螨(***Thyreophagus entomophagus***)幼螨腹面

(仿李朝品,沈兆鹏)

(柴   强)

(十) 皱皮螨属

皱皮螨属(*Suidasia* Oudemans,1905)螨类是我国常见的仓储害螨,目前国内仅报道2个种,分别为纳氏皱皮螨(*Suidasia nesbitti*)和棉兰皱皮螨(*Suidasia medanensis*)。

皱皮螨属的特征:躯体表皮有细致的皱纹或饰有鳞状花纹。顶外毛(*ve*)微小,位于前足体板侧缘中央。胛内毛(*sci*)短小,胛外毛(*sce*)是胛内毛(*sci*)长度的4倍以上,位置靠近*sci*。后半体侧面刚毛完全,刚毛光滑且较短。足Ⅰ跗节顶端背刺缺如,有3根明显的腹刺,包括*p*、*s*、*q*;第一感棒(ω_1)呈弯曲长杆状。足Ⅱ跗节第一感棒(ω_1)呈短杆状,顶端膨大。雄螨躯体后缘不形成末体瓣,可能缺交配吸盘。皱皮螨属分种检索表见表5.9。

表5.9   皱皮螨属分种检索表

(仿李朝品 沈兆鹏,2018)

*he*显较*hi*长,雄螨无肛门吸盘 ·· 纳氏皱皮螨(*S. nesbitti*)

*he*约与*hi*等长,雄螨有大而扁平的肛门吸盘 ························· 棉兰皱皮螨(*S. medanensis*)

19. 纳氏皱皮螨(***Suidasia nesbitti* Hughes,1948**)

【同种异名】 *Chbidania tokyoensis* Sasa,1952。

【形态特征】 雄螨长269~300 µm,雌螨长300~340 µm。表皮有纵纹,有时有鳞状花纹,并延伸至末体腹面,活体时具珍珠样光泽。螯肢具齿,腹面具一上颚刺。基节上毛(*scx*)有针状突起且扁平,格氏器为有齿状缘的表皮皱褶。胛外毛(*sce*)长度为胛内毛(*sci*)长度的

4倍以上。肩外毛(he)和骶外毛(sae)均较长,与胛内毛(sci)长度相当;背毛d_1、d_2、d_3、d_4排成直线。腹面,表皮内突短。足粗短,足Ⅰ跗节的第一背端毛(d)较长,超出爪的末端;具5根腹端刺(u、v、p、q和s),其中u、v细长,p、q和s为弯曲的刺,s着生在跗节中间。跗节基部的刚毛和感棒较集中。足Ⅰ膝节的膝外毛(σ_1)不足膝内毛(σ_2)长度的1/3。足Ⅳ跗节的交配吸盘彼此分离,靠近该节的基部和端部。

雄螨:肛门孔周围有肛毛3对。阳茎位于足Ⅳ基节间,为1根长而弯曲的管状物。肛门孔达躯体后缘,肛门吸盘缺如(图5.70,图5.71)。

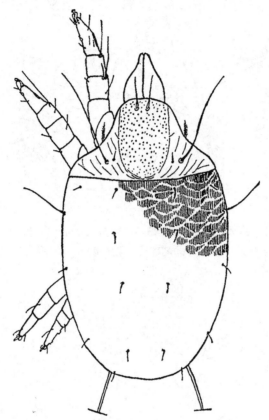

图5.70 纳氏皱皮螨(*Suidasia nesbitti*)♂背面
(仿李朝品,沈兆鹏)

雌螨:肛门孔周围有5对肛毛,第3对肛毛远离肛门。生殖孔位于足Ⅲ、Ⅳ基节间。肛门孔伸达躯体末端(图5.72)。

幼螨:躯体长约160μm,表皮皱纹没有成螨明显(图5.73)。有基节毛(cx)而无基节杆(CR)。

【孳生习性】 纳氏皱皮螨常在仓储食物中发现。主要孳生物为大米、小米、稻谷、小麦、面粉、玉米粉、山芋粉、麸皮、肉干、青霉素粉剂、苔干等。也可在鸟类皮肤上、加工厂磨粉机、加工副产品与仓库下脚粮中发现。

【国内分布】 主要分布于上海、北京、吉林、黑龙江、山东、河南、河北、湖北、四川、广东、广西、云南、内蒙、安徽、江苏、香港、台湾等地。

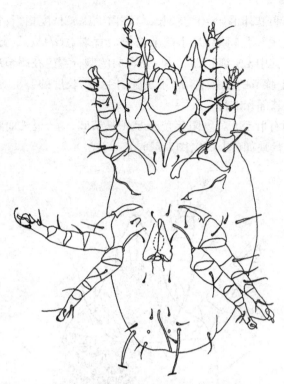

图5.71 纳氏皱皮螨(*Suidasia nesbitti*)♂腹面

(仿李朝品,沈兆鹏)

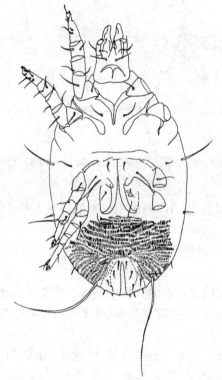

图5.72 纳氏皱皮螨(*Suidasia nesbitti*)♀腹面

(仿李朝品,沈兆鹏)

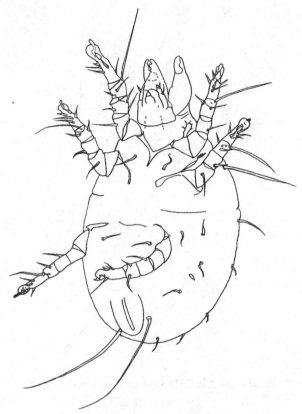

图 5.73 纳氏皱皮螨幼螨腹侧面
（仿李朝品，沈兆鹏）

20. 棉兰皱皮螨(*Suidasia medanensis* oudemans，1924)

【同种异名】 丹麦皱皮螨；梅丹皱皮螨；*Suidasia insectorum* Fox，1950；*Suidasia pontifica* Fain et Philips，1978。

【形态特征】 雄螨长 300～320 μm，雌螨长 290～360 μm。与纳氏皱皮螨相似。

雄螨：表皮皱纹鳞片状，无纵沟。顶外毛(*ve*)较靠前，位于顶内毛(*vi*)和基节上毛(*scx*)间；肩内毛(*hi*)和肩外毛(*he*)等长。肛门孔位于躯体后端，其周围有肛毛 3 对，吸盘着生在肛门孔的两侧(图 5.74)。足Ⅰ外腹端刺(*u*)、内腹端刺(*v*)和芥毛(*ε*)缺如。

雌螨：肛门周围有 5 对肛毛，且排列成直线，第 3 对肛毛远离肛门(图 5.75)。

幼螨：躯体长约 160 μm(图 5.76)。有基节杆和基节毛(*cx*)。

【孳生习性】 孳生场所常为仓储食物。主要的孳生物为米糠、大麦、小麦、面粉、玉米、豆类、花生、红糖、白糖、蜜钱、奶粉、肉干、饼干、豆芽、碎鱼干、酱油、火腿、干姜、百合、蘑菇、鱼粉、龙眼干、山慈菇、蜂蜜、茶叶、大蒜、豆豉、洋葱头、烂芒果、羽毛、微生物培养基等。

【国内分布】 主要分布于上海、广东、湖南、云南、福建、江苏、安徽、东北三省、香港、台湾等地。

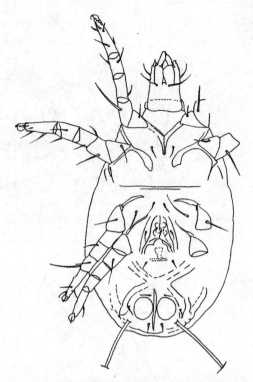

图5.74 棉兰皱皮螨(*Suidasia medanensis*)♂腹面
(仿李朝品,沈兆鹏)

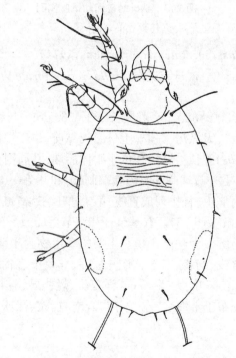

图5.75 棉兰皱皮螨(*Suidasia medanensis*)♀背面
(仿李朝品,沈兆鹏)

图5.76 棉兰皱皮螨（*Suidasia medanensis*）幼螨
（仿李朝品，沈兆鹏）

（陶 宁）

（十一）士维螨属

士维螨属（*Schwidbea* Oudemans，1961）是 Oudemans（1961）记述痣士维螨（*S. talpal*）时建立的，也有学者将其描述为 *Megninietta*（Jacot，1936）、*Troupeauia*（Zachvatkin，1941）和 *Jacotietta*（Fain，1976）属。现已记载 40 多种，我国记录的主要种类包括：漳州士维螨（*Schwieba zhangzhouensis* Lin，2000）、香港士维螨（*Schwiebea xianggangensis* Jiang，1998）、水芋士维螨（*Schwiebea callae* Jiang，1991）、江西士维螨（*Schwiebea jiangxiensis* jiang，1995）、梅岭士维螨（*Schwiebea meilingensis* Jiag，1997）、伊索士维螨（*Sohwiebea isotarsis* Fain，1997）和类士维螨（*Schwiebea similis* Manson，1972）。家栖的种类主要为漳州士维螨和水芋士维螨。

士维螨属螨类多为乳白色，体长形，皮纹光滑，胛内毛（*sci*）、肩内毛（*hi*）、第一背毛（*d₁*）和第二背毛（*d₂*）缺如，有时第三背毛（*d₃*）和前侧毛（*la*）也缺如或微小，足粗短，足Ⅰ、Ⅱ跗节内顶毛刺状，足Ⅰ膝节顶端有1根背毛，如有2根背毛，则足Ⅲ、Ⅳ基节内突末端连接。士维螨属代表种分种检索表见表5.10。

表5.10　士维螨属代表种分种检索表

21. 漳州士维螨(*Schwieba zhangzhouensis* Lin,2000)

【同种异名】 无。

【形态特征】 异型雄螨:体长为440~527 μm,体宽为200~260 μm,略小于雌螨。肛吸盘为17 μm×26 μm,同心轮状,无辐射状条纹,在其外侧有1条狭细的半圆形骨质片,上着4对短刚毛。生殖骨片铃形,大小为33 μm×36 μm×43 μm。表皮内突Ⅱ与Ⅳ分离。sci、d_1、d_2、hi、hv 和 sae 缺如。其他背毛都比雌螨短。vi 为66 μm,sce 为102~119 μm,d_3 为13~17 μm,d_4 为76~102 μm,he 为63~86 μm,lp 为40~59 μm,la 为10 μm。lp 距侧腹腺为23~26 μm;la 距腹腺17~20 μm。跗节Ⅰ的 Ba 毛为13 μm,ω_1 为13~19 μm,ω_2 为4 μm,ε 为3 μm,φ 为89~99 μm,gT 为17 μm,hT 为10 μm,膝节Ⅰ的膝外毛(σ_1)为36 μm,长于膝内毛(σ_2)为27 μm,mG 为13 μm,CG 为10~13 μm,VF 为17~36 μm。

雌螨:体长形,光滑,颚体及足无色(图5.77)。长为483~587 μm,体宽为219~387 μm。前足体背板骨化不明显,后缘不整齐但无切裂。vi 毛间基部很接近,相距5~7 μm。sci、d_1、d_2、scx、hv、hi 和 sae 缺如。具肛后毛(pa)1对。背毛 d_4 比 d_3 长3~4倍。前侧毛(la)与后侧毛(lp)距侧腹腺几乎相等。受精囊(spermatheca)形状特殊,由基部和端部两种形状不同的细胞组成截圆锥体,基部细胞7个;端部细胞较大、较长。受精囊由1条细的受精管与体末的交配囊(bursa copulatrix)相接。交配孔处呈微锥形突出。生殖孔位于足Ⅳ之间。体内卵大小约为96 μm×160 μm。足Ⅲ与Ⅳ表皮内突分离。所有背毛与腹毛光滑。vi 为59~69 μm,sce 为99~125 μm,d_3 为16~23 μm,d_4 为66~83 μm,he 为69~89 μm,sai 为49~83 μm,la 为9~17 μm,lp 为52~63 μm,pa 为59~69 μm。足Ⅰ跗节的 Ba 毛呈距状,10~12 μm,略小于感棒 ω_1(13~17 μm),其顶部明显膨大成球状(图5.78)。感棒 ω_2(6~7 μm)明显小于感棒 ω_3(19 μm),芥毛(ε)为2~3 μm,φ 为79~86 μm,足Ⅰ膝节的膝外毛(σ_1)为25~33 μm,长于膝内毛(σ_2)为17~26 μm。CG 为13~14 μm,SR 为13 μm,mG 毛成短刺状为7~9 μm。

本种与类士维螨相似,主要区别是后者受精囊基部细胞有6个;足Ⅰ跗节的感棒 ω 端部略为膨大,但不呈球形;mG 毛为刚毛;σ_1 与 σ_2 等长。

【孳生习性】 漳州士维螨主要寄生于中国水仙上。

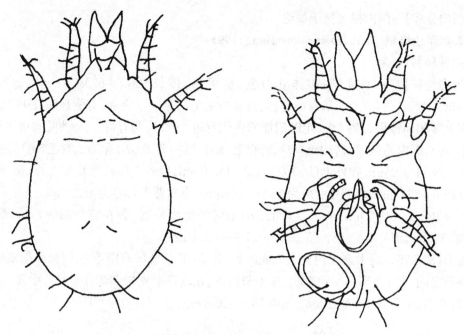

图5.77 漳州士维螨(*Schwieba zhangzhouensis*)♀

A. 背面；B. 腹面

（仿林仲华，2000）

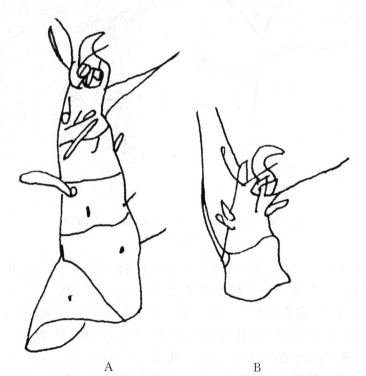

A   B

图5.78 漳州士维螨(*Schwieba zhangzhouensis*)♀足

A. 足Ⅰ；B. 足Ⅰ跗节

（仿林仲华，2000）

【国内分布】　国内报道见于福建。

22. 水芋士维螨(*Schwiebea callae* Jiang, 1991)

【同种异名】　无。

【形态特征】　异型雄螨:躯体乳白色,足褐色,体长 566.5~679.8 μm,体宽 339.9~412.0 μm。背面(图 5.79)前端有前背板,且基节上毛只是一小突起,有侧腹腺(L)1 对,螯肢内侧有上颚刺和锥形钜各 1 个,定趾臼面的内侧有齿 2 个,外侧有齿 3 个,动趾有齿 3 个。缺顶外毛(ve)、胛内毛(sci)、肩内毛(hi)、肩腹毛(hv)、第一背毛(d_1)和第二背毛(d_2)。顶内毛(vi)为 98.8~117.0 μm,胛外毛(sce)为 161.2~169.0 μm,肩外毛(he)为 104~130 μm,前侧毛(la)为 15.6~26.0 μm,后侧毛(lp)为 57.2~85.8 μm,第三背毛(d_3)为 31.2~39.0 μm,第四背毛(d_4)为 122.2~143.0 μm,两第四背毛(d_4)毛间的距离较远,各在背后端的两边,骶内毛(sai)为 135.2~156.0 μm、骶外毛(sae)为 137.8~143.0 μm。

腹面(图 5.79):足 I 表皮内突愈合成胸板,足 I、II 基节区有刚毛各 1 对,外生殖区位于足 IV 基节之间,有 1 个阳茎呈鸭嘴状,在生殖褶下,在圆锥形支架和弯月形骨片中间。肛毛 a 微小,后肛毛 pa_1 为 15.6~18.2 μm,pa_2 为 18.2~20.8 μm。

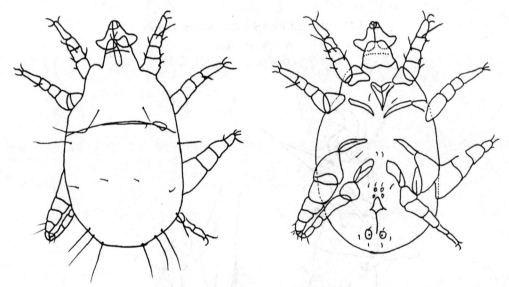

图 5.79　水芋士维螨(*Schwiebea callae*)异型雄螨

(仿江镇涛,1997)

足 I 转节有转节毛 sR 1 根,股节有股节毛 vF 1 根,膝节有 cG,mG 各 1 根,$σ_1$ 和 $σ_2$ 各 1 根,胫节有 gT,hT 毛各 1 根,感棒($φ$)1 根,跗节有感棒 $ω_1$、$ω_2$、$ω_3$ 各 1 根,芥毛($ε$)1 根,Ba 毛圆锥形,w、la、r 毛各 1 根,跗端背面有 d、f 毛各 1 根,e 加粗成刺状,腹端刺 5 根(s、p、u、q、v)爪粗大。膝节 I 上的 $σ_2$ 为 $σ_1$ 的 6/7。足 II 转节有 sR 1 根,股节有 VF 1 根,膝节有 cG、mG 各 1 根,$σ_1$ 和 $σ_2$ 各 1 根,$σ_2$ 很微小,胫节有 hT、gT、$φ$ 各 1 根,跗节有 Ba、w、la、r、d、e、f、s、p、v、u、q 毛各 1 根,而 Ba、w、e 加粗为刺状。足 III 整个足加粗,爪粗壮,转节有 sR 1 根,股节无毛,膝节有 $σ_1$、nG 各 1 根,胫节有 $φ$、KT 各 1 根,跗节有 w、r、d、e、f、s、p、u、q、v 各 1 根,e 为粗刺。足 IV 转节无毛,股节有 VF 1 根,膝节无毛,胫节 $φ$、KT 各 1 根,跗节有 w、r、f、s、p、u、q、v 各 1 根,吸盘 2 个(图 5.80)。

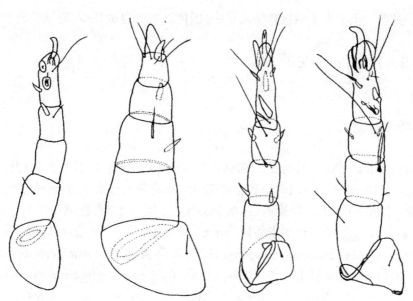

图 5.80 水芋士维螨(*Schwiebea callae*)异型雄螨左足

(仿江镇涛,1997)

雌螨(图 5.81):一般形态结构与雄螨相似,其不同点为体长 669.5~741.6 μm,体宽 422.3~484.1 μm,外生殖区位于足Ⅲ、Ⅳ基节间,缺骶外毛(*sae*),有 2 对肛毛:*a* 为 13.0~18.2 μm,*pa* 为 96.2~104.0 μm;受精囊在肛门的后方,呈球形,其表面上下部各有 7 条纵纹分割,中间有一横纹,有一交配囊(*BC*)为一小突起,受精囊管(*d*)细小,受精囊基部(*RS*)两边各有一小孔(*t*)通向输卵管。

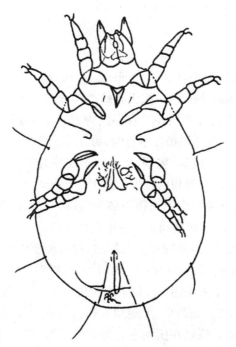

图 5.81 水芋士维螨(*Schwiebea callae*)♀腹面

(仿江镇涛,1997)

【孳生习性】　水芋士维螨栖息场所单一,国内外有关报道甚少,最早发现于芋头中,故而得名。

【国内分布】　国内报道见于江西。

（湛孝东）

二、脂螨科

脂螨科(Lardoglyphidae Hughes,1976)由Hughes(1976)建立,其分类地位尚有争议,我们借鉴Hughes(1976)、Krantz(1978)和沈兆鹏(1995)的分类意见,将脂螨科归属于蜱螨亚纲(Acari)真螨目(Acariformes)粉螨亚目(Acaridida),根据已知3种脂螨科螨类形态将脂螨科分为脂螨属(*Lardoglyphus*)和华脂螨属(*Sinolardoglyphus*)。其中脂螨属有2种,分别为扎氏脂螨(*Lardoglyphus zacheri* Oudemans,1927)和河野脂螨(*Lardoglyphus konol* Sasa et Asanuma,1951);华脂螨属有1种,即南昌华脂螨(*Sinolardoglyphus nanchangensis* Jiang,1991)。

脂螨科特征:雄螨足Ⅲ节末端有2个突起;雌螨足Ⅰ~Ⅳ各跗节有爪且分叉;雌雄螨至少有1对顶毛;螯肢钳状;跗节有2个爪,末端有2个突起;生殖孔纵裂,位于足Ⅲ~Ⅳ基节间。脂螨科成螨分属检索表见表5.11。

表5.11　脂螨科成螨分属检索表

胛外毛(sce)比胛内毛(sci)明显长,背毛d_1~d_4基部呈纵行排列,交配囊孔至受精囊基部呈三角形,爪分叉自基部分离 ·························· 脂螨属(*Lardoglyphus*)

sce和sci近乎等长或sci稍长,背毛d_1~d_4基部呈非纵行排列,交配囊孔至受精囊基部呈漏斗形,爪分叉且仅端部分离 ·························· 华脂螨属(*Sinolardoglyphus*)

（一）脂螨属

国内已记录的脂螨属(*Lardoglyphus* Oudemans,1927)有扎氏脂螨(*Lardoglyphus zacheri*)和河野脂螨(*Lardoglyphus konol*)。扎氏脂螨经卵、幼螨、第一若螨和第三若螨发育为成螨,该螨行两性生殖,且无孤雌生殖现象。在温度为23℃、相对湿度为87%的环境下完成整个生活史需10~12天。当孳生环境条件不宜时,可在第一若螨与第三若螨间形成休眠体(第二若螨)。该螨常孳生于鱼干、咸鱼、皮革、肠渣和羊皮等高蛋白的储藏物中,其休眠体腹面有明显的吸盘,常吸附于肉食皮蠹和白腹皮蠹体上。Iversond等(1996)报道该螨以兽皮、绵羊毛皮、香肠肠衣、动物内脏及腐肉等动物制品为食;李朝品等(2000)报道在储藏植物性中药材桑白皮、西红花、冬葵果、车前草和天门冬中发现扎氏脂螨;江佳佳等(2005)采集居室和填充式家具(地毯、床垫、枕头、沙发)的灰尘以及在厨房橱柜中的储藏物中也发现了扎氏脂螨;李朝品等(2005)报道在储藏中药材白术、天门冬、紫丹参和蜈蚣中发现扎氏脂螨;杨庆贵等(2007)报道在储藏板栗、桂圆、辣椒干、鱼干中发现该螨;陶宁等(2016)报道在储藏动物性中药材海参、地龙、蜈蚣、全蝎、九香虫、牛鞭和黄边大龙虱中发现扎氏脂螨。其可对储藏粮食、食品和中药材造成为害。该螨在国内主要分布于安徽、福建、广东、黑龙江、吉林、上海、四川和香港等地;在国外主要分布于朝鲜、荷兰、美国、日本等国家。

河野脂螨发的育历程与扎氏脂螨相同,无孤雌生殖,在孳生环境不适宜时大量形成休眠体。Hughes(1971)记载,在温度为23 ℃、相对湿度为87%的条件下,以动物心肺、肉干作为饲料,9~10天完成一代。洪勇等(2016)报道在中药材海龙中发现河野脂螨,其孳生密度为0.438只/克;王赛寒等(2019)在20份市售银鱼干中调查发现,河野脂螨的孳生率为55.5%,孳生密度为5.43只/克。有文献报道河野脂螨能引起肺螨病、尿螨病。该螨在国内主要分布于安徽、福建、广东、黑龙江、吉林、辽宁、上海和四川等地;国外报道见于日本和印度等国家。

脂螨属属征:脂螨属的异型雄螨呈卵圆形,表皮光滑、乳白色。螯肢呈剪刀状,色深、细长、齿软,无前足体板。顶外毛(ve)弯曲有栉齿,约为顶内毛(vi)长度的一半,且与vi在同一水平线。基节上毛(scx)弯曲,有锯齿。胛外毛(sce)比胛内毛(sci)长。腹面,肛门两侧略靠中央各有1对圆形肛门吸盘,每个吸盘前有1根刚毛,3对肛后毛(pa_1、pa_2、pa_3)均较长,其中pa_3最长。4对足均细长,均具前跗节,雌螨各足的爪分叉;足背面的刚毛不粗壮,呈刺状。脂螨属成螨检索表见表5.12,脂螨属休眠体检索表见表5.13。

表5.12 脂螨属成螨检索表

背毛d_4较d_3长3倍以上,雄螨足Ⅰ和足Ⅱ有分叉的爪 ………………………… 扎氏脂螨($L.\ zacheri$)
背毛d_4与d_3几乎等长,雄螨足Ⅰ和足Ⅱ的爪不分叉 ………………………… 河野脂螨($L.\ konol$)

表5.13 脂螨属休眠体检索表

着生于后半体板的刚毛简单,足Ⅳ跗节上刚毛顶端不膨大呈叶状 ………………………… 扎氏脂螨($L.\ zacheri$)
着生于后半体板的刚毛较粗呈刺状,足Ⅳ跗节上具2根刚毛顶端膨大为叶状 …… 河野脂螨($L.\ konol$)

23. 扎氏脂螨(*Lardoglyphus zacheri* Oudemans,1927)

【同种异名】 无。

【形态特征】 雌雄螨表皮光滑呈乳白色,表皮内突、足和螯肢颜色较深。前足体无背板。背部多数刚毛基部明显较粗且无栉齿。

异性雄螨:体长多为430~550 μm,后端圆钝(图5.82);顶内毛(vi)前伸达颚体上方,顶外毛(ve)位于颚体两侧,栉齿明显。基节上毛(scx)短小弯曲,具锯齿;格氏器为不明显的三角形表皮皱褶。胛毛(sc)间距离约等长;胛内毛(sci)短,不超过胛外毛(sce)长度的1/4。螯肢细长,剪状齿软弱无力(图5.83A);腹面表皮内突和基节内突角质化程度高,基节内突界限明显。后半体的肩内毛(hi)和肩腹毛(hv)较短,不超过肩外毛(he)长度的1/4;背毛d_1、d_2、d_3、前侧毛(la)、后侧毛(lp)与胛内毛(sci)等长;背毛d_4、骶内毛(sai)和骶外毛(sae)较长,比sci长3倍以上。肛门孔两侧有1对圆形吸盘(图5.84A),一弯曲骨片包围吸盘后缘,各吸盘前有1对肛前毛(pra);3对肛后毛(pa)较长,均超出躯体后缘很多,其中pa_3最长。足细长,各足前跗节发达,覆盖细长的梗节,与分叉的爪相关连。足Ⅰ的端部刚毛群(图5.85)中第一背端毛(d)超出爪的末端,最长;第二背端毛(e)和正中端毛(f)为光滑刚毛;腹面有内腹端刺($q+v$)、外腹端刺($p+u$)和中腹端刺(s)(图5.85A);第三感棒(ω_3)较长,几乎达前跗节的顶端;亚基侧毛(aa)、背中毛(Ba)、正中毛(m)、侧中毛(r)和腹中毛(w)包围在前跗节中部;跗节基部具第一感棒(ω_1)、第二感棒(ω_2)和芥毛(ε),ω_1呈管状、稍弯,与ε相近。胫节和膝节的刚毛有小栉齿,胫节感棒(φ)呈长鞭状;膝内毛(σ_2)比膝外毛(σ_1)长。足Ⅲ跗节末端为2根粗刺,d着生于长齿的基部,e、f、r和w位于跗节的中央(图5.86A)。足Ⅳ跗节末端为一不分叉的爪,交配吸盘位于中央(图5.87A)。

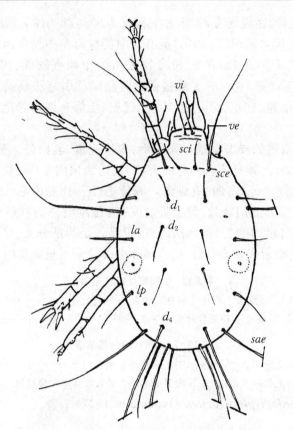

图5.82 扎氏脂螨(*Lardoglyphus zacheri*)♂背面

vi,ve,sci,sce,d₁~d₄,la,lp,sae:躯体的刚毛

（仿李朝品，沈兆鹏）

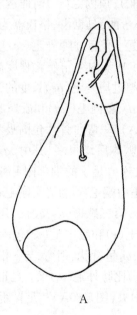 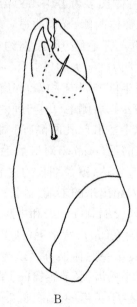

A   B

图5.83 脂螨螯肢

A. 扎氏脂螨(*Lardoglyphus zacheri*)；B. 河野脂螨(*Lardoglyphus konol*)

（仿李朝品，沈兆鹏）

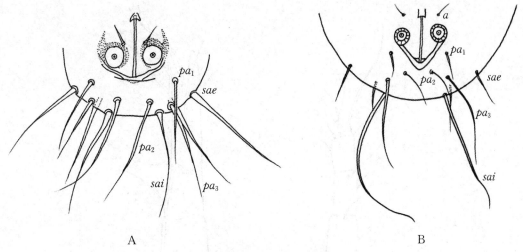

图5.84 脂螨(♂)肛门区

A. 扎氏脂螨(*Lardoglyphus zacheri*);B. 河野脂螨(*Lardoglyphus konol*)

sae,*sai*,*a*,*pa$_1$*~*pa$_3$*:躯体的刚毛

(仿李朝品,沈兆鹏)

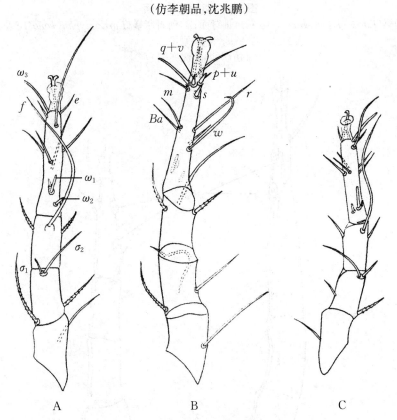

图5.85 脂螨足Ⅰ

A. 扎氏脂螨(*Lardoglyphus zacheri*)♂右足Ⅰ背面;B. 扎氏脂螨(*Lardoglyphus zacheri*)♀左足Ⅰ腹面;

C. 河野脂螨(*Lardoglyphus konol*)♂左足Ⅰ背面

ω_1~ω_3,σ_1,σ_2:感棒;*e*,*f*,*Ba*,*m*,*r*,*w*,*s*,*p*+*u*,*q*+*v*:刚毛和刺

(仿李朝品,沈兆鹏)

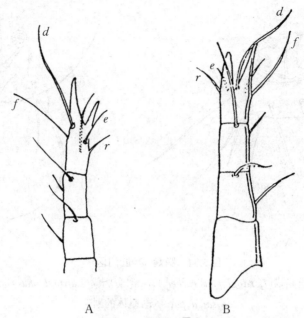

图5.86 脂螨足Ⅲ背面

A. 扎氏脂螨(*Lardoglyphus zacheri*)♂右足Ⅲ背面；B. 河野脂螨(*Lardoglyphus konol*)♂左足Ⅲ背面

d,*f*,*e*,*r*:刚毛

（仿李朝品，沈兆鹏）

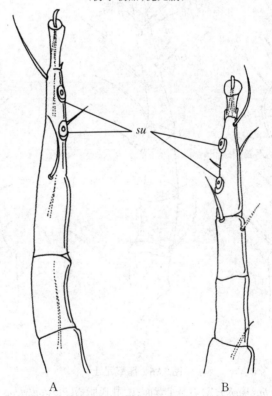

图5.87 脂螨右足Ⅳ背面

A. 扎氏脂螨(*Lardoglyphus zacheri*)♂右足Ⅳ背面；B. 河野脂螨(*Lardoglyphus konol*)♂左足Ⅳ背面

su:跗节吸盘

（仿李朝品，沈兆鹏）

雌螨:体长多为450~600 μm,躯体后端渐细,后缘内凹(图5.88),表皮内突和基节内突的颜色较雄螨浅。躯体毛序与雄螨基本相同,但其不同点在于:生殖孔位于足Ⅲ和足Ⅳ基节间,为一纵向裂缝。肛门(图5.89A)未达到躯体后缘,周围有5对短肛毛(a),其中a_3较长;2对肛后毛(pa)较长,超过躯体末端,其中pa_2长度超过躯体的1/2。在躯体后端,交配囊在体后端的开口为一小缝隙。交配囊与受精囊相连通。各足均有爪且分叉(图5.85B),刚毛排列与雄螨相同。

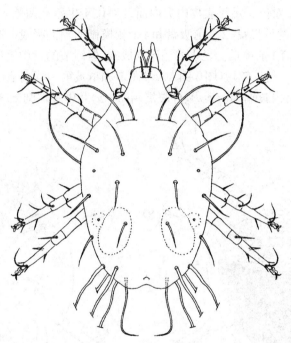

图5.88　扎氏脂螨(*Lardoglyphus zacheri*)♀背面
(仿李朝品,沈兆鹏)

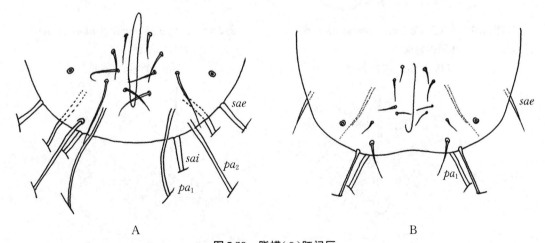

图5.89　脂螨(♀)肛门区

A. 扎氏脂螨(*Lardoglyphus zacheri*);B. 河野脂螨(*Lardoglyphus konol*)

sae,sai,pa_1,pa_2:躯体的刚毛
(仿李朝品,沈兆鹏)

　　休眠体:体长多为230~300 μm,为梨形,呈淡红色至棕色。背面(图5.90):背部隆起,前足体板有细致鳞状花纹,蔽盖在躯体前部,后部被前宽后窄的后半体板蔽盖。后半体板的前缘内凹,表面有细致的网状花纹,后半体板中后部的表皮颜色加深并有增厚。顶外毛(ve)和顶内毛(vi)着生在前足体前缘,胛内毛(sci)和胛外毛(sce)呈弧形排列于前足体后缘,sci比sce稍短。腹面(图5.91):腹面骨化程度强,足Ⅰ表皮内突愈合成短的胸板,足Ⅱ、Ⅲ和表皮内突在中线分离。基节臼的内缘加厚,足Ⅱ的基节臼向后弯,在内面与足Ⅳ表皮内突相连。腹毛3对,1对位于足Ⅱ、Ⅲ之间,1对位于足Ⅳ表皮内突内面,1对位于生殖孔两侧。吸盘板上有2个较大的中央吸盘,4个较小的后吸盘,2个前吸盘和4个较模糊的辅助吸盘(图5.92A)。足Ⅰ、Ⅱ和Ⅲ末端的膜状前跗节有1个单爪。足Ⅰ的毛序同成螨,但跗节的背中毛(Ba)缺如,膝节只有1个感棒(σ)(图5.93A)。足Ⅳ较短(图5.94A),端跗节和爪被第一背端毛(d)、第三背端毛(e)和正中端毛(f)所取代,有内腹端刺(q+v)、外腹端刺(p+u)和中腹端刺(s)3根短腹刺。

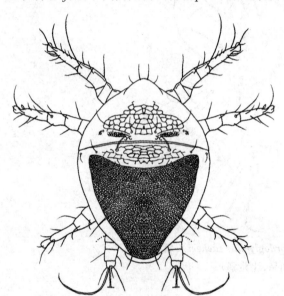

图5.90　扎氏脂螨(*Lardoglyphus zacheri*)
　　　　休眠体背面
　　　　(仿李朝品,沈兆鹏)

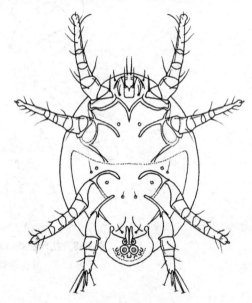

图5.91　扎氏脂螨(*Lardoglyphus zacheri*)
　　　　休眠体腹面
　　　　(仿李朝品,沈兆鹏)

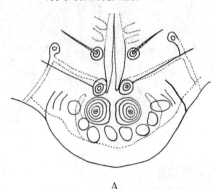

A　　　　　　　　　　　　B

图5.92　脂螨休眠吸盘板
A. 扎氏脂螨(*Lardoglyphus zacheri*);B. 河野脂螨(*Lardoglyphus konol*)
(仿李朝品,沈兆鹏)

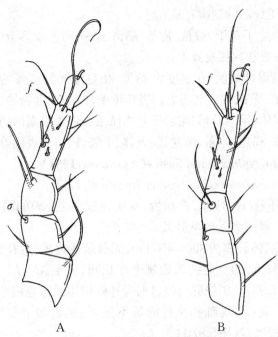

图5.93 脂螨休眠右足Ⅰ背面

A. 扎氏脂螨（*Lardoglyphus zacheri*）；B. 河野脂螨（*Lardoglyphus konol*）

σ:感棒；f:正中端毛

（仿李朝品，沈兆鹏）

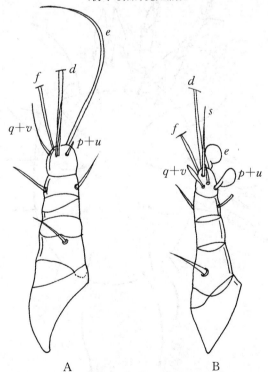

图5.94 脂螨休眠体右足Ⅳ腹面

A. 扎氏脂螨（*Lardoglyphus zacheri*）；B. 河野脂螨（*Lardoglyphus konol*）

$d,e,f,s,p+u,q+v$:跗节毛

（仿李朝品，沈兆鹏）

幼螨:在每一基节毛(cx)的侧面有基节杆。

【孳生习性】 常孳生于鱼干、咸鱼、皮革、肠渣、骨头和羊皮等蛋白含量高的储藏物上。休眠体常吸附在肉食皮蠹和白腹皮蠹上。

扎氏脂螨为中温高湿性螨类,在温度为23 ℃、相对湿度为87%的环境中完成生活史需10~12天。行两性生殖,无孤雌生殖现象。当环境条件不宜、食物缺乏时,即在第一若螨与第三若螨之间形成休眠体(第二若螨)附着于仓库昆虫如白腹皮蠹的幼虫体上传播。

【国内分布】 安徽、福建、广东、黑龙江、吉林、上海、四川和香港等地。

24. 河野脂螨(*Lardoglyphus konoi* Sasa et Asanuma,1951)

【同种异名】 *Hoshikadenia konoi* Sasa et Asanmua,1951。

【形态特征】 顶外毛(ve)弯曲,有栉齿,着生在顶内毛(vi)的同一水平线上。胛外毛(sce)比胛内毛(sci)长。雌螨各足的爪分叉。

雄螨:椭圆形,白色,体长多为300~450 μm,无前足体背板,足及螯肢颜色较深,螯肢的定趾和动趾具小齿(图5.83B)。与扎氏脂螨毛序相同,背毛(d_3、d_4)、骶外毛(sae)、肛后毛(pa_1、pa_2)几乎等长(图5.95)。围绕肛门吸盘的骨片向躯体后缘急剧弯曲,肛毛(a)位于肛门前端两侧(图5.84B)。足Ⅰ、足Ⅲ和足Ⅳ的爪不分叉,足Ⅲ跗节较短,其端部有刚毛(图5.86B);足Ⅳ中央有交配吸盘(图5.87B)。

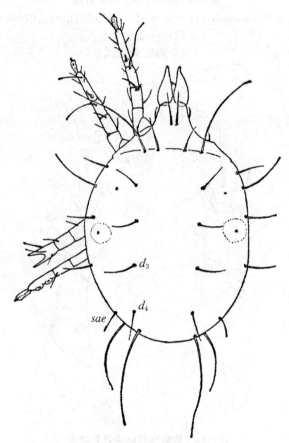

图5.95 河野脂螨(*Lardoglyphus konoi*)♂背面

d_3,d_4,sae:躯体的刚毛

(仿李朝品,沈兆鹏)

雌螨:椭圆形,白色,体长多为400~550 μm,躯体刚毛的毛序与雄螨相似(图5.96),骶外毛(sae)和肛后毛(pa₁)较粗,受精囊呈三角形(图5.89B)。

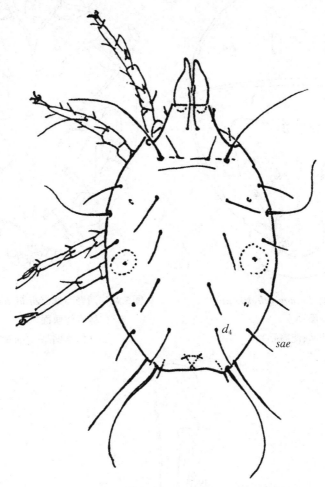

图5.96　河野脂螨(*Lardoglyphus konoi*)♀背面

d_4, sae:躯体的刚毛

(仿李朝品,沈兆鹏)

休眠体:螨体长多为215~260 μm。与扎氏脂螨的主要区别在于:后半体板上的刚毛呈粗刺状(图5.97)。螨体腹面:足Ⅲ表皮内突的后突起向后延伸到足Ⅳ表皮内突间的刚毛(图5.98)。吸盘板的2个中央吸盘较小,周缘吸盘A和D均被角状突起替代,辅助吸盘半透明(图5.92B)。足Ⅰ~Ⅲ的跗节细长。足Ⅰ和足Ⅱ跗节的正中端毛(f)呈叶状;足Ⅲ跗节除第一背端毛(d)外,其余刚毛顶端均膨大成透明的薄片(图5.99);足Ⅳ跗节有第二背端毛(e)、外腹端毛($p+u$)和1根r,均呈形状相同的叶状构造(见图5.94B)。

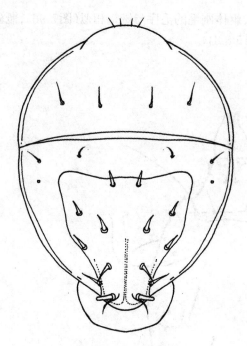

图 5.97　河野脂螨(*Lardoglyphus konoi*)
休眠体背面
（仿李朝品，沈兆鹏）

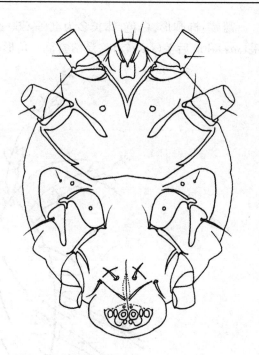

图 5.98　河野脂螨(*Lardoglyphus konoi*)
休眠体腹面
（仿李朝品，沈兆鹏）

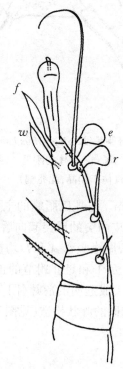

图 5.99　河野脂螨(*Lardoglyphus konoi*)休眠体右足Ⅲ背面
e,*f*,*r*,*w*:跗节毛
（仿李朝品，沈兆鹏）

【孳生习性】　喜中温高湿,常孳生于高水分、高蛋白的食品中,如肠衣、香肠、蛋粉、火腿和咸鱼等。

据Hughes(1971)记载,在温度为23℃、相对湿度为87%的条件下,以动物心肺、肉干做饲料,9~11天完成一代,无孤雌生殖。第一若螨与第二若螨之间常形成休眠体(第二若螨)。休眠体多在食物缺乏或环境不宜时大量形成。

【国内分布】　主要分布于安徽、福建、广东、黑龙江、吉林、辽宁、上海和四川等地。

(韩仁瑞)

(二) 华脂螨属

目前国内记录的华脂螨属(*Sinolardoglyphus* Jiang,1991)的主要种类为南昌华脂螨(*Sinolardoglyphus nanchangensis*)。该螨常孳生于芝麻等油料作物的种子中,对其造成为害。江镇涛(1991)曾在江西南昌储藏的芝麻中分离到此螨。

华脂螨属属征:本属螨类的形态与脂螨属的相似。顶外毛(ve)、顶内毛(vi)、胛外毛(sce)和胛内毛(sci)近端呈稀羽状,sce与sci几乎等长。背毛d_1~d_4较长,均呈细刚毛状且基部不呈纵行排列。交配囊孔至受精囊基部呈漏斗状。雌螨足Ⅰ~Ⅳ的爪分叉,仅从端部分离。肛毛a_4较长。

25. 南昌华脂螨(*Sinolardoglyphus nanchangensis* Jiang,1991)

【同种异名】　无。

【形态特征】　有关南昌华脂螨的形态描述仅见于雌螨。

雌螨:躯体乳白色,长为463.5~465 μm,宽为298.7~309 μm,躯体上的顶外毛(ve)、顶内毛(vi)、胛外毛(sce)、胛内毛(sci)近端呈稀羽状,其他刚毛较光滑。背面(图5.100),背毛d_1~d_4、骶外毛(sae)、骶内毛(sai)、肩内毛(hi)、肩外毛(he)、前侧毛(la)、后侧毛(lp)。足Ⅰ~Ⅳ的爪分叉,且端部分离。基节上毛(scx)有8~9根侧刺(图5.101)。足Ⅰ(图5.102)基节具基节毛(cx)1根,转节具转节毛(sR)1根,股节具股节毛(vF)1根;膝节具膝节毛mG和cG各1根,膝节感棒σ_1、σ_2各1根;胫节具胫节毛gT和hT各1根,胫节感棒φ1根;跗节具感棒ω_1、ω_2、ω_3各1根,具刚毛或腹刺ε、aa、Ba、r、w、m、f、e、$p+u$、$q+v$、s各1根。足Ⅱ缺少cx、膝节感棒(σ_2),跗节感棒ω_2、ω_3,跗节毛ε、aa,其他刚毛感棒同足Ⅰ。足Ⅲ缺少股节毛(vF),膝节毛σ_1、σ_2,胫节毛(gT),跗节毛(感棒)ω_1、ω_2、ω_3、ε、aa、Ba、m,其他刚毛感棒同足Ⅰ。足Ⅳ与足Ⅰ比较,缺少cx、转节毛(sR),膝节毛mG、cG、σ_1、σ_2,胫节毛(gT),跗节毛(感棒)ω_1、ω_2、ω_3、ε、aa、Ba、m,其他刚毛和感棒同足Ⅰ。足Ⅰ和足Ⅲ基节各有cx1根、肩腹毛(hv)1根。生殖孔在足Ⅲ与足Ⅳ基节之间,两侧有生殖感觉器2对,生殖毛(g)3对(后面1对比前面2对长4倍以上),肛毛(a)5对(a_1~a_3),肛后毛(pa)2对。肛孔后方有一交配囊孔,受精囊管直通受精囊。螯肢定趾有6个齿,动趾有3个齿,内侧面有颚刺和锥形距各1个。

【孳生习性】　南昌华脂螨常孳生于芝麻等油料作物的种子中,对其造成为害。

【国内分布】　江镇涛(1991)曾在江西南昌储藏的芝麻中分离到此螨。

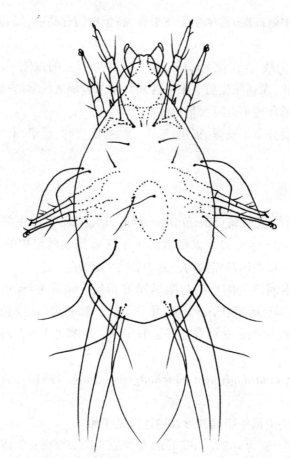

图 5.100　南昌华脂螨（*Sinolardoglyphus nanchangensis*）♀背面
（仿李朝品，沈兆鹏）

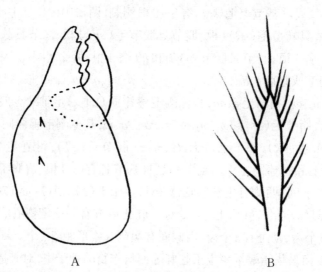

图 5.101　南昌华脂螨（*Sinolardoglyphus nanchangensis*）♀螯肢和基节上毛
A. 螯肢；B. 基节上毛
（仿李朝品，沈兆鹏）

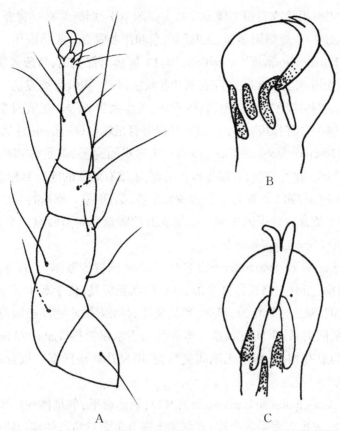

图5.102 南昌华脂螨(*Sinolardoglyphus nanchangensis*)♀右足Ⅰ侧面、爪侧面和爪腹面
A. 右足Ⅰ侧面;B. 爪侧面;C. 爪腹面
(仿李朝品,沈兆鹏)

（石 泉）

三、食甜螨科

参照Krantz(1978)的蜱螨分类系统,食甜螨科(Glycyphagidae Berlese,1887)隶属于蜱螨亚纲(Acari)、真螨目(Acariformes)、粉螨亚目(Acaridida)。食甜螨科螨类呈世界性分布,营自生生活,常孳生于储藏粮食、中药材的仓库或小型哺乳动物的巢穴中,是一类重要的家栖害螨,其代表种为家食甜螨(*Glycyphagus domesticus*)。

食甜螨科形态特征:躯体呈长椭圆形,无背沟;前足体背板退化或缺如。表皮多粗糙或饰有小的突起,少有光滑。爪常插入端跗节的顶端,由2根细的"腱"状物与跗节末端相连接,爪可缺如。雄螨常缺跗节吸盘和肛门吸盘。食甜螨科(Glycyphagidae)包括食甜螨亚科、栉毛螨亚科、钳爪螨亚科、嗜蝠螨亚科、洛美螨亚科和嗜湿螨亚科6个亚科。

食甜螨亚科(Glycyphaginae Zachvatkin,1941),躯体刚毛长,栉齿密;表皮常有微小乳突。跗节细长,无脊条;足Ⅰ和Ⅱ胫节有1~2根腹毛,膝节和胫节刚毛多为栉齿状。雄螨无肛门及跗节吸盘,阳茎常不明显。

栉毛螨亚科(Ctenoglyphinae Zachvatkin,1941),躯体周缘刚毛为阔栉齿状、双栉齿状或叶状,形成缘饰。表皮粗糙或有很多微小疣状突。跗节不细长,常有一背脊;足Ⅰ胫节、足Ⅱ胫节仅有1条腹毛(gT)。雄螨阳茎长,无肛门吸盘和跗节吸盘。无休眠体。

钳爪螨亚科(Labidophorinae Zachvatkin,1941),躯体前部突出,常蔽盖颚体。表皮色深,棕色或淡红色,可光滑或呈颗粒状或饰有网状花纹。基节-胸板骨骼发达,常愈合成环状并包围雌性生殖孔。躯体刚毛短且光滑,较少栉齿,长度大致相等。足有时变形,或饰有脊条或梳状构造;足的刚毛常有栉齿,爪小。该亚科仅有脊足螨属(Gohieria)1属。

嗜蝠螨亚科(Nycteriglyphinae Fain,1963),躯体小而扁平,前足体和后半体间无背沟。表皮具有细纹或鳞状。背毛较短,有细栉齿。足短,末端有球状的前跗节和发达的爪;跗节Ⅰ有2~3条感棒(ω_1、ω_2、ω_3)和1条芥毛(ε)。很少发生性二态现象。雌螨的生殖板和表皮内突Ⅰ愈合,交配囊孔在1条背面管子的末端。雄螨无肛门吸盘和跗节吸盘。未发现休眠体。该亚科仅有嗜粪螨属(Coproglyphus)1属。

洛美螨亚科(Lomelacarinae Subfam,1993),足体板前覆于颚体上;有背沟将前足体和后足体分开,背毛细小、光滑。格氏器圆片形,具辐射状长分枝,位于足Ⅰ基节前方;生殖孔位于足Ⅲ、Ⅳ基节之间,被1对骨化的肾形生殖板覆盖;具2对微小的生殖吸盘,肛孔紧接生殖孔。各足跗节无爪间突爪,爪间突膜质。本亚科与钳爪螨亚科(Labidophorinae)外形相似,但本亚科生殖孔与肛孔相接,跗节无爪间突爪,具明显片状格氏器。该亚科仅有洛美螨属(Lomelacarus)1属。

嗜湿螨亚科(Aeroglyphinae Zachvatkin,1941),躯体扁平,前足体和后半体之间无背沟。除前足体的背板外,表皮有密集的条纹,背部表皮嵌有多个三角形的刺。躯体背面的刚毛略扁平,栉齿密,尤以边缘为甚。刚毛长度不等,多为躯体长度的1/5~1/2。该亚科仅有嗜湿螨属(Aeroglyphus)1属。食甜螨科分亚科、属检索表见表5.14。

表5.14　食甜螨科分亚科、属检索表

1. 体表刚毛长,栉齿密,双栉状或叶状 …………………………………………………………	2
体表刚毛短 ………………………………………………………………………………………	9
2. 躯体周缘刚毛扁平有栉齿,常在躯体四周形成缘饰;跗节粗短,多有1条背脊;足Ⅰ和Ⅱ胫节上有腹毛1根 …………………………………………………………………… 栉毛螨亚科(Ctenoglyphinae)	3
躯体刚毛栉齿密;跗节细长,无背脊;足Ⅰ和Ⅱ胫节上有腹毛2根 ………………………	4
3. 雄螨和雌螨相似,躯体刚毛有栉齿,呈带状 …………………………… 重嗜螨属(Diamesoglyphus)	
雄螨比雌螨小,躯体边缘刚毛为双栉齿状,有时为叶状 …………………… 栉毛螨属(Ctenoglyphus)	
4. 表皮具微小颗粒 ……………………………………………………… 食甜螨亚科(Glycyphaginae)	5
表皮有细致的条纹 …………………………… 嗜湿螨亚科(Aeroglyphinae) 嗜湿螨属(Aeroglyphus)	
5. 无爪、无头脊,vi和ve很接近 ………………………………………………… 无爪螨属(Blomia)	
有爪、头脊有或无,ve远离vi ……………………………………………………………………	6
6. 有亚跗鳞片,无头脊 ……………………………………………………………………………	7
无亚跗鳞片,有头脊 ……………………………………………………………………………	8
7. 足Ⅰ膝节σ_2比σ_1长3倍以上 ……………………………………………… 嗜鳞螨属(Lepidoglyphus)	
足Ⅰ膝节σ_1和σ_2几乎等长 ……………………………………… 澳食甜螨属(Austroglycyphagus)	
8. 生殖孔位于足Ⅱ和Ⅲ基节之间,有顶外毛 ……………………………………… 食甜螨属(Glycyphagus)	

生殖孔前端位于足Ⅰ、Ⅱ基节间,无顶外毛 ························· 拟食甜螨属(*Pseudoglycyphagus*)

9.表皮近无色;从背面可看清颚体 ·········· 嗜蝠螨亚科(Nycteriglyphinae)嗜粪螨属(*Coproglyphus*)

　表皮淡棕色;颚体被前足体前缘蔽盖,从背面难以看清 ································ 10

10.基节-胸板骨骼常愈合成环,包围生殖孔 ········ 钳爪螨亚科(Labidophorinae)脊足螨属(*Gohieria*)

　生殖孔与肛孔相接,跗节无爪间突爪,具明显片状格氏器·································

　······································ 洛美螨亚科(Lomelacarinae)洛美螨属(*Lomelacarus*)

(一) 食甜螨属

1936年 Zachvatkin 首先建立嗜鳞螨属(*Lepidoglyphus*),并将食甜螨属(*Glycyphagus* Hering,1938)归于该属。1941年,Zachvatkin 将嗜鳞螨属更改为食甜螨属的一个亚属。其后,Türk et Türk、Cooreman、Sellnick 等学者先后又将嗜鳞螨属继续单独认定为一个属。Hughes 于1961年也曾将嗜鳞螨属归入食甜螨属。本书根据嗜鳞螨属的特征,依然将嗜鳞螨属独立设属。目前记载的食甜螨属包括14种,其中常见种包括家食甜螨(*Glycyphagus domesticus*)、隆头食甜螨(*Glycyphagus ornatus*)、隐秘食甜螨(*Glycyphagus privatus*)、普通食甜螨(*Glycyphagus destructor*)、扎氏食甜螨(*Glycyphagus zachvatkini*)和双尾食甜螨(*Glycyphagus bicaudatus*)6种。

食甜螨属形态特征:前足体背板或头脊狭长;体背无横沟;足Ⅰ跗节未被亚跗鳞片(ρ)包盖,足Ⅰ膝节的膝内毛(σ_2)长度是膝外毛(σ_1)的2倍以上,足Ⅰ、Ⅱ胫节有腹毛2根;雌、雄成螨生殖孔位于足Ⅱ、Ⅲ基节之间。食甜螨属分种检索表见表5.15。

表5.15　食甜螨属分种检索表

1.常有头脊,无亚跗鳞片,雄螨胫节Ⅰ、胫节Ⅱ上的刚毛正常 ························ 2

　常有头脊,无亚跗鳞片,雄螨胫节Ⅰ、胫节Ⅱ上有大的梳状毛 ····················· 3

2.顶内毛(vi)几乎位于头脊的中央,d_2 与 d_3 几乎位于同一水平上 ·········· 家食甜螨(*G. domesticus*)

　顶内毛(vi)位于头脊的前端,d_2 位于 d_3 之前 ······················ 隐秘食甜螨(*G. privatus*)

3.骶内毛(sai)呈纺锤形,与其他背毛明显不同 ······················ 扎氏食甜螨(*G. zachvatkini*)

　骶内毛(sai)形状正常,与其他背毛一样 ································· 4

4.顶内毛(vi)之前的头脊有一明显的骨化区,雌螨的骶内毛(sai)比 d_2 长 ······ 隆头食甜螨(*G. ornatus*)

　顶内毛(vi)之前的头脊无骨化区,雌螨的骶内毛(sai)比 d_2 短,或与 d_2 等长·······················

　·· 双尾食甜螨(*G. bicaudatus*)

26. 家食甜螨(*Glycyphagus domesticus* De Geer,1778)

【同种异名】　*Acarus donesticus* De Geer,1778;*Oudemansi domesticus* Zachvatkin,1936。

【形态特征】　雄螨:躯体长320~400 μm,圆形,乳白色,表皮具微小乳突(图5.103)。足和螯肢颜色较深。无前足体背板,头脊狭长(图5.104A),从螯肢基部伸展到顶外毛(ve)的水平上。顶内毛(vi)着生于头脊中部最宽处。体毛细栉齿状,硬直而呈辐射状排列于躯体背面。基节上毛(scx)(图5.105)分叉大,分枝长而细;2对胛毛在一条线上,胛内毛(sci)较长。d_2 不及 d_1 长度的一半,位于 d_3 内侧。有侧毛3对(l_1、l_2、l_3)。躯体后缘有肛后毛3对(pa_1、pa_2、pa_3)及骶内毛(sai)和骶外毛(sae)各1对。足Ⅰ、Ⅱ表皮内突较发达,足Ⅲ、Ⅳ表皮内突细长,

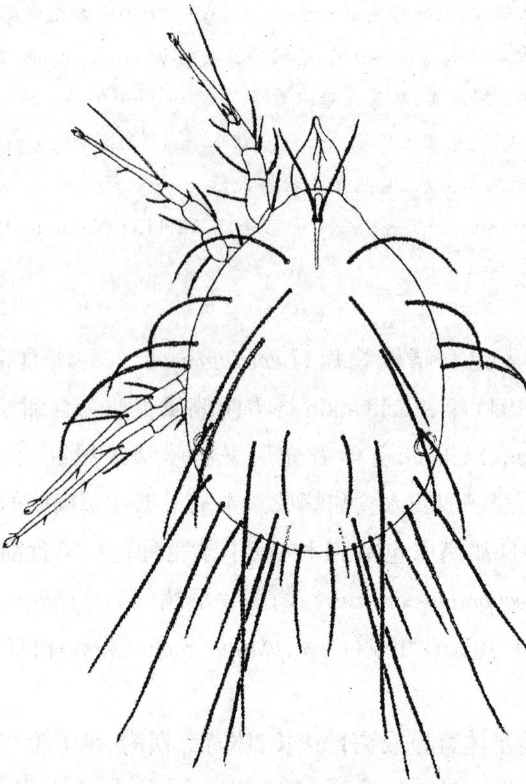

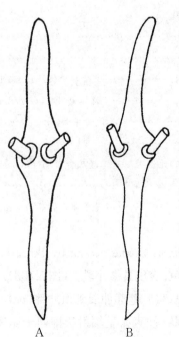

图5.103 家食甜螨(*Glycyphagus domesticus*)♂背面
(仿李朝品,沈兆鹏)

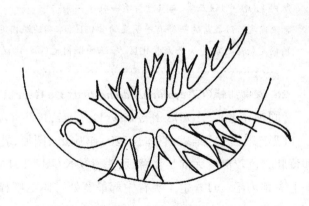

图5.104 头脊
A.家食甜螨;B.隆头食甜螨
(仿李朝品,沈兆鹏)

图5.105 家食甜螨(*Glycyphagus domesticus*)
基节上毛
(仿李朝品,沈兆鹏)

足Ⅰ表皮内突相连成短胸板。生殖孔位于足Ⅱ、Ⅲ基节间。足细长,无亚跗鳞片,取而代之的是位于跗节中央的栉状刚毛w(图5.106),正中毛(m)、背中毛(Ba)、侧中毛(r)在腹中毛(w)基部和跗节顶端间。足Ⅰ跗节的ω_1呈细杆状,长度为足Ⅱ跗节ω_1的2倍;ε较短小。足Ⅰ膝节的膝外毛σ_1与ω_1等长,膝内毛σ_2为膝外毛σ_1长度的2倍。足Ⅲ、Ⅳ胫节的胫节毛kT远离该节端部。

雌螨:雌螨个体大于雄螨,躯体长为400~750 μm(图5.107)。形态特征与雄螨相似,不同点在于雌螨生殖孔伸至基节Ⅲ后缘,其长度短于肛门孔前端至生殖孔后端的距离,在生殖褶的前端覆盖一小新月形生殖板。具生殖毛3对,后1对生殖毛位于生殖孔的后缘水平外侧。交配囊为管状且边缘光滑,在躯体后缘突出。肛门孔前端具2对肛毛。

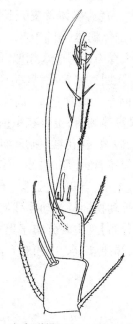

图5.106 家食甜螨(*Glycyphagus domesticus*)♂右足Ⅰ背面

(仿李朝品,沈兆鹏)

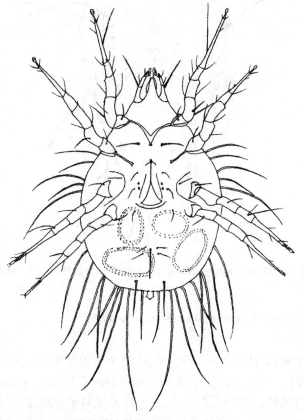

图5.107 家食甜螨(*Glycyphagus domesticus*)♀腹面

(仿李朝品,沈兆鹏)

休眠体:白色,躯体及皮壳长约330 μm,呈卵圆形囊状。跗肢芽状,有网状花纹的第一若螨表皮包围休眠体(图5.108)。

幼螨:头脊构造与成螨相似,但骨化不完全。基节杆明显。

【孳生习性】 家食甜螨(*Glycyphagus domesticus*)分布广泛,常以霉菌为食,为重要的家栖螨类,常栖息于粮食仓库、面粉厂、中药厂及中药房、菇房、畜棚干草堆、鸟窝、蜂巢、麻雀窝、鼠洞、鼠窝等场所,也可在室内空调隔尘网中检获该螨。常见的孳生物有:干酪、火腿、干牛肚、芝麻、砂糖、桂花糕、桃酥、年糕等各种食物;大米、稻谷、小麦、大麦、面粉、米糠、糯米、芝麻、花生等粮食;龙眼、红枣、桑葚、荔枝、杨梅、枸杞、黑枣、红枣、蜜枣、酸枣、沙棘、酸梅等干果;山楂、党参、当归、太子参、土茯苓、干姜皮、天仙子、月季花、山茶、陈皮、百合等中药材;麸皮、豆饼等动物饲料及动物残屑。还可孳生于烟草、麻类纤维及房舍的尘埃中。

【国内分布】 主要分布于黑龙江、吉林、辽宁、北京、河南、安徽、上海、江苏、江西、四川、重庆、云南、福建、广东、广西和台湾等地。

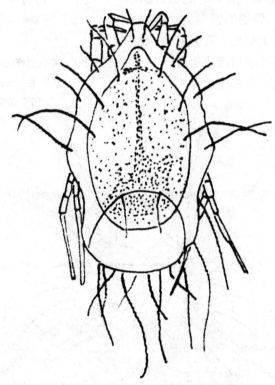

图5.108 家食甜螨(*Glycyphagus domesticus*)休眠体背面包裹在第一若螨的表皮中
(仿李朝品,沈兆鹏)

27. 隆头食甜螨(*Glycyphagus ornatus* Kramer,1881)

【同种异名】 无。

【形态特征】 雄螨:躯体长430~500 μm,体型略小于雌螨,卵圆形,表皮覆有灰白色或浅黄色的不清晰小颗粒。腹面阳茎为直管形。躯体由前至后逐渐变宽阔,至足Ⅱ、Ⅲ间达最宽阔,第4对足以后逐渐收缩变窄(图5.109)。头脊形状与家食甜螨相似,顶内毛(vi)着生于头脊中央宽阔处(图5.104B)。躯体刚毛长且栉齿密,刚毛着生处的基部角质化明显。背毛d_2较短;d_3较长,超过躯体且基部有一小的连接肌肉的内突起,可致背毛活动。其余体后刚毛也很长。基节上毛(scx)呈叉状且具有分枝(图5.110),与家食甜螨不同的是该螨的分叉小且分枝短而密。足Ⅰ、Ⅱ跗节均弯曲,尤以足Ⅱ跗节弯曲更明显,胫节和膝节端部膨大,其边缘膨大成脊状。在足Ⅰ、Ⅱ胫节上,胫节毛(hT)变形,呈三角形梳状,胫节毛(hT)内缘有4~5齿(图5.111)。各足刚毛均较长并有栉齿。足Ⅰ膝节(图5.112)的膝外毛(σ_1)较膝内毛(σ_2)短。

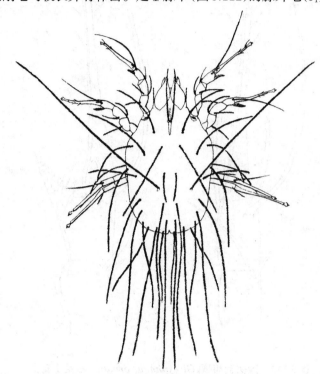

图5.109　隆头食甜螨(*Glycyphagus ornatus*)♂背面
(仿李朝品,沈兆鹏)

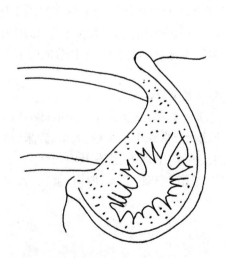

图5.110　隆头食甜螨(*Glycyphagus ornatus*)
基节上毛
(仿李朝品,沈兆鹏)

图5.111　隆头食甜螨(*Glycyphagus ornatus*)
♂右足Ⅱ腹面
(仿李朝品,沈兆鹏)

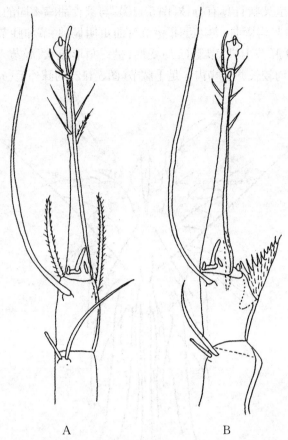

A　　　　　　　　　　B

图 5.112　隆头食甜螨(*Glycyphagus ornatus*)右足Ⅰ背面

A.♀;B.♂

(仿李朝品,沈兆鹏)

雌螨:躯体长 540~600 μm(图 5.113)。与雄螨不同之处:生殖孔的后缘与足Ⅲ表皮内突位于同一水平线上,较从肛门孔前缘到生殖孔后缘之间的距离短。交配囊在突出于体后端的丘突状顶端开口。足Ⅰ跗节的正中毛(m)、侧中毛(r)、背中毛(Ba)和腹中毛(w)集中分布(图 5.112A),而家食甜螨为分散分布。足Ⅰ、Ⅱ跗节不弯曲,且足Ⅰ、Ⅱ胫节的胫节毛(hT)正常。

幼螨:似成螨。不同点:头脊为板状,表皮光滑。基节杆小。

【孳生习性】　隆头食甜螨常栖息于小型哺乳动物巢穴、麻雀窝中,Zachvatkin(1959)在蜂巢中也曾发现此螨。隆头食甜螨属中温、喜湿性螨类,常孳生于米糠、大米、碎米、稻谷、小麦、面粉、麸皮、豆饼、饲料、菜籽饼、红砂糖、罗汉果、桃脯、蜜藕干、洋葱及中药材中。

【国内分布】　主要分布于黑龙江、吉林、辽宁、河南、安徽、上海、四川、重庆、云南、福建等地。

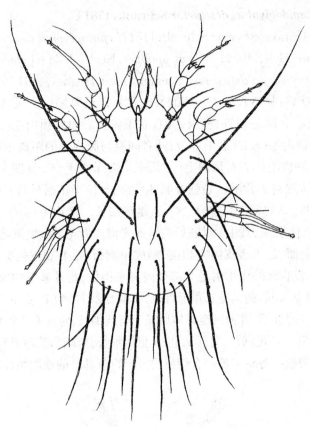

图5.113　隆头食甜螨(*Glycyphagus ornatus*)♀背面

(仿李朝品,沈兆鹏)

(二) 嗜鳞螨属

嗜鳞螨属(*Lepidoglyphus* Zachvatkin,1936)由Zachvatkin于1936年创建,将所有足跗节有1个栉齿状亚跗鳞片及前足体背面无头脊的螨类归于此属。1941年Zachvatkin又将该属更改为亚属,其后Cooreman(1942)、Türk et Türk(1957)、Sellnick(1958)先后再次将其认定为属。该属目前国内记录的种类主要有害嗜鳞螨(*Lepidoglyphus destructor*)、米氏嗜鳞螨(*Lepidoglyphus michaeli*)和棍嗜鳞螨(*Lepidoglyphus fustifer*)。

嗜鳞螨属属征:前足体背面无头脊。各足跗节均被一有栉齿的亚跗鳞片包盖;足Ⅰ膝节的膝内毛(σ_2)较膝外毛(σ_1)长4倍以上;足Ⅰ、Ⅱ胫节上有腹毛2根。生殖孔位于足Ⅱ、Ⅲ基节间。足Ⅰ跗节上的正中毛(m)、背中毛(Ba)、侧中毛(r)位于该节顶端的1/3处。嗜鳞螨属分种检索表见表5.16。

表5.16　嗜鳞螨属分种检索表

1.足Ⅲ膝节上腹面刚毛nG膨大成栉状鳞片 ·························· 米氏嗜鳞螨(*L. michaeli*)

足Ⅲ膝节上腹面刚毛nG不膨大为栉状鳞片 ·· 2

2.雄螨足Ⅰ膝节上的σ加粗成刺状,雌螨后面一对生殖毛位于生殖孔后缘的同一水平上····················

··· 棍嗜鳞螨(*L. fustifer*)

雌、雄螨足Ⅰ膝节上的σ不加粗,雌螨后面一对生殖毛位于生殖孔后缘之后 ··· 害嗜鳞螨(*L. destructor*)

28. 害嗜鳞螨(*Lepidoglyphus destructor* Schrank, 1781)

【同种异名】　*Acarus destructor* Schrank, 1781；*Lepidoglyphus destructor* Schrank, 1781；*Glycyphayus anglicus* Hull, 1931；*Acarus spinipes* Koch, 1841；*Lepidoglyphus cadaveum* (Schrank, 1781)；*Glycyphayus destructor* (Schrank) *sensu* Hughes, 1961。

【形态特征】　雄螨：躯体长为350~500 μm，足Ⅳ以后紧缩(图5.114)。表皮灰白色，不清晰，覆有微小乳突。背刚毛硬直，栉齿密，直立于体躯表面。顶内毛(vi)长度超出螯肢顶端，顶外毛(ve)位于顶内毛(vi)靠后的部位，两者间距与胛内毛的距离相等。2对胛毛(sc)在足Ⅱ后方并列分布，胛内毛(sci)与顶内毛(vi)等长。基节上毛(scx)(图5.115)分枝数目多且呈二叉杆状。肩毛(h)2对。背毛d_2勉强及躯体后缘，d_1位于d_2后外侧且较d_2、d_3长；d_2、d_1和d_4位于同一条直线上。3对侧毛(l)较长，l_1~l_3逐渐加长。骶内毛(sai)、骶外毛(sae)和3对肛后毛(pa)突出于躯体后缘，其中1对肛后毛短而光滑。背毛d_3、d_4、侧毛l_3和骶内毛(sai)为躯体最长的刚毛。腹面，足Ⅰ表皮内突相接，形成短胸板，足Ⅱ表皮内突较发达；足Ⅲ、Ⅳ表皮内突退化，它们附着肌肉的作用由足Ⅱ基节内突来担任；足Ⅱ基节内突有1个粗壮的前突起。生殖孔位于足Ⅲ基间，前面有三角形骨板，两侧有2对生殖毛(g_1、g_2)，后缘有1对生殖毛(g_3)。肛门孔前端有1对肛毛，并向后至躯体后缘。螯肢细长，定趾有5个齿，动趾有4个大齿；须肢末端有3个小突起。各足细长，尤其足Ⅲ、Ⅳ更为细长，末端为前跗节和小爪。胫、膝、股节无膨大，在端部形成薄框。各跗节被一有栉齿的位于跗节基部的亚跗鳞片(ρ)包裹(图5.116)。

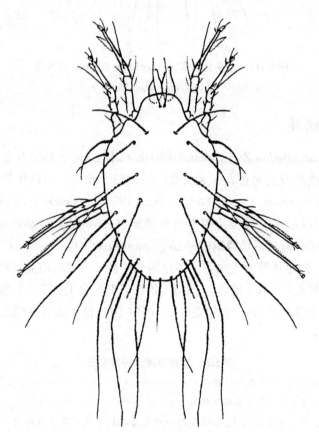

图5.114　害嗜鳞螨(*Lepidoglyphus destructor*)♂背面

(仿李朝品，沈兆鹏)

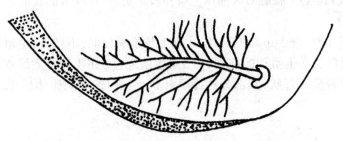

图5.115 害嗜鳞螨(*Lepidoglyphus destructor*)基节上毛
（仿李朝品，沈兆鹏）

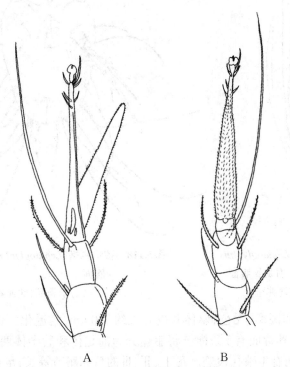

A   B

图5.116 害嗜鳞螨(*Lepidoglyphus destructor*)♂足Ⅰ
A.右足Ⅰ背面;B.左足Ⅰ腹面
（仿李朝品，沈兆鹏）

跗节顶端的第一背端毛(d)、第二背端毛(e)、正中端毛(f)3根端刺和第三感棒(ω_3)将前跗节包绕;其后是正中毛(m)、背中毛(Ba)、侧中毛(r);跗节基部的感棒ω_1、ω_2和芥毛(ε)相近,感棒ω_1弯杆状,长度为感棒ω_2的2倍。膝节Ⅰ的膝内毛(σ_2)较膝外毛(σ_1)长4倍以上,膝外毛σ_1的顶端膨大(图5.116A)。膝胫节腹面刚毛有栉齿。足Ⅲ、Ⅳ胫节的腹毛kT不着生在关节膜的边缘(图5.117)。

雌螨:躯体长400~560 μm(图5.118)。刚毛与雄螨相似,不同点:生殖褶大部相连,1块新月形的生殖板覆盖在生殖褶的前端;第3对生殖毛(g_3)在生殖孔后缘水平,在足Ⅲ、Ⅳ表皮内突间。交配囊呈短管状,其部分边缘呈叶状。肛门伸展到躯体后缘,前端两侧有2对肛毛。

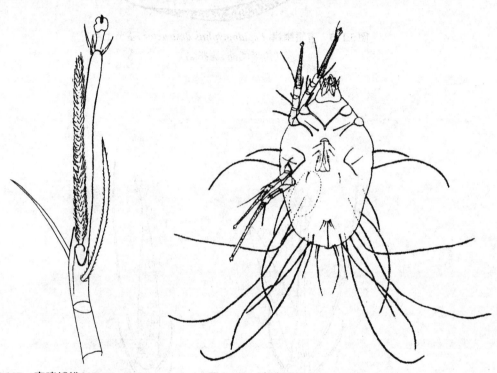

图5.117　害嗜鳞螨(*Lepidoglyphus
　　destructor*)右足Ⅳ腹面
　　(仿李朝品,沈兆鹏)

图5.118　害嗜鳞螨(*Lepidoglyphus destructor*)
　　♀腹面
　　(仿李朝品,沈兆鹏)

不活动休眠体:卵圆形,无色,躯体和皮壳长约350 μm,足退化。休眠体包在第一若螨的表皮中(图5.119),其背面有1条横缝将躯体分为前足体和后半体两部分。足Ⅰ、Ⅱ表皮内突轻度骨化,足Ⅳ间有生殖孔痕迹。足Ⅰ、Ⅱ、Ⅲ的爪和跗节等长,足Ⅳ的爪较短。足Ⅰ跗节基部有一相当于感棒ω_1的长感棒,足Ⅱ跗节的感棒较短。

幼螨:似成螨,基节杆小(图5.120)。

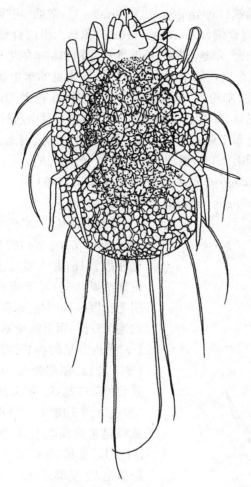

图5.119　害嗜鳞螨（*Lepidoglyphus destructor*）休眠体腹面，包裹在第一若螨的表皮中
（仿李朝品，沈兆鹏）

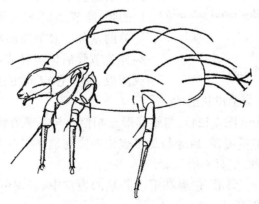

图5.120　害嗜鳞螨（*Lepidoglyphus destructor*）幼螨侧面
（仿李朝品，沈兆鹏）

【孳生习性】　害嗜鳞螨(*Lepidoglyphus destructor*)是常见的贮藏物螨类之一,常与粗脚粉螨(*Acarus siro*)、普通肉食螨(*Cheyletus eruditus*)和马六甲肉食螨(*Cheyletus malaccensis*)孳生在一起。常栖息于田野、草地、土壤、长期堆放谷物和稻草的堆垛、啮齿动物巢穴、蜂巢、床垫等处,国内学者也曾在空调隔尘网中检获此螨。常见的孳生物有稻谷、大米、碎米、小麦、大麦、元麦、面粉、麸皮、米粉干、米糠、高粱、玉米、芝麻、花生、山芋粉、鱼粉、豆饼、饲料、杏仁、大蒜、红豆、绿豆、黑豆、辣椒干、肠衣、百合等,也在多种中药材中孳生。

【国内分布】　主要分布于黑龙江、辽宁、吉林、上海、江苏、河南、安徽、山东、江西、四川、重庆、陕西、广东、广西、湖南、湖北、贵州、云南、香港、台湾等地。

29. 米氏嗜鳞螨(*Lepidoglyphus michaeli* Oudemans,1903)

【同种异名】　*Glycyphagus michaeli* Oudemans,1903。

【形态特征】　米氏嗜鳞螨与害嗜鳞螨(*Lepidoglyphus destructor*)的形态相似,躯体上的毛序也相似,但前者体型大、刚毛的栉齿较密且行动更加活跃迅速,易于辨别。二者的前足体背毛、刚毛长度区别明显,米氏嗜鳞螨胛内毛(*sci*)比顶内毛(*vi*)长,而害嗜鳞螨的胛内毛(*sci*)与顶内毛(*vi*)等长。足的各节,特别是足Ⅳ的胫节和膝节(图5.121),顶端膨大,形成薄而透明的缘,包围其后一节的基部。胫节的腹面刚毛较害嗜鳞螨更"多毛"(图5.122),胫节Ⅳ胫节毛*hT*加粗、多毛,成螨足Ⅲ腹面刚毛*nG*膨大成"毛皮状"鳞片(图5.123)。足Ⅲ、Ⅳ胫节端部的关节膜向后伸展到胫节毛*hT*基部,其两边的表皮形成薄板,因此胫节毛*hT*着生于深缝基部(图5.121)。

雄螨:躯体长450～550 μm。一般形状与害嗜鳞螨相似,不同点:躯体刚毛栉齿较密,胛内毛(*sci*)明显长于顶内毛(*vi*)。足的各节(尤其是足Ⅳ的胫、膝节)顶端膨大为薄而透明的缘,包围后一节的基部。胫节腹面刚毛多,足Ⅲ、Ⅳ胫节的端部关节膜后伸至胫节毛*hT*基部,两边表皮形成薄板,胫节毛*hT*着生在一深裂缝的基部,足Ⅲ

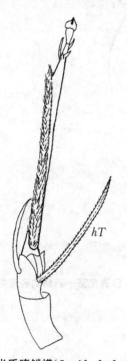

图5.121　米氏嗜鳞螨(*Lepidoglyphus michaeli*)
♀右足Ⅳ腹面
hT:胫节毛
(引自李朝品,沈兆鹏)

膝节的腹面刚毛*nG*膨大成毛皮状鳞片。

雌螨:长700～900 μm(图5.124),与雄螨形态相似。与害嗜鳞螨不同点:生殖孔位置较前,前端被一新月形生殖板覆盖,后缘与足Ⅲ表皮内突前端在同一水平线,后1对生殖毛远离生殖孔。交配囊呈管状,短且不明显。

休眠体:长约260 μm,梨形,包裹在第一若螨的表皮中,表皮可干缩并饰有网状花纹。附肢退化,无吸盘板,稍能活动。

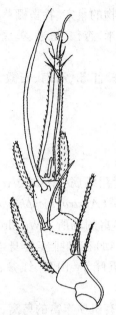

图5.122 米氏嗜鳞螨(*Lepidoglyphus michaeli*)
♂右足Ⅰ背面
（仿李朝品，沈兆鹏）

图5.123 米氏嗜鳞螨(*Lepidoglyphus michaeli*)
♀右足Ⅲ基部区侧面
（仿李朝品，沈兆鹏）

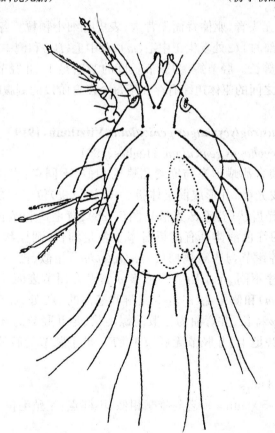

图5.124 米氏嗜鳞螨(*Lepidoglyphus michaeli*)♀背面
（仿李朝品，沈兆鹏）

【孳生习性】 米氏嗜鳞螨常栖息于啮齿类和食虫动物的巢穴、牲畜棚草堆、谷物仓库等处。常见的孳生物有稻谷、大米、小麦、糠、麸皮、饲料、薏米、杏仁、玉米、黄豆、豇豆、扁豆、蚕豆、脱水蔬菜、干菜、啤酒酵母等,其也在中药材中孳生。

【国内分布】 主要分布于黑龙江、辽宁、吉林、上海、江苏、河南、安徽、四川、云南、福建、广东等地。

(杨庆贵)

(三) 澳食甜螨属

1961年Hughes从食甜螨属(*Glycyphagus*)中将澳食甜螨属(*Austroglycyphagus* Fain et Lowry,1974)分出。当前文献记录的仅有膝澳食甜螨(*Austroglycyphagus geniculatus*)1种。膝澳食甜螨常孳生于屋舍、鸟窝和蜂房等有机质丰富的场所。Woodroffe(1954)在英国靠近伯克郡斯劳的鸟窝中发现此螨。Cooreman(1942)在咖啡实蝇身上也发现此螨。国内报道此螨孳生于玉米、红枣、花生饼、马勃、儿茶、五味子、山柰、红参、杜仲、柴胡、甘草和虫草等。

此螨可在储藏粮食、菜种和中药中大量孳生,活跃于有机质丰富的鸟窝、蜂巢和屋舍内。可用PH_3连续2次低剂量熏蒸进行防制。

此螨在国内主要见于安徽、福建、广西、河南、江西和云南等地;国外分布于非洲东部、英国及刚果等国家和地区。

澳食甜螨属特征:无头脊,躯体背面无背沟,表皮有细小颗粒。各跗节被一有栉齿的亚跗鳞片包裹,在跗节基部的1/2处着生正中毛(m)、背中毛(Ba)和侧中毛(r)。足I膝节的膝外毛(σ_1)和膝内毛(σ_2)等长。胫节短,为膝节长度的1/2;足I、II胫节上有1根腹毛。在前侧毛(la)和后侧毛(lp)之间的躯体边缘有存在于每个发育阶段的侧腹腺,侧腹腺中含有折射率高的红色液体。

30. 膝澳食甜螨(*Austroglycyphagus geniculatus* Vitzthum,1919)

【同种异名】 *Glycyphagus geniculatus* Hughes,1961。

【形态特征】 膝澳食甜螨形态与家食甜螨的相似,不同点:表皮饰有细小颗粒,围绕顶内毛(vi)基部的表皮光滑,并形成前足体板。顶外毛(ve)位于vi之前并包围颚体两侧。躯体背面刚毛均为细栉齿状(背毛d_1光滑)(图5.125);背毛d_2和d_3长度相等,排列成一直线。侧腹腺大,其内的红色液体具有高折射率。各足细长,圆柱状;胫节常较短,不足相邻膝节长度的1/2。各跗节与嗜鳞螨属(*Lepidoglyphus*)相似,被一有栉齿的亚跗鳞片包裹;足I、II跗节的毛序不同,足I跗节的感棒ω_1紧贴在跗节表面并呈长弯状(图5.126);背中毛(Ba)、正中毛(m)和侧中毛(r)着生在跗节基部的1/2处,m有栉齿,长达前跗节的基部。足I胫节感棒φ特长,并弯曲为松散的螺旋状;足II胫节的φ短直;足III、IV胫节的φ不到跗节长度的1/2,足I、II胫节无胫节毛kT。足I膝节的膝外毛(σ_1)和膝内毛(σ_2)等长。

雄螨:躯体长约433 μm。

雌螨:躯体长430~500 μm。形态与雄螨相似,不同点:生殖毛位于生殖孔之后,交配囊为短粗的管状。

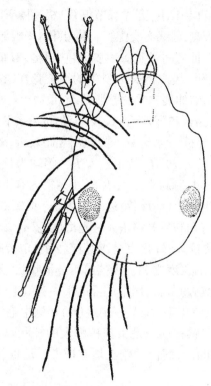 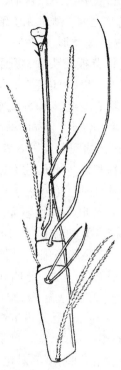

图5.125　膝澳食甜螨(*Austroglycyphagus*　　**图5.126**　膝澳食甜螨(*Austroglycyphagus*
　　　　　geniculatus)♀背面　　　　　　　　　　　*geniculatus*)♀右足Ⅰ背面
　　　　　(仿李朝品,沈兆鹏)　　　　　　　　　　　(仿李朝品,沈兆鹏)

【孳生习性】　膝澳食甜螨常孳生于屋舍、鸟窝和蜂房等有机质丰富的场所。Woodroffe(1954)在英国靠近伯克郡斯劳的鸟窝中发现此螨。Cooreman(1942)在咖啡实蝇身上也发现此螨。国内报道此螨孳生于玉米、红枣、花生饼、马勃、儿茶、五味子、山奈、红参、杜仲、柴胡、甘草和虫草等。

【国内分布】　主要见于安徽、福建、广西、河南、江西和云南等地。

(吴　瑕)

（四）无爪螨属

目前国内记录的无爪螨属(*Blomia* Oudemans,1928)种类有热带无爪螨(*Blomia tropicalis* van Bronswijk,de Cock et Oshima,1973)和弗氏无爪螨(*Blomia freemani* Hughes,1948)。特征:无背板或头脊。顶外毛(*ve*)和顶内毛(*vi*)相近。无栉齿状亚跗鳞片。无爪。足Ⅰ膝节仅有1根感棒(*σ*),雄螨和雌螨的生殖孔位于足Ⅳ基节间。无爪螨属分种检索表见表5.17。

表5.17　无爪螨属分种检索表

雄螨足Ⅲ、Ⅳ无感棒,雌螨交配囊末端逐渐变细 ·························· 热带无爪螨(*B. tropicalis*)

雄螨足Ⅲ、Ⅳ有感棒,雌螨交配囊末端开裂 ·························· 弗氏无爪螨(*B. freemani*)

31. 热带无爪螨(*Blomia tropicalis* van Bronswijk,de Cock et Oshima,1973)

【同种异名】　无。

【形态特征】　该螨躯体微小,体型接近球形。无背板或头脊。无栉齿状亚跗鳞片和爪,背部有顶毛2对,肩甲毛2对、背毛5对、侧毛5对、肩毛1对。足I膝节仅有1根感棒(σ),生殖孔位于足III、IV基节之间。雄螨无生殖吸盘和跗节吸盘,雌螨有交配管。肛门开口于腹部末端。

雄螨:躯体呈球形,长320~350 μm,足II、III之间最宽。表皮无色、粗糙、有很多微小突起。无前足体背板或头脊,腹面如图5.127所示,表皮内突为斜生的细长骨片,在中线处相连。躯体刚毛栉齿密,顶毛(vi、ve)2对相近,向前伸展几乎达螯肢顶端,顶内毛(vi)在顶外毛(ve)之后。基节上毛(scx)分支密集。胛内毛(sci)和胛外毛(sce)着生在同一水平线上;肩外毛(he)和背毛(d_1)着生在同一水平线上,几乎等长。背毛(d_2)栉齿少,相距较近,较其余刚毛短,其与d_1和d_3的间距相等。背毛有5对,背毛d_1、d_4、d_5,侧毛l_2、l_3、l_4、l_5等均为长刚毛,后面的刚毛比躯体长。生殖孔位于足III、IV基节之间,隐藏在生殖褶下,生殖褶内有生殖感觉器。生殖孔周围有生殖毛(g_1、g_2、g_3)3对,第二对生殖毛(g_2)相距近。阳茎是1根短的弯管,有2块基骨片支持。肛门伸达躯体后缘,在肛门前端和后端各有1对光滑肛毛(a_1、a_2)。躯体末端有1对长栉齿的肛后毛(pa_3)向外突出,螯肢较大,骨化完全,动齿有2个,定齿有2个大齿和2个小齿。各足跗节细长,超过胫节和膝节的长度之和。顶端前跗节呈叶状,无爪。足I跗节的第三感棒(ω_3)是一弯曲钝头杆状物,比前跗节长,跗节端部的第一背端毛(d)、第二背端毛(e)和正中端毛(f)较短,腹面有3根小刺;背中毛(Ba)、正中毛(m)和侧中毛(r)有栉节,且在同一水平线上,距离跗节端部较近;第一感棒(ω_1)是头部稍膨大的杆状物,第二感棒(ω_2)较短;芥毛(ε)不明显。足I、足II膝节和胫节腹面的刚毛均有栉齿。足III、IV无感棒,足IV的跗节通常弯曲,刚毛退化。

雌螨:躯体长440~520 μm,刚毛排列和雄螨相似(图5.127)。不同点:生殖孔被斜生的

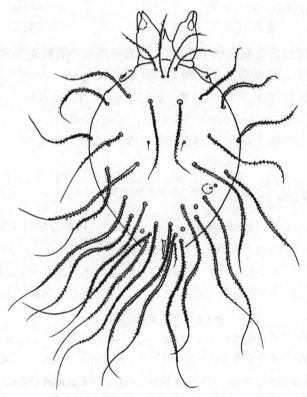

图5.127　热带无爪螨(***Blomia tropicalis***)♀背面
(仿李朝品,沈兆鹏)

生殖褶所蔽盖,在生殖褶下侧有2对生殖感觉器,在生殖孔两侧有3对生殖毛,其中第一对生殖毛互相靠拢。有6对肛毛,其中2对在前缘,4对在后缘,外面的2对肛后毛比其余的长,栉齿明显(图5.128)。交配囊是1根长而稍微弯曲的管子,且逐渐变细。

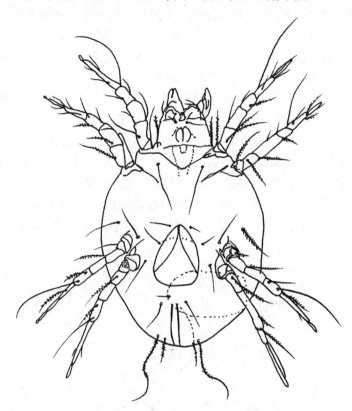

图5.128　热带无爪螨(*Blomia tropicalis*)♀腹面

(仿李朝品,沈兆鹏)

热带无爪螨为卵生,未见孤雌生殖。生活史阶段包括卵、幼螨、第一若螨(前若螨)、第三若螨和成螨。发育时间长短依赖于生存环境的温湿度。最适温度为26℃、相对湿度为80%。该螨分布较广泛,是热带和亚热带地区的一类常见变应原。其致敏性已证实与过敏性鼻炎、过敏性哮喘及过敏性皮炎有关,且与粉尘螨、屋尘螨、腐食酪螨、棉兰皱皮螨等具有共同抗原成分。

【孳生习性】　该螨多孳生于房舍等人居环境、中药材仓库、粮食库、日常家具用品、空调隔尘网、床尘、灰尘中,其孳生物为小麦、大米、大麦、灰尘等。喜欢在平均温度为22～26℃、相对湿度为76%～86%的环境中孳生。

【国内分布】　主要分布于我国南部地区,如海南、台湾、香港、浙江、安徽等地区。

32. 弗氏无爪螨(*Blomia freemani* Hughes,1948)

【同种异名】　无。

【形态特征】　雄螨:躯体近似球形,长320～350 μm,足Ⅱ和足Ⅲ之间最宽(图5.129)。表皮无色、粗糙,有很多微小突起;外形与家食甜螨的第一若螨相似。无前足体背板或头脊,表皮内突为斜生的细长骨片,足Ⅰ表皮内突在中线处相连。躯体刚毛栉齿密,顶内毛(*vi*)、顶外毛(*ve*)相近,向前伸展近螯肢顶端。基节上毛(*scx*)分枝密集。胛内毛(*sci*)、胛外毛

(sce)和肩内毛(hi)着生在同一水平线；肩外毛(he)和第一背毛(d_1)着生在同一横线上且几乎等长。第二背毛(d_2)栉齿少，相距较近，较其余刚毛短，其与第一背毛(d_1)和第三背毛(d_3)的间距相等。背毛d_3、d_4，侧毛l_1、l_2、l_3，骶内毛sai，骶外毛sae均为长刚毛，后面的刚毛比躯体长。生殖孔隐藏在生殖褶下，位于基节IV间。生殖褶下侧有生殖感觉器2对，生殖孔周围具3对生殖毛(g_1、g_2、g_3)，第3对生殖毛(g_3)着生于生殖孔后缘，间距近。阳茎呈弯管状，有2块骨片支持。肛门伸达躯体后缘，肛门前、后端各有1根光滑毛，后肛毛pa 1对，较长，有栉齿，突出在躯体末端。螯肢大，骨化完全，具2个动趾；定趾具2个大齿和2个小齿。各跗节细长，超过胫、膝两节长度之和，顶端前跗节呈叶状，爪缺如。足I跗节的第三感棒ω_3比前跗节长，呈弯曲钝头杆状，跗节端部的第一背毛d、第二背毛e和正中端毛f较短，腹面有3根小刺；背中毛Ba、正中毛m和侧中毛r有栉齿，且在同一水平线上，距跗节端部较近；第一感棒ω_1头部稍膨大，第二感棒ω_2较短，且与第一感棒ω_1在同一水平线上；芥毛ε不明显。足II跗节的第一感棒ω_1较短，背中毛Ba基部与第一感棒ω_1靠近。足I、II膝节和胫节腹面的刚毛均有栉齿。各足的胫节感棒φ特长，超出前跗节的末端；足IV胫节的φ着生在胫节中间（图5.130）。足I膝节仅有1根感棒(σ)，足II、III膝节无感棒。足IV跗节狭窄，由较大的关节膜与胫节相连成角。

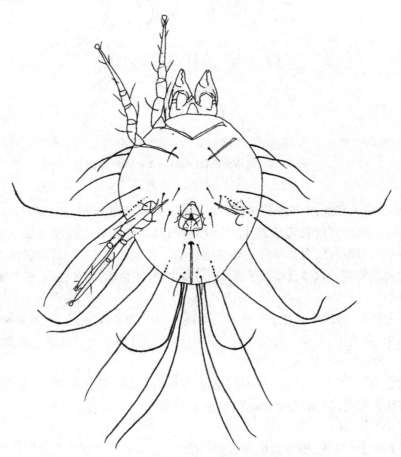

图5.129　弗氏无爪螨(*Blomia freemani*)♂腹面

（仿李朝品，沈兆鹏）

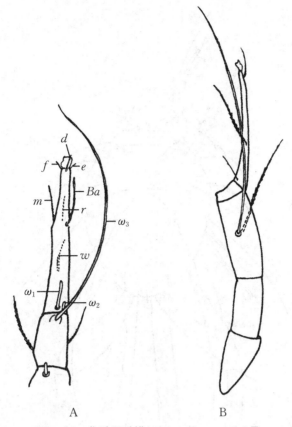

图5.130　弗氏无爪螨（*Blomia freemani*）♂足

A.右足I背面；B.足IV背面

$\omega_1\sim\omega_3$:感棒；d,e,f,Ba,m,r,w:刚毛

（仿李朝品,沈兆鹏）

雌螨:躯体长440~520 μm(图5.131)。与雄螨相似,不同点:生殖孔被斜生的生殖褶蔽盖(图5.132),生殖褶下侧有2对生殖感觉器,两侧有生殖毛(g_1、g_2、g_3)3对。肛门靠近躯体后缘,有肛毛6对,2对在肛门前缘,4对在肛门后缘,其中肛门后缘外侧的2对肛后毛(pa)较长且栉齿明显。交配囊为一末端开裂的长而薄的管子(图5.133)。

弗氏无爪螨雌雄交配时,雄螨覆于雌螨背上,用足IV跗节紧抱雌螨,并随雌螨爬行。如遇外物触动,则停止交配。雄螨可以与雌螨进行多次交配。交配后1~2天产卵。卵为白色,椭圆形。在适宜环境中,卵期为4~5天,孵化为幼螨,取食2~3天静息1天后,蜕皮为第一若螨,再经第三若螨期变为成螨。完成一代,需时3~4周。没有发现休眠体。

【孳生习性】　弗氏无爪螨多孳生于房舍、谷物仓库、面粉厂、中药材仓库等阴蔽、有机质丰富的环境中。其孳生物为谷物、中药材、地脚粉、面粉、饲料、小麦和麸皮。据Butler(1948)记载,此螨在面粉厂中有永久群落。该螨在粮食水分为13%以下、相对湿度为65%以下的环境中难以生存。其喜欢在温度为20~26 ℃、粮食水分为15%~17%、相对湿度为85%以上的环境中孳生。

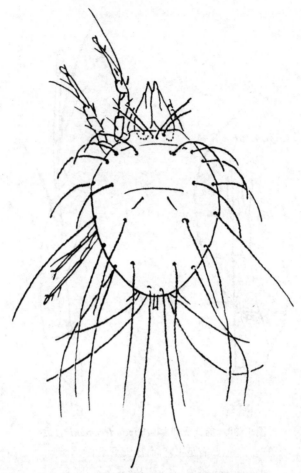

图5.131 弗氏无爪螨(*Blomia freemani*)♀背面
(仿李朝品,沈兆鹏)

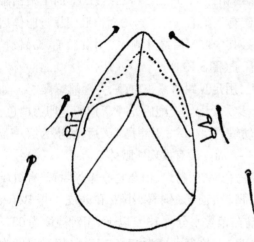

图5.132 弗氏无爪螨(*Blomia freemani*)♀生殖孔
(仿李朝品,沈兆鹏)

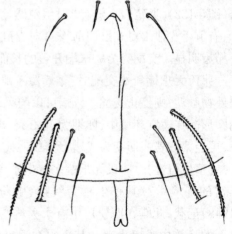

图5.133 弗氏无爪螨(*Blomia freemani*)
♀肛门和交配囊
(仿李朝品,沈兆鹏)

【国内分布】 主要分布于上海、广东、四川、安徽、湖南、河南、海南、内蒙古、江苏、台湾、香港等地。

（朱 琳）

（五）重嗜螨属

重嗜螨属（*Diamesoglyphus* Zachvatkin,1941）的特征：螨体圆形,表皮布有细颗粒,较粗糙。躯体刚毛具栉齿、狭长、扁平、呈带状,两性刚毛的宽度有变异。不发生性二态现象。足Ⅰ膝节只有1根感棒（σ）。雄螨阳茎很短。无休眠体。

重嗜螨属属食甜螨科（Glycyphagidae）栉毛螨亚科（Gtenoglyphinae）,该属由 Hughes 于1961年从栉毛螨属（*Ctenoglyphus*）中分出。目前国内报道的有媒介重嗜螨（*Diamesoglyphus intermedius*）和中华重嗜螨（*Diamesoglyphus chinensis*）2种。

33. 媒介重嗜螨（*Diamesoglyphus intermedius* Canestrini,1888）

【同种异名】 *Glycyphagus intermedius* Canestrini,1888；*Ctenoglyphus intermedius*（Canestrini,1888）*sensu* Hughes,1961。

【形态特征】 雄螨：螨体呈淡棕色,长约400 μm,形状与食酪螨属的螨类相似,背面观可看到螯肢,体背具1条横沟（图5.134）。体背表皮覆有微小突起,刚毛均扁平,呈双栉状,部分主干的基部可着生刺（图5.135A）。中间的刚毛成直线排列,周缘刚毛环绕躯体排列,体前部刚毛较体后部的刚毛略宽。腹面表皮光滑。足Ⅰ的表皮内突相互连接,并形成短胸板,足Ⅱ～Ⅳ的表皮内突则互相分离。足Ⅳ基节之间着生有阳茎,呈较短的管状,看不清生殖褶和生殖感觉器。各足均细长,各端跗节均具爪,呈痕迹状。足Ⅰ、Ⅱ跗节与胫节的背面具一纵脊（图5.136A）。足Ⅰ跗节的第一感棒（ω_1）与第二感棒（ω_2）相邻,较长,呈杆状,第三

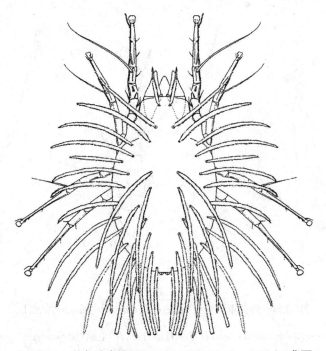

图5.134 媒介重嗜螨（*Diamesoglyphus intermedius*）♂背面

（仿李朝品,沈兆鹏）

感棒(ω_3)向前延伸,可超出跗节末端。在足Ⅰ胫节上着生的感棒φ较长,足Ⅱ～Ⅳ胫节上着生的感棒渐短。足Ⅰ、Ⅱ胫节仅着生1根腹毛gT。足Ⅰ膝节的中间位置仅着生1根感棒(σ),足Ⅱ膝节上着生的σ呈棍棒状,前端圆钝。

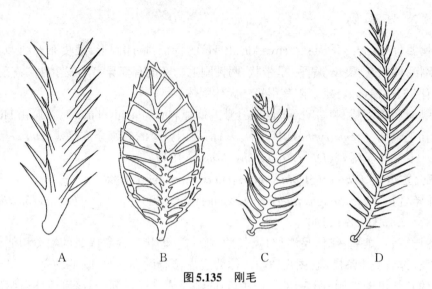

图5.135　刚毛

A. 媒介重嗜螨(*Diamesoglyphus intermedius*);B. 羽栉毛螨(*Ctenoglyphus plumiger*);

C. 棕栉毛螨(*Ctenoglyphus palmifer*);D. 卡氏栉毛螨(*Ctenoglyphus canestrinii*)

(仿李朝品,沈兆鹏)

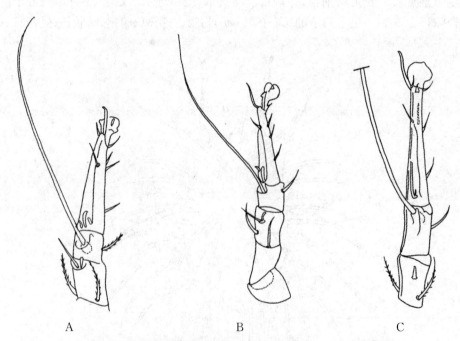

图5.136　媒介重嗜螨(*Diamesoglyphus intermedius*)♀足Ⅰ

A. 媒介重嗜螨(*Diamesoglyphus intermedius*)右足Ⅰ背面;B. 羽栉毛螨(*Ctenoglyphus plumiger*)右足Ⅰ背面;

C. 卡氏栉毛螨(*Ctenoglyphus canestrinii*)左足Ⅰ外面

(仿李朝品,沈兆鹏)

雌螨:螨体长约600 μm(图5.137)。类似于雄螨,不同点为体后缘更为尖细。交配囊呈细管状。生殖孔被骨化的围生殖环所包围,足Ⅲ、Ⅳ的表皮内突与之几乎相连。呈三角形的生殖板覆盖于生殖孔上,可见生殖褶与生殖器。足上着生的刚毛较雄螨长。

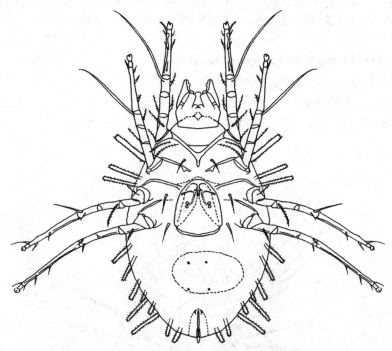

图5.137　媒介重嗜螨(*Diamesoglyphus intermedius*)♀腹面
(仿李朝品,沈兆鹏)

【孳生习性】　该螨孳生场所广泛,以5~8月份多见。此螨的结构及多样性与生境条件直接相关,除生境中的温度、湿度变化对此螨的影响较大外,其食性及人类活动也是主要因素。因为有很强的活动力,其排泄物及分泌物是重要的过敏原,通过各种途径进入人体从而诱发一系列过敏性疾病。此螨是储粮有害食物,直接毁坏谷物的胚。常孳生于粮食仓库、以粮食、面粉、中药材及饲料为食。1956年,Woodroffe报道了在鸽子窝中亦发现此螨。1996年,沈兆鹏报道媒介重嗜螨是我国储藏粮食中的常见种类。

【国内分布】　主要分布于河南、辽宁、黑龙江、湖南、江苏、四川和吉林等地。

(何　翠)

(六) 栉毛螨属

目前国内记录的栉毛螨属(*Ctenoglyphus* Berlese,1884)种类主要有羽栉毛螨(*Ctenoglyphus plumiger* Koch,1835)、棕栉毛螨(*Ctenoglyphus palmifer* Fumouze et Robin,1868)、卡式栉毛螨(*Ctenoglyphus canestrinii* Armanelli,1887)和鼠栉毛螨(*Ctenoglyphus myospalacis* Wang,Cheng et Yin,1965)。栉毛螨属体躯边缘常为双栉齿状毛,体背常无背沟,雌螨体背上有不规则突起,足Ⅰ膝节有2根感棒(σ_1和σ_2),雄螨和雌螨两性二态明显,雄螨阳茎较长。栉毛螨属分种检索表见表5.18。

表5.18 栉毛螨属分种检索表

1. 躯体刚毛叶状,分支由透明的膜连在一起,膜边缘加厚 ················· 棕栉毛螨(*C. palmifer*)
   躯体刚毛较狭,刚毛的分支自由 ··· 3
2. 雌螨躯体刚毛的分支直,每个分支与主干成锐角,雄螨的d_1和d_2几乎等长 ··· 羽栉毛螨(*C. plumiger*)
   雌螨躯体刚毛的分支直,每个分支与主干成直角,雄螨d_1的长度为d_2的2倍············
   ·· 卡氏栉毛螨(*C. canestrinii*)

34. 羽栉毛螨(*Ctenoglyphus plumiger* Koch,1835)

【同种异名】 *Acarus plumiger* Koch,1835。

【形态特征】 雌螨和雄螨均呈淡红色至棕色,无肩状突起(图5.138)。表皮光滑或具微小乳突。背刚毛均为双栉状;背毛d_1和d_2长度相等,d_3和d_4特别长。

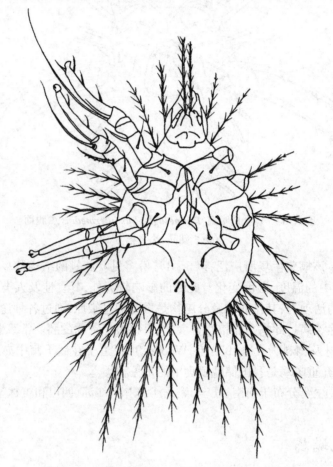

图5.138 羽栉毛螨(*Ctenoglyphus plumiger*)♂腹面
(仿李朝品,沈兆鹏)

雄螨:躯体近梨形,长190~200 μm。腹面骨化较为完全,阳茎形态长而弯曲,在足Ⅰ到足Ⅳ间的表皮内突围成三角形区域。足粗长,足的末端有前跗节和爪,前跗节位于跗节末端的腹部凹陷上。跗节的第一感棒(ω_1)着生在脊基部的细沟上,第二感棒(ω_2)和小的芥毛(ε)在其两侧,第三感棒(ω_3)位于前跗节基部,其他跗节刚毛均细短。足Ⅰ胫节上的感棒(φ)长而粗。足Ⅰ膝节的感棒σ_1短于σ_2,且顶端膨大。足Ⅰ、Ⅱ胫节有1根腹毛;足Ⅰ、Ⅱ膝节有2根腹毛。

雌螨:躯体长280~300 μm,近似于五角形(图5.139),中间突出,边缘扁平。腹面有细微颗粒,背面有不规则的粗糙疣状突覆盖。腹面:足Ⅰ表皮内突发达,并相连成短胸板,足Ⅱ到足Ⅳ表皮内突末端彼此分离、相互横向不融合;足Ⅱ基节内突短,与足Ⅲ表皮内突相愈合。生殖板发达,生殖孔长而大,后伸至足Ⅲ基节白的后缘。交配囊基部较宽,并具有微小疣状突覆盖。肛门孔前端两侧有2对肛毛并延伸至躯体后缘。躯体刚毛较雄螨长,周缘刚毛的主干有明显的直刺,且与主干不垂直。背毛$d_1 \sim d_4$及胛内毛(sci)的栉齿密集。足较雄螨的足细,胫节感棒(φ)不发达。

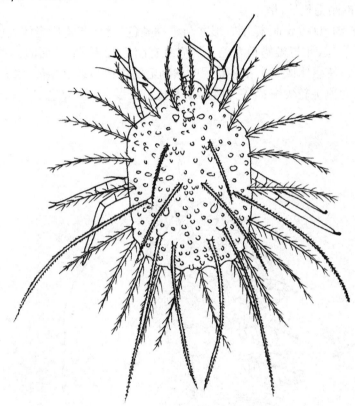

图5.139　羽栉毛螨(*Ctenoglyphus plumiger*)♀背面
(仿李朝品,沈兆鹏)

幼螨:躯体刚毛栉齿少,每蜕皮一次,刚毛便更复杂。

【孳生习性】　羽栉毛螨孳生于谷物、麦类、饲料、中药材等仓储环境中,同时在储藏物中也有发现。

羽栉毛螨喜群居生活,在温度为24~25 ℃,相对湿度85％的环境中螨的密度为一级。雌雄交配后1~2天产卵,当温度为22 ℃,相对湿度为75％以上时,经过3~5天卵孵化为幼螨。幼螨进食3~4天进入静息状态,约1天后变为第一若螨。在进入第一若螨和第三若螨之前,各有一静息期。第一若螨再经第三若螨发育成成螨。羽栉毛螨在适宜条件下完成一代需要3~4周。未发现休眠体。羽栉毛螨属中温、中湿性螨类,每年5月中上旬发生,6~9月为盛发期,11月以后为衰退期。

【国内分布】　主要分布于辽宁、黑龙江、湖南、江苏、吉林、四川等地。

35. 棕栉毛螨(*Ctenoglyphus palmifer* Fumouze et Robin,1868)

【同种异名】　无。

【形态特征】　棕栉毛螨躯体刚毛多为叶状,分支由透明的膜连在一起,膜边缘加厚。在足Ⅱ之后有一明显横沟;表皮淡黄,有颗粒状纹理。躯体刚毛主要为周缘刚毛(图5.140)。足上无脊,足Ⅰ膝节的膝外毛(σ_1)与膝内毛(σ_2)等长。

雄螨:躯体呈方形,两侧几乎平行,长180~200 μm。第三背毛(d_3)和侧毛l_3、l_4、l_5均狭长且有栉齿;d_3与躯体等长。第四背毛(d_4)、骶内毛(sai)和骶外毛(sae)均大,呈叶状,每一叶刚毛由中央粗糙的主干及着生在主干上的毛刺构成;叶状刚毛可不对称,边缘加厚,或可形成小突起。较前面的刚毛狭长,呈矛形。

雌螨:躯体长约260 μm,同样呈方形并与雄螨颜色一致,雌螨后半体表皮加厚,形成一系列不规则的低隆起,此与雄螨稍有差异。周缘有刚毛13对,最前面的1对刚毛为双栉齿状,其余均为叶状,使躯体像一个花环状。叶状刚毛的构造与雄螨相似,稍有细微的结构区别,包括骶区的1对刚毛较尖窄;第三背毛(d_3)相比长很多;足Ⅰ、足Ⅱ胫节和足Ⅰ、足Ⅱ跗节无脊。

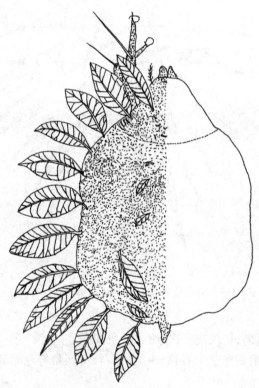

图5.140　棕栉毛螨(*Ctenoglyphus palmifer*)♀背面
(仿李朝品,沈兆鹏)

幼螨:结构与雄螨相似,有双栉齿状刚毛。

【孳生习性】　棕栉毛螨常孳生于动物饲料、碎草屑、木料碎屑、燕麦屑等储藏物中,同时在上述储藏环境中亦有发现。

【国内分布】　主要分布于河南、安徽、江苏等地。

(许述海)

（七）脊足螨属

脊足螨属（*Gohieria* Oudemans，1939）隶属于食甜螨科（Glycyphagidae）钳爪螨亚科（Labidophorinae），目前我国仅记录棕脊足螨（*Gohieria fuscus*）1种。

脊足螨属的特征：前足体前伸，突出在颚体之上，无前足体板或头脊。表皮稍骨化，棕色，饰有短小而光滑的刚毛。足表皮内突细长并连结成环状，围绕生殖孔。足膝节和胫节有明显的脊条，足股节和膝节端部膨大。雌螨有气管（trachea）。本属螨类性二态现象不明显。

36. 棕脊足螨（*Gohieria fuscus* Oudemans，1902）

【同种异名】　*Ferminia fusca* Oudemans，1902；*Glycyphagus fuscus* Oudemans，1902。

【形态特征】　躯体椭圆略呈方形，表皮棕色，小颗粒状，有光滑短毛。腹面扁平，足膝节和胫节有明显脊条，足股节和膝节端部膨大。

雄螨：体长300～320 μm，躯体背面前端向前凸出呈帽形，遮盖在颚体之上。顶内毛（*vi*）具栉齿，躯体的其他刚毛也均稍带锯齿。基节上毛稍有栉齿，顶外毛（*ve*）与具栉齿的基节上毛几乎位于同一水平线上。4对背毛（d_1、d_2、d_3、d_4）几乎呈直线排列。胛内毛（*sci*）、胛外毛（*sce*）和肩内毛（*hi*）几乎位于同一水平线上。前足体刚毛向前伸展，后半体刚毛向后或向侧面伸展。体色比雌螨深，表皮饰有红棕色小颗粒。后半体前缘有一横褶（transverse pleat），因此活螨后半体背面好似被1块独立的板所覆盖。各足的表皮内突为细长的杆状物。足Ⅰ的表皮内突相连形成短胸板（short sternum），胸板与表皮内突Ⅱ～Ⅳ愈合成一块无色的表皮区域，位于生殖孔之前。躯体腹面比背面具有更多的棕色小颗粒，但在背、腹面的连接处是无色的（图5.141）。

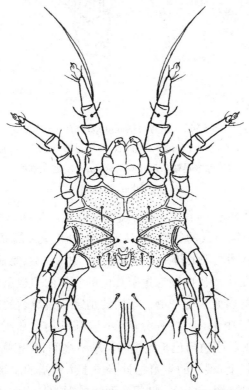

图5.141　棕脊足螨（*Gohieria fuscus*）♂腹面

（仿李朝品，沈兆鹏）

足短粗,膝节与胫节背面有明显的脊条,故称为脊足螨。足跗节的前跗节着生在跗节的腹端。足Ⅰ胫节有腹毛2根。足Ⅲ、Ⅳ明显弯曲,端跗节较长。由于足Ⅰ跗节前半部缩短,原来位于该节中部的前侧毛(la)、侧中毛(r)和腹中毛(w)移于较前位置,与端跗节基部的腹端刺(s)接近;但第一感棒(ω_1)、第二感棒(ω_2)、芥毛(ε)和背中毛(Ba)的位置正常,足Ⅰ胫节的鞭状感棒(φ)很长。足Ⅱ、Ⅲ、Ⅳ胫节的鞭状感棒(φ)渐次缩短。足Ⅰ膝节上的膝节感棒(σ_1)显著比(σ_2)长(图5.142)。生殖孔位于足Ⅳ基节之间,阳茎为一直的管状物。肛门孔伸达躯体末端,前端有刚毛1对。

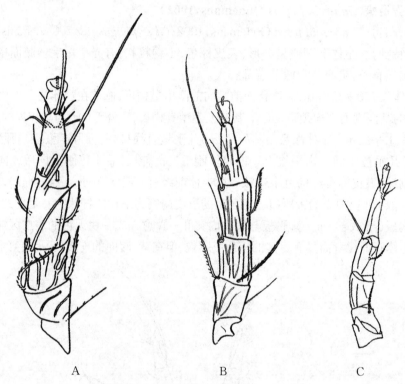

图5.142 棕脊足螨(*Gohieria fuscus*)足

A. 棕脊足螨(*Gohieria fuscus*)♂右足Ⅰ背面;B. 棕脊足螨(*Gohieria fuscus*)♀右足Ⅰ背面;
C. 棕脊足螨(*Gohieria fuscus*)♂左足Ⅳ侧面
(仿李朝品,沈兆鹏)

雌螨:体长380~420 μm。体较大,比雄螨更呈方形。足深棕色,更细长,足脊更明显。雌螨活螨有1对发达的充满空气的气管,分枝前面部分扩大成囊状,后面部分长弯状,可相互交叉但不连接。雌螨背面刚毛的排列与雄螨相似(图5.143),足比雄螨细长,纵脊较发达。4对足向躯体前面靠近,足Ⅰ表皮内突与生殖孔前的一横生殖板愈合;足Ⅱ表皮内突接近围生殖环,足Ⅲ、Ⅳ表皮内突内面相连。由于雌螨的足跗节比雄螨的细长,因此足Ⅰ跗节的正中毛(m)、侧中毛(r)和腹中毛(w)排列分散,不像雄螨集中在跗节顶端。生殖孔位于基节Ⅰ~Ⅲ之间。大而显著的生殖褶位于足Ⅰ~Ⅳ基节之间,生殖褶下面有2对生殖吸盘,与足Ⅲ基节位于同一水平线上;很小的生殖感觉器位于生殖褶的后缘。交配囊被一小突起蔽盖,由一管子与受精囊相通(图5.144)。肛门孔两边的褶皱超出躯体后缘。肛门前缘前端有肛毛2对。

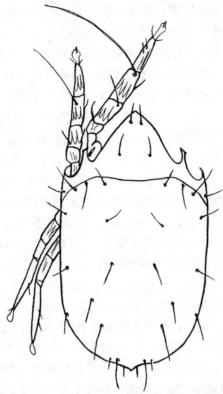

图5.143 棕脊足螨(*Gohieria fuscus*)♀背面
（仿李朝品，沈兆鹏）

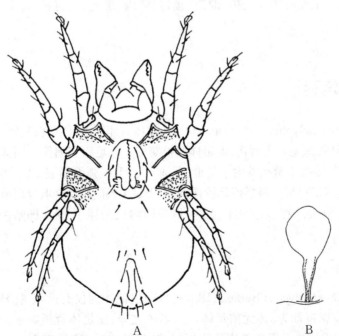

A B

图5.144 棕脊足螨(*Gohieria fuscus*)♀
A. 腹面；B. 外生殖器
（仿李朝品，沈兆鹏）

若螨:表皮无色,柔软,加厚成鳞状花纹。躯体刚毛稍有栉齿。

幼螨:表皮有微小疣状突起,基节杆为一薄的突起。

棕脊足螨行有性生殖。雌雄交配时,雄螨负于雌螨背上,并随雌螨爬行。如遇到触动,则停止交配。根据 Boulanova(1937)记载,雌螨可分散产卵 11~29 粒,在 24~25 ℃的条件下,完成生活周需 11~23 天。交配后 3~5 天产卵,卵散产,白色,椭圆形,一端较细。在温度为 25 ℃左右、相对湿度为 85%~90% 的环境中,卵经 3~5 天孵化为幼螨。幼螨活动 3~4 天即进入静息期 1 天,蜕化为第一若螨。再经第三若螨再变成成螨。第一与第三若螨均有 1 天的静息期。当环境条件适宜时,完成一代需 2~4 周。在观察中未发现休眠体和异型雄螨。棕脊足螨有时还引起人体皮炎症,若侵染人体,可引起人类肺螨病等。

【孳生习性】 棕脊足螨是一种家栖性螨类,在储藏物中较为常见,可孳生在谷物、面粉、大米、大麦、小麦、玉米、碎米、稻谷、麸皮、细糠、饲料、食糖、中药材等储藏物中,在床垫表面的积尘中时有发现。该螨在储藏面粉中特别易于孳生,使面粉变色。O'Farnell 和 Butler(1948)发现在北爱尔兰面粉厂的谷物尘屑混合物中棕脊足螨(*Gohieria fuscus*)很多,并从这里传播到贮藏面粉和饲料的仓库里。据 Butler(1954)记载,该螨在面粉厂、谷物尘屑中大量孳生;Hosaya 和 Kugoh(1954)报道在包装的面粉和食糖中分离出该螨。Zdarkova(1967)在捷克发现,该螨能在家禽的蛋白质混合饲料中大量繁殖,在所有的被螨为害的样品中,该螨占 10.1%,在面粉中最多,由于其体色为棕色容易鉴别。陆联高(1985)在四川调查时发现该螨在面粉中大量发生,密度为一级。此螨是储藏物中广泛分布的一种为害严重的螨类,仅次于食酪螨属(*Ttyrophagus*)的螨类。Hughes(1976)在很潮湿房间里的床垫表面飞尘中发现了此螨的各个发育期。沈兆鹏(1996)在面条加工厂地坪缝隙中发现大量的棕脊足螨,也可在包装的食糖和面粉中分离出来。

【国内分布】 主要分布于安徽、北京、福建、河南、黑龙江、吉林、辽宁、山西、上海、四川和台湾等地。

(柴 强)

四、嗜渣螨科

嗜渣螨科(Chortoglyphidae Berlese,1897)的螨体呈卵圆形,体壁较坚硬,背部隆起,表皮光亮。刚毛多为光滑的短毛。无背沟,前足体背板缺如。各足跗节细长,具爪较小。足Ⅰ膝节仅着生 1 根感棒(σ)。雌螨生殖孔着生于足Ⅲ、Ⅳ基节之间,呈弧形横裂纹状,生殖板较大,由 2 块角化板组成,板后缘呈弓形。雄螨阳茎较长,着生于足Ⅰ、Ⅱ基节之间,具跗节吸盘和肛吸盘。

嗜渣螨科是 Berlese 在 1897 年建立的,目前国内仅记述了 1 属,即嗜渣螨属(*Chortoglyphus* Berlese,1884)。

嗜渣螨属

嗜渣螨属(*Chortoglyphus* Berlese,1884),目前仅记述的仅有拱殖嗜渣螨(*Chortoglyphus arcuatus*)1 种。该属特征为:体无前足体与后半体之分,前足体背板缺如。足Ⅰ膝节仅着生有 1 根感棒(σ)。雌螨生殖孔被 2 块骨化板覆盖,板后缘呈弓形,着生于足Ⅲ、Ⅳ基节之间。雄螨阳茎长,着生于足Ⅰ、Ⅱ基节之间,具跗节吸盘和肛吸盘。

37. 拱殖嗜渣螨(*Chortoglyphus arcuatus* Troupeau,1879)

【同种异名】 *Tyrophagus arcuatus* Troupeau,1879;*Chortoglyphus nudus* Berlese,1884。

【形态特征】 雄螨:躯体长250～300 μm,呈卵圆形,体为淡红色,背部拱起,表皮光滑。无前足体与后半体之分,前足体背板缺如。躯体前缘向前凸出至颚体之上,背面观仅可见螯肢的顶端。螯肢较大,似剪刀状,具齿。躯体布有细短的刚毛,长11～20 μm。2对顶毛位于同一水平线上,顶外毛(ve)略长,具栉齿。2对胛毛位于同一横线上,彼此间距等宽。具3对肩毛(hi、he、hv)。4对背毛(d_1～d_4)在体背略呈2条纵线排列。具2对侧毛(la、lp)。基节上毛(scx)较细小,呈杆状且具栉齿。各足均细长,末端为前跗节,具小爪(图5.145)。足Ⅰ跗节的第一感棒(ω_1)呈弯曲的杆状,与第二感棒(ω_2)距离较近。各足胫节的感棒(φ)较长,可超过跗节的末端。足Ⅰ膝节的前缘仅着生1根感棒(σ);着生于膝节腹面的刚毛cG、mG与着生于胫节腹面的刚毛gT、hT均具有明显的栉齿。足Ⅳ跗节基部呈膨大状,中间位置着生有2个吸盘(图5.146)。生殖孔着生于足Ⅰ、Ⅱ基节之间,阳茎较大,呈1根弯曲的管状,前端浅螺旋状,基部分叉。具3对生殖毛。无胸板。肛门孔离体末端较远,呈长椭圆形的肛门吸盘着生于肛门孔的两侧;具1对肛前毛(pra)和1对肛后毛(pa)。

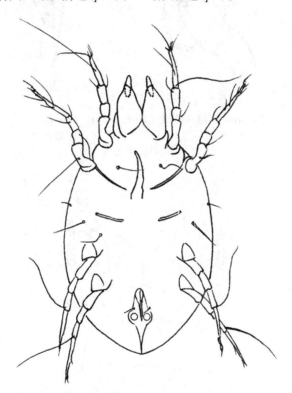

图5.145 拱殖嗜渣螨(*Chortoglyphus arcuatus*)♂腹面
(仿李朝品,沈兆鹏)

雌螨:躯体长350～400 μm,略大于雄螨(图5.147)。形态特征类似于雄螨,不同点是:足Ⅰ表皮内突相互愈合,形成短胸板;足Ⅱ表皮内突细长,可横贯体躯,约与位于足Ⅱ、Ⅲ基节间的长骨片平行;足Ⅲ、Ⅳ表皮内突不发达。足Ⅰ、Ⅱ长度短于雄螨,但足Ⅳ长于雄螨;足Ⅳ跗节特长,可超过前两节长度之和。生殖褶为1个较宽的板,其后缘骨化明显,呈弯曲状,生殖感觉器缺如。肛门孔靠近体后缘,具5对肛毛。交配囊较小,呈圆孔状,位于体后端的背面(图5.148)。

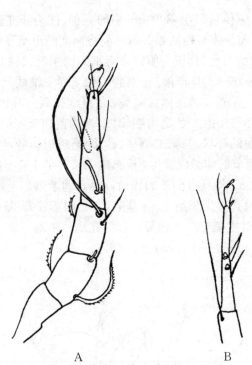

A   B

图 5.146　拱殖嗜渣螨（*Chortoglyphus arcuatus*）足
A.（♀）右足Ⅰ内面；B.（♂）右足Ⅳ背侧面
（仿李朝品，沈兆鹏）

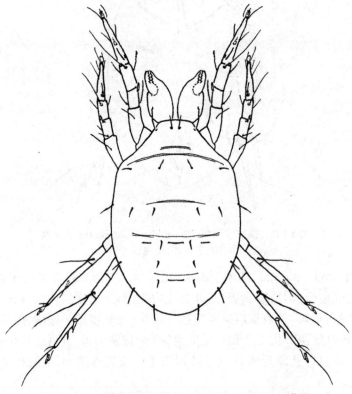

图 5.147　拱殖嗜渣螨（*Chortoglyphus arcuatus*）♀背面
（仿李朝品，沈兆鹏）

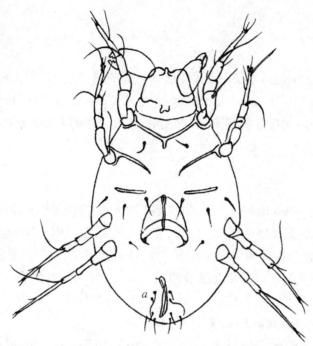

图5.148 拱殖嗜渣螨(*Chortoglyphus arcuatus*)♀腹面

a:肛毛

(仿李朝品,沈兆鹏)

若螨:近似卵圆形,乳白色,半透明,表皮光滑。第一若螨躯体长210~230 µm,未见第二若螨(即休眠体)阶段,第三若螨躯体长270~300 µm。具4对背毛,有前侧毛(*la*)及后侧毛(*lp*)。4对足。2对骶毛与2对肛毛,无转节毛*sR*。表皮下出现生殖感觉器的雏形。

幼螨:躯体长150~170 µm,近似卵圆形,乳白色。仅具3对背毛,第四背毛(d_4)缺如;具前侧毛(*la*),但后侧毛(*lp*)缺如。具2对较明显骶毛,肛毛及生殖毛均缺如。有基节毛而无基节杆,外生殖器未发育。位于足Ⅰ跗节基部背面的有第一感棒(ω_1)与第二感棒(ω_2),二者着生同一凹陷处,ω_1较长,呈杆状略弯曲,ω_1为ω_2的4~5倍。无转节毛*sR*。

卵:长103~120 µm,近似椭圆形,乳白色,半透明状,具光泽。卵壳表面光滑,未见明显刻点与纹路。

【孳生习性】 该螨营自由生活,分布广泛,常孳生于房屋、学生寝室、普通客房、谷物仓库、牲畜棚、磨坊、麻雀窝和草堆里等。主要孳生物为小麦、小米、面粉、葵花籽、棉籽壳、花生、豆饼、米糠饲料和中药材等,也见于床铺、地毯和空调灰尘中。该螨属于嗜热性螨类,在温度为32~35 ℃时,可迅速繁殖,当温度降至20 ℃时,活动则明显减弱,并停止繁殖。在温度为25 ℃、相对湿度为80%的条件下,完成生活史需要24天。同时该螨喜欢在粮食水分为14.5%~16%、相对湿度为75%以上的环境中孳生。

【国内分布】 主要分布于辽宁、吉林、广东、广西、福建、云南、北京、上海、四川、河南、江西、湖南、安徽、台湾等地。

(杨玉靖)

五、果螨科

果螨科(Carpoglyphidae Oudemans，1923)隶属于粉螨亚目(Acaridida)，包含果螨属(*Carpoglyphus*)和赫利螨属(*Hericia*)2个属，其中果螨属较为常见，而赫利螨属在我国尚未见报道。果螨科特征：躯体扁椭圆形，表皮光滑，雌雄两性的Ⅰ和Ⅱ足表皮内突愈合成"X"形胸板(果螨属)。

果螨属

果螨属(*Carpoglyphus* Robin，1869)的螨类有甜果螨、芒氏果螨和赣州果螨，本书只介绍甜果螨。该属的特征：果螨属的螨类呈圆形，表皮光滑发亮。颚体呈圆锥形，螯肢呈剪刀状。无前足体板。前足体与后半体之间无背沟。雌、雄螨足表Ⅰ、Ⅱ皮内突愈合成"X"形胸板。体表刚毛光滑，顶外毛(ve)位于足Ⅱ基节的同一横线上。有3对侧毛($l_1 \sim l_3$)。足Ⅰ胫节感棒(φ)着生在胫节中间。幼螨无基节杆。有时可形成休眠体。

38. 甜果螨(*Carpoglyphus lactis* L.，1758)

【同种异名】 *Acarus lactis* Linnaeus，1758；*Charpoglyphus passularum* Robin，1869；*Glycyphagus anonymus* Haller，1882。

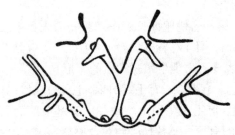

图5.149　基节-胸板骨骼(♂)
A. 甜果螨(*Carpoglyphus lactis*)
(仿李朝品，沈兆鹏)

【形态特征】 甜果螨躯体呈椭圆形，背腹稍扁平，表皮半透明或略有颜色，足和螯肢呈淡红色。肩区明显，躯体末端截断状或略向内凹。无前足体背板。足Ⅰ和足Ⅱ表皮内突愈合为"X"形(图5.149)。第一至第四对背毛($d_1 \sim d_4$)在背部呈直线排列。顶内毛(vi)在前足体背面前部，顶外毛(ve)位于顶内毛(vi)后外侧，顶外毛(ve)几乎位于基节Ⅱ的同一水平线上。除顶外毛(ve)和体躯后缘的2对长刚毛(pa_1，sae)外，所有的刚毛均较短(占躯体长的7%～12%)，呈杆状且末端钝圆。雌、雄两性毛序相同。基节上毛(scx)为一粗短的杆状物。侧毛($l_1 \sim l_3$)3对。

雄螨：体长380～400 μm，颚体呈圆锥形，运动灵活，螯肢呈剪刀状(图5.150)。在颚体基部两侧有角质膜1对，此角质膜是无色素的网膜。顶内毛(vi)位于前足体前缘中央，未伸出颚体。顶外毛(ve)位于较后的位置，在顶内毛(vi)和胛内毛(sci)之间，第一至第四对背毛($d_1 \sim d_4$)和胛内毛(sci)在躯体背面中央排列成2纵列。背毛除顶内毛(vi)、肛后毛(pa_1)和骶外毛(sae)较长外，其余毛均短，末端圆(图1.151)。腹面(图5.152)表皮内突骨化明显，足Ⅰ表皮内突在中线处愈合成短胸板，胸板的后端成两叉状，与足Ⅱ表皮内突相连接(图5.149)。侧腹腺移位到躯体的后角，里面含无色液体。每足跗节末端均具发达的梨形跗节和爪。前跗节的2条细"腱"从跗节末端伸展到镰状爪的附近。足Ⅰ跗节的一些中部群和端部群刚毛

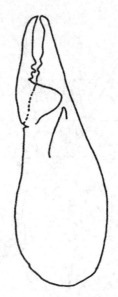

图 5.150 甜果螨(*Carpoglyphus lactis*)♂螯肢

（仿李朝品，沈兆鹏）

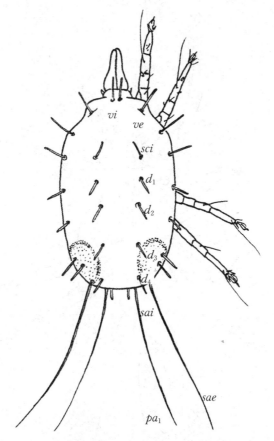

图 5.151 甜果螨(*Carpoglyphus lactis*)♂背面

vi,*ve*,*sci*,*d*₁~*d*₄,*sae*,*sai*,*pa*₁:躯体的刚毛

（仿李朝品，沈兆鹏）

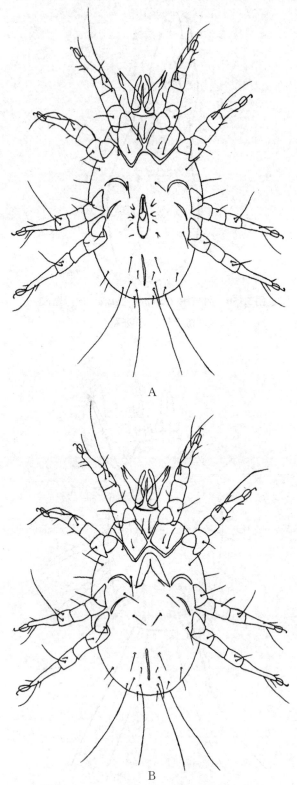

图5.152　甜果螨(*Carpoglyphus lactis*)腹面

A. ♂腹面；B. ♀腹面

(仿李朝品，沈兆鹏)

均为刺状(图5.153)。第一感棒(ω_1)为杆状,常向外弯曲,覆盖在第二感棒(ω_2)的基部。足
Ⅰ膝节感棒(σ_1)较(σ_2)长2倍多。足Ⅰ和足Ⅱ的胫节毛(φ)着生在胫节中部,伸出镰状爪外,
为长鞭状感棒,并有2条腹毛(gT、hT)。生殖孔位于足Ⅲ和足Ⅳ基节之间。生殖毛3对。阳
茎为一弯管,顶端挺直向前,生殖感觉器长。肛门位于躯体后缘,有肛毛1对,体躯后缘有肛
后毛(pa_1)和骶外毛(sae)2对长刚毛。

　　雌螨:体长380~420 μm,形态与雄螨相似。颚体细长,螯肢动趾3齿,定趾2齿。顶外毛
(ve)位于顶内毛(vi)之后。肩毛3对(hi、he、hv)。在躯体腹面,胸板和足Ⅱ表皮内突愈合成
生殖板,覆盖在生殖孔的前端。生殖褶骨化不完全,位于基节Ⅱ和Ⅲ之间(图5.152)。雌螨
的足比雄螨的细长,前跗节不甚发达。交配囊为一圆孔位于躯体后端背面。肛门孔几乎伸
达体躯后缘,仅有肛毛1对(图5.154)。

图5.153　甜果螨(*Carpoglyphus lactis*)♂足Ⅰ背面　　　　**图5.154**　肛门区
　　　　　(仿李朝品,沈兆鹏)　　　　　　　　　　　　　　　　　(仿李朝品,沈兆鹏)

　　卵:椭圆形,乳白色,卵壳半透明,在胚胎发育后期可通过卵壳看到幼螨的雏形。

　　幼螨:躯体长约180 μm。足3对。肛后毛pa_1为躯体最长的刚毛。躯体背面刚毛与成螨
一样均为短杆状。骶内毛(sai)和骶外毛(sae)缺如。腹面,无基节杆。没有生殖器官任何痕
迹。生殖毛和肛前毛缺如(图5.155)。

　　静息的幼螨躯体背面隆起,3对足向躯体极度收缩。幼螨静息期约24小时,后期可通过
透明的皮壳看到第四对足,蜕皮后变为第一若螨。

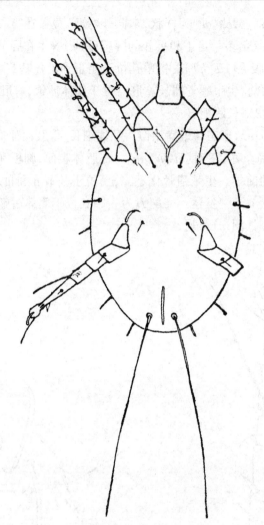

图 **5.155** 甜果螨(*Carpoglyphus lactis*)幼螨
(仿李朝品,沈兆鹏)

若螨:第一若螨(图5.156)躯体长约210 μm。足4对。骶外毛(*sae*)和肛后毛(*pa₁*)为躯体最长的刚毛。腹面,有生殖感觉器(*Gs*)1对。有生殖毛(*g₂*)和肛前毛(*pra*)各1对。第一若螨静息期的特征是4对足向躯体收缩,躯体背面隆起呈半球状,发亮而呈玻璃样。第一若螨的静息期约为24小时,后期可通过透明的皮壳看到第二对生殖感觉器(Gs),蜕皮后变为第三若螨。第三若螨(图5.157)躯体长约250 μm。除骶外毛(*sae*)和肛后毛(*pa₁*)为长刚毛外,其余躯体背面的刚毛均为短杆状,其数目和排列位置与成螨相似。腹面,有生殖感觉器(*Gs*)2对。有生殖毛(*g₁*、*g₂*、*g₃*)和肛前毛(*pra*)各1对。第三若螨静息期约为24小时,静息期前段有生殖感觉器(*Gs*)2对,到后段可看到生殖器官的雏形,而后脱皮后变为成螨。

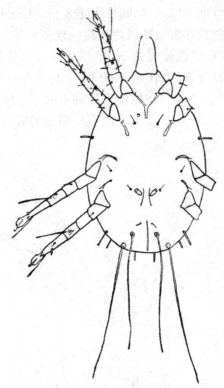

图5.156 甜果螨(*Carpoglyphus lactis*)第一若螨腹面
（仿李朝品,沈兆鹏）

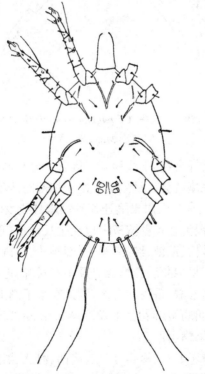

图5.157 甜果螨(*Carpoglyphus lactis*)第三若螨腹面
（仿李朝品,沈兆鹏）

休眠体：为活动休眠体（图5.158），休眠体很难发现。Chmielewski（1967）曾在实验室里培养过休眠体。据文献报道在古巴砂糖中发现活动休眠体。休眠体躯体长约272 μm。躯体呈椭圆形，黄色，背面有颜色较深的条纹。颚体小，部分被躯体所蔽盖。背毛短杆状。顶内毛（vi）位于较后的位置，顶外毛（ve）位于顶内毛（vi）与骶外毛（sae）之间。胛内毛（sci）与第一至第四对背毛（$d_1 \sim d_4$）在躯体后半部中间成二纵行排列。第四对背毛（d_4）几乎着生在躯体末端。腹面，在足Ⅳ基节之间有一明显的吸盘板。足4对，细长，足上的刚毛也很长。

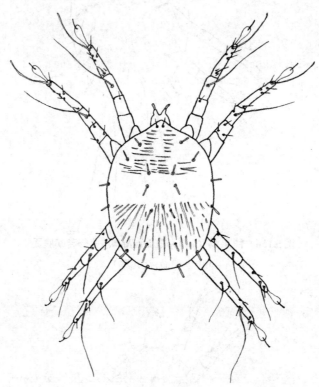

图5.158　甜果螨（*Carpoglyphus lactis*）活动休眠体
（仿李朝品，沈兆鹏）

【孳生习性】　甜果螨嗜好食糖、蜜饯和干果等含糖分高的食品，若这些食品储藏保管不妥，在环境条件适宜时，甜果螨就会大量繁殖。由于细菌的活动可在这些干果或甜食上产生乳酸、乙酸及丁二酸等物质，常吸引甜果螨迁移到高水分或发酵的甜食上。甜果螨喜低温、潮湿的环境，甚至整个身体浸泡在食糖溶液中也能生长繁殖，几乎可在所有糖类和含糖食物中生存繁殖，如白砂糖、红砂糖、蔗糖、红枣、黑枣、蜜桃片、柿饼、龙眼肉、杏干、橘饼、山楂、果酱、果汁饮料、甘草、桃脯、干果、甜豆、含糖糕点及中药材等，也可在酸牛奶、干酪、蜂巢、蜜蜂箱里的花粉以及在果汁饮料残渣、番泻叶合剂、漂浮在果子酒上面的软木片、腐烂马铃薯、干酪、陈旧的面粉、发酵面团、可可豆和花生上发现（Vitzthum，1967），此外，在糖果厂用作着色的焦糖，贮藏的布丁也常有果螨生存。

【国内分布】　主要分布于北京、福建、广东、广西、河北、黑龙江、吉林、江苏、江西、辽宁、山东、上海、四川、台湾和浙江等地。

（柴　强）

六、麦食螨科

麦食螨科(Pyroglyphidae Cunliffe,1958)是由国外学者Cunliffe在1958年建立的。1978年Krantz的蜱螨分类系统将麦食螨科划归于节肢动物门(Arthropoda)、蛛形纲(Arachnida)、蜱螨亚纲(Acari)、真螨目(Acariformes)、粉螨亚目(Acaridida)。

麦食螨科的形态特征:前足体前缘延伸覆盖或不覆盖在颚体之上,前足体背面与后半体由一横沟将其分开;有前足体背板,也可有后半体背板,无顶毛;皮纹理呈肋状较粗;各足末端为前跗节,足Ⅰ上的第一感棒(ω_1)、第三感棒(ω_3)及芥毛(ε)均着生在跗节顶端;雄螨的足Ⅲ和足Ⅳ的长宽大致相等,雌螨的足Ⅲ较足Ⅳ稍长;雄螨肛门吸盘被骨化的环所包围,跗节吸盘由一个短圆柱形的构造所替代;雌螨生殖孔呈内翻的"U"形,有侧生殖板和骨化的生殖板。

麦食螨科是营自由生活的螨类,已报道的种类约有18属46种,28种类孳生在禽类巢穴中,余下的种类见于啮齿动物巢穴、鱼粉、家禽和家畜的饲料、饼干、面包、面粉、乳酪等储藏物和食物中。人类居室为这些螨类提供了孳生环境和场所。

目前,麦食螨科新种不断被发现,分类系统也在及时调整和完善,但是有关资料仍不完整,麦食螨科的分类尚不统一,麦食螨科分亚科、分属检索表(成螨)见表5.19,麦食螨科分种检索表见表5.20。

表5.19 麦食螨科分亚科、分属检索表(成螨)

1. 前足体前缘覆盖颚体,sce和sci短,几乎等长,体躯后缘无长刚毛 ························
麦食螨亚科(Pyroglyphinae) ·· 2
前足体前缘不覆盖颚体,sce比sci长许多,体躯后缘有2对长刚毛 ························
···················尘螨亚科(Dermatophagoidinae)···············尘螨属(Dermatophagoides)
2. 足Ⅰ膝节背面有2根感棒,雄螨肛门两侧缺肛门吸盘 ·················麦食螨属(Pyroglyphus)
足Ⅰ膝节背面有1根感棒,雄螨肛门两侧有明显的肛门吸盘 ·········嗜霉螨属(Euroglyphus)

表5.20 麦食螨科分种检索表

1. 前足体前缘向前伸展覆盖在颚体之上;体表条纹粗糙不平;体躯后缘无长刚毛 ·············· 2
前足体前缘不覆盖在颚体之上;体表条纹平滑;体躯后缘有2对长刚毛,即d_5和l_5 ·········· 4
2. 膝节Ⅰ背面有2根感棒;雄螨肛门两侧无肛门吸盘,也没有骨化的环;头盖具有一个小凹槽·····
··非洲麦食螨(Pyroglyphus africanus)
膝节Ⅰ背面仅有1根感棒;雄螨肛门两侧有肛门吸盘,并为骨化的环所包围 ·················· 3
3. 雄螨后半体后缘明显分为二叶;转节Ⅰ~Ⅲ上有转节毛sR;头盖为二叉状·····················
··长嗜霉螨(Euroglyphus longior)
雄螨后半体稍凹;转节Ⅰ~Ⅲ上无转节毛sR;头盖为全缘 ··········梅氏嗜霉螨(Euroglyphus maynei)
4. 胛毛sce短(马尘螨属Malayoglyphus) ·· 5
sce很长,而且远比sci长 ··· 6
5. sce和sci基本等长 ···间马尘螨(M. intermedius)
sce长度大约为sci的2倍 ···卡美马尘螨(M. carmelitus)
6. 后背板明显 ······················棕尘螨属Sturnophagoides(巴西棕尘螨S. brassiliensis)
后背板不明显 ··· 7
7. 体表条纹非常细,间距小于1 μm ··················赫尘螨属Hirstia(舍栖赫尘螨H. domicola)

　　体表条纹细,但间距远大于1 μm(尘螨属 *Dermatophagoides*) ·················· 8

8. 雄螨后背板上缘距离背毛 d_2 很近,刚好在 d_2 前端;雌螨交合囊外开口形成一个小乳突,交合囊顶端细 ················ 新热尘螨(*D. neotropicalis*)

雄螨后背板上缘距离 d_2 较远;雌螨交合囊外开口不形成突 ·············· 9

9. 雄螨后背板延伸至 d_1 和 d_2 中央;雌螨交合囊顶端为杯状 ·············· 10

雄螨后背板上缘在 d_2 后,不包围 d_2;雌螨交合囊顶端较小,不为杯状 ·············· 11

10. 雄螨足Ⅲ为足Ⅳ的1.5倍长(4个端节)、1.3倍宽(跗节);雌螨交合囊顶端为杯状(从背部看为花状) ················ 屋尘螨(*D. pteronyssinus*)

雄螨足Ⅲ为足Ⅳ的1.6倍长(4个端节)、1.8倍宽(跗节);雌螨交合囊顶端为长脚杯状·················· 伊氏尘螨(*D. evansi*)

11. 雄螨体较短(200~245 μm),足Ⅰ不比足Ⅱ粗大;雌螨体长260~300 μm,前背板长至少为宽的2倍,sci、d_1~d_3 的位置近似在一条直线上 ·············· 丝泊尘螨(*D. siboney*)

雄螨体较长(285~345 μm),足Ⅰ粗大;雌螨体长400~440 μm,前背板长仅为宽的1.4倍,sci、d_1~d_3 的位置不在一条直线上;d_1 较靠外 ·············· 12

12. 雄螨体较长,跗节Ⅱ端部具有明显的刺状突 S;雌螨跗节Ⅰ上的 S 大,呈指状,交合囊外生殖腔骨化强烈 ················ 粉尘螨(*D. farinae*)

雄螨体较短,跗节Ⅱ上的 S 缺如;雌螨跗节Ⅰ上的 S 小,交合囊外生殖腔骨化弱·············· 小角尘螨(*D. microceras*)

(一)麦食螨属

　　麦食螨属(*Pyroglyphus* Cunliffe,1958)隶属于麦食螨科(Pyroglyphidae)、麦食螨亚科(Pyroglyphinae),该属目前国内记录的主要种类只有非洲麦食螨(*Pyroglyphus africanus* Hughes,1954)1种,国内报道见于安徽等地,多孳生在农作物、纺织品及中草药的仓库、家居等环境。

　　麦食螨属的特征:皮纹较粗;前足体前缘覆盖颚体;体躯后缘无长刚毛;足Ⅰ膝节背面有2根感棒(σ_1、σ_2),足Ⅰ跗节 ω_1 移位于该节顶端;胛毛(sce、sci)短,几乎等长;雄螨肛门吸盘缺如。

39. 非洲麦食螨(*Pyroglyphus africanus* Hughes,1954)

【同种异名】 *Dermatophagoides africanus* Hughes,1954。

【形态特征】 螨体呈卵圆形,长250~450 μm,皮纹粗,无顶毛。前足体的前缘覆盖颚体。

雄螨:螨体呈阔卵圆形,扁平,长250~300 μm。前足体和后半体间的横沟由于螨体表皮褶纹加深而显著(图5.159)。背侧皮粗糙有皱纹,左右两侧为纵纹,前足体区则为横纹。螨体显示2块含有刻点的背板,其中前足体背板向两侧扩展到足Ⅰ、Ⅱ的基部,有2根纵脊止于中央。在腹面,足Ⅰ表皮内突末端在近中线处分离(图5.160);阳茎为小弯管状。前足体覆盖部分颚体,前缘略有分叉;螯肢的齿发达,须肢扁平(图5.161)。躯体刚毛短且光滑;胛外毛(sce)较胛内毛(sci)略长;在中线两侧纵列3对背毛(d_1、d_2、d_3)和2对侧毛(l_1、l_2);在足Ⅲ基节水平上有1对肩毛;足Ⅰ、Ⅲ基节各着生1对基节毛;在生殖孔之后有前后2对生殖毛,前方的生殖毛在生殖孔的后缘水平上,后方的生殖毛位于足Ⅳ基节水平外侧;肛区有3对肛毛,1对在肛门前缘,2对在后缘水平(图5.160),无骶外毛(sae)。雄螨具有发达的足,足末端为球状的端跗节及小爪,足Ⅲ最为粗壮,

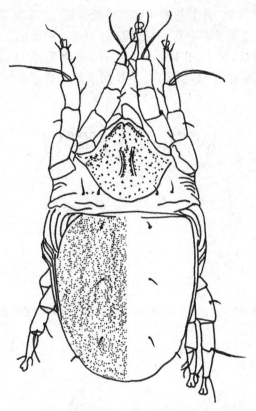

图 5.159　非洲麦食螨（*Pyroglyphus africanus*）♂背面
（仿李朝品，沈兆鹏）

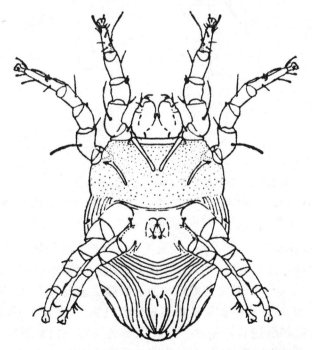

图 5.160　非洲麦食螨（*Pyroglyphus africanus*）♂腹面
（仿李朝品，沈兆鹏）

足Ⅰ跗节短,与膝节等长,其上的感棒(ω_1)接近顶端,与端跗节基部的感棒(ω_2)和芥毛(ε)相近;足Ⅱ跗节较长,在该节中央着生有感棒(ω_1);足Ⅰ胫节的φ比足Ⅱ胫节的感棒φ短,足Ⅲ、Ⅳ胫节的感棒φ等长,足Ⅰ、Ⅱ胫节腹面均有1根刚毛;足Ⅰ膝节的膝外毛(σ_1)短于膝内毛(σ_2);足Ⅲ跗节的腹端有2个角状突起;足Ⅳ跗节的背端有2个短柱状突起,类似于退化的跗节吸盘(图5.162)。

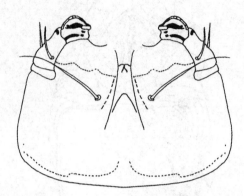

图5.161 非洲麦食螨(*Pyroglyphus africanus*)♀颚体腹面
(仿李朝品,沈兆鹏)

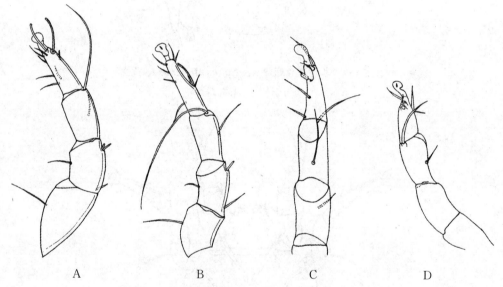

图5.162 非洲麦食螨(*Pyroglyphus africanus*)♂左足
A. 左足Ⅰ侧面;B. 左足Ⅱ侧面;C. 左足Ⅲ腹面;D. 左足Ⅳ背面
(仿李朝品,沈兆鹏)

雌螨:卵圆形,躯体长350~450 μm。仅见前足体背板,而后半体背板缺如(图5.163),前足体背板覆盖其宽度的1/2。与雄螨相比,雌螨表皮皱褶加厚物范围较大。躯体上刚毛短而光滑,除有1对骶外毛(*sae*)外,其余与雄螨相似。雌螨足末端为球状的端跗节及小爪,足Ⅰ和足Ⅱ与雄螨相似,但足Ⅲ和足Ⅳ较雄螨细长(图5.164)。在足Ⅲ、Ⅳ跗节的基部有第二背端毛(*e*),没有突起和痕迹状的吸盘。足Ⅳ胫节的感棒φ较雄螨短。生殖孔呈内翻的"U"形,其被后方的生殖板所遮盖;生殖孔侧壁由生殖板支持,生殖板上可见生殖感觉器的痕迹(图5.165);雌螨交配囊孔位于小囊基部,小囊近肛门后端。

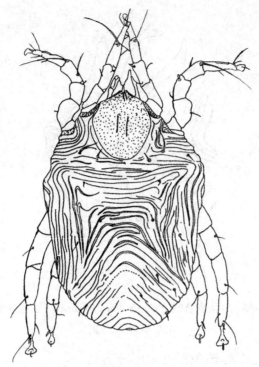

图 5.163 非洲麦食螨(*Pyroglyphus africanus*)♀背面
(仿李朝品,沈兆鹏)

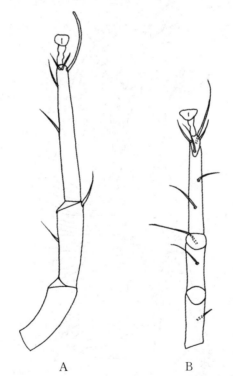

A   B

图 5.164 非洲麦食螨(*Pyroglyphus africanus*)♀足
A. 足Ⅲ;B. 足Ⅳ
(仿李朝品,沈兆鹏)

图5.165 非洲麦食螨（*Pyroglyphus africanus*）♀生殖区侧面

（仿李朝品，沈兆鹏）

若螨：与成螨相似，足Ⅰ跗节的感棒（ω_1）位于顶端。

幼螨：与若螨相似，足Ⅰ跗节的顶端可见感棒（ω_1），无基节杆（图5.166）。

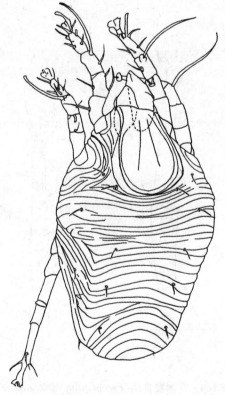

图5.166 非洲麦食螨（*Pyroglyphus africanus*）幼螨背侧面

（仿李朝品，沈兆鹏）

【孳生习性】　非洲麦食螨孳生环境多样,据国内文献记载,在安徽淮北地区3种具有代表性的仓储、人居和工作环境中检出非洲麦食螨。

1996年由李朝品带领团队在对淮南市中药材(店)中孳生粉螨进行初步调查,发现非洲麦食螨在中药材垂盆草的孳生密度为37.23只/克;随后,国内学者相继在淮南(李朝品,2005)、亳州(唐秀云,2008)等地调查,在全蝎、僵蚕、马勃、蜣螂虫、大将军、续断、胡椒等中药材中发现有非洲麦食螨孳生。

非洲麦食螨生长发育最适宜温度为(25 ± 2) ℃、相对湿度为80%左右。温度和相对湿度降低,螨的发育时间延长;但温度在热致死点限度内升高,其发育时间缩短。在环境条件不理想时,非洲麦食螨的生命周期可大幅度延长。非洲麦食螨可直接从不饱和的周围空气中吸收水蒸气,周围环境的湿度将限制非洲麦食螨的存活,是非洲麦食螨生存、孳生的关键因素之一。

【国内分布】　主要分布于安徽。

(刘小绿)

(二) 嗜霉螨属

嗜霉螨属(*Euroglyphus* Fain,1965),在我国已有记述的有2种,分别是梅氏嗜霉螨(*Euroglyphus maynei*)和长嗜霉螨(*Euroglyphus longior*),本书仅介绍梅氏嗜霉螨。

嗜霉螨属特征:表皮具有皱褶,常有2个突起着生于前足体的前缘。足Ⅰ膝节仅有1根感棒(σ)。雌螨体末端具有较短的肛后毛;足Ⅳ长于足Ⅲ;足Ⅰ、Ⅲ跗节、足Ⅳ胫节无毛;足Ⅲ跗节只有毛3根,足Ⅳ跗节有毛4根;受精囊呈淡红色,骨化较为显著。雄螨肛门吸盘明显,为骨化的环所包围。雌、雄两性只有肛毛1对,生殖区具生殖毛1对或2对;雌螨生殖板不完全覆盖生殖孔。

40. 梅氏嗜霉螨(*Euroglyphus maynei* Cooreman,1950)

【同种异名】　宇尘螨;欧宇尘螨;埋内欧尘螨;*Mealia maynei* Cooreman,1950;*Dermatophagaides maynei* (Cooreman,1950) sensu Hughes,1954。

【形态特征】　螨体呈长椭圆形,淡黄色,表皮皱褶明显。

雄螨:躯体长度约200 μm,表皮的表面和背板似非洲麦食螨。有较小的前足体背板,呈梨形;长的纵脊延伸到前缘,有时使前足体背板的外形呈二叉状。后半体背板前伸到d_2水平,且不明显(图5.167);躯体后缘有切割状凹陷。腹面足Ⅰ表皮内突在近中线处分离。阳茎为1条短的直管,生殖感觉器较小。肛门吸盘明显,为骨化的环包围(图5.168)。除外侧的1对肛后毛外,躯体刚毛均短而光滑。所有足的末端为球状的前跗节,但缺爪;足Ⅲ长于足Ⅳ。足Ⅳ胫节和足Ⅰ、Ⅱ、Ⅲ转节缺刚毛。足Ⅲ跗节上有5根刚毛,有一粗壮突起位于末端;足Ⅳ跗节有3根刚毛,其中位于跗节末端的1根为短钉状结构,相当于退化的吸盘。

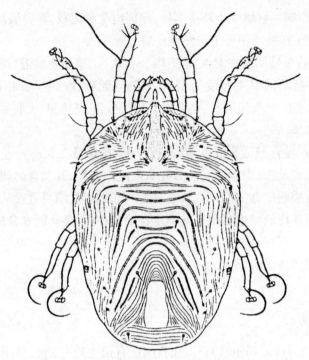

图 5.167　梅氏嗜霉螨（*Euroglyphus maynei*）♂背面

（仿李朝品，沈兆鹏）

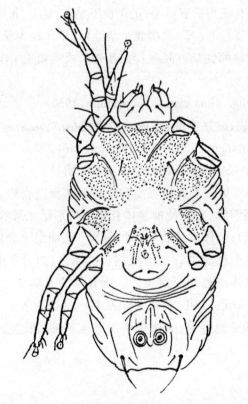

图 5.168　梅氏嗜霉螨（*Euroglyphus maynei*）♂腹面

（仿李朝品，沈兆鹏）

　　雌螨:躯体长280~300 μm。前足体背板不如雄螨明显,前缘为光滑的弧形。后半体背板很不明显,该区域的表皮无皱褶,但表皮具有刻点(图5.169)。生殖孔部分被生殖板所掩盖(图5.170),生殖板前缘尖。受精囊球形,骨化程度明显,由1对导管与卵巢相通,1根细管与交配囊相通;交配囊靠近肛门后端。躯体刚毛与雄螨相似,2对肛后毛(pa)等长。足均细长,足Ⅳ较足Ⅲ长。

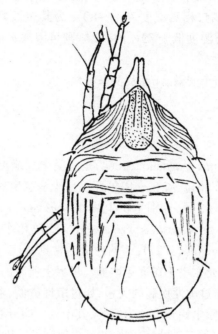

图5.169　梅氏嗜霉螨(*Euroglyphus maynei*)♀背面

（仿李朝品,沈兆鹏）

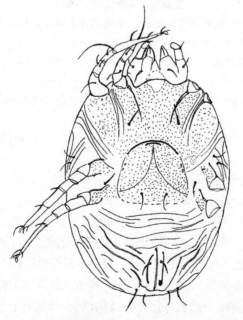

图5.170　梅氏嗜霉螨(*Euroglyphus maynei*)♀腹面

（仿李朝品,沈兆鹏）

【孳生习性】　此螨体很小,可在粮食加工厂、棉花加工厂和房屋的灰尘中发现。常见的孳生物有谷物、面粉、碎屑和中药材等。在人的头皮屑存在场所(如沙发、地毯、装套子的椅子、床垫)孳生数量较大。常在发霉谷物碎屑中或较潮湿的环境生活,属腐食性螨类。草垫、褥垫亦常有发生。梅氏嗜霉螨在0℃以下持续24小时多不能存活;0~7℃时虽能生存但无繁殖能力;17~30℃为梅氏嗜霉螨生存繁殖的最适温度;35℃以上时可死亡。空气湿度对梅氏嗜霉螨的生存有重要影响,相对湿度75%~80%为其生长繁殖的最佳湿度;相对湿度85%以上时不能繁殖;相对湿度低于70%时,成螨则可因缺水而导致脱水;相对湿度降至50%以下时可导致成螨死亡。

【国内分布】　主要分布于安徽、江苏及上海等地。

(袁良慧)

(三) 尘螨属

尘螨属(*Dermatophagoides* Bogdanov,1864)是一类微型螨类,世界广布。房屋、居室地毯、床垫、家具套、衣服、汽车座位、谷物仓库等环境是尘螨孳生的主要场所。与人类密切相关的并引起过敏性疾病的有3种,分别是粉尘螨(*Dermatophayoides farnae* Hughes,1961)、屋尘螨(*Dermatophayoides pteronyssinus* Trouessart,1897)和小角尘螨(*Dermatophagoides microceras* Griffiths et Cunmngton,1971),前两种最为常见,可引起变态反应,引发支气管哮喘,支气管哮喘的发病率和死亡率正在逐年增加。世界上所有的国家都有尘螨,当前人类对尘螨的研究更加重视尘螨与过敏性疾病的关系,如过敏性鼻炎、尘螨性皮炎等。

尘螨主要包括粉尘螨、屋尘螨和小角尘螨等,其中粉尘螨、屋尘螨的发育过程一致,包括卵、幼螨、第一若螨(前若螨)、第三若螨和成螨,生活史时间长短依赖于螨发育环境的温度和相对湿度,理想的发育温度为23~27℃,相对湿度为75%。尘螨属成螨检索表(成螨)见表5.21。

尘螨属成螨检索表(成螨)

1. 雄螨体背有横沟但不明显,后半体背板不大,前缘前伸至第二背毛(d_2)和第三背毛(d_3)之间;足Ⅰ明显粗大,雄螨d_2与d_3区域的表皮条纹是横纹 ·················· 2

雄螨体背无横沟,后半体背板大,向前伸至第一背毛d_1与d_2中央,足Ⅰ不粗大,与足Ⅱ长宽相同。雌螨d_2与d_3区域的表皮条纹是纵纹 ············· 屋尘螨(*D. pteronyssinus*)

2. 雄螨足Ⅰ跗节爪状突起的外侧有一个小而钝的突起S,足Ⅱ跗节的S为指状。雌螨足Ⅰ、Ⅱ跗节的S大而尖 ············· 粉尘螨(*D. farinae*)

雄螨足Ⅰ跗节末端爪状突起的外侧缺少突起S,足Ⅱ跗节的S也缺如。雌螨足Ⅰ跗节上有个小突起S,足Ⅱ跗节的S缺如 ············· 小角尘螨(*D.microceras*)

41. 粉尘螨(*Dermatophagoides farinae* Hughes,1961)

【同种异名】　*Dermatvphagvides culine* Deleon,1963。

【形态特征】　螨体卵圆形,长260~360 μm,前足体前缘不覆盖鄂体。

雄螨:成虫体长260~360 μm,呈椭圆形,较饱满,螯肢发达,须肢扁平(图5.171)。雄螨有背板,前足体和后半体之间有横沟,但不明显,前足体背板的形状不定,后缘包围胛毛,并向侧面伸展;后半体背板基本不伸展到背毛d_2处,在d_2与d_3区的背纹为横条纹,背纹的两侧为纵条纹。躯体上的刚毛比较光滑,*sce*的长度是*sci*的4倍以上,具基节上毛。背毛约与*la*、*lp*、*sae*、*pa*$_2$等长;d_1~d_4较短,排成两行。d_3、d_4位于圆形后半体上,d_4则着生于后半体板后缘。*sai*长度超过体躯长的1/2,比*pa*$_1$长约1/3,*pa*$_1$和*sai*都很长,行走时拖在体后,特点比较明显(图5.171)。

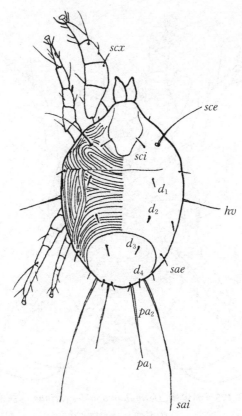

图 5.171　粉尘螨（*Dermatophagoides farinae*）♂背面

sce,*sci*,*hv*,*d₁~d₄*,*sae*,*sai*,*pa₁*,*pa₂*:躯体刚毛;*scx*:基节上毛

（仿李朝品，沈兆鹏）

　　腹面，短胸板由足Ⅰ表皮内突在中线愈合而成，足Ⅲ表皮内突而长，形状急剧弯曲成直角（图 5.173）。生殖孔位于足Ⅲ和足Ⅳ基节之间，生殖孔周围分布3对周毛，前2对生殖毛明显长于后1对生殖毛。阳茎细而长，肛门由肛环包围，肛环呈椭圆形并向后凸出，且生有1对前肛毛和明显的肛门吸盘。

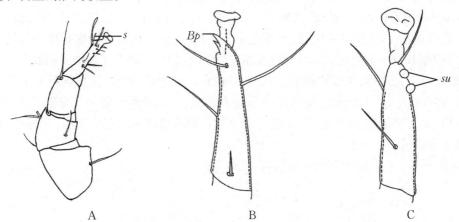

图 5.172　粉尘螨（*Dermatophagoides farinae*）♂足

A. 右足Ⅰ内面和跗节端部侧面;B. 足Ⅲ跗节顶端;C. 足Ⅳ跗节顶端

s:粗突起;*Bp*:二叉状突起;*su*:吸盘

（仿李朝品，沈兆鹏）

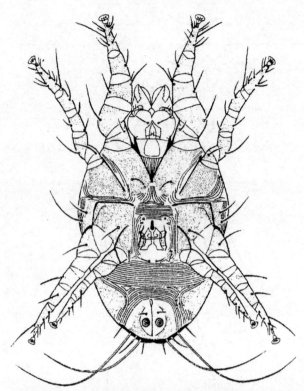

图 5.173　粉尘螨（*Dermatophagoides farinae*）♂腹面
（仿李朝品，沈兆鹏）

　　足末端有发达的前跗节和微小爪。前跗节呈伞状，足 I 粗大，I 股节腹部有个粗指状突起，与雄粗脚粉螨相似。足 I 跗节 ω_1 位于前跗节基部，侧顶端有 1 个粗大指状突起（S），I 跗节与 ω_3 位于同一水平线上，ω_1 与 ω_3 呈弯杆状，从基部到顶端逐渐变细，足 II 跗节 ω_1 位于该跗节基部；III 跗节顶端有叉状突起（Bp）；IV 跗节端部有 2 个伞状吸盘（su）。足 I 跗节与足 III 跗节顶端有 1 个指状突起和叉状突起，足 III 明显比足 IV 长而粗（图 5.172）。

　　雌螨：体长 360~400 μm，略大于雄螨。体躯结构、形状与雄螨相似（图 5.174）。但雌螨没有后半体板，躯体背面为横纹，两侧为纵纹，足 I 与足 II 等长短，等粗细，足 III 较足 IV 短，足 IV 跗节吸盘退化，为 2 根短毛代替，生殖孔呈"人"形，后面的生殖板侧缘骨化（图 5.175）；交配囊由 1 根细长管子与受精囊瓶状骨化区相连（图 5.176）。其余毛序与雄螨相似。

　　【孳生习性】　中温中湿性螨类，主要在谷物仓库的尘屑、家禽、家畜饲料中生活。尘螨在温度为 25 ℃左右、相对湿度为 75% 的条件下培养，完成从卵到卵的发育需要 30 天，主要以小麦粉、混合鸡饲料、饼干粉、玉米粉等为食物。对人体容易引起哮喘病，在患者的衣服、被褥等发现此螨。

　　【国内分布】　主要分布于上海、河南、安徽等地。

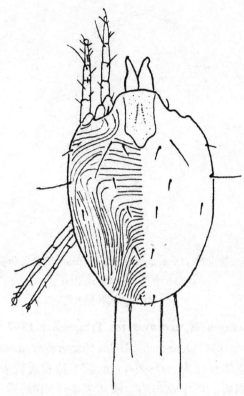

图5.174 粉尘螨（*Dermatophagoides farinae*）♀背面
（仿李朝品，沈兆鹏）

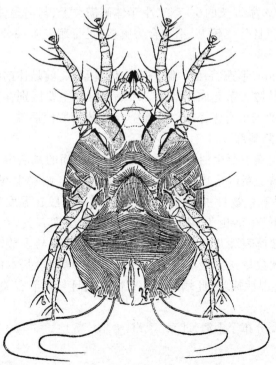

图5.175 粉尘螨（*Dermatophagoides farinae*）♀腹面
（仿李朝品，沈兆鹏）

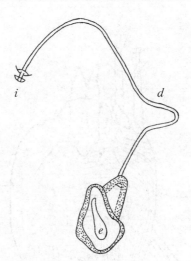

图5.176 粉尘螨(*Dermatophagoides farinae*)交合囊和受精囊
e:交配囊孔;*d*:细管;*i*:内孔
(仿李朝品,沈兆鹏)

42. 屋尘螨(*Dermatophagoides pteronyssinus* Trouessart,1897)

【同种异名】 *Mealia toxopei* Oudemans,1928;*Visceroptes saitoi* Sasa,1984。

【形态特征】 雄螨:躯体长度为280~290 μm,后半体背板较大,足Ⅰ与足Ⅱ等长等宽,足Ⅰ表皮内突不相接,无胸板。屋尘螨与粉尘螨体表条纹相似,主要区别是:屋尘螨身形呈梨形,前半体两侧深凹,前足体背板呈长方形,但后缘圆,后缘两侧内凹,后半体足Ⅱ、Ⅲ之间突而宽,足Ⅲ、Ⅳ后两侧向内凹,屋尘螨后足体板较大,呈长方形,向前伸达d_1与d_2之间(图5.177),*sci*及d_1较短,*sce*为*sci*长的6~7倍,生于体侧横纹上,与前足体板后缘在同一水平线上。腹面表皮内突分离且分离较大,不愈合为胸板;足Ⅲ跗节末端分叉状,足Ⅳ跗节有1对吸盘(图5.178)。

雌螨:体长约350 μm,形态特征与雄螨相似,体呈梨状,前足体前缘未覆盖颚体。足Ⅲ、Ⅳ比足Ⅰ、Ⅱ略细,并从膝关节起向内弯曲。雌螨与雄螨主要区别在于雌螨无后半体背面,第二背毛和第三背毛的表皮有纵条纹。交配囊位于体背肛门后端一侧开口,以1根细小管与受精囊相连,并在凹陷基部开口。

【孳生习性】 屋尘螨主要生活在房屋尘埃和被褥表面的灰屑中,并以动物脱落的皮屑为食,研究认为屋尘螨是屋内尘埃过敏的主要原因。在空调隔尘网和汽车坐垫的灰尘上发现屋尘螨,在动物性和植物性中药材中亦发现此螨。一般在温度为24~26 ℃、相对湿度为80%±5%的条件下,生活史为4周。此螨与房屋的湿度有关,在比较潮湿的房屋里螨虫数量较多,通过对被褥表面灰屑的研究,发现屋尘螨数量与季节性变化有关,一般在初夏开始增长,并在早秋数量达到最高状态。冬季,屋尘螨数量基本保持相对稳定的水平,是一种致敏性螨种,喜湿性螨类,此螨繁殖为有性繁殖且与季节有关,每年5月至初秋为主要繁殖期。

【国内分布】 主要分布于上海、北京、广州、哈尔滨等地。

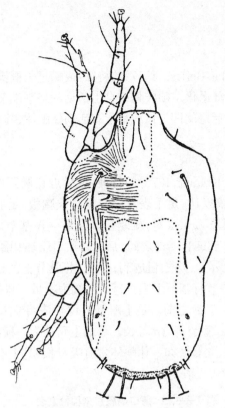

图5.177 屋尘螨(*Dermatophagoides pteronyssinus*)♂背面

（仿李朝品，沈兆鹏）

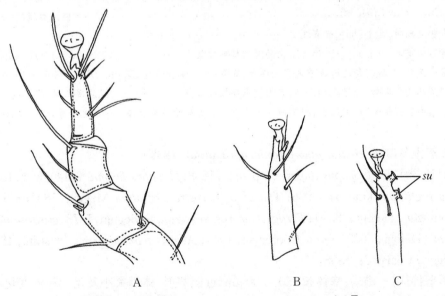

A   B   C

图5.178 屋尘螨(*Dermatophagoides pteronyssinus*)♂足

A. 右足Ⅰ背面；B. 右足Ⅲ跗节；C. 右足Ⅳ跗节

su：跗节吸盘

（仿李朝品，沈兆鹏）

（刘宗娣）

七、薄口螨科

薄口螨科(Histiostomidae Berlese,1957)的特征:成螨近长椭圆形,白色稍透明。颚体小,高度特化。螯肢锯齿状,定趾退化。须肢具一自由活动的扁平端节。躯体背面有一明显的横沟,腹面有2对几丁质环,体后缘略凹。该科螨常有活动休眠体,其足Ⅲ,甚至足Ⅳ向前伸展。

薄口螨属

薄口螨属(*Histiostoma* Kramer,1876)的特征:成螨近长椭圆形,白色较透明。颚体小而高度特化。腹面表皮内突较发达,足Ⅰ表皮内突愈合成胸板,足Ⅱ表皮内突伸达中央,未连接,向后弯。躯体腹面有几丁质环2对,雄螨位于足Ⅱ~Ⅳ基节之间,4个几丁质环相距较近;雌螨前1对几丁质环位于足Ⅱ~Ⅲ之间,后1对几丁质环相距较近位于足Ⅳ基节水平。足Ⅰ跗节所有刚毛,除背毛d外,均加粗成刺;足Ⅰ、Ⅱ胫节上的感棒φ短,不明显。体背有一明显的横沟。足Ⅰ~Ⅳ基节有基节上毛。每足末端为粗爪。雌螨足较雄螨为细,足毛序雌雄相似。足Ⅰ、Ⅱ跗节Ba位于ω_1之前。足Ⅰ跗节ω_1位于该跗节末端。各足跗节末端腹刺均发达。足Ⅰ、Ⅱ胫节毛较短。膝节σ_1与σ_2等长。雌螨生殖孔为一横缝,位于前一对几丁质环之间,雄螨阳茎稍突出,生殖感觉器缺如。休眠体常有吸盘板,其上有吸盘4对;足Ⅲ、Ⅳ常向前伸展。薄口螨属常见种检索表见表5.22。

表5.22 薄口螨属常见种检索表
(仿李朝品,沈兆鹏,2018)

1. 所有背毛均短,足Ⅰ、Ⅲ基节上有杯或微毛,颚体背面与侧面有1个被盖,第一与中央乳突全被覆盖
………………………………………………………………………… 美丽薄口螨(*H. pulchrum*)

所有背毛均短,足Ⅰ、Ⅲ基节有乳突 …………………………………………………………… 2

2. 背腹板有孔,且相距较近,细线条状的深凹排列较集中 …………… 实验室薄口螨(*H. laboratorium*)

背腹板无孔,胸板不与足Ⅲ基节内突相连接,背毛微小,体长超过150 μm ……………………… 3

3. 跗节丛由2根棒与2根毛构成,跗节内侧感棒较胫节感棒短 ………… 吸腐薄口螨(*H. sapromyzarum*)

跗节丛由2根棒与1根毛构成,跗节内侧感棒直且显著短于胫节感棒 …… 速生薄口螨(*H. feroniarum*)

(陶 宁)

43. 速生薄口螨(*Histiostoma feroniarum* Dufour,1839)

【同种异名】 *Hypopus dugesi* Claparede,1868;*Hypopus feroniarum* Dufour,1839;*Histiostoma pectineum* kramezr,1976;*Tyroglyphus rostro-serratum* Megnin,1837;*Histiostoma sapromyzarum* (Dufour,1839);*Tyroglyphus rostro-serratum* Megnin,1873;*Histiostoma sapromyzarum* (Dufour,1839) *sensu* Cooreman,1944;*Acarus mammilaris* Canestrini,1878;*Hypopus dugesi* Claparede,1868。

【形态特征】 雄螨:螨体长250~500 μm,近椭圆形,体躯大小及足的粗细变化不一,在一些个体中,足较粗大,尤其是足Ⅱ跗节上着生的刺特别发达(图5.179)。某些个体中,足与足上的刺约与雌螨体型相同。躯体腹面(图5.180):足的表皮内突比雌螨发达,足Ⅰ表皮内突相互连接,愈合成发达的胸板;足Ⅱ表皮内突几乎延伸至中线处,端部后弯。生殖孔的前方着生有2对圆形几丁质环;着生于足Ⅳ基节之间的生殖褶,不显著,在生殖褶之后有2块可能具有交配吸盘作用的叶状瓣。体背面刚毛的排列似雌螨。

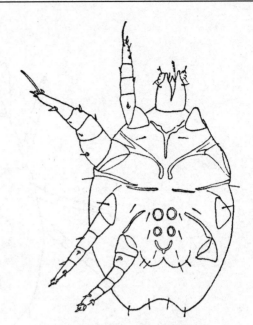

图5.179 速生薄口螨(*Histiostoma feroniarum*)
♂右足Ⅱ背侧面
(仿李朝品,沈兆鹏)

图5.180 速生薄口螨(*Histiostoma feroniarum*)♂腹面
(仿李朝品,沈兆鹏)

雌螨:螨体长400~700 μm,呈苍白色。颚体较小(图5.181),螯肢均由活动趾组成,活动趾的延长边缘上具锯齿,螯肢可以在宽广的前口槽中前后活动。前口槽侧壁为须肢基节,须肢端节为1块二叶状的几丁质板,板上有2根刺:一根刺向侧面延伸,另一根刺向后侧面延伸。体背布有小突起,前足体和后足体由一横沟分开,躯体后缘稍凹(图5.182)。腹面(图5.183):有2对近圆形的几丁质环,前一对环位于横的生殖孔两侧,位于足Ⅱ、Ⅲ基节间;后一对环相近,位于足Ⅳ基节间,几丁质环前后各有2对生殖毛。足Ⅰ表皮内突连接于中线处,足Ⅱ~Ⅳ表皮内突短,距离较远。肛门比较小并相距躯体后缘较远,其周围具4对刚毛。体背的刚毛均较短,等长于足Ⅰ胫节。顶外毛(*ve*)在顶内毛(*vi*)之后,胛毛(*sc*)离*ve*较远,肩外毛(*he*)和肩内毛(*hi*)相近;背毛d_2间相距很近,d_4位于躯体后缘;侧腹腺前方有2对侧毛(l_1、l_2)。

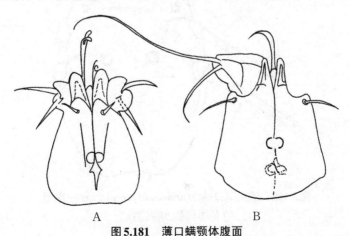

A B

图5.181 薄口螨颚体腹面
A. 速生薄口螨(*Histiostoma feroniarum*)♀;B. 吸腐薄口螨(*Histiostoma sapromyzarum*)♀
(仿李朝品,沈兆鹏)

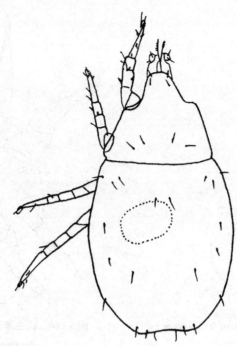

图5.182 速生薄口螨（*Histiostoma feroniarum*）♀背面
（仿李朝品,沈兆鹏）

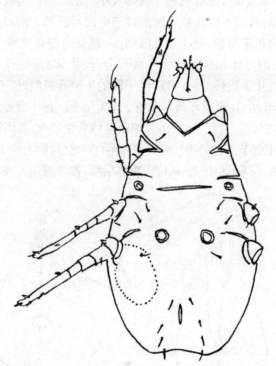

图5.183 速生薄口螨（*Histiostoma feroniarum*）♀腹面
（仿李朝品,沈兆鹏）

　　各足均短粗,具爪,且由成对的杆状物所支持,柔软的前跗节包围着杆状物的基部。刚毛均粗壮如刺,类似于根螨属。足Ⅰ、Ⅱ跗节第一感棒(ω_1)的前方着生有背中毛(Ba)(图5.184),足Ⅰ跗节的ω_1着生在基部,并向后弯曲覆盖在足Ⅰ胫节的前段。足Ⅱ跗节的感棒ω_1略弯,位置正常。每足跗节末端的腹刺均发达。足Ⅰ、Ⅱ胫节上的感棒φ较短。足Ⅰ膝节的感棒σ_1和σ_2长度相等,而足Ⅲ膝节无感棒σ。

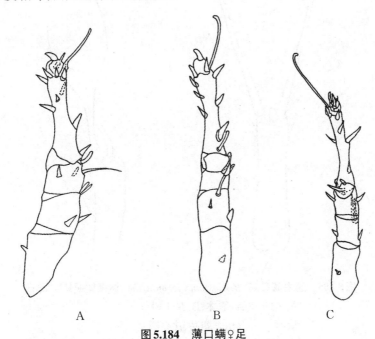

A　　　　　　　　　B　　　　　　　　　C

图5.184　薄口螨♀足

A. 速生薄口螨(*Histiostoma feroniarum*)右足Ⅰ侧面;B. 速生薄口螨(*Histiostoma feroniarum*)右足Ⅱ侧面;
C. 吸腐薄口螨(*Histiostoma sapromyzarum*)右足Ⅰ腹面
(仿李朝品,沈兆鹏)

　　休眠体:躯体长度为120～190 μm,扁平,体后缘渐窄,表皮骨化十分明显。颚体特化,顶内毛(vi)前伸,顶外毛(ve)短(图5.185)。前足体呈三角形。躯体背面具6对刚毛,较细小(图5.186)。腹面(图5.187),足Ⅲ表皮内突相互连接于中线处,因此,1条拱形线将胸板和腹板分开。足Ⅰ、Ⅱ基节板明显,足Ⅲ基节板几乎封闭。足Ⅰ、Ⅲ基节板上各具1对小吸盘,体末端具吸盘板,较发达,其上有以2、4、2形式排列的8对吸盘。足均细长,具爪,后2对足向前方伸展,有助于固定在寄主上。足Ⅰ的末端有一刚毛,呈膨大状,其基部有叶状背端毛d,呈透明状;足Ⅱ的末端也有叶状d。足Ⅰ的第一感棒(ω_1)比同足的胫节感棒φ短,膝节感棒(σ)比膝节的刺状刚毛短。足Ⅱ的ω_1长于同足的胫节感棒φ与膝节感棒σ。

　　幼螨:足Ⅰ、Ⅱ基节水平间着生有1对几丁质环;体背布有叶状突起,突起上有背刚毛着生(图5.188)。

　　若螨:第一若螨与第三若螨都类似于雌螨,但第一若螨具1对几丁质环,第三若螨具2对几丁质环。

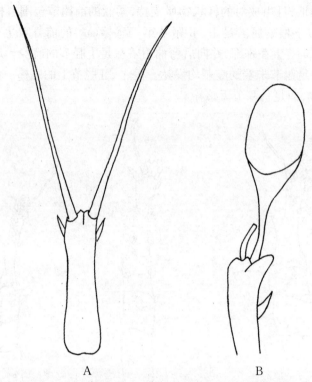

图5.185　速生薄口螨(*Histiostoma feroniarum*)休眠体颚体与跗节

A. 颚体;B. 足Ⅰ跗节

(仿李朝品,沈兆鹏)

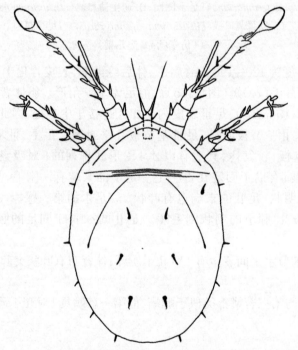

图5.186　速生薄口螨(*Histiostoma feroniarum*)休眠体背面

(仿李朝品,沈兆鹏)

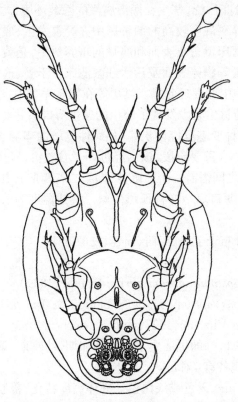

图5.187 速生薄口螨（*Histiostoma feroniarum*）休眠体腹面

（仿李朝品，沈兆鹏）

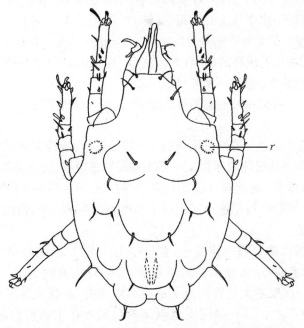

图5.188 速生薄口螨（*Histiostoma feroniarum*）幼螨背面

r:几丁质环

（仿李朝品，沈兆鹏）

【孳生习性】　该螨分布广泛,孳生在潮湿腐烂的隐蔽环境,尤其是潮湿腐败的食物或液体中。在菌丝老化和培养料湿度较高的菌种瓶中亦经常发生,成螨或休眠体常躲藏在蘑菇生长底料的底层越冬。菌床覆盖土表面和腐烂的培养料中,是栽培菌菇的重要害螨。还包括腐烂的植物、谷物、面粉等物体表面及污水细菌滤床。干姜、槟榔、红枣、黑枣、葡萄干、杨梅干、芒果干、香菇等食物中亦发现此螨。洪勇等在储藏洋葱中发现速生薄口螨并对其形态进行观察。柴强等在中药材生姜中发现了孳生的速生薄口螨并对其进行形态的观察。据报道,人接触此螨可引起多种变态反应性疾病,如螨性过敏性哮喘、过敏性皮炎等。休眠体是速生薄口螨生活史中的一个重要阶段,该螨经过卵、幼螨、再经过第一至第三若螨后发育为成螨,第一与第三若螨期之间需有一个休眠体(即第二若螨期),其在3~3.5天的时间里很快完成其生活周,与实验室薄口螨一样营孤雌生殖。最适温度为25~30℃。气温较高的6月是雌螨孳生的高发期。

【国内分布】　主要分布于上海、江西、福建、安徽等地。

（何　翠）

44. 吸腐薄口螨（*Histiostoma sapromyzarum* Dufour,1839）

【同种异名】　*Hypopus sapromyzarum* Dufour,1839;*Anoetus sapromyzarum* Ouderman,1914;*Anoetus humididatus* Vitzhum,1927;*sensu* Scheucher,1957。

【形态特征】　吸腐薄口螨的生活史主要包括卵期、幼螨期、第一至第三若螨期和成螨。幼螨有3对足,若螨和成螨各有4对足。

雌螨:体长300~650 μm,无色或淡白色。颚体高度特化,螯肢镰状,背缘锯齿状。螯肢从由须肢基形成的凹槽内伸出,可自由活动,须肢端节平而完整,须肢端节叶突上着生2根刺状长毛,其中一根的长度为另一根的2倍多。前后半体间具有一横缝,后半体后缘略凹陷。腹面具有2对卵圆形几丁质环,环中都收缩,似鞋底。第一对几丁质环位于足Ⅱ、Ⅲ之间,第二对位于足Ⅳ同一水平线上。生殖孔横向开孔,位于第一对几丁质环之间,足Ⅰ两基节内突在体中线相接。足Ⅱ和Ⅳ的基节内突短,内端相互远离。肛孔小,距后缘远。生殖毛两对,分别位于第二对几丁质环的前、后方。足短、细、具爪。足Ⅰ膝节除σ毛外皆强化如刺状。足Ⅰ和足Ⅱ上的感棒φ短而不明显(图5.189)。

雄螨:躯体长400~620 μm,形态与雌螨相似,区别在于腹面几丁质环呈肾形,几丁环内凹部分向外。

休眠体:第一若螨和第三若螨之间可有1个第二若螨,或称为休眠体,这是生活史中的一个特殊的发育阶段。休眠体躯体长300~500 μm,形态扁平,后缘尖狭,表面强骨化。前足体几乎呈三角形,躯体背面刚毛细小。腹面具一吸盘板,其上着生8对吸盘。足长,具爪,足皆前伸。当足向前伸展时,可迅速地产生向下的推力而弹向空中,借助某些甲虫、蝇类和多足纲动物向周围传播。

【孳生习性】　吸腐薄口螨个体微小,营自生生活,常群居在阴暗、潮湿、温暖的环境,是食用菌的主要危害螨类,可使菌体腐烂发臭,影响食用菌的生产。吸腐薄口螨可取食液态或半液态食物,在根茎类植物的地下部嫩茎或茎尖、蘑菇培养料和腐烂的蘑菇、霉变面粉等常发现该螨孳生。另有研究发现吸腐薄口螨可在中药材白芨上孳生,致其腐烂变质。

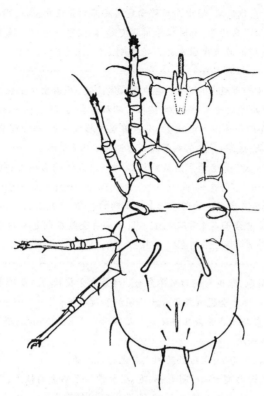

图5.189 吸腐薄口螨(*Histiostoma sapromyzarum*)♀腹面
(仿李朝品,沈兆鹏)

【国内分布】 主要分布于江西、安徽等地。

(高树东)

第二节 革 螨 亚 目

革螨亚目(Gamasida)是一大类多样性丰富、世界性分布的螨类集合,拥有极其多样化的生活方式和栖境类型。其中,大部分的革螨是非寄生性的捕食者(Karg,1993);其他革螨有些是在哺乳动物、鸟类、爬行动物或节肢动物身体营寄生或共生(Strandtmann et Wharton,1958;Yunker,1973;Treat,1975;Walter et Proctor,1999);另有取食真菌、植物花粉或花蜜的革螨种类相对较少(Walter et Proctor 1999)。在本书关注的家栖环境中,人们往往可以在家居庭院和盆栽植物的土壤、凋落物、朽木、堆肥、粪肥、腐肉、家鼠、白蚁的巢穴和房屋灰尘及类似环境中发现上述革螨类群。还有些革螨生活在海岸的潮间带或淡水水系的边缘地带。

革螨亚目的体型大小通常为200~4500 μm。躯体背、腹面分别具有若干独特的硬化骨板。颚体口下板最多具4对刚毛。常具有胸叉,胸叉基部明显,叉丝1~2根覆有小毛。肛孔光裸或最多具1对毛。常具凸出的头盖。革螨亚目分科检索表见表5.23。

表5.23 革螨亚目分科检索表

1. 雌螨生殖板呈椭圆形、近三角形或舌状,通常光滑无表面修饰,部分或全部被愈合的"胸-内足-腹板"所包围,*st*1~5着生于"胸-内足-腹板"上(*st*5很少位于游离的骨板上,骨板可能与生殖板部分愈合)，生殖板通常仅限于足体区域，很少向后移动或与腹部的骨板愈合；成螨有1到几个骨板，通常具有缘板或者缘小板，气门沟通常弯曲，有时位于角状突起部分，很少退化。胸叉基部常扩展，形状似矩形或柱状。成螨和第二若螨的股节Ⅳ通常具7～8根刚毛(如果有6根，则口下板毛$h2$和$h3$纵向对齐)⋯⋯⋯⋯⋯⋯⋯⋯⋯⋯⋯⋯⋯⋯⋯⋯⋯⋯⋯⋯⋯⋯⋯⋯⋯⋯⋯⋯⋯⋯⋯⋯⋯⋯⋯⋯⋯⋯⋯ 尾足螨股

雌螨生殖板呈烧瓶状、楔形或近三角形，常延伸至末体区域，$st5$着生于生殖板上或在其两侧的足后区；生殖板在一些内寄生类群中退化或消失；生殖板常不被愈合的"胸-内足-腹板"包围；成螨有1～2块背板，无缘板或缘小板；气门沟为典型的线型，有时前端或后端反折，很少退化；胸叉的基部圆柱形或扁平的，不呈近矩形或柱状；成螨、第二若螨的股节Ⅳ通常具有6根刚毛 ⋯⋯⋯⋯⋯⋯⋯ 革螨股2

2. 雌螨生殖板近三角形，$st4$着生于生殖板前侧缘的一对大的胸后板上，刺状刚毛；雄螨足Ⅱ有大的距突 ⋯⋯⋯⋯⋯⋯⋯⋯⋯⋯⋯⋯⋯⋯⋯⋯⋯⋯⋯⋯⋯⋯⋯⋯⋯⋯⋯⋯⋯⋯⋯⋯⋯⋯⋯⋯⋯ 寄螨科

雌螨无三角形生殖板，$st4$着生在小的胸后板上或柔软的表皮上，或着生于胸板后侧的转角处 ⋯⋯⋯ 3

3. 雌螨胸板常与胸后板愈合而具4对胸毛$st1～4$；雄螨有全腹板或分为胸殖板和腹肛板；须肢跗节爪(叉毛)2分叉；足膝节Ⅳ通常具7根刚毛(1 2/1，2/0 1)，胫节具7根刚毛(1 1/1，2/1 1)；雄螨胸毛$st5$在游离的板上 ⋯⋯⋯⋯⋯⋯⋯⋯⋯⋯⋯⋯⋯⋯⋯⋯⋯⋯⋯⋯⋯⋯⋯⋯⋯⋯⋯⋯⋯⋯⋯⋯⋯⋯⋯ 双革螨科

雌螨胸板常具3～4对胸毛，胸板与胸后板不愈合，$st4$着生于柔软的盾间膜或位于胸后板上，胸后板游离或者与足内板融合；雄螨有全腹板或者分为胸殖板和腹肛板 ⋯⋯⋯⋯⋯⋯⋯⋯⋯⋯⋯⋯ 4

4. 气门沟基部呈U形(在与气孔连接处近环状)；足膝节Ⅰ常具2根腹毛；跗节Ⅰ通常无爪；雌螨在生殖板两侧的表皮各具骨板一块 ⋯⋯⋯⋯⋯⋯⋯⋯⋯⋯⋯⋯⋯⋯⋯⋯⋯⋯⋯⋯⋯⋯⋯⋯⋯⋯⋯ 巨螯螨科

气门沟正常，基部无环状的特征；生殖板两侧表皮无骨板附属 ⋯⋯⋯⋯⋯⋯⋯⋯⋯⋯⋯⋯⋯⋯⋯⋯ 5

5. 雌螨胸板具有1对或者典型的2对刚毛；胸毛$st3$经常位于临近的板上，或在柔软的盾间膜上，很少位于胸板上；末体背板无刚毛$J5$和缘毛R；足股节Ⅱ有10根刚毛(含4根背毛)，刚毛羽状或者刷状⋯⋯⋯ 美绥螨科

雌螨胸板通常具0～3对胸毛；末体背板常具刚毛$J5$并通常有1或者更多的缘毛R；足股节Ⅱ有10～11根刚毛(含5根背毛) ⋯⋯⋯⋯⋯⋯⋯⋯⋯⋯⋯⋯⋯⋯⋯⋯⋯⋯⋯⋯⋯⋯⋯⋯⋯⋯⋯⋯⋯⋯ 6

6. 雌螨生殖板后缘平截，生殖板后缘紧贴腹肛板或者与肛板远离，肛板呈圆形或者椭圆形，通常不呈倒三角形 ⋯⋯⋯⋯⋯⋯⋯⋯⋯⋯⋯⋯⋯⋯⋯⋯⋯⋯⋯⋯⋯⋯⋯⋯⋯⋯⋯⋯⋯⋯⋯⋯⋯⋯⋯⋯⋯⋯ 7

雌螨生殖板宽或后缘微圆，通常与近三角形的肛板分离 ⋯⋯⋯⋯⋯⋯⋯⋯⋯⋯⋯⋯⋯⋯⋯⋯⋯⋯⋯ 8

7. 成螨和第二若螨的背板刚毛不超过20对，雌螨背部体表缘毛不超过4对；足胫节Ⅱ有7根刚毛(含1根前侧毛和3根背毛)；胫节Ⅳ有6根刚毛(1根前侧毛和1根腹毛)；螯肢动、定趾发育正常，长度相近；具胸叉，叉丝发育良好；腹肛板具肛孔 ⋯⋯⋯⋯⋯⋯⋯⋯⋯⋯⋯⋯⋯⋯⋯⋯⋯⋯⋯⋯⋯⋯ 植绥螨科

成螨和第二若螨的背板刚毛超过20对，雌螨背部体表缘毛超过4对；雄螨$st3$位于胸板后侧转角处，$st4$通常游离在盾间膜；末体背板末端有成对的凹坑；螯肢动趾通常具2齿 ⋯⋯⋯⋯⋯⋯⋯⋯⋯ 囊螨科

8. 螯肢细长，无齿；颚角膜质，常呈叶状。足基节Ⅱ有一个大的不具刚毛的距(很小或者缺失)，其他基节无距，但有较小的脊；膝节Ⅳ通常具2根腹毛⋯⋯⋯⋯⋯⋯⋯⋯⋯⋯⋯⋯⋯⋯⋯⋯⋯⋯ 巨刺螨科

足胫节Ⅰ和膝节Ⅰ各有2根前侧毛(2 3/2，2/1 2或2 3/2，3/1 2或2 3/1，2/1 1)；头盖光滑或具齿状前缘，通常不延长；背板完整或在侧面切口后分裂；雌螨具肛板或很少具腹殖肛板，雄螨通常是全腹板。螯肢，足基节Ⅱ无上述特征 ⋯⋯⋯⋯⋯⋯⋯⋯⋯⋯⋯⋯⋯⋯⋯⋯⋯⋯⋯⋯⋯⋯⋯⋯ 皮刺螨科

(闫　毅)

一、寄螨科

目前世界记载的寄螨科(Parasitidae Oudemans，1902)共有40余个属，通常以小型螨类、昆虫等身体较柔软的节肢动物、腐败的有机物等为食，为捕食螨和腐食螨，营自由生活。寄

螨科的特征:雌螨的须肢跗节叉毛3叉状,头盖3叉。背板1块或分为2块。胸后板异常发达,并斜盖在生殖板的前缘。生殖板呈三角形,顶端尖细。雄螨的足Ⅱ具非常强大的表皮突。在我国家栖螨类主要有真革螨属(*Eugamasus*)、异肢螨属(*Poecilochirus*)。中国寄螨科分属检索表(雌螨)见表5.24。

表5.24 中国寄螨科分属检索表(雌螨)

1. 生殖板与腹肛板完全愈合 ························· 异肢螨属 *Poecilochirus* G. et R. Canestrini,1882
   生殖板与腹肛板不完全愈合 ··· 2
2. 须肢膝节 *g*1 和 *g*2 毛末端多分支 ··················· 新革螨属 *Neogamasus* Tichomirov,1969
   须肢膝节 *g*1 和 *g*2 毛光裸 ··· 3
3. 须肢股节 *f*1 毛端部尖 ···························· 角革螨属 *Cornigamasus* Evans et Till,1979
   须肢股节 *f*1 毛端部分叉 ·· 4
4. 须肢股节 *f*1 毛端部分2叉 ··························· 寄螨属 *Parasitus* Latreille,1795
   须肢股节 *f*1 毛端部多分叉 ··············· 常革螨属 *Vulgarogamasus* Tichomirov,1969

(一)真革螨属

真革螨属(*Eugamasus* Berlese,1893)的特征:须肢跗节叉毛3叉状。背面为1块或2块背板所覆盖,背板表皮通常革质化。第二胸板齿排成横列。胸侧板与生殖板愈合。雄螨螯肢动趾有一导精趾,其末端与动趾愈合。雄螨足Ⅱ股节、膝节膨大,并具有粗指形突起。

1. 勃氏真革螨(*Eugamasus butleri* Hughes,1948)

勃氏真革螨是Hughes于1948年首先命名的一种革螨,常栖息于稻谷、砻糠、腐烂碎屑粮食、啤酒糟底层和房舍尘土等处,在我国主要分布于四川省、云南省等地。

【同种异名】 无。

【形态特征】 雌螨体躯较大,似长椭圆形,体长约840 μm,体末端呈圆平状。体背面前后背板分离,似桃形,只覆盖背面大部分。背板上及盾间膜上有许多光滑而尖的刚毛(图5.190)。胸板和胸后板侧缘与足内板愈合。胸侧板1对与胸后板后缘相接,腹肛板向体后紧缩,其前尖延伸与气门沟板愈合,上有7对刚毛。气门沟板不与前背板愈合。头盖3叉形,

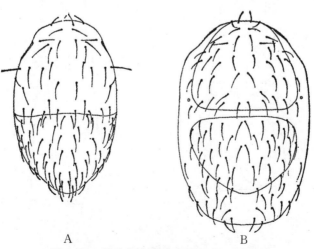

A   B

图5.190 勃氏真革螨(*Eugamasus butleri*)

A. ♂;B. ♀

(引自忻介六,沈兆鹏)

中央叉及两侧叉均小而短(图5.191)。螯肢动趾有2个倒齿;定趾具数根小齿和1根小钳齿毛(图5.192)。须肢跗节叉毛3叉状。

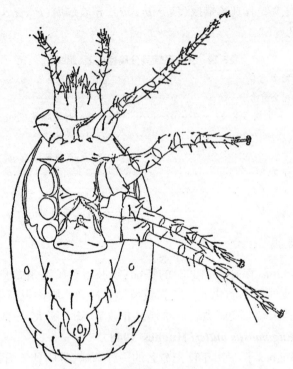

图5.191　勃氏真革螨(*Eugamasus butleri*)

(引自忻介六,沈兆鹏)

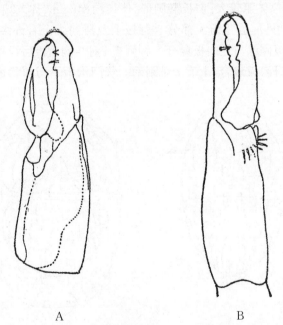

A　　　　　　　　　　B

图5.192　勃氏真革螨(*Eugamasus butleri*)螯肢

A. ♂;B. ♀

(引自忻介六,沈兆鹏)

　　雄螨与雌螨外形结构相似,呈椭圆拱形,体长约680 μm,红褐色。背面为2块连接的背板所覆盖。板上有鳞片状线条和光滑而尖的毛。背板前面与气门沟板愈合,后面与腹肛板愈合(图5.190)。第三胸板两侧有1对小的前足内板。胸殖板大,从Ⅱ基节延伸到Ⅳ基节,其前缘包围Ⅱ基节,但不与气门沟板连接。Ⅱ~Ⅳ基节区,胸殖板与足内板愈合,常有5对毛。腹肛板覆盖体末,上有许多细毛。气门沟呈波状,位于体侧,气孔位于Ⅲ和Ⅳ基节之间。颚体的颚角轮廓清晰,着生在须肢基节上。头盖3叉形,中央叉较两侧叉长而大(图5.190)。螯肢大而骨化。导精趾端部与动趾愈合。定趾具1个齿及1根微毛(图5.193)。足Ⅱ粗大,特别是转节至胫节膨大。胫节、膝节中部有指状突起。股节有1个大的圆锥形突起,端部有小指状突起物。跗节长,有2条横缝和许多粗毛。

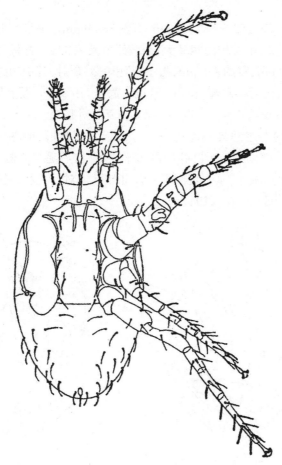

图5.193　勃氏真革螨(*Eugamasus butleri*)
(引自忻介六,沈兆鹏)

　　【孳生习性】　勃氏真革螨属自由生活螨,行有性生殖。雌雄交配后所产的卵,在适宜环境,经3~8天孵化为幼螨,幼螨取食2~3天,进入静息状态,脱皮后变为第一若螨,再经第二若螨发育为成螨。该螨行动活泼,常栖息于稻谷、砻糠及碎屑中,有时还栖息于啤酒糟底层、腐烂碎屑粮食和房舍尘土中,并在仓储粮食及加工副产品里捕食粉螨科螨类及其他小节肢动物,进而污染粮食和食品。

　　【国内分布】　主要分布于四川省、云南省等地。

（二）异肢螨属

异肢螨属（*Poecilochirus* G. et R. Canestrini，1882）的特征：体大型或中型，骨化较弱。外形与寄螨科（Parasitidae）其他属的区别在于雄螨的颚角呈钩状，而雌螨的生殖板与腹肛板完全愈合。已知螨种的雄螨足Ⅰ跗节均无爪。第二若螨螯钳有钳齿毛，胸板前部有深色网纹（仅有1种例外）。大多数的种是依据第二若螨描述，近些年仅有若干种记述了雌螨和雄螨。

2. 埋岬异肢螨（*Poecilochirus necrophori* Vitzthum，1930）

埋岬异肢螨是Vitzthum于1930年首先命名的一种革螨，是鼠类等宿主动物体表常见的寄生虫之一，在我国大部分地区有分布。

【同种异名】　无。

【形态特征】　第二若虫体长约1181 μm，宽约839.9 μm。螯肢发达；螯钳具齿；动趾长102 μm。颚盖前端分3叉，中叉较两侧叉大；须肢跗节叉毛3叉。背板分两块，前背板前端宽圆，后缘平直，长约618 μm，宽约849 μm，板上具刚毛20余对，其中边缘中部1对很长，呈微羽状；后背板前缘略平直，后端圆钝，长约443 μm，宽约719.9 μm，板上具刚毛约13对。胸板前区具两块骨板。胸板长约369 μm，宽约212 μm（第2对胸毛水平），板上具刚毛4对、隙状器3对，第1与第2对胸毛之间具一深色横带。肛板呈倒梨形，前端圆钝，后端尖窄，长约171.6 μm，宽约111 μm，肛侧毛位于肛孔中部水平之后，肛后毛与肛侧毛略等长。气门沟延伸至足基节Ⅰ后部。足后板小，呈不规则形。足Ⅱ较其他对足粗壮，足Ⅳ股节背面前缘具微羽状长刚毛1根，长约295 μm（图5.194）。

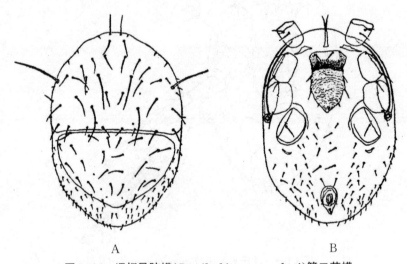

A　　　　　　　　　　　　　　　B

图5.194　埋岬异肢螨（*Poecilochirus necrophori*）第二若螨

A. 背面；B. 腹面

（引自潘锦文，邓国藩）

【孳生习性】　目前记载的宿主有莫氏田鼠、布氏田鼠、狭颅田鼠、黑线毛足鼠、五趾跳鼠、中华鼢鼠、达乌尔黄鼠、黑线仓鼠、黑线姬鼠、大林姬鼠、长爪沙鼠、棕背䶄、鼠兔、长爪鼹鼱、根田鼠、獾猪等。

【国内分布】　主要分布于河北省、内蒙古自治区、吉林省、黑龙江省、青海省、新疆维吾尔自治区、陕西省、宁夏回族自治区、河南省、西藏自治区、重庆市等地。

二、皮刺螨科

皮刺螨科(Dermanyssidae Evan,1966)：体型中等大小，雌螨和若螨可吸食大量血液，身体可膨胀较大。颚盖常狭长而尖。雌螨螯肢第二节窄长，远超过第一节之长，呈针刺状，其端部具细小的螯钳，颚角膜质化不明显。躯体后缘宽圆。背板1块或分为2块。具胸叉，边缘常具透明细齿。胸后板退化。生殖腹板一般呈舌状或锥状，具1对刚毛。肛板上具5根围肛毛。气门沟细长。各足具前跗节、爪和爪垫。皮刺螨科有些种类寄生于哺乳动物类和鸟类的体表、巢穴，有些则自由生活于土壤和腐殖质中，甚至跟节肢动物相关。部分寄生型的皮刺螨寄主特异性不高，常在寄主动物死亡或从巢穴迁徙后更换寄主，因此时常有皮刺螨科螨类侵袭人类的情况发生。常见家栖皮刺螨科分属检索表见表5.25。

表5.25 常见家栖皮刺螨科分属检索表

1. 背板刚毛密布，毛序不可辨认。头盖呈火舌状；寄生于哺乳动物 ……………………… 2
   背板刚毛较少，毛序可辨。头盖光滑或呈锯齿状，寄生、携播或自由生活 ……………… 3
2. 雌螨足后板小，呈卵圆形；气门板狭窄；生殖腹板一般不膨大 ………… 血革螨属(Haemogamsus)
   雌螨足后板异常发达，呈三角形；气门板宽阔；生殖腹板膨大 ………… 真厉螨属(Eulaelaps)
3. 螯钳强壮，钳状，具齿；寄生于脊椎动物或营自由生活或与节肢动物相关 ……………… 4
   螯钳细弱，剪状或鞭状，无齿；寄生于脊椎动物 …………………………………………… 5
4. 足Ⅱ股节、膝节各具一发达的距，螯钳钳齿毛基部明显膨大 ………… 阳厉螨属(Androlaelaps)
   足Ⅱ股节、膝节均无上述距，螯钳钳齿毛纤细，短毛状 ………………… 下盾螨属(Hypoaspis)
5. 胸板宽显著大于长，上具1~2根胸毛；生殖腹板后缘钝圆；雄螨全腹板上具1横线将板分为2部分…
   ……………………………………………………………………………………… 皮刺螨属(Dermanyssus)
   胸板宽略大于长，上具3根胸毛；生殖腹板后缘略尖；雄螨全腹板无横线将板分开……………
   …………………………………………………………………………………… 拟脂刺螨属(Liponyssoides)

(一)阳厉螨属

阳厉螨属(Androlaelaps Berlese,1903)：为相当骨化的螨类，体长400~1600 μm。头盖圆形，无齿。雌螨螯肢的动趾常有2个齿；雄螨螯肢的动、定趾无齿，动趾较定趾长，且部分与导精趾愈合，钳齿毛较长，基部膨大。须肢的趾节呈双尖头状。雌螨的胸板通常宽大于长。气门板后方游离，雌螨有足内板。足Ⅳ膝节上常有后侧毛2根，雄螨或两性足Ⅰ股节上1根前腹毛变为短距。所有足前跗节有1对爪。

3. 酪阳厉螨(Androlaelaps casilis Berlese,1887)

酪阳厉螨是Berlese于1887年首先命名的一种革螨，为一种杂食螨类，常栖息于泥炭沼、烤房用的木屑、粮食和干草的筛落物、房屋、蝙蝠窝、哺乳动物、鸟类的体躯和巢穴等处。

【同种异名】 *Iphis casalis* Berlese，1887；*Haemolaelaps megaventralis* Strandtmann，1947；*Hypoaspis freemani* Hughes，1948；*Haemolaelaps casalis* Berlese，1887。

【形态特征】 雌螨呈椭圆形，棕褐色，体长640~740 μm。体躯背面几乎全被1块有网纹的背板所覆盖。背毛39对，不成对毛2~3根。缘毛9对。腹面胸板向后延伸至Ⅲ足基节中央，板上着生3对毛，有2对孔。生殖板大，呈花瓶状，着生1对毛。肛板呈三角形，与生殖板分离，靠近体末，板上着生3根肛毛。生殖板与肛板两侧盾间膜上有7对毛。气门沟板顶端不与背板愈合。头盖呈头巾状(图5.195)。螯肢的定趾、动趾均有2齿；钳齿毛1根。第二胸板有齿6横列(图5.196)。各足毛序与足Ⅳ膝节有2根后侧毛的正常毛序不同。

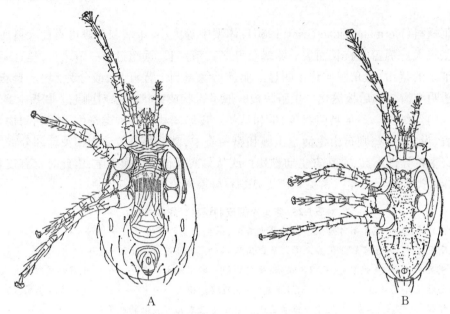

图5.195   酪阳厉螨(*Audrolaelaps casalis*)

A.♀;B.♂

(引自忻介六,沈兆鹏)

雄螨体长500~570 μm,腹面几乎为全腹板所覆盖。腹板在Ⅳ基节后逐渐向内缩呈桃状,板末端伸达体末。胸区有刚毛4对,孔3对,殖腹区有毛6对。肛孔靠近体末,有肛毛3根。气门沟延伸至Ⅰ基节中央,气门板的前端与背板愈合(图5.195)。螯肢的动趾位于导精趾沟内,其基部有一明显的孔,定趾略弯,有1根钳齿毛(图5.196)。导精趾和动趾紧贴在一起活动,夹紧精球柄,定趾和钳齿毛支持精球,经导精趾沟而导入雌螨受精囊孔中。

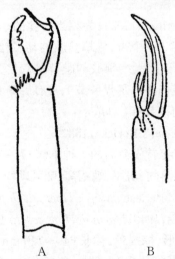

图5.196   酪阳厉螨(*Audrolaelaps casalis*)螯肢

A.♀;B.♂

(引自忻介六,沈兆鹏)

【孳生习性】 酪阳厉螨是行动敏捷的螨类,有广泛的栖息地,常栖息于泥炭沼、烤房用的木屑、粮食和干草的筛落物、房屋、蝙蝠窝、哺乳动物、鸟类的体躯和巢穴等处。该螨是一种杂食螨类,行两性生殖。雌雄交配后,雌螨产卵于隐蔽处,每天产卵1~2粒。卵期可延达1个月以上。卵白色,呈椭圆形,较大,长35~38 μm,在适宜环境中,经6~7天可孵化成幼螨。幼螨取食1~2天,即进入静休期并脱皮变成若螨后,常隐蔽以免敌害。经两期若螨发育为成螨。体色也随脱皮次数的增加而加深,从淡黄色到黄色至成螨变为深黄棕色或棕色。该螨喜潮湿,在仓库储藏稻谷、小麦、米糠和碎屑米中捕食粉螨及其他甲虫卵,常排泄较多的白色粪便而污染粮食。在粮食堆中常居面层,下层较少,当温度超过35 ℃暴晒粮食时,短时内即可死亡。

【国内分布】 主要分布于北京、上海、四川、江苏、浙江、河南、陕西、黑龙江、吉林、辽宁等地。

(二)下盾螨属

下盾螨属(*Hypoaspis* Canestrini,1884):头盖前缘光滑或有小齿。雌螨螯肢动趾有2个齿及1根短钳齿毛。雄螨导精趾游离,远侧呈沟状,不与动趾愈合。须肢趾节有2个或3个齿尖。雌螨胸板的长度通常与宽度相等,或超过它的宽度,有后足板。气门沟板后方游离或与足外板愈合。雄螨或两性足Ⅱ股节上1根腹毛呈刺状,足Ⅰ前跗节退化或缺如,其余足前跗节有成对的爪。下盾螨属分种检索表见表5.26。

表5.26 下盾螨属分种检索表

1. 足后板1对,无胸前板且胸板前区具纹路,头盖边缘具齿纹 ……………………… 2
   足后板3对,具有胸前板1对,头盖边缘光滑 ……………………… 溜下盾螨 H. lubrica
2. 胸板前侧角窄,背板刚毛39对,针状,胸板前区具网纹,足后板细窄呈棒状 ……………………… 尖狭下盾螨 H. aculeifer
   胸板前侧臂宽,背板刚毛37对,窄叶状,胸板前区具横纹,足后板小呈椭圆形 ……… 兵下盾螨 H. miles

4. 溜下盾螨(*Hypoaspis lubrica* Voigts et Oudemans,1904)

溜下盾螨是Voigts和Oudemans于1904年首先命名的一种革螨,常与谷物、碎屑、腐烂的燕麦等上的粉螨科螨类和其他小节肢动物杂居在一起,为中温高湿性螨类。

【同种异名】 *Hypoaspis smithu* Hughes,1948;*Hypoaspis murinus* Strandtmann et Menzies,1948。

【形态特征】 雌螨体长约1120 μm,呈椭圆形,背板棕褐色且有网纹,着生光滑而尖的刚毛39对。前内足板边缘清晰,由1条窄的表皮连接。胸板似梯形,长大于宽,前缘直,后缘凹,前半部有花纹,从Ⅱ基节前缘延伸到Ⅲ基节的中部,着生刚毛3对,有孔2对。生殖板呈试管状,两侧略凹,其前缘被胸板所覆盖,板上有网纹,有生殖毛1对。肛板呈三角形,远离生殖板,有3根肛毛。气门沟板向前端伸延与背板愈合,后端游离。生殖板后缘两侧、末体侧缘、后缘及肛板四周有光滑毛16对(图5.197)。头盖圆形,前缘光滑,中间略凹,有不规则齿状花纹(图5.198)。第二胸板有6横排小齿。螯肢动趾具2齿,定趾具3齿和2根钳齿毛(图5.199)。须肢的趾节有2齿。足Ⅰ~Ⅳ末端有很发达的前跗节和爪。足Ⅱ跗节和胫节以及足Ⅲ和Ⅳ的膝节、胫节和跗节上的某些腹毛呈粗刺状。

雄螨与雌螨一般结构相似,但雄螨较雌螨短,体长约440 μm。前内足板边缘不及雌螨清晰,且互相分离。腹面被1块有网纹的腹板所覆盖。其侧缘在Ⅳ基节后略凹,与尖卵形肛板愈合(图5.200)。颚体的螯肢定趾有1个齿与1根钳齿毛。动趾有1个不清楚小齿,基部四周有一圈短毛。导精趾顶端呈匙状,基部与动趾靠紧(图5.199)。

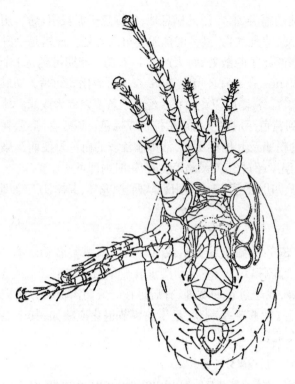

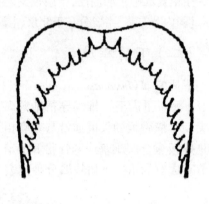

图 5.197　溜下盾螨（*Hypoaspis lubrica*）♀腹面
（引自忻介六，沈兆鹏）

图 5.198　溜下盾螨（*Hypoaspis lubrica*）头盖
（引自忻介六，沈兆鹏）

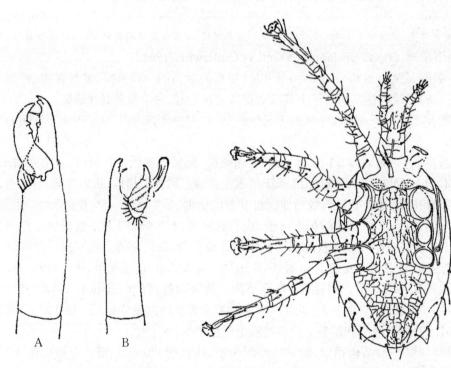

图 5.199　溜下盾螨（*Hypoaspis lubrica*）螯肢
A.♀;B.♂
（引自忻介六，沈兆鹏）

图 5.200　溜下盾螨（*Hypoaspis lubrica*）♂腹面
（引自忻介六，沈兆鹏）

【孳生习性】 溜下盾螨行两性生殖。生长发育经卵期、幼螨期及二次若螨期发育为成螨。成螨活泼且行动快,喜阴湿环境,不喜干燥向阳处所,在粮面上活动较多,中、下层较少。常栖息于仓储粮食及加工副产品、小哺乳动物、鼠类的巢穴和燕巢等地。捕食储粮及食物中粉螨的卵和各发育阶段的幼螨与若螨,大量繁殖时,通过其排泄的粪便污染粮食,导致不能食用。

【国内分布】 主要分布于四川省、湖南省、云南省等地。

5. 尖狭下盾螨(*Hypoaspis aculeifer* Canestrini,1884)

尖狭下盾螨是 Canestrini 于 1884 年首先命名的一种革螨,常栖息于大米、面粉及加工副产品、土壤、落叶、啮齿动物巢穴等处,呈世界性分布。

【同种异名】 *Laelapis aculeifer* Canestrini,1884。

【形态特征】 雌螨体长 600~940 μm,呈长椭圆形,棕褐色。背面全为 1 块骨化深的背板所覆盖。背板上着生细而尖的光滑毛 39 对,背前区毛较背后区毛长。头盖呈圆形,前缘凹出,有小齿。胸板略似长方形,两侧缘凹,后缘略平直,前大部分有网纹,板上具刚毛 3 对和孔 2 对。胸后毛 1 对,位于节间膜上。生殖板似长颈瓶状,前缘为胸板后缘所覆盖,板上有网纹,前部密,后部稀,生殖板有刚毛 1 对。肛板似三角形,远离生殖板,其后缘与体末相连,板上有密网纹,有围刚毛 3 根。生殖板和肛板之间盾间膜上有刚毛 7 对。气门沟板前端与背板愈合,后端游离(图 5.201)。头盖圆形,前缘齿状(图 5.202)。螯肢动趾具 2 个齿,定趾有数根小齿和 1 根短钳齿毛。所有足较长,有前跗节和双爪。足 Ⅱ、Ⅲ、Ⅳ 着生有粗厚的刺,其中足 Ⅱ 较足 Ⅳ 的粗刺短 1/3。

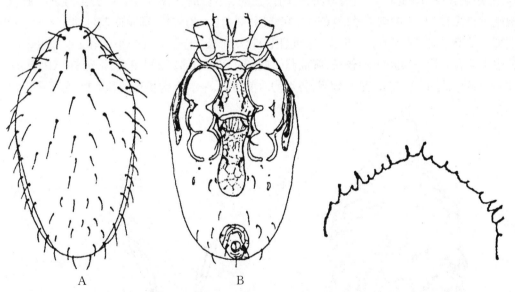

图 5.201 尖狭下盾螨(*Hypoaspis aculeifer*)♀
　　A. 背面;B. 腹面
　　　(引自陆联高)

图 5.202 尖狭下盾螨(*Hypoaspis aculeifer*)
头盖
　　(引自忻介六,沈兆鹏)

雄螨体长约 480 μm,体躯外形的一般结构与雌螨相似。螯肢有游离的导精趾。

【孳生习性】 尖狭下盾螨喜潮湿,以其他螨类、跳虫和线虫等为食,属中湿性、捕食类螨类,常栖息在大米、面粉及加工副产品、土壤、落叶、啮齿动物巢穴等处。行两性生殖。生长发育与环境温度关系紧密,经卵期、幼螨期及第一与第二若螨发育为成螨。用腐蚀酪螨为食料,在环境温度为26℃的条件下,生活史周期为10～13天,当温度为11～17℃时,发育出现延迟,生活史周期延长为30天。在仓储粮食里捕食腐食酪螨及其他粉螨,严重污染食品与粮食。

【国内分布】 主要分布于四川省、湖南省、云南省等地。

(王 爽)

6. 兵下盾螨(*Hypoaspis miles* **Berlese**,1892)

兵下盾螨由Berlese于1892年首先命名,常栖息于中药库、粮仓以及陈饲料中,在我国主要分布于云南、四川等地。

【同种异名】 *Laelaps* (*Iphis*) *miles* Berlese,1892;*Stratiolaps gurobensis* Fox,1946;*Cosmolaelaps gurobensis* Fox,1946。

【形态特征】 雌螨长椭圆形,体长为640～660 μm,躯体和足呈褐色,螯肢(Ch)较躯体色深,为深褐色。有背板1块,几乎覆盖整个背部,其表皮有细网纹。背板前端两侧微凹,末端明显内缩。板上着生背毛37对,呈窄叶状,末端尖细,其中R毛有7对,J_1毛着生于头顶表皮,向前伸出,其基部间距略宽(图5.203,图5.204)。腹面前内足板界限不清。胸板(S)发达,长大于宽,其前缘稍凹,两侧缘深凹,后端钝圆,胸板前区有明显网纹。有孔2对,胸毛3对,第三胸毛基部间距大于第一和第二胸毛。胸后毛1对,位于胸后孔后,末端游离。殖腹板(Ev)呈长瓶颈状,其前缘与胸板后缘相重接,板上有刚毛1对,位于两侧缘中部。肛板(A)距殖腹板稍近,似桃形,两后侧缘微凹。肛门卵圆形,位于肛板前缘中部。有腹盾间毛7对,其中3对位于肛板两侧,呈细叶状,其余4对着生于殖腹板和肛板周围盾间膜上,短刚毛样。足后板短小、略圆,距足Ⅳ基节较远。气门沟弯曲,气门沟板前、后缘游离(图5.205)。头盖(Te)圆形,有不规则齿状缘和1根小刺。螯肢(Ch)、内磨叶和鄂角(C)均较长,鄂角向前延伸至须股节(PF)端部。螯肢动趾(MD)具2个倒齿,定趾(FD)较动趾长,上有3～4个小齿和1根细短钳齿毛,螯钳末端有小钩。须肢(PP)较长,圆筒状,须膝节(PG)端部有2根粗毛,须趾节(AP)有爪1对(图5.206)。足Ⅰ、Ⅳ较长,足Ⅱ较粗,各足均有前跗节,末端有钩状双爪和爪垫,足毛序正常。

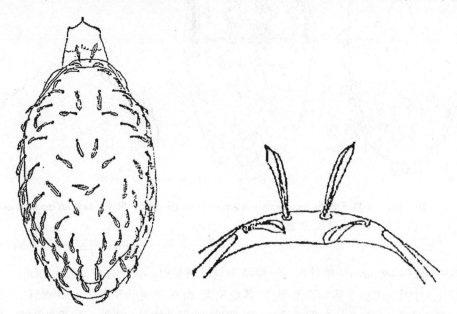

图5.203 兵下盾螨(*Hypoaspis miles*)雌螨背面 图5.204 兵下盾螨(*Hypoaspis miles*)雌螨头顶
　　　　(引自忻介六,沈兆鹏)　　　　　　　　　　　　(引自忻介六,沈兆鹏)

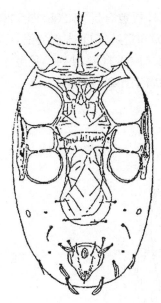 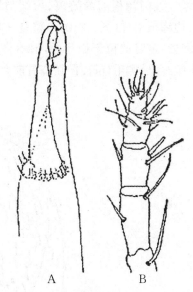

图5.205 兵下盾螨(*Hypoaspis miles*)雌螨腹面　图5.206 兵下盾螨(*Hypoaspis miles*)螯肢和右须肢

（引自忻介六,沈兆鹏）　　　　　　　A.螯肢；B.右须肢

（引自忻介六,沈兆鹏）

雄螨形态与雌螨相似,体长为590~600 μm。

【孳生习性】 兵下盾螨喜温暖、嗜潮湿,常栖息于中药库、面粉厂、粮库、饲料加工厂等场所,尤其见于陈旧饲料、霉变食物以及腐烂的粮食碎屑中。此外,也可栖息于鼠穴中。研究表明,人误食污染的食物后可引起头晕、腹泻等,提示此螨可能会导致人体疾病。兵下盾螨行两性生殖,雌螨交配后产卵,卵孵化幼螨后,经2次若虫期发育为成螨。在温度为20~28 ℃、相对湿度为90%以上的条件下,生活史周期为30~47天。

【国内分布】 主要分布于云南昆明、勐勒和四川宜宾等地。

（三）血革螨属

血革螨属(*Haemogamsus* Berlese,1889)属皮刺螨科(Dermanyssidae Evan,1966)血革螨亚科(Haemogamasinae Oudemans,1926),其主要特征:雌螨殖腹板极其狭窄;足后板短小,略似卵圆形。须转节无感觉器。第二胸板前部每排有2~3个横齿。

7. 拱胸血革螨(*Haemogamasus pontiger* Berlese,1904)

拱胸血革螨由Berlese于1904年首先命名,多见于粮食及其碎屑中,常捕食仓储粮中的粉螨类和其他小型节肢动物,在我国主要分布于云南、四川等地。

【同种异名】 *Haemogamasus*（*Euhaemogamasus*）*pontiger* Berlese,1904; *Groschaftella pontiger* Berlese,1904; *Hemogamasus oudemansi* Hirst,1914。

【形态特征】 雌螨体积较大,呈梨形,体长为950~1100 μm,褐色。背面大部分区域被1块网纹背板覆盖,背板和周围盾间膜上着生许多背毛,其中j_1毛最长,齿状,其余毛光滑、短刚毛样(图5.207)。胸板(S)呈拱桥状,后缘深凹,有胸板毛和孔各3对。胸后毛游离。殖腹板(Ev)瓶颈状,两侧内凹,后缘钝圆,上有1对生殖毛。板后区有刚毛8对。肛板(A)似桃形,有3根围肛毛。足后板小,略似卵圆形,周围盾间膜上有许多刚毛。气门沟较短,仅至足

Ⅱ基节后缘。气门沟板前缘游离,后端与足Ⅳ基节足外板愈合(图5.208,图5.209)。头盖(Te)较尖,边缘须毛样(图5.210)。螯肢(Ch)动趾(MD)和定趾(FD)末端尖细,均具1对齿,动趾的为倒齿,定趾的位于钳齿毛两侧(图5.211)。第二胸板有齿14列。足毛序与正常不同,Ⅳ膝节有2条后侧毛(pl),Ⅳ胫节有前背毛(ad)和后背毛(pd)各1对。

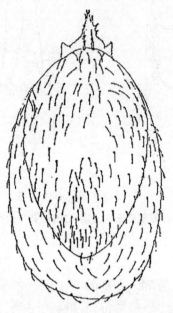

图5.207　拱胸血革螨(*Haemogamasus pontiger*)♀背面
(引自忻介六,沈兆鹏)

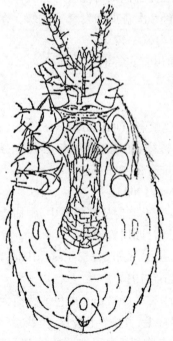

图5.208　拱胸血革螨(*Haemogamasus pontiger*)
♀腹面

(引自忻介六,沈兆鹏)

图5.209　拱胸血革螨(*Haemogamasus pontiger*)
♀气门沟板

(引自忻介六,沈兆鹏)

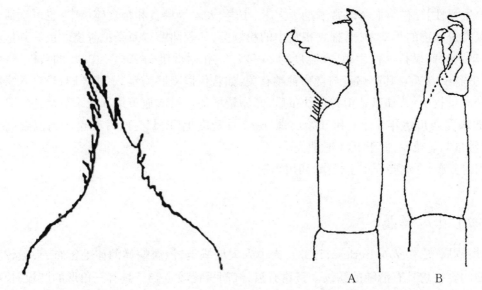

图5.210　拱胸血革螨(*Haemogamasus pontiger*)
♀头盖

（引自忻介六,沈兆鹏）

图5.211　拱胸血革螨(*Haemogamasus pontiger*)螯肢
A. ♀;B. ♂

（引自忻介六,沈兆鹏）

　　雄螨形态与雌螨相似,体长730 μm,腹面被单块网纹状全腹板覆盖。胸区有刚毛4对,孔3对。殖腹区有许多刚毛(图5.212)。螯肢动趾和定趾各具1个齿,钳齿毛较短,导精趾(Sp)末端呈直角弯曲状(图5.211)。

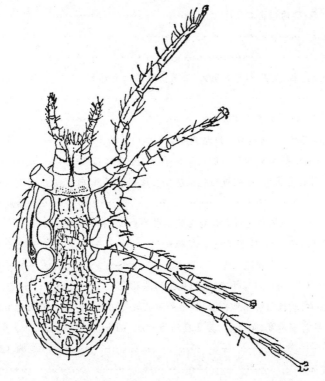

图5.212　拱胸血革螨(*Haemogamasus pontiger*)♂腹面

（引自忻介六,沈兆鹏）

【孳生习性】 拱胸血革螨常栖息于大米、小麦、大麦等粮食和粮食碎屑中,也可生活于蝙蝠、鼠类等动物的巢穴中,常捕食粮食中的粉螨类,如家甜螨以及杂拟谷盗幼虫等其他小型节肢动物。此螨行两性生殖,在温度为24~27 ℃,相对湿度为90%~100%的条件下,完成生活史需6~8天。其产卵量与食物种类有关,如若仅以麦胚为食,不能产卵;当食入家甜螨时,产卵量较少;若加以杂拟谷盗幼虫后,产卵量增加。拱胸血革螨存在季节消长。研究显示,此螨在四川每年5月上旬开始出现,6~7月密度上升,11~12月衰退。当温度高于35 ℃时数量明显减少,低于10 ℃时消失。

【国内分布】 主要分布于云南、四川等地。

(仝 芯)

(四) 真厉螨属

真厉螨属(*Eulaelaps* Berlese,1903):为中到大型螨类,该属螨体的体毛密布,头盖较宽短,腹面的骨板均具有清晰的鳞纹。螯钳有齿,气门板比较宽阔。具有三角形的肛板,长小于宽,肛门居中。胸板与肛板无副毛。雌螨的足后板极大,紧接于基节Ⅳ后方,呈三角形。生殖腹板在足Ⅳ基节后也明显膨大。雄螨的导精趾较短直,仅稍长于动趾,全腹板在基节Ⅳ节后同样显著膨大。真厉螨属分布于世界各地,但种类较少。目前,该属在全世界还不到40种,以分布于亚洲居多。中国真厉螨属分种检索表(雌性)见表5.27。

表5.27 中国真厉螨属分种检索表(雌性)

1. 足Ⅱ跗节和胫节或股节具兔耳状短毛;颚沟横齿仅8列 ·················· 吉林真厉螨(*E. jilinensis*)
   足Ⅱ无兔耳状短毛;颚沟横齿在9列以上 ··· 2
2. 跗节Ⅱ具棘状毛 ··· 3
   跗节Ⅱ无棘状毛 ··· 4
3. 跗节Ⅱ具棘状毛2根,近基部者更粗大;头盖前缘三齿突特长,有二、三级分支,且可有重叠··········
   ··· 沃氏真厉螨(*E. voronovi*)
   跗节Ⅱ具棘状毛5~8根;头盖齿突较短 ··· 5
4. 跗节Ⅱ具棘状毛5根;生殖腹板与肛板间距大于肛门长的3倍 ··········· 仓鼠真厉螨(*E. cricetuli*)
   跗节Ⅱ具棘状毛6~8根;生殖腹板与肛板间距等于或小于肛门长 ······················· 6
5. 背板边缘有弱骨化色素带;生殖板与腹板愈合处缺刻很深,以较宽的开口凹入并斜向前上方缩小
   ··· 鼯鼠真厉螨(*E. petauristae*)
   背板边缘无色素带;生殖板与腹板愈合处无缺刻或缺刻浅,不明显内凹 ····················· 7
6. 跗节Ⅱ具棘状毛6根;生殖腹板毛少于30根 ··································· 新真厉螨(*E. novus*)
   跗节Ⅱ具棘状毛7~8根;生殖腹板毛35~50根 ··· 8
7. 腹表皮毛40对以上;胸板前缘平直;气门板上的隙孔较气门为小 ········· 甘肃真厉螨(*E. kanshuensis*)
   腹表皮毛25对左右;胸板前缘略凹;气门板上的隙孔较气门大 ········· 七棘真厉螨(*E. heptacanthus*)
8. 胸板宽扁,明显前窄后宽,似梯形,其宽度约为长度的1.5(最窄处)至2.5(最宽处)倍,前后缘中部均
   向前凸出 ··· 宽胸真厉螨(*E. widesternalis*)
   胸板不呈上述特征 ··· 9
9. 生殖腹板与肛板愈合 ··· 中华真厉螨(*E. sinensis*)
   生殖腹板与肛板分离 ··· 10

10. 生殖板与腹板愈合处两侧凹陷很深,呈沟状 ·· 11

生殖板与腹板愈合处两侧凹陷很浅,不呈沟状 ·· 12

11. 气门板后缘平截,后内侧角尖突,隙状器较大呈圆形;背毛约210根·······················

··· 拟厩真厉螨(E. substabularis)

气门板后缘圆钝或仅略带平截状,隙状器较小,呈纺锤形或长圆形;背毛约300根 ········ 13

12. 气门隙状器呈纺锤形,生殖腹板与足后板间无刚毛 ···························· 草原真厉螨(E. pratentis)

气门隙状器呈长圆形,生殖腹板与足后板间有1根刚毛 ························ 厩真厉螨(E. stabularis)

13. 气门板后端尖窄;体毛多而密,背毛约480根,生殖腹板毛为80～110根,腹表皮毛多达120对,生殖

腹板与足后板间有2～3根或更多的刚毛 ·· 东方真厉螨(E. dongfangis)

气门板后端平截或圆钝;背毛最多不超过450根,生殖腹板毛在80根以下,腹表皮毛不超过50对,生殖

腹板与足后板间刚毛不超过1根 ·· 14

14. 气门板后端圆钝 ·· 15

气门板后端平截 ·· 16

15. 胸板前缘较平直,生殖腹板愈合处缺刻很浅,生殖腹板毛60余根,生殖腹板与足后板间无刚毛··········

··· 青海真厉螨(E. tsinghaiensis)

胸板前缘中部隆起,生殖腹板愈合处缺刻深但不呈沟状,生殖腹板毛为37～39根,生殖腹板与足后板

间有1根刚毛 ·· 高原真厉螨(E. plateau)

16. 体毛较密,背毛多达400根以上,生殖腹板毛60～80根,腹表皮毛35～50对 ··················· 17

体毛较稀,背毛170～200根,生殖腹板毛60根以下,腹表皮毛20对以下 ··························· 18

17. 气门板后端具4条纵纹,气门外侧横纹曲折但不杂乱 ···················· 上海真厉螨(E. shanghaiensis)

气门板后端具2条纵纹,气门外侧横纹杂乱弯曲 ······························ 瓯氏真厉螨(E. oudemansi)

18. 胸板后缘凹入较深,凹底明显超过st3水平;生殖腹板毛48～58根;肛板前缘平直

··· 互助真厉螨(E. huzhuensis)

胸板后缘凹入较浅,凹底不超过st3水平;生殖腹板毛约40根;肛板前缘中央隆起

··· 森林真厉螨(E. silvestris)

8. 厩真厉螨(*Eulaelaps stabularis* Koch,1836)

厩真厉螨是真厉螨属常见螨之一,是Koch于1836年首先命名的一种革螨。该螨与疾病的关系研究较多,曾报道称其与森林脑炎、淋巴球形脉络丛脑膜炎及Q热等有关,也是流行性出血热疫区黑线姬鼠体外和窝巢中的主要革螨,该螨的宿主十分广泛。

【同种异名】 无。

【形态特征】 厩真厉螨的雌螨体长约904 μm,宽约610 μm,棕褐色。螯肢发达,动趾与定趾均有2个齿,钳齿毛呈短刺状。颚盖前缘及侧缘均呈锯齿状。整个背面被背板覆盖,具有细而浓密的刚毛,中央的刚毛较其他部位稀疏。胸板有刚毛3对,隙状器2对。胸板后缘略内凹,前缘平直。生殖腹板两侧缘在Ⅵ₁之后有一缺口,呈沟状;足Ⅳ基节后膨大,最宽处约400 μm;刚毛分布不对称,约50根;后缘平直,几乎触及肛板前缘。肛板略呈三角形,宽大于长近1倍,肛后毛略长于肛侧毛。足后板很大,形似三角形。气门沟延伸至基节Ⅰ后部。各足均细长。

雄螨与雌螨外形结构很相似,雄螨全腹板在足Ⅳ基节后特别膨大,几乎覆盖于腹面后半部,板上约有20对刚毛,具有管状的导精趾(图5.213)。

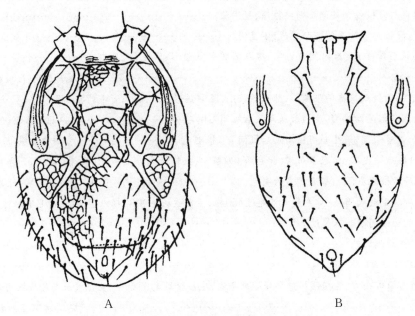

图5.213 厩真厉螨(*Eulaelaps stabularis*)腹面

A. ♀; B. ♂

(引自李朝品)

【孳生习性】 厩真厉螨的生活史包括5期,即卵、幼虫、一期若螨、二期若螨和成虫。厩真厉螨产卵少且无生活力,以卵胎生为主,产幼虫或一期若虫。该螨幼虫期有效积温常数为11.53日度,发育起点为6.27 ℃;一期若虫有效积温常数为38.87日度,发育起点为9.36 ℃;二期若虫有效积温常数为48.14日度,发育起点为7.92 ℃。最适温度为20~25 ℃。当温度为25 ℃时,从幼虫发育到成虫平均为5.9(4.6~7.4)天。

厩真厉螨宿主较广泛,常寄生于黄毛鼠、褐家鼠、黄胸鼠、黑线姬鼠以及黑线仓鼠等。实验室常用小白鼠进行人工饲养厩真厉螨,可添加离体血膜,也可掠食卡氏长螨等其他螨类。除此之外,仓储食物如米糠和大米中也有过厩真厉螨孳生的报道。

【国内分布】 厩真厉螨分布广泛,我国大多省区都已发现。如青海省、新疆维吾尔自治区、福建、浙江省义乌市和江苏等均有报道。

9. 瓯氏真厉螨(*Eulaelaps oudemansi* Türk,1945)

【同种异名】 无。

【形态特征】 雌螨的体长约1063 μm,宽约731 μm(图5.214)。背板一整块,板面具有鳞纹,长约1057 μm,宽约720 μm,几乎覆盖于体背部。背毛呈针状,约为430根,两侧及后部密集,前中区较为稀疏。颚沟较宽,有12列横齿。刺突集中分布中央处,两侧刺突较短小。胸板宽大于长,后缘中部内凹,前缘平直,具有3对胸毛和1对胸后毛。内足板呈飞鸟状。气门板位于气门水平处,宽约67.9 μm,后端略膨大,后缘平直,隙状器多居中,外圈膜质较大,内孔居中,气门后方有2条纵纹延伸到板后缘,气门外侧有杂乱弯曲的若干条横纹。生殖腹板足基节Ⅳ后明显膨大,长约577 μm,最宽处达511.5 μm,板面同样具有鳞纹,两侧生殖板与腹板愈合处有一深浅不一的缺口,但不呈沟状。有1对生殖毛。足后板呈三角形,扁三角形的肛板紧挨于生殖腹板后,前缘略向前膨出,腹表皮刚毛41~51对,呈针状。足Ⅰ长约978 μm,足Ⅱ较粗短,足Ⅱ约722 μm,足Ⅲ729.3 μm,足Ⅳ约1078.3 μm。

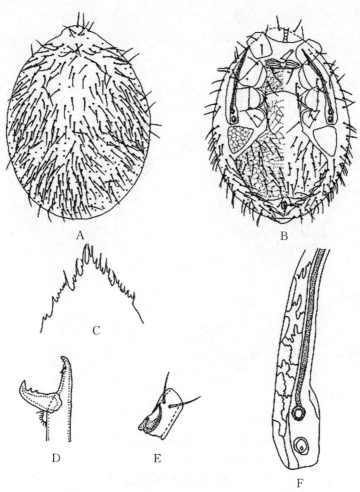

图5.214 瓯氏真厉螨(*Eulaelaps oudemansi*)♀
A. 背面;B. 腹面;C. 头盖;D. 螯钳;E. 须转节;F. 气门
(引自周淑姮)

　　雄螨的躯体呈卵圆形,宽约494 μm,长约728 μm(图5.215)。整块背板覆盖全背,板后部可见明显的鳞纹,背板约400根刚毛,毛针状。鄂体头盖与雌螨相似,但短刺突的数量没有雌螨多。螯钳动趾较定趾长,钳齿毛较短小,导精趾高于动趾。胸前板同样可见鳞纹。全腹板长约572 μm,宽约473 μm,前缘不清晰,微凹,于足Ⅳ处突然膨大,之后逐渐变窄,板面具有鳞纹,腹板区有61根针状的刚毛。肛侧毛长约50.3 μm,肛后毛长约52.2 μm。气门板与雌螨较为相似,较雌螨略窄。膝节、胫节、跗节分别具有1根、2根、4根略粗的刺状刚毛。与雌螨相似,足Ⅱ较粗短,足Ⅰ为760 μm,足Ⅱ为588 μm,足Ⅲ为625 μm,足Ⅳ为869 μm。

　　【孳生习性】 瓯氏真厉螨常寄生于黄毛鼠、褐家鼠等宿主。

　　【国内分布】 主要分布于福建福州、宁德等地。

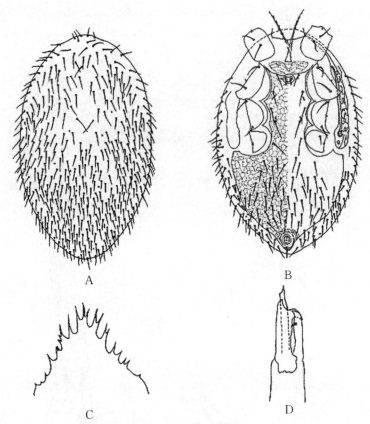

图5.215 瓯氏真厉螨(*Eulaelaps oudemansi*)♂

A. 背面；B. 腹面；C. 头盖；D. 螯钳

（A、B引自温廷恒；C、D引自周淑姮）

（五）皮刺螨属

皮刺螨属(*Dermanyssus* Duges, 1834)：体型为中等大小，雌螨体表有明显的线纹，细长的螯肢呈针刺状，螯钳很细小，第二节比第一节要长；1块背板，覆盖于一半以上的背部；胸板呈桥拱形，宽显著大于长，有1~2对刚毛；生殖腹板的末端钝圆。雄螨的全腹板在基节Ⅳ后缘水平线处有一横纹，但不分割。

10. 鸡皮刺螨(*Dermanyssus gallinae* Degeer, 1778)

鸡皮刺螨又称血螨或红螨，寄生在鸡体表，可吸食禽血，是一种严重危害家禽健康的体外寄生虫，其对家禽业发展危害极大。鸡皮刺螨呈世界性分布，广泛流行于亚热带和温带地区。

【同种异名】 *Pulex gallinae* Redi, 1674。

【形态特征】 雌螨体型偏大，长和宽分别约为824 μm和553 μm。其螯钳小而短，螯肢细而长，有利于叮刺吸血。颚沟约有10个齿，单个纵列分布。其体表有背板1块，长约678 μm，宽约282 μm，较窄长且多不完全覆盖背部；背板上有15对刚毛，背板前方较宽，向后渐窄，后缘平直。侧膜上皮纹清晰，侧毛16对左右。拱桥形的胸板，前缘凸，后缘凹，宽大于长；板上有刚毛2对，*st*3位于板外，胸后毛生于表皮上。雌螨具有舌状的生殖腹板，后缘较钝圆,有1对刚毛。肛板长大于宽,呈圆盾形,后部有肛孔,肛孔中部水平线有肛侧毛,略长于肛后毛。末体腹面表面刚毛约为14对。气门板的后缘围绕基节Ⅳ后缘,气门沟向前延伸至基节Ⅱ前半部(图5.216)。

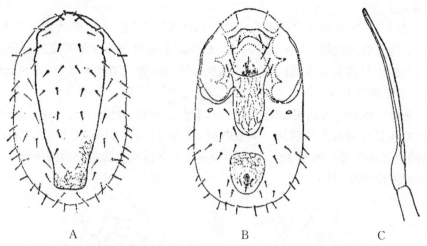

图5.216 鸡皮刺螨(*Dermanyssus gallinae*)♀

A. 背面;B. 腹面;C. 螯肢

(引自李朝品)

雄螨的全腹板由胸殖板和腹肛板两板紧接连接,胸板与生殖板融合为胸殖板;腹板与肛板融合为腹肛板。

【孳生习性】 该螨生活史包括卵、幼螨、第一若螨、第二若螨和成螨共5期。雌螨饱食血后12~24小时内产卵,卵经48~72小时孵化。幼螨一般不摄食,24~48小时内蜕皮为第一若螨,吸血则经24~48小时蜕皮为第二若螨。再吸血后24~48小时内蜕皮为成螨。自卵发育至成螨为7~9天。

该螨常见于鸡体表,也可寄生于其他家禽或者鸟类,往往在鸡窝和屋檐下麻雀窝内进行繁殖。鸡皮刺螨的成螨和若螨白天多寄居于鸡舍的栖架及墙壁缝隙、水槽、食槽下面,夜间则侵袭鸡进而吸食其血液。鸡皮刺螨不吸血仍可生存4~5个月,耐饿力十分强。

【国内分布】 鸡皮刺螨为常见革螨之一,是蛋鸡养殖中最常见、危害最严重的寄生虫之一。由于虫体可以离开鸡体,在环境中长期存活,一般消毒药较难杀灭,所以会在一定区域内长期流行发生。鸡皮刺螨可引起皮炎、圣路易脑炎和西方马脑炎等疾病。该螨世界分布广泛,在我国大多数省份也有发现和报道。以往调查表明鸡皮刺螨在我国主要分布于吉林、陕西、宁夏和新疆等地。张星星于2016年报道了新疆石河子地区鸡皮刺螨与法国和意大利鸡源鸡皮刺螨具有较近的亲缘关系。

(六)拟脂刺螨属

拟脂刺螨属(*Liponyssoides* Hirst,1913):体型中等大小,雌螨和若螨吸食后可明显膨大。宽略大于长,有3对胸毛,生殖腹板稍微尖,雄板上无横线将全板分开。多寄生于哺乳动物及鸟类。

11. 鼠拟脂刺螨（*Liponyssoides muris* Hirst，1913）

鼠拟脂刺螨是 Hirst 于 1913 年首先命名的一种革螨,主要营自由生活,寄生于节肢动物或者鸟类。

【同种异名】 无。

【形态特征】 生殖板后缘平或微突(若圆,则肛板不为三角形),常远离三角形的肛板,上殖板有时延伸紧靠腹肛板,后缘平或内凹。成螨和若螨螯肢第二节明显的延长,呈针状,纤细柔软,趾细小,只占螯肢全长的 1%;成螨和若螨螯肢第二节不呈针状,占全长的 6% 以上,螯肢趾明显坚硬且发达。

鼠拟脂刺螨的雌螨体表具明显的皱褶线纹,背板整块覆盖体背面近一半。未进食时,鼠拟脂刺螨的背板长度可近于体后缘。胸板较宽,略大于长,其上有 3 对胸毛,生殖腹板后缘稍尖;雄螨的全腹板在足Ⅳ基节之后不膨大,中间没有横线将全腹板分为两部分。雄螨的体表也具明显的皱褶线纹(图 5.217)。

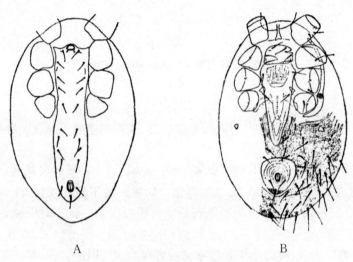

图 5.217 鼠拟脂刺螨(*Liponyssoides muris*)

A. 背面;B. 腹面

(仿邓国藩等)

【孳生习性】 该螨营自由生活,主要以小昆虫或者腐败的有机物为食。可寄生于节肢动物或鸟类,也可寄生于畜类体外或体内,常见寄主包括大足鼠、小家鼠、褐家鼠、黑家鼠、黄胸鼠、臭鼩以及树鼩等。

【国内分布】 主要分布于福建、云南、台湾等地。

(韩 甦)

三、巨刺螨科

巨刺螨科(Macronyssidae Oudemans,1936):体型中等大小。雌螨螯肢狭长,螯肢上无角质化齿,无钳齿毛。颚角膜质,通常裂成叶突。须肢转节通常具脊状或片状的腹突,须肢跗节叉毛具 2 叉。颚沟通常具单列齿。背板一整块或分为前后 2 块,后部逐渐收窄。胸后板退化,通常在表皮上具 1 对胸后毛。肛板上具 1 对肛侧毛和 1 根肛后毛。气门沟细长。足基节Ⅱ前部有一大的距突,其他基节无距突,但有时有小丘突。各足具前跗节、爪及爪垫。寄生于哺乳动物及鸟类。巨刺螨科分属检索表见表5.28。

表5.28 巨刺螨科分属检索表

背板一整块,前部宽而后部渐尖,生殖腹板窄而尖。寄生于哺乳动物、鸟和爬行类······
························ 禽刺螨属(*Ornithonyssus*)

背板分为前背板和后背板2块,胸板宽大于长的2倍,板后缘不增厚,*st1*比*st2*小得多。寄生于鸟类······
························ 肤刺螨属(*Pellonyssus*)

(一)禽刺螨属

禽刺螨属(*Ornithonyssus* Sambon,1928):雌螨背板一整块,前方较宽阔,向后逐渐细窄,后缘较尖,生殖腹板狭窄,后缘尖锐,板上具1对刚毛。雄螨背板1块,较宽阔,前宽后窄,后缘较宽圆,全腹板在基节Ⅳ后不膨大。各足基节腹面无刺、无距。寄生于哺乳动物、鸟和爬行类。

目前该属在我国记载的种类主要有柏氏禽刺螨(*Ornithonyssus bacoti*)、囊禽刺螨(*Ornithonyssus bursa*)和林禽刺螨(*Ornithonyssus sylviarum*)等。禽刺螨属分种检索表(雌螨)见表5.29。

表5.29 禽刺螨属分种检索表(雌螨)

1. 背板中部刚毛较长,其末端达到或超过下一刚毛的基部;背表皮刚毛长度与板内的相差不多········
························ 柏氏禽刺螨(*O. bacoti*)

背板中部刚毛较短,其末端达不到下一刚毛的基部 ························ 2

2. 背板两侧的后部向内收缩;胸板具2对刚毛 ············ 林禽刺螨(*O. sylviarum*)

背板两侧的后部不向内收缩;胸板具3对刚毛 ············ 囊禽刺螨(*O. bursa*)

12. 柏氏禽刺螨(*Ornithonyssus bacoti* Hirst,1913)

该螨为我国常见螨种之一,属巢栖型,为专性吸血的革螨,除寄生于啮齿动物和蝙蝠、麻雀外,还可侵袭人。

【同种异名】 *Leiognathus bacoti* Hirst,1913。

【形态特征】 柏氏禽刺螨雌螨卵圆形,体长约678 μm,宽约395 μm。螯肢较细长,螯钳呈剪状,其内侧无齿和钳齿毛,定趾较动趾细。颚沟呈单个纵列,具齿9个。须肢转节腹面前缘有一突起,叉毛分2叉。背板一整块,狭长形,长约610 μm,足Ⅱ~Ⅲ基节水平最宽处约230 μm,前端宽圆,向后渐窄,后端略窄于肛板宽度,板上具18对刚毛,中部的刚毛较长,其末端达到或超过下一刚毛的基部。背部体壁上密布长刚毛,其长度与背板上刚毛约等长,末端有较细的稀疏分支。胸板近长方形,宽显著大于长,板的前缘较平而略向前凸,两侧缘内凹,*st3*处向后突出呈角状,后缘中部向前凹,3对胸毛近等长,2对隙孔不甚明显。胸后毛1对着生于表皮上。生殖腹板狭长,后端狭窄,末端尖细,具1对生殖毛。肛板呈倒置的水滴状,肛孔位于板的前半部,肛侧毛位于肛孔后缘水平线上,肛后毛比肛侧毛略长。气门沟前端延伸至基节Ⅰ中部。气门板后缘围绕基节Ⅳ后缘(图5.218)。

雄螨较雌螨略小,螯肢发达,螯钳呈剪状,无内齿,导精趾长于动趾。背板整块。生殖孔位于全腹板前缘。全腹板狭长,板上除肛侧毛和肛后毛之外尚具7对刚毛。

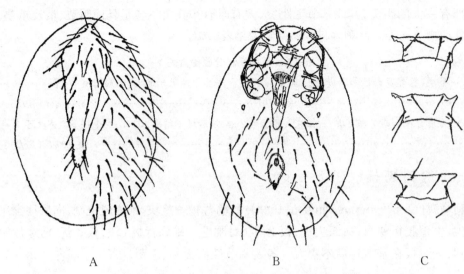

图5.218 柏氏禽刺螨(*Ornithonyssus bacoti*)♀

A.背面;B.腹面;C.胸板变异

(引自邓国藩,王敦清,顾以铭,等)

【孳生习性】 柏氏禽刺螨属于专性吸血的革螨,不食离体血膜,也不食伤口渗出液或其他分泌物。能耐饥寒,但高温、干燥条件下易死亡。生活史包括5个完整时期,即卵、幼螨、前若螨、后若螨和成螨。雌螨每次吸血后2~3天产卵,卵经1~2天孵出幼螨,幼螨不取食,24小时内蜕皮发育为前若螨,前若螨吸血蜕皮后发育为后若螨,后若螨(可不吸血)24~36小时内蜕皮发育为成螨。雌雄成螨在24~48小时内完成交配。雌螨平均寿命为61.9天,平均产卵98.8粒。柏氏禽刺螨存在孤雌生殖现象,所产的未受精卵(单倍体染色体卵)全部发育为雄螨,受精的二倍体卵发育为雌螨,属于产雄孤雌生殖类型。柏氏禽刺螨主要见于鼠类等小型哺乳动物的体表及窝巢,目前记载的宿主动物有褐家鼠、小家鼠等室内鼠类,其他如黄胸鼠、大足鼠、斯氏家鼠、卡氏小鼠、灰麝鼩、大臭鼩、树鼩、中华姬鼠、齐氏姬鼠、大林姬鼠、安氏白腹鼠、大绒鼠、猪尾鼠和社鼠等。在动物饲养房小白鼠笼内可大量繁殖,一个鼠笼可达数千只螨。除寄生于啮齿动物外,还寄生蝙蝠和麻雀,并可叮咬人。

【国内分布】 柏氏禽刺螨为常见螨种之一,我国大多数省均有分布,如湖北省、四川省、河北省、云南省、福建省等地。

13. 囊禽刺螨(*Ornithonyssus bursa* Berlese,1888)

该螨属于专性吸血的革螨,主要寄生于家禽和鸟类的体表及窝巢。

【同种异名】 *Leiognathus bursa* Berlese,1888。

【形态特征】 雌螨卵圆形,体长约700 μm,宽约463 μm。螯肢上的螯钳无齿;动趾长约26 μm。颚沟具10根刺,呈单个纵列。须肢转节腹面内侧具一突起,叉毛分2叉。背板整块,狭长,盖住前背面一半以上,两侧自足基节Ⅱ水平向后收窄,后缘比柏氏禽刺螨略宽,板上具18对刚毛,板中部刚毛较短,其末端达不到下一刚毛的基部,背面体壁上刚毛比板内的长。胸板近长方形,前缘平直而宽于后缘,后缘内凹,板上具3对胸毛,其中*st*1位于前缘上,*st*3位于下角,板上具2对隙孔。胸后毛*st*4生于表皮上。生殖腹板狭长,具1对生殖腹毛,两侧缘在后1/3处略外突。肛板呈倒置的水滴状,前端宽圆,后端尖窄,肛门位于板的前半部,肛侧毛位于肛门中部与后缘之间的横线上,肛后毛比肛侧毛稍长。气门沟前端可达足基节Ⅰ的后缘处,气门板后端延绕足基节Ⅳ后缘(图5.219)。

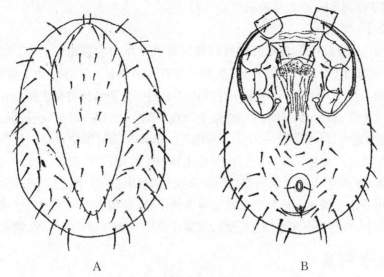

图5.219 囊禽刺螨(*Ornithonyssus bursa*)♀

A. 背面;B. 腹面

(引自潘錝文,邓国藩)

雄螨全腹板狭长,在近肛板处两侧向中部凹进,板的两侧不甚对称(图5.220)。

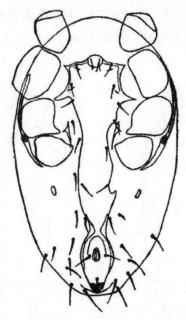

图5.220 囊禽刺螨(*Ornithonyssus bursa*)♂腹面

(引自邓国藩,王敦清,顾以铭,等)

【孳生习性】 囊禽刺螨属于专性吸血的革螨。雌螨在宿主体上或巢内产卵,幼螨不摄食,一天内蜕皮为若螨,若螨和雌雄成螨都吸血。主要见于家鸽、家鸡等家禽和鸟类的体表及窝巢,在家兔和黄胸鼠体表也曾有发现。

【国内分布】 我国多数省区有该螨分布,如湖北省、福建省等。

14. 林禽刺螨（*Ornithonyssus sylviarum* Canestrini et Fanzago，1877）

该螨寄生于家禽和一些鸟类及鼠类。

【同种异名】　无。

【形态特征】　雌螨体形与柏氏禽刺螨和囊禽刺螨相似。螯钳无齿突，动趾长 36 μm。颚沟具 10 排刺（每排 1 根刺）。须肢转节腹面前缘有一小突起，叉毛分 2 叉。背板较宽，近末端处突变窄，板上具 17 对或 18 对刚毛。背部体壁上的刚毛明显比背板上刚毛长。胸板近长方形，宽显著大于长，板上具 2 对胸毛，*st*3 位于胸板外的后方，偶尔靠近胸板，板上具隙状器 2 对。生殖板前缘宽大，后部渐窄尖，上具 1 对刚毛。肛板呈倒置的梨状，1 对肛侧毛位于肛门中部水平，肛后毛比肛侧毛略长。气门沟前端达基节 Ⅰ 后部（图 5.221）。

【孳生习性】　寄生于家禽和一些鸟类及鼠类（如褐家鼠、拟家鼠）。成螨大部分时间在宿主体上，也可在宿主的巢穴内发现。在室温条件下，离开宿主 2～3 个星期仍能生活。

【国内分布】　据已有的相关文献记载，该螨在我国主要分布于吉林省、湖北省等。

（二）肤刺螨属

肤刺螨属（*Pellonyssus* Clark et Yunker，1956）：雌螨螯肢向端部逐渐细窄。具 2 块背板，前背板较后背板宽而短。胸板退化，略呈拱形，宽度远远超过长度的 2 倍，板后缘无暗色角质化带状区，第一对胸毛退化，较第二、三对显著细小。生殖板后缘尖锐，上具 1 对刚毛。肛板卵圆形，肛门位于板的前部，肛侧毛位于肛门后缘横线上。各足基节上无腹刺。雄螨背板和全腹板均为一整块。寄生于鸟类。目前该属在我国记载的种类主要有狭胸肤刺螨（*Pellonyssus stenosternus stenosternus*）和游旅肤刺螨（*Pellonyssus viator*）。肤刺螨属分种检索表（雌螨）见表 5.30。

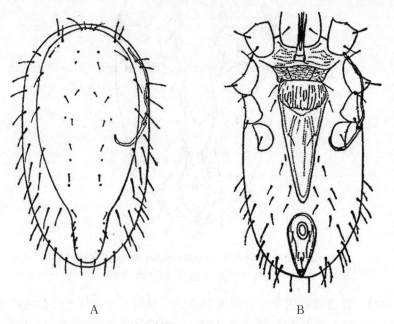

A　　　　　　　　　　B

图 5.221　林禽刺螨（*Ornithonyssus sylviarum*）♀

A. 背面；B. 腹面

（引自邓国藩，王敦清，顾以铭，等）

表5.30 肤刺螨属分种检索表(雌螨)

胸板较长,长宽之比约为1:6.6;前背板后缘中部外凸 ················· 游旅肤刺螨(*P. viator*)

胸板很短,长宽之比约为1:10;前背板后缘中部略平直 ················· 狭胸肤刺螨(*P. stenosternus*)

15. 狭胸肤刺螨(*Pellonyssus stenosternus* Wang,1963)

该螨生活在麻雀体表及其窝巢内。

【同种异名】 无。

【形态特征】 雌螨体呈椭圆形,长823 μm,最宽处为602 μm。螯肢基部宽大,末端小而尖,螯钳上动趾与定址呈剪状。背板分2块,前背板圆三角形,长262 μm,最宽处为255 μm,前缘圆钝,后缘中部略向后方微突,板上具刚毛9对,位于中部及近后缘处的刚毛较边缘的刚毛细短。后背板较狭长,前缘浅凹,中部长302 μm,最宽处为150 μm,上具刚毛6对。前背板与后背板上均具弱网状纹,两板之间距约52 μm。背部体壁上具刚毛约61根。胸板呈狭带状,两侧略向后方弯曲近虹形,板宽130 μm,中部长13 μm,长宽之比约为1:10,胸毛*st*1极短,长10 μm,*st*2长49 μm,*st*3长75 μm。生殖腹板前宽后窄,长315 μm,末端尖细,板上具网状纹和1对刚毛。肛板长143 μm,最宽处宽82 μm,肛侧毛位于肛门后缘的水平线上,肛后毛位于肛板中部略下方,肛侧毛与肛后毛长度之比约为11:6。足后板很小,略呈长肾状。气门沟向前伸延至足Ⅱ基节的后部,气门板向后伸延至足Ⅳ基节的后缘。足Ⅱ基节背面前缘的刺较粗且明显(图5.222)。

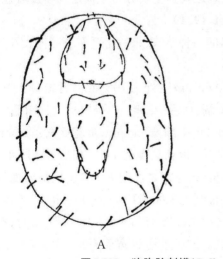 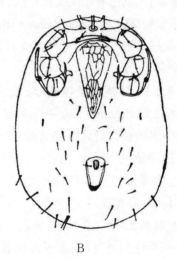

A B

图5.222 狭胸肤刺螨(*Pellonyssus stenosternus*)♀

A.背面;B.腹面

(引自邓国藩,王敦清,顾以铭,等)

雄螨体长660 μm,最宽处为435 μm。背板一整块,长518 μm,最宽处为278 μm,近前端的两侧稍向内凹,后端尖窄,板上具刚毛15对。全腹板狭长,在足Ⅳ基节之后略膨大,板上除肛后毛之外尚具刚毛8对,具弱网状纹,隙状器2对(图5.223)。

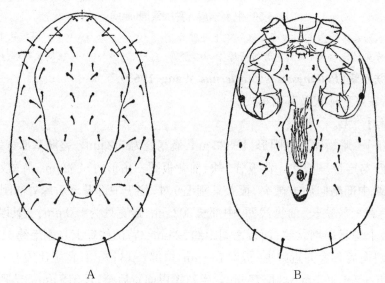

A   B

图5.223   狭胸肤刺螨（*Pellonyssus stenosternus*）♂

A. 背面；B. 腹面

（引自邓国藩, 王敦清, 顾以铭, 等）

【孳生习性】 生活在麻雀体表及其窝巢内。

【国内分布】 据已有相关文献记载, 该螨在我国主要分布于福建省和云南省等地。

16. 游旅肤刺螨（*Pellonyssus viator* Hirst, 1921）

游旅肤刺螨是 Hirst 于 1921 年首先命名的一种革螨, 该螨生活在家燕体表及其窝巢内。

【同种异名】 无。

【形态特征】 雌螨体呈椭圆形, 长 940 μm, 最宽处为 705 μm。背板分 2 块, 前背板长 322 μm, 最宽处宽 258 μm, 前端尖窄, 后缘宽阔, 后缘中部略向后凸, 板上具刚毛 9 对, 位于边缘的刚毛较中央的长。后背板略呈长心脏形, 板中部长 330 μm, 最宽处宽 232 μm, 前缘中部向体后方凹进, 两侧在后部向内收窄, 后端尖窄, 板上具刚毛 6 对。前后背板间距 45 μm。胸板呈横带状, 中部长 24 μm, 最宽处宽 153 μm, 长与宽之比约为 1:6.6, 胸板两前侧角向足 Ⅱ 基节前缘延伸, 后缘略呈一弯拱形, 具不等长刚毛 3 对, $st1$ 长 36～45 μm, $st2$ 长 88 μm, $st3$ 长 107 μm, 具隙状器 2 对。生殖腹板狭长, 后端尖窄, 长 353 μm, 板上具刚毛 1 对, 在生殖毛之后的生殖板两侧缘向外微凸, 板上具网状纹。肛板前缘较宽而平直, 后端尖窄, 长 176 μm, 最宽处宽 98 μm, 肛孔位于板的前部, 肛侧毛位于肛孔后缘的水平线上, 肛侧毛与肛后毛长度之比约 15:9。肛板与生殖板之间距为 120 μm。气门沟前端达足 Ⅱ 基节的后部。足 Ⅱ 基节背缘具一小刺（图 5.224）。

【孳生习性】 生活在家燕体表及其窝巢内。

【国内分布】 据已有相关文献记载, 在我国主要分布于福建省（漳州）。

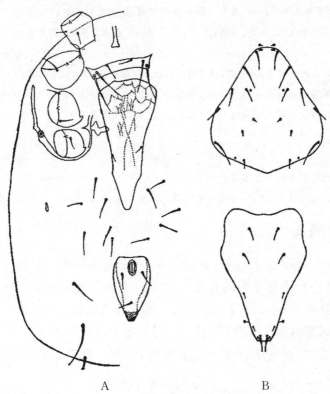

图5.224 游旅肤刺螨(*Pellonyssus viator*)♀

A. 腹面;B. 背板

(引自邓国藩,王敦清,顾以铭,等)

(刘　昂)

四、囊螨科

囊螨科(Ascidae Voigts et Oudemans,1905):体色白至褐色,体长300~700 μm。成螨有整块或分成几块的背板,背毛有22对以上,背面盾间膜至少具缘毛3对。雌螨胸毛($st4$)位于分离的板或表皮上。生殖板长大于宽,后缘平截或圆滑,具刚毛1对。足受精囊开口于基节Ⅲ和Ⅳ之间。雄螨常具胸殖板和腹肛板。螯钳常具齿,并具钳齿毛或具透明的叶片。雄螨螯肢上具导精趾。须肢跗节的趾节通常2分叉。下颚沟(第二胸板)具7行横列。头盖的结构类型多样,但无单个不分枝齿状突起的类型。足Ⅰ前跗节和爪有时缺如,胫节Ⅰ具腹毛3根,股节Ⅰ具刚毛11~12根。

囊螨科为世界性分布的螨类。该科食性较广,已记载可取食腐殖质、真菌、藻类、地衣、苔藓、花粉;捕食线虫、微小节肢动物;树栖种类主要捕食植食性的瘿螨和细须螨等;仓储品中的囊螨,既有仓储性害螨,又有捕食性天敌,后者捕食粉螨或粮仓中蛾类和甲虫的卵及幼虫。囊螨科分属检索表见表5.31。

表5.31 囊螨科分属检索表

1. 颚前毛和须肢转节内毛长鞭状;足Ⅱ~Ⅳ爪垫中叶尖细;肛侧毛位于肛门后缘线上或后……………

…………………………………………………………… 扁绥螨亚科(Platyseiinae)

颚前毛和须肢转节内毛非长鞭状;足Ⅱ～Ⅳ爪垫中叶圆;肛侧毛位于肛门后缘前 ················· 2

2. 背毛s2缺失;第二胸板齿列宽,多齿,等宽;胫节Ⅱ～Ⅳ最多7根毛;胫节Ⅱal2缺失··········
·· 北绥螨亚科(Arcoseiinae)

背毛s2正常;第二胸板齿列窄,不等宽;胫节Ⅱ～Ⅳ最少8根毛;胫节Ⅱal2正常 ··· 囊螨亚科(Ascinae)3

3. 具肛板,生殖板与肛板间无小板,肛门通常较大,气门板后端游离·········· 肛厉螨属(Proctolaelaps)

具腹肛板,生殖板与腹肛板间有小板,肛门正常,气门板后端通常与外足板相连 ········· 4

4. 背部有后侧突 ·· 囊螨属(Asca)

背部无后侧突 ······································· 5

5. 体长圆形,气门板在气门位置略宽于气门直径 ····················· 蠊螨属(Blattisocius)

体椭圆形非细长,气门板在气门位置明显宽于气门直径 ················ 毛绥螨属(Lasioseius)

(一) 肛厉螨属

肛厉螨属(*Proctolaelaps* Berlese,1923):雌、雄螨背板均为完整的一块。雌螨背板刚毛有41～52对,其中位于后半部的有18～22对。生殖板后缘平截。雌螨生殖板与肛板间无小板。肛板具刚毛3根,肛门一般较大。气门板后端游离或在基节Ⅳ之后与侧足板有少许连接。雌螨螯钳定趾与动趾约等长;钳齿毛为膜质叶状物代替。颚角通常直,其端部间距较宽。头盖一般边缘齐整或具细小锯齿,部分种类为2分或3分叉。各足具爪及爪垫。

肛厉螨属螨类主要营自由生活,有些常见种为世界性分布。有些种类在小型哺乳动物类动物巢内取食腐败的有机质,可借助小兽类来散布传播螨的种群。肛厉螨属分种检索表见表5.32。

表5.32　肛厉螨属分种检索表

背板刚毛较长,其端部达到或超过下位毛基;胸板前缘骨化弱,界限不清晰,口下板毛h1粗刺状·········
··· 矮肛厉螨(*P. pygmaeus*)

背板刚毛较短,除z5以外,长度均短于其与下位毛的毛基间的距离;胸板前缘骨化强,界限清晰;口下板毛h1不膨大 ····································· 斯氏肛厉螨(*P. scolyti*)

17. 矮肛厉螨(*Proctolaelaps pygmaeus* Muller,1859)

该螨生活场所广泛,常在被粉螨污染并发霉的小麦中,小兽巢穴和腐烂的植物都有发现,可以借助小兽传播。

【同种异名】　*Hypoasspis hypudaei* Oudemans,1902;*Typhlodromus bulbicolus* Oudemans,1929;*Proctolaelaps hypudaei* Oudemans,1902。

【形态特征】　雌螨体长336～410 μm,宽210～270 μm。螯肢发达,动趾具2个齿,定趾内缘具1列小齿。头盖前缘呈细小锯齿状。口下板毛h1粗刺状,这是鉴别本种的重要特征之一。胸叉2分叉。背板几覆盖整个背部,背板具刚毛42对,绝大多数较长,端部达到下位毛基。胸板长稍大于宽,前缘略平,界限不清晰,后缘浅凹;板上具光滑胸毛3对,隙孔2对。胸后毛st4着生在单独的小板上。生殖板两侧在基节Ⅳ后略外斜,后缘稍外凸,具刚毛1对。肛板较大,前窄后宽;肛后毛较肛侧毛略长,肛门显著大。气门沟前端延伸至背板前方z1的外侧;气门板后端游离(图5.225)。

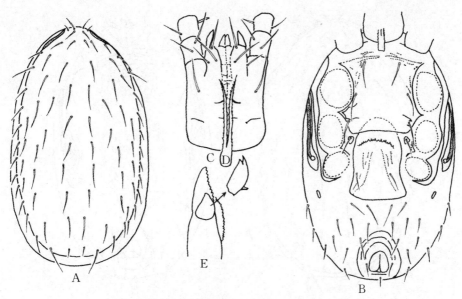

图5.225 矮肛厉螨（*Proctolaelaps pygmaeus*）♀
A. 躯体背面；B. 躯体腹面；C. 颚体；D. 胸叉；E. 螯肢
（引自陆联高）

【孳生习性】 该种被记载见于多种小兽类的体表、窝巢和禽舍中。也常在土壤、腐烂叶片、腐烂的小麦等仓储粮食、木材和腐烂的球茎上，以及某些植物的叶片上被发现。

【国内分布】 主要分布于云南、贵州、四川、江西、山东、吉林等地。

18. 斯氏肛厉螨（*Proctolaelaps scolyti* Evans，1858）

该螨为喜高湿性螨类。

【形态特征】 雌螨体长420~440 μm。背板完整，色淡，布有网纹且侧缘不呈锯齿状，板上具针状刚毛42对，除$z5$明显较长外，其余刚毛均短于其与下位毛的毛基间的距离。胸板具网纹，前缘界限清楚。生殖板网纹明显，似长方形，前缘前突，被胸板所覆盖，后缘平直，两侧缘内凹，角圆钝。$st4$不在胸后板上。肛板似长圆形，肛孔离末体稍远，围刚毛3根。肛板与生殖板之间着生表皮毛约12对。颚体的颚角直而聚合；口下板毛$h1$不膨大；螯肢动趾大，具2个齿，钳齿毛在其基部边缘演化为膜状锯齿。

雄螨较雌螨小，体长340~380 μm，形态与雌螨相似（图5.226）。

【孳生习性】 常在潮湿和腐烂发霉的洋葱等食物中生活，可捕食叶螨，取食霉菌孢子，能引起人体皮炎。在牧区畜圈草堆中也发现过。

【国内分布】 目前已知主要分布于四川、云南。

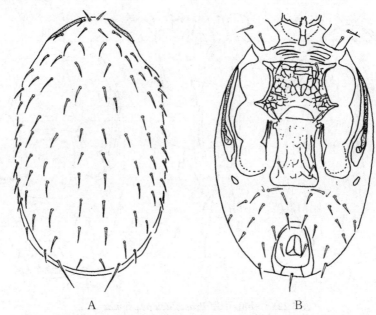

图 5.226　斯氏肛厉螨(*Proctolaelaps scolyti*)♀躯体背腹面

A. 躯体背面；B. 躯体腹面

（引自忻介六，沈兆鹏）

（二）蟑螨属

蟑螨属(*Blattisocius* Keegan,1944)：背板完整无横裂,雌螨背板具刚毛32~36对,末体背板具15对毛；雌螨具*r*3；足Ⅰ~Ⅳ爪垫中叶宽圆或尖细,足Ⅰ转节具刚毛6根(*av*1存在),股节Ⅰ具12根毛,膝节Ⅰ和胫节Ⅰ各具13或12根毛(*pd*3、*av*2常在),股节Ⅱ具11根毛；颚角细长,颚前毛、须肢转节毛渐变细,非鞭状；螯肢定趾发育完好或退化呈针状,钳齿毛刚毛状,动趾无腹尖；雌螨腹面的第三对隙孔位于胸板外,*st*4位于胸后板上；雄螨内足板在足基节Ⅲ、Ⅳ之间与胸殖板融合；气门板与外足板在足基节Ⅳ之后相连,气门板在气门水平位置略宽于气门直径；雌螨生殖板后缘平直；腹肛板具2~7对腹毛,存在肛前孔；肛侧毛位于肛孔后端,常短于肛后毛。

Keegan于1944年以*Blattisocius triodon* Keegan,1944为模式种建立蟑螨属,全世界已记述16种,中国已记录4种,分别是修长蟑螨(*B. dolichus* Ma,2006)、齿蟑螨(*B. dentriticus* Berlese,1918)、基氏蟑螨(*B. keegani* Fox,1947)和跗蟑螨(*B. tarsalis* Berlese,1918)。蟑螨属分种检索表见表5.33。

表5.33　蟑螨属分种检索表

1. 气门沟非常短,向前延伸仅达基节Ⅲ中部水平位置 ················· 基氏蟑螨(*B. keegani*)

气门沟较长,向前延伸超过基节Ⅲ ·· 2

2. 背板刚毛33对,气门沟短,前端仅达足基节Ⅱ后缘,肛前毛3对,足后板1对 ······ 跗蟑螨(*B. tarsalis*)

背板刚毛超过33对,气门沟较长,前端达足基节Ⅱ后缘基节Ⅰ前部,肛前毛4对,足后板2对 ········ 3

3. 背板刚毛36对,腹面骨板具纹路,胸板前缘不明显,*st*3位于胸板外的一骨板上,胸后毛*st*4位于胸后板上 ··· 齿蟑螨(*B. dentriticus*)

背板刚毛34对,腹面骨板几乎光滑无纹路,胸板前缘明显,*st*3位于胸板上,胸后毛*st*4不在板上········

··· 苹蟑螨(*B. mali*)

19. 跗蠊螨（*Blattisocius tarsalis* Berlese，1918）

我国最早发现该螨是从古巴进口糖中采获的。

【同种异名】　*Typhlodromus tineivorus* Oudemans，1929；*Typhlodromus tineivorus*，1929；*Blattisocius triodons* Keegan，1944；*Melichare*（*Blattisocius*）*tarsalis* Berlese，1918。

【形态特征】　雌螨体长565 μm，宽395 μm。体卵圆形，骨化较弱。螯肢发达，动趾具齿3个；定趾退化无齿，明显短于动趾，顶端仅达动趾的1/2处，钳齿毛细长。颚角顶端向内互相靠拢。须肢叉毛2叉。背板长卵圆形，长463 μm，宽226 μm，不完全覆盖背部。板上具刚毛33对，最末端一对长73 μm，较其他刚毛显著粗长。胸板前缘不清晰，后缘向内微凹；*st*2、*st*3位于胸板边缘。生殖板较窄，后缘平截，具刚毛1对。腹肛板窄长，中部长150 μm，最窄处宽88 μm；肛板上具肛前毛3对，第一对位于板的前缘上，第二、三对排列不在一直线上，中间一对稍前，侧面一对在后；肛侧毛接近肛孔后缘水平，与肛后毛约等长。足后板窄长，1对。气门沟短，前端仅达足基节Ⅱ后缘（图5.227）。

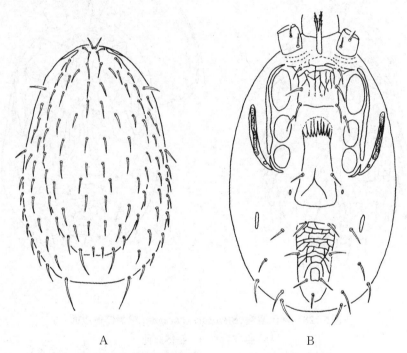

A　　　　　　　　　　B

图5.227　跗蠊螨（*Blattisocius tarsalis*）♀躯体背腹面

A. 躯体背面；B. 躯体腹面

（引自忻介六，沈兆鹏等）

雄螨与雌螨形态特征近似。胸殖板和腹肛板覆盖腹面大部分。胸殖板长方形，侧缘中部略凸，前缘平直，后缘略尖而圆。腹肛板前缘凸圆，靠近胸殖板的后缘。腹肛板上除3根围肛毛外，具肛前毛6对，腹肛板后缘与体躯末端相接。

【孳生习性】　该种常在室内孳生的玉米蛾、麦蛾（*Sitotroga* sp.）、谷螟（*Plodia* sp.）等仓储食品中发现，以蛾幼虫为食。雌成螨可以附在蛾翅上携播，也常被发现于拟谷盗、杂拟谷盗、毛毡黑皮蠹等仓库有害甲虫体上生活。该螨可产生一种难闻的气味，严重污染粮食。

【国内分布】　主要分布于黑龙江、吉林、辽宁、上海、湖南、广西、云南。

20. 基氏蠊螨(*Blattisocius keegani* Fox, 1947)

该螨是捕食性的螨类。1947年Fox首次从波多黎各的沟鼠(*Rattus norvegicus*)体表发现该螨。我国最早是从进口的古巴糖中采获该螨。

【同种异名】　*Melichares keegani* Hirschmann, 1962。

【形态特征】　雌螨体卵圆形,体长约440 μm,宽约220 μm。背板完整,具网纹,着生33对背板刚毛(包括*s2*)。螯肢粗壮,螯钳定趾具3个齿,另有1个端齿,动趾具1个齿,另有1个端齿,动趾明显长于定趾。胸板具纵向弯曲的纹路,不具网纹。生殖板具纵纹,前缘圆钝,后缘平直,具*st5*刚毛1对。2对足后板。腹肛板具网纹,近五角形。具肛前毛3对;围肛毛3根,肛侧毛位于肛孔后缘水平线上,肛后毛靠近肛板后缘。气门沟很短,前端向前延伸约至基节Ⅲ中部(图5.228)。

雄螨略小于雌螨。螯肢具导精趾。

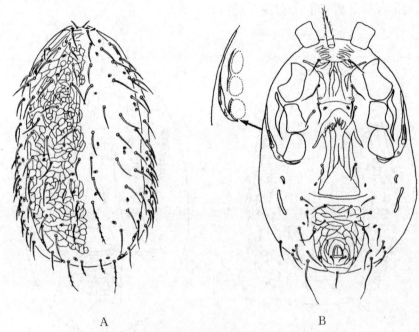

A　　　　　　　　　　　　B

图5.228　基氏蠊螨(*Blattisocius keegani*)♀躯体背腹面

A. 躯体背面;B. 躯体腹面

(引自 Moraes et al.)

【孳生习性】　在有害虫危害的小麦、玉米的粮堆中常发现此螨,捕食赤拟谷盗、杂拟谷盗、锯谷盗的卵和食甜螨、嗜湿螨的卵。另有记载,在鼠穴、雀巢中,以及柑橘树和甜菜籽中。

【国内分布】　主要分布于上海、江苏、四川、陕西、河南、吉林、黑龙江等地。

21. 齿蠊螨(*Blattisocius dentriticus* Berlese, 1918)

Blattisocius dentriticus Berlese 1918, Redia, 13:133。

该螨生活于粮食、糖类等仓储物品中,捕食其中粉螨,尤喜食其卵和幼虫。

【同种异名】　*Lasioeius dentriticus* Berlese, 1918;*Carmania* (*Paragarmania*) *amboinensis* Oudemans, 1925;*Melichares dentriticus* Berlese, 1918;*Seiulus amboinensis* Oudemans, 1925。

【形态特征】　雌螨体长455 μm,宽283 μm。螯肢发达,螯钳具齿,定趾与动趾约等长。

头盖圆形,边缘光滑。背板长椭圆形,两侧中部略凹,未完全覆盖整个背面,长451 μm,宽218 μm,板上具刚毛36对,背板后部为15对,背毛均光滑,微弯。胸板宽略大于长,前缘不清晰,后缘平直;板上具刚毛和隙孔各2对。$st3$与胸后毛$st4$分别着生在1块游离的小板上。生殖板镬形,具1对刚毛$st5$。腹肛板前缘微凸,于第2对肛前毛水平最宽,其后两侧缘内凹;具4对肛前毛;肛侧毛位于肛门中横线之后。气门沟前端达基节Ⅰ前部;气门板后端包绕基节Ⅳ的后缘。足后板2对,细长条状。末体腹表皮具刚毛5对,最后的1对较长(图5.229)。

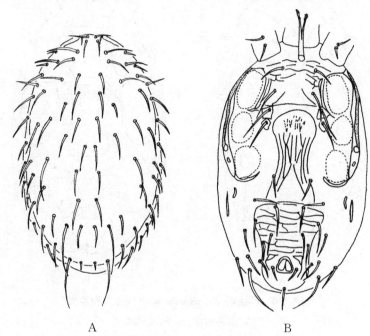

图5.229　齿螨螨(*Blattisocius dentriticus*)♀躯体背腹面

A. 躯体背面;B. 躯体腹面

(引自忻介六,沈兆鹏等)

雄螨胸叉基部中间两侧凸起。腹肛板似三角形,前缘中央凸起与胸殖板后缘靠近,具肛前毛7对。

【孳生习性】　在粮仓、面粉加工厂、食品厂,以及小麦、面粉、淀粉等粮食中,与粗脚粉螨、腐食酪螨等仓贮粉螨生活在一起,捕食粉螨的卵、幼螨和第一若螨,还在一种夜蛾胸部和发芽的马铃薯上被发现。

【国内分布】　主要分布于贵州、辽宁、山东、浙江、四川、广东等地。

22. 苹螨螨(*Blattisocius mali* Oudemams,1929)

该螨的生态学特性、生活史、生殖方式与齿螨螨相似。喜中湿性螨类。喜捕食甜果螨、粗脚粉螨、腐食酪螨的卵和幼螨。

【同种异名】　*Garmania*(*Paragarmamia*)*mali* Oudemans,1929;*Typhlodromus mali* Oudemans,1929;*Melichares*(*Blattisocius*)*mali* Oudemams,1929。

【形态特征】　雌螨背板黄褐色,革质化稍重;背板几乎覆盖整个躯体背部,除中央外,板上有细而均匀的网纹。背板有光滑的刚毛34对,顶毛$j1$和端毛$z5$比其余的毛长。腹板光滑,几乎无纹路。胸板前缘清晰,有3对刚毛和显著的小孔,生殖板有刚毛1对。胸后毛位于盾间膜上,没有小板。腹肛板近乎等边三角形,前缘和侧缘微微内凹;具肛前毛4对,第一对位于腹肛板的前缘。足后板2对。气门沟很发达,几乎完全覆盖气门,气门沟板在基节Ⅳ区与足外板相接。头盖略圆,颚角长而聚合。螯肢大,动趾具2个齿,定趾末端三裂,有一长的钳齿毛。跗节Ⅳ无巨毛(图5.230)。

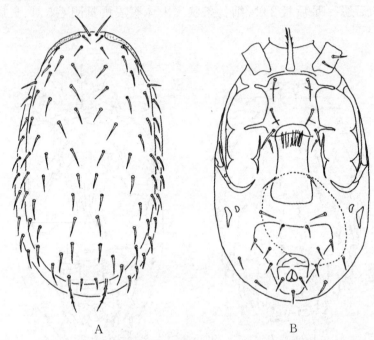

图5.230　苹蠊螨(*Blattisocius mali*)♀躯体背腹面

A.躯体背面;B.躯体腹面

(引自忻介六,沈兆鹏等)

雄螨躯体长约400 μm。背面毛序与雌螨相似。腹面几乎全为胸殖板和腹肛板所覆盖,肛板向侧方扩展,覆盖基节Ⅳ后方的腹面。腹肛板有模糊的纹,除肛毛外,另有5对刚毛。颚角较雌螨的强壮且靠在一起。螯肢有一发达向后弯曲的导精趾。

【孳生习性】 生活于粮食仓库、面粉食品加工厂中的大米、面粉、杏干、葡萄干上,有时在苹果、海棠、梨的穴孔中与甜果螨、腐食酪螨等生活在一起。严重污染粮食和食品。

【国内分布】 目前已知主要分布于江西等地。

(闫　毅,刘　凯)

(三) 北绥螨属

北绥螨属(*Arctoseius* Thor,1930):雌雄螨背板完整,或侧缘中央有缺刻。雌螨的背板上有刚毛31~34对,其中13或14对位于背板后区。9或10对缘毛(*r*,*R*毛)着生于盾间膜上。胸板有刚毛3对,第三胸孔在其后侧角上。生殖板狭长,生殖毛位于盾间膜上。通常肛板仅有围肛毛3条。雄螨有胸殖板和腹肛板。雌螨的钳齿毛刚毛状。雄螨螯肢的导精趾有其独特的形状。头盖2枝或3枝。第二胸板有很明显的线为界的齿7列。各足都有前跗节和爪。Ⅰ跗节有背毛5条,Ⅲ和Ⅳ跗节最多有刚毛7条。

23. 伯氏北绥螨（*Arctoseius butleri* Hughes，1948）

伯氏北绥螨是一种捕食性螨类,常栖息于粮食仓库、大米加工厂、糖果干仓库等处。

【同种异名】　无。

【形态特征】　雌螨体长约400 μm,褐色,长方圆形,体两侧平行。体背为1块背板所覆盖,背板有模糊而不规则的网纹,侧缘中央有缺口。背毛31对,短毛状,光滑纤细。腹面胸板、生殖板、腹肛板明显。胸板狭长,前缘凹,位于Ⅰ与Ⅱ基节之间,后缘略直,位于Ⅲ基节中间,侧缘凹与Ⅱ足内板愈合。第一、二、三对胸板毛着生于胸板上,第四对胸毛位于胸后侧盾间膜上。生殖板小,狭长略呈瓶颈状,前缘边界模糊,靠近胸板后。生殖毛1对,着生于两侧缘盾间膜上。Ⅲ、Ⅳ基节间的足内板小,三角形。腹肛板略呈圆形,覆盖腹面部分。围肛毛3根。足后板1对,小而略细长。

胸叉短扁平状,位于胸板前缘凹处中央表皮上。头盖(Te)尖,三叉状。螯肢短,动趾有2个小齿,定趾有1根齿毛和1个小齿。颚角短三角形。第二胸板有很明显的线为界的齿7横列。须肢细长,伸达Ⅰ足胫节端部,须肢跗节无粗毛。气门沟板略弯曲,前端伸达Ⅰ基节与背板愈合,后端伸延Ⅳ基节中央。Ⅰ足细长,Ⅱ足粗短,各足均有前跗节、双爪和爪垫。Ⅱ、Ⅲ、Ⅳ跗节无巨毛(图5.231)。

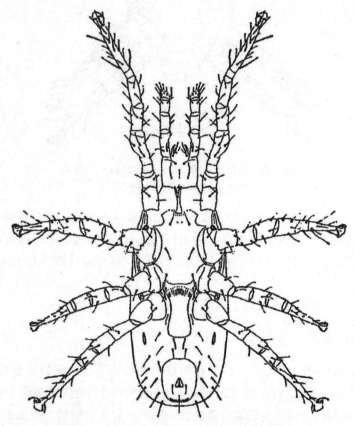

图5.231　伯氏北绥螨(*Arctoseius butleri*)♀腹面
(引自忻介六,沈兆鹏等)

雄螨体形和结构与雌螨相似。不同点:① 体较雌螨小,体长约300 μm。② 腹面为2块相连且明显的胸殖板与腹肛板所覆盖,胸殖板侧缘与Ⅱ、Ⅲ、Ⅳ足内板愈合;胸殖板前缘宽,中央凸,位于Ⅰ与Ⅱ基节之间,后缘直而短,与腹肛板平直的前缘相接;胸殖板后缘与Ⅳ基节后端在同一水平线上。胸殖板毛5对。腹肛板大,呈桃形,侧缘锯齿状;除围肛毛3根外另有腹肛毛6对。③ 螯肢定趾尖细,具3个齿,动趾较定趾粗短,有1个齿和1根齿毛;导精趾稍扭曲,端尖,超越定趾末端。须肢、足结构与雌螨相同(图5.232)。

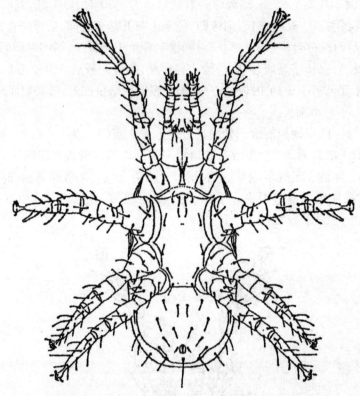

图5.232 伯氏北绥螨(*Arctoseius butleri*)♂腹面
(引自忻介六,沈兆鹏等)

【孳生习性】 北绥螨是一种捕食性螨类,常在高水分玉米和较湿的各种干果品中发现。可以果蝇(Drosophila)幼虫为食。并常与粉螨科(Acaridae)的螨类如粗脚粉螨一起生活,捕食这些螨类。在温度为(26±1)℃、相对湿度为80%～90%的环境下易于孳生。常污染食品,致食物霉变。

【国内分布】 主要分布于四川。

(四)毛绥螨属

毛绥螨属(*Lasioseius* Berlese,1916):雌雄螨的背板均完整。雌螨的背板有刚毛22～38对,其中背板后区有10～15对。缘毛3～9对,位于盾间膜上,后区腹侧膜上有刚毛0～6对。有些背毛有3条隆起线。肩毛r_3总是在背板上。生殖板后缘截断状。腹肛板除肛毛外,另有刚毛2～6对。气门沟板在Ⅳ基节区与足外板相接。

雄螨前区的全部缘毛通常都着生在背板缘上;后区的1或2对缘毛(R)也着生于背板上。后缘毛(R)的总数比雌螨少。胸殖板和气门沟板几乎总与腹肛板分离。螯肢的定趾可有几个齿,但常常是多齿的。动趾通常具3个齿。雄螨导精趾的腹面缺少1个尖的顶端突起。颚角彼此分开且平行。各足末端为前跗节和爪。Ⅰ胫节背刚毛6条。Ⅲ和Ⅳ胫节最少各有刚毛8条和10条。

24. 尾簇毛绥螨（*Lasioseius penicilliger* **Berlese**,1916）

尾簇毛绥螨常在我国面粉厂、米糠中被发现,可致粮食或食品霉变。

【同种异名】 无。

【形态特征】 雌螨体长545~560 μm,深褐色,长椭圆形,体前端两侧向内缩。具背板1块,有深刻网纹。背毛36对,前背区15对,后背区21对。呈短箭状,侧缘有梳齿,并有3条隆起线。r3毛着生于板缘上,R列毛着生于盾间膜上,j1毛基部靠近。腹面有十分明显的胸板、生殖板与腹肛板,三板彼此靠近。胸板长大于宽,侧缘与Ⅱ足内板愈合,前缘直,中央略凹,与Ⅱ基节前端在同一水平线上,后缘凹,位于Ⅲ基节之间。胸毛3对,胸后毛位于小板上,与第三胸孔相关联。生殖板狭长方形,前缘略凸,靠近胸板后缘,侧缘凹,与Ⅲ、Ⅳ足内板分离,生殖毛1对。腹肛板较大,呈酒坛形,有明显横网纹,后缘与腹末背板愈合。肛前毛6对,光滑而尖。腹肛板两侧盾间毛7对,其中位于后面的2对盾间毛呈短箭梳状。生殖板与腹肛板之间有4块狭小板。足后板2块,其中一块较大。气门沟板很大,后面与Ⅳ基节足外板愈合(图5.233)。

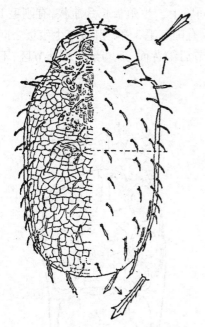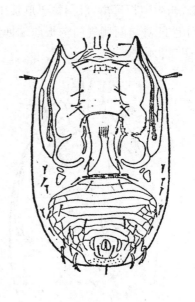

图5.233 尾簇毛绥螨(*Lasioseius penicilliger*)♀腹面及背面
(引自陆联高)

颚体很骨化,颚角大而彼此平行。第二胸板齿7横列。头盖圆形,有齿。螯肢定趾有3~4个齿,动趾具3个齿。Ⅰ足长且较粗,有前跗节和双爪。

雄螨躯体结构与雌螨相似。不同的是:① 体长略小,约500 μm。② 前背区r列毛与后背区的R₁~₂毛位于背板缘上。③ 导精趾腹面没有端尖突起。④ Ⅰ胫节具背毛6根。

【孳生习性】 可栖息于面粉加工厂糠房、粉房,有时也孳生于鼠巢,并喜在潮湿小麦和陈米糠中生活,以粮食中的霉菌为食。在温度为23~26 ℃,相对湿度为85%以上的环境中时,繁殖较快,可在28~32天完成生活史。行两性生殖,整个发育有卵、幼螨、第一若螨、第二若螨及成螨5个时期。繁殖盛时,导致粮食、食品霉变,对人体健康十分不利。

【国内分布】 主要分布于云南、福建等地。

(五)卡密螨属

卡密螨属(*Melichares* Hering,1838):雌螨背板有刚毛33～49对。背板后区有刚毛10～15对,R列缘毛位于盾间膜上。雄螨背毛与雌螨一样,但另有缘毛着生于背板边缘。其余特征如肛厉螨属。

25. 快卡密螨(*Melichares agilis* Hering,1838)

快卡密螨是一种常栖息于粮食仓库、面粉加工厂和干果库等处的捕食性螨。

【同种异名】 *Garmania domestica* Oudemans,1929;*Typhlodromus domestica* Oudemans,1929。

【形态特征】 雌螨体长约450 μm,长椭圆形,淡黄色,体背大部被1块有网纹狭长椭圆形背板所覆盖。背毛29对,其中前背区14对,后背区15对。背毛光滑针状,除Z毛较长外,其余均短。r与R列毛着生于背板两侧的盾间膜上。

腹面胸板长大于宽,前缘略凹,位于Ⅰ、Ⅱ基节之间,后缘平直,位于Ⅱ、Ⅲ基节之间,胸板毛3对,小孔2对,胸后毛与小孔相连,位于盾间膜上。生殖板长颈瓶状,有刚毛1对。肛板长圆形,与生殖板远离,肛门位于肛板中央。仅有围肛毛3根。肛板与生殖板之间的表皮上有盾间毛11对。两侧气门沟板前端伸至Ⅰ基节后缘背面,后端延至Ⅳ基节区,不与足外板愈合(图5.234)。

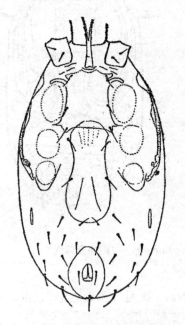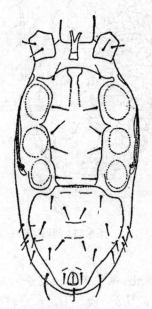

图5.234 快卡密螨(*Melichares agilis*)♀♂腹面
(引自陆联高)

螯肢有齿,定趾有小齿4个或5个,动趾仅有1个齿。颚角细长而聚合,头盖(Te)光滑呈三角形。

各足均有前跗节和双爪。Ⅱ足较粗。Ⅳ跗节无巨毛。

雄螨躯体结构与雌螨相似。不同之点：① 雄螨躯体较雌螨略小，体长约410 μm。② 腹面有胸殖板和腹肛板2块；胸殖板长方形状，向后伸达Ⅳ基节后缘，前半部两侧缘与Ⅱ、Ⅲ足内板大部愈合，板上有5对刚毛。腹肛板大，呈梨形，前缘直，与胸殖板后缘相连接。③ 腹肛板除3根围肛毛外，另有肛前毛6对。④导精趾较定、动趾长（图5.234）。

【孳生习性】 快卡密螨是一种捕食性的螨，常在大米、面粉粮堆及干果中与粉螨科螨类生活在一起，喜捕食粗脚粉螨(*A. siro*)卵、幼螨和若螨，有时还捕食小昆虫。属中温中湿性的螨类，在温度为(24±1)℃、相对湿度为85%~88%的条件下，繁殖快，可在9~12天完成生活史。螨卵较大，同一时间内雌螨体仅有1个卵发育。此螨繁殖盛时常污染食物。

【国内分布】 主要分布于四川，亦见于北京、沈阳等北部地区。

（杜 峰）

五、巨螯螨科

巨螯螨科(Macrochelidae Vizthum，1930)：成螨表皮革质。螯肢强大，有强壮的具齿趾，动趾基部的关节膜背缘和腹缘着生1对明显的羽状毛和1条光滑毛，雄螨的导精趾末端游离。须肢跗节叉毛具3叉。头盖分3叉。背板一整块，背毛不少于28对。胸板具刚毛3对。胸后板1对，各具刚毛1根。生殖板具刚毛1对，两侧各具骨板1块。腹板与肛板愈合为腹肛板，板上具腹肛毛2~5对。气门位于Ⅲ和Ⅳ足基节之间外侧，气门沟很发达，气门沟基部向外侧弯曲成圈，在气门后方与气门相接，气门板在前方与背板愈合，后方游离。足发达，行动活泼。足Ⅰ跗节的爪缺如，末端为一簇刚毛。巨螯螨科包括许多自由生活的种类，通常在土壤、堆肥、垃圾、尘土、仓库、动物巢穴等场所发现，以活的或死的昆虫为食，也可能以真菌、线虫和其他螨类为食。家栖螨的种类主要为巨螯螨属。

巨螯螨属

巨螯螨属(*Macrocheles* Latreille，1829)：头盖通常有3个突起。顶毛j_1位于背板缘，不着生于背板的瘤上。螯钳基部腹侧刚毛长，羽状。雌螨胸后板独立，腹肛板具3对肛前毛，气门板与侧足板分离，股节Ⅱ无距或刺。雄螨具1块全腹板或分成2块(胸生殖板和腹肛板)，螯钳动趾具导精趾，足Ⅱ、Ⅳ常有距或刺。巨螯螨属分种检索表(雌螨)见表5.34。

表5.34 巨螯螨属分种检索表(雌螨)

（引自潘錝文，邓国藩，1980）

1. 背板所有的或部分的刚毛羽状或端部较粗，非针状 ························ 2

   背板所有的刚毛均光滑、针状；f_1短小刺状，基部互相远离 ·········· 粪巨螯螨(*M. merdarius*)

3. 背板所有的刚毛羽状或端部较粗 ···································· 3

   背板刚毛有的光滑、针状，有的羽状或端部较粗 ···················· 4

4. 背板第11缘毛(m_{11})长度约为第10缘毛(m_{10})的1/2；腹肛板长大于宽，两侧向后缓慢收窄············

   ·· 褪色巨螯螨(*M. decoloratus*)

   背板缘毛m_{10}与m_{11}几乎等长；腹肛板长宽略等，两侧向后急剧收窄 ·········· 宫卵巨螯螨(*M. matrius*)

5. 背板长度小于1000 μm；边缘非锯齿状 ···························· 5

   背板长1100 μm以上；背板边缘锯齿状 ························ 羽腹巨螯螨(*M. plumiventris*)

6. 背板刚毛f_1基部相互紧靠；胸板具刻点 ···························· 6

背板刚毛f_1基部互相远离;胸板无刻点 ·············· 外贝加尔巨螯螨($M. transbaicalicus$)

7. 胸板的刻点在$st2$之后横列为3~4行;足Ⅰ跗节较胫节长 ········ 家蝇巨螯螨($M. muscaedomesticae$)

胸板在$st2$之后具一大刻点区;足Ⅰ跗节与胫节长度略等 ·············· 光滑巨螯螨($M. glaber$)

26. 宫卵巨螯螨(*Macrocheles matrius* Hull,1925)

该螨广泛分布于各类小鼠等多种小型哺乳动物的体表,也常在宿主的窝巢内生活,并常栖息于谷物碎屑、禽粪和燕巢及地板碎屑中。

【同种异名】 *Nothrholaspis matrius* Hull,1925;*Macrocheles carinatus* Koch,1839,*Sensu* Hughes,1948。

【形态特征】 宫卵巨螯螨的形态鉴别以雌螨形态特征为主要依据。雌螨活体淡红褐色,整体体长890~960 μm。螯肢粗壮,螯钳具齿,动趾长78.8 μm。颚沟有5横列的小刺。须肢叉毛分3叉。背板一整块,且完全覆盖整个背面,背板有羽状刚毛28对,其中f_1基部相互远离,m_{10}与m_{11}约等长,略微向内弯斜。胸板前缘略微平直,后缘内凹,中部长约153 μm,最窄处宽约162 μm,板上有刻点,明显可见;板上有光滑刚毛3对,隙孔2对;$st2$间有一横纹贯穿,横纹后方清晰可见2个明显的刻点区。两胸后板较小,呈卵圆形,各具刚毛1根。生殖板前缘圆钝,后缘平直,具刚毛1对,有明显可见的刻点,两侧各具1块棒状骨板。腹板与肛板愈合为腹肛板,腹肛板近似心脏形,长295 μm,宽304 μm,肛侧毛位于肛孔中部水平偏前,此为鉴别宫卵巨螯螨的重要形态特征之一,具肛前毛3对。气门沟前端可延伸至体前缘的中部。足Ⅱ~Ⅳ跗节刚毛呈粗刺状(图5.235)。

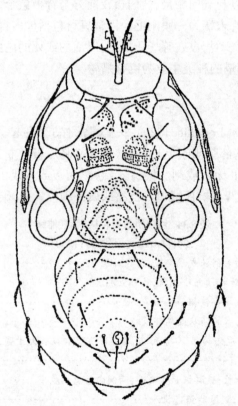

图5.235 宫卵巨螯螨(*Macrocheles matrius*)♀腹面

(引自陆联高)

雄螨体型比雌螨略短,体长680~720 μm,形状和体色与雌螨相似,背板的毛序也都一样。雄螨体躯在第二对足区较宽。整体腹面有1块与足内板愈合的腹板,其在足Ⅳ基节处形成一切口,可作为胸殖板与腹肛板分界的标记。各足革质化,Ⅱ和Ⅳ足较Ⅰ和Ⅲ足色黑。Ⅱ足粗,胫节和膝节各有一小突起,股节腹面有距状物2个,其中一个急剧弯曲。Ⅳ足较雌螨长,各节背面不规则,转节及股节有叶状结构,有些具羽状毛(图5.236)。

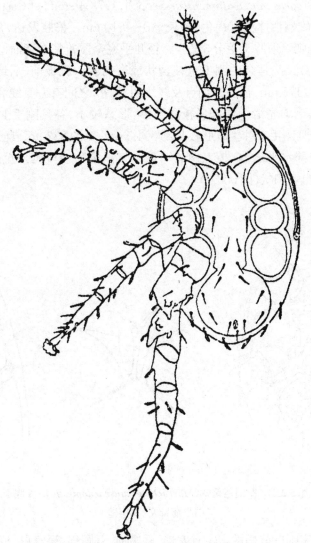

图5.236　宫卵巨螯螨(*Macrocheles matrius*)♂腹面

(引自忻介六,沈兆鹏)

【孳生习性】　宫卵巨螯螨的发育是由卵孵化为幼螨,经第一、二若螨发育为成螨。此螨活动较快,喜潮湿,在温度为22~26 ℃,相对湿度为90%以上的环境中3~4周繁殖一代。广泛分布于各类小鼠等多种小型哺乳动物的体表,也常在宿主的窝巢内生活,是可在啮齿类动物体表及其巢穴生活的革螨之一。目前有记载的宿主有布氏田鼠、长爪沙鼠、达乌尔黄鼠、大林姬鼠、褐家鼠、拟家鼠、社鼠、小泡巨鼠、黑线姬鼠、高山姬鼠等。常栖息于谷物碎屑、禽粪和燕巢中,在地板碎屑中也有发现,粪金龟等昆虫有助于此螨传播。

【国内分布】 分布广泛,主要分布于辽宁省、黑龙江省、山东省、新疆维吾尔自治区、内蒙古自治区、吉林省、四川省、湖北省、宁夏回族自治区、河北省、西藏自治区、云南省等地。

27. 家蝇巨螯螨(*Macrocheles muscaedomesticae* **Scopoli**,1772)

该螨宿主有蝇类和鼠类,可栖息于鸡窝、家禽粪肥等适宜家蝇生活的场所及储藏的粮食中。

【同种异名】 *Acarus muscaedomesticae* Scopoli,1772;Pereira et Castro,1945。

【形态特征】 雌螨活体淡红褐色,体长980~1010 μm。螯肢发达,螯钳具齿,动趾长约73 μm。颚沟有6排刺。须肢叉毛分3叉。背板几乎完全覆盖整个背面,具刚毛28对,f_1基部相互紧靠,d_2~d_8、i_1光滑,其余的刚毛末端羽状或微羽状。胸板前、后缘均内凹,中部长约212 μm,最窄处宽约175 μm,板上的刻点及线纹明显,$st2$之间有一直线和一弧线,$st2$之后具3~4排刻点,3对胸毛均光滑。两胸后板卵圆形,形态较小,各具刚毛1根。生殖板后缘平直,板上刻点明显,具刚毛1对。腹肛板长约304.5 μm,宽约332 μm,具光滑的肛前毛3对,肛侧毛位于肛孔中部水平之前,板上网纹明显。气门沟前端可延伸至体前缘的中部。足Ⅱ~Ⅳ跗节刚毛呈粗短刺状(图5.237)。

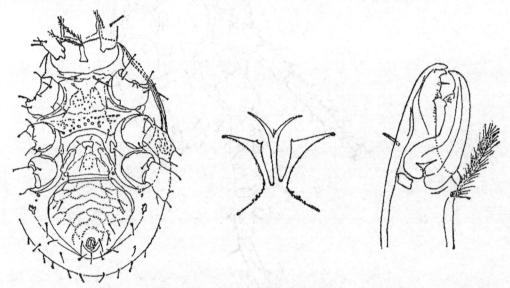

图5.237 家蝇巨螯螨(*Macrocheles muscaedomesticae*)♀腹面
(引自潘錝文,邓国藩)

【孳生习性】 家蝇巨螯螨的宿主有家蝇、厩腐蝇、夏厕蝇、褐家鼠、拟家鼠、黑线姬鼠等,可在鸡窝、家禽粪肥的深坑等适宜家蝇生活的场所及花盆中发现,并可在储藏的食物、粮食中生活,该螨可被蝇成虫及蜣螂携带从一个繁殖场所到另一个场所。其发育期包括卵、幼螨、第一若螨、第二若螨和成螨。已交配的雌螨产卵一般发育为雌螨,偶尔发育为雄螨,未交配的雌螨也可产卵,将来总是发育为雄螨。该螨可侵袭家蝇及类似种的各发育期(围蛹除外),幼螨和成螨喜以蝇卵为食,但当有线虫存在时,第一和第二若螨喜取食线虫。

【国内分布】 分布广泛,见于湖南省、贵州省、辽宁省、甘肃省、江苏省、上海市、浙江省、湖北省、江西省、福建省、广东省、香港特别行政区、海南省、广西壮族自治区、云南省、吉林省、重庆市、山东省、河南省、河北省等地。

28. 光滑巨螯螨（*Macrocheles glaber* Müller，1859）

该螨可生活于鸡、羊、黄胸鼠、褐家鼠、拟家鼠、黑线姬鼠、社鼠、蜣螂等动物的体表及其窝巢内。

【同种异名】　无。

【形态特征】　雌螨体长约858 μm，宽约599.9 μm。螯肢粗壮，螯钳具齿，动趾长约68.8 μm。颚沟有6排横列的小刺。须肢叉毛分3叉。背板一整块，呈椭圆形，完全覆盖整个背面，板上有刚毛26对，其中 f_1 前半部呈羽毛状，基部相互紧靠，m_{11} 光滑并略微向内弯斜，其余大部分刚毛亦光滑，背板的中部有1条浅纹横贯。胸板中部长约193.8 μm，最窄处宽约184.6 μm，板上有明显的刻点，具刚毛3对，隙状器2对，$st2$ 之间有一横纹贯穿，横纹后方清晰可见一大的刻点区。两胸后板较小，呈卵圆形，各有刚毛1根。生殖板前缘圆钝，后缘平直，有明显可见的刻点；生殖板两侧各具有棒状骨板1块。腹板与肛板愈合为腹肛板，腹肛板前缘平直，后端狭窄，具3对肛前毛，板两侧在第2对肛前毛水平最宽，长约295 μm，宽约313.8 μm，且板上具7条由刻点依次排成的弧纹，此为鉴别光滑巨螯螨的重要形态特征之一。气门沟前端可延伸至体前缘的中部。足Ⅰ、Ⅱ的股节和膝节背面均有羽毛状的刚毛，足Ⅲ、Ⅳ除了基节、转节外，其余各节的背面均有羽毛状刚毛（图5.238）。

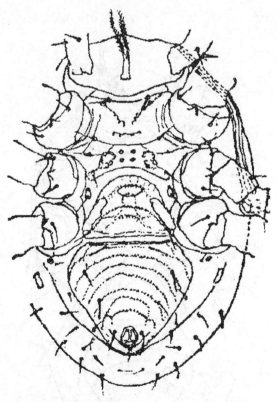

图5.238　光滑巨螯螨（*Macrocheles glaber*）♀腹面
（引自潘錝文，邓国藩）

【孳生习性】　光滑巨螯螨的宿主有鸡、羊、黄胸鼠、褐家鼠、拟家鼠、黑线姬鼠、社鼠、蜣螂等，并可分布于这些动物的窝巢以及污水沟旁的砖块下，是可在动物的窝巢中生活的栖息型革螨之一。

【国内分布】 分布广泛,主要见于黑龙江省、辽宁省、吉林省、北京市、河北省、青海省、宁夏回族自治区、湖北省、贵州省、四川省、山东省、浙江省、江西省、福建省、内蒙古自治区、西藏自治区、甘肃省、新疆维吾尔自治区、云南省等地。

29. 粪巨螯螨(*Macrocheles merdarius* **Berlese**,1889)

该螨为小型螨,宿主有黄胸鼠、褐家鼠、社鼠、丛林鼠等,并可栖息于鸟巢、粪堆中。

【同种异名】 无。

【形态特征】 小型螨,雌螨体长约489 μm,宽约304.5 μm。螯肢粗壮发达,螯钳具齿,动趾长约40.9 μm。颚沟具5排横列的刺。须肢叉毛分3叉。背板不完全覆盖背面,长约470.7 μm,宽约258 μm,板上网纹明显,具刚毛28对,均光滑,f_1短小、刺状,其基部互相远离。胸板前缘和后缘均内凹,两前侧角延伸至足Ⅰ与足Ⅱ基节之间,中部长106.7 μm,最窄处宽92.8 μm;板上具3对胸毛,均光滑,并具隙状器2对;$st2$之间有一明显的弧纹,此外板内尚有若干横纹。两胸后板小,各具刚毛1根。生殖腹板后缘平直,板上具刚毛1对,两侧各有细棒状骨板1块。腹肛板呈倒置的梨形,前缘平直,两侧在第二对肛前毛处最宽,向后逐渐变窄,中部长约143.8 μm,最宽处宽约120.6 μm,板上具肛前毛3对,均光滑,肛侧毛位于肛孔中部水平,板上尚有5条横纹。气门沟前端延伸至体前缘中部。足Ⅱ~Ⅳ跗节腹面具若干粗刺状刚毛(图5.239)。

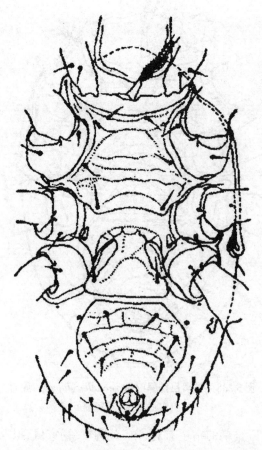

图5.239 粪巨螯螨(*Macrocheles merdarius*)♀腹面

(引自潘錝文,邓国藩)

【孳生习性】 粪巨螯螨的宿主有黄胸鼠、褐家鼠、社鼠、丛林鼠等,并栖息于鸟巢、粪堆(如羊粪)中。

【国内分布】 主要分布于河北省、陕西省、江苏省、山东省、贵州省、湖北省、宁夏回族自治区、辽宁省、四川省、吉林省、福建省、云南省等地。

30. 褪色巨螯螨(*Macrocheles decoloratus* C. L. Koch,1839)

该螨的宿主有达乌尔黄鼠、黑线仓鼠、狭颅田鼠、黑线姬鼠等。

【同种异名】 无。

【形态特征】 雌螨体长约775 μm,宽约489 μm。螯肢发达,螯钳有齿,动趾长约88 μm,颚沟具5排横列的刺。须肢叉毛分3叉。背板几乎覆盖整个背面,长约756.8 μm,宽约461 μm。具羽状和微羽状刚毛28对。f_1基部互相远离;m_{11}之长为m_{10}的1/2,这是鉴定本螨种重要特征之一。胸板前缘和后缘均内凹,中部长约148 μm,最窄处宽约143.6 μm;具光滑的刚毛3对,板上刻点明显,$st2$之后具2个大刻点区。胸后板小,卵圆形,各具刚毛1根。生殖板前缘圆钝,后缘平直,具刚毛1对。腹肛板呈倒置的梨形,前缘较平,两侧向后逐渐变窄,长大于宽,长、宽分别约为273.7 μm和218 μm;具肛前毛3对,均光滑,但末端稍钝。肛侧毛位于肛孔中部水平之前,板上具横纹7条。气门沟前端达体前缘中部。足Ⅱ~Ⅳ跗节腹面具粗刺状刚毛(图5.240)。

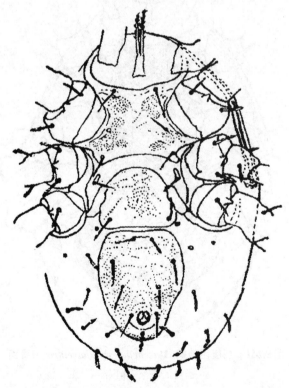

图5.240 褪色巨螯螨(*Macrocheles decoloratus*)♀腹面
(引自潘鋎文,邓国藩)

【孳生习性】 据已有相关文献记载,褪色巨螯螨的宿主有达乌尔黄鼠、黑线仓鼠、狭颅田鼠、黑线姬鼠等。

【国内分布】 主要分布于黑龙江省、内蒙古自治区、湖北省等地。

31. 羽腹巨螯螨（*Macrocheles plumiventris* Hull，1925）

该螨宿主有社鼠、褐家鼠、高山姬鼠，并可栖息于鸡窝、羊圈内。

【同种异名】 无。

【形态特征】 大型螨，雌螨体长约1199.9 μm，宽约895 μm。螯肢发达，螯钳有齿，动趾长约125 μm，颚沟具6排横列的刺。须肢叉毛分3叉。背板几乎覆盖整个背面，长约1199.9 μm，宽约812 μm，其侧缘和后缘均呈锯齿状，板上网纹明显；f_1呈羽状，其基部互相远离，f_2之长约为f_1的1/2，d_3、d_4、i_1、s_8光滑，其余的刚毛呈羽状，此外，$d_4 \sim d_5$或d_5之间尚具有微羽状刚毛1根。胸板前缘和后缘均内凹，板中部长约323 μm，最窄处（$st1$和$st2$之间）宽约239.9 μm；板上刻点和花纹非常明显；具刚毛3对，$st1$羽状，$st2$、$st3$光滑，末端稍钝；具隙状器2对。两胸后板卵圆形，各具羽状刚毛1根。生殖板具羽状刚毛1对，两侧各具长棒状骨板1块。腹肛板近似五角形，宽大于长，长约369 μm，宽约526 μm；具肛前毛3对，均呈羽状；肛侧毛微羽状，肛后毛明显羽状，其长度较肛侧毛短。气门沟前端达体前缘中部。足Ⅱ较其他足粗壮，足Ⅰ最细，足Ⅱ～Ⅳ跗节均具若干粗刺状刚毛（图5.241）。

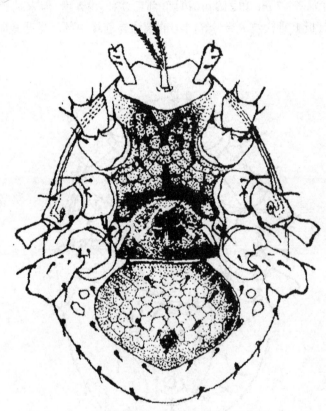

图5.241 羽腹巨螯螨（*Macrocheles plumiventris*）♀腹面
（引自潘錝文，邓国藩）

【孳生习性】 据已有相关文献记载，羽腹巨螯螨的宿主有社鼠、褐家鼠、高山姬鼠，并可栖息在鸡窝、羊圈内。

【国内分布】 主要分布于辽宁省、河北省、湖北省、四川省、福建省、云南省等地。

32. 外贝加尔巨螯螨（*Macrocheles transbaicalicus* Bregetova et Koroleva，1960）

该螨宿主有布氏田鼠、长爪沙鼠。

【同种异名】 无。

【形态特征】 雌螨体长约812 μm,宽约572 μm。螯肢发达,螯钳有齿,动趾长约83.5 μm,颚沟具5排横列的刺。须肢叉毛分3叉。背板几乎覆盖整个背面,板上具刚毛28对,大部分刚毛末端稍膨大或微羽状,$d_2 \sim d_6$光滑,末端尖锐,f_1基部互相远离。胸板宽而扁,前缘、后缘均内凹,后缘的凹底达$st2 \sim st3$之间的中部水平,胸板中部长约111 μm,最窄处宽约199.5 μm,具刚毛3对,均光滑,两侧$st2$之间具一明显的横纹,具隙状器2对,板上平滑,无大刻点。两胸后板小,各具刚毛1根。生殖板前缘圆钝,后缘平直,具刚毛1对,两侧各具粗棒状骨板1块。腹肛板呈倒置的梨形,长大于宽,前缘较平直,两侧于第二对肛前毛水平处最宽,向后逐渐变窄,板长约283 μm,最宽处宽约227 μm,板上具肛前毛3对,肛侧毛位于肛孔中部水平偏前。气门沟前端达足Ⅰ与足Ⅱ基节之间。足Ⅱ跗节近末端腹面具2根粗刺,背面亦具2根粗刺,其中1根较细,足Ⅲ、Ⅳ跗节均具若干刺(图5.242)。

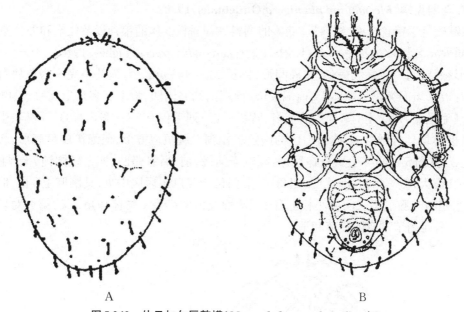

图5.242 外贝加尔巨螯螨(***Macrocheles transbaicalicus***)♀
A. 背板;B. 腹面
(引自潘錝文,邓国藩)

【孳生习性】 据已有相关文献记载,外贝加尔巨螯螨的宿主有布氏田鼠、长爪沙鼠。

【国内分布】 主要分布于黑龙江省、新疆维吾尔自治区等地。

(李士根)

六、美绥螨科

美绥螨科(Ameroseiidae Evans,1963):雌、雄螨背板均完整,通常有刚毛29对,后缘毛和f_1及f_2毛消失;颚角显著,通常末端分叉;须肢趾节通常2叉,很少有3叉的。雌螨胸板有刚毛2对或3对;胸后毛总是着生在盾间膜上;生殖板通常为楔形,且总有生殖毛;可有肛板或腹肛板;有足受精囊。雄螨有胸殖板和腹肛板,生殖孔开口于前胸。美绥螨科包括5个属,我国仅记载克螨属(*Kleemannia*)1属。

克螨属

克螨属（*Kleemannia* Oudemans，1930）：成螨的背板有网纹，具刚毛29对，刚毛为羽毛状或叶状。雌螨的胸板有刚毛2对，腹肛板除3根围肛毛外，通常还有2～3对刚毛。颚角显著，通常末端分叉，第一对口下板毛粗大。须肢趾节2叉。足Ⅲ膝节和胫节有后侧毛2根。常见于仓库地面的碎屑及干草堆下。克螨属分种检索表（雌螨）见表5.35。

表5.35 克螨属分种检索表（雌螨）

背板网纹不深刻，29对刚毛为镰刀状，具2列短梳齿。胸板前方宽扇状，全板有网纹，但后区网纹模糊
·· 老羽克螨（*K. plumigera*）

背板网纹深刻，29对刚毛除最前1对刚毛边缘梳齿状外，其余28对刚毛均呈叶状并有中肋。胸板前方扇状，有明显的网纹，但胸板中央光滑无网纹 ··· 羽克螨（*K. plumosus*）

33. 老羽克螨（*Kleemannia plumigera* Oudemans，1930）

该螨栖息于粮食仓库、饲料厂、储藏的饲料、中药材、变质的粮食以及住宅和办公室内。

【同种异名】 *Zercon pavidus* Koch，1839；*Zercoseius gracei* Hughes，1948。

【形态特征】 雌螨红褐色，宽椭圆形，体长430～440 μm。背面几乎完全为单块背板所覆盖，背板平坦而突出于颚体上，前端尖圆，前端两侧略内凹，板上有多角形网纹；具刚毛29对，各刚毛呈镰刀状，上有2列短的梳齿，背板后区*j*列毛仅有2对（图5.243）。胸板、生殖板和腹肛板亦均具有网纹，但胸板后区的网纹较模糊。胸板似方形，前缘扩展呈扇形，胸板上有刚毛2对（图5.244）。生殖板梯形，后缘宽于前缘，前、后缘略凸，四角较圆钝，上具刚毛1对。腹肛板大，似苹果形，前缘凹，四角圆，肛门位于腹肛板后区中央，具围肛毛3根，肛前毛2对。生殖板与腹肛板之间的小板上有4根小而光滑的刚毛。颚体颚角2叉，第一对口下板毛粗大。各足跗节端有前跗节和爪。

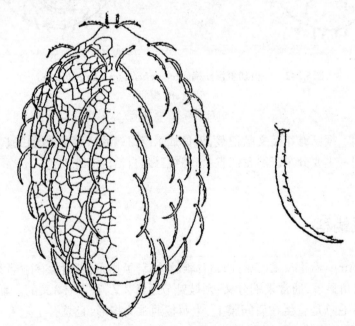

图5.243 老羽克螨（*Kleemannia plumigera*）♀背面与背板镰刀状梳齿刚毛
（引自忻介六，沈兆鹏等）

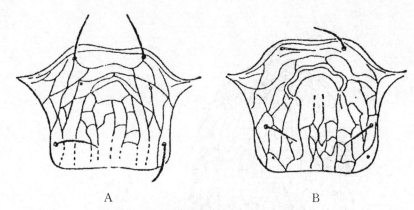

图5.244　克螨属(*Kleemannia*)的胸板

A. 老羽克螨(*Kleemannia plumigera*)的胸板;B. 羽克螨(*Kleemannia plumosus*)的胸板

(引自忻介六,沈兆鹏等)

　　雄螨体长350~360 μm,外形与雌螨相似,仅腹面几乎完全为胸殖板和腹肛板所覆盖。

　　【孳生习性】　老羽克螨栖息在粮食仓库、饲料厂及储藏的饲料、中药材、变质的粮食中,在住宅和办公楼中也有发现。此螨喜温恶干,在干燥的环境中难以发现。常生活在潮湿处霉菌中,以霉菌为食,有时亦捕食其他粉螨科的螨类及小昆虫。行有性生殖,雌螨一生产卵30~35粒,发育期由卵、幼螨,再经第一、第二若螨发育为成螨。在温度为(24±1)℃、相对湿度大于85%的环境中,经3~4周完成生活史。未发现有孤雌生殖。

　　【国内分布】　据已有相关文献记载,老羽克螨国内分布于江西省、贵州省等地。

34. 羽克螨(*Kleemannia plumosus* Oudemans,1902)

　　羽克螨是Oudemans于1902年首先命名的一种革螨。该螨栖息于燕麦、米糠、碎米、地屑粮、小哺乳动物、土蜂巢穴及草堆下等处。

　　【同种异名】　*Zercoseius macauleyi* Hughes,1948。

　　【形态特征】　雌螨红棕色,椭圆形、扁平,体长约440 μm,背后区较宽。背面完全为1块背板所覆盖,背板上有深刻明显的网纹;具刚毛29对,除最前1对刚毛边缘梳齿状外,其余刚毛均呈叶状,中间具厚的中肋,边缘有锯齿(图5.245)。胸板十分明显,前、后缘较厚,有明显的网纹,但胸板中央部分往往光滑无网纹,前方扩大呈扇状,板上有刚毛2对(图5.244)。胸后板1对,大而圆,外缘各有刚毛1根。生殖板似梯形,后缘宽于前缘,前缘微凸,后缘凸而光滑,上具刚毛1对,生殖孔被生殖板所覆盖。腹肛板大,似苹果形,前缘凹,后缘凸,并靠近躯体末端;肛孔大,具围肛毛3根。足后板位于生殖板两侧(图5.246)。颚体颚角明显,末端分2叉,第一对口下板毛膨大呈粗刺状。螯肢定趾形状不规则,有齿4个,动趾靠近基部的一半有1列小齿。须肢各节粗短,趾节双叉状。足跗节长,有前跗节、爪垫和1对爪。

　　雄螨体长约360 μm,外形与雌螨相似。腹面由相互分离的胸殖板与腹肛板覆盖大部分。胸殖板似长方形,从足Ⅰ基节延伸到足Ⅳ基节,前、后缘平直微凸,两侧在足Ⅱ基节与足Ⅲ基节之间处向外呈尖凸;板上有网纹,着生刚毛5对,其中外缘着生4对。腹肛板大,呈截圆形,上有明显的网纹;腹肛板上除1根扇状和2根光滑的围肛毛外,另有光滑刚毛4对和扇状刚毛1对。胸殖板与腹肛板之间有小板2块。螯肢特长,伸出须肢末端,动趾基部扭曲,末端尖;定趾较窄,内缘有齿4个;导精趾呈螺旋状扭曲。足跗节长,前跗节末端有叶状爪垫和1对爪;足Ⅲ膝节和胫节有后侧毛2根(图5.247)。

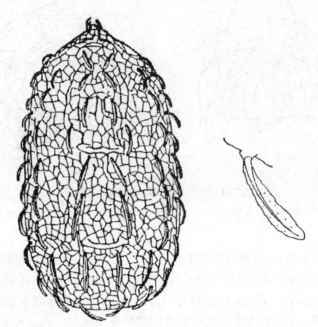

图5.245　羽克螨(*Kleemannia plumosus*)♀背面与背板叶状刚毛

（引自忻介六，沈兆鹏等）

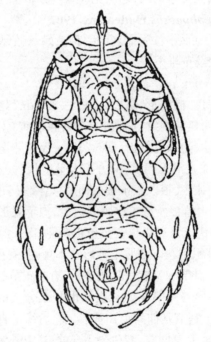

图5.246　羽克螨(*Kleemannia plumosus*)♀腹面

（引自忻介六，沈兆鹏等）

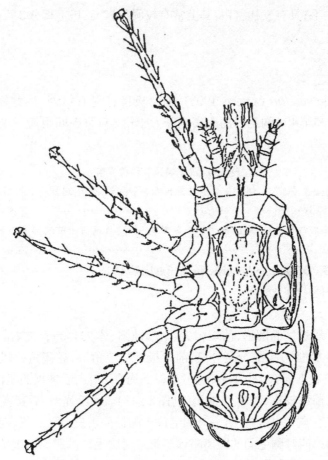

图5.247　羽克螨(*Kleemannia plumosus*)♂腹面
(引自忻介六,沈兆鹏等)

【孳生习性】　羽克螨栖息在燕麦、米糠、碎米、地屑粮、小哺乳动物、土蜂巢穴等处,有时在草堆下发现。在贮藏物中捕食粉螨科螨类的卵、幼螨和若螨以及其他小节肢动物,饥饿时亦食自己所产的卵。此螨为季节性螨类,喜阴湿温暖,不喜干热,适宜在温度为20～27℃、相对湿度为83％的环境中生活。行有性生殖,雌雄交配后易产卵,其发育由卵经幼螨、第一、第二若螨发育为成螨。卵期长,5～8天,幼螨期2～3天,第一、第二若螨期各2～4天,生活史2～3周。

【国内分布】　据已有相关文献记载,羽克螨国内分布于四川省、云南省等地。

(薛庆节)

七、双革螨科

双革螨科(Digamaselldae Evans,1957):成螨和若螨均有2块背板,成螨和第二若螨的背板有1对或2对小板,2块背板几近相等。胸板后侧角着生有胸后毛。胸板上一般有刚毛3对或4对。第4对胸毛位于胸板;第3对胸毛间距较第2与第4对胸毛间距短。雄螨分离板上着生有生殖毛。雄螨足Ⅱ通常较粗大,有一巨刺,腹面有数根刺状毛。腹肛板后方和侧方与后背板融合,故腹肛板侧端有缘毛(R)存在。鄂体第二胸板有5横列齿;包括V_4毛在内,

Ⅰ股节共有13条刚毛;具有发达螯钳,其上常有较明显齿突;口上板分3叉;导精趾靠近基部处呈S形。

双革螨属

双革螨属(*Digamasellus* Berlese,1905):前背板具有刚毛21对,后背板具有刚毛15对。刚毛光滑。第2对和第4对胸毛间的距离宽度大于第3对胸毛间距离。双革螨属分种检索表见表5.36。

表5.36 双革螨属分种检索表

腹肛板方圆形,覆盖全部腹面,侧缘与后缘及背板融合;膝节、胫节、跗节均有粗刺状毛;雄螨前跗节端部有小刺5个 ··· 前篱双革螨(*D. presepum*)

腹肛板圆形,后缘不与背板融合;膝节、胫节、跗节毛光滑;雄螨前跗节端部无小刺 ·· 一种双革螨(*D. sp.*)

35. 前篱双革螨(*Digamasellus presepum* Berlese,1918)

该螨是家禽粪便中常见螨类。

【同种异名】 无。

【形态特征】 雌螨呈椭圆形,前端稍尖、末端钝圆,体长400 μm左右。背部几乎为2块背板覆盖大部,2块背板边缘平行但分离;前背板近似三角形,后侧角稍圆,后缘较直,着生21对刚毛。前背板后半部有4个小板,每一小板上均有1对向后伸展的肌肉;后背板近似长方形,两侧角稍圆,前缘较直,着生15对刚毛(图5.248)。刚毛光滑,后背板上的$z4$着生于瘤上,s_5较其他背毛长。胸毛共4对,第一对胸毛位于胸板前表皮,第二、三、四对胸毛位于胸板上。第二对胸毛和第四对胸毛间的距离略远于第三对胸毛间的距离。生殖板近似狭窄的长方形,前、侧缘略凹,后缘略凸,远离腹肛板,着生生殖毛1对。生殖板与腹肛板之间的表皮上着生刚毛1对。腹肛板两侧表皮着生刚毛2对,位于腹肛板后部的肛门具围肛毛3根,肛前毛4对。第二胸板有5横列齿,基部列向两侧扩展(图5.249)。头盖3叉,其中中央叉位于中叶内面。气门沟前端与背板在Ⅲ基节处愈合,后端与足外板在Ⅳ基节处愈合。螯肢具齿。Ⅰ足细长;各足的前跗节均较短且基部有小刺5个,跗节端部有双爪。

雄螨与雌螨在形态及结构上相似。雄螨体长约375 μm。胸板与生殖板融为一体,胸殖板接近长方形,上面着生胸殖毛3对(图5.250)。胸板前缘表皮上着生有第1对胸毛。胸殖板后侧独立小板上着生生殖毛1对。胸殖板与腹肛板之间有一明显的宽横带。腹肛板与腹背板部分愈合,愈合部位为腹肛板侧缘及后缘。腹肛板末中央有一圆形肛门。肛前毛有4对,围肛毛为3根。导精趾基部为S形弯曲。Ⅱ足略粗大,股节腹面有一明显的表皮突,呈拇指状。膝节、胫节、跗节上均无毛且有粗刺(图5.251)。

【孳生习性】 前篱双革螨是家禽粪便和烤房的碎屑中密度最大的螨类之一,也常与真革螨属杂居,行有性生殖。雌雄交配后,产卵于粮食碎屑或干粪肥表面,经两次若螨阶段后发育为成螨。当温度为24~28 ℃、相对湿度为85%~90%时,需要24~36天完成其生活史,其中卵期4~8天,幼螨期5~7天,第一若螨期5.5~8.5天,第二若螨期9~12天。该螨喜群集,常栖息于腐烂的有机物、潮湿霉变的仓库粮食、粮食碎屑中等处。

【分布】 主要分布于我国的四川。此外,在世界范围内主要分布于英国、意大利、德国、以色列等国。

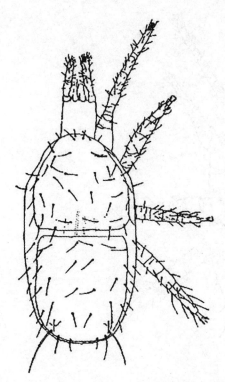

图5.248 前簏双革螨(*Digamasellus presepum*)♀背面

（引自忻介六,沈兆鹏等）

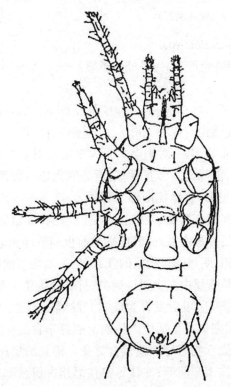

图5.249 前簏双革螨(*Digamasellus presepum*)♀腹面

（引自忻介六,沈兆鹏等）

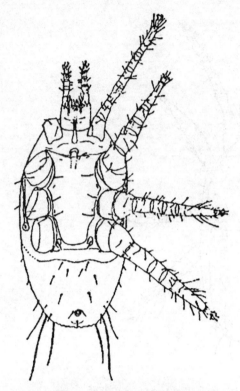

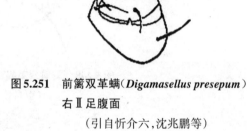

图5.250 前篱双革螨(*Digamasellus presepum*) ♂腹面

（引自忻介六,沈兆鹏等）

图5.251 前篱双革螨(*Digamasellus presepum*) 右Ⅱ足腹面

（引自忻介六,沈兆鹏等）

36. 一种双革螨(*Digamasellus* sp.)

一种常栖息于粮食、饲料仓库、鸡粪等处的革螨。

【同种异名】 无。

【形态特征】 雌螨体长430~450 μm。雄螨体呈椭圆形,红褐色。背板2块,覆盖整个体背,其上具有五角形网纹结构。背毛光滑尖细,呈刚毛状,较短,s_5最长。胸板与生殖板相融合。胸板上着生胸板毛4对,第三对胸毛间距大于第一对和第四对胸毛间的距离。腹肛板几乎能将整个腹部覆盖,前缘与基节Ⅳ水平,后缘靠近躯体腹部末端,后缘与后背板不融合。腹肛板中央稍后处可见肛门,呈椭圆形。鄂体短;头盖为3叉状;螯肢为钳状,动趾有4趾,定趾有5趾,导精趾在其基部弯曲;须肢位于螯肢里侧,较粗短,不具有明显的趾节。气门沟板一直延伸至基节Ⅳ足外板中央处,其前端与前板前侧缘相融合。足短粗,以Ⅱ足最为粗大,其腹面股节基部具有一明显的呈指状的隆起;足末端均具前跗节及双爪。

【孳生习性】 一种双革螨属中温中湿性螨类,行有性生殖。雌雄交配后产卵,卵经孵化后发育为幼螨,再经两次若螨阶段后发育为成螨。此螨在温度为24~27 ℃、相对湿度大于80%~96%时,需要3~4周完成其生活史。该螨常栖息于食品加工厂的米、面的碎屑中,以及腐烂的植物、鸡粪中,污染食物后可加速粮食霉变。栖息的场所常见粮食面粉仓库、饲料厂仓库、中药材库房、食品加工车间等;罗佳等曾在福建古田城郊采集到雌雄螨虫。雌螨易为害面粉、饲料、米糠、当归等。

【国内分布】 主要分布于四川、福建等地。

八、土革螨科

土革螨科(Ologamasidae Ryke,1962)雌螨背面圆凸,背板完全覆盖,板侧卷向腹面;背板与腹肛板后部,气门板愈合;胸前板2~4对;胸板与胸后板愈合,具4对刚毛,$st3$着生于胸板中部。螯肢动趾具4个齿;足Ⅱ较粗壮。土革螨科常见属分属检索表见表5.37。

表5.37 土革螨科常见属分属检索表

1. 背板为完整的1块板 ·· 2
   背板分为2块 ·· 3
2. 背板与腹肛板愈合 ·· 革伊螨属(*Gamasiphis*)
   背板与腹肛板不愈合 ·· 固着螨属(*Sessiluncus*)
3. 具有2~3对胸前板 ·· 革赛螨属(*Gamasellus*)
   具有1对胸前板 ·· 宽寄螨属(*Euryparasitus*)

(刘 凯)

宽寄螨属

宽寄螨属(*Euryparasitus* Oudemans,1902)为大型螨,体长达1000 μm以上;虫体呈暗黑色,骨化强。雌螨胸板具4对刚毛,具有强大螯肢及发达的螯钳的齿;雄螨螯钳定趾短,动趾和导精趾融合,形似匕首刀锋。

37. 凹缘宽寄螨(*Euryparasitus emarginatus* Koch,1839)

一种捕食性革螨,常栖息于鼠穴等处。

【同种异名】 无。

【形态特征】 雌螨体躯较大,体长1089 μm,宽683 μm;具有发达的螯肢,螯钳内缘具齿,动趾157.7 μm。头盖形状近似等腰三角形。背板分为2块,大小近似,其上布满网纹。前背板约526 μm×664.5 μm;约有刚毛20对,位于侧缘的1对刚毛较粗长。后背板约553.8×692 μm;约有刚毛16对,位于末端的1对刚毛较长。胸板前区有2块小骨板。中部长约180.9 μm,最窄处宽约194.8 μm;4对刚毛着生于板上,具有隙状器3对。生殖板于足基节Ⅳ后略膨大,后缘较平直;着生刚毛1对。棒状骨板4板位于生殖板及腹肛板间。腹肛板约452 μm×553.8 μm,较宽阔;除肛毛外另具18根刚毛;肛孔后缘水平处着生肛侧毛;肛侧毛与肛后毛长度大致相等。气门沟前端延伸至基节Ⅱ后部。足Ⅱ~Ⅳ末端有一较粗的短刺。

雄螨体长1052 μm,宽692 μm。背板及其上刚毛均与雌螨类似。全腹板长913.7 μm,具有膨大的后半部,可将末体腹面完全覆盖。板上约着生除肛毛外的16对刚毛;气门沟前端达至基节Ⅱ后部(图5.252,图5.253)。足Ⅰ、Ⅲ、Ⅳ较细长;足Ⅱ较粗壮,其股节腹面有一前缘呈锯齿状的巨刺,2根小刺紧邻巨刺;膝节、胫节、跗节上各着生一短且粗的刺。跗节Ⅲ、Ⅳ末端着生一短粗刺。

【孳生习性】 凹缘宽寄螨属捕食螨类,行有性生殖。该螨常栖息于鼠穴等处;赵勇等(1996)在黑龙江省柴河棕背䶄、红背䶄身上曾发现此螨的寄生。

【分布】 主要分布在黑龙江、辽宁、吉林、浙江。此外,世界范围内主要分布于苏联及欧洲一些国家。

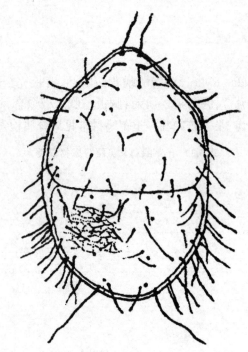

图 5.252　凹缘宽寄螨(*Euryparasitus emarginatus*)♂背面
(引自潘錝文,邓国藩)

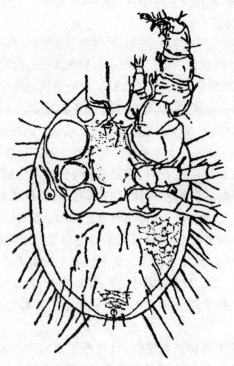

图 5.253　凹缘宽寄螨(*Euryparasitus emarginatus*)♂腹面
(引自潘錝文,邓国藩)

九、植绥螨科

植绥螨科(Phytoseiidae Berlese,1913):植绥螨是有害螨的天敌,具有捕食性、植食性。个别螨种还可寄生于鳞翅目昆虫的体外。成螨体长200~500 µm。活体为光泽半透明状,颜色可为乳白色、红色或者褐色。其具有完整背板1块,约有刚毛20对,在背板后区会有刚毛减少情况。背板周围围有盾间膜,其上的缘毛1对或2对。足Ⅲ和Ⅳ基节间外侧可见气门。雌螨具独立的胸板、腹肛板、生殖板,生殖板覆盖生殖孔,生殖板上着生刚毛1对。受精囊骨化。雄螨具胸殖板、腹肛板,螯肢动趾上有导精趾。足较长,膝节、胫节、跗节均着生有巨毛。

新小绥螨属

新小绥螨属(*Neoseiulus* Hughes,1948):具有背中毛6对,背侧毛6对,前中侧毛1对,后侧毛5对,r_3着生于盾间膜,足Ⅳ着生有3根巨毛,肛前毛共3对。

38. 巴氏新小绥螨(***Neoseiulus barkeri* Hughes,1948**)

巴氏新小绥螨(*Neoseiulus barkeri* Hughes,1948)是Hughes于1948年首先命名的一种革螨,常栖息于粮食仓库、中药材仓库及食品加工场所等处。

【同种异名】 *Amblyseius barkeri* Hughes,1948;*Typhlodromus barkeri* Hughes,1948。

【形态特征】 虫体呈长卵圆形,浅褐色,行动敏捷。有一背板覆盖于体背。雌螨长约380 µm,背板着生刚毛17对,其中前背区着生有9对,后背区着生8对(图5.254A,图5.255A)。大多刚毛均较光滑且长度基本相等,仅z_5毛呈梳状、稍长;z_1、s_1、s_2长度为z_5的一半;s_1、s_2间距离的一半稍短于它们的长。r_3与R_1位于盾间膜上。头盖呈圆形,具有光滑边缘;鄂角向中央

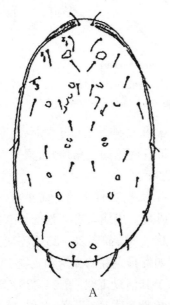 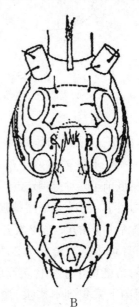

图5.254 巴氏小新绥螨(*Neoseiulus barkeri*)♀

A. 背面;B. 腹面

(引自忻介六,沈兆鹏等)

聚合、呈细长状；螯肢较粗短(图5.255E)，动趾和定趾长度相等，动趾具有1个小齿，定趾具有1根淡色钳齿毛，端部有3个尖齿。胸叉前端呈梳状分叉，后端狭直。腹面具有胸板、生殖板、腹肛板，且清晰可见。胸板呈正方形，前缘略向前凸起，侧缘则向内凹陷并与足内板融合，后缘较直。胸板上着生有3对胸毛，第4对胸毛着生于胸板后缘处；生殖板呈长方形，前缘较圆，前缘与后缘边界不明显，具有生殖毛1对；1对足后板长而细小。腹肛板呈卵圆形，上有横纹，前缘较直，且与生殖板后缘平行靠近。肛门位于腹肛板后部中央处，近似圆三角形，围肛毛3根，肛前毛具4对，位于腹肛板两侧的盾间膜上着生有6对刚毛(图5.254B，图5.255B)。受精囊颈形状如图5.255D。气门沟板较大，前端与背板在基节Ⅱ处融合，后端与足Ⅳ外板融合。足呈细长状，足Ⅰ与足Ⅳ长度几乎相等，前跗节较长，上有双爪及爪垫(图5.255C)。

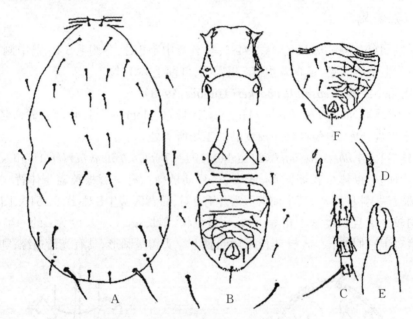

图5.255　巴氏小新绥螨(*Neoseiulus barkeri*)
A. 背板；B. 腹面；C. 足Ⅳ；D. 受精囊；E. 螯肢；F. 雄腹肛板
(引自忻介六，沈兆鹏等)

雄螨体长约330 μm，与雌螨相似，不同之处包括：r_3和R_1外缘毛位于背板上；胸板与生殖板常融合为一体，其上着生刚毛5对；腹肛板呈隐约带有网纹的三角形状，覆盖大部分腹部(图5.255F)；肛前毛4对；螯肢较雌螨小；导精趾呈"T"状。

【孳生习性】　巴氏小新绥螨属捕食性、菌食性螨类，行有性生殖。雌虫可产卵25～35粒，雌雄交配后所产的卵，经2次若螨阶段后发育为成螨。成螨具有较强的抗寒能力，可存活于−10℃环境中。当温度为26℃、相对湿度大于90％时，需要28～35天完成其生活史。该螨喜潮湿，常栖息于水分含量高的粮食作物中，例如发霉生芽的大米和麦类中；兰青秀曾在福建食用菌上采集到本螨虫；温度低或高都不利于其活动取食；在24～28℃时，捕食能力较强；雌螨捕食能力强于雄螨。栖息的植物种类常见番木瓜、芒草、水稻、黄花蒿等；且常与其他螨类共生，并可捕食这些螨类；霉菌的孢子也可以成为其食物。可为害米、面、饲料等。

【国内分布】 主要分布于江西、四川、云南、湖南、广东等地。

（赵 丹）

十、尾足螨股

尾足螨股(Uropodina Kramer,1881)：营自由生活的螨类,在苔藓中和树皮下取食小的真菌、地衣和其他植物性物质。口下板毛(Hyp1-3)基部几排列为1条纵直线(图5.256)。气门位于Ⅱ和Ⅲ基节之间,气门沟常因足沟(LG)发达,移位弯曲而呈盘旋形。须肢(PP)膝节常有刚毛5根,很少有4根或6根的。螯肢常很长(图5.257),雄螨螯肢(Ch)无导精趾(Sp)。胸叉(T)常为扩大而扁平的足Ⅰ基节所掩盖。躯体上常有一完整或碎裂的缘板(图5.258)。头窝前缘通常成为向上的隆起或中衡棒基(图5.259)。足Ⅰ胫节上有不多于2根的腹毛。

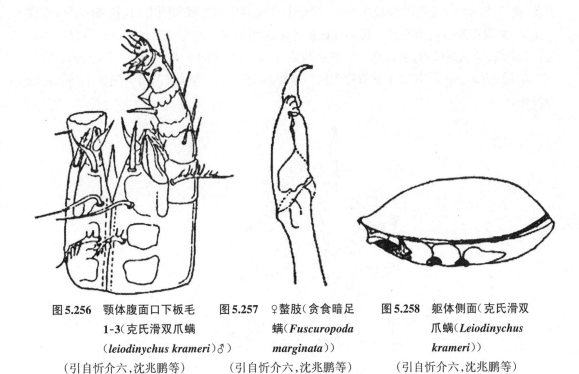

| 图5.256 颚体腹面口下板毛 1-3(克氏滑双爪螨 (*leiodinychus krameri*)♂) (引自忻介六,沈兆鹏等) | 图5.257 ♀螯肢(贪食暗足螨(*Fuscuropoda marginata*)) (引自忻介六,沈兆鹏等) | 图5.258 躯体侧面(克氏滑双爪螨(*Leiodinychus krameri*)) (引自忻介六,沈兆鹏等) |

我国记载的尾足螨股螨类有尾足螨科(Uropodidae)曲羽螨属(*Fuscuropoda*)的贪食暗足螨(*Fuscuropoda marginata*)、滑爪螨科(Urodinychidae)滑双爪螨属(*Leiodinychus*)的克氏滑双爪螨(*Leiodinychus krameri*)和一种滑双爪螨(*Leiodinychus* sp.)及缺孔螨科(Trematuridae)缺孔螨属(*Trematura*)的贾克缺孔螨(*Trematura jacksonia*)等多种。我国尾足螨股分属检索表见表5.38。

表5.38 我国尾足螨股分属检索表

1. 体毛短,刚毛状,基部弯曲;雄螨生殖孔小,位于足Ⅱ基节之间 ·· 2
   体毛短,密栉状;雄螨生殖孔略小,位于足Ⅰ、Ⅱ基节之间 ····················· 缺孔螨属(Trematuridae)
2. 后足板凹沟后缘光滑,弯曲略圆,雌螨生殖板向前伸至足Ⅱ基节基部 ······ 曲羽螨属(*Fuscuropoda*)

后足板凹沟后缘钝而尖,雌螨生殖板向前伸至足 I 基节基部 ……………… 滑双爪螨属(*Leiodinychus*)

(一) 曲羽螨属

曲羽螨属(*Fuscuropoda* Vitzthum,1924),躯体通常棕黑色,体毛短刚毛状,基部弯曲。背板与一块围绕躯体内缘的缘板相连。肛门板有时分离,后足板凹沟后缘光滑,弯曲略圆,雌螨生殖板向前伸至 II 基节基部处。雄螨生殖孔小,位于 II 基节之间。

39. 贪食暗足螨(*Fuscuropoda marginata* Koch,1839)

常栖息于腐烂植物、粪肥中,亦常在仓库潮湿发霉谷物中生活。取食真菌孢子、线虫、蝇类幼虫,在储物中捕食嗜木螨属(*Caloglyphus*)等多种螨类的未成熟期。

【同种异名】　*Notaspis marginatus* Koch,1839;*Uroobovella marginata* (Koch,1839)sensu:Hirschmann et Zirngiebl-Nicol(1962)。

【形态特征】　雌螨体长约1200 μm,躯体纱锭形,后端尖,体黑褐色。体背被1块背板所覆盖,被一连续内缘光滑的缘板所包围,背板上有许多短而光滑的刚毛,其基部向后弯曲成一角度,少数在末端的刚毛直。腹面有许多弯曲的刚毛和一些短刚毛,生殖板呈瓶状,前缘为2叉尖顶,两侧圆弧形,后缘直。生殖孔与足 II、III 基节在同一水平线上(图5.259)。胸叉(T)基部长方形,分节,与足 I 基节位于同一水平线上。气门沟从气门沿分隔足 I 与 II 足的脊伸延。

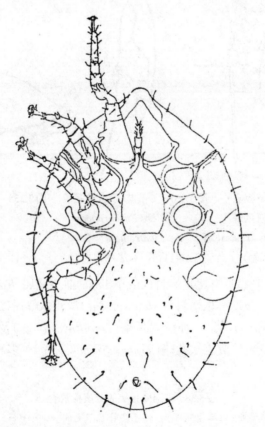

图5.259　贪食暗足螨(*Fuscuropoda marginata*)♀腹面

(引自陆联高)

颚体小,口下板毛3对(Hyp1-3)排成一直线。颚角短,螯肢细长,可伸出伸入,缩入体内时,杆几达体后缘。定趾(FD)末端有扇状缘,其上附1个透明弯曲爪状叶片。动趾(MD)末端钩状,基部有小齿(图5.261)。

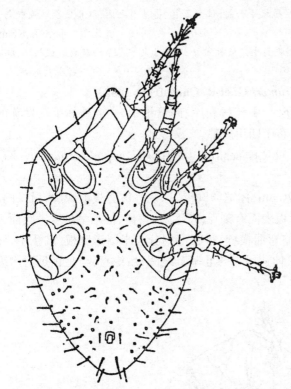 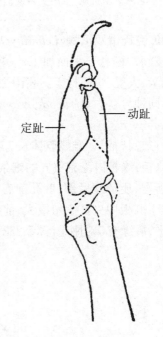

图5.260　贪食暗足螨(*Fuscuropoda marginata*)♂腹面　　　图5.261　贪食暗足螨(*Fuscuropoda*
　　　　　(引自陆联高)　　　　　　　　　　　　　　　　　*marginata*)♀定趾、动趾

足前跗节末端有发达爪和爪间突。足Ⅰ爪间突3叶,足Ⅱ～Ⅳ爪间突5叶。足Ⅰ基节扁平,内缘直,外缘有2个突起。足Ⅱ、Ⅳ转节和股节内缘亦有小叶。足Ⅱ股节中间变细,足Ⅱ刺较粗大。

雄螨躯体长约1100 μm。雄螨与雌螨相似,但体躯更细长,两端略尖。生殖孔位于足Ⅱ基节之间(图5.260),被一梨形小板所覆盖。

【孳生习性】　贪食暗足螨是营自由生活腐食性螨类,常生活于腐烂植物、粪肥中,亦常在仓库潮湿发霉谷物中生活。生物学上有2个重要特性,一是在行两性生殖方面,不经雌雄直接交配,而是雌螨利用足Ⅱ的刺帮助将精球放入雌螨的生殖孔内受精,是一种间接交配的两性生殖;二是受精后雌螨产卵是单个地散产于雌螨用足Ⅱ和须肢做成的浅穴中,卵孵化为幼螨后经第一、第二若螨期发育为成螨,整个发育历期为30～40天。据在四川、云南观察,每年6月发生,发生时一般需温度达26～29℃,相对湿度达75%～80%。

【国内分布】　主要分布于四川、云南、江西等地。

(二) 滑双爪螨属

滑双爪螨属(*Leiodinychus* Berlese,1917),躯体通常深色,呈宽椭圆形。体毛短刚毛状,基部弯曲。背板与1块围绕躯体内缘的缘板相连。肛门板不分开,但常有1条略宽的横线所划分,后足板凹沟后缘钝而尖,雌螨生殖板向前伸至足Ⅰ基节基部处。雄螨生殖孔小,位于足Ⅱ基节之间。滑双爪螨属分种检索表见表5.39。

滑双爪螨属分种检索表

颚基毛分枝状,爪间突发达。雄螨腹面生殖板小而圆,位于足Ⅱ、Ⅲ基节之间,肛孔位于肛板中央……
……………………………………………………………………………… 克氏滑双爪螨(*L. Krameri*)

颚基毛分叉不明显,爪间突不发达。雄螨腹面生殖板长方形,延伸于足Ⅳ基节后与腹肛板相连,肛孔位于肛板末端 ……………………………………………………………………… 一种滑双爪螨(*L. sp.*)

40. 克氏滑双爪螨(*Leiodinychus Krameri* G. et R. Canesfrini,1882)

该螨常栖息于米面加工厂、粮食仓库、中药材仓库、碎屑粮中,主要破坏生霉发芽的小麦、玉米、大麦、中药材等。我国主要分布于四川成都、广汉等地。

【同种异名】　*Uropoda krameri* G. et R.Canesfrini,1882;*Trichourpoda orbicularis* Koch,1839。

【形态特征】　雌螨躯体长750~770 μm,体宽卵圆形,棕色。体背板前缘尖,后缘圆,体周有缘板,缘板内缘有整齐的细条。背板表面有刻点,背毛短,弯曲,但不呈角度。腹面为一整板所覆,躯体腹后部,肛孔前有1条略弯曲横缝,将腹部划分为半圆形肛板,肛孔小,椭圆形,位于肛板中央。生殖板大,前缘尖,伸达足Ⅰ与Ⅱ基节之间;后缘直,与足Ⅳ足后沟缘同一水平,后缘有6对刚毛(图5.262)。

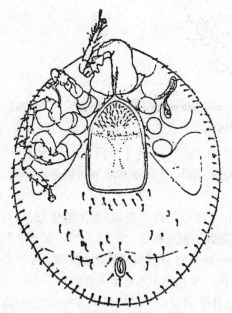

图5.262　克氏滑双爪螨(*Leiodinychus krameri*)♀腹面
(引自陆联高)

头盖尖,缘呈锯齿状;口下板毛(Hyp1-2)光滑,基毛(Caps)分枝状。螯肢(Ch)细而长,动趾(MD)与定趾(FD)各有4个齿。须肢(PP)股节、膝节基部表皮有不规则环状突起,转节毛梳节状。气门沟弯曲,在足Ⅱ与足Ⅲ之间形成脊状,气门位于足Ⅱ与足Ⅲ之间。足沟十分发达,足Ⅳ后沟缘突出成钝角,足Ⅰ基节内缘直,外缘有不规则的扁平叶,转节和股节内缘亦有相同扁平叶,各足均有发达的爪间突。

雄螨躯体长670~680 μm,外形结构特征与雌螨相似。腹面生殖板小而圆,位于足Ⅰ与

Ⅱ基节之间,生殖孔被小三角形板所覆,生殖孔周围有5对刚毛,肛孔圆形,肛孔前也有1条横缝,将腹部部分分为腹板与半月形肛板,肛门位于肛板中央(图5.263)。

【孳生习性】　该种的雄螨用螯肢和足将精球放于雌螨的生殖板下,然后雌螨自己将精球送进生殖孔,是一种间接交配式的两性生殖方式,但不同于贪食暗足螨。雌螨受精后每天产卵1粒,产下即可孵出幼螨,经过第一、第二若螨期发育为成螨。克氏滑双爪螨常生活于粮仓、米面加工厂、高水分潮湿发霉的粮食、食品中,也可取食真菌,是霉菌的传播者。喜欢潮湿的环境,对低温有较强的抵抗能力。

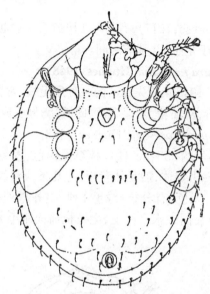

图5.263　克氏滑双爪螨(*Leiodinychus krameri*)♂腹面
(引自陆联高)

【国内分布】　主要分布于四川成都、广汉等地。

41. 一种滑双爪螨(*Leiodinychus* sp.)

一种滑双爪螨常栖息于大米、面粉加工厂、粮食仓库、中药材仓库,有时也在蚁巢、腐植物表层及真菌中出现,被害物常为大米、面粉、面包食品、当归。在我国主要分布于四川成都、广汉等地。

【形态特征】　雌螨躯体长约765 μm,雄螨躯体长约650 μm。雄螨体宽卵圆形,褐色。背板前缘略尖,由一盾间膜条带与缘板相连,缘板内缘有明显而整齐的线条,背板上有圆刻点,背毛基部弯曲。腹面胸殖板呈长方形,延伸至足Ⅳ基节后与腹肛板相连,腹肛板有1条扩展至腹面两侧的宽横缝,将腹肛板分为腹板与肛板两部分,肛板大,似半圆形,肛孔小,圆形,位于肛板末端。头盖尖,缘有细齿。须肢(PP)跗节(Ta)略弯呈尖指状。螯肢(Ch)长而细。气门沟板弯曲呈蛇状。

气门开口于足Ⅲ、Ⅳ基节之间。足Ⅰ基节(C)、转节(Tr)构造与克氏滑双爪相似,足Ⅰ基节内直,外缘扩展为不规则扁平叶,转节、股节(Fe)内缘亦为同样形状的扁平叶(Fl)。足Ⅰ跗节端部密生细端跗节毛,其中1根为前跗节(Ta)长的2倍多,位于靠前跗节基部。足Ⅰ前跗节较足Ⅱ~Ⅳ前跗节细长。足Ⅱ~Ⅳ跗节毛多呈刺状,腹端有2根粗刺,中部4根刺毛,其中1根侧刺毛粗大。足Ⅰ~Ⅳ股节均有不规则扁平叶。各足前跗节有双爪(Cl),爪间突

(Pu)不发达,呈三叶状。

【孳生习性】 一种滑双爪螨行间接有性生殖,雌螨受精后每天产卵1~2粒,卵孵化为幼螨后,再经第一、第二若螨期发育为成螨。常栖息于大米、面粉加工厂、粮食仓库、中药材仓库。喜潮湿,在高水分(16%~20%)的粮食、食品中繁殖很快;耐低温,在−5℃的环境下还能繁殖;最喜在霉变小麦、玉米中生活。

【国内分布】 主要分布于四川成都、广汉等地。

(三) 缺孔螨属

缺孔螨属(*Trematura* Berlese,1917),背板与1块愈合于腹板内缘的缘板相连,体毛短,密栅状,雄螨生殖孔略小,位于足Ⅰ、Ⅱ基节之间。

42. 贾克缺孔螨(*Trematura jacksonia* Hughes,1948)

贾克缺孔螨是Hughes于1948年首先命名的一种尾足螨,常栖息于粮仓库、面粉加工厂、酒厂酵母车间、食品厂等场所,对面粉、麦芽、谷物碎屑、酵母造成破坏。

【同种异名】 *Trichouropoda jacksonia* Hughes,1948。

【形态特征】 雌螨躯体长约550μm,体深棕至黑褐色,发亮、宽卵圆形,体背拱,为1块背板覆盖。背板前端尖圆,突出颚体,后足体背板,有几条线状纹,其中2条线纹纵向环形似长方形状,背板毛和缘毛短,无色,有分枝;缘毛1列,整齐排列。腹面后半部密生分枝毛。生殖板宽,前缘圆,与Ⅲ基节在同一水平线上,生殖板前面刚毛光滑。侧足板及边缘表皮有浓网纹(图5.264)。

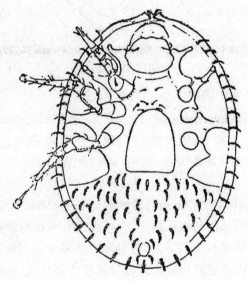

图5.264 贾克缺孔螨腹面(*Trematura jacksonia*)♀腹面
(引自陆联高)

头盖(Fe)单页状,末端细,双叉状。螯肢(Ch)短,定趾(FD)与动趾(MD)末端呈叉状,有3个齿,口下板毛(Hyp1-3)、基节毛(Caps)密枝状。须肢(PP)5节,基节较长,呈长方形,边缘有细齿。气门位于足沟中,气门沟不明显。各足股节基部细,向端部逐渐膨大,股节(FD)与转节(FD)连接处形成一角度。足Ⅰ基节扁平呈方形,内缘略凹,外缘扩展呈叶片状,各足转节和股节内缘亦有相似的叶片,各足有跗节(Ta)和爪间突(Pu)。

　　雄螨躯体长约540 μm,外形结构与雌螨相似。生殖孔小,圆形,位于足Ⅲ基节之间,生殖孔有1/5面被为椭圆形小板所覆盖。足沟与体侧部分表面有粗而明显的规则网纹(图5.265,图5.266)。

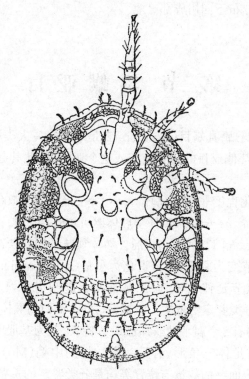

图5.265　贾克缺孔螨腹面(*Trematura jacksonia*)♂腹面

(引自陆联高)

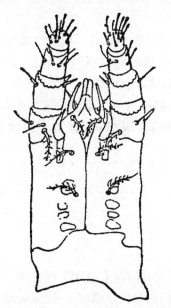

图5.266　贾克缺孔螨(*Trematura jacksonia*)♂颚体腹面

(引自陆联高)

【孳生习性】　贾克缺孔螨常存在于粮食仓库、面粉加工厂的地面灰尘中,也可出现在酒厂酵母车间、食品厂和麦芽及谷物残渣中;喜潮湿环境,在低温0℃时仍可活动,有时发现在麦芽中捕食小型节肢动物。

【国内分布】　主要分布于四川成都等地。

(赵世林)

第三节　辐 螨 亚 目

辐螨亚目(Actinedida)属真螨目(Acariform),是螨类另一大类群。由于这一类螨,分类学家把那些不适于归入其他亚目的螨类统归入这个亚目,因此其起源是多元的,形体各异,生物学极其多样。

该亚目螨类体躯骨化程度非常低,螨体大小不一,最小的为100 μm,最大的为1700 μm。有的如赫氏蒲螨(*Pyemotes herfsi*),雌螨怀孕后体躯可增长到2000 μm。以气管呼吸,气门常位于颚体基部,不易看见,气门与气门沟相通。颚体须肢结构复杂,形态变化大,如肉食螨科(Cheyletidae)的须肢胫节变为胫爪,跗节退化为小垫(small cushion),着生1~2根梳毛。须肢股节常膨大。雄螨股节延伸较长,胫爪基部有突起吻齿1~4个,有的无吻齿(Rs)(图5.307)。这些特征都是分类鉴定的依据。吸螨科(Bdellidae)的颚体较特化,演化成鼻状的喙(图5.295)。口下板前端有2个扁平叶。须肢股节特长,分为基股节与端股节2节。胫节与跗节愈合为胫跗节。前足体三角形,着生一定数量的中毛(Mp)和侧毛(Lp)。镰螯螨科(Tydeidae)体躯背面及腹面毛的数量与位置等均是分类鉴定的重要依据。

肉食螨科的螨类体躯前足体与后半体常各覆盖1块背板,板的形状、位置、毛形状、数量、着生的位置均是分类依据。有的背板还生有云毛Sc(图5.330),云毛的形状、数量亦是分类的依据。

这个亚目中有的科的螨类体躯还有分节现象。如蒲螨科(Pyemotidae)赫氏蒲螨后半体分5个体节(图5.274)。颚体圆形,螯肢针状,须肢分节不明显,不如肉食螨科,吸螨科(Bdellidae)分节特化明显。雄螨体躯后缘有一特殊尾节,上有1对交配吸盘。雌螨怀孕腹部膨大成球状(图5.275)。这些特征都与其他科的螨不同。

现将辐螨亚目的肉食螨科、吸螨科、镰螯螨科体躯结构和毛序名称列于表5.40~表5.42。

生物学特性

(一) 生殖与发育

辐螨亚目螨类的生殖方式有两性生殖和单性生殖。一般营卵生,但有些种类的螨营卵胎生。如蒲螨科(Pyemotidae)的赫氏蒲螨(*Pyemotes herfsi*),卵在雌体内发育孵化成长,然后从雌螨生殖孔爬出,寄生在体外的雄螨见雌螨爬出时,即与之进行交配。有的雌螨,不经交配,即可完成生殖,这种生殖称为孤雌生殖。这种生殖方式除赫氏蒲螨外,其他一些科的螨

表5.40 辐螨亚目肉食螨科体躯结构和毛序名称

部位	名称	符号	位置
	口	M	位于喙管前端
	喙	R	位于颚体前背部,伸延长。由螯肢基部与须肢内小叶愈合成管子
	复片	Te	位于颚体背面,气门沟后面
	前复片	Pr	位于颚体前背面,气门沟之前
	须肢气门器官	Po	位于须肢基节
	气门沟	P	位于颚体喙背面中部
颚	外梳毛	Cse	位于胫节长出小垫上靠右面
	内梳毛	Csi	位于胫节长出小垫上靠左面
体	胫爪	Te	位于须肢末端,由胫节演变而成
	须肢	PP	位于颚体两侧
	须肢基节	PC	位于颚体基部两侧
	须肢转节	PT	位于须肢基节前端,退化很短,嵌入基节区
	须肢股节	PF	位于须肢转节前端,有的膨大
	须肢膝节	PG	位于股节前端,较短
	须肢胫节	PTi	位于须肢前端,演变为爪状
	须肢跗节	PTa	退化,变为须肢胫节长出小垫
	吻齿	Rs	位于须肢转节内侧
	前足体板	PPs	位于前足体背面
体	后半体板	Hs	位于后半体背面
躯	背侧毛	dl	位于后背板侧缘
背	背中毛	dm	位于前后背板中央
面	云毛	cs	位于前后背板中央
	乳突	Pa	位于体躯的背后端一
体	腹毛	I~V	位于腹面,从II基节起至基节后的腹区
躯	肛毛	a、b、c	位于肛门两侧
腹	肛后毛	1、2、3	位于肛后面
面	尾孔	u	位于体躯腹末
	跗节支持毛	s	位于跗节靠基部突起上
	跗节不成对毛	Az	位于跗节腹面靠中部
足	跗节梗节	P	位于跗节前端呈狭长状
	跗节背侧端毛	Ad	位于跗节端背侧
	爪垫	Pv	位于爪间
	爪I	C	位于前跗节末端爪垫前端

表 5.41　辐螨亚目吸螨科体躯结构和毛序名称

部位	名　称	符号	位　　置
颚	口下板	FL	位于鼻状喙
	扁平叶	H	位于口上板前端
体	须肢基股节	BF	位于须肢股节基部区
	须肢端股节	TF	位于须肢股节端部区
	须肢胫跗节	TT	位于须肢膝节前端,胫节与跗节合并
体躯背面	前足体侧毛	LP	位于前足体背两侧
	前足体中毛	MP	位于前足体侧毛之间靠横沟前
	盅毛(感毛)	Tr	位于Ⅱ和Ⅳ跗节及Ⅳ胫节背面凹处

表 5.42　辐螨亚目镰螯螨科体躯和毛序名称

部位	名　称	符号	位　　置
背	前足体毛	$P_{1\sim5}$	位于前足体背面
	背毛	$D_{1\sim5}$	位于后半体背面
	侧毛	$L_1\sim D_4$	位于后半体两侧
面	感毛	S	位于前足体背略靠中部
	视网膜(有色素)	R	位于前足体P2,后面
腹	肛门	A	位于腹末
	外生殖孔	Go	位于生殖孔两端
	侧生殖毛	$PG_{1\sim4}$	位于生殖孔两侧
面	生殖毛	GS	位于生殖孔周围
	肛毛	AS	位于肛门两侧

类,如跗线螨科(Tarsonemidae)的谷跗线螨(*Tarsonemus granarius*),肉食螨科(Chayletidae)的普通肉食螨(*Cheyletus eruditus*)和特氏肉食螨(*Cheyletus trouessarti*),亦营孤雌生殖。赫氏蒲螨、普通肉食螨孤雌生殖所产的后代,均为雌螨。而特氏肉食螨营孤雌生殖所产的子螨均为雄螨。营孤雌生殖的雌螨,有的有腹膨现象,有的无腹膨现象。赫氏蒲螨雌螨有腹膨现象,谷跗线螨雌螨无腹膨现象。

两性生殖中亦有种间杂交现象。特氏肉食螨雄螨与普通肉食螨进行杂交,产生杂交种。

辐螨亚目的雄类产的卵常为椭圆形,有乳白色、淡黄色、褐色,随种类而异。产卵量各螨种亦不同,由几十粒到几百粒。产卵方式,有的散产,有的集产。鳞翅触足螨(*Cheletomorpha lepidopterorum*)产卵常散产在粮堆面层;在适宜的环境条件下,普通肉食螨雌螨24小时平均产卵20余粒,堆产,每堆有卵40～100粒。马六甲肉食螨(*Cheyletus malaccensis*)堆产的卵,每堆有卵45～80粒。这个亚目多数螨类的一生经过卵、幼螨、3个若螨期才发育为成螨。但有的如马六甲肉食螨只经2个若螨期,无休眠体。跗线螨科(Tarsonemidae)的螨类,卵孵化为幼螨、幼螨进入静止期,在幼螨表皮中变态为成螨,背部裂开,羽化出雄螨或雌螨个体。

辐螨亚目的螨类完成发育时间随各种类而异并受环境因素的影响。鳞翅触足螨在温度为28 ℃、相对湿度为87％的条件下,2～3周完成一代。普通肉食螨在温度为27 ℃、相对湿度为90％的条件下,完成个体发育需19～30天。马六甲肉食螨在温度为25 ℃、相对湿度为

75%~80%的条件下完成一代需20天。在发育中有的螨产生异型雄螨，体躯与同型雄螨有差异，发生改变。普通肉食螨产生的异型雄螨，体长400 μm，较雌螨大，更骨化，须肢股节（PF）较同型雄螨增长更长。这些均给分类鉴定造成一定的困难。

（二）食性

这个亚目的螨类食性多为肉食性，有的肉食兼植食性。赫氏蒲螨常寄生于昆虫，用螯肢刺入皮肤吸食，也吸食草汁液。镰螯螨吸食粉螨科螨类及植物汁液。牝真扇毛螨（*Eucheyletia taurica*）、普通肉食螨、鳞翅触足螨常捕食粉螨及卵为食。肉食螨科的螨类在食物缺乏时，有互相残杀的现象，也捕食自身所产的卵。普通肉食螨对捕食粉螨还有选择性，两种粉螨在一起时，喜食粗脚粉螨（*Acarus siro*），不好食害嗜鳞螨（*L. destructor*）。针吸螨（*Spinibdella*）常在潮湿的谷物碎屑、面粉中发现，常捕食粉螨及小型节肢动物。马六甲肉食螨常在小麦碎屑烟草粉螟体上发现，常捕食粉螨科的螨类。蒲螨科、跗线螨科的螨类常寄生在贮粮昆虫体上，并叮咬人体，使人患皮炎症。

分类

辐螨亚目的螨类由于形态结构与生物学特性多样化。所以，包括的科有很多，与仓储粮食及其他食品密切有关的有跗线螨科（Tarsonemidae）、蒲螨科（Pyemotidae）、吸螨科（Bdellidae）、镰螯螨科（Tyeidae）、肉食螨科（Cheyletidae）、拟肉食螨科（Pseudocheylidae）、吻体螨科（Smaridiidae）、盾螨科（Scutacaridae）、缝颚螨科（Raphignathidae）、叶螨科（Tetranychidae）和巨须螨科（Cunaxidae）11科。中国辐螨亚目分科检索表见表5.43，中国辐螨常见种分种检索表见表5.44。

表5.43　中国辐螨亚目分科检索表

1. 体躯卵圆形，体长100~400 μm，灰白色或浅黄色，后半体及侧面面有分节痕迹 ························ 2

　体躯似长梨形，体长1120~1150 μm，红色或黑色，后半体及侧面面无分节痕迹 ·················· 3

2. 雌螨Ⅳ跗节末端有前跗节（Ptar）和爪（C）。后半体有腹膨现象。雄螨足Ⅳ向内弯曲，跗节有1个锐爪 ·· 蒲螨科（Pyernotidae）

　雌螨Ⅳ跗节末端常有2根长毛，其中1根长度为另1根的2倍，后半体无腹膨现象。雄螨足Ⅳ向中线弯，有1粗壮爪 ·· 跗线螨科（Tarsonemidae）

3. 颚体大，鼻状，不能伸入体内。前足体背无头脊（crista） ························· 3

　颚体小，能伸入体内。前足体背有头脊（crisfa） ·················· 吻体螨科（Smaridiidae）

4. 螯肢（Ch）末端呈小剪刀状，须肢（PP）端节有2~3根长毛，无爪，3对生殖吸盘 ···························· 吸螨科（Cunaxidae）

　螯肢（Ch）末端呈镰刀状，须肢（Pr）端节有无长毛，有1爪（C），2对生殖吸盘 ······ 巨须螨科（Bdellidae）

5. 须肢5节，跗节、转节退化，胫节变为胫爪，膝节缩短，股节增大，有气门沟，横贯喙（R） ·············· 6

　须肢4节，跗节、转节、胫节、正常，股节膝节愈合为膝股节（FG），气门沟缺如 ····· 镰螯螨科（Tyeidae）

6. 须肢胫爪基部有1~3个瘤状突起结构。须肢胫节伸出1个小垫（Sc），着生1~2根梳状毛2~3根光滑镰状毛 ································· 肉食螨科（Cheyletidae）

　须肢胫爪基部内侧斜生2根与胫爪平行的尖指状结构。无梳状毛与光滑镰状毛 ·· 拟肉食螨科（Pseudocheylidae）

7. 躯体似圆形，前足体前缘呈圆屋顶状，突出于颚体之上。每足有爪1个 ····· 盾螨科（Scufacaridae）

躯体卵圆形,前足体前缘常呈深切刻叶突,不突出于颚体。每足1对爪和爪垫⋯⋯⋯⋯⋯⋯⋯

⋯⋯⋯⋯⋯⋯⋯⋯⋯⋯⋯⋯⋯⋯⋯⋯⋯⋯⋯⋯⋯⋯⋯⋯⋯ 叶螨科(Tetranychidae)

表5.44 中国辐螨常见种分种检索表

1. 体小,扁平,卵圆形,长225 μm,灰白色或淡黄色。后半体有4节痕,特别是体两侧节痕明显 ⋯⋯ 2

体大,长椭圆形,长1120 μm,红色或褐黑色,体躯无节痕。前半体三角形,后半体似长方形⋯⋯⋯ 3

2. 雌螨Ⅳ跗节有前跗节和爪或爪吸盘(carunele),后半体常膨大,内含发育胚胎⋯⋯⋯⋯⋯⋯⋯

⋯⋯⋯⋯⋯⋯⋯⋯⋯⋯⋯⋯⋯⋯⋯⋯⋯⋯⋯⋯⋯⋯ 赫氏蒲螨(Pyemotes hersi)

雌螨Ⅳ跗节末端有不等长毛2根,其中1根毛的长度为另1根毛的2倍。雄螨足Ⅳ骤向内弯曲成一角

度。雌螨产卵椭圆形 ⋯⋯⋯⋯⋯⋯⋯⋯⋯⋯⋯⋯⋯⋯⋯⋯ 谷跗线螨(Tarsomemus granarius)

3. 颚体延长呈鼻状,整肢呈剪刀状,上有2根毛 ⋯⋯⋯⋯⋯⋯⋯⋯⋯⋯⋯⋯⋯⋯⋯⋯⋯⋯⋯⋯⋯⋯ 4

颚体正常 ⋯⋯⋯⋯⋯⋯⋯⋯⋯⋯⋯⋯⋯⋯⋯⋯⋯⋯⋯⋯⋯⋯⋯⋯⋯⋯⋯⋯⋯⋯⋯⋯⋯⋯⋯⋯ 7

4. 须肢不扩大,端部有2根长毛 ⋯⋯⋯⋯⋯⋯⋯⋯⋯⋯⋯⋯⋯⋯⋯⋯⋯⋯⋯⋯⋯⋯⋯⋯⋯⋯⋯ 16

须肢股节特别扩大,膝节退化,胫节变为胫爪 ⋯⋯⋯⋯⋯⋯⋯⋯⋯⋯⋯⋯⋯⋯⋯⋯⋯⋯⋯⋯⋯⋯ 5

5. 足Ⅰ特长,特别股节很长,常缺爪,体橘色 ⋯⋯⋯⋯⋯ 鳞翅角足螨(Cheletomopha lepidopterum)

足Ⅰ正常 ⋯⋯⋯⋯⋯⋯⋯⋯⋯⋯⋯⋯⋯⋯⋯⋯⋯⋯⋯⋯⋯⋯⋯⋯⋯⋯⋯⋯⋯⋯⋯⋯⋯⋯⋯⋯ 6

6. 须肢胫节长出小垫上着生根梳毛,胫爪基部有3~4个吻齿(Rs)⋯⋯ 阳罩单梳螨(Acaropsis sollers)

须肢胫节长出小垫上着生2根梳毛,胫爪基部有2~4个吻齿(Rs) ⋯⋯⋯⋯⋯⋯⋯⋯⋯⋯⋯⋯⋯ 7

7. 体躯背毛短,呈扁状 ⋯⋯⋯⋯⋯⋯⋯⋯⋯⋯⋯⋯⋯⋯⋯⋯⋯⋯⋯⋯⋯⋯⋯ 真扁毛属(Eucheyletia)

体躯背毛简单,矛形,不呈扁状 ⋯⋯⋯⋯⋯⋯⋯⋯⋯⋯⋯⋯⋯⋯⋯⋯⋯⋯⋯⋯ 肉食螨属(Cheyletus)

8. 前足体板无背中毛 ⋯⋯⋯⋯⋯⋯⋯⋯⋯⋯⋯⋯⋯⋯⋯⋯⋯⋯⋯⋯⋯⋯⋯⋯⋯⋯⋯⋯⋯⋯⋯⋯ 9

前足背板有背中毛2对 ⋯⋯⋯⋯⋯⋯⋯⋯⋯⋯⋯⋯⋯⋯⋯⋯⋯⋯⋯⋯⋯⋯⋯⋯⋯⋯⋯⋯⋯⋯ 10

9. 须肢胫爪基部常有1个吻齿(Rs),足Ⅰ跗节ω在基部膨大

⋯⋯⋯⋯⋯⋯⋯⋯⋯⋯⋯⋯⋯⋯⋯⋯⋯⋯⋯ 雌马六甲肉食螨(Cheyletus malaccensisis)

须肢胫爪基部常有2个吻齿(Rs),足Ⅰ跗节ω呈圆柱状⋯⋯⋯⋯ 雌普通肉食螨(Cheyletus eruditus)

10. 中央毛明显,形状与周缘毛相同 ⋯⋯⋯⋯⋯⋯⋯⋯⋯⋯⋯⋯⋯⋯⋯⋯ 肉食螨属(Cheyletus)

中央毛不明显,形似萎缩泡状。足Ⅰ跗节s长 ⋯⋯⋯⋯⋯ 雌特氏肉食螨(Cheyletus trouessarti)

11. 前足体板中央毛1对 ⋯⋯⋯⋯⋯⋯⋯⋯⋯⋯⋯⋯⋯⋯⋯⋯ 雄特氏肉食螨(C.rouessarti)

前足体中央毛2对 ⋯⋯⋯⋯⋯⋯⋯⋯⋯⋯⋯⋯⋯⋯⋯⋯⋯⋯⋯⋯⋯⋯⋯⋯⋯⋯⋯⋯⋯⋯⋯ 12

12. 足Ⅰ跗节ω基部明显膨大、长,其长度为该跗节长的1/3

⋯⋯⋯⋯⋯⋯⋯⋯⋯⋯⋯⋯⋯⋯⋯⋯⋯ 雄马六甲肉食螨(Cheyletus malaccensis)

足Ⅰ跗节长而略弯,几伸达前跗节基部 ⋯⋯⋯⋯⋯⋯ 雄普通肉食螨(Cheyletus eruditus)

13. 前足体板和后背板有网状花纹 ⋯⋯⋯⋯⋯⋯⋯⋯⋯⋯⋯⋯⋯⋯⋯⋯⋯⋯⋯⋯⋯⋯⋯⋯⋯⋯⋯ 4

前足体板和后背板无网状花纹 ⋯⋯⋯⋯⋯⋯⋯⋯⋯⋯⋯⋯⋯⋯⋯⋯⋯⋯⋯⋯⋯⋯⋯⋯⋯⋯⋯ 5

14. 须肢胫爪基部有3~4吻齿(Rs),有明显五角形网状花纹 ⋯⋯ 网真扁毛螨(Eucheyletia retculata)

须肢胫爪基部没有吻齿(Rs),不明显多角形网状花纹 ⋯⋯⋯⋯ 真扁毛螨一种(Eucheyletia sp.)

15. 前足体板有变形虫状中毛5对,缘扁毛4对;后背板有变形虫状中毛6对,缘扁毛5对;胫爪基部有3

个吻齿(Rs),足Ⅰ跗节ω短杆状,ss毛很长,密栉齿状,φ毛短小棒状⋯⋯⋯⋯⋯⋯⋯⋯⋯⋯⋯

⋯⋯⋯⋯⋯⋯⋯⋯⋯⋯⋯⋯⋯⋯⋯⋯⋯⋯⋯⋯⋯⋯⋯⋯⋯⋯ 捕真扁毛螨(Eucheyletia harpyia)

前足体板有蘑菇状中毛7对,缘扁毛4对;后背板有蘑菇状中毛8对,缘扁毛5对;胫爪基部有2个吻齿

(Rs)。足Ⅰ跗节ω弯曲,长度几伸达前跗节基部。SS毛不及ω长的一半,φ毛短圆柱状⋯⋯⋯⋯

⋯⋯⋯⋯⋯⋯⋯⋯⋯⋯⋯⋯⋯⋯⋯⋯⋯⋯⋯⋯⋯⋯⋯⋯⋯⋯ 牡真扁毛螨(Eucheyletia tourica)

16. 颚体长而细,鼻状螯肢呈剪刀状。背沟完全,后半体背毛7对,须肢股节分为基股节(BF)与端股节

(TF) ⋯⋯⋯⋯⋯⋯⋯⋯⋯⋯⋯⋯⋯⋯⋯⋯⋯⋯⋯⋯⋯⋯⋯⋯⋯⋯⋯ 针吸螨(Spinindella sp.)

颚体短宽，螯肢基部相互愈合。背沟中部不全，前足体1对色素视网膜(B)。后半体背毛5对($d_{1\sim5}$)，侧毛4对($l_{1\sim4}$)，须肢股节与膝节愈合 ·· 17

17.体呈菱形，淡黄色，体表皮有细条纹，前足体为纵条纹，后半体为横条纹，前足体有2个色素视网膜 ·· 18

体呈长卵圆形，红色，体表皮有细刻点和不明显网纹，前足体背有一条细长头脊(Crista)··········· ·· 费索螨(*Fessonia* sp.)

18.须肢跗节末端有1束5根毛，胫节有光滑毛2根。各足长而纫，足Ⅰ跗节背面突起1小丘，着生1根感棒和不等长毛2根 ·· 断镰螯螨(*Tydeus interruptus*)

须肢跗节退化，胫节变为胫爪，其基部内侧长出2根呈斜平行状指状突起结构，无梳毛。足各节圆筒状，Ⅰ跗节之长为胫节与膝节之和，足Ⅰ跗节无1个小丘突起 ·········· 拟肉食螨(*Pseudocheyles* sp.)

这个亚目的螨类虽多是捕食性的，但对人体健康危害很大。跗线螨科早在100多年前(1876)由Canestrine和Fanzago建立。现全世界记载有20个属与食贮有关的，我国记载仅1个跗线螨属。蒲螨科世界记载有32属，与仓储有关的我国记载有蒲螨属(*Pyemotes*)，常在小麦、棉花仓库中发生，叮咬人体十分严重。赫氏蒲螨就是这个属的代表种，吸螨科世界记载有10属，我国与仓储有关的记载仅吸螨属(*Spinibdella*)中的一种针吸螨。镰螯螨科常在粮食谷物中发现，目前记载有镰螯螨属(*Tydeus*)，其代表种为破镰螯螨(*Tydeus interuptus*)，亦是在粮仓中叮咬人体严重的一种仓螨。肉食螨科是营自由生活的螨类，对人类来说经济意义很大。取食粉螨、叶螨及微小节肢动物。有些种类生活在爬虫类、鸟类和哺乳动物的身上，有的种类在落叶层和土表层中生活，维持丰富的土壤动物区系，在储粮仓库中，肉食螨虽是控螨增长的一种自然因子，但对人体有危害，能引起皮炎症，并污染粮食。与仓储有关的肉食螨科，目前我国调查研究记载有肉食螨属(*Cheyletus*)、单梳螨属(*Acaropsis*)、触足螨属(*Cheletomorpha*)、真扇毛螨属(*Eucheyletia*)、螯钳螨属(*Chelacheles*)和暴螯螨属(*Cheletonella*)6个属。拟肉食螨科种类亦多，我国调查记载的仅有拟肉食螨属(*Pseudocheyles*)中的一种拟肉食螨。吻体螨科(Smaridiidae)种类多，营自由生活，幼螨寄生于节肢动物，在仓储物品中我国调查记载有费索螨属(*Fessonia*)中常见的费索螨(*Fessonia* sp.)。盾螨科(Scutacaridae)我国仅记载有小首螨属(*Acarophenax*)。叶螨科(Tetranychidae)多以植物汁液为食，我国在仓储中发现苔螨属(*Bryobia*)中的一种首蓿苔螨(*Bryobid praetiosa*)。

一、跗线螨科

跗线螨科(Tarsonemidae Kramer, 1877)是由Kramer(1877)根据跗线螨属(*Tarsonemus*)建立的。跗线螨以纤细的退化的足Ⅳ为特征，跗线螨由此而得名。

根据Beer(1954)将跗线螨科分为长喙跗线螨属(*Rhynchotarsonemus*)、异跗线螨属(*Xenotarsonemus*)、半跗线螨属(*Hemitarsonemus*)、狭跗线螨属(*Steneotarsonemus*)和跗线螨属(*Tarsonemus*)。1965年Beer和Nucifora进行了修订，将该科增加为18个属，其中有7个新属。1980年曾义雄和罗干成研究台湾地区的跗线螨，又建立2个新属。到目前为止，全世界本科共有20个属。仅跗线螨属目前已报道近300种，且不断有新种的记述。

形态特征　跗线螨体型微小，体长仅100~400 μm，卵圆形，体壁具光泽，略发亮。一般呈乳白色、黄色、绿色或黄褐色，在成熟阶段，表皮的骨化程度比较强，从前向后作叠瓦状套盖。螯肢呈针刺状。身体明显分成囊状的假头、前足体和后半体3个部分。假头包括由1对细小、分节的须肢和1对细针状的螯钳所构成的口器。前足体和后半体由明显的横缝分开。后半体分节或具有分节的痕迹。爪间突附着爪上,膜质下垂。体躯背面具背毛8~9对。腹面具发达的表皮内突,是跗线螨重要的特征之一。具有明显的雌雄二型现象,雄性明显小于雌性。雌螨体较大,椭圆形,背面凸圆;足Ⅰ、Ⅱ基节之间的背侧面一般具1对特化的、具柄的感觉器官——假气门器;足Ⅳ末端特化为2根纤细的鞭状长毛。雄螨小而狭长;不具假气门器;足Ⅳ高度特化呈钳状,粗大,末端具爪,一些种类其股节内侧呈不同形状的膨大;躯体末端具生殖乳突。

生物学特征 跗线螨生活史简单,谷跗线螨的发育过程可分为卵、幼螨、静息期及成螨4个时期。雌螨孕卵后体有所增大,但并不像蒲螨孕卵后形成膨大的球腹。营自生生活,常以霉菌为食,亦可刺吸昆虫,但有机会也可侵入人体寄生于组织器官内,如肺、肾,但能否在人体内完成生活史尚待探讨。大多数跗线螨除有性生殖外,常营孤雌生殖。跗线螨科分属检索表见表5.45。

表5.45 跗线螨科分属检索表

1. 足Ⅳ极短,假头位于腹面基节Ⅱ之间,其端部不超过躯体的轮廓线 ················ *Cheylotarsonemus*
   足Ⅳ正常,假头位于躯体前端 ··· 2
2. 雌螨假气门器缺如,雄螨前足体着生有背毛2对 ··· 3
   雌螨具气门器,雄螨前足体着生有3对或4对背毛 ··· 4
3. 雌螨足Ⅰ很强壮,不似足Ⅱ由基部向端部逐渐变细,各节短且阔,前跗节Ⅰ末端着生一强大的爪,无垫状爪垫,足Ⅳ3节明显,未发现雄螨 ··············· 小跗线螨属(*Tarsonemella*)
   雌螨足Ⅰ正常,前跗节Ⅰ末端着生爪小,具有宽阔的垫状爪垫,足Ⅳ2节明显,雄螨前足体着生有2对背毛 ·· 蜂跗线螨属(*Acarapis*)
4. 假气门器端部不膨大,钉状或鬃状 ··· 5
   假气门器端部膨大 ··· 6
5. 雌螨假气门器钉状,与足Ⅱ膝节等长;后半体有6对背毛。雄螨前足体具4对背毛;足Ⅳ胫节与跗节愈合成胫跗节;股节内缘突状衍生 ································· *Chaetotarsonemus*
   雌螨假气门器呈鬃状,后半体具5对背毛,未发现雄螨 ····················· *Neosteneotarsonemus*
6. 雌螨后足体具腹毛4对,前跗节Ⅰ具一强大的爪,无垫状爪垫 ······························· 7
   雌螨后足体具腹毛2对,前跗节Ⅰ具爪和宽阔的爪垫 ··· 9
7. 颚体具前伸的须肢,形成喙,未发现雄螨 ······················· 鼻跗线螨属(*Nasutitarsonemus*)
   颚体不形成喙 ··· 8
8. 雌螨足Ⅱ和Ⅲ各具2个极发达的爪,未发现雄螨 ·············· 拟跗线螨属(*Pseudotarsonemoides*)
   雌螨足Ⅱ和Ⅲ各具1个极发达的爪,未发现雄螨 ·············· 单爪跗线螨属(*Ununguitarsonemus*)
   雌螨足Ⅱ和Ⅲ不具明显的爪。雄螨前足体具3对背毛,后足体具4对腹毛;足Ⅳ胫节与跗节愈合成胫跗节,端部具一组扣状爪 ························· 多食跗线螨属(*Polyphagotarsonemus*)
9. 雌雄螨颚体须肢前伸形成明显的长喙 ························· 长喙跗线螨属(*Rhynchotarsonemus*)
   雌雄螨颚体宽大于长,须肢粗短,呈三角形,内向;体常长形 ································· 10
   雌雄螨颚体宽小于长,须肢短或中等长度,成圆柱形,前伸,但不形成喙。雄螨前足体具4对背毛··· 11
10. 雄螨前足体具4对背毛,足Ⅳ胫节和跗节通常发达,爪不退化。雌螨足Ⅲ后3节(无前跗节)长于足Ⅳ后2节 ··· 狭跗线螨属(*Steneotarsonemus*)
    雄螨前足体具3对背毛,足Ⅳ胫节和跗节极短,爪退化,纽扣状。雄螨足Ⅲ后3节(无前跗节)短于足Ⅳ后2节·· 旁狭跗线螨属(*Parasteneotarsonemus*)
11. 雌螨背具网纹 ··· 12

雌螨背不具网纹　·· 13

12. 雌螨背网纹仅限于后半体的1/3前。雌雄螨前足体和后半体背毛长,具刺,有的毛长等于或大于躯体最宽处的宽度　····················· 角跗线螨属(*Ceratotarsonemus*)

雌螨背网纹延伸到前足体和后半体的某些背板,背毛不太长,刺通常不明显　13

13. 雌螨有的背毛端部明显膨大,雄螨至少有的背毛粗糙、凸凹不平或针状·······
··· 迷跗线螨属(*Daidalotarsonemus*)

雌雄螨背毛均呈毛发状,有的勉强呈针状　······························ *Moseria*

14. 雌螨前足体背毛相互靠拢,各对毛着生在前足体1/3前;雄螨足Ⅳ胫节长为其宽的5倍,但短于股节长度的1/2　······························ 菌跗线螨属(*Fungitarsonemus*)

雌螨前足体背毛远离,第2对毛着生于前足体的后半部　················· 15

15. 雌螨足Ⅳ短,其转节(或称基节)内缘间的距离小于其宽度。雄螨足Ⅳ胫跗节无爪或爪垫········
··· 异跗线螨属(*Xenotarsonemus*)

雌螨足Ⅳ通常发达,其转节(或称基节)内缘间的距离大于其宽度。雄螨足Ⅳ具无爪　16

16. 雄螨足Ⅳ胫节和跗节愈合成胫跗节　············· 分胫跗线螨属(*Lupotarsonemus*)

雄螨足Ⅳ胫节和跗节明显　·································· 17

17. 雄螨足Ⅳ胫节和跗节长度大于股节Ⅳ长度的1/2　············ 半跗线螨属(*Hemitarsonemus*)

雄螨足Ⅳ胫节和跗节长度小于股节Ⅳ长度的1/2,并小于股节Ⅳ基宽的3倍··· 跗线螨属(*Tarsonemus*)

(一)跗线螨属

跗线螨属(*Tarsonemus* Kramer,1877):体型微小,长100~400 μm,雄性明显小于雌性,雌螨无腹部膨胀现象。雄螨前足体有背毛4对,不排成直行,足Ⅳ末端有1个爪。Ⅳ胫跗节弯曲不明显。雌螨气门室(atria)常缺如或退化;前足体背板只超过颚基的一半;第一对前足体腹毛不在Ⅰ表皮内突前面。足Ⅲ、Ⅳ结构相同。

此属我国常见有谷跗线螨(*Tarsonemus granarius*)1种。跗线螨属分种检索表见表5.46。

表5.46　跗线螨属分种检索表

雌螨背面为4块背片所覆盖　·································· 谷跗线螨(*T. granarius*)

雌螨背面无明显背片　···································· 乱跗线螨(*T. confuses*)

1. 谷跗线螨(*Tarsonemus granarius* Lindguist,1972)

【同种异名】　*Tarsonemus waitei* Banks,1912。

【形态特征】　雌螨体长160 μm,体亦呈淡黄色,椭圆形,光亮。体背面为4块背片所覆盖,其中第一块背片最大,后面3块背片向体后依次缩小。前足体背着生顶毛1对。肩毛1对。棒状假气门器1对。后半体3节。第一节,侧毛(I)1对,短侧后毛(Lp)1对。第二、三节各着生短毛1对(图5.267)。

腹板后方在体躯后缘形成1个尾叶,有尾叶毛1对。Ⅰ表皮内突愈合为短胸板,Ⅱ、Ⅲ表皮内突不愈合。后表皮内突前端呈叉状,与足Ⅳ表皮内突相连(图5.268)。

第一、二对足指向前方,最后2对足则指向后方。足Ⅰ~Ⅲ的趾节很发达,足Ⅰ的趾节有1个膜质爪垫和1个爪。足Ⅱ~Ⅲ趾节有成对的爪,足Ⅳ紧密靠拢,并分成3节,亚端节为端节长的2倍,端节有刚毛2根,1根的长度为另1根的2倍。根据Lindquist(1972)的记载,毛序与其他种类的毛序相似。有气门1对,位于颚体基部,与2个主气管相连。

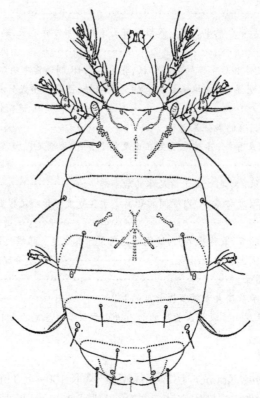

图5.267 谷跗线螨(*Tarsonemus granarius*)♀背面

(引自陆联高)

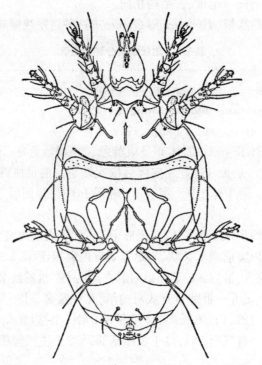

图5.268 谷跗线螨(*Tarsonemus granarius*)♀腹面

(引自陆联高)

　　雄螨体长75 μm,雄螨体呈淡黄色,卵圆形,体躯较雌螨短1/2。无假气门器。雄螨因其体小,行动迟缓,难于被发现。前足体背片稍骨化。后半体背面为1块大的前背片以及另一块突出于生殖器上的较小的后背片所覆盖(图5.269)。腹面主要为4块基节板所覆盖,前后基节板为1片有条纹的表皮分隔开。足Ⅰ和Ⅱ基节板的表皮有1个条纹区。足Ⅰ表皮内突愈合为长胸板;足Ⅱ表皮内突可自由活动;足Ⅲ、Ⅳ表皮内突延长,在前面愈合(图5.270)。

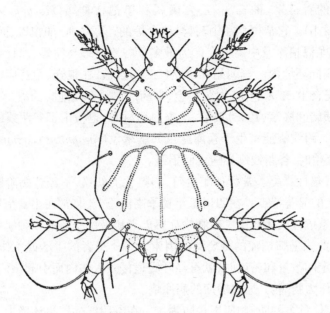

图5.269　谷跗线螨(*Tarsonemus granarius*)♂背面
(引自陆联高)

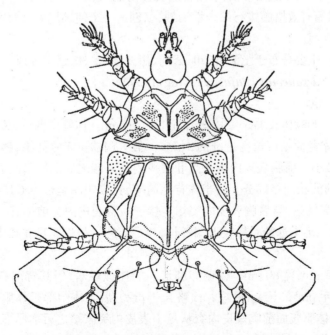

图5.270　谷跗线螨(*Tarsonemus granarius*)♂腹面
(引自陆联高)

足Ⅰ～Ⅲ跗节与雌螨的跗节相似。足Ⅳ足股节延长,内缘几乎挺直。外缘稍稍凸出,末端短,且急剧地向内弯,跗节末端有很发达的爪。

前足体背片着生顶毛(V)2对,肩毛(h)2对,前肩毛(ah)较后肩毛(ph)长2倍。后半体前背片较大,有毛3对,孔1对。后背片小,有毛及孔各1对。

【孳生习性】 同其他种类的跗线螨属一样,谷跗线螨与真菌有关并以此为生,尤其与在贮藏粮食中生长的青霉素、曲霉属、毛壳菌属和单孢枝霉属(Hormodendrum)关系密切(Sinha et al. 1969 a,b)。它常栖息在中药材、粮食等的贮藏场所,如粮库、面粉厂、中药厂、中药店、药材库等。尤以粮库及中药材仓库为最多。谷跗线螨与粉螨、肉食螨、甲螨等的一些种类混合栖息于相同环境内。李朝品和李立(1990)报道,在粮仓、中药店、药材库中采集地脚样本、稻仓尘、麦仓尘、玉米仓尘、中药柜尘、中药厂选料车间地脚药渣,均检出有谷跗线螨和其他螨种。仇祯绪和滕斌(1995)报道,检查中药材时,也检出了谷跗线螨,占所有检出螨类总数的13.88%。跗线螨能寄生于仓库昆虫如玉米象(Sitophilus zeamais)体上,当这些昆虫在粮堆内大量繁殖时,谷跗线螨亦随之而猖獗。

谷跗线螨属好热性螨类。常行孤雌生殖,卵孵化的幼螨,不经若螨阶段即变为成螨,这是该螨在生物学上的显著特点。在四川每年夏季高温季节,其常在小麦粮堆中大量发生,常常引起皮炎症,严重危害人体健康。在肺螨症感染者痰液中查获的多种螨中,无一例外包括谷跗线螨,故认为此螨是肺螨症的重要致病因素之一。患者的生活或工作环境中存有大量的螨类,当达到一定的数量和密度时,就可经呼吸道侵入人体内而引起该病(李朝品,1989)。此外,它也有可能作为肠螨病、尿路螨症的病原螨。

谷跗线螨对人体危害的防制,应以预防为主。在谷跗线螨孳生环境中,各跗线螨与其他螨类及一些昆虫混杂栖息繁衍,构成了该环境中生态系统的一个组成部分,故应在保证贮藏物安全、优质的前提下,因地制宜地采用物理机械防制、密封与气调防制、化学防制、生物防制、清洁卫生防制等有效措施进行综合性治理,以创造一个使环境条件对贮藏有利而对螨类不利的良好生态环境。

【国内分布】 主要分布于上海、四川、云南、黑龙江、吉林、辽宁等地。

2. 乱跗线螨(*Tarsonemus confusus* Ewing,1939)

【同种异名】 无。

【形态特征】 雌螨体长175～212 μm,宽80～106 μm。体躯卵圆形,黄色。颚体圆锥形,须肢柱状。前足体背面毛pi长度是pr的2倍多。假气门器位于腹侧缘,感器卵圆形,表面具微刺。毛1a、2a微小。前胸表皮内突在足Ⅱ表皮内突末端之后加厚不明显。分颈表皮内突中部有1对特有的波状加厚部分。后半体背毛简单,长度顺序是C2≈C1>f>d>e≈h>ps。腹面足Ⅳ表皮内突发达,与后胸表皮内突相连接。后胸表皮内突前端有一小V型分叉。毛3a与4a长度相近。足Ⅰ远端感棒较近端者长,与足Ⅱ感棒相近。足Ⅱ感棒附近有一针状毛(图5.271B、C)。

雄螨体长131 μm,宽80 μm。体躯卵圆形。颚体似雌螨,但其背部有一纵向的表皮内突。前足体背面毛pml最长,pi最短,pr1略长于pr2。后半体中部是体躯最宽部位,毛C1、C2、d长度相近。体躯腹面前胸表皮内突从足Ⅰ表皮内突末端之后加厚不明显。足Ⅲ、Ⅳ表皮内突前缘大体成一横线。毛1a与1b长度相近,3b略长于3a。足Ⅰ跗节感棒位于节基部,胫节具2根小感棒。足Ⅱ感棒粗大,附近有一针状毛。足Ⅰ～Ⅲ长度相近,但足Ⅲ较细。足

Ⅳ股节内缘弧形,基部宽阔,内侧几乎成直角弯曲(图5.271A、D)。

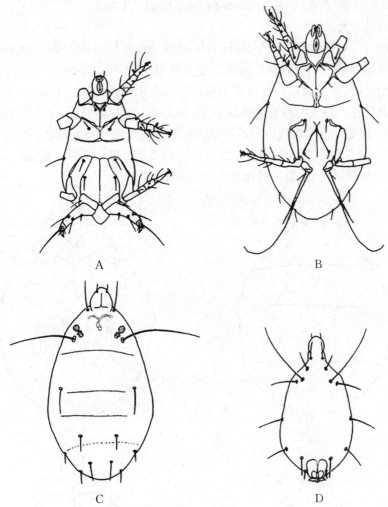

A.♂腹面;B.♀腹面;C.♀背面;D.♂背面

图5.271 乱跗线螨(*Tarsonemus confusus*)
A.♂腹面;B.♀腹面;C.♀背面;D.♂背面
(引自陆联高)

【孳生习性】 王合等(1999)从1995～1998年连续3年在北京市平谷县发现桃果面有乱跗线螨;郝宝锋等(2007)论证了乱跗线螨是套袋苹果袋内的优势种群,占所有害虫总数的91.8%,且其发生与苹果"黑点症"的出现在时间和空间上都紧密跟随(郝宝锋等,2010)。该螨也能为害绿竹、毛竹、麻竹等,以成虫、幼虫刺吸叶片汁液(詹祖仁等,2013)。同时还为害辣椒、稻(马恩沛等,1984),有研究表明也能为害居室花卉(杨庆爽和梁来荣,1986)。

【国内分布】 主要分布于北京、河北、福建、四川。

(二)多食跗线螨属

多食跗线螨属(*Polyphagolarsonemus* Beer et Nucifora,1965):两性颚体近圆形。雌螨后胸板毛4对,足Ⅰ爪喙状,足Ⅱ、Ⅲ爪退化,难以辨认。具拟气门器。雄螨前足体背毛3对,具毛e,后胸板毛4对。足Ⅰ无爪;足Ⅲ特别长,长度与后半体长相近;足Ⅳ胫跗节细长,爪退化成纽扣状。

3. 侧多食跗线螨(*Polyphagolarsonemus latus* Banks,1904)

【同种异名】 无。

【形态特征】 雌螨(图5.272A、B)长170~249 μm,宽111~164 μm。体躯阔卵形,淡黄至黄绿色。颚体宽阔,须肢圆柱状,前伸。前足体背毛长度pi>pr。足I、II表皮内突与前胸表皮内突相连接,分颈表皮内突仅在中央部分留有不明显痕迹。毛1a与1b长度相近,紧接在表皮内突后方。假气门器的感器球形,表面光滑。后半体背毛C1、C2、d、e、f、h及ps长度相近,略粗于腹毛。后胸表皮内突不明显,足III、IV表皮内突长度相近,成"八"字形。足I爪强壮、喙状。足I胫跗节远端感棒较大,杆状,近端有2根小感棒。足II跗节感棒比足I远端感棒略小,杆状。足II、III爪退化具发达的爪垫。

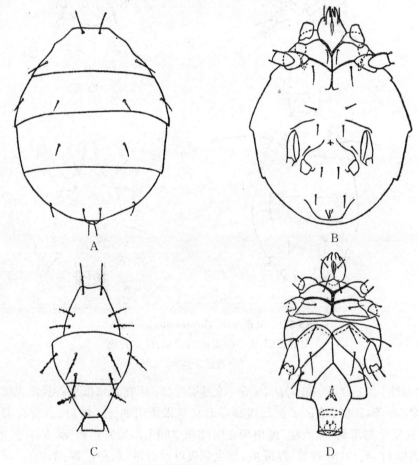

图5.272 侧多食跗线螨(*Polyphagolarsonemus latus*)
A. ♀背面;B. ♀腹面;C. ♂背面;D. ♂腹面

(引自马恩沛等)

初羽化成螨时,呈淡黄色,后渐变为半透明,沿背中央有白色条纹。须肢特化成为2层鞘状物将螯肢包围,形似口器,向上有倒"八"字裂纹,前后各具1对刚毛。额具毛1对。身体背面有4块背板,第1~3块背板各具毛1对,尾部具毛1对。第1对足胫节基部有棒状毛2根。第四对足纤细,胫节末端有1根鞭状刚毛比足长,亚端毛刺状。腹面后足体有4对刚毛。

雄螨(图5.272C、D)体长159～190 μm,宽为100～122 μm。体躯近似棱形,后半体前部最宽。淡黄色或黄绿色。交尾器明显延伸向体躯后上方。颚体长宽相近。前足体背面近似梯形,背毛3对,长度为:pr＞pi＞pml。腹面,足Ⅰ、Ⅱ表皮内突与前胸表皮内突相连接。体背面CD节具长度相近的3对刚毛,其中毛C_2纤细。EF节除了毛f外还有1对e毛,e与f长度相近。腹面足Ⅲ、Ⅳ表皮内突与后胸表皮内突汇集点成一短纵线,后胸板毛4对,3C略长。足Ⅰ无爪,仅具成五边形的爪垫;跗节感棒基部较宽,胫节有2根长度相差1倍的棒状感棒。足Ⅱ、Ⅲ的双爪不明显,成细线状。足Ⅱ跗节感棒较粗大,形态与足Ⅰ跗节感棒相似。足Ⅳ转节矩形,股节远端腹侧毛着生在向内侧延伸的距样突起之上;胫跗节细长,向内侧弯曲,远端1/3处有1根特别长的鞭状毛,爪退化为纽扣状。体末端有一锥台形尾吸盘,前足体有背毛4对,后足体背毛3对,末体背毛3对。体腹面,前足体刚毛3对,后足体刚毛4对。足强大,第四对足转节与腿节基部外侧略突,内侧削平,腿节末端具一弯月状突。胫节弯曲,触毛与足等长,尾吸器呈圆盘状,形似荷叶,中间有一圆孔与内部相通,尾部腹面有很多刺状突。

【孳生习性】　侧多食跗线螨又称茶黄螨、茶埃螨、半跗线螨、白蜘蛛。主要分布在气候温暖的地区,食性广泛,可寄生于茶、辣椒、番茄、棉花、柑橘等经济作物。仅四川、重庆地区,它的寄主就有22科55个属的植物(张格成和李继祥,1997)。同时许多观赏植物也受其为害严重,如居室花卉(杨庆爽和梁来荣,1986),包括茉莉、腊梅、月季、菊花、地锦、常春藤、仙客来、山茶花等(陈艳,2004)。李隆术等(1986)发现其发育速率与温度成逻辑斯蒂曲线关系。在30℃以下随温度上升而加快,但在35℃时速度反而减慢。

以两性生殖为主,也能营孤雌生殖。在30℃以上时,温度越高湿度越大,卵期越短。当相对湿度在80％以下时,卵不孵化,幼螨的发育也受影响。6～7月为发生为害盛期。一年可发生40～50代。在日平均温度为20℃左右的5月间开始发生,到11月时数量减少。6～7月和9～10月的夏、秋嫩梢的抽发和生长期为害最重,雨水越多,为害越严重。在日均28℃时,约4天一代,卵期1.7天;幼若螨历期1.3天。雄螨寿命为14～16天;雌螨寿命为21～26天。25～30℃是该螨适宜发育的温度。一生平均产卵31～44粒,日产卵4～5粒。卵的孵化率高,在99％以上。

雄成螨一般先成熟,待雌成螨成熟后就交配。交配后,雌螨当日产卵,2～3天进入产卵高峰,以后逐渐减少。产卵期长达14～18天。田间自然条件下,雌成螨明显多于雄成螨,雌雄性比为3:1～4:1,同期产下的卵,较早孵化的多为雄螨,迟者多为雌螨(黄辉晔,1991)。幼、若螨和雌成螨均不太活跃,主要借风力、苗木、昆虫和雀鸟等传播。雄成螨活泼,爬行迅速,交配时常将雌成螨背在背上不断地爬行,雌螨一生只交配1次。

【国内分布】　分布于全国各地,长江以南和华北地区为害严重。

(三) 狭跗线螨属

狭跗线螨属(*Steneotarsonemus* Beer,1954):两性颚体近圆形或横椭圆形,宽大于长。须肢肩平,楔形,紧贴在颚体腹面。雌螨体躯长卵形,通常背腹扁平,足Ⅱ与Ⅲ相距较远。具假气门器。后胸板2对毛。足Ⅲ最后3节(不包括端跗节)长于足Ⅳ最后2节。足Ⅱ、Ⅲ末端有发达的双爪。雄螨前足体背毛4对。足Ⅳ胫跗节不融合,具锐利的单爪。

4. 斯氏狭跗线螨(*Steneotarsonemus spinki* Smiley,1967)

【同种异名】 无。

【形态特征】 雌螨(图5.273A、B)体长239~318 μm,宽85~122 μm。体躯狭长,白色。前足体背板梯形,前足体背毛pi约是pr长度的3倍,pi具微刺。拟气门器长卵形,具微刺。足Ⅱ表皮内突与前胸表皮内突不相接,分颈表皮内突不明显。毛1a的长度大于2a。后半体背毛C₂略长,较细,其他各毛长度相近,表面带有微刺。腹毛3a特别长,相当于pi的2/3。Ⅲ表皮内突与Ⅳ表皮内突长度相近,后胸表皮内突不明显。后胸板在转节Ⅳ之间向末体延伸成胸板突(tegula)。ps微小。足Ⅰ跗节末端腹面有一具不明显分叉的刺。

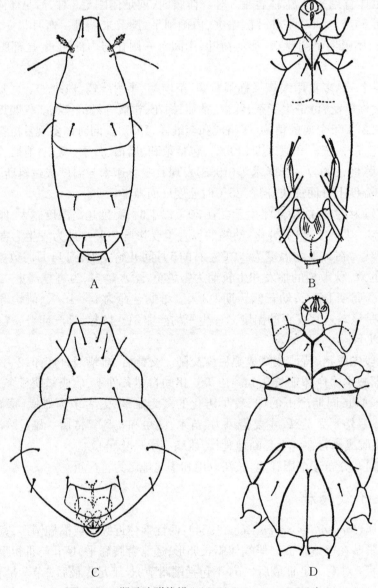

A　　　　　　　　B

C　　　　　　　　D

图5.273　斯氏狭跗线螨(*Steneotarsonemus spinki*)

A.♀背面;B.♀腹面;C.♂背面;D.♂腹面

(引自马恩沛等)

雄螨(图5.273C、D)体长199~223 μm,宽107~111 μm。体躯狭长,后半体前部最宽,白色。前足体背毛粗壮,针状,其中pm_1最长,约比pr_1长1/3,pr_2最短,pi略短于pm_1。足Ⅰ、Ⅱ表皮内突与前胸表皮内突相连接。腹毛纤细,2a约为1a长度的2倍。后半体背毛c_2较长,而其他各毛长度相近。足Ⅲ表皮内突前缘在足Ⅳ表皮内突前缘前方,足Ⅲ、Ⅳ表皮内突在后胸板前中部成弧形连接,与后胸表皮内突不相连。3a长于3b,纤细,均位于足Ⅲ基节区。足Ⅰ跗节腹面远端同样有1根具不明显分叉的刺。足Ⅳ股节内缘具耳状的凸缘,腹面近端内缘的刚毛较短,远端的1根长刺状。胫节腹毛长度与股节远端腹毛长度相近。

【孳生习性】　斯氏狭跗线螨能进行孤雌生殖,未交配的雌性产雄性后代,然后雌性可与雄性后代交配并产卵。交配后的雌虫一生可产平均55粒卵。20 ℃时,其发育历期为20天,30 ℃时缩短为3天;斯氏狭跗线螨在37 ℃处理36小时后,存活率无变化,到108小时才全部死亡;39 ℃时,72小时后全部死亡;41 ℃时最长存活时间超过48小时。−5~−2 ℃的低温处理120小时后,仍有大量的螨存活;温度低至−8 ℃时,48小时后还有41%的个体存活,72小时后才全部死亡(徐国良等,2002)。

该螨主要为害水稻(江聘珍等,1994),高温和低降雨量是斯氏狭跗线螨田间大量爆发的理想条件;多年的水稻栽培和农田设备共用也有助于其建立稳定的种群,从而产生严重破坏。其常随大米进入居室。近年来有在花卉上发现斯氏狭跗线螨的报道(杨庆爽和梁来荣,1986)。

【国内分布】　主要分布于广西、福建、山东、广东、海南。

二、蒲螨科

蒲螨科(Pyemotidae Oudemans,1937)雌螨外寄生于昆虫体表,是一类寄生性昆虫天敌,目前仅含蒲螨属(*Pyemotes* Amerling,1862)1属。某些种类已作为昆虫天敌用于农林害虫的生物防制计划,如麦蒲螨(*Pyemotes tritici* LaGreze-Fossat et Montagne,1851)和中华甲虫蒲螨(*P. zhonghuajia* Yu,Zhang et He,2010)。根据雌螨形态中可将蒲螨属划分成2个组:小蠹蒲螨群和球腹蒲螨群。球腹蒲螨群中有的种类,人类大量接触时可引起接触性皮疹,根据报道,国内外蒲螨皮疹基本都是由赫氏蒲螨(*Pyemotes herfsi* Oudemans,1936)和麦蒲螨引起的。

形态特征　蒲螨体型微小(图5.274,图5.275),体柔软,长200~300 μm。卵形或纺锤形,乳白色或淡黄棕色;体色淡黄,雌雄异型。雌螨体形纺锤形,体形较长,颚体向前突,完全从前足体暴露出来,有1对口针,无明显的须肢。前足体背板有4对毛。身体腹面,基腹板Ⅰ和Ⅱ愈合,形成2对表皮内突,并与前中表皮内突结合在一起,板上有4对毛。足Ⅲ~Ⅳ基腹板愈合,中间有个三角形胸板使其左右分离,形成3对表皮内突,有5对毛。末端可见2对毛。足4对,均较发达,足Ⅰ有1个单爪,足Ⅱ~Ⅳ各具1对爪。

雄螨体型近球形,体长较短。前足体背板4对毛,后半体有3个背片。身体腹面,基腹板Ⅰ和Ⅱ愈合,形成2对表皮内突,并与前中表皮内突结合在一起,板上有4对毛。Ⅲ~Ⅳ基腹板愈合,形成3对表皮内突,有5对毛。末端愈合形成生殖囊。有4对足,足Ⅰ有1个单爪,足Ⅱ~Ⅲ大小基本相似,均有1对爪;足Ⅳ不同于足Ⅱ~Ⅲ,末端有1个坚固的单爪。

生物学特征　其雌螨寄生于某些鳞翅目、同翅目、鞘翅目、双翅目及膜翅目的幼虫或蛹体表,并刺吸其体液为食。蒲螨的生殖方式十分奇特,属于卵胎生。新产出的雌螨交尾后离开母体,寻找适宜的昆虫寄主,发现寄主后首先通过口针向寄主体内注入毒素,将其麻醉,这种麻痹是不可恢复的。之后,雌螨固定在体壁不超过10 μm的、柔软的昆虫寄主体上取食,取食后腹部末端开始膨大,成为球形,称为膨腹体(图5.275),体积可以达到身体的几十倍甚至上百倍。其后代在膨腹体内发育至成螨,1个膨腹体内通常可以孕育100多个后代。一般在25 ℃条件下,7天繁殖一代。通常雄螨盘踞在母体膨腹体生殖孔附近,等待雌螨产出,以尾对尾式的"一"字形交尾。蒲螨寄主范围广泛,主要寄生鞘翅目、鳞翅目、膜翅目、半翅目等昆虫。蒲螨科常见属检索表(雌螨)见表5.47。

表5.47 蒲螨科常见属检索表(雌螨)

(引自李朝品等,2009)

1. 足Ⅱ~Ⅳ同形,转节Ⅴ三角形或横带状 ··· 2
   足Ⅱ~Ⅳ不同形,转节Ⅳ四边形,长远大于宽 ··· 11

2. 足Ⅰ有双 ··· 3
   足Ⅰ有单爪或爪缺如 ·· 6

3. 无假气门器,足基节Ⅰ~Ⅳ1根刚毛 ··· 4
   有假气门器,足基节Ⅰ~Ⅳ2~3根刚毛 ·· 5

4. 大部分足毛刺状,气门可辨认 ··················· 刺蒲螨属(*Acanthomastix*)
   足毛刚毛状,气门难辨认 ······················· 长毛蒲螨属(*Dolichomotes*)

5. 颚体长宽相近,整肢大、镰状 ··················· 镰赘蒲螨属(*Pavania*)
   颚体细长,肢微小 ······························· 长头螨属(*Dolichocybe*)

6. 无拟器门器,颚体部分或全部与前足体融合 ··· 7
   有拟器门器,颚体大,明显 ··· 9

7. 气门开口在前足体两侧,足Ⅲ~Ⅳ只有爪垫而无爪 ··· 8
   气门开口在前足体背面,各足均有爪 ··············· 旁小颚螨属(*Paracarophenax*)

8. 前足体背毛3对;颚体与前足体部分融合;后胸板5对毛·············· 小颚螨属(*Acarophenax*)
   前足体背毛2对;颚体与前足体完全融合;后胸板3~4对毛 ·········· 无爪螨属(*Adactylidium*)

9. 足Ⅰ5节,体躯通常呈梭形 ·· 10
   足Ⅰ仅4节,体躯卵圆形 ························· 杉胶螨属(*Resinacarus*)

10. 足Ⅰ无爪,足Ⅳ4节,前足体腹面有1对吸盘 ··············· 宽额螨属(*Caraboacarus*)
    足Ⅰ有爪,足Ⅳ5节,前足体腹面无吸盘 ··················· 蒲螨属(*Pyemotes*)

11. 前足体游离,有2~3对背毛。前胸板毛4~6对,偶尔2对 ·· 12
    前足体一部分或全部被前背板覆盖,背毛1对,前胸板毛4对 ···································· 21

12. 前足体背毛3对,前胸板毛不一定4对 ·· 13
    前足体背毛2对,前胸板毛4对 ··· 16

13. 足Ⅰ5节,从体背面观察颚体明显 ·· 14
    足Ⅰ胫节与跗节融合为粗大的胫跗节 ·· 15

14. 前背板和后胸板分成3块,爪Ⅰ无柄,股节Ⅰ5根毛 ············· 轮板螨属(*Trochometridium*)
    前背板和后胸板完整,爪Ⅰ有柄,股节14根毛 ················· 穗螨属(*Siteroples*)

15. 爪Ⅰ十分粗壮,内缘有横纹,与相邻拇指样突起成钳状,前胸板毛4~6对 ··· 矮螨属(*Pygmephorus*)
    爪Ⅰ非如上述,前胸板毛仅2对 ····························· 金龟螨属(*Geotrupophorus*)

16. 颚体卵圆形,须肢短 ··· 17
    颚体长形,须肢长 ······························· 削吻螨属(*Xystrotostum*)

17. 部分腹毛明显变形 ……………………………………………………………… 18

腹毛正常刚毛状 …………………………………………………………………… 19

18. 大部分前胸板毛及腋毛抹刀状或杆状 ……………………… 小果螨属(*Acinogaster*)

大部分腹毛变形为点滴状 ………………………………………… 滴毛端属(*Guttacarus*)

19. 足Ⅰ、Ⅱ在外形和大小上无明显差别 …………………………………………… 20

足Ⅰ很短,除胫跗节外,其宽度只为足Ⅱ的1/2 …………………… 扁矮螨属(*Petalomium*)

20. 足Ⅰ股节毛均为刚毛状 …………………………………………… 赞培螨属(*Zambedania*)

足Ⅰ股节毛dF钩状 ………………………………………………… 克蒲螨属(*Bakerdania*)

21. 颚体宽阔或狭长,须肢很长或较短………………………………………………… 22

颚体小,正常形状:圈形或卵圆形,须肢短 ……………………………………… 25

22. 须肢长,其长度超过预体2/3;足Ⅳ无爪,足Ⅰ有爪或无 ……………………… 23

须肢短;足Ⅳ有爪,足Ⅰ无 ……………………………………………………… 24

23. 体躯圆形,背板C后缘平滑,足Ⅰ有爪 ………………………… 拟蚁螨属(*Perperipes*)

体躯长卵形,背板C后缘有齿,足Ⅰ无爪 ……………………… 镞颚螨属(*Glyphidomastax*)

24. 颚体宽阔,宽约是长的1.5倍,螯肢长刀形 …………………… 软头螨属(*Peponocara*)

颚体狭长,长约是宽的3倍,螯肢不为刀形 …………………… 菱足螨属(*Vietodispus*)

25. 足Ⅰ与足Ⅱ、Ⅲ长宽相差不大 ………………………………………………… 26

足Ⅰ与足Ⅱ、Ⅲ相比短而细,其转节宽度仅为足Ⅱ、Ⅲ的1/2 ………………… 31

26. 体躯倒卵形,向后明显变窄。足Ⅳ基部间距小于足Ⅲ基部间距的1/2 ………… 27

体躯近糖圆形,末体不明显变窄,末端成宽网弧形。足Ⅳ基部间距大于足Ⅲ基部间距的2/3 …… 29

27. 大部分背毛变形为羽状、叶状或柱状毛 ………………………………………… 28

顶多有1对背毛梭形;足Ⅰ无爪 ………………………………… 微螨属(*Microdispus*)

28. 全部背毛羽状或叶状;足Ⅰ有爪 ……………………………… 爪微螨属(*Unguidispus*)

有巨大的柱状毛或叶状毛;足Ⅰ不缺如 ………………………… 管毛螨属(*Tubulodispus*)

29. 大部分背毛变形为巨大的叶状或羽状毛 ………………………………………… 30

背毛通常为刚毛状 ……………………………………………… 布伦螨属(*Brennandania*)

30. 至少1对背毛或腹毛变形为交织成"巢状"或"蓝状"的毛 ……… 蓝毛螨属(*Cochlodispus*)

背毛变形为巨大的叶状毛,腹毛刚毛状或针状 ………………… 叶毛螨属(*Phyllodispus*)

31. 足Ⅰ无爪;有发达的咽泵 ……………………………………… 矩咽螨属(*Caesarodispus*)

足Ⅰ有爪;不具发达的咽泵 …………………………………… 蚁寄螨属(*Myrmecodispus*)

蒲螨属

蒲螨属(*Pyemotes* Amerling,1861)螨类身体卵圆形,呈灰黄色,有光泽;前足体背板前缘部分突出于颚体;雌螨有膨腹现象;雄螨足Ⅳ跗节有1个爪;雌螨足Ⅰ末端有1个爪,足Ⅱ~Ⅳ末端有前跗节和2个爪。

年轻雌螨似纺锤形,灰黄色,扁平,腹末端附近为膜状,能膨大,其余部分由几丁质表皮形成。雄螨较小,不易见,常见为雌性。生活史特殊,雌螨寄生于鳞翅目幼虫体上,吸取汁液,营寄生生活。昆虫幼虫一被寄生即中毒瘫痪,终至死亡。偶尔在人体或牲畜身上吸吮体液,能发生红疹,奇痒,重者发烧甚至恶心等不良反应。在自然界寄生于鳞翅目幼虫,也寄生于仓库害虫的幼虫体上,并能对害虫的虫口密度有一定的限制作用,也可寄生于家蚕、蜜蜂和试验用寄生蜂等。能引起人的皮疹,夏秋两季在仓库、码头的搬运工人身上较易发生。

该属我国记载种类不多,常见有赫氏蒲螨和麦蒲螨。蒲螨属分种检索表见表5.48。

表5.48　蒲螨属分种检索表

sci 着生于假气门器官之前 ··· 赫氏蒲螨(*P.herfsi*)

sci 与假气门气器位于同一水平 ··· 麦蒲螨(*P. tritici*)

5. 赫氏蒲螨(*Pyemotes herfsi* Oudemans,1936)

【同种异名】　*Pyemotes ventricosus* Newport,1850;*sensu* Hughes,1961。

【形态特征】　雌螨未孕长225 μm,受孕直径增长为2000 μm(图5.274,图5.275),呈虱状,扁平,灰白或浅黄色。颚体圆形,螯肢针状,须肢各节彼此无法辨识。颚体背面顶毛(V)1对,向前伸出颚体前方。前足体与后半体划分明显。前足体呈三角形。前足体侧缘杯形构造内各生1个假气门器官,*sci* 着生于假气门器官之前,*sce* 着生于假气门器官之后。*sce* 较 *sci* 长4倍以上。肩部侧方,有长肩毛(h)1对(图5.274)。

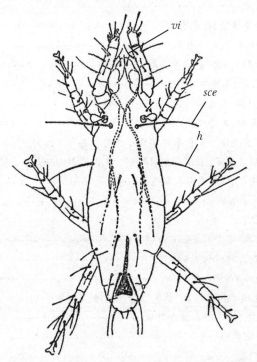

图5.274　未孕赫氏蒲螨(*Pyemotes herfsi*)♀背面

vi:顶内毛;*h*:肩毛;*sce*:胛外毛

(引自陆联高)

气门开口于颚体基部两侧,两条气管由此集中,通入供给身体后部空气的贮气囊内(图5.274)。

躯体的毛光清而细。背面顶毛向前伸展超越颚体上方。内、外胛毛着生在假气门器之前和后。外胛毛较内胛毛为长。后半体的第一节有刚毛2对,第二节1对,第三节2对,体躯的后缘有长度不等的刚毛2对。在肩区侧方有长刚毛1对。腹面,足Ⅰ基节有刚毛1对,足Ⅱ基节有2对,末体有刚毛5对(图5.274)。

足Ⅰ司感觉,足Ⅱ～Ⅲ司步行,足Ⅳ司交配。足Ⅰ跗节钝,末端有短钩状爪。足Ⅰ胫节外缘着生1根短细条纹状感觉刺。足Ⅱ～Ⅳ跗节末端有前跗节和叉状爪。前跗节延展为双叶状爪垫。足Ⅳ股节又分为短的基股节(basifemur)和长的端股节(telofemur)。足Ⅱ～Ⅲ股节不分节,为雌螨明显的特征(图5.276)。

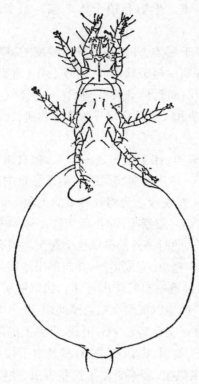

图5.275　怀孕赫氏蒲螨(*Pyemotes herfsi*)♀背面

(引自陆联高)

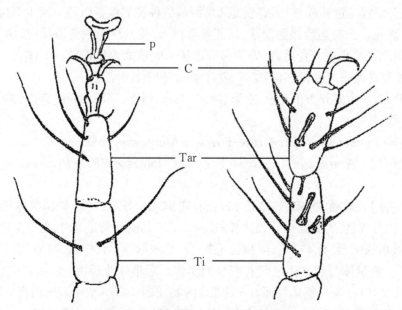

图5.276　赫氏蒲螨(*Pyemotes herfsi*)足

A.足Ⅱ跗节爪和瓜垫;B.足Ⅰ跗节爪

Ti:胫节;Tar:跗节;C:爪;p:前跗节爪垫

(引自陆联高)

腹面,足Ⅰ表皮内突与长腹板相连,足Ⅱ表皮内突与Ⅰ基片连接几达腹板,足Ⅲ~Ⅳ表皮内突和足Ⅳ基片斜伸入体躯。生殖孔位于体末端。足Ⅰ基节有毛1对,足Ⅱ基节有毛2对。

雄螨体长160 μm,常附着于雌体,外表与一种跗线螨的雄螨相似,雄螨长椭圆形,灰黄色。颚体呈圆形。体躯的后缘有一尾节状附肢,附肢上有1对交配用的吸盘。口器和前3对足与雌螨相似,第四对足有弯曲而延伸的股节,股节不再分节。足Ⅰ跗节粗钝,有钩状爪。足Ⅱ~Ⅲ跗节细,末端有前跗节和叉状爪。足Ⅳ股节弯曲而长,足Ⅳ跗节末端有1粗大爪,供交配抱握之用,为雄螨明显特征。

【孳生习性】　系好热性螨类,在温度为28~35 ℃、粮食水分为14%以上、相对湿度为85%~98%时,此螨大量发生。好几种蒲螨属的种类是昆虫的寄生物,还寄生在家蚕、蜜蜂的幼虫体上造成严重的损害。在农业上为棉红铃虫的天敌。雄螨在雌螨末体上爬行,进行寄生,卵在雌体内发育直至成螨。雌螨生产时,后代就在母体内不停地爬行寻找生殖孔,直到对准生殖孔,而后生产出来。此时体外的雄螨也会爬至生殖孔处,以其健壮的第四对足抓住雌螨,并将年轻的雌螨从孔中拖出,完成生产,并与产出雌螨进行交配。据报道,年轻雄螨产出时,雄螨是不协助的。年轻雄螨自行爬出母体。如果把所有的雄螨都从受孕雌螨的末体移去,年轻雌螨就随之孤立,而能以孤雌生殖繁殖幼螨,但产出的都是雄螨。

雌螨以螯肢刺入皮肤取食。吴观陵(2005)记载,世界上的蒲螨皮炎流行地主要有欧洲、埃及、土耳其、印度、澳大利亚、美国、巴西和中国,多是由于接触了谷物、草料、仓储物引起的。这些材料里面有大量害虫滋生,蒲螨寄生了这些害虫,使得蒲螨数量急剧增长,人接触这些材料后,皮肤受到雌性蒲螨的叮刺引发皮炎。皮疹多在0.50 cm以内,中央有一小水泡,四周皮肤发红,一般出现在接触20分钟至10个小时内,出现瘙痒,2~3天后痒感减退,5~6天皮疹消退。病程急慢性都有,反应程度通常因螨的种类和数量而异。发生部位一般以颈、腹、胸、四肢多见。患者连续接触蒲螨,反复被叮刺者,皮肤可出现变态反应,诱发哮喘。在四川地区,每年夏收小麦入仓后,在7~8月高温季节时该螨大量繁殖。工作人员入仓检查、搬运粮食,常遭受此螨的侵袭,引起皮炎,发痒难受,甚至红肿溃烂。

【国内分布】　主要分布于北京、上海、河北、山东、河南、江苏、浙江、湖南、四川、陕西、云南及东北等地。

6. 麦蒲螨(*Pyemotes tritici* LaGreze-Fossat et Montagne,1851)

【同种异名】　*Acarus tritici* LaGreze-Fossat et Montagne,1851;*Pyemotes boylei* Krczal,1959。

【形态特征】　雌螨:纺锤形,体长259 μm,宽94 μm(图5.277),雌膨腹体可达2000 μm(图5.278),体白黄色,尖卵圆形。颚体长43 μm,宽35 μm;有背毛2对,腹毛4对,感棒1对。前足体,背板后缘弧形,有4对毛,vi和ve毛短,sci毛球形,sce毛长,sci与假气门气器位于同一水平线上。前足体与后半体之间有明显的横沟。后半体背板由5块板组成,分别有毛2对、1对、2对、2对和1对。躯体腹面有5对表皮内突,前半体有1个中表皮内突。第一对表皮内突在颚下方交接,形成一个90°的夹角,中表皮内突强壮;第二对表皮内突与中表皮内突连接处紧密;第三对表皮内突稍短于第四对表皮内突;第五对表皮内突明显短于第三和第四对。有10对腹毛,腹部三角片后缘比较直。后半体后缘宽,略呈平截状背毛短扁平,呈节状,后半体第一节有短扁平栉状毛1对,第二、三各节有光滑短刚毛2对,第四、五各节有短扁平节状毛各2对。末体后缘毛1对。足Ⅳ股节只有1节,不分基股节BF与端股节TF。足Ⅱ～Ⅳ前跗节有叉状爪,叉间无延伸的叶状爪垫,外形如图5.277所示。

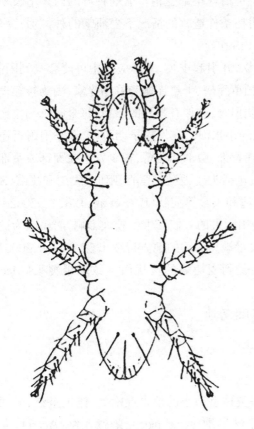

图5.277 新生麦蒲螨(*Pyemotes tritici*)

(引自Oh et al.)

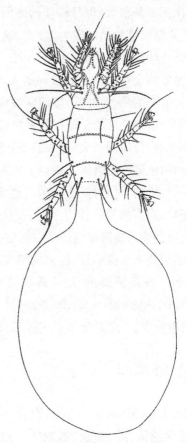

图5.278 怀孕麦蒲螨(*Pyemotes tritici*)

(引自Gorham.)

雄螨:体长170～187 μm,宽90～109 μm,近椭圆形。颚体长20～27 μm,宽25～33 μm,背面有2对微小的毛,位于前缘中部;腹面可见3对毛。前背板前缘为弧形,有4对毛,*vi*毛仅有痕迹,*ve*毛微小,*sci*毛长9～19 μm,*sce*毛较粗长,为61～76 μm。后半体背板也由5块板组成,前2块愈合,近半圆形,有3对毛;中间板有2对毛;后2块板也愈合,上有5对十分微小的毛。躯体腹面有5对表皮内突,前半体有1个中表皮内突。第一对表皮内突粗壮,在颚体下面相交,形成一个90°的角,上端达到转节Ⅰ与颚相连的基部;第二对上行接近足Ⅰ转节,另一端与中表皮内突连接;中表皮内突强壮;第三、第四、第五对表皮内突,每对表皮内突间均不彼此相连,第四和第五对之间彼此连接。腹毛可见9对。

【孳生习性】 麦蒲螨是球腹蒲螨组里最典型的代表,具有生殖潜能高、生命周期短(4～7天)、雌性寄生(雌虫占种群的90%～95%)、易繁殖等特点,呈世界性分布。同时还是粮仓中鳞翅目昆虫幼虫和蛹的主要寄生者,也侵害其他很多种昆虫,向寄主体内注入毒素使其麻痹死亡(忻介六,1989)。它能寄生于鞘翅目、鳞翅目、膜翅目、双翅目、半翅目、脉翅目和捻翅目等约150种昆虫(Cross et al.,1975;Marei,1992)。该螨作为一种生物控制剂被广泛饲养和研究。在实验室中用烟草叶甲(*Lasioderma serricorne*)的蛹进行饲养。在温度为(26±

1)℃、相对湿度为85％条件下,每只雌性麦蒲螨平均能产出254只后代,其中约8％是雄性。雄性产出比雌性要早大约2天,单只雄螨能在3天的时间里与超过57只的雌螨交配,虽然雄性所占比例不是很大,但足够使母体所产雌性后代全部受精。蒲螨种群的内禀增长率能达到0.63,种群数量翻倍时间为1.1天,这说明在条件适宜的情况下麦蒲螨的种群增长率可以超过任何一种其潜在的寄主(Wrensch et al.,1991)。

因为蒲螨会攻击与它们接触的人和动物,并引起皮炎,实际应用中可能会受到限制(崔玉宝,2005;李朝品,2006)。该螨常被称为稻草痒螨、干草痒螨和谷物痒螨,因为接触麦蒲螨的人通常会出现丘疹或丘疹样的多发性皮肤损害,并伴有强烈的瘙痒;每个叮咬部位通常由一个微小的白色风团组成,中央有1个发红的小水泡。在发病早期阶段,在小泡附近还能看到微小如白色斑点的螨体。病症主要发生在背部、腹部和前臂,很少发生在面部或手部。严重感染或致敏的个体可能会出现其他症状,包括头痛、发烧、恶心、呕吐、腹泻和哮喘(Southcott,1984),也有报道称伴有发冷、发烧、不适和厌食等症状(Betz et al.,1982)。2002～2004年夏天,约旦地区麦蒲螨的爆发对居住在麦田附近的人们产生了较大影响,居民因为被蒲螨叮咬产生皮炎而入院治疗,而麦蒲螨在有大量蛾类活动的地方持续出现(Allawi,2008)。人们饲养的一些经济昆虫,如麦蜂属蜜蜂会受到麦蒲螨的侵扰而导致蜂巢覆灭(Macias et Colina,2004;Menezes et al.,2009)。

【国内分布】 主要分布于广东、北京、河北等地。

三、叶螨科

叶螨(tetranychid mite,spider mite)是一类体型微小的植食性螨类,体色呈红、褐、黄、绿等色,故我国俗称红蜘蛛、黄蜘蛛。隶属于蛛形纲(Arachnida)、蜱螨亚纲(Acari)、真螨目(Acariformes)、叶螨科(Tetranychidae Donnadieu,1875),是最重要的农业害螨。通常叶螨生活在植物的叶片上,用口针刺吸液汁,为害植物。多数叶螨生活在叶片的下表面,在叶脉两侧更易发现;生活在上表面的种类也不少。

叶螨是重要的农业害螨,朱砂叶螨、山楂叶螨、柑桔全爪螨、苹果全爪螨、六斑始叶螨、麦岩螨和果苔螨等主要害螨为农业生产部门所熟知。但是,系统的分类学研究,我国是从20世纪50年代后期开始的。马恩沛、沈兆鹏等1984年编著《中国农业螨类》时记述了叶螨科16属76种。未知种类更多。

叶螨科的形态特征如下:

叶螨科的共同特征是螯肢特化成口针和口针鞘(图5.280);跗节上生有5～7根刚毛,并与胫节爪形成拇爪复合体,各足跗节前端,生有爪1对和爪间突1个。

背毛序 叶螨背面有前足体背毛(dorsal propodosomal setae)3～4对;苔螨属的第一、二对前足体背毛着生在4个扁化的突起上,后者的基部连在一起,称檐形突,悬罩在喙的上方,第三、四对位于前足体的前侧缘。后半体一般有背毛9～12对,其中包括肩毛1对,背中毛3对,背侧毛3～5对,骶毛(sacrale setae)2对和臀毛1对(图5.279)。

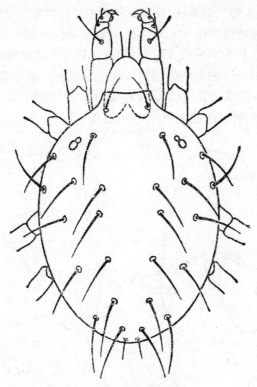

图 5.279　叶螨的背毛序

（引自马恩沛等）

颚体　叶螨的颚体由螯肢和喙组成。螯肢分为 2 节，前面一节可以活动并特化为细长的口针，基部一节左右相互愈合成大型的口针鞘，口针鞘的背面观呈心形，其前端有的圆钝、有的凹陷。口针和口针鞘常常突出于前足体的前缘，饥饿时缩在前足体中央的螯肢窝内（图5.280）。

　　叶螨的须肢由 6 节组成。胫节有大的爪，悬罩在跗节上方。跗节上有 7 根刚毛，叶螨亚科的这些刚毛形态有显著变异，其中 1 根呈圆柱状膨大，称端感器（terminal sensillum），1 根呈小棍状，称背感器（dorsal sensillum），2 根为刺状毛，另外 3 根仍为刚状毛。喙位于颚体中央，下接口下板。口下板腹面有刚毛 1 对。

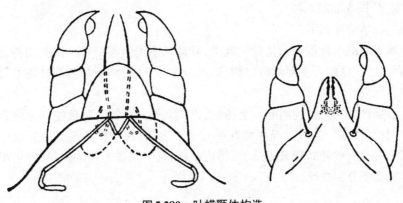

图 5.280　叶螨颚体构造

（引自马恩沛）

气门沟　　叶螨有发达的气管系统,从口针鞘中央洼陷处发出2条弯向上方的分支,称为气门沟,当它接近体表时便弯曲成一定的角度,并继续伸向两侧。气门沟的末端部分构造极不相同;叶螨亚科的一些种类向后内方呈膝状弯曲,后者可能被横隔分成几个小室,或者具分支和分支相互缠结;另一些种类的气门沟末端简单地膨大成小球状。苔螨亚科的一些种类,气门沟常突出于体躯前缘呈犄角状,其末端部分常膨大成粗的圆柱状。叶螨气门沟的整体形状随着口针鞘在螯肢窝内的伸缩而发生变化(图5.281)。

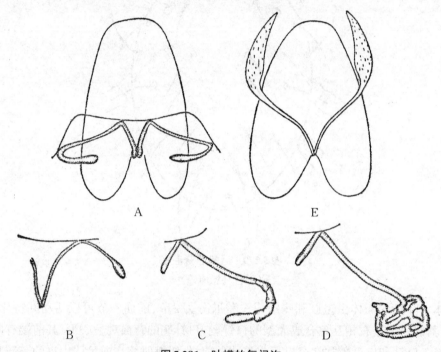

图5.281　叶螨的气门沟

A. 模式图;B. 小球状;C. 膝状;D. 分支缠结;E. 圆锥状

(引自马恩沛等)

腹毛序　　叶螨的雌成螨腹面有刚毛7组:口下毛1对、基节毛、基节间毛3对、殖前毛1对、生殖毛2对、肛毛1～2对、肛后毛1～2对。有些种类基节Ⅱ只有1对肛毛;少许叶螨有许多基节毛和基节间毛。若螨和幼螨的腹毛数按龄期递减。足叶螨的成螨和幼螨有4对足,幼螨只有3对足(图5.282)。

叶螨的生物学特征如下:

叶螨是蜱螨亚纲中最重要的植食性螨类,叶螨科螨类为害粮食、棉花、油料、蔬菜、果树、烟、茶、桑、麻、甘蔗、橡胶等主要经济作物,以及城市绿化、园林观赏和森林树木等各种植物,是农林业的大害虫。

叶螨的全部种类均在植物的叶片上摄食,以其刺吸式口器吮吸植物细胞内含物,直接破坏叶片组织,故名叶螨。多数叶螨生活在叶片的下表面,在叶脉两侧更易发现;生活在上表面的种类也不少。有些叶螨能分泌蛛丝,结成丝网,甚至结成光洁的丝膜,群集于膜下生活;有些种类则完全不分泌蛛丝。

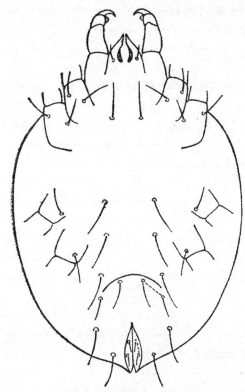

图5.282　叶螨的腹毛序

（引自马恩沛等）

叶螨的个体发育包括卵、幼螨、第一若螨、第二若螨和成螨5个时期。卵孵化出的幼螨仅具足3对,而若螨和成螨具足4对。若螨和成螨的区别除体型大小、腹面毛数不同外,成螨有生殖孔而若螨无。各若螨期和成螨期开始之前各经过1个静止期,此时螨体固定于叶片或丝网上,不食不动,各足卷曲,体呈囊状。

叶螨的雌雄两性个体在大多数情况下区别是显著的。雌螨的体型呈椭圆形;叶螨亚科的雌螨,背面隆起,腹面突出;苔螨亚科的雌螨,背面中央平坦,边缘微微翘起,腹面突出。雄螨大多数呈菱形,比雌螨小得多。雌成螨腹面有生殖盖和生殖皱壁,雄螨有特殊构造的阳茎是区分雌雄的可靠根据。

叶螨的生殖方式为两性生殖和孤雌生殖2种。该科的多数种类营两性生殖,即雌雄两性经过交配以后,受精卵发育为具有雌雄2种性别的后代,如叶螨属(*Tetranychus*)、始叶螨属(*Eotetranychus*)和全爪螨属(*Panonychus*)等。雌螨不经交配仍可产卵繁殖后代,即为孤雌生殖。雌螨经孤雌生殖所产的未受精卵全部发育为雌螨的,称为产雌孤雌生殖,在苔螨亚科内的一些种类,以首蓿苔螨(*Bryobia praetiosa*)、果苔螨(*Bryobia rubrioculus*)为代表。如未受精卵全部发育为雄性后代,称为产雄孤雌生殖,如叶螨属、始叶螨属等种类,当在一定的生态条件下,雌螨可营产雄孤雌生殖。叶螨科分属检索表见表5.49。

表5.49　叶螨科分属检索表

（引自马恩沛等,1984）

1. 爪间突有黏毛;肛毛3对(苔螨亚科Bryobiinae)　·· 2

　爪间突无黏毛,或爪间突缺如;肛毛1~2对(叶螨亚科Tetranychinae) ·············· 25

2. 爪呈爪状,爪间突条状(苔螨族 Bryobiini) ……………………………………………………………… 3

爪呈条状,爪间突条状或爪状 ……………………………………………………………………………… 6

3. 前足体背毛4对 ………………………………………………………………………………………………… 4

前足体背毛3对 ………………………………………………………………………………………………… 5

4. 有檐形突悬罩在喙上;内骶毛位于后缘;基节Ⅰ只有1对刚毛 …………………… 苔螨属(*Bryobia*)

无檐形突;内骶毛位置正常;基节Ⅱ有2对刚毛 …………………… 假苔螨属(*Pseudobryobia*)

5. 足Ⅰ跗节有正常的双毛2对;肛后毛腹位 ………………………………………… 旁苔螨属(*Parabryobia*)

足Ⅰ跗节无双毛;肛后毛背位 ………………………………………………………… 小螨属(*Bryobiella*)

6. 爪和爪间突条状(棘爪螨属 Hystrichonychus) ……………………………………………………… 7

爪条状,爪间突爪状 …………………………………………………………………………………………… 20

7. 前足体背毛3对 ………………………………………………………………………………………………… 8

前足体背毛4对 ………………………………………………………………… 叶螨拟属(*Tetranycopsis*)

8. 有臀毛 ……… 9

缺臀毛 ……………………………………………………………………………… 孔爪螨属(*Porcupinychus*)

9. 内骶毛位于后缘或靠近后缘 ………………………………………………………………………………… 10

内骶毛位于正常位置 …………………………………………………………………………………………… 18

10. 无檐形突 ……………………………………………………………………………………………………… 11

有檐形突 ……………………………………………………………………………………………………… 12

11. 体躯条纹正常:背毛著生在结节上,粗而长 …………………………………… 比尔螨属(*Beeerella*)

体躯背面有颗粒状花纹 ………………………………………………………………… 列苔螨属(*Reckiella*)

12. 有2个前突起悬罩喙上;体后部有3对或几对背毛着生在结节上 ……… 中苔螨属(*Mesobryobia*)

有3个前突起悬罩喙上;体后部的背毛不着生在结节上 ………………… 独角螨属(*Monoceronychus*)

13. 后半体背毛10对 ……………………………………………………………………………………………… 14

后半体背毛12对 ………………………………………………………………… 棘爪螨属(*Hystrichonychus*)

14. 腹毛数正常 …………………………………………………………………………………………………… 15

腹毛数很多 …………………………………………………………………………………… 牡苔螨属(*Taurioba*)

15. 雌螨足Ⅰ跗节有正常的双毛2对 …………………………………………………………………………… 16

雌螨足Ⅰ跗节有双毛3对 ………………………………………………………… 旁岩螨属(*Parapetrobia*)

16. 部分或全部背毛着生在粗结节上 ………………………………………………………………………… 17

背毛分离,不着生在粗节结上 ……………………………………………………………………………… 18

17. 背中毛和内骶毛着生在结节上;背毛分离 ……………………………………… 单头螨属(*Aplonobia*)

背中毛不着生在结节上;内骶毛结合成组,外骶毛与臀毛结合成组 ………… 格鲁螨属(*Georgiobia*)

18. 内骶毛位于正常位置,气门沟简 ……………………………………………… 旁单头螨属(*Paraplonobia*)

内骶毛不位于正常位置 ………………………………………………………………………………………… 19

19. 内骶毛和第三对背中毛接近;足毛粗 ……………………………………………… 无单头螨属(*Anaplonobia*)

内骶毛和第三对背中毛远离;足毛有微齿 …………………………………………… 新岩螨属(*Neopetrobia*)

20. 有3对正常的基节闻毛(岩螨族 Petrobini) ………………………………………………………… 21

有许多对腹毛(新毛螨族 Neotrichobiini) ………………………………………… 毛螨属(*Neotrichobia*)

21. 足Ⅰ跗节有双毛2对 ………………………………………………………………………………………… 22

足Ⅰ跗节有双毛1对,雄螨胫节Ⅰ有双毛 …………………………………… 小裂头瞒属(*Schizonobiella*)

22. 喙上无突起 …………………………………………………………………………………………………… 23

喙上方有3个有刚毛的突起 …………………………………………………………… 梅苔螨属(*Mezranobia*)

23. 爪间突有2对黏毛 …………………………………………………………………………………………… 24

爪间突只有1对黏毛 …………………………………………………………………… 裂头螨属(*Schizonobia*)

24. 背毛部分或全部着生在结节上 ························· 如叶螨属(*Tetranychina*)

背毛不着生在结节上 ·· 岩螨属(*Petrobia*)

25. 双毛不典型或缺如;爪间突缺如,或爪状(广叶螨族 Eurytetranychini) ········ 26

足Ⅰ跗节的双毛正常,爪间突爪状或远端分裂 ······················ 31

26. 爪间突缺如 ··· 27

爪间突爪状 ··· 30

27. 雌螨有肛毛1对;内骶毛位于后缘 ································ 28

雌螨有肛毛2对;内骶毛位置正常 ···················· 真叶螨属(*Eutetranychus*)

28. 背中毛显著短于背侧毛;足Ⅱ基节有刚毛2对 ·············· 缺爪螨属(*Aponychus*)

背中毛等于或长于背侧毛;足Ⅱ基节有刚毛1对 ························ 29

29. 第三对后半体背侧毛位于后缘;无臀毛;足Ⅱ跗节无双毛;末体背面表皮有融合的网状纹路·········

··· 华叶螨属(*Sitnotetranychus*)

第三对后半体背侧毛位置正常;有臀毛;足Ⅱ跗节有不典型的双毛1对;末体背面表皮纹路不规则形

··· 中叶螨属(*Chinotetranychus*)

30. 爪间突爪小 ······································· 广叶螨属(*Eurytetranychus*)

爪间突爪相当发达 ·································· 同爪螨属(*Synonychchus*)

31. 背面表皮网状,或者内骶毛位于后缘(拟细须螨族 Tenuipalpoidini) ········ 32

背面表皮无网状纹,内骶毛位置正常(叶螨族 Tetranychini) ·············· 34

32. 背毛13对,有臀毛;雌螨背面表皮纹路呈网状 ······················ 33

背毛12对,无臀毛 ································ 始爪螨属(*Eonychus*)

33. 足Ⅱ跗节双毛的前毛短棍状;内骶毛位于后缘 ············· 细须螨属(*Tenuipalpoides*)

足Ⅱ跗节双毛正常,内骶毛位置正常 ···················· 具叶螨属(*Bakerina*)

34. 肛后毛2对+背毛13对=15对 ································ 35

肛后毛1或2对+背毛13或12对=14对 ························ 44

35. 爪间突爪状 ··· 36

爪间突分裂成一簇毛 ·· 41

36. 爪间突腹面有刺毛 ·· 37

爪间突腹面无刺毛 ·· 38

37. 爪间突的爪短于腹面的刺毛,后者与瓜的交角小于90° ············ 异爪螨属(*Allonychus*)

爪间突的爪等于或长于腹面的刺毛,后者与爪相交成直角 ·········· 全爪螨属(*Panonychus*)

38. 爪间突呈单爪状 ··· 36

爪间突分裂成两个爪 T 裂爪螨属(*Schizotetranychus*)··············

39. 背面表皮有条纹或网状纹 ······································ 40

背面表皮复有小刺 ································ 蝟爪螨属(*Tylonychus*)

40. 背面表皮有条纹 ·································· 似叶螨属(*Anatetranychus*)

背面表皮有网状纹 ································· 合爪螨属(*Mixonychus*)

41. 爪间突的刺毛至少在基部1/2之前相互愈合 ············· 新叶螨属(*Neotetranychus*)

爪间突由3对刺毛组成(雄螨足Ⅰ和足Ⅱ有时例外),愈合处接近基部 ·········· 42

42. 背毛短于列间距,或者前端钝圆,膨大 ···························· 43

背毛长于列间距,前端尖,刚毛尖 ·················· 始叶螨属(*Eotetranychus*)

43. 后半体纹路在第三对背中毛之间纵行 ·················· 单爪螨属(*Mononychellus*)

后半体续路在第三对背毛之间横向 ·················· 宽叶螨属(*Platytetranychus*)

44. 爪间突爪状,腹面有刺毛 ······································ 45

爪间突分裂成刺毛簇,后者一般有3对 ···················· 叶螨属(*Tetranychus*)

45. 肛毛1对 ·· 缺肛毛螨属(*Atrichoproctus*)

肛毛2对 ·· 小爪螨属(*Oligonychus*)

(一) 叶螨属

叶螨属(*Tetranychus* Dufour, 1832):体型微小,体长不足1 cm。雌螨呈卵圆形,背面隆起。体色多样。体躯背面表皮纹路纤细,呈平行的直线状;多数种类在第三对背中毛和内骶毛之间形成"菱形纹"。背毛12对,刚毛状,不着生在结节上,长度大于列间距,缺臀毛。肛后毛2对。足Ⅰ跗节上的2对双毛彼此间距离较远。爪间突分裂成3对刺毛,有些种类足Ⅰ爪间突上有一不成对的背刺毛,其长度不超过腹面刺毛的1/2。个别种类足Ⅰ爪间突的刺毛退化为2对或1对。雄螨体呈菱形,须肢跗节上的刚毛呈距状。足Ⅰ爪间突的构造在多数情况下与同种雌虫不同:它的成对的刺毛大大缩短和增粗,而不成对的背刺毛比较发达。阳茎都有很明显的钩部,后者弯向上方,多数种类有端锤。

叶螨属有140余种,多为农业上的害螨,其中二斑叶螨(*Tetranychus urticae*)是我国著名的十大害虫之一;山楂叶螨(*T. viennensis*)是我国重要的果树害虫;截形叶螨(*T. truncatus*)也是我国常见的农业害螨;其他种类都是能使农作物遭受严重为害的重要农螨。叶螨属分种检索表见表5.50。

表5.50 叶螨属分种检索表
(引自马恩沛等,1984)

1. 第三对背中毛和内骶毛间无菱形纹,气门沟缠结 ··················· 山楂叶螨(*Tetranychus viennensis*)

第三对背中毛和内骶毛间有菱形纹,气门沟膝状弯曲 ·· 2

2. 阳茎端锤顶部平截,两侧突起很短,近侧圆钝,远侧尖利 ··················· 截形叶螨(*T. truncatus*)

阳茎端锤顶部隆起,两侧突起短而尖 ·· 3

3. 雌螨、雄螨和卵均呈红色,背面表皮纹突三角形,高大于宽,冬季不滞育··························
·· 朱砂叶螨(*T. cinnabarinus*)

雌螨锈红色或黄绿色,雄螨和卵黄绿色,决不带红色,背面表皮纹突半圆形,宽大于高,冬季滞育体色呈橙红色·· 二斑叶螨(*T. urticae*)

7. 二斑叶螨(*Tetranychus urticae* Koch,1836)

【同种异名】 无。

【形态特征】 雌螨(图5.283A):背面观呈卵圆形。体长428~529 μm,宽308~323 μm。体色变化较大,主要有灰绿、黄绿和深绿色。夏秋活动时期,体色通常呈锈红色或黄绿色,深秋时橙红色个体逐渐增多,为越冬滞育雌螨。体躯两侧各有黑斑1个,其外侧三裂,内测接近体躯中部,极少有向末体延伸者;越冬滞育型雌成螨黑斑先变成橙红色后消失。背面表皮的纹路纤细,在第三对背中毛和内骶毛之间纵行,形成明显的菱形纹。后半体背面的表皮纹突呈半月形。高度小于宽度。背毛12对,刚毛状;缺臀毛。腹面有腹毛16对,其中包括基节毛6对、基节间毛3对、殖前毛1对、生殖毛2对、肛毛2对和肛后毛2对。气门沟不分支,顶端向后内方弯曲成膝状。须肢跗节的端感器显著,长6.7门沟,宽3.3门沟;背感器长4.7器长,刺状毛长7.4毛长。足Ⅰ跗节前后双毛的后毛微小。爪间突分裂成几乎相同的3对刺毛,无背刺毛。

雄螨(图5.283B):背面观略呈菱形,尾端尖,比雌螨小。体长365~416 μm,宽192~220 μm。体色呈淡黄色或黄绿色。体背上的二斑不太明显,活动较敏捷。须肢跗节的端感器细长,长

5.7 μm,宽2.1 μm;背感器稍短于端感器,刺状毛比锤突长。背毛13对,最后的一对是从腹面移向背面的肛后毛。阳茎的端锤十分微小,两侧的突起尖利,长度几乎相等。

【孳生习性】　该螨寄主广泛,主要寄生在叶片的背面取食,刺穿细胞,吸取汁液,受害叶片先从近叶柄的主脉两侧出现苍白色斑点,随着危害的加重,可使叶片变成灰白色及至暗褐色,抑制光合作用的正常进行,严重者叶片焦枯以至提早脱落。另外,该螨还释放毒素或生长调节物质,引起植物生长失衡,以致有些幼嫩叶呈现凹凸不平的受害状,大发生时树叶、杂草、农作物叶片呈现一片焦枯现象。

二斑叶螨年发生代数在我国辽宁为8～9代,华北地区为12～15代,南方地区则为20代以上,以雌成螨在土缝、枯枝落叶下、树皮裂缝等处吐丝结网潜伏越冬。3月中旬至4月中旬,当平均气温上升到10 ℃左右时,越冬雌成螨开始出蛰;当平均气温升至13 ℃左右时,开始产卵,平均每雌产卵100多粒。卵经过15天左右孵化,4月底至5月初为第一代孵化盛期。幼螨上树后先在长枝叶片上进行为害,然后再扩散至全树冠。7月螨量急剧上升,进入大量繁殖和发生期,发生为害高峰在8月中旬至9月中旬。进入10月,当气温下降至17 ℃以下时,出现越冬雌螨,当气温进一步下降至11 ℃以下时,即全部变成滞育个体。二斑叶螨发育的最适温度为24～25 ℃,相对湿度为35％～55％。高温、干旱有利于大发生。二斑叶螨的生殖方式以两性生殖为主,在无雄螨时也可以进行孤雌生殖。该螨的发育起点温度为11.65 ℃,完成1代所需的有效积温为162.19 ℃。短日照和低温是诱导二斑叶螨发生滞育的主要因子。

二斑叶螨能使人形成过敏反应,已有15篇论文报道了人对二斑叶螨的敏感性(Zhou et al.,2018)。Kim et al(2006)报告说,对二斑叶螨过敏的比值随着年龄的增长而增加。

【国内分布】　广泛分布于江西、上海、陕西、云南、四川、重庆、山东、广西、广东、甘肃、山西等地。

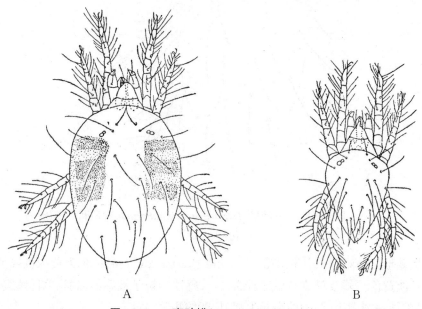

A　　　　　　　　　　　　　B

图5.283　二斑叶螨(*Tetranychus urticae*)

A.♀背面;B.♂背面

(引自忻介六)

8. 朱砂叶螨(*Tetranychus cinnabarinus* Boisduval,1867)

【同种异名】 无。

【形态特征】 雌螨体长489～604 μm,宽282～348 μm,卵圆形,春夏活动时期,体色为黄绿色或锈红色,眼的前方为淡黄色。体背两侧各有1对黑斑,外侧三裂,内侧接近身体中部。从夏末开始出现橙红色个体,深秋时橙红色个体日渐增多,为越冬雌虫。须肢端感器长约为宽的2倍,背感器为梭形,与端感器近于等长。口针鞘前端钝圆,中央无凹陷。其前足体上有眼2对,成连环状。气门沟末端呈"U"形弯曲,后半体背表皮纹构成菱形图,肤纹突呈三角形至半圆形。背毛12对,刚毛状;缺臀毛。腹面有腹毛16对,气门沟不分支,顶端向后内方弯曲成膝状。须肢跗节的端感器显著,长6.7 μm,宽3.3 μm;足Ⅰ跗节前后双毛的后毛微小,爪间突分裂成几乎相同的3对刺毛,无背刺毛(图5.284)。

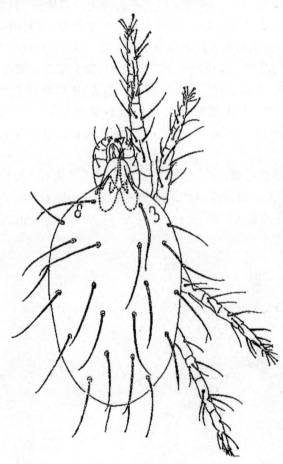

图5.284 朱砂叶螨(*Tetranychus cinnabarinus*)♀背面

(仿Oh et al.)

雄螨呈菱形,比雌螨小,体长375～417 μm,宽208～232 μm;体色为黄绿色或鲜红色,在眼的前方呈淡黄色。须肢跗节的端感器细长,背感器稍短于端感器,刺状毛比锤长突长。背毛13对,阳具的端锤很微小,两侧的突起尖利,长度约相等。

卵长约129 μm,初产时透明,苍白色,逐渐变为淡黄色、橙黄色,将孵化前,透过卵壳可见2个红色斑点。幼螨有3对足。若螨4对足,与成螨相似。

【孳生习性】 朱砂叶螨的寄主植物共有146种,分属于45科。能危害禾本科、豆科等大多数农作物,也能危害芸香科、檬科、大戟科、杨柳科等树木,还能危害各种芳香植物和园林植物,是居室花卉中常见害螨(陈艳,2004;杨庆爽和梁来荣,1986)。其若螨、成螨群聚于叶背吸取汁液,使叶片呈灰白色或枯黄色细斑,严重时叶片于枯脱落,并在叶上吐丝结网,严重影响植物的生长发育。

朱砂叶螨年生10~20代(由北向南逐增),每雌产卵50~110粒,多产于叶背。卵期为2~13天。幼螨和若螨的发育历期为5~11天,成螨寿命为19~29天。可孤雌生殖,但后代多为雄性。幼螨和前若螨不甚活动,后若螨则活泼贪食。先为害下部叶片,而后向上蔓延。繁殖数量过多时,常在叶端群集成团,滚落地面,被风刮走,向四周爬行扩散。发育起点温度为7.7~8.8 ℃(唐以巡和漆定梅,1994),有效积温约为160日度(何林等,2005),最适温度为25~30 ℃(高萍等,2012),最适相对湿度为35%~55%,因此高温低湿的6~7月为害重,尤其干旱年份易于大发生。不同寄主植物、品系及生态环境对朱砂叶螨种群变化作用结果也不同,其在棉花、玉米、绿豆、芝麻、西瓜和大豆上的内禀增长率分别为0.22、0.10、0.31、0.12、0.23和0.31(刘孝纯等,1988)。

【国内分布】 主要分布于华东、华北、华南、东北、西北和西南各地棉区。

(二)全爪螨属

全爪螨属(*Panonychus* Yokoyama,1929):体型微小。雌螨体型宽阔,背面高度隆起。背毛13对,有臀毛,刚毛状,很长、很粗,有粗茸毛,着生在粗结节上。肛后毛2对。足Ⅰ跗节上的两对双毛十分接近。爪间突爪状,腹面有刺毛簇,后者常比前者长。雄螨体呈菱形,明显地比雌螨小。须肢股节上的刚毛呈距状。阳茎无端锤,钩部弯向背面,末端尖利。

外文文献常以臀毛等于或短于外骶毛以及内外骶毛之比,作为本属的重要鉴别依据。马恩沛等观察测量的结果证明,臀毛与外骶毛的长度比较,有明显的个体差异,作为分类特征是不可靠的。

该属中的柑橘全爪螨和苹果全爪螨是我国著名的果树重大害虫。全爪螨属分种检索表见表5.51。

表5.51 全爪螨属分种检索表

(马恩沛等,1984)

1. 雌螨外骶毛的长度约为内骶毛的2/3 ················ 苹果全爪螨(*Panonychus ulmi*)
　雌螨外骶毛的长度小于内骶毛的1/2 ··· 2
2. 雌螨足Ⅳ膝节有刚毛2根 ···················· 悬钩子全爪螨(*Panonychus caglei*)
　雌螨足Ⅳ膝节有刚毛3根 ··· 3
3. 阳茎钩部的长度等于柄部背缘长度的2倍 ·········· 长全爪螨(*Panonychus elongatus*)
　钩部的长度约与柄部背缘的长度等长 ·············· 柑橘全爪螨(*Panonychus citri*)

9. 柑橘全爪螨(*Panonychus citri* McGregor,1916)

【同种异名】 无。

【形态特征】 雌螨(图5.285):体长399~465 μm,宽266~330 μm。体呈圆球形,背面隆起,深红色。背毛白色,着生于红色的毛瘤上。背毛的长度如下:前足体背毛第一对65 μm,第二对192 μm,第三对112 μm;肩毛88 μm;背中毛第一、二对177 μm,第三对148 μm;背侧毛第一对192 μm,第二对169 μm,第三对127 μm;内骶毛99 μm,外骶毛44 μm;臀毛39 μm。足橘黄,颚体色稍浅。须肢跗节端感器顶端略呈方形,稍膨大,长5 μm,宽4.5 μm,其长略大于宽;背感器小枝状,稍短于端感器,长3 μm。刺状毛长5~6 μm。生殖盖纹路前半部纵行和斜行,后半部横向,形成三角形纹;其前方纹路纵行。气门沟末端膨大,呈小球状。背毛13对,粗壮,具茸毛,着生于粗大的突起上。各足环节上的刚毛数为:足Ⅰ~Ⅳ转节各1根;足Ⅰ~Ⅳ股节分别为8、6、3、1根;足Ⅰ~Ⅳ膝节分别为5、3、3、3根;足Ⅰ~Ⅳ胫节分别为8、5、5、5根;足Ⅰ~Ⅳ跗节分别为17、14、10、10根。各足前足体第一、三对背毛短于第二对背毛;后半体背毛中除肩毛,骶毛,臀毛较短外,其他背毛长。外骶毛于臀毛等长,其长度约为内骶毛长的1/3。各足跗节爪坚爪状,其腹基侧具1簇针状毛。足Ⅰ跗节双毛近基侧有3根触毛和1根感毛;胫节具7根触毛和1根感毛。足Ⅱ跗节双毛近基侧有2根触毛和1根感毛,另1根触毛在双毛近旁;胫节有5根触毛。足Ⅲ、Ⅳ跗节各有9根触毛和1根感毛;胫节各有5根触毛。爪退化,各生黏毛1对。爪间突爪状,腹面有刺毛3对,其长度显著大于爪状部分。

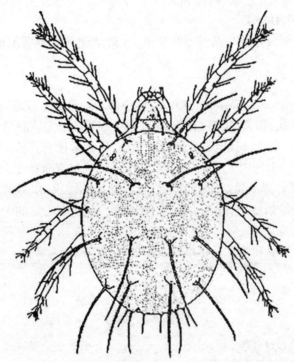

图5.285 柑橘全爪螨(*Panonychus citri*)♀背面观

(引自忻介六)

雄螨:体长346~402 μm,宽166~206 μm。红色或棕色。背毛13对,长度如下:前足体背毛第一对49 μm,第二对112 μm,第三对99 μm;肩毛101 μm;后半体背中毛第一对125 μm,第二对122 μm,第三对55 μm;背侧毛第一对127 μm,第二对117 μm,第三对81 μm;内骶毛34 μm,外骶毛21 μm,臀毛18 μm。气门沟末端小球状。须肢跗节端感器小柱形,长3 μm,宽约1.8 μm,其长约为宽度的1.5倍;背感器小枝状,长于端感器,约为3.5 μm。刺状毛长6 μm。足Ⅰ跗节双毛近基侧有3根触毛和3根感毛;胫节有7根触毛和4根感毛。足Ⅱ跗节双毛近基侧有2根触毛和1根感毛,另一触毛位于双毛近旁;胫节有5根触毛。足Ⅲ、Ⅳ胫、跗节毛数同雌螨。阳具柄部弯向背面,形成S形的钩部,顶端尖利,钩部长度与柄部背缘等长。

【孳生习性】 柑橘全爪螨的寄主有30科40多种植物,主要为芸香科植物。此外,梨、桃、柿、枣、桑、桂花、垂柳、月季和一品红等经济作物和园林观赏植物均可为害(杨庆爽和梁来荣,1986),为我国南方柑桔产区的重要害螨。苗木和大树普遍受害,叶片受害后呈现灰白色的失绿斑点,叶片失去光泽,严重时一片苍白,造成大量落叶和落果,严重影响产量和树势,在生产上造成的损失可达30%,个别地区甚至无收。柑橘全爪螨1年发生代数,随各地温度高低而异。年平均气温15℃地区发生12~15代;18℃地区可发生16~17代。世代重叠。多以卵和成螨在叶片背面或枝条裂缝及潜叶蛾为害的卷叶内越冬,冬季温暖地区无明显越冬休眠现象。

柑橘全爪螨繁殖方式以两性生殖为主,其后代绝大多数为雌螨。也能行孤雌生殖,但后代绝大多数为雄螨。雌螨出现后即交配,一生可交配多次。每雌螨日平均产卵2.9~4.8粒,一生平均产卵31.7~62.9粒。春秋世代产卵多,夏季世代产卵少。卵多产于叶片及嫩梢上,叶片正、背面均有,但以叶背中脉两侧居多。卵的发育起点温度为8.2℃,有效积温为109.6℃,孵化的最适温、湿度分别为25~26℃和60%~70%。柑橘全爪螨各虫态发育历期与温度变化有密切关系。卵期在夏季4.5天,冬季可达2个月以上。雌成螨寿命夏季平均为10天左右,冬季平均为50天。

幼螨孵化后即取食为害。成螨行动敏捷,在叶背和叶面均有分布。夏季高温有越夏习性。越夏场所主要在枝干裂缝、上翘的树皮下及树冠内部的夏梢基部等处。亦有喜阳光和趋嫩绿习性,多在向阳方向为害。因此,以树冠中、上部和外围叶片受害较重,并常从老叶转移到嫩绿的枝叶、果实上为害。已有9篇论文报道了其引起人类的过敏反应(Zhou et al., 2018)。

【国内分布】 该螨是世界性广布种,在我国主要分布在北京、河南、山东、陕西、江苏、浙江、江西、湖北、湖南、四川、台湾、福建、广东、广西、云南及大部分柑桔产区。

10. 苹果全爪螨(*Panonychus ulmi* Koch,1836)

【同种异名】 *Tetranychus ulmi* Koch,1836。

【形态特征】 雌螨(图5.286)体长381 μm,宽292 μm,圆形,背部隆起,侧面观呈半球形,体色深红。背毛白色,粗壮,具粗茸毛,共26根,着生于黄白色的毛瘤上。须肢端感器长略大于宽,顶端稍膨大。背感器小枝状,与端感器等长。刺状毛较长,约为端感器的2倍。口针鞘前端圆形,中央微凹。气门沟端部膨大,呈球形。背表皮纹纤细。足Ⅰ爪间突坚爪状,其腹基侧具3对与爪间突近于相等。足Ⅰ跗节2对双毛相距近。

雄螨体长为246 μm。须肢端感器柱形,长宽略等。背感器小枝状,长于端感器。足Ⅰ爪间突与雌螨同。足Ⅰ跗节双毛近基侧有3根触毛和3根感毛,双毛腹面有2根触毛。足Ⅱ跗节双毛近基侧有2根触毛和1根感毛。阳具末端弯向背面,呈S形弯曲,末端尖细。

【孳生习性】 苹果全爪螨原产欧洲,后传入世界各地,主要寄主有苹果、梨、桃、李、杏、山楂、沙果、海棠、樱桃及观赏植物樱花、玫瑰等。叶片受害初期出现失绿小斑点,以后许多斑点连成斑块。在叶片上有许多螨蜕,并有丝网。受害严重的叶片枯焦,似火烧状,提前落叶。国内吉林、甘肃等地发生较重。

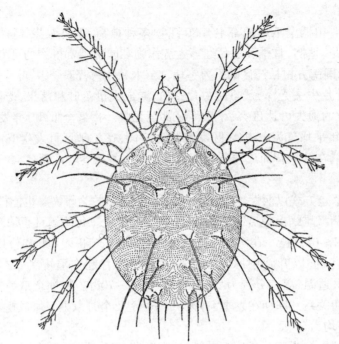

图5.286 苹果全爪螨(***Panonychus ulmi***)♀背面观

(引自 Geijskes)

与山楂叶螨和二斑叶螨不同,苹果全爪螨以卵越冬。苹果全爪螨卵完成1代所需10~14天。早春干旱对此螨繁殖有利。从全年种群数量消长的情况来看,以越冬代、第一代和第二代的螨量为多,以后各世代的螨量显著减少。北方果区年生6~9代,以卵在短果枝果台和二年生以上的枝条的粗糙处越冬,越冬卵的孵化期与苹果的物候期及气温有较稳定的相关性。苹果全爪螨雌成螨产2种类型的卵:夏卵产在叶片上,是非休眠的;冬卵主要产在树皮上。越冬卵为深红色,夏卵为橘红色。卵的类型由光周期、温度和雌成螨的营养条件所决定。越冬卵孵化十分集中,所以越冬代成虫的发生也极为整齐。幼螨、若螨、雄螨多在叶背取食活动,雌螨多在叶面活动为害,无吐丝拉网习性,既能两性生殖,也能孤雌生殖。

苹果全爪螨具有相同或不同的变应原而有交叉反应(吴观陵等,2013)。但其导致人类过敏的报道非常少,目前仅1篇报道(Kim et al.,1999)。

【国内分布】 主要分布于北京、辽宁、山东、山西、河南、河北、江苏、湖北、四川、陕西、甘肃、宁夏、内蒙古、北京等地。

(邹志文,夏 斌)

四、瘿螨科

瘿螨(eriophyoid mites)个体微小,平均体长为200 μm,肉眼难以发现,为害寄主植物会形成虫瘿、毛毡、水疱、丛生、器官变色和卷曲畸形等症状,很长时间以来都把它当作一种病害。瘿螨隶属于蛛形纲(Arachnida)、蜱螨亚纲(Acari)、瘿螨总科(Eriophyoidea)。现行的瘿螨总科分类系统包括3个科:植羽瘿螨科(Phytoptidae)、瘿螨科(Eriophyidae)和羽爪瘿螨科(Diptilomiopidae Amrine et al.,2003)。

　　中国瘿螨总科的分类研究始于20世纪80年代,1980年匡海源发表了《无毛瘿螨属一新种记述》一文,从此杉无毛瘿螨(*Asetacus cunnighamiae* Kuang,1980)就成为由我们自己定名的第一个新种,填补了我国瘿螨分类上的空白。世界瘿螨科有3000多种(Zhang,2010),保守估计,瘿螨总科世界有35000～50000种,最高可能有250000种(Amrine et al.,2003)。中国瘿螨总科共有800多种(Hong et al.,2010)。

　　形态特征 成螨体极微小,一般肉眼不易见,蠕虫状,狭长,淡黄色至橙黄色,螯肢及须肢各一对,腹部渐细,腹部密生环纹,末端有长毛状伪足1对。卵圆球形,淡黄色,半透明,光滑。若螨似成螨、体略小,体色由灰白、半透明渐变成浅黄色,腹部环纹不明显。

　　生物学特征 以成、若螨吸食植株叶片、花穗及果实组织汁液。幼叶被害部在叶背先出现黄绿的斑块,害斑凹陷,其被害部位畸变形成毛瘿,毛瘿内的寄主组织因受刺激而产生灰白色绒毛,以后绒毛逐渐变成黄褐色、红褐色至深褐色,形似毛毡状。表面凹凸不平,失去光泽,甚至肿胀、扭曲;叶片被害部位出现增生、增厚现象。

　　瘿螨为害柑桔,茶叶等多种经济作物。瘿螨能借风、苗木、昆虫、农械等传播蔓延。其发生与气候条件,植株生长环境及天敌有密切的关系,其中温湿度是主要因素。日平均气温为24～30 ℃、相对湿度在80%以上,新梢抽发多时,瘿螨种群数量上升,为害加重;台风雨期或暴雨冲刷,螨口密度则降低;枝条过密、阴枝多的果园被害较严重,树冠下部及中部受害较重。瘿螨常见属的检索表见表5.52。

表5.52 瘿螨常见属的检索表

1. 体梭形 ·· 2
　 体蠕虫形 ·· 3
2. 大体背面有一个宽的背中槽 ································ 皱叶刺瘿螨属(*Phyllocoptruta*)
　 大体背面有背脊或平滑 ·· 4
3. 背盾板背毛后指,生殖器盖片有一排纵肋 ······················ 瘤瘿螨属(*Aceria*)
　 背盾板背毛前指,生殖器盖片有两排纵肋 ···················· 缺节瘿螨属(*Colomerus*)
4. 大体背面有一个背脊,羽状爪分叉 ···························· 尖叶瘿螨属(*Acaphylla*)
　 大体背面平滑,羽状爪单一 ····································· 刺皮瘿螨属(*Aculops*)

（一）尖叶瘿螨属

　　尖叶瘿螨属(*Acaphylla* Keifer,1943):体梭形,背毛和微瘤位于背盾板后缘之前,足Ⅰ基节无刚毛,大体背面有一条背中脊。

11. 茶橙瘿螨(*Acaphylla steinwedenik* Keifer,1943)

　　【同种异名】 无。

　　【形态特征】 雌成螨(图5.287)体长175～190 μm,宽60 μm,厚45～50 μm,体梭形,桔黄色,2对足。喙长30 μm,斜下伸。背盾板长60 μm,宽60 μm;前叶突存在;背中线不完整,侧中线不完整,呈波状,后端相连,亚中线不完整;背瘤位于背盾板后缘之前,瘤距为25 μm,背毛为4.5 μm,前内指。足基节有腹板线,足基节有短条状纹饰,足Ⅰ基节刚毛Ⅰ缺失。足Ⅰ长40 μm,胫节长9 μm,胫节刚毛位于背基部1/2处,跗节长7 μm,爪长5 μm,具有爪端球,羽状爪分叉,每侧3支。足Ⅱ长34 μm,无膝节刚毛,胫节长7 μm,跗节长7 μm,具有爪端球,羽状爪分叉,每侧3支。大体具有背中脊,背环光滑,由30个环组成;腹环60～65个,具有珠形微瘤。侧毛长12 μm,位于腹部第5环,腹毛Ⅰ长30 μm,位于腹部第21环,腹毛Ⅱ长23 μm,位于腹部第38环,腹毛Ⅲ长17 μm,位于腹部末6环。无副毛。雌性外生殖器长20 μm,宽24 μm,生殖器盖片有6~8条纵肋,盖片基部有条状纹饰,生殖毛长9 μm。

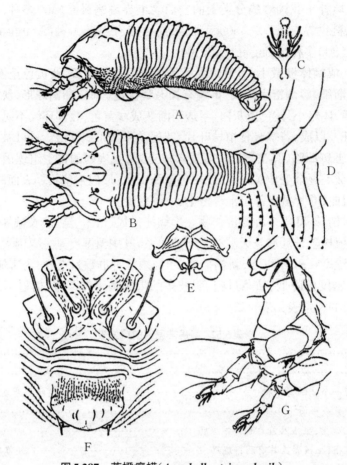

图5.287 茶橙瘿螨(*Acaphylla steinwedenik*)

A.♀侧面观;B.♀背面观;C.羽状爪;D.侧面微瘤;

E.♀内部生殖器;F.♀足基节和生殖器盖片;G.足及颚体侧面观

(引自Keifer)

雄成螨(图5.287)体长140~160 μm,宽55 μm,体梭形,橘黄色,2对足。雄螨外生殖器宽20 μm,生殖毛长9 μm。

【孳生习性】 茶橙瘿螨营自由生活。大多在叶背栖息为害,营孤雌生殖。卵多散产于叶背侧脉两侧和凹陷处,也可产在叶表中脉附近,平均每头雌螨产卵30~40粒,最多可产50粒,每头雌螨的日产卵量平均2~4粒。幼若螨多在叶背栖息。茶橙瘿螨趋嫩性强,以芽下2、3叶上螨数最多。成螨寿命平均为12天,但也以温度而异。在23 ℃、20 ℃和20 ℃以下饲养,其平均寿命分别为4~6天、7天和1个月左右。茶橙瘿螨在茶丛上的垂直分布是上部最多,下部最少。春茶前以上部的老叶为多,春茶期,以嫩叶和上部的老叶上为多,秋茶期则以夏茶留叶上为多。时晴时雨天气有利其生存发展,高温干燥或雨量大、雨期长均对其生长发育不利。

【国内分布】 主要分布于浙江、江苏、福建、广东、广西、江西、湖南、山东、安徽和台湾等地。

（二）刺皮瘿螨属

刺皮瘿螨（*Aculops* Keifer，1966）：体梭形，背毛和背瘤位于背盾板后缘，背毛后指，有前叶突，大体有宽的背环和相对较窄的腹环，羽爪单一，少于7支。

12. 枸杞刺皮瘿螨（*Aculops lycii* Kuang，1983）

【同种异名】　无。

【形态特征】　原雌成螨（图5.288）体长170～180 μm，宽65 μm，厚50 μm，体呈梭形，淡黄色。喙长20.8 μm，斜下伸。背盾板长46 μm，宽50 μm，有前叶突，背中线不明显，仅有后端的1/2，侧中线呈波状，亚中线分叉，各纵线间有横线相连，构成网室。背瘤位于盾后缘，瘤距33 μm，背毛长11.6 μm，后指。足基节有腹板线，基节有短条纹饰，基节刚毛3对，基节刚毛Ⅰ长4.6 μm，基节刚毛Ⅱ长15.4 μm，基节刚毛Ⅲ长24.6 μm。足Ⅰ长34.7 μm，股节长10.2 μm，股节刚毛长12.7 μm，膝节长5.4 μm，膝节刚毛长23.9 μm，胫节长8 μm，胫节刚毛长3.9 μm，位于背基部1/3处，跗节长6.2 μm，羽状爪长7 μm，爪端球不明显，羽状爪4分支。足Ⅱ长32.9 μm，股节长10 μm，股节刚毛长9.8 μm，膝节长5.4 μm，膝节刚毛长7.7 μm，胫节长7.5 μm，跗节长6.2 μm，羽状爪长7 μm，爪端球不明显，羽状爪4分支。大体有背环27环，环上生有较大的椭圆形微瘤，腹环65～70个，具有圆形微瘤。侧毛长21.6 μm，生于16环，腹毛Ⅰ长33 μm，生于31环，腹毛Ⅱ长24.6 μm，生于48环，腹毛Ⅲ长23 μm，生于体末5环。有副毛。雌螨外生殖器长9.2 μm，宽20 μm，生殖器盖片有纵肋8～10条，生殖毛长15.4 μm。营自由生活。

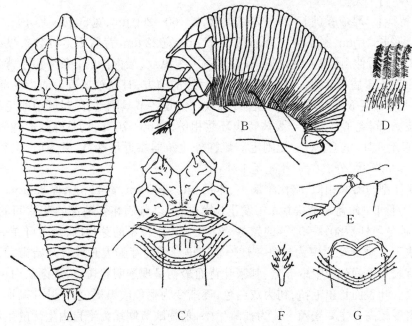

图5.288　枸杞刺皮瘿螨（*Aculops lycii*）

A. ♀成螨背面观（原雌）；B. ♀成螨侧面观（冬雌）；C. ♀足基节和生殖器盖片；

D. 侧面微瘤；E. 足Ⅰ；F. 羽状爪；G. ♂生殖器

（引自匡海源）

雌成螨冬雌（图5.288）为原雌滞育越冬的状态，体长150～160 μm，宽74 μm，厚68 μm，体呈梭形,棕黄色。大体背环有43~46环,腹环有60~64环,背腹环光滑。大体侧毛长24.7 μm,生于12环,腹毛Ⅰ长46.2 μm,生于23环,腹毛Ⅱ长34.6 μm,生于38环,腹毛Ⅲ长30.8 μm,生于体末5环。其他形态特征基本上与原雌相同。

雄成螨(图5.288)体长175 μm,宽54 μm,体型小于雌螨,体呈梭形,淡黄色。雄性外生殖器宽17.7 μm,生殖毛长12.3 μm。其他特征相似于雌螨。

【孳生习性】 枸杞刺皮瘿螨的冬雌在枸杞冬芽鳞片间和一、二年生枝条的裂缝或凹陷处混合越冬,每个芽眼或枝条裂缝里的越冬数量少则几头,多则可达1380头。第二年春,即4月上中旬冬雌出蛰活动,在刚刚萌发的枸杞新叶上为害和繁殖。从出蛰到5月中、下旬是为害初期,螨量逐渐上升,6~7月是为害盛期,这时的螨量成为全年的最高峰,从8月开始螨量陆续下降或出现小的回升,冬雌开始形成,其数量逐渐增加,不断进入越冬场所准备越冬,但在同一越冬场所可以看到冬雌和原雌同时存在,这是一种暂时的现象,因为原雌没有滞育而不能越冬,最后死亡消失。1年内可发生13代左右。

【国内分布】 主要分布于宁夏回族自治区和新疆维吾尔自治区。

(三) 缺节瘿螨属

缺节瘿螨属(*Colomerus* Newkirk et Keifer,1975),体呈梭形或蠕虫形,雌螨生殖器非常靠近足基节,生殖器盖片有两排纵肋,足基节有弯曲的线环绕着基节刚毛微瘤,腹板线通常较短,背瘤和背毛存在。

13. 葡萄缺节瘿螨(*Colomerus vitis* Pagenstecher,1857)

【同种异名】 无。

【形态特征】 雌成螨(图5.289)体蠕虫形,长160~200 μm,宽50 μm,厚40 μm。淡黄色或乳白色。喙长21 μm,斜下伸。背盾板长27 μm,宽22 μm,背盾板上有数条纵纹,背中线在前面2/3处向后伸出,亚中线完整,有许多侧中线纵纹,最内侧的2条终止于背瘤,其余围绕背瘤向后终止于盾板后缘。背瘤位于盾板后缘的前方,有纵轴。背毛前指。前足基节间有腹板陷,基节刚毛3对,基节上有短曲线饰纹。前足各节具刚毛,后足胫节刚毛缺,羽状爪单一,5分支,爪间突不具端球。大体背腹环数相仿,为65~70环,均具椭圆形微瘤。大体具侧毛1对,腹毛3对,尾毛1对。无副毛。雌性外生殖器靠近足基节,呈菱形,生殖器盖片有纵肋16条,呈间断状,分成2列,生殖毛1对。

雄成螨体型与雌螨相似,略比雌螨小,体长140~160 μm,宽45 μm,厚35 μm。

【孳生习性】 葡萄缺节瘿螨1年发生3代左右,以雌螨在葡萄芽的芽片间的绒毛中越冬,有群集越冬习性。80%~90%的越冬个体在一年生枝条的芽片内,余者可在一年生枝条基部的翘皮下。越冬死亡率为5%~6%。翌年早春葡萄芽膨大开放时开始为害,展叶后便分散到叶背表皮毛间隙中吸取养分,刺激叶背面最初呈现透明状斑点,逐渐从白色斑点变为茶褐色斑纹。叶表面长出毛毡,初为灰白色,逐渐变为褐色或黑褐色,使叶片畸形,通常新稍端部虫量密度较高。主要繁殖方式为孤雌生殖,葡萄缺节瘿螨为半自由生活的生活方式,即自由生活(个体完全裸露)和非自由生活(虫瘿内)的中间类型,到秋季落叶前的4~6个星期内,越冬雌螨又迁移到芽片上越冬。

【国内分布】 主要分布于河南、陕西、新疆等地。

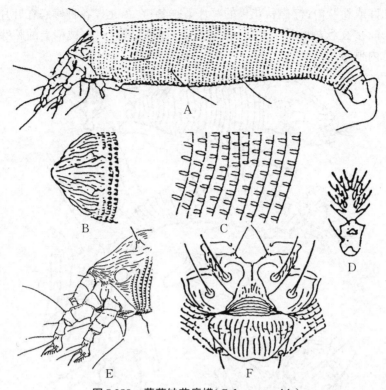

图 5.289　葡萄缺节瘿螨(*Colomerus vitis*)

A. ♀侧面观;B. 背盾板背面观;C. 背腹环微瘤侧面观;D. 羽状爪;

E. 颚体足体侧面观;F. 足基节和雌性外生殖器

(引自 Keifer)

(四)皱叶刺瘿螨属

皱叶刺瘿螨属(*Phyllocoptruta* Keifer,1938),体梭形,背毛和背瘤位于背盾板后缘之前,背毛内指,背盾板有前叶突,前叶突无凹陷,足基节有模式刚毛,须肢膝节刚毛不分叉,大体有 1 个宽的背中槽,羽爪单一。

14. 柑橘皱叶刺瘿螨(*Phyllocoptruta oleivora* Ashmead,1879)

【同种异名】　无。

【形态特征】　雌成螨(图 5.290)体纺锤形,长 158 μm,宽 53 μm。橙黄色。喙长 26 μm,斜下伸。背盾板有前叶突;背中线不完整,并有两处与侧中线相连,侧中线完整,前端 1/3 处形成菱形图案,并有横线与亚中线相连;背瘤位于盾后缘之前,背毛内上指。前基节间具腹板线,基节刚毛 3 对,基节光滑。足具模式刚毛,羽状爪单一,5 支,爪具端球。大体具宽背中槽,两边有侧脊,背环 31 个,光滑;腹环 58 个,有微瘤。侧毛 1 对,腹毛 3 对,尾体由 5 个环组成,尾毛 1 对,副毛 1 对。雌外生殖器盖片基部有粒点,中端部有纵肋 14~16 条,生殖毛 1 对。

雄成螨体纺锤形,长 135 μm,宽 54 μm。雄外生殖器宽 21 μm,生殖毛 1 对。

【孳生习性】　又称柑橘锈螨,1 年发生 18~30 代,世代重叠。柑橘锈螨的越冬虫态和越冬场所因各地冬季的气温高低而有所不同。四川和浙江以成螨在柑橘腋芽内、潜叶蛾和卷叶蛾为害的僵叶或卷叶内、柠檬秋花果的萼片下越冬;在福建以各种螨态在叶片和绿色枝条上越冬;在广东,多在秋梢叶片上越冬;湖南主要以雌成螨群集在枝梢上的腋芽缝隙中和病虫为害的卷叶内越冬。

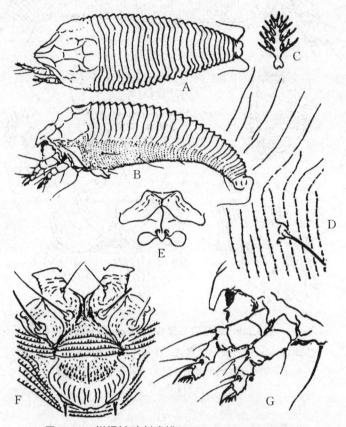

图5.290　柑橘皱叶刺瘿螨(*Phyllocoptruta oleivora*)

A. 雌螨背面观;B. 雌螨侧面观;C. 羽状爪;D. 侧面微瘤;

E. 雌螨内生殖器;F. 雌螨足基节和生殖器盖片;G. 足Ⅰ和足Ⅱ

(引自Baker等)

　　柑橘锈螨一般营孤雌生殖,至今尚未发现雄成螨。其繁殖力特别强。卵一般为散生,多产在叶片背面和果面凹陷处。初孵若螨静伏不动,后渐活跃,2龄若螨活动较强,成螨活跃;如遇惊扰迅速爬行,还可弹跳。成若螨均喜阴畏光,在叶上以叶背主脉两侧较多,叶面较少;在柑橘树上,先在树冠下部和内部的叶上发生,然后转移至果面和外部的叶片上为害。

　　【国内分布】　主要分布于四川、湖南、湖北、浙江、广东、广西、福建、台湾、重庆等地。

(五)瘤瘿螨属

　　瘤瘿螨属(*Aceria* Keifer,1944),体蠕虫形,背盾板上背毛和微瘤生于盾后缘,背毛后指,大体背环弓形,背腹环数相当,羽爪单一。本属有900种,是瘿螨总科里最大的一属。

15. 柑橘瘤瘿螨(*Aceria sheldoni* Ewing,1937)

　　【同种异名】　无。

　　【形态特征】　雌成螨(图5.291)体纺锤形,长170~180 μm,宽35~42 μm。黄至橘黄色。背盾板纹线模糊,有主要纵线3条,中线间断,在背盾板后缘前方有1个箭头符号;侧中线完整,亚中线向后延伸至背瘤,并在背瘤前与1条横曲线相遇。背瘤位于背盾板后缘,背毛后指。大体有背腹环65~70个,腹环较背环略少。腹环具椭圆形微瘤。生殖器盖片有纵肋10~12条。羽状爪5支。

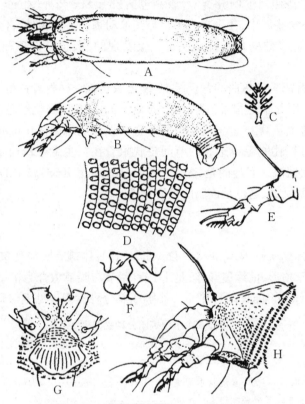

图5.291 柑橘瘤瘿螨(*Aceria sheldoni*)

A. ♀背面观;B. ♀侧面观;C. 羽状爪;D. 侧面微瘤;E. 足Ⅰ;

F. ♀内生殖器;G. ♀足基节和生殖器盖片;H. ♀足体侧面观

(引自 Baker et al.)

雄成螨体形同雌螨,但较小,体长120~130 μm,宽约30 μm。

【孳生习性】 柑橘瘤瘿螨1年发生10多代,主要以成螨在虫瘿内越冬。春天柑橘萌芽时,成螨从老虫瘿内爬出,为害春梢的新芽、嫩枝、叶柄、花苞、萼片和果柄,受害处迅速产生愈伤组织,形成新虫瘿。出瘿始期与春梢萌芽物候期基本一致。3~4月当红橘萌发抽梢时,旧瘿内的成螨因营养不良而被迫迁移,使虫口密度迅速下降,新芽受害形成虫瘿,潜伏其中继续产卵繁殖。非越冬的生长季节,瘿内各虫态并存。

【国内分布】 主要分布于四川、重庆、浙江、云南、贵州、广西、湖南、湖北、安徽、江苏、陕西等地。

(薛晓峰)

七、盾螨科

盾螨科(Scutacaridae Oudemans,1916)螨类体型非常小,约200 μm,雌雄二型现象明显,世代周期短,幼虫是唯一的幼年期(Walter et Proctor 1999)。该科所有成员都是食真菌的(Binns,1979;Ebermann,1991;Ebermann et Goloboff,2002;Baumann et Ebermann,2013),其中大多数是土壤寄生螨,主要出现在腐烂材料中,通常出现在粪便或堆肥等短暂的栖息地(Ebermann,1991)。按照目前的分类学,该科包括25属800余种(Zhang et al.,2011;Khaustov et al.,2017)。在这些属中,几乎有一半是与其他动物相关的物种,寄主从蜘蛛纲到昆虫,也寄生哺乳动物。大多数的种类都是在寄主上发现的,但也有许多种是在寄主的巢中发现的。

盾螨科雌成虫背部具有弯曲的背板保护,使之像乌龟一样附着在宿主身上,这一特性令其几乎没有攻击点,因此宿主很难清除该螨(Ebermann,1991)。就形态而言,其非常类似无气门目的休眠体,这也是其18世纪被发现后一直被误认的原因(Michael,1884)。盾螨通过在足Ⅰ上的爪,通过抓住刚毛或柔软的节间皮肤附着在宿主上(Ebermann,1991)。没有这种爪的盾螨,则不能携播。有趣的是,*Archidispus*(Karafiat,1959)属中的种类同时具有携播性和非携播性的二型雌螨,这也是该属的独有特性。

小颚螨属

小颚螨属(*Acarophenax* Newstead et Duvall,1918):雌螨有腹膨现象;体呈圆形,雄螨体更圆。前足体板似三角形,前缘覆颚体;足Ⅰ4节,跗节与胫节愈合为粗短胫跗节;足Ⅱ~Ⅳ5节,末端有1前跗节(pretasus)每足1个爪。小颚螨属分种检索表见表5.53。

表5.53　小颚螨属分种检索表

1. 顶毛*vi*和*ve*可见 ·· 麦氏小颚螨(*Acarophenax mahunkai*)

顶毛*vi*和*ve*不可见 ··· 2

2. 足Ⅱ~Ⅳ跗节无爪,端部为1囊泡状爪间突 ······················ 淮南小颚螨(*A. huainanensis*)

足Ⅱ~Ⅳ5节,末端有较长的前跗节和1爪····················· 特氏小颚螨(*A. tribolii*)

16. 特氏小颚螨(*Acarophenax tribolii* Newstead et Duvall,1918)

【同种异名】　无。

【形态特征】　雄体长170 μm;雄螨体躯较雌螨圆,背腹扁平。后半体背节不明显,仅留3节遗迹。足Ⅰ、Ⅱ表皮内突与腹板相连,并分叉,围绕颚体基部。足Ⅲ~Ⅳ表皮内突弯曲。生殖孔圆而大,位于体躯末端。生殖孔附近有小吸盘2对;另1对吸盘位于1对长后缘毛附近。

前足体板背有胛毛*Sc* 2对,后半体背有背毛*d* 2对。位于足Ⅳ同一水平线上。体躯后缘有1对长后缘毛。足Ⅰ~Ⅱ与Ⅲ~Ⅳ分离较远。各足5节。足Ⅰ短而粗,末端有1爪。足Ⅲ~Ⅳ更短,末端有前跗节。

雌体长160~200 μm,孕后膨大增为240~300 μm。体躯短椭圆形,背拱,黄色,颚体小,和雄螨一样由前足体板前缘所覆盖。螯肢针状,须肢发育不全。前气门1对位于前足体上,后1对直接向后方开孔,互相连接与气管相通。后半体背由4个背片覆盖。前足体背有胛毛2对(即*sci*与*sce*)。后半体背每节各有1对背毛(*d*),后半体第一节侧缘有1对长肩毛(*h*)。体躯末端有短毛2对(图5.292)。Ⅰ~Ⅱ基节有4对基节毛,其中2对位于Ⅱ~Ⅲ表皮内突之间,其余2对位于Ⅲ~Ⅳ表皮内突之间。足Ⅰ4节,短而粗,胫节与跗节愈合为粗大的胫跗节,末端有1个弯爪。外端有1根粗短感棒(图5.293),足Ⅱ~Ⅳ5节,末端有较长的前跗节和1个爪。

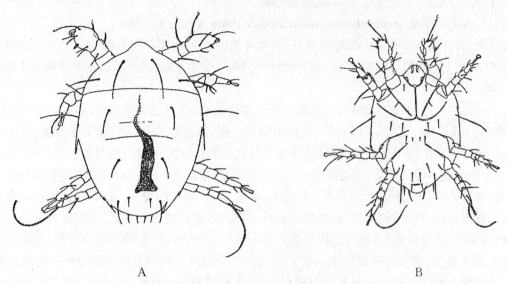

图5.292 特氏小颚螨（*Acarophenax tribolii*）

A.♀背面；B.♀腹面

（引自陆联高）

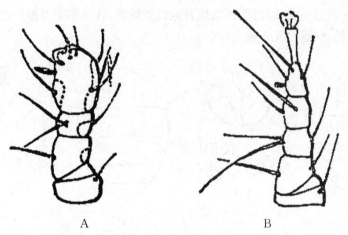

图5.293 特氏小颚螨（*Acarophenax tribolii*）足

A.右足Ⅰ腹面；B.右足Ⅱ腹面

（引自陆联高）

【孳生习性】 此螨常在贮存小麦与谷子仓库中发生，取仓库昆虫汁液，并危害人体，引起严重皮炎症。常寄生于谷物仓库中的赤拟谷盗、杂拟谷盗后翅下面，取食其汁液。也在鼠穴中发现，吸食鼠穴中小节肢动物。此螨在春夏季小麦收获入库时及秋季大量发生。其生殖发育与赫氏蒲螨相似。多行卵胎生和孤雌生殖。当雌螨寄生于甲虫体上，在孕育怀胎后，腹部未膨大前就离开寄主。雌螨体内一次孕育14~15个幼螨，其中一个是雄螨，可能这个雄螨在离开母体前就使其受精，因为在母体外未发现雄螨。年轻的雌螨一成熟，通过扩大的生殖孔钻出，离开母体，寻找昆虫，寄生其体上。母螨将子螨产完后即死去。未受精卵亦可在雌螨体内发育为雌螨，称孤雌生殖。受精的卵在雌螨体内发育为雄螨。

【国内分布】 主要分布于四川、云南等地。

17. 淮南小颚螨(*Acarophenax huainanensis* Jiang，Tao et Li，2018)

【形态特征】 气孔突出躯体前缘，后半体背毛6对，足Ⅰ膝节刚毛数4根，足Ⅳ胫节刚毛数4根，足Ⅳ胫节刚毛数4根。足Ⅱ~Ⅳ跗节端部有1个囊泡状爪间突，并在其下端有1对棒状小翼。

雄螨:体卵圆形(图5.294)，于足Ⅲ水平处逐渐变窄，淡黄色。躯体长(颚体前端至躯体后缘)约167.4 μm，宽约122.4 μm。气孔不明显。颚体均很小，几乎为前足体覆盖;足Ⅰ粗壮，均仅分为4节;足Ⅱ~Ⅳ均无爪，为爪间突替代。躯体背面，有1对明显的圆形气孔，突出于前足体前缘。背毛光滑，前足体可见背毛2对，后半体背毛6对。躯体腹面，刚毛均较背毛细短，前足体有2对刚毛，后半体有5对刚毛，末体1对。表皮内突Ⅰ、Ⅱ较发达，并联合在一起，表皮内突Ⅲ、Ⅳ、Ⅴ较不发达，均斜向前伸，较短，表皮内突Ⅲ不明显，但表皮内突Ⅳ较表皮内突Ⅲ长，表皮内突Ⅴ较Ⅳ短，较Ⅲ长。足Ⅰ的4节均较粗壮，胫跗节愈合变粗，顶端着生1粗壮的无柄爪，并在其对侧伴生一半生齿，爪有1个锯齿。胫跗节具2根感棒，ω指状，φ棒状，端部膨大成球。芥毛ε披针状，端部针状。足Ⅱ跗节感棒ω与足Ⅰω相似，跗节pv毛呈巨刺状。足Ⅲ、Ⅳ跗节pv毛均呈巨刺状，几近端跗节中部。足Ⅱ~Ⅳ跗节无爪，端部为1个囊泡状爪间突，其下端有1对棒状小翼。

雌螨:躯体长(颚体前端至躯体后缘)约278.3 μm，宽约169.3 μm。气孔较雄螨明显，其躯体上刚毛位置、数量与雄螨相同，但长度普遍较雄螨长，各足形态及刚毛数量与雄螨相似，但刚毛均较雄螨长，仅足Ⅰ无雄螨粗壮。

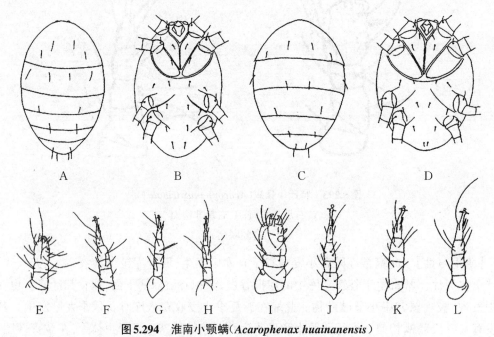

图5.294 淮南小颚螨(*Acarophenax huainanensis*)
A.♀背面;B.♀腹面;C.♂背面;D.♂腹面;E~H.♀足Ⅰ~Ⅳ;I~L.♂足Ⅰ~Ⅳ
(引自蒋峰等)

【孳生习性】 此螨常孳生在仓储环境中，与其他螨类及一些昆虫混杂栖息繁衍，可在贮藏小麦、稻谷的仓库中发现，在麦收和秋收季节粮食入库时大量发生。也寄生于杂拟谷盗

(*Tribolium confusum*)、赤拟谷盗(*T. castaneum*)等昆虫的体表,侵袭昆虫表皮柔软的部位,以螯肢附着于寄主的后翅下方,取食其组织液。

【国内分布】 分布于安徽省。

18. 麦氏小颚螨(*Acarophenax mahunkai* Gao et Zou,1994)

【同种异名】 无。

【形态特征】 足Ⅰ跗节只有1根巨刺毛,胫节无感棒。

雌螨:体卵圆形,长约269 μm,宽约185 μm(图5.295)。颚体贴于前足体腹面,大部已与腹板愈合。躯体背面位于前足体亚前缘的两侧气门呈圆形。前足体背毛4对,*vi* 位于前缘,*ve* 位于气门后方,*sci* 明显位于 *sce* 的前方。后半体背毛7对,其中 *c* 毛4根,着生近于同一水平线上,*f* 毛明显位于 *e* 毛前方。背毛 *ve* 微小,针状;其余背毛均为细披针状,具不明显羽刺,仅 h_2 稍细。背板 *c*、*d* 的中部各有1对半圆形纹,背板 *c* 在 c_1、c_2 毛间有稀疏的纵线纹。躯体腹面的前足体只有2对腹毛,基节板Ⅰ和Ⅱ各1对;后足体有5对腹毛,3b缺如;末体部有2对腹毛。腹毛除 ps_1 为细披针状外,余均为长鞭状,末端甚细,以致难以精确测量。腹毛 2a、3a 较长,比其他长鞭状毛约长1/3。表皮内突Ⅱ发达,向后伸展,与前中表皮内突同交于横表皮内突的中部。表皮内突Ⅲ仅在足Ⅲ转节基部存在,极短,长度仅为其宽的2~3倍。表皮内突Ⅳ斜向前伸,中央不交结。表皮内突Ⅴ和后中表皮内突缺如。后腹板后缘中央呈舌状向后突出。足Ⅰ胫跗节愈合(图5.296),端部着生1个粗壮的无柄爪,爪的基侧对面有一半生齿,端部分叉;胫跗节具2根感棒,*ω* 纺锤形,端部针状;*φ* 棒状,端部膨大成球状,*k* 毛披针形,端部针状。足Ⅱ跗节感棒 *ω* 形状同足Ⅰ;胫节 *v* 毛、跗节 *pv* 毛呈巨刺状。足和足Ⅳ跗节 *pv* 毛均呈巨刺状,伸达端跗节的中部。足Ⅱ~Ⅳ跗节无爪,端部为1个囊泡状爪间突。

【孳生习性】 该螨曾在鸡粪中被发现。

【国内分布】 主要分布于上海市。

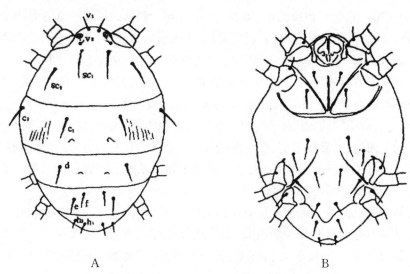

A   B

图5.295 麦氏小颚螨(*Acarophenax mahunkai*)♀

A. 背面;B. 腹面

(引自高建荣,邹萍)

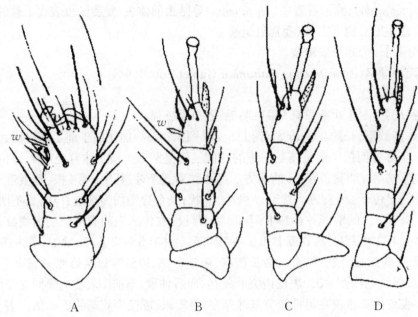

图5.296 麦氏小颚螨(*Acarophenax mahunkai*)♀足

A~D. 足Ⅰ~Ⅳ;*w*:感棒

(引自高建荣,邹萍)

六、吸螨科

吸螨科(Bdellidae Duges,1834)的特征是所有种类都有1个延长的颚休,因此有鼻螨(snout mites)之称。常为红色或黑色,体长0.5~3 mm。颜色的形成一部分是由于表皮的色素,另一部分是由于内部器官的颜色,表皮柔软、光拊或有皱纹,几无板。目前世界上记载这科的螨类有10属。属于仓储螨类,我国仅记载针吸螨属(*Spinibdella*)1个属。

颚体或喙基部呈鳞茎状,并向远端逐渐变细。口下板的腹区为一槽状结构,其侧缘向基部,在中线相遇,形成1个亚螯肢板(subcheliceral shelf)或头盖(epistome)。口下板的远端平截状,且末端力结构不同的2个扁平叶突。腹区有数根刚毛,这在分类上有重要意义。螯肢位于口下板的上面,相互靠拢紧密,在中线处被1个很浅的分割物分开。分割物在一定程度上可独立运动。每一螯肢的末端是1对无齿的小螯钳。从螯肢的背侧伸出的刚毛的数量和位置在分属上有重要性(图5.299)。

须肢向前和向上伸展。每个须肢有6节(图5.300),基节和口下板基部愈合,转节小,且无毛。股节部分可分为塞股节与端股节,而基股节长,具有数目不等的刚毛;端股节短,有1根背毛。膝节长度不等,可有5~7根刚毛,胫跗节具有2根典型的长感觉毛和一些较短的刚毛及盅毛(Atyeo,1960)。

肌肉咽由口下板和头盖所包围,它的开口悬垂在上咽(epipharynx)附近。这是一个复杂的结构,主要由1个延长的三角形的板构成,新月形的膜状结构附着在此板的基部,膜状结构的上表面有许多刺,这些刺覆盖在口上,可阻止固体颗粒进入口内,咽的腹区向前延伸成为下咽(hypopharynx)或下咽头(lingua),下咽头突出,成为1个扁舌(flat tongue),扁舌末端卷曲,并愈合成一膜质的在其远端,下咽稍扩大,能向各个方向运动。吸螨捕食其他的螨类和小昆虫,用螯肢的细长刀片穿刺螨和小昆虫的表皮,然后依靠肌肉咽的吸力作用,将体躯的内容物吸收到管状的下咽中(Michael,1896)。消化道具有发达的向食道开口的盲囊(diverticulum)以贮存大量的液体食物。

前足体为倒三角形,其顶变细与颚体基部相遇。其背面通常着生2对刚毛(即前足体侧毛和中毛)(Atyeo,1960)和2对逐渐变细的长的感器(sensillae)或盅毛(Grandjean,1938a)。盅毛由杯状的假气门器生出(图5.299)。虽然前足体背板的界限不明显,但假气门器区的表皮加厚,且有时表皮内突发达。这个部位的外皮肤也有清楚的脊,这些脊的顶部起伏不平而有规则,形成清晰的图案。通常有2对眼,着生在后感器(posterior sensillae)的外方,中眼有时位于前感器(anterior sensillae)之间,如管吸螨属(Cyta)。

后半体延长,为四方形,并具有一些光滑的或羽笔状的刚毛,排成5横列,其中最前列的是内肩毛和外肩毛。生殖孔位于Ⅳ足基部之后,在雌雄两性中,生殖孔都为生殖褶所覆盖,每褶具有1列生殖毛。在这些生殖毛的外侧着生侧殖毛(paragenital setae)。雌螨有1个能伸缩的产卵器(extrusible ovipositer),产卵器的基部有对生殖盘(genital discs)或感觉器(sense organs)。雄螨的生殖器较复杂,主要是由一个纤细的肌肉阳茎构成,被一个鞘围绕,并由基部骨片支撑(Michael,1896)。尾孔或通向排泄管的开口是体躯末端的1条纵裂,有一批肛毛与其关联。

足有6个自由节,基部一部分与体躯愈合。有时有一横的结构与股节交叉,外形似跗加节。跗节通常长,末端为一短的前跗节,有1对爪和1个垫状爪间突或爪垫。爪可能有小背脊,脊上带有微小突起。足上着生很多刚毛和感棒,这些毛和感棒的排列和分布在分类上是重要的;毛和感棒在前方2对足上特别多。真毛(true setae)光滑,或呈梳齿状;感棒长,而逐渐变尖(盅毛),或短而远端圆。

1对气门位于螯肢基部间的中背线上,通向螺旋形加厚的气管。针吸螨亚科(Spinibdellinae)和管吸螨亚科(Cytinae)也有生殖器官,并开口于生殖褶的下方。Womersley(1933)认为,吸螨科的卵稍呈椭圆形,并且由许多一头粗的刺覆盖着,卵褐色,产在地上或腐烂的植物纤维上。生活周期由幼螨、3个若螨期和成螨期构成。

吸螨形成一个定义明确的小科,包括大约10个属。所有种类都营自由生活,并在草丛、苔藓和海岸上发现,由于体色鲜艳,因此在这些地方很惹人注目。吸螨能经受严寒和长时间的水浸,许多标本是南极探险队带回来的。这个科是世界性的,Sig Thor(1931),Baker et Balock(1944)和Atyeo(1960)对此都有专题论文。Michael(1896)和Grandjean(1938a)分别对其内部和外部结构,进行了极细致的研究。

针吸螨属

针吸螨属(Spinibdella Sig Thor,1930)须肢6节。即转节(Tr)、基股节(BF)、端股节(TF)、膝节(G)和胫跗节(TT)。转节小,无毛;股节分为基股节和端股节,基股节较长,有3~7根毛。端股节短有1根毛。胫跗节有2根长毛。螯肢长,背有毛,其远端毛不超过顶端。前足体三角形,有侧毛;后半体似四方形,有光滑或羽状毛。1对气门,位于螯肢基部间中背线上。

19. 长肢针吸螨(*Spinibdella lignicola* Canestrini,1885)

【同种异名】 *Bdella lignicola sensu* Hughes,1961。

【形态特征】 雌螨体长1120 μm。体梨形,鲜红色。除了在颚体基部有1个小"颈片"(collar)外,表皮覆盖有纤细而平行的脊。表皮有细的平行线条(图5.299)。颚体(图5.297A)长而细下口板基部宽,端部窄,大约为躯体长度的1/4,螯肢具剪刀形,且每个螯肢的外表面上有2根毛,毛与其附肢的基部和顶端距离大体相等,其中前面1对生在突起体上。螯肢略伸出喙外,基部宽,端尖细,上生等距毛。触须5节,基节短,无毛;第2节较长,略等于第3、4及端节之和,上生有5根毛,其中3根生于基部内缘,2根生于端部内外两缘;第3节短,生有1根小毛;第4节背面生有3根毛,排成横列,中间1根短棒形;端节基部狭,端部宽,上生有1根钝毛和2根长毛。口下板的腹面也有2对刚毛,和螯肢上的刚毛处于同一水平线上。须肢的基股节(basifemur)超过后两节长度之和,在其内侧有4根刚毛,外侧有1根刚毛。须肢端股节(telofemur)有1根刚毛,膝节有3根刚毛,而胫跗节短,末端扩大。胫跗节上游生2根很长但长度不等的感觉毛,以及3根短刚毛和1根短钝的感棒。

前足体基部宽,逐渐向前尖,在宽处侧面有2对眼,各由少量色素构成,为角膜覆盖。前感器和后感器长度大略相等,前足体的侧毛和中毛相当短。背面生有2对毛及2对假气门毛。后半体略呈方形,背上生7对稍呈梳齿状的短毛,其中2对排成一横列(图5.299)。其余排成2纵列。生殖孔位于Ⅳ足基节后方,为2块生殖板覆盖,而与1个内腔(internal chamber)或外生殖腔(vestibule)相通,生殖腔的外壁有3对生殖盘(genital discs)。各生殖板有1列生殖毛,而由少量的侧殖毛所围绕。尾孔位于体躯末端(图5.300)。

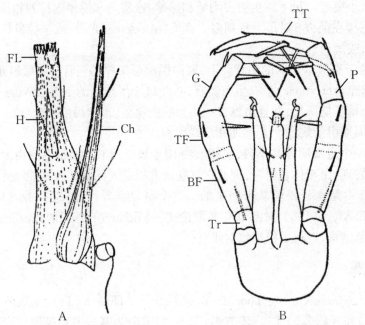

图5.297 长肢针吸螨(*Spinibdella lignicola*)颚体的背面观

A.长肢针吸螨(*Spinibdella lignicola*);B.钩螯巨须螨(*Cunaxa setirostris*)

Ch:螯肢;FL:口下板;H:远端扁平叶;P:须肢;Tr:转节;BF:基股节;TF:端股节;G:膝节;TT:胫跗节

(引自 Hughes et al.)

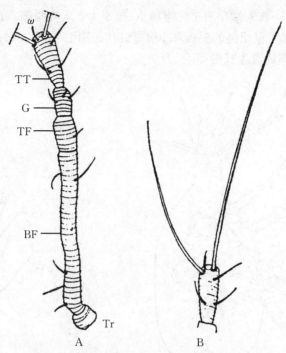

图5.298 长肢针吸螨（*Spinibdella lignicola*）须肢

A. 右须肢背面观；B. 须肢胫跗节

Tr:转节；BF:基股节；G:膝节；TT:胫跗节；*ω*:感棒；TF:端股节

（引自 Hughes et al.）

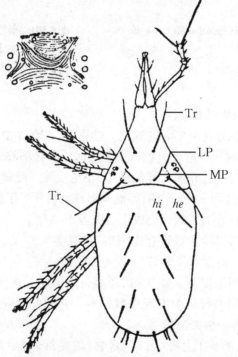

图5.299 长肢针吸螨（*Spinibdella lignicola*）♀螨背面观

LP和MP:前足体侧毛和中毛；Tr:盅毛或感毛；*hi*和*he*:内肩毛和外肩毛

（引自 Hughes et al.）

足6节。跗节最长,其末端生有1对连柄爪,位于1个爪垫两侧。足的各节上着生若干刚毛和感棒Ⅰ跗节具有2根粗钝的感棒和1根短钉状的刚毛(图5.301),而Ⅰ胫节、Ⅲ和Ⅳ跗节及Ⅳ胫节的背面凹陷处着生长的盅毛。

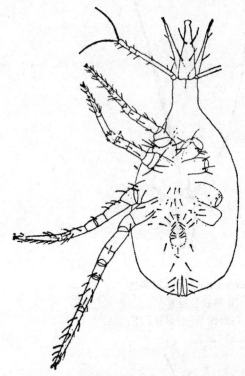

图5.300　长肢针吸螨(*Spinibdella lignicola*)
♀螨腹面观
(引自Hughes et al.)

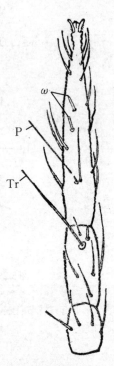

图5.301　长肢针吸螨(*Spinibdella lignicola*)
右Ⅰ足背面观
ω:针形感棒;P:钉状刚毛;Tr:盅毛
(引自Hughes et al.)

雄成螨的外形构造与雌螨相似。

【孳生习性】　针吸螨为自由生活的螨类。性喜湿,在仓库中多在比较潮湿及水分高的粮食和中药材中发生,有时还在阶台上的苔藓上生活。多在稻谷、大米、小麦、面粉堆、米糠,麸皮、中药材等阴湿地方发生,并捕食其他螨类、小昆虫等。此螨的生殖和发育与其他螨相似。两性生殖。雌雄交配后1～2天产卵,卵椭圆形,褐色,常产于腐烂植物上。其发育,卵孵化幼螨后,经3次若螨期发育为成螨。完成生活史需2～3周。

陆联高(1980)曾在四川隆昌黄家仓库观察,在温度为20℃、粮食水分为14.5%时开始发生,在温度为24～27℃、粮食水分为17%时大量发生。

此螨耐寒性较强。当温度为5～8℃时,还能自由活动。能经受严寒和长时间的水浸。有时能在面粉和谷袋周围的碎屑中发现少数标本。它们可能取食其他螨类。除为害粮食外,尚吃小型节肢动物,为一种大型螨类。

【国内分布】　主要分布在上海、云南、吉林、黑龙江、辽宁及四川的江津、隆昌、三台等地。

七、巨须螨科

巨须螨科(Cunaxidae Thor,1092),营自由生活,常见于枯枝落叶中,浅表土壤中和某些植物上。它以其他小型节肢动物及其卵为食,故在生物防治方面有一定的意义。此外,作为土壤动物区系重要组成部分的螨类之一,与其他土壤动物、微生物一起,对土壤腐殖质的形成和维持浅表土壤中的生态平衡也具有重要的作用。它是常见的捕食性螨类,存在于森林系统、草原、农田和人为干扰地区。

常见的巨须螨。体长一般为400～600 µm,体呈菱形,柔软,活体体色大多为红色或橘黄色。体躯可分为颚体和躯体两部分。颚体前伸呈鼻状,由1对须肢、1对螯肢和1块下颚体组成。螯基不愈合,可以在颚体上方做横向剪刀活动,螯肢动趾小;须肢简单,3～5节,其末端一般有爪,内侧有刺或表皮内突。腹面口下板具4～6对毛。躯体背面有一块或多块骨化程度不同的背板,背部光滑或有条纹,网纹或刻点。前足体有2对长的感毛和2对刚毛,后半体有毛5～7对。腹面基节板常为3～4块,生殖板有不同程度骨化,生殖板上有2～3对生殖吸盘和4对生殖毛。其足的股节又分为端股节和基股节。

巨须螨有有性生殖和孤雌生殖2种生殖方式(Walter et Proctor 1999,Castro et Moraes 2010),*Cunaxatricha tarsospinosa* 可能是周期性或兼性孤雌生殖。巨须螨还能吐丝,*C. tarsospinosa* 在叶子上而不是树枝上的卵周围产生了1个网状物,破坏丝网会降低卵的生存能力(Castro et Moraes 2010)。*Cunaxa setirostris* 会织1个由2种丝组成的不规则网,用于捕获猎物(Alberti et Ehrnsberger 1977)。各种证据表明,吐丝织网行为在巨须螨中是常见现象。

巨须螨科分9个亚科,17个属。全世界至今已发现该科螨类有179种(Smiley,1992);我国尚未做全面系统的调查,据有关资料报道,在我国已发现巨须螨种类达28种,分属4个亚科10个属(胡嗣基,1997)。

巨须螨属

巨须螨属(*Cunaxa* Von Heyden,1826)是根据 *Scirus setirostris*(钩螯巨须螨)创建的,是巨须螨科中最大的属,已知的有50多种,很多物种是世界性分布的,如卷须巨须螨,也有一些种类有严格的地域划分;该属须肢5节,基部和端部的背外侧刚毛筒;前足体有背板,上有2对刚毛(*at*和*pt*)和刚毛感器(*lps*和*mps*),后足体背板有或缺失;背板不呈现网状,表皮纹平滑或浅裂。巨须螨属分种检索表见表5.54。

表5.54　巨须螨属分种检索表

1. 后半体具背板 ……………………………………………… 卷须巨须螨(*Cunaxa capreolus*)
后半体无背板 ……………………………………………………………………… 2
2. 前足体背板梯形 ……………………………………………… 麦格氏巨须螨(*C. mageei*)
前足体背板三角形 …………………………………………… 钩螯巨须螨(*C. setirostris*)

20. 卷须巨须螨(*Cunaxa capreola* Den Heyer(J.),1978)

【同种异名】　*Scirus capreolus* Berese,1890;Berlese,1897;Tragardh,1905;*Scirus laricis* Ewing,1913;*Cunaxa laricis* Thor et willmann,1941。

【形态特征】　颚体底长宽之比约为1.7:1。口下板腹面具纵的带叶状突的条纹。须肢端股节内侧具犁头状表皮突。前足体背板的前区具细线纹和乳状突。dc_1毛短于它们之间的距离之半。后半体背板具dl_2和dc_{2-4}毛。体壁条纹光滑。

【孳生习性】　寄生于茶、谷壳中,在中药材中也有发现。

【国内分布】　主要分布于浙江平阳,福建平和、九峰,广西梧州,重庆北碚。

21. 钩螯巨须螨(*Cunaxa setirostris* Hermann,1804)

【同种异名】　*Scirus setirostris* Hermann, 1804; *Cunaxa taurus* (Kramer, 1881) *sensu* Hughes,1961。

中国台湾学者曾义雄(1980)曾以该螨的雄性首次报道了该螨在中国的分布。

【形态特征】　雌螨躯体长约500 μm,红色,并由1个柔软的褶皱细微的表皮覆盖。颚体延长成1个锥体结构(图5.297B),螯肢暴露在背面。每一个螯肢的动趾变成钩状物,定趾缺如。颚体的腹面部分远端为一小的膜质叶片,上着生2对小刚毛;另一对较长的刚毛位置更接近基端。须肢延伸,超出螯肢末端。须肢胫跗节末端为一小爪,其上面悬垂1根刚毛。一个显著的刺或表皮内突着生于其内表面,其附近有1根较长的刚毛。从须肢膝节和端股节的内侧,生出相类似的表皮内突。附毛着生在胫跗节、膝节和股节的背表面;转节仅有1根腹毛。

前足体三角形,像后半体,前足体背面具一完整的背板覆盖,而后半体背面无板,前足体背面着生2对长的感觉毛和1对较短的刚毛。后半体板背面具有4根短毛。体壁上布满横条纹。雄性除前足体具一背板外,后半体复盖一大的背板。

【孳生习性】　钩螯巨须螨常在土壤、苔藓和植物叶片上发现。有时在大麦粉这类贮藏食品中发现,并且在小麦中也有(R.G. Symes曾采集到),在中药材蒲公英中也有发现。

【国内分布】　主要分布于福建拓荣、黄柏、沙县、福清,湖北利川,山东济南,重庆北碚。

22. 麦格氏巨须螨(*Cunaxa mageei* Smiley,1992)

【同种异名】　无。

【形态特征】　雌螨体长560 μm,宽360 μm。须肢5节,长280 μm。转节无刚毛;基股节背面中央具1根简单刚毛;端股节内侧近端部具1个圆锥状的表皮突起,背面外侧具简单刚毛;膝节内侧具1根刺状刚毛,外侧端部腹面和背面各具1根简单刚毛;胫跗节中背面中部和端部各具1根简单刚毛,端部具1个小爪。前足体具1块梯形背板,其上着生前足体感毛2根及背毛p_1和p_2,p_1长约为p_2的1/4。后半体无背板;背毛d_1、d_4和d_5长度相等,它们的长度约为d_2、d_3和l_1的2倍。腹面生殖板和肛毛板以外区域着生6对简单刚毛。

【国内分布】　沈阳棋盘山。

23. 一种巨须螨(*Cunaxa* sp.)

【同种异名】　无。

【形态特征】　雌体长1200 μm。体椭圆形,前足体三角形。顶毛(v)1对,节状。*sci*与*sce*各1对。*sci*较*sce*长,细节状。后半体有短刚毛5~6对,体末后缘向外突出。肛门位于腹末。

颚体螯肢细长,定趾短,动趾大,呈镰状。须肢长而大,几与体等长,并向内弯,变化特异。须肢跗节末端为粗爪,爪的基部1/3处着生1根粗刺和1根光滑毛。膝节内侧表面隆起,中央着生1根刺毛,股节内侧端部有1个较粗向外弯指状构造。

足细长,足Ⅲ、Ⅳ较足Ⅰ、Ⅱ粗大,胫节、膝节短,股节长,跗节更细长,几与胫节、膝节、股节之和等长,前跗节爪二叉状,足Ⅳ胫节2/3处有1根长毛和2对端毛,膝节有端毛2对。

【孳生习性】 此螨属中温性螨类,并喜湿。据观察,在温度为26 ℃、相对湿度为90%的条件下,繁殖迅速,每3~4周一代。常在谷物、饲料、药材仓库中生活。捕食谷物与饲料中小型昆虫卵及粉螨科螨类,严重时污染食品。

【国内分布】 主要分布于四川。

八、镰螯螨科

镰螯螨科(Tydeidae Kramer,1877):小型螨类(小于500 μm),体呈卵形或梨形,白色、黄色、红色、黑色或褐色,表皮骨化程度很弱,或者不骨化,且常有独特的装饰。

螯肢基部互相愈合。定趾小,动趾针状。须肢4节,股节和膝节愈合。躯体通常由1条沟分为前足体和后半体。前足体有背毛3对,凹点或假气门器有感觉毛1对。可能有2个或3个有色素的视网膜(图5.306)。后半体上有前足体背毛5对和侧毛4或5对(Baker,1965)。有腹毛3对,而刚毛也和生殖孔和肛孔关联,无生殖感官。

足5节,每个跗节上有1对显著的爪和1个垫状齿形的爪间突或爪垫。

两性之间只是在毛序和生殖孔的结构上不同。雄螨生殖孔小,有真殖毛(eugenital setae)位于生殖褶的下方(Grandjean,1938b)。雌螨生殖孔较大,且无真殖毛。由气管呼吸,气管由气门在颚体基部开口。在生活史的各期都有气管(Grandjean,1938b)。

其生活史由1个幼螨期、3个若螨期及成螨期组成。各若螨期在生殖区的毛序方面是互不相同(参阅Grandjean,1938b)。

1877年,Karmmer就对镰螯螨科进行了描述,但对这个科的生物学和系统分类学记述少。1965年,Baker将该科划分为2大类,15个属。1979年,Andre对这个科又进行了重新分类。他将这个科分为7个亚科,下分42个属。这是目前最为完整的分类系统。

镰螯螨科包括常在叶片或苔藓表面活动的若干种类。它们取食其他螨类,也取食植物的汁液。Sig Thor(1933)认为乱镰螯螨(*Tydeus molestus* Moniez,1889)也侵袭人和家畜。镰螯螨科的若干种类也能在谷物的碎屑和粮仓碎石上被发现。镰螯螨缺乏特有的食性,说明进化上为过渡类型。它们中有捕食性的益螨,也有植食性的害螨,还有一部分菌食性螨。常见于土壤、苔藓、地衣、贮藏物、动物巢穴中及植物上,与其他多种螨共生。我国有镰螯螨属*Tydeus*一属报道。

镰螯螨属

镰螯螨属(*Tydeus* Koch,1835),该属螨类体躯前足体和后足体直接向内凹陷;表皮有明显细条纹,前足体背纵条纹,后足体背横条纹;前足体背后侧有色素视网膜(R)2对;后足体背有背毛5对(d1-5),侧毛4对(l1-4);Ⅰ-Ⅳ跗节均有爪(C)和爪间突(E)。

24. 断镰螯螨(*Tydeus interruptus* Thor,1932)

【同种异名】 无。

【形态特征】 雌螨体躯菱形,体色多样,有白色、红色、黄色、褐色。表皮骨化程度常弱,但饰有独特的花纹。前足体与后半体之间向内凹,表皮有细条纹,前足体背为纵条纹,后半体背为横斜条纹。这种条纹由间距等长的小突起形成。颚体短而宽,顶端分成两叶。螯肢动趾呈细小弯刺,位于定趾沟中。须肢跗节末端有成束跗节毛5根和感棒1根。须肢骚节短,有毛1对。须肢膝节与股节愈合为长而粗膝股节,上有毛2根,转节短。体背有1条横背沟,背沟在背中线处不完全。前足体背有前足体毛3对,假气门器感毛1对和色素视网膜2个。后半体背面和侧面有背毛5对,侧毛4对。腹面腹毛3对。(图5.302)生殖孔周缘有生殖毛6对和长侧生殖毛4对。肛门侧肛毛1对。(图5.304)足细长,足末端有爪1对与爪垫和爪间突各1个。围绕跗节顶端有短毛3根。胫节有轮生毛3根,膝、股、转节各着生毛1对。(图5.303)此螨行气管呼吸,气管在颚基部开口。

雄螨一般构造与雌螨相似,但雄螨生殖孔较雌螨小,生殖毛雄螨有,雌螨无。雌体长250~280 μm,雄体长约180 μm。

【孳生习性】 断镰螯螨营两性生殖,个体发育通常可分为6个阶段,卵、幼螨期、3个若螨期和成螨期。在温度为20~25 ℃、相对湿度为85%条件下,生活史为3~4周。

断镰螯螨的食性较复杂,有植食性、捕食性、菌食性和腐食性种类。常见于土壤、苔藓、地衣、贮藏物、动物巢穴中及植物上,与其他多种螨共生。寄主植物包括稀见草、槐花、辣椒干、花椒、八角、苦参片、荔枝核。最初在苔藓表面发现,在谷物碎屑中很普遍,与粉螨在一起,有时大量发生。也可在储藏的中药材中发现。

【国内分布】 主要分布于山东济南、广西梧州、上海、四川、江苏、辽宁、黑龙江、吉林、河南、湖北等地。

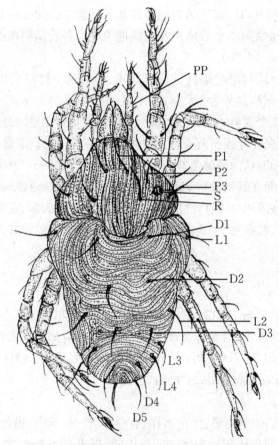

图5.302 断镰螯螨(*Tydeus interruptus*)背面
P1~P3:前半体毛;S:感毛;D1~D3:背毛;L1~L4:侧毛;R:色素视网膜;PP:须肢
(引自陆联高)

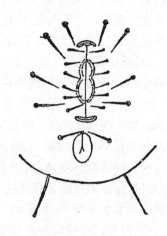

图 5.303 断镰螯螨(*Tydeus interruptus*)足 I
（引自陆联高）

图 5.304 断镰螯螨(*Tydeus interruptus*)生殖孔
（引自陆联高）

九、肉食螨科

肉食螨科(Cheyletidae Leach,1815)有捕食性和寄生性两大类,其中大多是营自由生活的捕食性螨类,能捕食粉螨、叶螨、小型昆虫及节肢动物,是害螨的重要天敌,被认为是一类可用于生物防制的有益螨类;少数肉食螨为鸟类、哺乳类或昆虫的外寄生者。肉食螨常生活于贮藏粮食、中药材、植物叶、树皮、地面枯枝落叶和动物巢穴等环境中。因此,肉食螨是一个世界性分布且经济重要性很大的动物类群。在自然环境里,肉食螨是抑制害螨发生的因子。

肉食螨科最早由 Leach(1815)确立,共分为 4 个属;之后不断完善发展,到 1949 年,Baker 认为肉食螨科包括 19 属 87 种;Dubinin(1954)又将肉食螨科上升为总科;1970 年,Summers et Price 对肉食螨科进行了重新评述,论述肉食螨科包括 51 属,共 186 种,他们建立分属系统,得到多数学者的认同,至今仍被沿用。这之后的 1999 年,Gerson,Fain et Smiley 对肉食螨科做了深入研究,在 Fain 等(1997)研究的基础上,提出了肉食螨科分亚科检索表,并列出了肉食螨科中全世界已知的 76 属 441 个已知种的名录,至此肉食螨科的分类系统基本形成。

国内对肉食螨的分类学研究一直不够系统。较早报道我国肉食螨的是一些国外学者,如 Sugimoto(1942)报道台湾肉食螨属的 1 个种——指状肉食螨 *Cheyletus digitarsus* Sugimoto,Volgin(1963)报道我国云南真扇毛螨属一新种——中华真扇毛螨 *Eucheyletia sinensis* Volgin;忻介六,徐荫祺(1965)列出了国内 10 种肉食螨名录,沈兆鹏(1975)报道国内 8 种肉食螨,并做了检索表;曾义雄(1977)报道台湾省肉食螨科共 13 属 24 种,王孝祖(1989)曾报道我国肉食螨共 10 属 15 种,但该报道中未包括台湾省的种类。之后,胡建德(1992)、林坚贞(1994,1997,1998)、夏斌(1997,1999,2004)、谢少远(2000)等报道了在国内采集到的肉食螨新种、新纪录等,夏斌(2000)报道江西肉食螨科8属16种,林坚贞(2000)报道福建肉食螨科11属20种;国内报道的肉食螨中,除胡建德(1992)报道姬螯螨亚科1种外,其余均为肉食螨亚科种类。

由于肉食螨大多是营自由生活的捕食性螨类,尤其是肉食螨能捕食危害储藏粮食的粉螨,因此,研究肉食螨的生态学及利用显得尤为重要。

肉食螨的发育过程分为卵、幼螨、若螨(前若螨、后若螨)和成螨4个阶段。由于雄螨数量相对较少,且雄螨常存在二型或多型,肉食螨分类主要依据雌成虫的外部形态。

肉食螨生活时外表呈黄色浅黄色橙色或棕色。体小型,最大体长可达1.6 mm,最小仅0.2 mm,一般体长0.4~0.7 mm;体型多为菱形或椭圆形。体躯(body)可明显地分为颚体(gnathosoma)和躯体(idiosoma)两部分;躯体分为前足体(propodosoma)与后半体(hysterosoma)两部分;前足体上着生第一、第二对足,第三、第四对足位于后半体上。

颚体 肉食螨的颚体发达,由中央部分的喙和1对位于喙两侧的须肢所组成。喙较大,管状,顶端是口,在喙的背面饰有花纹、脊条和小刻点。

肉食螨的须肢位于喙的两侧,由5个活动节构成:转节、股节、膝节、胫节和跗节。须肢基节不能活动,因为已与喙的侧面和腹面相愈合,构成颚体腹面的大部分。须肢转节退化为狭状环,无刚毛,和愈合的基节相连并常插入基节。须肢股节粗大,并可延长,股节有3根或4根刚毛。膝节小,有1根或2根刚毛。须肢胫节前端延长为爪状构造,称胫节爪。胫节爪基部内面有小齿,胫节基部有3根刚毛:内面2根,外面1根。须肢跗节退化为小的垫状物,着生在胫节内侧,跗节上有2根或3根光滑的镰状毛和1根或2根梳状毛,以及1个短钉状的感棒。1对须肢能自由活动,功用如钳,借以捕获食物。

颚体背面下方有一气门沟,横贯于喙,可分侧枝和中间部分,其形状多变,气孔开口于气门沟侧枝的后缘,且气门沟可分为若干节。

躯体 成螨躯体通常菱形或卵圆形。背面常有1块或2块背板,板上有细微的刻点,而背板其余部分有细致而规则的条纹。前足体背板或称前背板,呈梯形,前背板前角有3对刚毛,后角有1对刚毛。前角的第二和第三对刚毛间有时有小眼1对。有些种类背板中间有中央毛(背中毛)。后背板狭长,有3~6对边缘毛。前后背板间的体侧有1对刚毛,称肩毛(侧毛)。

躯体腹面一般柔软无板;肛门前方常有5对刚毛。雌螨躯体腹面末端有一简单长孔,生殖孔和排泄管在此开口,该孔两侧有肛毛和后肛毛,雄性生殖孔也位于躯体末端(图5.305)。

躯体有4对可活动的足,足由6节组成:基节、转节、股节、膝节、胫节和跗节。基节已与躯体腹面的表皮相愈合,不能活动,其他5节可以活动,跗节和胫节常有感棒,跗节感棒一般用 ω 表示,胫节感棒一般用 φ 表示;跗节末端有若干刚毛围绕;跗节端部收缩为梗节,末端为具有1对爪的前跗节;爪之间为垫状的爪间突(爪垫);少数种类无爪或前跗节。

图5.305 牦真扇毛螨(*Eucheyletia taurica*)♀殖肛区
(引自夏斌)

肉食螨的刚毛 肉食螨的刚毛形态多异,在进行肉食螨分类时是重要的依据,通常肉食螨的刚毛有光滑状、长矛状、披针状、密齿状、扇状、窄扇状、鞭状等。

肉食螨的分类形态特征 肉食螨常用的分类形态特征有:颚体和喙的大小、形态;须肢股节的长宽比例,股节、膝节着生刚毛的数量和形态,须肢跗节梳状毛的有无、单梳或双梳,须肢爪基齿的有无及数量,有的1～2个,有的3～4个,有的7～12个;气门板的形状和分节数目;是否有眼;背板的有无及背毛的形状、数量;肩毛的长短形状;足Ⅰ端部有爪或无爪,足Ⅰ感棒的形态及与支持毛的相对比例,以及每对足各节上的刚毛数的不同等。

对肉食螨毛序进行描述,其术语沿用 Volgin(1969)、Summers & Price(1970)的论述。肉食螨躯体背面毛序不像其他缝颚螨亚股那样明确,仅仅前背板的4对边缘毛 *vi*、*ve*、*sci*、*sce* 以及肩毛 *h* 是公认和一致的,而其他背毛,尤其是背中毛和后背板边缘毛则没有确定的描述性术语;腹面毛序比较简单,但也未完全统一(Corpuz-Raros,1998)。中国肉食螨科分属检索表(雌螨)见表5.55。

表5.55 中国肉食螨科分属检索表(雌螨)
(引自夏斌,2004)

1. 足Ⅰ～Ⅳ跗节没有爪,爪间突均为羽状;足Ⅰ胫节没有感棒,须肢跗节没有梳状毛(姬螯螨亚科Cheyletiellinae) ······ 姬螯螨属(*Cheyletiella*)
足Ⅱ跗节有成对的爪和爪间突,足Ⅲ、Ⅳ不是有爪和爪间突就是仅有爪间突,足Ⅰ跗节有成对的爪和爪间突或没有,足Ⅰ胫节有感棒,须肢跗节常有梳状毛(肉食螨亚科Cheyletinae) ······ 2
2. 各足跗节有成对的爪 ······ 3
足Ⅰ或几足跗节没有成对的爪 ······ 22
3. 眼不明显或无眼 ······ 4
眼1对 ······ 9
4. 须肢跗节有2根发达的梳状毛 ······ 5
须肢跗节梳状毛1根 ······ 8
5. 躯体纺锤形,伸长;足Ⅲ、足Ⅳ基节与足Ⅰ、足Ⅱ基节显著远离 ······ 贝氏螨属(*Bak*)
躯体卵形或梨形;足Ⅲ、足Ⅳ基节与足Ⅰ、足Ⅱ基节不远离 ······ 6
6. 前背板1块,后半体背板缺 ······ 暴螯螨属(*Cheletonella*)
后半体有背板1块 ······ 7
7. 背板边缘毛披针形或光滑状;若有背中毛,则数量少 ······ 肉食螨属(*Cheyletuse*)
背板边缘毛扇状;背中毛多,形状多样 ······ 真扇毛螨属(*Eucheyletiar*)
8. 须肢爪无基齿;肛门位于末体尾部的后突上 ······ 尾螯螨属(*Caudacheles*)
须肢爪有基齿3个;肛门位置正常 ······ 异尾螯螨属(*Heterocaudacheles*)
9. 躯体细长,中间明显收缩;背板发育不良或缺 ······ 螯钳螨属(*Chelacheles*)
躯体略卵形,背面有1块或多块背板 ······ 10
10. 前背板1块,后背板缺 ······ 11
前背板1块,后背板1块或1对 ······ 12
11. 须肢跗节梳状毛1根 ······ 螯梳螨属(*Chelacaropsis*)
须肢跗节梳状毛2根 ······ 螯螨属(*Cheletacarus*)
12. 后背板1对 ······ 13
后背板1块 ······ 14
13. 背毛披针形或窄扇形,两块后背板上各有刚毛1～2根 ······ 仿螯螨属(*Cheletomimus*)
背毛为圆或蛤壳状,两块后背板上各有刚毛7根 ······ 奥螯螨属(*Oudemansicheyla*)

生物学习性 在自然界里,肉食螨经常和叶螨在一起,对抑制叶螨的繁殖可能有一定意义。但是这方面的研究工作我国尚未开展,本节主要介绍生活在居室内的种类。

在有粉螨的地方经常可以发现肉食螨,它们以粉螨为食,也可能捕食幼小的贮藏物蛾类、甲虫和米虱。当食物缺少时,它们会自相残杀,如普通肉食螨要捕食鳞翅目蛾。有些肉食螨对捕获物有所选择,若有两种捕食对象时,普通肉食螨则先捕食粗脚粉螨而不捕食害嗜鳞螨。因为肉食螨捕食粉螨,所以它是控制粉螨数量的一种自然因子。Solomon(1964)发现,在夏季,普通肉食螨对控制粗脚粉螨的数量有相当重要的作用,但在冬季,它的作用很小,这是因为捕食对象繁殖得很快的缘故。Coombs和Woodroffe(1968)用小粗脚粉螨 *Acaras farris* 做试验,也得到同样的结果。据报道在春季或夏季(5～10 ℃)把捕食者接种到谷物表面,肉食螨和捕获物之间的比例为1:100～1:10000。

肉食螨的整个生活史可分为5个时期:卵、幼螨、第一若螨、第三若螨和成螨。没有发现休眠体。在进入第一若螨、第三若螨和成螨之前,各有一短暂的静息期,平均约1天。在温度为24～25 ℃和相对湿度为75％时,在饲育器中以腐食酪螨作饲料,马六甲肉食螨的发育历期平均为19.5天:卵期4天,幼螨期3.5天,第一若螨期3.5天,第三若螨期5.5天;3个静息期各约1天。常有孤雌生殖,未受精卵孵化出雌螨。某些属可产生1种或几种异型雄螨,异型雄螨的须肢长度和喙上的花饰变异甚大。

(一) 肉食螨属

肉食螨属(*Cheyletus* Latreille,1776):须肢跗节有2根梳状毛和2根镰状毛,须肢胫节爪有1～4个齿;背片光滑或具有细微刻点的条纹;气门沟多为"M"形;躯体背面通常有2块发达的背板,前背板覆盖前足体大部分,后背板前缘稍宽,不完全盖住后半体;无小眼;背侧毛长矛状、披针形或针状,通常加上肩毛共10对,若有中央毛,则微小或异形;所有足均比躯体短,Ⅰ~Ⅳ足跗节均有成对的爪和爪间突,背面有1根长刚毛。该属全世界已记录68种(Gerson et al.,1999),中国已记录6种。肉食螨属分种检索表(雌螨)见表5.56。

表5.56 肉食螨属分种检索表(雌螨)
(引自夏斌,2004)

1. 须肢胫节爪基部有1个或2个齿 ··· 2
须肢胫节爪基部有3个齿 ·· 6
2. 足Ⅰ跗节支持毛缺或明显比感棒ω节短 ···································· 3
足Ⅰ跗节支持毛显著,并比感棒ω比长 ····················· 转开肉食螨(C. aversor)
3. 股节Ⅳ有2根刚毛 ·································· 普通肉食螨(C. ernditus)
股节Ⅳ有1根刚毛 ··· 4
4. 前背板中等大小,覆盖前半体一部分;感棒ω盖前短小、锐利,位于足Ⅰ跗节基部1/2处···········
·· 多形肉食螨(C. polymorphus)
前背板大,几乎覆盖前半体;感棒ω乎覆盖粗短,基部扩大,位于足Ⅰ跗节基部1/3处··············
5. 须肢胫节爪基部有1个齿 ···························· 强壮肉食螨(C. fortis)
须肢胫节爪基部有2个不等的齿 ·················· 马六甲肉食螨(C. malaccensis)
6. 躯体背板无中央毛 ································· 施氏肉食螨(C. schneideri)
躯体背板有中央毛 ·· 7
7. 前背板有1~2对短的中央毛,后背板3对中央毛 ·············· 吐昔肉食螨(C. trux)
前背板有1对短的中央毛,后背板2对中央毛 ············ 特氏肉食螨(C. trouessarti)

25. 普通肉食螨(*Cheyletus eruditus* Schrank,1781)

【同种异名】 *Acarus eruditus* Schrank,1781;*Eutarsus cancriformis* Hessling,1852;*Cheyletus ferox* Banks,1906;*Cheyletus seminivorus*(Packard)Ewing,1909

【形态特征】 雌螨:体长650~710 μm,身体无色,扁平,略呈圆菱形。体躯分为颚体与躯体两部分。颚体相对狭长,由喙和须肢组成,其长度为躯体长度的0.45~0.50倍;喙呈长三角形,复片(T)有条纹,气门沟形。须肢5节,十分特化,股节外缘稍凸出,长度约为最宽处的1.5倍,着生1根长稀倒刺背毛;胫节演化为胫爪,爪基部有2个齿,须肢跗节退化为小垫,着生2根梳状毛和2根光滑毛,外梳毛有齿10~13个,内梳毛有齿14~16个。气门沟M形;前背板梯形,前角圆,后缘略凹,宽为长的1.4倍,前背板上有4对边缘毛,无中毛(DM);后背板与前背板远离,呈倒梯形,有3对边缘毛,无中毛(DM);两背板间有腰毛1对;背毛均为栉状;躯体肩毛光滑,明显长于背毛。腹毛5对,第五对位于尾孔前缘前方。足比躯体短,足Ⅳ股节有2根刚毛,跗节Ⅰ感棒ω基部不膨大,向顶端逐渐变细,SS很短,仅为ω长1/4。Ⅰ跗节ω位于该节腹侧中部Ⅳ股节有毛2根(图5.307,图5.309)。

雄螨:体长约为400 μm,卵圆形,淡黄色。颚体大,约为躯体的一半。喙侧有小突,无侧翼(A),气门沟与雌螨相似。须肢股节长为宽的1.8倍,外缘凸,内缘凹,胫节爪基部有2个齿。跗节上有梳毛及光滑毛各2根,外梳毛和内梳毛有齿10个;喙圆锥形,端部圆,气门板M型;前背板梯形,较雌螨宽,几乎覆盖前足体,前缘与颚体后缘吻合,侧缘略凸,角圆,有4对边缘毛和2对中央毛,后背板小,长方形,前缘略凹,后缘与体末相吻合,有5对边缘毛。躯体肩毛长矛状。跗节Ⅰ感棒长ω长而尖,与跗节腹栉状毛等长,几伸达跗节基部。支持毛不明显(图5.306,图5.308,图5.310,图5.311)。

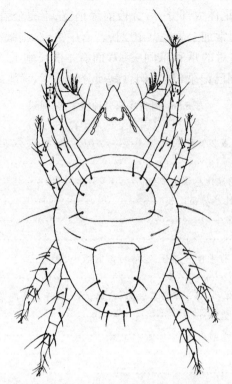

图5.306　普通肉食螨（*Cheyletus eruditus*）♀背面观

（引自夏斌）

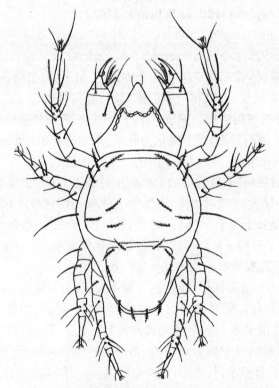

图5.307　普通肉食螨（*Cheyletus eruditus*）♂背面观

（引自夏斌）

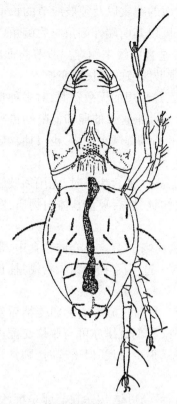

图5.308　普通肉食螨（*Cheyletus eruditus*）
异形雄螨背面观
（引自陆联高）

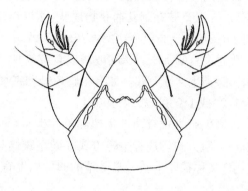

图5.309　普通肉食螨（*Cheyletus eruditus*）
♀颚体背面
（引自夏斌）

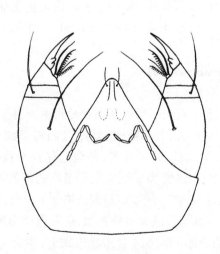

图5.310　普通肉食螨（*Cheyletus eruditus*）
♂颚体背面
（引自夏斌）

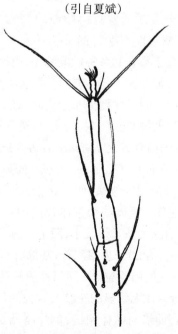

图5.311　普通肉食螨（*Cheyletus eruditus*）
♀足 I 胫节和跗节
（引自夏斌）

异型雄螨:比同型雄螨大,骨化更强。颚体的大小,背面的花纹以及须肢股节的长度均有很大变异。须肢股节的长度比宽度大2~4倍;股节的长度以其前端外侧角与后侧角之间的连线来量度,宽度是以股节背面刚毛着生点作一与长度垂直的线来测定。股节腹面的2根刚毛远离。颚体背面的花纹,喙和气门片的中间部分随须肢股节的延长而变长。

【孳生习性】 普通肉食螨广泛分布于粮库及仓储场所,是理想的天敌资源,对多种粉螨如腐食酪螨、椭圆食粉螨、粗脚粉螨等有较好的防制效能,对储粮害虫的卵和低龄幼虫有很好的防制潜能。在自然环境里,普通肉食螨捕食叶螨、瘿螨、粉螨等微小动物,也可捕食螟虫的卵。

普通肉食螨行动迅速,在爬行时如遇昆虫及大型螨即后退。捕食粉螨时,先用须肢胫爪捕获后,再以螯肢穿刺其捕获物皮肤,注以毒汁,使其失去知觉,然后吸食其体内物质,在食物缺乏时,还取食自己所产的卵和幼螨、若螨。

普通肉食螨贪吃,1天可吃掉腐食酪螨6~10只、椭圆食粉螨68只。在仓储粮食中,常与粉螨科螨类生活在一起。如有粗脚粉螨和害嗜鳞螨同时在一起,则喜捕食粗脚粉螨,捕食比例为1:20或1:25(Boczck,1959)。

该螨生殖方式有两性生殖和单性生殖2种。两性生殖,是通过雌雄交配卵受精后发育的一种生殖方式。这种生殖方式除同型雄螨与雌螨交配外,异型雄螨亦可与雌螨交配。单性生殖,又称孤雌生殖。未受精的卵可以发育为雌螨。雄螨很少发现,但出现时,则常几个雄螨在一起。

雌螨在适宜的环境条件下,一昼夜平均产卵20粒左右,最高可达40余粒。卵系堆产,每堆40~100粒。卵椭圆形,黄色或淡黄色。雌螨产卵后,常守护在卵旁直至卵孵化为幼螨为止。

普通肉食螨的发育由卵经幼螨、二次若螨发育为成螨,共5个时期。在平均温度为27.8℃、相对湿度为80%的条件下,生活史为20~30天。

除栖息于粮仓和各种贮藏物中,有时还栖息在鸟类、哺乳动物巢穴中取食螨类。有时还在房屋和被褥上被发现。有时还危害人体。人体被叮咬后,起红斑发痒,形成皮炎症。

【国内分布】 主要分布于吉林、辽宁、北京、河北、河南、山东、四川、江苏、上海、浙江、湖北、湖南、江西、福建、广东、云南、台湾等地。

26. 特氏肉食螨(*Cheyletus trouessarli* Oudemans,1902)

【同种异名】 *Cheyletus davisi*(Baker,1949)。

【形态特征】 雌螨:似菱状,椭圆形,体长约600 μm,后半体两侧略凹并向体后逐渐缩小(图5.312)。颚体约为躯体长度的0.35;喙圆锥状,端部钝圆,复片(Te)有条纹,前复片(Pr)无显明的纹条。须肢小,股节外缘稍凸,胫节爪基部有3个齿,外梳毛有14个齿,内梳毛几乎是直的,有20个齿;胫节爪基部有齿2~4个,但经常是3个;左右胫节爪的齿数可能不同(图5.313)。气门沟M形;气门片的侧枝有4~5节,在中线及侧枝间仅有2节。背片的背面有条纹,前背片无明显的花纹。背板的形状和排列与普通肉食螨相似,前背板梯形覆盖前半体背大部,前缘与颚体相接,侧缘略凸,后缘直,侧后角圆,4对栉状边缘毛,中央毛(DM)1对。后背板长方形,四角圆,前、侧、后缘均略凹,3对边缘毛呈栉状,2对中央毛,其形状呈薄壁状且不显著,背中毛不很明显,壁很薄,小型,囊泡状,与雄性普通肉食螨不同。支持毛的长度为感棒长度的2倍。腹毛与肛毛的排列和普通肉食螨相似,但第五对腹毛位于较后的位置,着生于尾孔前端的两侧。跗节Ⅰ的ω基部不膨大,向前端尖,位于ss的内侧并靠近ss,ss比ω长1倍(图5.314)。

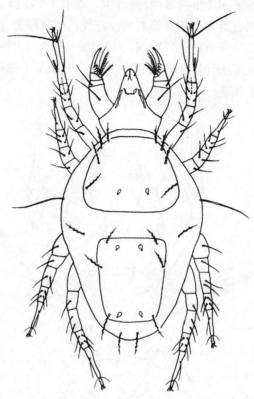

图5.312　特氏肉食螨(*Cheyletus trouessarti*)♀背面观

(引自夏斌)

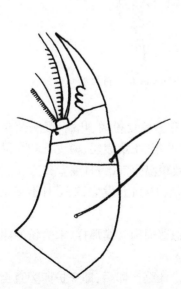

图5.313　特氏肉食螨(*Cheyletus trouessarti*)♀须肢

(引自夏斌)

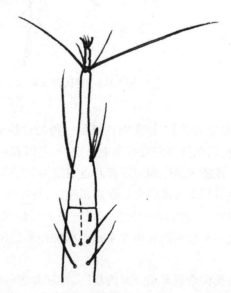

图5.314　特氏肉食螨(*Cheyletus trouessarti*)♀足Ⅰ胫节和跗节

(引自夏斌)

雄螨：卵圆形，体长400 μm，颚体大，约为躯体的13/20；喙短，有大的侧突，两侧可以伸展成翅状翼；复片(Te)有网纹(图5.315)。须肢跗节内梳毛约有小齿12个；外梳毛有齿14个。须肢股节的长度约为最宽处的1.8倍，胫节爪基部有1个齿(图5.316)；气门沟圆拱形；气门片呈拱形或者在中间有齿突。背片饰有网纹花纹。前背板大，梯形，宽为长的1.5倍，有4对边缘毛和1对中央毛，后背板近三角形，有3对边缘毛和1对中央毛；侧毛披针状；在腹面有1块小的胸板向后伸展达基节Ⅱ，包围了第一对腹毛。跗节Ⅰ感棒ω比支持毛ss稍短(图5.317)。生殖孔位于体背末端。

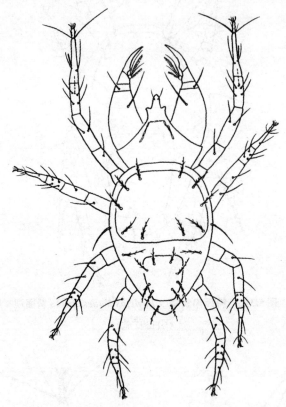

图5.315　特氏肉食螨(*Cheyletus trouessarti*)♂背面观

(引自夏斌)

【孳生习性】　特氏肉食螨是一种捕食性螨类，它能捕食粉螨、叶螨、瘿螨及介壳虫等微小动物，因此可在贮藏谷物中发现，也可以在枯枝落叶层、土壤表层、树皮下和仓鼠的巢洞中发现。该螨未成熟期的发育起点温度为12.9 ℃，有效积温为250.5日度。

该螨属季节性螨类。在四川地区，每年于4~6月、9~11月发生，7~8月不多见。在温度为20~26 ℃、粮食含水量为15.5％时繁殖最快。

此螨亦行两性和单性生殖。单性孤雌生殖，不似普通肉食螨那样，未受精的卵发育产生雄螨。

特氏肉食螨雌螨产卵为集产，每堆有20~40粒。雌螨产卵后，即守护卵旁直至卵全部发育为止。此螨的发育亦由卵、幼螨、二次若螨期，再发育为成螨。在适宜环境条件下，完成一代需2~3周。在发育中无异型雄螨发生。

【国内分布】　主要分布于黑龙江，吉林，辽宁，四川，上海，江西和台湾等地。

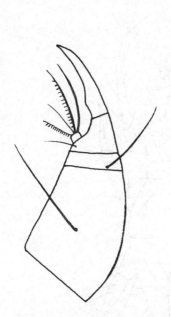 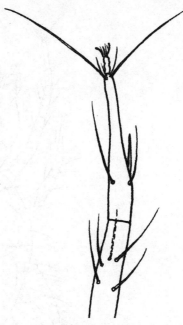

图5.316 特氏肉食螨（*Cheyletus trouessarti*）♂须肢

（引自夏斌）

图5.317 特氏肉食螨（*Cheyletus trouessarti*）♂足Ⅰ胫节和跗节

（引自夏斌）

27. 马六甲肉食螨（*Cheyletus malaccensis* Oudemans，1903）

【形态特征】 雌螨：体长约650 μm；体躯分为颚体和体躯两部分，颚体较大，约为躯体长度的1/3，由喙（R）和须肢（PP）两部分组成。喙管状，顶端为口（M），喙背有小刻点和条纹（图5.318）。须肢（PP）5节，分为转节、股节、膝节、胫节和跗节。须肢股节常短，膨大，外缘凸，宽度与长度相等，胫节爪基部通常有1个呈两叶状的齿，外梳毛比爪长，有齿15个，内梳毛有齿25～30个；须肢可自由活动，其功能如钳，用以捕获粉螨和节肢动物为食（图5.319）。

气门沟M形，在中线和侧枝间有4～5节；颚体气门沟后为复片（Te），气门沟前为前背片（Pr）气门开口于气门沟侧枝后缘，在中线处2个气囊与气门相连，再与微气管相连接（图5.318）。

体躯背面有前背板和后背板2块。前背板大，似梯形，侧缘后缘凸，后缘角圆，几乎覆盖前半体，宽为长的1.2倍，前背板上有4对栉状边缘毛；后背板小，约为前足体板一半，似倒梯形，相对狭长，有3对栉状边缘毛；背片背面有细致条纹，在气门片前方条纹不明显。腰毛与前背板后缘几乎位于同一水平线上。腹面柔软无板，有腹毛5对，第五对腹毛（V）位于尾孔前端同一水平线上。肛毛3对和后肛毛3对；肩毛长矛状，明显长于背毛（图5.318）。

足由转节、股节、膝节、胫节和跗节5节组成。基节腹面表皮愈合不活动。Ⅰ跗节端部为梗节（P），末端有1对爪（C），爪之间为爪垫（Pv），爪垫上着生2根梳毛，梳毛分枝状，顶端膨大。跗节端部围生一些毛，其中有2根光滑长毛。梗节上亦生有毛。叉状毛明显。跗节Ⅰ感棒ω相对粗短，着生在1个隆起上，基部扩大，无支持毛。Ⅰ胫节和膝节有φ毛和δ毛（图5.320）。

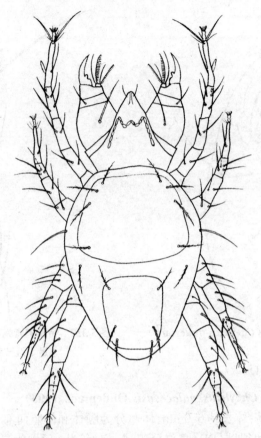

图5.318 马六甲肉食螨（*Cheyletus malaccensis*）♀背面观

（引自夏斌,2004）

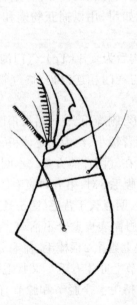

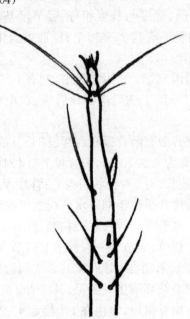

图5.319 马六甲肉食螨（*Cheyletus malaccensis*）
♀须肢

（引自夏斌,2004）

图5.320 马六甲肉食螨（*Cheyletus malaccensis*）
♀足Ⅰ胫节和跗节

（引自夏斌,2004）

雄螨:体长约500μm,颚体大,约为躯体的13/20倍(图5.321)。须肢由5个活动节组成。位于喙两侧。须肢股节特长,内侧膨大,股节毛3根。膝节退化成环,有栉毛1根。跗节的2条梳状毛直;须肢胫节演化为胫爪,爪基部有1个齿,内梳毛有齿8~11个,外梳毛有齿13~15个,内梳毛有齿8~11个(图5.322)。喙短而钝,两侧伸展成翅状翼,翅状翼的一部分盖及须肢的转节,并有2个形状不同的吻齿(RS)。

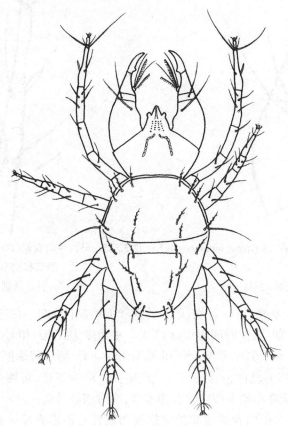

图5.321 马六甲肉食螨(*Cheyletus malaccensis*)♂背面观
(引自夏斌,2004)

气门沟呈帽形,在中线和侧枝间有4~5节;前背板大,宽为长的1.3倍,前背板呈圆梯形,几乎完全覆盖前足体,有4对边缘毛和2对中央毛,后一对中央毛间的距离为它与相应边缘毛间距离的2倍,后背板窄长形,两侧缘稍凸,前缘与前背板后缘相接,后缘窄圆延伸至体躯末端,有5对边缘毛;肩毛长矛状,明显长于背毛(图5.321);跗节Ⅰ感棒粗短,基部膨大,支持毛不明显(图5.323)。

【孳生习性】 马六甲肉食螨广泛存在于储粮、中药材、植物叶片、树皮、地面枯枝落叶和动物巢穴等环境中,是营自由生活的捕食性螨,能捕食粉螨、叶螨、瘿螨及介壳虫等小型动物,可用于害螨的生物防制,是具有重要经济价值的动物类群。可在贮藏的稻谷、大米、小麦中发现,它们捕食粉螨。每只成螨一天能捕食粉螨10只左右,整个胚后发育时期捕食100多只。每只雌螨最多能产卵73个,产卵期可持续6天。雌螨产卵后常有护卵行为。有孤雌生殖与两性生殖2种生殖方式,孤雌生殖产生雄性个体,两性生殖会同时产生雄性个体与雌性个体(Palyvos et al.,2009)。发育中未发现异型雄螨。

图5.322　马六甲肉食螨（*Cheyletus malaccensis*）♂须肢

（引自夏斌,2004）

图5.323　马六甲肉食螨（*Cheyletus malaccensis*）♂足Ⅰ胫节和跗节

（引自夏斌,2004）

该螨生活史有卵、幼螨、第一若螨、第二若螨和成螨5个时期。在进入第一、二若螨和成螨之前,各有1个静休期,静休时间短,各约1天。在温度为25℃、相对湿度为75%～80%的条件下,平均生活史20天,其中卵期4天,幼螨期3.5～4天,第一若螨期5.5～6天。第二若螨期5天。雌螨所产的卵为乳白色,椭圆形,一端略尖。卵为集产,每堆45～80粒。雌螨产卵期约1周,产卵后,常伏在卵堆上或守护在卵堆旁,有时四处寻食。

温度和湿度对马六甲肉食螨雄螨的成螨期和发育总历期有显著影响。在实验室条件下,以腐食酪螨 *Tyrophagus putrescentiae* 为食,发育温度上限与下限分别为37.4～37.8℃和11.6～12.0℃,温度低于15℃时种群将不能繁殖,最适温度在33.1～33.5℃,有效积温为238.1～312.5日度（Palyvos et al.,2009）。雌螨在相对湿度85%时由卵发育为成螨所需的时间最短,平均为16.3天,相对湿度为65%时所需发育时间最长,平均为18.6天;而雄螨在相对湿度为95%时所需发育时间最短,平均为12.6天,在相对湿度为65%时最长,平均为14.7天。

马六甲肉食螨是一种广食性的螨类,能捕食多种害螨。比较马六甲肉食螨对7种储藏物害虫的防制作用,发现其对椭圆食粉螨和害鳞嗜螨的防治十分有效（Cebolla et al.,2009）。而针对某些特定螨类,马六甲肉食螨还可以与据食素（antifeedant）类物质结合起来使用,从而提高害螨防治效率。例如:在储粮中将阿卡波糖（acarbose）与马六甲肉食螨结合起来使用,可以显著提高二者对粗脚粉螨的控制效率,其他一些用于害螨防制的据食素类物质还包括豆粉,硅藻土等（Hubert et al.,2007）。

最新研究表明,马六甲肉食螨还能捕食豌豆修尾蚜,这为该螨的跨界利用提供了有利的证据。

【国内分布】 主要分布于吉林、陕西、山东、河北、河南、四川、安徽、江西、福建、广东、广西、上海、北京、黑龙江、辽宁、台湾等地。

28. 转开肉食螨(*Cheyletus aversor* Rohdendorf,1940)

【同种异名】 无。

【形态特征】 雌螨:体长390～460 μm,呈圆形(图5.324)。颚体大,为躯体长度的1/2～1/1.8,侧臂6节,向后弯,与中部成一钝角。须肢股节外缘凸,内缘略凹,长稍大于宽,胫节爪基部有2个齿,外梳毛有18～20个齿,内梳毛有30～32个齿(图5.325),气门沟Ⅱ型。

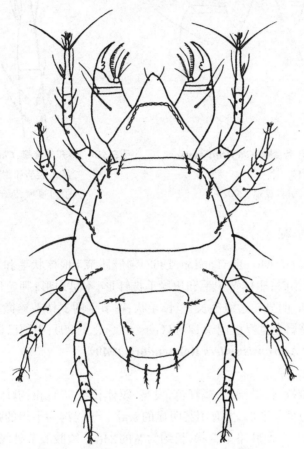

图5.324　转开肉食螨(*Cheyletus aversor*)♀背面观

(引自夏斌,2004)

体躯背侧毛扁平,呈狭匙形,边缘有刺。前背板近矩形,宽为长的1.5倍,有4对边缘毛;后背板小,梯形,有3对边缘毛。侧毛长矛状,明显长于背毛。生殖毛长矛状,肛毛密披短柔毛。

足各节略粗而短,足Ⅰ跗节支持毛*ss*短,支持毛为感棒*ω*长度的两倍,感棒小。足Ⅳ股节有1根刚毛(图5.326)。

雄螨:不详。

【孳生习性】 与其他几种肉食螨类似,转开肉食螨也能捕食粉螨和小型节肢动物,因此能在仓库、树皮和枯枝落叶中发现它的身影,喜生活在面粉与大米中。被该螨捕获的猎物在20～32秒内不能动弹。分布不广,不是我国的常见种。

【国内分布】 主要分布于河南、宁夏、陕西、四川、江西、福建、云南、安徽等地。

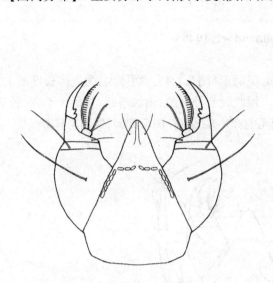 

图 5.325 转开肉食螨(*Cheyletus aversor*)　　图 5.326 转开肉食螨(*Cheyletus aversor*)
　　　　　♀颚体　　　　　　　　　　　　　　　　　♀足Ⅰ胫节和跗节
　　　　（引自夏斌,2004）　　　　　　　　　　　　（引自夏斌,2004）

（二）单梳螨属

单梳螨属(*Acaropsis* Moquin-Tandon,1863)须肢跗节1根梳状毛和3根镰状毛;气门沟为较平坦的圆弧;有小眼;躯体背中毛和边缘毛披针形,不呈扇形;胛毛显著长于其他刚毛;肩毛与背毛形状不同,明显比边缘毛长,呈长矛状;跗节Ⅰ的支持毛ss微小或缺如,跗节Ⅰ～Ⅳ上有爪和爪垫。该属全世界已记录13种(Gerson et al.,1999),中国已记录1种。

29. 阳罩单梳螨(*Acaropsis sollers* Rohdendorf,1940)

【同种异名】 无。

【形态特征】 雌螨:长椭圆形,橘红色,发亮,躯体长约560 μm;颚体与体躯划分十分明显。喙和前复片(Pr)呈圆锥形,上有不甚明显的条纹。气门沟为平坦的弧形,分节均匀。侧肢有4～5室(图5.327)。须肢略呈直状,长约为宽的2倍。须肢股节外缘凸出,股节不膨大,其长为宽的2倍;须肢跗节1根梳状毛,约12个齿,故又称三瘤单梳螨,这根梳毛位于2根光滑镰状毛和1根短棍状毛的一边。胫节爪基部有3～4个形状不规则的齿(图5.328)。

前背板似梯形,角圆,前缘直,侧缘、后缘略凸,饰有不明显的纵条纹,有4对边缘毛和3对中央毛,后背板狭长,远离前背板,四角圆,前后缘略直,侧缘略凹,有刚毛6对(图5.328);前后背板分离,之间的膜上有1对刚毛,背毛均为密齿披针形,栉齿密集;肩毛1对,长矛状,明显比背毛长。足Ⅰ的爪和前跗节比其余各足小,足Ⅰ跗节感棒 ω_1 长,圆柱状,伸达跗节顶部,其支持毛ss短,紧贴感棒 ω 的基部;Ⅰ跗节有1根不成对毛(Az),Ⅰ跗节端部有2根较长背侧毛(Ad),其末端为梗节(p)。梗节上有爪(C)和爪垫(Pv)。Ⅰ胫节 φ 毛及膝节 δ 毛均呈短棒状(图5.329)。Ⅱ跗节 ω 短棒状略弯,着生于靠该跗节端部。背侧毛(Ad)较短,仅伸达梗节(p)端部。梗节上有爪(C)、爪垫(Pv)和2根分枝毛,分枝顶端略膨大。各足股节只有1根梳栉齿状长毛。足Ⅱ、Ⅲ之间的躯体侧缘,有光滑的胛毛1对,较长。

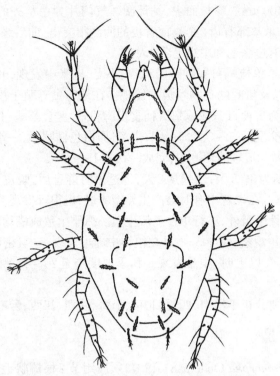

图 5.327 阳罩单梳螨 (*Acaropsis sollers*) ♀ 背面观
(引自夏斌, 2004)

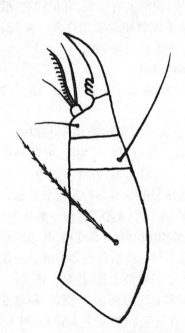

图 5.328 阳罩单梳螨 (*Acaropsis sollers*)
♀ 须肢
(引自夏斌, 2004)

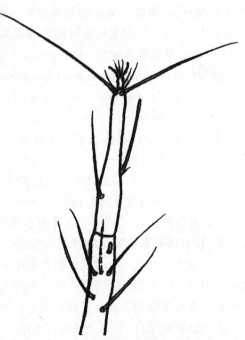

图 5.329 阳罩单梳螨 (*Acaropsis sollers*)
♀ 足 I 胫节和跗节
(引自夏斌, 2004)

雄螨:躯体长约400 μm。喙长而尖,基部阔。气门片为一整齐的拱形。须肢跗节梳状毛约有齿12个。胫节爪基部有齿2个。前背板的两侧很突出,前后缘几成直线,刚毛的排列与雌螨相似。后背板有边缘毛和中央毛各3对。

【孳生习性】 阳罩单梳螨可在贮藏的稻谷、小麦、玉米中发现,并以为害贮藏谷物的粉螨为食,也曾在牛栏以及猪圈的食物垃圾中发现。在地鳖虫养殖土里也分离到了该螨。捕食粮食中的粉螨。极为贪食,1只成螨每天捕食粗脚粉螨、腐食酪螨、长食酪螨8~10只。

阳罩单梳螨雌雄交配后,2~3天即产卵,集产,卵白色椭圆形,一端略尖。在温度为24~27℃、相对湿度为80%~95%的环境中,完成一代需15~21天。

该螨的发育,卵期为3~5天,幼螨期2天,经过短时静息后,蜕皮为第一若螨,再经第二若螨期,即发育为成螨。在发育中有时会产生异型雄螨,但很难发现。

阳罩单梳螨除两性生殖外,亦行单性孤雌生殖。孤雌生殖成螨均为雌螨。

根据陆联高在四川观察,每年5~6月在粮堆中即可发现,一般密度1~2级。夏季高温,粮堆面层温度高达35℃以上时,很难发现。秋季温度降至20~25℃时,常在秋粮入库的粮堆面层发现。

【国内分布】 主要分布于河南、四川、北京、上海、陕西、江西、云南、东北等地。

(三)触足螨属

触足螨属(*Cheletomorpha* Oudemans,1904)须肢跗节2根梳状毛和2根镰状毛;须肢胫节有1个爪;前背片向前延伸为透明褶,约盖及喙的1/3。躯体背面大部分被2块背板所覆盖。前后背板蔽盖躯体背面大部分。有小眼1对。背板和躯体上的侧毛长,并有密集的栉齿,中央毛畸形,不明显。足Ⅰ跗节末端为一细长的梗节,梗节上有爪垫,有爪间突;爪常缺如,或者很小;足Ⅱ~Ⅳ跗节具成对的爪和爪间突。支持毛比感棒ω_1长出许多。有2根很长的背侧毛。该属全世界已记录7种(Gerson et al.,1999),中国已记录1种。

30.鳞翅触足螨(*Cheletomorpha lepidopterorum* Shaw,1794)

【同种异名】 *Acarus lepidopterorum* Shaw,1794; *Cheyletus venuetissima* Koch,1839; *Cheletomorpha venuetissima*(Koch),Oudemans,1904。

【形态特征】 雌螨:躯体长450~550 μm(图5.330)。第一对足细长,躯体橘红色。橘红色素在血腔内,外骨骼无色。前背片向前延伸为透明褶,边缘可以延长为叶,叶的外形常不对称。气门片为环状,无明显分节。须肢跗节内梳毛有一镰状末端,有许多细齿;外梳毛较长,约有齿20个。胫节爪基部有齿1个,并有一薄的凸缘从胫节爪基部伸达跗节基部。须肢股节外缘显著凸出,内缘几乎平直;背面有栉状刚毛3根,腹面有光滑毛2根。躯体菱形,几乎完全被2块表面有细小刻点的背板所蔽盖。前背板的前角有晶状小眼1对,其邻近有长栉状毛3对;后角有长栉状毛1对。在后背板的侧缘有刚毛5对。前后背板各有畸形的背中毛2~3对;背中毛有一短柄,端部念珠状。有胛毛和后肛毛。因股节Ⅰ长,故足Ⅰ特别长,其末端为一退化的前跗节和2条分节的背侧毛。跗节Ⅰ的ω和ss均很长;ss有倒刺,并与跗节约等长。爪一般缺如,但在个别个体可以有小爪。胫节Ⅰ有管毛φ,膝节Ⅰ无管毛(图5.331)。第一对足不作行走用,但在行走时常在颚体前方夸曲成一角度,不断探索前进方向,似有感觉作用。足Ⅱ的爪和前跗节均很发达,ω着生于该节中央处。

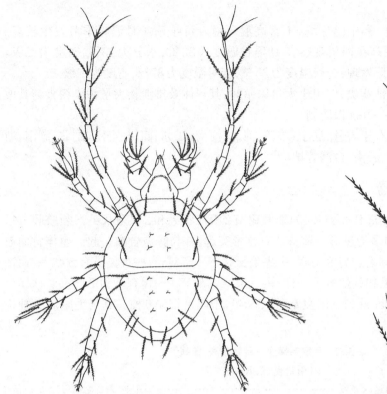

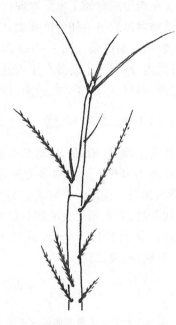

图 5.330 鳞翅触足螨（*Cheletomorpha lepidopterorum*）♀背面观
（引自夏斌，2004）

图 5.331 鳞翅触足螨（*Cheletomorpha lepidopterorum*）♀足Ⅰ胫节和跗节
（引自夏斌，2004）

雄螨：躯体长 320~420 μm。喙长而尖，基部阔。须肢股节外缘稍凸出。胫节爪小，基部有齿2~4个。气门片为平坦的弧形。背毛比雌螨长，排列位置相同。前后背板上的中央毛显著比雌螨长。生殖孔位于躯体末端背面，两侧有短刺3对。第一对足比雌螨更长。跗节Ⅰ的 ω 短，为 ss 之半。

【孳生习性】 鳞翅触足螨能捕食粉螨，因其体色呈橘红色，故有桔色触足螨之称；且因第一对足特别长，所以也叫长足肉食螨。它们有时与普通肉食螨在一起，后者的行动较快，并能捕食前者，使后者的体色也呈红色。鳞翅触足螨最初由 Shaw（1794）在蛾类的翅上发现，故名鳞翅触足螨。

鳞翅触足螨的生殖和发育与肉食螨属相同。有两性和单性孤雌生殖。单性孤雌生殖时，未受精的卵常发育为雌螨。两性生殖时，雌雄交配后即产卵，卵白色，椭圆形，一端略大。卵为孤立的小堆，并由其分泌的小股丝状物把卵堆固定在物体上，雌螨产卵后，不守护在卵旁，自由地到各处寻食。雌螨产卵与温度有一定的关系。在温度为22℃时，食料充足，一天可产5~6粒；在温度为28℃时，不产卵，产下的卵也不易孵化；在温度为35℃以上时，多不食，行动困难，有的甚至死亡。环境适宜，卵经3~5天孵化为幼螨，幼螨无色，柔软，后变黄，体硬后，即四处爬行取食，初食时找一些螨的尸体和卵，在四处爬行时，又多被成螨吃掉；幼螨期的末期开始出现橘红色，并且每经一次蜕皮就加深其色素。幼螨取食3~4天后，进入静休状态，各足向前后伸直，经1天，脱皮变为第一若螨，取食2天，静休1天脱皮变为第二若螨，再经5天后，静息1天脱皮变为成螨。完成一代需20~25天。各发育期均以粉螨和螨卵为食。雄螨较少。

此螨为季节性的螨类,喜中温环境,不喜高温环境。每年5~6月温暖季节发生较多。7~8月高温季节少。陆联高在四川观察,5月稻谷温度为22℃,水分为15%,密度为二级。同月又在四川三台加工米厂发现,砻糠温度为23℃,相对湿度为87%,密度为二级。

鳞翅触足螨虽为捕食性螨类,但由于大量繁殖时,其尸体及排泄物大量污染粮食与其他食品,影响人类健康,仍应一并加以防制。

【国内分布】 主要分布于吉林、辽宁、陕西、河北、河南、江苏、四川、上海、湖北、湖南、浙江、江西、福建、广东、广西、云南、台湾等地。

(四) 真扇毛螨属

真扇毛螨属(*Encheylelia* Baker,1949)须肢跗节2根梳状毛和2根镰状毛。须肢胫节爪基部有齿2~4个。气门沟多为拱形。前背片有锥形突起,并与喙愈合在一起。躯体背面被2块背板覆盖。无眼。背侧毛和肩毛扇状,中央毛云状,6~15对;有些种类没有云状毛,而饰有网状花纹,有些则中央毛和其他背毛一样,也呈扇状。跗节Ⅰ~Ⅳ有爪和爪间突。该属全世界已记录21种(Gerson et al.,1999;夏斌等,2004),中国已记录6种。真扇毛螨属分种检索表(雌螨)见表5.57。

表5.57 真扇毛螨属分种检索表(雌螨)
(引自夏斌,2004)

1. 躯体背板饰有五角形的网状花纹 ································· 网真扇毛螨(*E.reticulata*)
   躯体背板无网状花纹 ·· 2
2. 须肢胫节爪基部有2个齿 ·· 3
   须肢胫节爪基部有3个齿 ··································· 捕真扇毛螨(*E. harpyia*)
3. 足Ⅰ胫节和跗节约等长;足Ⅰ胫节长是最大宽度的5倍 ·········· 中华真扇毛螨(*E. sinensis*)
   足Ⅰ胫节明显比跗节短,约为跗节长的0.65倍;足Ⅰ胫节的长是最大宽度3倍 ········ 4
4. 后背板有6对扇形的边缘毛,须肢膝节腹毛披针形 ·········· 比氏真扇毛螨(*E. bishoppi*)
   后背板有5对扇形的边缘毛,须肢膝节腹毛细长、光滑 ·········· 牲真扇毛螨(*E. taurica*)

31. 网真扇毛螨(*Eucheyletia reticulata* **Cunliffe,1962**)

【同种异名】 *Zachvatkiniola reticulata* Volgin,1969。

【形态特征】 雌螨:躯体长350 μm,颚体较大。喙伸长。前复片(Pr)形似锥体,顶端尖,伸达喙中部。须肢跗节外梳毛镰刀形,与胫爪几乎等长,有齿14~16个;须肢胫节外缘特别膨大,内缘直,胫爪细而弯,爪有基齿3~4个,气门片呈圆拱状,由7节组成。气门沟后方和须肢股节背面有网状花纹,躯体背面的两块背板均饰有网状花纹。前背板似正梯形,前缘、侧缘略凹,后缘微凸,边缘毛4对,中央毛1对,后背板倒梯形,前缘、侧缘略直,后缘略凸,边缘毛4对,中央毛3对,肩毛1对,均为扇状。前后背板均有五角形网纹。体躯侧与末端各有扇状毛1对(图5.332)。跗节Ⅰ感棒ω圆柱状,与ss毛均长,支持毛ss光滑,为感棒长度的2倍(图5.333)。

雄螨:躯体长约240 μm,颚体比雌螨大,背面网状花纹明显,前后背板相连,几乎覆盖躯体大部(图5.334)。跗节Ⅰ感棒与支持毛几乎等长。其他形状与雌螨相似(图5.335)。阳茎为一细长的管状物,在躯体末端开口,生殖孔背面有小乳突3对,乳突上各有小刷1个。

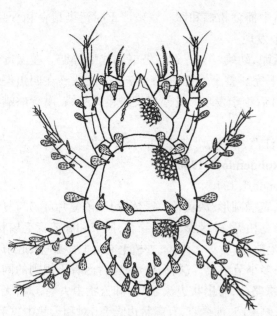

图 5.332　网真扇毛螨（*Eucheyletia reticulata*）
♀背面观
（引自夏斌，2004）

图 5.333　网真扇毛螨（*Eucheyletia reticulata*）
♀足Ⅰ胫节和跗节
（引自夏斌，2004）

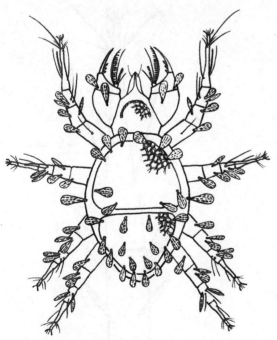

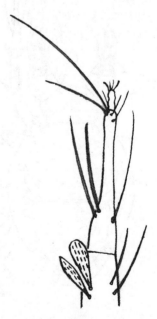

图 5.334　网真扇毛螨（*Eucheyletia reticulata*）
♂背面观
（引自夏斌，2004）

图 5.335　网真扇毛螨（*Eucheyletia reticulata*）
♂足Ⅰ胫节和跗节
（引自夏斌，2004）

【孳生习性】 在仓储粮食和谷物碎屑中捕食粉螨和卵。繁殖严重时污染粮食和食品。与捕真扇毛螨相同,有时在哺乳动物巢穴中发现。

网真扇毛螨行两性生殖。生活史包括卵、幼螨、第一、第二若螨和成螨等期。在温度为23~26 ℃、相对湿度为75%~80%的条件下完成整个发育需20~27天。陆联高在四川渠县观察,每年5月上旬发现,7~9月盛发,11月后难于发现。此螨盛发时粗脚粉螨、腐食酪螨密度较低,是控制粉螨繁殖的自然因子。

【国内分布】 主要分布于上海、四川、江西、福建、广东、广西、台湾等地。

32. 捕真扇毛螨(*Eucheyletia harpyia* Rohdendorf,1940)

【同种异名】 *Cheytetia harpyia* Rohdendorf,1940。

【形态特征】 雌螨:躯体长约360 μm,宽椭圆形,淡黄色。颚体喙长,前复片(Pr)与复片(T)上有不规则网纹。须肢粗壮,股节长和宽相等,外缘膨大,内缘直,股节和膝节背毛扇状,有锯齿,腹面的刚毛短而狭;须肢跗节内梳毛略弯,有许多细齿,外梳毛有齿17~18个,胫节爪细而长,有基齿(Rs)3个,气门片简单,由许多小节组成,气门沟拱形;喙背面有不规则的网状花纹。前背板阔,似梯形,前缘、侧缘直,后缘略凸,有扇状边缘毛4对和云状中央毛5对,无小眼。后背板较阔,向后逐渐变狭,似三角形,侧缘凸,前缘直,有扇状边缘毛5对和云状中央毛6对。肛毛3对,后面的1对扇状,有锯齿(图5.336)。跗节Ⅰ感棒 ω 短杆状,支持毛 ss 很长并有密集栉齿,为感棒长度的2倍以上,几乎伸达跗节端部。Ⅰ胫节有1根短感棒(φ)(图5.337)。

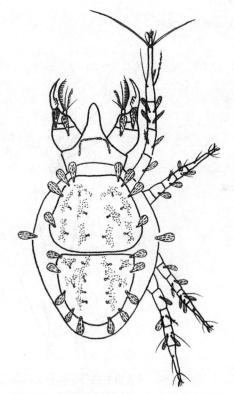

图5.336　捕真扇毛螨(*Eucheyletia harpyia*)
♀背面观
(引自夏斌,2004)

图5.337　捕真扇毛螨(*Eucheyletia harpyia*)
♀足Ⅰ胫节和跗节
(引自夏斌,2004)

雄螨：躯体长约300μm，须肢胫节爪有基齿3个，气门沟拱形；前背板与后背板相接，后背板后缘与体躯后缘相接，前背板相对较大，有边缘毛4对，中央毛3对，后背板边缘毛3对，中央毛2对，均为扇状（图5.338）。跗节Ⅰ感棒几乎和支持毛等长（图5.339）。

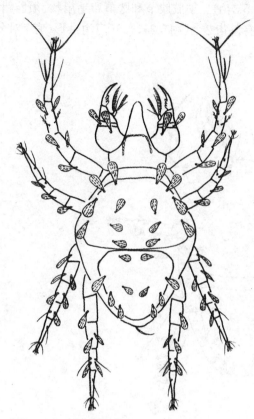 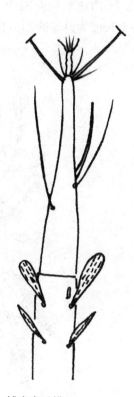

图5.338　捕真扇毛螨（*Eucheyletia harpyia*）　　图5.339　捕真扇毛螨（*Eucheyletia harpyia*）
　　　　　♂背面观　　　　　　　　　　　　　　　　　♂足Ⅰ胫节和跗节
　　　　　（引自夏斌，2004）　　　　　　　　　　　　（引自夏斌，2004）

【螯生习性】　捕真扇毛螨在贮藏粮食中常与粉螨杂生在一起，并取食其卵和幼螨，也可在鸟巢及花蜂巢中发现。行两性生殖，其发育亦由卵经幼螨、第一、第二若螨发育为成螨。在温度为24～26℃、相对湿度为75%～80%的条件下，食物充足，生活史为18～21天。

【国内分布】　主要分布于黑龙江、吉林、辽宁、上海、江西等地。

33. 中华真扇毛螨（*Eucheyletia sinensis* Volgin，1963）

【同种异名】　无。

【形态特征】　雌螨：躯体长460～540μm，须肢跗节外梳毛有齿13个，胫节爪有基齿2个。前背板有扇状边缘毛4对和云状中央毛8对，后背板有扇状边缘毛5对和云状中央毛8～9对。跗节Ⅰ和胫节Ⅰ等长，跗节Ⅰ感棒小，支持毛退化。

该种由Volgin V. I.于1963年命名，模式标本采自中国云南的老鼠身体上。

【螯生习性】　中华真扇毛螨常栖息于谷物和地脚粮中，常与其他储藏物螨类生活在同一生境，捕食其他螨类，并污染谷物。该螨的螯生习性与网真扇毛螨类似。

【国内分布】　主要分布于云南、台湾。

34. 比氏真扇毛螨（*Eucheyletia bishoppi* **Baker**，**1949**）

【同种异名】 无。

【形态特征】 雌螨：躯体长510 μm，前背板有4对扇状边缘毛和7对云状中央毛，后背板有6对扇状边缘毛和8对云状中央毛（图5.340）。须肢股节和膝节背毛扇状，须肢跗节外梳毛有齿15个，内梳毛有齿24个，胫节爪有基齿2个（图5.341），气门沟拱形，有7对分节。跗节Ⅰ支持毛长度为感棒的2倍（图5.342）。

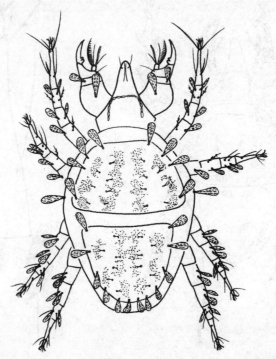

图5.340 比氏真扇毛螨（*Eucheyletia bishoppi*）♀背面观
（引自夏斌，2004）

图5.341 比氏真扇毛螨（*Eucheyletia bishoppi*）
♀须肢
（引自夏斌，2004）

图5.342 比氏真扇毛螨（*Eucheyletia bishoppi*）
♀足Ⅰ胫节和跗节
（引自夏斌，2004）

　　雄螨:躯体长312μm,须肢跗节外梳毛有齿19个,内梳毛有齿22个,胫节爪有基齿1个,气门沟帽状,有7对分节。前背板有4对边缘毛和3对中央毛,后背板有4对边缘毛和2对中央毛,均为扇状(图5.343)。跗节Ⅰ感棒长,支持毛长度为感棒的1/2.5倍(图5.344)。

　　【孳生习性】　比氏真扇毛螨常栖息于粮仓和各种贮藏物中,以其中螨类及其他小型节肢动物为食。

　　【国内分布】　主要分布于广西。

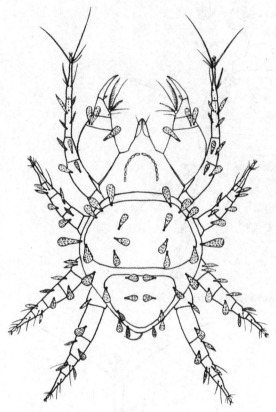

图5.343　比氏真扇毛螨(*Eucheyletia bishoppi*)♂背面观

（引自夏斌,2004）

图5.344　比氏真扇毛螨(*Eucheyletia bishoppi*)♂足Ⅰ胫节和跗节

（引自夏斌,2004）

35. 牲真扇毛螨(*Eucheyletia taurica* Volgin,1963)

　　【同种异名】　*Cheyletus flabellifer* Michael,1878。

　　【形态特征】　雌螨:躯体长390~500μm,躯体淡黄色,菱形(图5.345)。前复片(Pr)骨化,有分节突缘横贯前复片(Pr)。须肢跗节外梳毛有齿14个或15个,内梳毛有齿30个;胫节爪有基齿2个,内面有一薄的凸缘,有胫节毛1条。须肢股节外缘凸出,仅背毛扇状,膝节背毛扇状,腹毛光滑;膝节有一小型的、圆柱状的须肢气门器(Po)(图5.346)。气门片为一平坦而弯曲的管状物,分节明显,气门沟拱形;背面有2块背板,互相分离,前足体板较后背板大。前背板梯形,几乎覆盖前足体,前缘窄,后缘宽,四边略凸,角圆,有4对扇状边缘毛和7~8对云状中央毛,无小眼。后背板有5对扇状边缘毛和8对云状中央毛,两背板间有扇状刚毛1对,肩毛1对,扇状;腹面无胸板。尾孔不位于躯体末端,周围有6对光滑毛和1对扇状毛。足短,前跗节发达。跗节Ⅰ的ω着生在中央处,并几达前跗节的基部,支持毛ss明显,为

感棒 ω 长度的一半。胫节Ⅰ和膝节Ⅰ有短柱状管毛 φ 和 σ。大多数足上的刚毛为扇状,但胫节和跗节腹面的刚毛稍有栉齿(图5.347)。

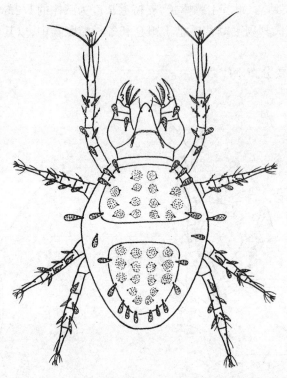

图5.345　牺真扇毛螨(*Eucheyletia taurica*)♀背面观

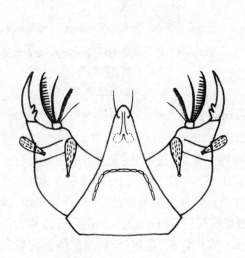

图5.346　牺真扇毛螨(*Eucheyletia taurica*)
♀颚体

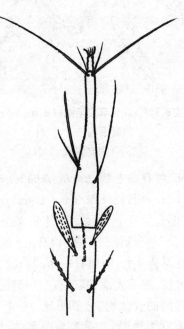

图5.347　牺真扇毛螨(*Eucheyletia taurica*)
♀足Ⅰ胫节和跗节

雄螨:躯体长约320μm,与雌螨很相似。须肢和喙较长,须肢(PP)股节长,外缘凸,内缘凹。胫节爪基部无齿。躯体背面几乎完全被2块背板所蔽盖。阳茎长而弯曲,生殖孔周围有小刺4对。足Ⅰ比雌螨细长,Ⅰ跗节的ω很长,超过跗节的末端。足Ⅰ末端爪较足Ⅰ~Ⅳ爪短。体背几乎为2块背板所覆盖。无腹板。

【孳生习性】 牲真扇毛螨又名密小扇毛螨、扇毛肉食螨,常栖息于稻谷、小麦、大米、甘薯干及米糠、地脚粮中并常与粉螨科的螨类在一起生活。有时在仓地的尘屑和鼠穴中发现,也可在野蜂窝中发现。捕食仓库贮存谷物、食品、副产品中的粉螨幼螨和卵,并污染食品。

该螨的生殖方式行两性生殖。雌雄交配后,即产卵,每次产2~3粒。雌螨产下的卵是成堆的,有保护其卵的习性。卵经7~8天孵化为幼螨。幼螨取食为3~5天;进入静休期;经1~2天后,脱皮变为第一若螨。取食2~3天,经静休1~2天后,变为第二若螨,再发育为成螨。在温度为20~23℃、相对湿度为83%的情况下,完成一代需时3~4周。

根据陆联高(1980)在四川地区观察,4~6月及9~11月在仓储粮食中易发现,7~8月高温季节难于发现。曾于5月上旬在三台粮库、渠县城郊粮库检查发现,当稻谷粮堆温度为22~24℃,水分为14.2%~15.5%时,其密度为一级。因此,夏季晒粮是防制此螨有效方法之一。

【国内分布】 主要分布于长春、山东、上海、浙江、四川、江西等地。

(邹志文,夏 斌)

十、拟肉食螨科

拟肉食螨科(Pseudocheylidae Oudemans,1909):小型螨类,体型菱形;有细长的气门;螯肢游离,有小型镰刀状、可移动的动趾;须肢五节;前足体背部有背板或无;1对简单到稍膨大的假气门器官,4对或更多的触毛,无眼或两对眼;前足体和后足体由宽阔的沟分离;背侧和腹侧各有8对或更多刚毛;无生殖盘;足有分开的腿节;营自由生活。

拟肉食螨属

拟肉食螨属(*Pseudocheylus* Berlese,1888)形态特征为:须肢3节;2对眼;每条腿末端有1个带柄的跗节,有2个爪子和1层膜。

36. 一种拟肉食螨(*Pseudocheylus* sp.)

【同种异名】 无。

【形态特征】 雌体:体长570μm,梭形,足Ⅱ、Ⅲ之间两侧略向外凸,然后向腹末内缩,使后半体略呈三角形,腹末后缘呈裂口状。体毛密栉状。喙前端略凹。气门器呈"W"形,由若干节组成,位于螯肢基部。螯肢前端平凹,伸达须骭节前端。须腔、转节仅为股节长的1/2,股节长,外缘略凸,内缘略凹,着生2对密栉状毛,膝节较短,胫爪基部内侧有2个斜生平行呈尖指状突起,无梳毛,跗节退化。

腹面肛门位于腹末,后缘常呈裂口状,无生殖盘。

各足以足Ⅰ最长,Ⅰ跗节之长等于胫节与膝节之和。足各节呈圆筒形,跗节爪间突长梗圆头状。

【孳生习性】 营自由生活,常在大米、小麦粉、玉米及粮食加工厂副产品如米糠中与肉食螨科、粉螨科的螨类生活在一起。在粮食仓库、米面加工厂能采集到该螨。

此螨属捕食性螨类，常捕食粉螨卵、幼螨和小昆虫。在温度为25～30℃、相对湿度为80％以上的环境中，繁殖较快，20～35天完成生活史。此螨繁殖密度大时，不但污染粮食，还导致粮食发热霉变。

【国内分布】　主要分布于四川阆中、江西等地。

（邹志文，夏　斌）

十一、吻体螨科

吻体螨科（Smaridiidae Kramer, 1878）：吻体螨形态独特，种类较少。据Beron（2008）确认，吻体螨科共有11属55种，此后Mąkol et Wohltmann（2012）修正为9属49种，随之Sala-rzehi et al（2012）又描述了一个新种，共50种。其中，38种仅采到活跃的幼虫后型，7种仅采到幼虫，只有5种两者皆有。吻体螨躯体通常为椭圆形，着生有相当长的腿和1～2对眼，幼螨后期有1个宽大的、带有口器的颚体（Meyer et Ryke, 1959）。整个体躯通常密布厚厚的毛，有时像仙人掌。躯体背面有1对敏感区，相互之间可能有亦或没有通过1条狭窄的沟沟状外突嵴连接起来。

关于吻体螨生物学的详细研究颇少（Wohltmann, 2010），但是像其他寄生虫一样，吻体螨表现出特殊的生命周期，其幼螨是寄生性的，第二若螨和成虫是捕食性的，而幼螨期、第一和第三若螨期的虫态是不动的（Womersley et Southcott 1941; Zhang 1995a, b; Wohltmann 2000）。据报道吻体螨幼螨后活跃龄期后肢可能变粗，头嵴可能超过躯体长度的一半（Southcott, 1961a），此时吻体螨幼螨后活跃龄期是小型昆虫和其他节肢动物的猎食者（Southcott, 1961b）。然而，在对一些欧洲物种进行的详细实验室研究中，Wohltmann（2010）认为，幼螨后期通过进化出宽大的颚体以适应在狭小空间搜寻昆虫卵，从而主要以昆虫卵为食。在同一项研究中，观察到吻体螨成螨白天在石头或裂缝下基本静止不动，但在夜间缓慢爬行。当水分流失时，吻体螨显示出一些独有的特性，至少可以周期性地在干燥的环境中生存（Witte 1998; Wohltmann, 1998; Wohltmann et al., 2001）。吻体螨分布极为广泛，除南极洲外，在世界各地都能找到吻体螨，它们出现在草地和枯枝落叶生境中（Southcott, 1961a, 1963, 1995）。

费索螨属

费索螨属（Fessonia von Heyden, 1826），雌螨体躯长卵圆形，体红色，有光泽。颚体小，能伸入体内。须肢位于颚体两侧，伸出螯肢末端，须肢5节，跗节顶端有爪状刺。前足体肩宽，前缘尖，后半体末端圆，体两侧足处略凹。体表密生缘缨状毛，排列有序，体背有细刻点和不明显网纹。前足体背中央有细长中间与两头膨大呈圆形的头脊（crista），头脊中间与下端膨大处各着生2根节状长毛。眼2对，位于头脊两侧，前1对眼较大，后1对眼小。

费索螨营自由生活，喜欢栖息在阴暗、潮湿、温暖的环境中，在温度为20～26℃、相对湿度为84％～90％的孳生物中常与其他螨类混合发生。除非洲热带地区和大部分近北极地区外，费索螨属的分布范围遍及全球各个生态系统。

37. 陆氏费索螨（*Fessonia lui* Ye，2019）

【形态特征】　躯体长卵圆形，红棕色，具光泽。雌螨（图5.348），躯体长卵圆形，红棕色，具光泽。躯体长（颚体前端至躯体后缘）约158.2 μm，宽约49.6 μm。颚体结构显著，狭长，约69.2 μm，部分插入躯体内。须肢5节，位于颚体两侧，比螯肢长，顶端爪状分叉。螯肢剑状，着生在两须肢中间。躯体背面有细刻点和不明显的网纹，靠近足Ⅱ基节内侧与头脊两侧之间各有眼1对，靠近前端的一对较大，其后的一对较小。前足体似肩宽，前缘略尖，后半体从前足体起向后逐渐变窄，末端顿圆。躯体两侧在足Ⅲ、Ⅳ间略凹。体表着生缘缨状毛，毛密而粗壮且排列有序。前足体背面有一狭长的前足体背板，亦称头脊（crista）。这是1块狭长的骨片，从螯肢基部向后延伸，两头和中间膨大，中间和下端膨大处各着生2根栉状长毛。足4对，足各节均呈粗细不一的圆柱形，足上着生缘缨状毛，毛粗壮，密而有序。足Ⅰ最长，足Ⅱ、Ⅲ较短，足Ⅳ比足Ⅱ、Ⅲ长。足Ⅰ、足Ⅱ、足Ⅲ和足Ⅳ的长度依次约为155.4 μm、105.2 μm、101.3 μm和138.6 μm。足Ⅰ前跗节膨大，呈长椭圆形或莲子形，具爪，无爪间突，爪从前跗节生出后分成2叉。足Ⅱ、足Ⅲ和足Ⅳ的前跗节不膨大，端部具爪无爪间突，爪从前跗节生出后也分成2叉（图5.349）。生殖器官和肛孔不显著。

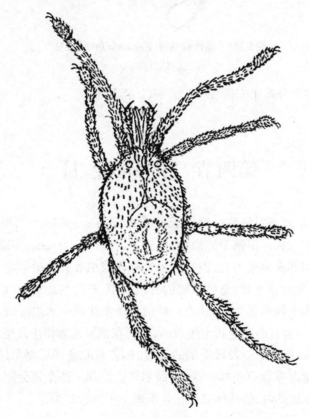

图5.348　陆氏费索螨（*Fessonia lui*）♀背面观
（引自叶向光）

【孳生习性】　费索螨喜生活于较湿的加工厂米糠和碎屑粮中。在温度为20～26 ℃、相对湿度为84%～90%的环境中大量发生。多孳生于粮食仓库、副食品仓库、碾米厂、雀巢鼠窝和成堆的落叶中，孳生物为潮湿的米糠、谷物碎屑、霉变的菌物、中药材，常捕食其他螨类和微小节肢动物。

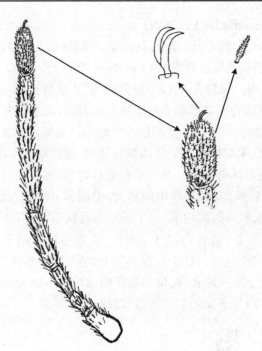

图5.349　陆氏费索螨(*Fessonia lui*)左足 I
（仿陆联高）

【国内分布】　主要分布于安徽、四川、云南、江西等地。

（湛孝东）

第四节　甲 螨 亚 目

甲螨(oribatid mites)是对蜱螨亚纲(Acari)疥螨目(Sarcoptiformes)甲螨亚目(Oribatida)一类小型节肢动物的总称。甲螨个体微小,体长多为300~700 μm。甲螨的食性较为复杂,大多数以腐殖质碎屑和真菌类为食,但有时也会捕食线虫和其他微生物。甲螨在世界范围内均有分布,其主要生活在土壤、落叶系统的有机层中,苔藓与地衣上,以及植物地表部分,或在地面植被和土壤之间移居生存,还有一些适应了水生或半水生环境。与仓储有关的甲螨,多生活在潮湿有苔藓真菌的仓脚土壤表面,有时在潮湿地脚粮中发生。甲螨要求湿度一般都很高,均在90%以上,所以发现甲螨的地方,标志着贮藏环境潮湿(陆联高,1994)。家庭植物盆栽土壤中也时常会有甲螨的身影,偶尔也会发现一些个体会随着空气流动或伴随人类携带物品等进入居室内,但其环境往往并不适于甲螨长期生存。

甲螨亚目特征如下:

体表与体型　甲螨体形多样,大部分甲螨体表坚硬,由钙盐等物质矿化形成。甲螨体色多为褐色或深褐色,有些类群颜色较浅。甲螨体表光滑,或有各种凹孔、刻纹或凸起。许多类群体表覆有1层白色或灰色蜡被。一些甲螨将有机质或矿物碎屑黏附在蜡被上,一些种类还保留着不同发育时期的蜕皮。甲螨可分为颚体(gnathosoma)和躯体(idiosoma)两部分。其中,躯体包括前背板(prodorsum)、后背板(notogaster)、基节区(coxisternum/coxisternal region)、肛殖区(anogenital region)和足体(podosoma)。甲螨体型可分为4种,即全缝型(ho-loid)、分缝型(dichoid)、折缝型(ptychoid)和三缝型(trichoid)。甲螨基本形态结构见图5.350。

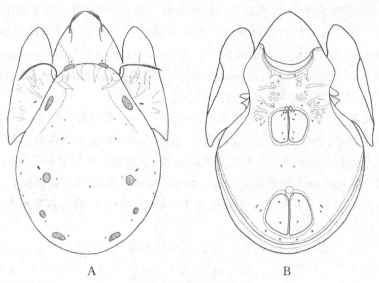

图5.350　甲螨背腹面结构
A.背面观;B.腹面观
(潘雪和刘冬绘)

颚体　由下颚体(subcapitulum)或颚体底(infracapitulum)、1对须肢(palpus)和1对螯肢(chelicera)三部分组成。下颚体包括基部的颏(mentum)、成对的颊(gena)和助螯器(rutellum)。颏通常具有1对或2对刚毛(h),颊具1对粗毛(a)和2对细毛(m),侧唇(lateral lip)具3对口侧毛(or)。须肢通常由5节组成。其中跗节表面通常着生具感觉作用的刚毛、感棒(solenidion,ω)、荆毛(eupathidia,acm,ul,su)以及隙孔,其他4节的毛序通常为0-2-1-3。螯肢多分为动趾(movable digit)和定趾(fixed digit)两部分,通常着生2对刚毛cha和chb。螯肢的形状是重要的分科依据。

前背板　前背板向前方延伸形成吻(rostrum)。吻边缘光滑、卷曲、具齿或形成各种凹陷和突起,是形态分类的重要特征。前背板基部光滑,或具微突、网状和其他衍生的结构。许多甲螨类群前背板中部或侧面具1对纵向延伸的刀片状结构,称为梁(lamella)。梁的形状多样,有的仅为微弱的低隆起线,甚至缺失;有的发达成板状,甚至基部或中部愈合。梁通常起于感器窝(bothridium),一些类群的梁由横梁(translamella)相连。梁前端游离于前背板之上的齿状或刀状等结构,称为梁尖突(lamellar cusp),梁毛(lamellar seta)通常着生于此。梁、横梁与梁尖突的有无、形状、大小与位置,以及梁毛的形状与着生位置,均是形态分类的依据。前背板通常具6对刚毛,其中吻毛(rostral seta)、梁毛(lamellar seta)和梁间毛(interlamellar seta)一般沿前背板中轴前后成对排列。1对盅毛(trichobothrium)分别位于前背板后侧两边,由碗状或杯状感器窝(bothridium)和形态各异的感器(sensillum/bothridial seta)组成。感器外毛(exobothridial seta)通常有2对,位于感器窝腹面外侧。

后背板　在多数类群中为一整块,通过围腹缝与前背板和腹区分开。后背板与前背板交界处为完整或不完整的背颈缝。后背板表面通常光滑或具各种雕纹。一些种类后背板具瘤突、刺或脊(crista)。肩区结构简单或具各种突起结构,短孔型甲螨(有翅型)肩部往往扩展成板状或膜状结构,即翅形体(pteromorph),翅形体形状多样,可隐藏全部或部分收缩的足体。翅形体基部形成完整或不完整的铰链(hinge)。除短孔型甲螨外,后背板毛通常为16对。其他甲螨后背板毛多为15对或10对,也有多于或少于10对。后背板毛数量、相对位置、形状以及大小均是重要的鉴定特征。大部分甲螨后背板具1对末体背腺(opisthonotal glands/oil glands),开口于后背板中部侧方。隙孔(lyrifissure)一般有5对,从前至后依次为 *ia*、*im*、*ip*、*ih* 和 *ips*。许多类群后背板具有分泌性腺体,如孔区(porose area)和背囊(saccule)。孔区一般有4对,从前至后命名为 *Aa*、*A1*、*A2*、*A3*。

基节区 足基节与腹板愈合,形成基节板(epimere)。基节板一般为4块,有些种类基节板呈现不同程度愈合;各基节板边界清晰明显,有的边缘模糊或中间断开。基节板间具骨化的片状结构基节条(apodeme)。除上述基本结构外,一些短孔甲螨股种类各还具足盖(pedotectum)、分突(discidium)和围足隆突(circumpedal carina)等结构。基节板上着生有基节毛(epimeral seta),可用毛序来表示。基节板毛序一般为3-1-3-4,表示基节板Ⅰ~Ⅳ分别着生3、1、3、4对刚毛。

肛殖区 肛殖区位于基节区后方,包括生殖孔和肛孔,分别着生有1对生殖板(genital plate)和肛板(anal plate),其上有生殖毛(*g*)和肛毛(*an*)。在大孔型甲螨中,生殖孔和肛孔极大,前、后缘相互靠近,占据殖肛区全长,生殖板和肛板外侧各有1对细长的殖侧板(aggenital plate)和肛侧板(adanal plate),其上着生有殖侧毛(*ag*)和肛侧毛(*ad*)。低等甲螨往往属于大孔型。在短孔型甲螨中,生殖孔和肛孔较小,二者一般分开较远,位于一明显的腹板上,殖侧板和肛侧板与腹板愈合不可辨。肛殖区毛数量可用毛序表示,如 9-1-2-3 表示:由前至后依次代表生殖毛、殖侧毛、肛毛、肛侧毛的数量分别为9对、1对、2对和3对。高等甲螨往往属于短孔类。肛侧板上着生肛侧隙孔(*iad*);肛板上有时具肛隙孔(*ian*)。肛侧隙孔与肛孔的相对位置也是重要的鉴别特征之一。

足 4对,呈圆柱状,大多甲螨足都由5节组成,即转节(trochanter)、股节(femur)、膝节(genu)、胫节(tibia)、跗节(tarsus)。跗节末端跗端节为爪(claw),包括单爪(monodactylous)、三爪(tridactylous)和双爪(bidactylous)3种类型。足上着生有各种形状的毛,根据结构的不同,可将足上的毛分为简单毛(simple seta)、荆毛(acanthoides)、感棒(solenidion)、芥毛(famulus)。足上的毛的数量和类型可用足毛序来表达,如Ⅰ:1-5-3(1)-4(1)-19(2),即步足Ⅰ转节、股节、膝节、胫节和跗节毛的数量依次为1、5、3、4和19,膝节、胫节和跗节上着生的感棒数量为1、1和2。

甲螨亚目分类如下:

甲螨隶属于节肢动物门(Arthpropoda)蛛形纲(Arachnida)蜱螨亚纲(Acari)。关于甲螨的分类地位,代表性的观点有以下几种,一是 Baker et Wharton(1952)认为的 Oribatei(甲螨总股)(属于蜱螨目 Acarina,但未指明其亚目地位,后来将其放入疥螨亚目 Sarcoptiformes);二是 Krantz(1978)提出的 Oribatida(甲螨亚目)(属于真螨目 Acariformes);三是 Evans(1992)提出的 Oribatida(甲螨目)。而本章节采用的分类系统是目前普遍接受的 Krantz et Walter(2009)的观点,认为甲螨亚目(Oribatida)是归属于真螨总目(Acariformes)疥螨目(Sarcoptiformes),但不包括无气门股(Astigmatina)在内的所有类群。

截至目前,全世界已知甲螨163科1323属11516种(Subías,2023),但估计这仅为全球甲螨实际种数的10%～20%(Schatz,2002;Balogh et Balogh,1992)。虽然种类多,新种还在不断更新,但已知的与家栖有关的常见类群尚不多。我国目前记载有广缝甲螨科(Cosmochthoniidae)、丽甲螨科(Liacaridae)、尖棱甲螨科(Ceratozetidae)、若甲螨科(Oribatulidae)和菌甲螨科(Scheloribatidae)5科5属6种。甲螨亚目分科检索表见表5.58。

表5.58　甲螨亚目分科检索表

1. 大孔型,生殖板和肛板相接;后背板具横缝 ……………………………… 广缝甲螨科(Cosmochthoniidae)

短孔型,生殖板和肛板分离;后背板无横缝 ………………………………………………………… 2

2. 后背板无孔区和背囊;翅形体缺如 ……………………………………………… 丽甲螨科(Liacaridae)

后背板具孔区或背囊;翅形体存在或缺如 …………………………………………………………… 3

3. 侧盾板和颊缺存在;足盖Ⅰ发达;肛后孔区通常存在 ………………………… 尖棱甲螨科(Ceratozetidae)

侧盾板和颊缺缺如;足盖Ⅰ不发达;肛后孔区缺如 …………………………………………………… 4

4. 翅形体或肩突通常存在;后背板具背囊;生殖毛1～4对;前梁通常存在,亚梁存在……………………
…………………………………………………………………………………………… 菌甲螨科(Scheloribatidae)

翅形体或肩突缺如;后背板具孔区;生殖毛4～5对;前梁与亚梁缺如 ………… 若甲螨科(Oribatulidae)

一、广缝甲螨科

广缝甲螨科(Cosmochthoniidae Grandjean,1947):后背板具2～3条横缝;后背板毛16对,其中e和f毛着生于横缝上,后背板毛中至少有4对毛长于其他毛或呈叶状、羽状;生殖板完整,生殖毛10对;肛毛和肛侧毛2～4对。

广缝甲螨属

Cosmochthonius Berlese,1910;Type species:*Hypochthonius lanatus* Michael,1885.

Cosmochthonius:Sellnick,1928;Willmann,1931;Grandjean,1931;Balogh,1943,1963,1965,1972;Radford,1950;Baker et Wharton,1952;van der Hammen,1959;Beck,1962;Ghilarov et Krivolutsky,1975;Fujikawa,1980;Gordeeva,1980;Lee,1982;Balogh et Mahunka,1983;Marshall,Reeves et Norton,1987;Balogh et Balogh,1988,1992,2002;Ayyildiz et Luxton,1990;Fujikawa,1991;Sanyal,2000;Seniczak,Penttinen et Seniczak,2011;Subías et Shtanchaeva,2012b.

Cosmochthonius(*Cosmochthonius*):Subías,2004;Subías et Shtanchaeva,2012a;Jorrin,2014.

广缝甲螨属(*Cosmochthonius* Berlese,1910):后背板被3条横缝分隔为4块板;后背板毛e和f长,羽状,分别着生于第二和第三横缝上;前背板毛、h毛和ps毛短或中等长度,羽状;爪式通常为2-3-3-3,偶为同型双爪。

1. 羽广缝甲螨(*Cosmochthonius plumatus* Berlese,1910)

Cosmochthonius plumatus Berlese,1910:221. / *Cosmochthonius plumatus*:Oudemans,1916;Womersley,1945;Grandjean,1950a;van der Hammen,1959;Beck,1962;Ghilarov et Krivolutsky,1975;Gordeeva,1980;Lee,1982;Balogh et Mahunka,1983;Castagnoli et Pegazzano,1985;Kamili,Wallwork et Macquitty,1986;Marshall,Reeves et Norton,1987;Ayyildiz et Luxton,1990;Gil,Subías et Candelas,1991;Mahunka et Mahunka-Papp,1995,

2004；Bayartogtokh，2010；Subías et Shtanchaeva，2012b. / *Cosmochthonius* (*Cosmochthonius*) *plumatus*：Subías，2004；Subías et Shtanchaeva，2012a. / *Cosmochthonius plumatus*：Xin，1965；Wang，Wen et Chen，2002；Chen，Liu et Wang，2010.

【形态特征】 体淡黄色，骨化弱。长300 μm，后背板宽170 μm（图5.351）。吻端朝腹面弯曲；吻毛和梁毛粗壮，覆长刺毛，呈羽状；梁间毛与感器后毛略短，覆长刺毛；感器前毛短小，覆短刺；感器基部细长光滑，端部尖，后2/3部分加粗，覆短刺。后背板具3条横缝，将后背板分隔为4块板（Na、Nm$_1$、Nm$_2$和Py）；后背板毛16对，*c*和*d*毛相对较短，覆刺；*e*和*f*毛长，覆长刺毛，着生于第二和第三横缝上；*h*和*ps*毛较短且粗壮，覆刺毛。生殖板与殖侧板愈合，其上着生10对刚毛，覆刺；肛板与肛侧板分离，分别着生4对肛毛和4对肛侧毛。基节板毛序为3-3-2-4，爪式为2-3-3-3。

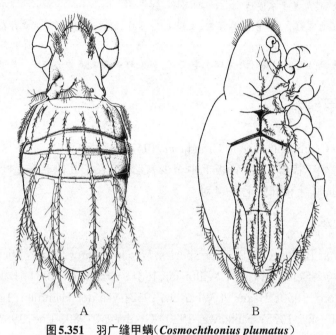

A   B

图5.351 羽广缝甲螨（*Cosmochthonius plumatus*）

A. 背面观；B. 腹面观

（仿Kamili，Wallwork et Macquitty 1986）

【孳生习性】 被害物：稻谷。栖息场所：仓库、米面加工厂、地脚粮。生物学特性：该种螨类喜阴喜潮湿，在草地、仓库潮湿地面和发霉粮库中易发生。

【国内分布】 主要分布于上海。

二、丽甲螨科

丽甲螨科（Liacaridae Sellnick，1928）：体表光滑；吻端具齿，梁斜向内侧，中部彼此愈合，梁尖突有或无；后背板毛10对，细短或仅具毛窝，其中2对着生于肩部；生殖板与肛板远离；生殖毛4～6对。

丽甲螨属

Liacarus Michael,1898:40. Type species:*Oribata nitens* Gervais,1844.

Leiosoma Nicolet,1855:439; "nom. praeoc." by Stephens,1829.

Leuroxenillus Woolley et Higgins,1966:218; Balogh et Balogh,1992.

Stenoxenillus Woolley et Higgins,1966:212; Subías,2004; Woolley,1970,1972.

Dorycranosus Woolley,1969:184; Aoki,1971.

Liacarus: Hull, 1916; Willmann, 1931; Balogh, 1943, 1963, 1965, 1972; Radford, 1950; Baker et Wharton, 1952; Woolley, 1958, 1967, 1968, 1969; Sellnick, 1928, 1960; Kunst, 1971; Aoki, 1971, 1980; Ghilarov et Krivolutsky, 1975; Marshall, Reeves et Norton, 1987; Balogh et Balogh, 1988, 1992, 2002; Fujikawa, 1991; Grobler, Ozman et Cobanoglu, 2003; Subías,2004; Subías et Shtanchaeva,2012.

丽甲螨属(*Liacarus* Michael,1898):体表光滑;梁发达,内倾,中部愈合,前背板两侧通常不被覆盖;感器梭状;后背板毛10～12对,短小或仅见毛基窝,肩部具2对;生殖毛6对;各足跗节具3个爪。

2. 直角丽甲螨(*Liacarus orthogonios* Aoki,1959)

Liacarus orthogonios Aoki,1959:16. / *Liacarus* (*Liacarus*) *orthogonios*:Subías,2004. / *Liacarus orthogonios*:Aoki,1991;Wen,1991;Wang,Hu et Yin,2000;Wang,Wen et Chen, 2002;Chen,Liu et Wang,2010.

【形态特征】 体黄褐色,长为900 μm,后背板宽为570 μm(图5.352)。吻前缘中央齿圆钝,两侧齿略呈三角形,末端尖;吻毛着生于侧盾板内侧;梁尖突短,外突窄,内侧略平直,向

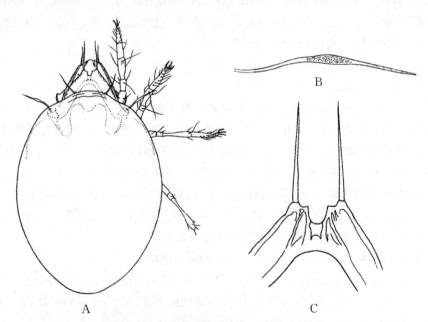

图5.352 直角丽甲螨(*Liacarus orthogonios*)

A.背面观;B.感器;C.梁、尖突和梁毛

(仿Aoki,1959)

内扩展,长于内突,两内突之间呈"U"形凹口;梁毛着生于梁尖突外突;吻毛、梁毛和梁间毛均覆小刺,其相对长度为 $in>le>ro$;感器长,中部膨大,两端细长,膨大部分和末端覆微小刺。后背板椭圆形;后背板毛10对,均不明显。生殖毛6对;肛毛2对;隙孔 iad 位于肛板前缘两侧,几乎横向。各足跗节具3个爪。

【孳生习性】 被害物:小麦麸皮、饲料、地脚尘屑粮。栖息场所:粮食仓库、饲料厂、面粉厂,有时还栖息于仓房附近或在仓脚土壤腐烂的落叶层生活。生物学特性:该种螨类喜在潮湿发霉的粮食与饲料中生活取食。在温度为24~27℃,相对湿度为90%的条件下生长繁殖。有时在加工副产品麦麸中发现。此螨行动快,自由生活。行间接两性生殖。每年4月发生,6~9月大量发生。常污染粮食和食品。

【国内分布】 主要分布于吉林、辽宁、湖北、四川、重庆、台湾。

三、尖棱甲螨科

尖棱甲螨科(Ceratozetidae Jacot,1925):前背板梁发达,内侧倾斜;梁顶端着生梁毛;具侧盾板;感器短;后背板毛10~15对;翅形体较小,腹侧卷曲;生殖毛4~6对。

尖棱甲螨属

Ceratozetes Berlese,1908:4. Type species:*Oribata gracilis* Michael,1884.

Ceratozetella Shaldybina,1966:226; Behan-Pelletier,1984; Balogh et Balogh,1992; Behan-Pelletier et Eamer,2009.

Ceratozetes:Sellnick,1928,1960; Willmann,1931; Balogh,1943,1963,1965,1972; Radford,1950; Baker et Wharton,1952; Ghilarov et Krivolutsky,1975; Behan-Pelletier,1984; Marshall,Reeves et Norton,1987; Balogh et Balogh,1990,1992,2002; Fujikawa,1991; Perez-Iñigo,1991; Behan-Pelletier et Eamer,2009.

Ceratozetella(*Ceratozetella*):Subías,2004 (part).

Ceratozetes(*Ceratozetes*):Subías,2004.

尖棱甲螨属(*Ceratozetes* Berlese,1908):黄色至红褐色;体小到中型,体长一般为300~600 μm;吻通常有2个侧齿和1个中齿,少数种类缺如;梁窄,梁尖突顶端通常具微小侧齿,部分种类平整,无侧齿;横梁通常缺如,部分种类存在;侧盾板窄,薄片状,平行于前半体侧面上缘,近基部通常具背脊,侧盾板尖突自由末端向远端逐渐变尖,略向下弯曲;包被突较长,向前突出,一般不超过基节板毛 $1c$;后背板长大于宽;翅形体非可动型;后背板毛细小而柔软,10~11对,d 毛和 c_1 毛缺如,部分种类 c_3 存在;孔区4对;生殖毛6对;跗节3爪,中爪粗壮,2个侧爪通常细长;胫节 I 感棒 φ_2 着生于前背侧隆起的末端。

3. 普通尖棱甲螨(*Ceratozetes mediocris* Berlese,1908)

Ceratozetes mediocris Berlese,1908:4. / *Ceratozetes campestris* Mihelčič,1956:207; Pérez-Iñigo,1972; Pérez-Iñigo,1991; Bayartogtokh,2010. / *Ceratozetes dubius* Mihelčič,1956:208; Pérez-Iñigo,1991; Bayartogtokh,2010. / *Ceratozetes*(*Ceratozetes*)*mediocris*:Subías,2004. / *Ceratozetes mediocris*:Sellnick,1928,1960; Willmann,1931; Caroli et Maffia,1934; van der Hammen,1952; Menke,1966; Hammer,1967; Shaldybina,1967; Aoki,

1970a；Fujikawa，1972；Pérez-Iñigo，1972，1976，1980，1993；Ghilarov et Krivolutsky，1975；Behan-Pelletier，1984；Marshall，Reeves et Norton，1987；Fujikawa，Fujita et Aoki，1993；Pavlitshenko，1994；Bayartogtokh，Cobanoglu et Ozman，2002；Mahunka et Mahunka-Papp，2004；Behan-Pelletier et Eamer，2009；Bayartogtokh，2010；Subías et Shtanchaeva，2012．/ *Ceratozetes mediocris*：Chen，Wen，et al．，1988；Bu，1990；Wen，1990；Wang，Li et Zheng，1997；Li，Wang et Zheng，2000；Wang，Hu et Yin，2000；Wang，Wen et Chen，2003；Chen，Liu et Wang，2010．

【形态特征】 体黄褐色，长 415～430 μm，后背板宽 265～275 μm（图 5.353）。吻端具 2 个侧齿，齿间的吻缘呈小的圆突；吻毛单边覆刺毛，超过吻端；梁较窄，覆纵向条纹，端部未达到吻毛基部，梁尖突相互平行，端部着生梁毛，无横梁；梁毛较长，超过吻，覆刺毛；梁尖突基部间距略短于梁间毛间距，长于梁尖突长；梁间毛覆刺毛，超过梁尖突端部；感器外毛覆小刺毛；感器棒状，末端膨大处覆刺毛。背颈缝弓形，覆盖梁间毛基部；后背板毛 11 对，纤细短

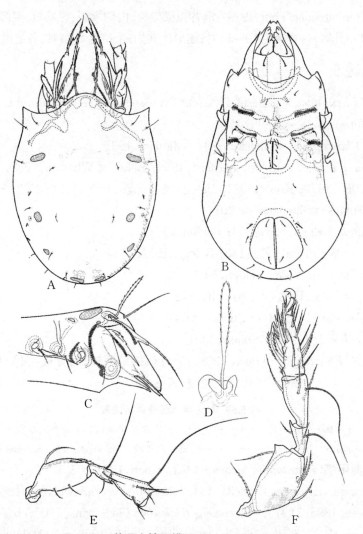

图 5.353 普通尖棱甲螨（*Ceratozetes mediocris*）

A. 背面观；B. 腹面观；C. 前体和部分末体；D. 感器和感器窝；E. 足 I：腿节、膝节、胫节；F. 足 II（无转节）

（仿 Behan-Pelletier，1984）

小,翅形体上的毛稍长于其他背毛;孔区4对,Aa长椭圆形,h_1毛位于孔区$A3$前侧缘。基节板毛序为3-1-3-3,其中$1b$、$1c$、$3b$、$3c$、$4c$覆刺。生殖毛6对,殖侧毛1对,光滑;肛毛2对,肛侧毛3对,均光滑;隙孔iad位于肛板前缘两侧,向内倾斜。各足跗节具3个异型爪。

【孳生习性】 被害物:大米、玉米碎屑。栖息场所:仓库、米面加工厂、地脚粮、麸皮、土壤、腐烂植物。生物学特性:此螨系中湿中温性,喜潮湿的一种螨类。行两性生殖方式,雌雄成螨交配时不进行直接交配,雄螨产下精包(spermatophore),雌螨将精包放入生殖孔内,精包中的精子进入受精囊而受精。受精后的雌螨即产卵,1只雌螨可产卵25～30粒,每日可产2～6粒。卵孵化为幼螨,经3次若螨期,发育为成螨。

【国内分布】 主要分布于吉林、北京、安徽、新疆、台湾。

四、若甲螨科

若甲螨科(Oribatulidae Thor,1929):前背板梁较长,内侧倾斜;感器短,端部球形或纺锤形;后背板通常具4对孔区;后背板毛10～14对;翅形体缺如;生殖毛4～5对;各足跗节具3个爪。

单奥甲螨属

Lucoppia(*Phauloppia*) Berlese,1908:8. Type species:*Zetes lucorum* C.L. Koch,1841 (＝ *Oppia conformis* Berlese,1895).

Lucoppia(*Phauloppia*):Sellnick,1928;Willmann,1931.

Phauloppia:Grandjean,1950b;Radford,1950;Baker et Wharton,1952;Sellnick,1960;Balogh,1963,1965,1972;Kunst,1971;Balogh et Balogh,1990,1992,2002;Fujikawa,1991;Subías,2004;Subías et Shtanchaeva,2012.

Trichoribatula Balogh,1961:293;Balogh,1972.

*Oribata*sensu Willmann,1931:135;Balogh,1972.

Calvoppia Jacot,1934:28;Balogh,1972.

Imparatoppia Jacot,1934:30;Balogh,1972.

Eporibatula Sellnick,1928:7;Subías,2004.

Paraliodes Hall,1911:645;Subías,2004.

单奥甲螨属(*Phauloppia* Berlese,1908):前背板梁细而短;后背板毛14对,多为长毛;肩毛1对,短小;孔区4对。单奥甲螨属分种检索表见表5.59。

表5.59 单奥甲螨属分种检索表

后背板孔区Aa带状 ································· 明亮单奥甲螨(*Phauloppia lucorum* C.L. Koch,1841)

后背板孔区Aa圆形 ·························· 新疆单奥甲螨(*Phauloppia xinjiangensis* Wang et al.,1990)

4. 明亮单奥甲螨(*Phauloppia lucorum*(C.L. Koch,1841))

Zetes lucorum C.L. Koch,1841:31(18). / *Notaspis lucorum* Michael,1888:371. / *Oppia conformis* Berlese,1895:7(77). / *Eremaeus schneideri* Oudemans,1900a,b. / *Eremaeus conjuncuts* Oudemans,1902. / *Phauloppia conformis* Sellnick,1928:37;Mahunka et Mahunka-Papp,1995. / *Phauloppia lucorum* Grandjean,1948:24;1950c;Sellnick,1960;Travé,1961;Moraza et al.,1980;Mahunka,1991;Pérez-Iñigo,1993;Subías,2004;Weigmann,2006;

Kim,Bayartogtokh et Jung,2016.

【形态特征】 体黄褐色,长690 μm,后背板宽471 μm(图5.354)。体表覆蜡被,后背板具小凹点;足体侧面和基节板散布明显的颗粒。吻端鼻状,侧面观明显;吻毛、梁毛和梁间毛长且覆刺;感器外毛纤细短小,覆小刺;梁细短,从梁间毛外侧下延至梁毛着生处内侧;感器具细短柄,端部膨大呈球状,表面覆颗粒状结构。后背板宽,卵圆形;背颈缝向前突起;后背板毛14对,粗糙;孔区4对;*Aa*长带状,其他孔区卵圆形。基节板表面具不规则斑块,基节板边缘融合,在生殖孔前组成一横带;基节板毛序为3-1-3-3。生殖毛4对;殖侧毛1对。足腿节、胫节和跗节具孔区;各足跗节具3个同型爪。

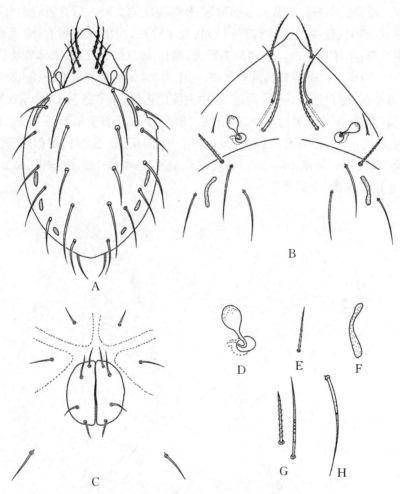

图5.354 明亮单奥甲螨(*Phauloppia lucorum*)

A.背面观;B.前背板与后背板前部;C.生殖区与基节区(部分);D.感器;E.感器外毛;

F.*Aa*;G.*c₁*毛与*c₂*毛;H.*da*毛

(A.仿Rack 1987;B~H.仿Kim,Bayartogtokh et Jung 2016)

【孳生习性】 被害物:大麦、小麦粉。栖息场所:经常出现在房屋和仓库的窗台上。喜在苔藓、地衣等植物上生活。在加工厂陈面粉和田间大麦上也有发生。生物学特性:植食性甲螨。喜欢温暖潮湿的环境。在温度为24~27 ℃、相对湿度为90%~100%的环境中,繁殖较快。

【国内分布】 主要分布于四川。

5. 新疆单奥甲螨（*Phauloppia xinjiangensis* **Wang，Zheng，Wang，Zhang et Wen，1990**）

Phauloppia xinjiangensis Wang，Zheng，Wang，Zhang et Wen，1990：73. / *Phauloppia xinjiangensis*：Subías，2004. / *Phauloppia xinjiangensis*：Wang，Wen et Chen，2003；Chen，Liu et Wang，2010.

【形态特征】 体近椭圆形，浅黄褐色，长410～456 μm，后背板宽220～254 μm（图5.355）。前背板毛覆小刺，吻毛略粗，感器外毛略细；梁向内侧倾斜，基部宽，端部尖细；梁毛位于梁末端前缘；相对长度为$in>ro>le>ex$，$ro\sim ro=in\sim in>le\sim le$；感器柄部细而光滑，膨大部呈纺锤形，覆密集小刺。后背板呈椭圆形，长约为宽的1.5倍；后背板表面有许多颗粒状结构；背颈缝前缘略向前突出；后背板毛13对，几乎等长，均覆稀疏刺毛，ps_3毛缺如；孔区4对，小型且呈圆形；Aa位于c_1、c_2、da和la毛后方；隙孔im呈细裂缝状；末体背腺位于im的外侧；隙孔ip位于A3后方。基节板具圆形亮斑，毛序为3-1-3-3；基节板毛$1c$、$3c$、$4c$略长于其他基节板毛并覆小刺；腹颈沟条$apo.sj$发达，在中央彼此连接，基节条$apo.1$和$apo.3$短小，呈短棒状；足盖Ⅱ较发达，向外侧突出呈指状；分突三角形，其后缘着生基节板毛$4c$。肛殖区毛序为4-1-2-3；生殖毛$g_2\sim g_3$间距大于$g_1\sim g_2$间距和$g_3\sim g_4$间距；肛毛2对，细而短，光滑；侧肛毛ad_3略粗且覆小刺；相对长度$ad_2\sim ad_3>ad_1\sim ad_2$，$ag\sim ag\approx ad_3\sim ad_3$；肛侧隙孔$iad$位于肛板前缘两侧。各足跗节具3个异型爪。

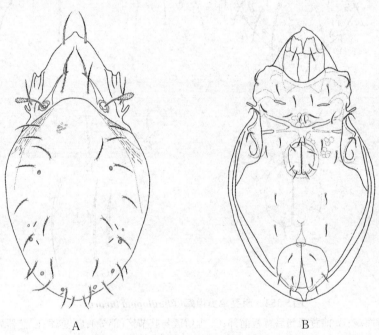

A   B

图5.355 新疆单奥甲螨（*Phauloppia xinjiangensis*）

A. 背面观；B. 腹面观

（仿Wang，Zheng，et al.，1990）

【孳生习性】 被害物：高水分粮食、食品、真菌。栖息场所：大米加工厂潮湿米糠及其他食品中，污染粮食。生物学特性：此螨除危害食品外，还喜食真菌。在温度为22～30 ℃，粮食与食品水分为16％～22％、相对湿度为85％～100％的环境下，卵期为3～5天，幼螨期为2～

4天,若螨期9～15天。每年4月下旬发生,6～8月盛发,11月后衰退。多在阴暗潮湿环境中生活,特别是加工厂、仓库发霉的粮食中易发生。

【国内分布】 主要分布于新疆。

五、菌甲螨科

菌甲螨科(Scheloribatidae Grandjean,1953):黄褐色至深褐色,个体中等;前背板具梁;翅形体明显,非可动型;后背板前缘呈弓形;后背板具背囊;后背板毛10～14对,或仅见毛窝;生殖毛多为4对,少有1对、3对或5对;各足跗节具单爪或3个爪。

菌甲螨属

Scheloribates Berlese,1908:2. Type species: *Zetes latipes* C.L. Koch,1844.

Storkania Jacot,1929:429; Balogh,1972.

Paraschelobates Jacot,1934:40; Balogh,1972.

Protoschelobates Jacot,1934:40; Balogh,1972.

Propeschelobates Jacot,1936:547; Balogh,1972.

Andeszetes Hammer,1961:103; Ermilov et Anichkin,2014.

Neoscheloribates Hammer,1973:46; Subías,2004; Ermilov et Anichkin,2014.

Bischeloribates Mahunka,1988:868; Subías,2004.

Bischeloribates(*Bischeloribates*): Subías,2004(2006); Subías,2010; Ermilov et Rybalov,2013.

Philoribates Corpuz-Raros,1980:205; Subías,2004.

Megascheloribates Lee et Pajak,1990:237; Subías,2004.

Semischeloribates Hammer,1973:47; Subías,2004.

Scheloribates(*Scheloribates*): Subías,2004; Ivan et Vasiliu,2008; Ermilov et Anichkin,2014.

Scheloribates: Sellnick, 1928, 1960; Willmann,1931; Balogh, 1943, 1963, 1965, 1972; Radford,1950; van der Hammen,1952; Baker et Wharton,1952; Schweizer,1956; Pletzen,1963; Kunst,1971; Ghilarov et Krivolutsky,1975; Balogh et Balogh,1984,1990,1992,2002; Marshall, Reeves et Norton,1987; Lee et Pajak,1990; Fujikawa,1991; Bayartogtokh,2000,2010; Weigmann 2006; Subías et Shtanchaeva,2012.

菌甲螨属(*Scheloribates* Berlese,1908):体小型至大型;梁与前梁发达,前梁端部达吻毛着生处;横梁通常缺如;感器末端膨大呈椭球形、披针形或纺锤形;后背板毛10对,通常短小或仅见毛窝;背囊4或5对;翅形体小型至大型,非可动型;生殖毛4对;各足跗节具3个爪。

6. 滑菌甲螨(*Scheloribates laevigatus*(C. L. Koch,1835))

Zetes laevigatus C. L. Koch, 1835:3(8). / *Scheloribates laevigatus* (C.L. Koch,1836): Willmann,1931. / *Oribata lucasi* Nicolet,1855:432; Michael,1884; van der Hammen,1952. / *Notaspis lucasi* (Nicolet,1855): Oudemans, 1900c. / *Murcia lucasi* (Nicolet,1855):Oudemans, 1913. / *Oribata michaeli* Hull,1914:284. / *Oribates fuscomaculata* sensu Oudemans,

1896；non C.L. Koch, 1841；van der Hammen, 1952. / *Scheloribates robustus* Mihelčič, 1969：363；Subías, 2004；Bayartogtokh, 2010. / *Scheloribates laevigatus*：Sellnick, 1928, 1960；Willmann, 1931；Grandjean, 1942, 1958；Balogh, 1943；Kates et Runkel, 1948；van der Hammen, 1952；Schweizer, 1956；Haarlov, 1957；Woodring, 1962；Pletzen, 1963；Woodring et Cook, 1962；Weigmann, 1969；Kunst, 1971；Bernini, 1973；Pérez-Iñigo, 1974, 1976, 1980, 1993；Ghilarov et Krivolutsky, 1975；Seniczak, 1980；Marshall, Reeves et Norton, 1987；Wunderle, Beck et Woas, 1990；Mahunka, 1991；Fujikawa, Fujita et Aoki, 1993；Mahunka et Mahunka-Papp, 2004；Bayartogtokh, 2000, 2010；Subías et Shtanchaeva, 2012. / *Scheloribates* (*Scheloribates*) *laevigatus*：Subías, 2004；Ivan et Vasiliu, 2008. / *Scheloribates laevigatus*：Lin, 1962；Lin, Ho et Sung, 1975；Xin, 1965；Wen, 1990；Yu, Wang, et al., 1991；Chen, Li et Wen, 1992；Wang, Hu, et al., 1992；Lu, Wang et Liao, 1996；Chu et Aoki, 1997；Wang, Li et Zheng, 1997；Li, Wang et Zheng, 2000；Wang, Wen et Chen, 2003；Chen, Liu et Wang, 2010.

【形态特征】 体黄褐色，长500～510 μm，后背板宽350～360 μm（图5.356）。吻端略宽圆，吻毛长，单边覆刺；梁狭窄，略长于前背板长度的1/2；前梁发达，超过吻毛基部；梁毛着生

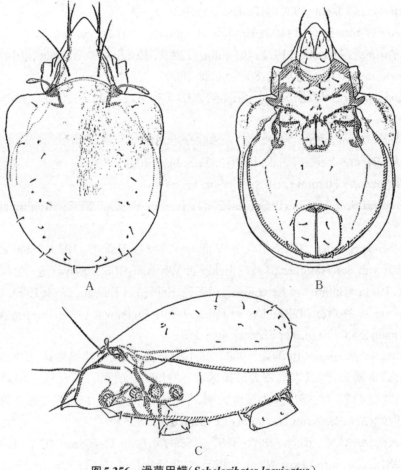

图5.356　滑菌甲螨（*Scheloribates laevigatus*）

A. 背面观；B. 腹面观；C. 侧面观

（仿 Wunderle, Beck et Woas, 1990）

于梁端,细长,覆刺毛,长于吻毛,超过吻端;梁间毛位于两梁之间,略长于梁毛,覆稀疏刺毛,端部接近吻端;感器端部膨大呈纺锤状,覆刺毛,柄部光滑。后背板近光滑,前部中央、侧缘及后缘具亮斑;背颈缝弓形;翅形体非可动型,前缘未达到背颈缝水平,表面光滑或具不明显条纹;后背板毛10对,纤细短小;背囊4对。基节板毛序为3-1-3-3。生殖毛4对;殖侧毛1对;肛毛2对,肛侧毛3对,ad_3毛位于肛板前侧,ad_1和ad_2毛位于肛板后侧;隙孔iad位于肛板前缘两侧。各足跗节具3个异型爪。

【孳生习性】 被害物:以仓库地脚霉粮及有机腐殖质为食。该螨是各种绦虫的中间寄主,传染牲畜疾病。栖息场所:滑菌甲螨喜生活于腐殖质、苔藓及鼠巢中,在草地中常发现此种螨。生物学特性:喜温暖高湿环境。在温度为±25 ℃、相对湿度为98%~100%的环境中,螨类会大量孳生。滑菌甲螨若要完成生活史,需42~115天。在实验室温度下,它的生活周期可能超过一年。雌螨一般可产卵20粒。每次产卵3~8粒。卵常产于腐烂的草堆或发霉的粮食中。成螨通常居住在苔藓、腐殖质和腐朽木头表面,在鼠巢中也有发现。此螨常为绦虫的中间寄主,对牲畜会产生一定危害。

【国内分布】 主要分布于吉林、北京、河北、安徽、上海、江苏、浙江、湖南、四川、福建、广东、新疆、台湾。

(刘 冬,谢丽霞)

第五节 其 他 螨 类

家栖螨类除了上述所列粉螨、革螨、辐螨和甲螨之外,还有一些寄生于猪、犬、兔、猫、鸟、鼠、蝙蝠等畜禽和家栖小动物的螨类,如恙螨、蠕形螨、疥螨、瘙螨、羽螨和鼠癣螨等;有的甚至侵袭人体,如动物蠕形螨、动物疥螨、瘙螨、恙螨、羽螨和鼠癣螨等;有的是人体专性寄生虫,如人体蠕形螨、人疥螨;有的寄生于实验动物或蜜蜂,如鼠癣螨和蜂螨等。上述螨类抑或对人类造成了直接或间接的危害,因此也要引起足够的重视。

一、恙螨

恙螨(chigger mite)又称沙螨(sand mite)、恙虫,古称沙虱,属于绒螨总科(Trombidioidea),下分恙螨科(Trombiculidae)和列恙螨科(Leeuwenhoekiidae)。恙螨能传播恙虫病(Tsutsugamushi disease),又名丛林斑疹伤寒(scrub typhus),以及肾综合征出血热(Hemorrhagic fever with renal syndrome,HFRS)和其他疾病。恙虫病是由恙虫病立克次体(*Rickettsia tsutsugamushi*)所引起的自然疫源性疾病,以鼠类为主要储存宿主,经恙虫幼虫为媒介而传给人。临床上以发热、焦痂或溃疡、淋巴结肿大及皮疹为特征。在我国常见的主要有:地里纤恙螨(*Leptotrombidium deliense*)、小板纤恙螨(*Leptotrombidium scutellare*)、须纤恙螨(*Leptotrombidium palpale*)、居中纤恙螨(*Leptotrombidium intermedium*)等数十多种,主要寄生在鼠类、家兔、臭鼩、禽类等动物的耳壳、后腿内侧、腋下等。

1. 种名

(1) 地里纤恙螨(*Leptotrombidium deliense* Walch,1922)。

（2）小板纤恙螨（*Leptotrombidium scutellare* Nagayo et，1921）。

（3）须纤恙螨（*Leptotrombidium palpale* Nagayo et，1921）。

（4）居中纤恙螨（*Leptotrombidium intermedium* Nagayo et，1920）。

2. 形态特征

成虫和若虫躯体囊状，不分头胸腹，足4对，全身密布绒毛，外形呈"8"字形。足Ⅰ特别长，主要起触角作用。幼虫足3对，多椭圆形，红、橙、淡黄或乳白色。初孵出时体长约0.20 mm，经饱食后体长达0.50 mm以上。虫体分颚体和躯体两部分。颚体位于躯体前端，由螯肢及须肢各1对组成。螯肢的基节呈三角形，端节的定趾退化，动趾变为螯肢爪。须肢发达，圆锥形，分5节，第一节较小，第四节末端有爪，第五节着生在第四节腹面内侧缘如拇指状。颚基在腹面向前延伸，其外侧形成1对螯盔（galea）。躯体背面的前端有盾板，呈长方形、矩形、五角形、半圆形或舌形，是重要的分类依据。盾板上通常有毛5根，中部有2个圆形的感器基（sensillarybase），由此生出呈丝状、羽状或球杆状的感器（sensillum）。多数种类在盾板的左右两侧有眼1~2对，位于眼片上。盾板后方的躯体上有横列的背毛，其排列的行数、数目和形状等因种类而异。气门如存在，则位于颚基与第1对足基节之间。足分为6或7节，如为7节则股节又分为基股节和端股节。足的末端有爪1对和爪间突1个。

3. 孳生习性

恙螨生活史分为卵、前幼虫、幼虫、若蛹、若虫、成蛹和成虫7个时期。地里纤恙螨（图5.357）卵呈球形，淡黄色，直径约0.15 mm。经5~7天卵内幼虫发育成熟，卵壳破裂，逸出前幼虫。经10天发育，幼虫破膜而出，攀附在宿主皮薄而湿润处叮刺，经2~3天饱食后，坠落地面，再经若蛹、若虫、成蛹发育为成虫。若虫、成虫躯体多呈葫芦形，体被密毛，红绒球，有足4对。雌螨产卵于泥土表层缝隙中，一生产卵100~200个，平均寿命为288天。只有幼虫

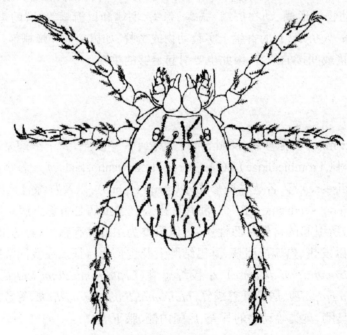

图5.357 地里纤恙螨（*Leptotroinbidium deliense*）幼螨背面

（仿温廷恒）

营寄生生活,一生仅幼虫叮刺且只饱食1次,所带的病原体只能经卵传递给后代。恙螨幼虫的宿主范围很广泛,包括哺乳类(主要是鼠类)、鸟类、爬行类、两栖类以及无脊椎动物,有些种类也可侵袭人体。多数种类的恙螨对宿主选择性不强。恙螨幼虫寄生在宿主体表,在人体常寄生在腰、腋窝、腹股沟、阴部等处。

成虫和若虫主要以土壤中的小节肢动物和昆虫卵为食,幼虫则以分解的宿主组织和淋巴液为食。幼虫在宿主皮肤叮刺吸吮时,先以螯肢爪刺入皮肤,然后注入涎液,宿主组织受溶组织酶的作用,上皮细胞、胶原纤维及蛋白发生变性,出现凝固性坏死,在唾液周围形成1个环圈,继而往纵深发展形成1条小吸管通到幼虫口中,称为茎口(stylostome),被分解的组织和淋巴液,通过茎口进入幼虫消化道。幼虫只饱食1次,在刺吸过程中,一般不更换部位或转换宿主。

恙螨幼虫活动范围很小,一般不超过2 m,垂直距离为10~20 cm,常聚集在一起呈点状分布,称为螨岛(mite island)。幼虫喜群集于草树叶、石头或地面物体尖端,有利于攀登宿主。幼虫在水中能生活10天以上,因此洪水及河水泛滥等可促使恙螨扩散。幼虫也可随宿主动物而扩散。恙螨的活动受温度、湿度、光照及气流等因素影响。多数种类需要温暖潮湿的环境。多数恙螨幼虫有向光性,但光线太强时幼虫反而停止活动。宿主行动时的气流可刺激恙螨幼虫。幼虫对宿主的呼吸、气味、体温和颜色等很敏感。

恙螨的季节消长除其本身的生物学特点外,还受温度、湿度和雨量的影响,各地区恙螨幼虫在宿主体表有季节消长规律,一般可分为3型。夏季型:每年夏季出现1次高峰,如地里纤恙螨。春秋型:有春秋两个季节高峰,如苍白纤恙螨。秋冬型:出现在10月以后至次年2月,出现1个高峰,如小盾纤恙螨。夏季型和春秋型的恙螨多以若虫和成虫越冬,秋冬型无越冬现象。

4. 分布地区

广泛分布于世界各地,以温暖潮湿的东南亚地区和热带雨林中为主。东南亚地区的恙螨种类繁多,是世界上恙螨最集中的地区。中国东南沿海至西南边境省区最多。青藏高原虽然干寒,但也有局部微小气候适宜恙螨存在。中国已知恙螨约400种。

二、蠕形螨

蠕形螨(Demodicid mite)隶属于蠕形螨科(Demodicidae)、蠕形螨属(*Demodex*),是一类小型永久性寄生螨。目前已知蠕形螨来自10余个目的哺乳动物,绝大多数哺乳动物有2种以上蠕形螨寄生。由于蠕形螨主要寄生在宿主的毛囊和皮脂腺内,有的也可寄生在睑板腺、耵聍腺、表皮凹陷、腔道和内脏,因而可引起动物严重的蠕形螨病,对畜牧业造成巨大的经济损失。

1. 种名

(1)毛囊蠕形螨(*Demodex folliculorum* Simon,1842)。

(2)皮脂蠕形螨(*Demodex brevis* Akbulstova,1963)。

(3)犬蠕形螨(*Demodex canis* Leydig,1859)。

(4) 山羊蠕形螨(*Demodex caprae* Railliet,1895)。

(5) 牛蠕形螨(*Demodex bovis* Stiles,1892)。

(6) 猪蠕形螨(*Demodex phylloides* Csokor,1879)。

(7) 鹿蠕形螨(*Demodex odocoilei* Desch et Nutting,1974)。

(8) 仓鼠蠕形螨(*Demodex criceti* Nutting et Rauch,1958)。

(9) 地鼠蠕形螨(*Demodex hamster* Wang,2000)。

(10) 猫蠕形螨(*Demodex cati* Hirst,1919)。

2. 形态特征

虫体乳白色,半透明,蠕虫状,体表具有明显的环形皮纹。一般可将蠕形虫分为3个体段:颚体、足体和末体。

(1) 毛囊蠕形螨较细长,末体占虫体全长的2/3~3/4,末端较钝圆。雌虫有肛道,雄虫无。卵:无色半透明,腹面扁平,背面隆起,呈小蘑菇状,大小约为40 μm×100 μm,卵壳薄,卵内可见分化程度不等的卵细胞或正在发育的幼胚。幼虫:新孵出的幼虫体较短,足3对,体侧壁细锯齿状,为环形皮纹。长大的幼虫体狭长,大小为281.5 μm×32.0 μm,足3对,颚体位其前下方。幼虫触须1对,分2节,端部具5个须爪。各足2节,足跗节各具1爪,爪端分3叉。咽泡明显,无颚腹毛,末体环纹不明显,腹面可见基节骨突3对。幼虫小于若虫,蜕皮的幼虫体内可见正在发育的若虫。若虫:体细长,大于成虫,平均大小为448.25 μm×49.20 μm。若虫颚体宽短,足4对,基节骨突4对。咽泡明显,末体环纹清晰,各足无分节,跗节有1对4叉爪。蜕皮的若虫体内含一正在发育的成虫。成虫:体细长,平均大小为300.01 μm×53.97 μm。颚体较短呈梯形,马蹄形咽泡细长,后段开口较窄。腹面有足4对,末体明显长于足体,呈指状,端部钝圆。成虫表面可见环行皮纹。雌虫大于雄虫,雄虫生殖孔位于足体背面第2对足之间,阳茎长24.2 μm,第4基节左右2个中线区相接近,但不愈合。雌虫生殖孔位于虫体腹面第4对足基节片之间的后方,为一椭圆形裂隙。雌虫具一指状肛道(门),雄虫无。

(2) 皮脂蠕形螨略短,末体约占躯体全长的1/2,末端尖细呈锥状。雌、雄虫均无肛道。卵:无色半透明,呈椭圆形,大小约为30 μm×60 μm,卵壳较薄,卵内可见分化程度不等的卵细胞,随着卵细胞不断分化,卵的头端明显膨大,出现幼虫雏形。幼虫:成熟的幼虫体内呈粗大的颗粒状,平均大小为118.94 μm×36.78 μm,足3对,末体短小,呈锥状。蜕皮的幼虫体内可见正在发育的若虫。若虫:较成虫小,呈粗大的颗粒状,平均大小为172.66 μm×43.50 μm,足4对,未见基节骨突。成虫:虫体粗短,较透明,平均大小为269.94 μm×62.84 μm。末体明显较毛囊蠕形螨短,末端大多呈锥状,体壁与内含物间有明显缝隙,少数呈指状,尖端均有一小棘。成虫第4基节左右愈合。雄性生殖孔位于足体背面第2对足之间。雌性生殖孔位于虫体腹面第4对足之后的腹中线上,较毛囊蠕形螨偏后。雌、雄成虫均未见肛道(门)(图5.358)。

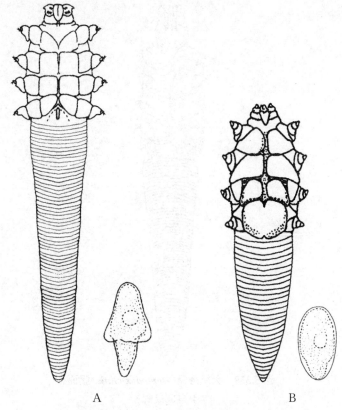

图 5.358 蠕形螨结构模式图

A. 毛囊蠕形螨成螨和卵；B. 皮脂蠕形螨成螨和卵

（引自李朝品）

3. 孳生习性

毛囊蠕形螨主要寄生于人体的前额、鼻、鼻沟、颊部、下颌、眼睑周围和外耳道，也可寄生于头皮、颈、肩背、胸部、乳头、睫毛、大阴唇、阴茎和肛门等处的毛囊和皮脂腺内，颚体朝向毛囊底部，以毛囊上皮细胞、皮脂腺分泌物、角质蛋白和细胞代谢物等为食。1个毛囊内常有多个虫体寄居，一般为3~6只。

毛囊蠕形螨发育过程包括卵、幼虫、前若虫、若虫和成虫5个时期。成螨于毛囊口处交配后，雄虫很快死亡，雌虫进入毛囊或皮脂腺内产卵。完成一代生活史约为3周，雌虫寿命为4个月以上。人体蠕形螨对温度较敏感，发育的最适宜温度为37℃，其活动力可随温度上升而增强，45℃以上时活动减弱，54℃为致死温度。蠕形螨属于负趋光性，多在夜间爬出，在皮肤表面求偶。

皮脂蠕形螨发育与毛囊蠕形螨类似，但皮脂蠕形螨常单只寄生于皮脂腺或毛囊中，其颚体朝向腺体基底，且皮脂蠕形螨的运动能力要强于毛囊蠕形螨。

犬蠕形螨（*Demodex canis*）（图 5.359）除寄生在毛囊及真皮外，在浅表淋巴结中也发现有各期虫体寄生，并造成组织损伤，这也是为什么犬蠕形螨病很难根治的重要原因。

图5.359　犬蠕形螨(*Demodex canis*)腹面
(引自邱汉辉)

4. 分布地区

世界性分布,广泛分布于中国各地。

三、疥螨

疥螨(sarcoptid mite)隶属于疥螨总科(Sarcoptoidea)、疥螨科(Sarcoptidae)。疥螨为永久性寄生螨,寄生于人和动物皮肤的角质层内。寄生于人体的疥螨仅有人疥螨(*Sarcoptes scabiei hominis*)1种,是人体疥疮的病原。犬、兔、猪、牛、猫、鸡等动物均有疥螨寄生,分别隶属于疥螨科(Sarcoptidae)的疥螨属(*Sarcoptes*)、膝螨属(*Cnemidocoptes*)、背肛螨属(*Notoderes*)。动物疥螨分布于全世界,至少可寄生于40多种哺乳动物中,其中以马、牛、羊、猪、犬、兔的种类最常见。人可通过与病畜或其污染的物品直接接触而感染。Fain(1975)认为所有的疥螨都是一个种的异名,其他的疥螨为变种和亚种。

1. 种名

(1) 人疥螨(*Sarcoptes scabiei hominis* Hering,1834)。

(2) 犬疥螨(*Sarcoptes scabiei* var. *canis* Gerlach,1857)。

(3) 猫背肛螨(*Notoedres cati* Hering,1838)。

(4) 猪疥螨(*Sarcoptes scabiei* var. *suis* Gerlach,1857)。

(5) 牛疥螨(*Sarcoptes scabiei* var. *bovis* Cameron,1924)。

(6) 山羊疥螨(*Sarcoptes scabiei* var. caprae,1957)。

（7）兔背肛螨（*Notoedres cati* var. *cuniculi* Gerlach, 1857）。

（8）鼠背肛螨（*Notoedres nuris* Megnin, 1877），亦称鼠疥螨。

2. 形态特征

成螨体微小，卵圆形或椭圆形，背面隆起，形似乌龟，浅黄色或乳白色，大小为（200～500）μm×（150～400）μm。雌螨大于雄螨。整个螨体由颚体和与躯体两部分组成。颚体短小，躯体位于颚体的后方，呈囊状，背面隆起，腹面较平，表面有大量波状的横行皮纹，成列的圆锥形皮棘，成对的粗刺和刚毛。雌螨躯体背部前端的盾板呈长方形，宽大于长，中部表皮突起，约有皮棘150个，后部有7对叉成纵形排列，中间4对，侧面3对。雄螨肛门位于躯体后缘正中，半背半腹，肛门区的两侧有内外2对刚毛。疥螨腹面有4对足，粗短，圆锥形，前两对与后两对之间的距离较远。各足基节与腹壁融合成骨化的基节内突。足Ⅰ的基节内突在中央处汇合，然后向躯体后方延伸为1条呈"Y"形的胸骨，足Ⅱ对内突互不连接。足Ⅰ、Ⅱ跗节的端部有1个带长柄的吸垫，具有吸盘的功能。后2对足的末端雌雄不同。雌螨足Ⅲ、Ⅳ跗节末端为长刚毛。雄螨足Ⅳ跗节末端则为吸垫。若螨形似成螨，但体形比成螨小，且生殖器尚未显现。雄螨只有1个若螨期，而雌螨有2个若螨期。后期雌若螨产卵孔尚未发育完全，但交合孔已形成，可行交配。幼螨大小为（120～160）μm×（100～150）μm，形似成螨，但只有3对足，前2对具有吸垫，后1对具长鬃，躯体后背部有杆状毛5对，生殖器官未发育。卵长椭圆形，淡黄色，壳很薄，大小为180 μm×80 μm，雌螨产卵于皮下隧道内。初产卵未完全发育，后期卵可透过卵壳看到发育中的幼虫。

3. 孳生习性

疥螨的生活史包括卵、幼螨、若螨和成螨4个时期，其生活史过程除交配活动外，均在皮肤角质层自掘的"隧道"内完成，以角质层组织和渗出的淋巴液为食。雌螨产卵于"隧道"内，经3～4天孵化出幼虫，幼虫在定居的"隧道"内蜕皮变为若虫。雄性只有1个若虫期，雌螨有2个若虫期。雄螨交配后不久死亡，或筑一短"隧道"短期寄居。雌性Ⅱ期若虫即可交配，其交配后重新钻入宿主皮肤内挖掘"隧道"，不久蜕皮为雌性成虫，开始产卵。疥螨从卵发育到成螨，一般为10～14天。雌螨一生可产40～50粒卵，寿命通常为6～8周。

人疥螨（图5.360）多寄生在指间、手背、腕屈侧、肘窝、腋窝前后、脐周、腹股沟、阴囊、阴茎和臀部等皮肤柔嫩皱褶等处。病变多从手指间的皮肤开始，随后可蔓延至手腕屈侧、腋前缘、乳晕、脐周、阴部或大腿内侧等好发部位。局部皮肤可出现丘疹、水疱、脓疱、结节及隧道，病灶多呈散在分布。疥疮最突出的症状是剧烈瘙痒，白天较轻，夜晚加剧，严重时患者往往难以入睡。由于剧痒而搔抓可产生抓痕、血痂、色素沉着等。

动物疥螨多寄生在动物体毛较少的角质层内，如头部、鼻、嘴的四周、面部、耳及尾基部等部位，严重感染的动物可蔓延全身。动物疥螨通常寄生在较深的隧道，皮损处常有大量淋巴液渗出，干后结黄色痂，伴有臭味。动物皮肤有出血和脱毛。

4. 分布地区

广泛分布于世界各地。国内报道地区有安徽、北京、重庆、福建、甘肃、广东、广西、贵州、河南、黑龙江、湖南、吉林、江苏、内蒙古、宁夏、山西、陕西、四川、新疆、云南等。

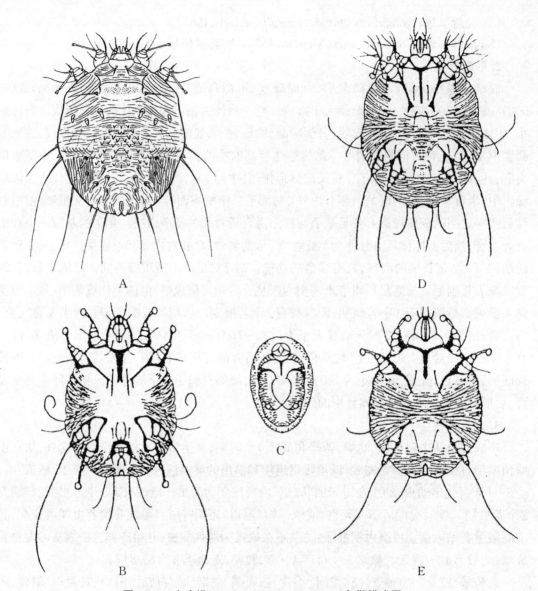

图 5.360　人疥螨(*Sarcoptes scabiei hominis*)各期模式图
A. ♀背面;B. ♂腹面;C. 卵;D. ♀腹面;E. 若螨腹面
(仿徐业华)

四、瘤螨

瘤螨(psoroptid mite),又称痒螨,主要指瘤螨科(Psoroptidae)。包括10个亚科的大类群,各种动物都有瘤螨寄生,形态上都很相似,因此各种都被称为马瘤螨的亚种(*Psoroptes equi* var.)。瘤螨全部营寄生生活,主要寄生于畜禽和野生动物的体表皮肤,引起动物的相关螨病。少数瘤螨可寄生于人体,如犬耳螨引起人的耳螨病,对人类健康存在危害。

1. 种名

(1) 犬耳螨(*Otodectes cynotis* Hering,1838;Canestrini,1894)。

（2）兔痒螨（*Psoroptes cuniculi* Delafond，1859；Canestrini et Kramer，1899）。

（3）绵羊痒螨（*Psoroptes ovis* Hering，1838；Gervais，1841）。

（4）马痒螨（*Psoroptes equi* Hering，1838；Gervais，1841）。

（5）牛痒螨（*Psoroptes bovis* Gerlach，1857；Canestrini et Kramer，1899）。

2. 形态特征

呈长圆形，体长500～900 μm，肉眼可见（图5.361，图5.362）。体表有细皱纹。痒螨的足末端有弯曲的突起，以此抓破宿主的皮肤，雄螨足Ⅰ、足Ⅱ、足Ⅲ跗节末端有柄和喇叭状吸盘，吸盘柄分节；而足Ⅳ很短，无吸盘，有短刚毛。雌螨足Ⅰ、足Ⅱ、足Ⅳ跗节末端具有柄吸盘，足Ⅲ跗节末端无吸盘而有2根长刚毛。口器为刺吸式，呈长圆锥形。雄虫体末端有尾突上具长毛，腹面后端两侧有2个吸盘。雄性生殖器居第四肢之间，雌虫腹面前部正中有倒"V"形、"Y"形或"U"形的产卵孔，后端有纵裂的阴道，阴道背侧有肛孔。雌性第二若虫的末端有2个突起供接合用，成虫无此构造。

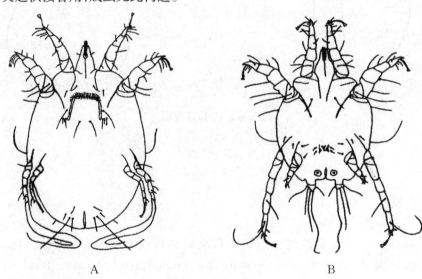

图5.361　痒螨腹面

A.♀；B.♂

（仿邱汉辉）

3. 孳生习性

痒螨寄生于皮肤表面，以吸取渗出液为食。雌螨多在皮肤上产卵，约经3天孵化为幼螨，采食24～36小时，进入静止期后蜕皮成为第一若螨，采食24小时，经过静止期蜕皮成为雄螨或第二若螨（"青春雌"）。雄螨通常以其肛吸盘与第二若螨躯体后部的1对瘤状突起相接，抓住第二若螨。这一接触约需48小时。但是由于第二若螨在变成雌成螨之前尚未形成交配囊，因此认为这两者是在进行交配的看法是错误的。第二若螨蜕皮变为雌螨，雌雄才进行交配。雌螨采食1～2天后开始产卵，一生可产卵约40个，寿命约为42天。痒螨整个发育过程为10～12天。

4. 分布地区

广泛分布于世界各地。近几年国内报道分布地区有安徽、北京、重庆、甘肃、广西、河北、河南、黑龙江、湖北、湖南、吉林、江苏、江西、辽宁、宁夏、青海、山东、山西、陕西、上海、四川、天津、新疆、浙江。

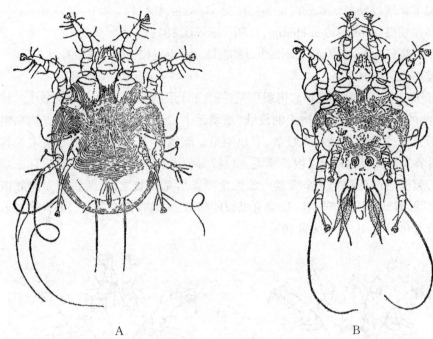

A　　　　　　　　　　　　　B

图5.362　牛痒螨腹面

A. ♀;B. ♂

（引自忻介六）

五、羽螨

羽螨（feather mite）大多数属于粉螨亚目羽螨总科的羽螨科（Analgidae Trouessart et Megnin，1884）、尾叶羽螨科（Proctophyllodidae Trouessart et Megnin，1884）、羽掌螨科（Xolalgidae Dubinin，1953）、裂雀羽螨科（Pteronyssidae Oudemans，1941）、异羽螨科（Alloptidae Gaud，1957）、特鲁螨科（Trouessartiidae Gaud，1957）、皮螨科（Dermationidae Fain，1965）。常见的是麦氏羽螨亚科（Megniniinae）、麦氏羽螨属（Megninia）的家鸡麦氏羽螨。羽螨主要寄生在鸡、鸽子等鸟类的羽毛上。

1. 种名

（1）家鸡麦氏羽螨（*Megninia cubitalis* Mégnin，1877）。

（2）粉红胸鹦羽螨（*Analges roseate* Su Wang et Liu，2013）。

（3）原鸽鸽羽螨（*Falculifer rostratus* Buchholz，1869）。

（4）丽色噪鹛雀皮螨（*Passeroptes formosus* Wang，Mu，Su et Liu，2014）。

（5）曲茎尾叶羽螨（*Proctophyllodes flexuosa* Wang，Wang et Su，2014）。

（6）长跗画眉螨（*Timalinyssus longitarsus* Wang et Wang，2008）。

（7）长毛三趾鹑螨（*Turnixacarus longisetus* Wang，Liu et Wang，2009）。

（8）脱羽螨（*Knemidocoptes gallinae* Railliet，1887）。

2. 形态特征

雄螨大小约为396 μm×364 μm。前背板退化,呈不规则四边形,长82 μm。se毛着生在其边缘,有1对内顶毛。胛板退化,肩板不发达,$c2$毛基部膨大,着生在接近肩板的顶角,cp和c_3毛纤细。后半体背板长218 μm,宽144 μm。背板前缘和侧缘前端向内凹陷。d_2和e_2毛膨大。尾叶在ps_1毛的水平位置有裂缝。亚基节内突I为Y形,基节III和基节IV区域有三角形骨片。生殖器位于亚基节内突IVa位置。生殖弓长25 μm,宽32 μm。肛板左右半月形对称,肛吸盘圆形。股节I有退化的凸起,膝节I、II上cG矛尖形。胫节I、II上刺突明显,跗节III有w、s毛矛状(图5.363,图5.364)。

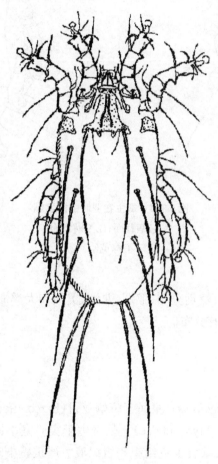

图5.363　羽螨

(引自Mironov)

雌螨大小约为262 μm×240 μm。前背板形状与雄螨一样,长70 μm,有1对内顶毛。肩板和后背板退化缺如。c_2毛、d_2毛和e_2毛基部膨大,都未着生在骨片上。亚基节内突I分离,基节III和基节IV区域有狭窄骨片,前殖板短。

3. 孳生习性

羽螨可寄生在鸟类的绒毛中、羽叶上、羽管中、皮肤中,羽螨的整个生活周期包括卵、前幼螨、第一若螨、第三若螨和成螨。食性较杂,可取食羽毛的碎片及皮肤的脱落细胞、羽毛基部的液体基质、宿主分泌的油脂、着生的真菌孢子类等,多数羽螨总科的螨类对宿主的选择范围较广。家鸡麦氏羽螨的主要宿主为原鸡(*Gallus gallus*)。

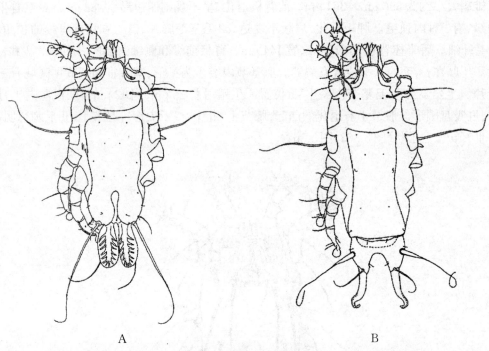

图5.364　寄生在羽叶上的羽螨

A.♂螨背面;B.♀螨背面

(王梓英绘)

4.分布地区

家鸡麦氏羽螨在世界广泛性分布,亚洲、非洲、美洲和大洋洲等均有报道。该螨在我国分布十分广泛,从南到北均有分布。

六、鼠癣螨

鼠癣螨(*Myocoptes musculinus*),隶属于疥螨亚目(Sarcoptiformes)牦螨总科(Listrophoroidea)蝇疥螨科(癣螨科)(Myocoptidae)。是寄生于实验室小鼠的一种螨虫,常与肉螨科(Myobiidae)的螨混合寄生,采食上皮组织和组织液。严重感染时,小鼠可出现脱毛、瘙痒、皮炎等症状。鼠群中螨的污染常是影响小鼠达到国Ⅰ级实验动物标准的原因之一。

1.种名

(1)鼠癣螨(*Myocoptes musculinus* Koch,1884)。

(2)亚洲睡鼠螨(*Gliricoptes asiaticus* Fain,1970)。

(3)罗氏住毛螨(*Trichoecius romboutsivan* Eyndhoven,1946)。

(4)西藏住毛螨(*Trichoecius tibetanus* Fain,1970)。

2.形态特征

白色,螯肢大而呈螯状。卵呈狭椭圆形,单个存在,大小为(0.19～0.21)mm×(0.049～0.053)mm,粘着在粗被毛的近基部(图5.365)。

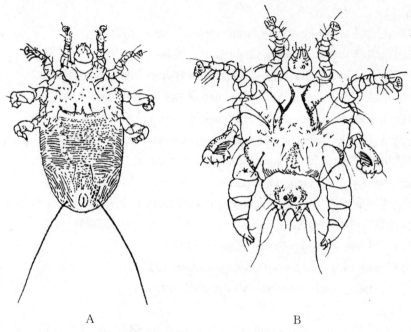

图5.365 鼠癣螨（*Myocoptes musculinus*）

A.（♀）腹面；B.（♂）腹面

（仿Baker）

雄虫呈六角形,体长0.21~0.23 mm,体宽为0.14~0.15 mm,体表横纹不明显,第1、2、3对足与雌虫相似,第四对足特别大,没有变异为握毛用,体后端有2长2短两对后端毛。雌虫呈卵圆形,体长0.34~0.57 mm,体宽0.18~0.23 mm,体表横纹明显,第1、2对足末端有带短柄的吸盘,第3、4对足形态变异,为握毛用,体后端炳侧各有一根长的后端毛。

3. 孳生习性

鼠癣螨寄生于皮毛中,以皮脂样分泌物、皮垢为食物。完成全部生活史需8~14天。卵经5天卵壳纵裂,孵出幼虫。通过直接接触传播,幼鼠在出生45天后即可被感染。在死鼠体上,鼠癣螨可存活8~9天。

4. 分布地区

广泛分布于世界各地供实验用的小白鼠中。

七、蜂螨

蜂螨(bee mite),是对部分寄生于蜜蜂的螨类的统称,目前已知外寄生的主要是瓦螨科(Varroidae)和厉螨科(Laelapidae)的螨类,内寄生的主要是跗线螨科(Tarsonemidae)中的蜂盾螨亚科(Acarapinae)的螨类。它们可造成蜜蜂寿命缩短,采集力下降等,对养蜂业危害极大。受害严重的蜂群出现幼虫和蛹大量死亡的现象。新羽化出房的幼蜂残缺不全,幼蜂到处乱爬,蜂群群势迅速削弱等,是西方蜜蜂最严重的螨害。

在养蜂业中危害严重的"大蜂螨"主要是指瓦螨科中的瓦螨属(*Varroa*)螨类,而"小蜂螨"则主要是指厉螨科热厉螨属(*Tropilaelaps*)的螨类。

1. 种名

（1）狄斯瓦螨（*Varroa destructor* Anderson et Trueman,2000）。

（2）雅氏瓦螨（*Varroa jacobsoni* Oudemans,1904）。

（3）恩氏瓦螨（*Varroa underwoodi* Delfinado-Baker et Aggarwal,1987）。

（4）林氏瓦螨（*Varroa rindereride* Guzman et Delfinado-Baker,1996）。

（5）欣氏真瓦螨（*Euvarroa sinhai* Delfinado et Baker,1974）。

（6）旺氏真瓦螨（*Euvarroa wongsirii* Lekprayoon et Tangkanasing,1991）。

（7）亮热厉螨（*Tropilaelaps clareae* Delfinado et Baker,1961）。

（8）梅氏热厉螨（*Tropilaelaps mercedesae* Anderson et Morgan,2007）。

（9）柯氏热厉螨（*Tropilaelaps koeniger μm* Delfinado-Baker et Baker,1982）。

（10）泰氏热厉螨（*Tropilaelaps thaii* Anderson et Morgan,2007）。

（11）武氏蜂盾螨（*Acarapis woodi* Rennie,1921）。

（12）背蜂盾螨（*Acarapis dorsalis* Morgenthaler,1934）。

（13）外蜂盾螨（*Acarapis externus* Morgenthaler,1931）。

2. 形态特征

（1）雅氏瓦螨（*Varroa jacobsoni*）：虫体棕褐色，体壳坚硬，刺吸式口器。椭圆形，鄂毛3对，鄂沟不具齿。足外板前端互相愈合。足内板和足后板异常发达。胸板略呈半月形，具5对刚毛和4～5对隙状器。气门沟除基部外，其余部分游离。背板覆盖整个背面及腹面的边缘，板上密布刚毛，后半部的刚毛卷曲并且较前半部的长。不动指退化短小，动指长。螯肢的定趾退化，动趾具齿。螯肢角质化，足4对，短粗，末端均有钟形爪垫(图5.366)。

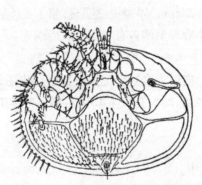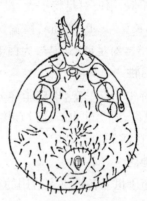

图5.366　雅氏瓦螨（*Varroa jacobsoni*）♀腹面
（仿邱汉辉）

雄螨呈卵圆形，平均大小为0.88 mm×0.72 mm，骨化弱，螯肢较短，不动指退化缩小，动指长，具明显的导精管，肛板盾形，肛孔位于肛板的后半部。雌螨呈横椭圆形，平均大小为1.10 mm×1.57 mm，腹面具有胸板、生殖板、肛板、腹股板和腹侧板等结构。生殖板呈五角形，其上刚毛100多根，肛板近似短三角形，宽明显大于长，肛孔位于该板后半部，具刚毛3根。气门沟除基部附着于体表上，其余部分游离。足后板极为发达，略呈三角形，板上有许多根刚毛。腹面两侧缘各具粗刺刚毛19根，4对足均粗短。

卵：乳白色，卵圆形，大小为0.60 mm×0.43 mm，卵膜薄而透明，产下时即可见卵内含有4对肢芽的若螨。前期若螨：乳白色，体表有稀疏的刚毛，有4对粗壮的足，体形由卵圆形渐变成近圆形,大小由0.63 mm×0.49 mm增大为0.74 mm×0.69 mm。后期若螨:由前期若螨蜕皮而来,体形由心脏形变为横椭圆形,大小由0.80 mm×1 mm增大为1.09 mm×1.38 mm。

(2)亮热厉螨(*Tropilaelaps clareae*):虫体背腹面均密被刚毛。须肢叉毛单一。雌螨,淡棕黄色,呈卵圆形,平均大小为1.03 mm×0.65 mm,前端略大,后端钝圆。背板覆盖整个背面,密生刚毛,腹面、胸板前缘平直,后缘极度内凹呈弓形,前侧角长,伸达1~2基节间。肛板长大于宽,前缘钝圆,后端平直。生殖板窄长条形,几乎达到肛门前缘;肛门开口于中央。螯钳具小齿,钳齿毛短小,呈针状。雄螨,淡黄色,呈卵圆形,平均大小为0.95 mm×0.56 mm,背板与雌螨相似,腹面胸板与生殖板合并呈舌形,与肛板分离,具5对刚毛和2对隙状器,肛板卵圆形,前窄后宽,具3对刚毛。螯肢导精趾波浪形弯曲(图5.367)。卵近圆形,平均大小为0.66 mm×0.54 mm,卵膜透明。前期若螨,椭圆形,平均大小为0.54 mm×0.38 mm,乳白色,体背有细小刚毛。后期若螨,卵圆形,平均大小为0.90 mm×0.61 mm。

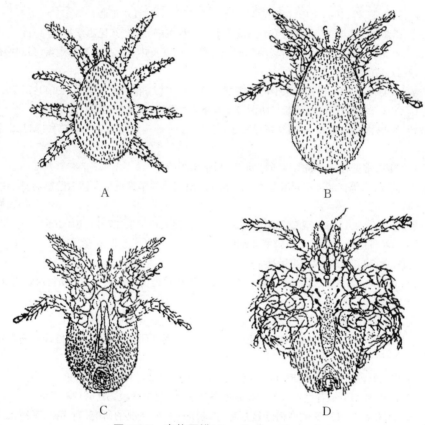

图5.367 亮热厉螨(*Tropilaelaps clareae*)
A.前期若虫;B.后期若虫;C.♀腹面;D.♂腹面
(仿瞿守睦)

3. 孳生习性

蜂螨一生均在蜂巢房子脾上寄生,靠吸取幼蜂体液为生。雌螨潜入即将封盖的幼虫房内产卵繁殖。一个幼虫被寄生致死后,小蜂螨可从封盖房穿孔爬出来,重新潜入其他即将封盖的幼虫房内产卵繁殖。在封盖房内新成长的小蜂螨随着新蜂出房时,一同爬出来,再潜入其他幼虫房内寄生和繁殖。其繁殖速度比大蜂螨快,整个发育过程仅需4~4.5天。在蜂群间的传播主要是通过接触传播。因此,盗蜂、迷巢蜂是主要的传播媒介,此外养蜂人员随意调换脾或调整蜂群时,也可引起蜂螨的传播。

4. 分布地区

国内广泛分布于华北及长江以南地区。国外分布于菲律宾等东南亚国家。

(杨 举)

参 考 文 献

Hughes A M,1983.贮藏食物与房舍的螨类[M].忻介六,沈兆鹏,译.北京:农业出版社.

马立名,林坚贞,2017.温氏新寄螨在西藏的发现(蜱螨亚纲·中气门目·新寄螨科)[J].蛛形学报,26(1):48-50.

马恩沛,沈兆鹏,陈熙雯,等,1984.中国农业螨类[M].上海:上海科学技术出版社.

王敦清,陈家祥,李孟潮,等,1995.引进的美国鹧鸪体上的一种害螨[J].华东昆虫学报,4(1):107-108.

王赛寒,石泉,袁良慧,等,2019.某民航货场粮库储藏物螨类调查及热带无爪螨形态观察[J].中国国境卫生检疫杂志,42(3):179-181.

王赛寒,袁良慧,石泉,等,2019.市售银鱼干河野脂螨污染的调查[J].检验检疫学刊,29(4):74-76.

尹凤琴,贾志江,2010.鸡皮刺螨病的诊断与防治[J].国外畜牧学(猪与禽),30(5):70-71.

邓国藩,王敦清,顾以铭,等,1993.中国经济昆虫志(第40册)·蜱螨亚纲·皮刺螨总科[M].北京:科学出版社.

叶向光,李朝品,2020.常见医学蜱螨图谱[M].北京:科学出版社.

付雪红,陈志蓉,何立雄,等,2008.不同温湿度和培养环境对离体绵羊痒螨生存活力的影响[J].中国兽医寄生虫病,16(4):4-8.

兰清秀,卢政辉,范青海,2012.食用菌螨种类研究进展[J].福建农业学报,27(1):104-108.

匡海源,1995.中国经济昆虫志(第44册·蜱螨亚纲瘿螨总科(一))[M].北京:科学出版社.

匡海源,1986.农螨学[M].北京:农业出版社.

权中会,陈冰洁,郑博方,等,2016.477例门诊犬寄生虫种类和感染情况的调查[J].动物医学进展,37(11):118-122.

朱志民,陈熙雯,1979.植绥螨科的分类形态特征[J].南昌大学学报(理科版),1:35-38.

刘晓宇,吴捷,王斌,等,2010.中国不同地理区域室内尘螨的调查研究[J].中国人兽共患病学报,26(4):310-314.

刘维忠,1996.犬皮肤螨种类调查及处理[J].中国兽医寄生虫病,4(1):34-35.

刘婷,金道超,2014.拱殖嗜渣螨各发育阶段的体表形态观察[J].昆虫学报,57(6):737-744.

许礼发,湛孝东,李朝品,2012.安徽淮南地区居室空调粉螨污染情况的研究[J].第二军医大学学报,33(10):1154-1155.

许薇,朱志伟,孙恩涛,等,2019.速生薄口螨休眠体的形态和分子特征鉴定[J].右江民族医学院学报,41(3):246-249.

苏晓会,2014.中国部分地区羽螨总科分类研究[D].重庆:西南大学,6.

李云瑞,卜根生,1997.农业螨类学[M].兰州:西南农业大学出版社.

李云瑞,1987.蔬菜新害螨:吸腐薄口螨 *Histiostoma sapromyzarum* (Dufour)记述[J].西南农业大学学报,9(1):46-47.

李枝金,刘亦仁,董美阶,等,2002.宜昌市革螨和恙螨调查及其区系研究[J].中国媒介生物学及控制杂志,13(4):279-2281.

李朝品,沈兆鹏,2016.中国粉螨概论[M].北京:科学出版社.

李朝品,武前文,1996.房舍和储藏物粉螨[M].合肥:中国科学技术大学出版社.

李朝品,2009.医学节肢动物学[M].北京:人民卫生出版社.

李朝品,2006.医学蜱螨学[M].北京:人民军医出版社.

杨文喆,蒋峰,李朝品,2019.砀山家常储粮孳生粉螨的种类调查[J].中国病原生物学杂志,14(7):819-821.

杨庆贵,陶莉,李朝品,2007.马鞍山市储藏食品孳生粉螨的群落组成及多样性[J].环境与健康杂志,24(10):798-799.

杨举,张西臣,尹继刚,等,2004.犬蠕形螨病病理组织学观察[J].中国寄生虫病防治杂志,3:58-60,83.

吴伟南,梁来荣,蓝文明,1997.中国经济昆虫志(第53册·蜱螨亚纲·植绥螨科)[M].北京:科学出版社.

吴鸿,王义平,杨星科,等,2018.天目山动物志[M].杭州:浙江大学出版社.

沈兆鹏,2006.中国重要储粮螨类的识别与防治(三)辐螨亚目革螨亚目甲螨目[J].黑龙江粮食,4:31-35.

沈兆鹏,1991.我国储粮中的肉食螨[J].粮食储藏,20(4):21-30.

沈兆鹏,2009.房舍螨类或储粮螨类是现代居室的隐患[J].黑龙江粮食,2:47-49.

沈莲,孙劲旅,陈军,2010.家庭致敏螨类概述[J].昆虫知识,47(6):1264-1269.

忻介六,1988.农业螨类学[M].北京:农业出版社.

张际文,2015.中国国境口岸医学媒介生物鉴定图谱[M].天津:天津科学技术出版社.

张荣波,李朝品,2002.40种花类和叶类中药材孳生粉螨的研究[J].基层中药杂志,1:9-10.

张格成,李继祥,1997.柑桔新害虫:侧多食性跗线螨的发生与综合治理[J].四川农业科技,3:16-17.

陆联高,1994.中国仓储螨类[M].成都:四川科学技术出版社.

陈艳,2004.几种花卉害螨及其检疫重要性[J].植物检疫,5:282-284.

林坚贞,杨杰,张艳璇,等,2018.中国自由生活革螨调查报告(Ⅺ)(蜱螨亚纲:中气门目)[J].武夷科学,34:16-32.

罗礼溥,郭宪国,钱体军,等,2006.云南省小兽体表革螨名录初报[J].蛛形学报,15(2):123-128.

周冰峰,2020.蜂螨的分类与防治[J].科学种养,9:48-51.

周淑姮,温廷桓,邓艳琴,等,2018.徐国英中国真厉螨属区系分类研究及一新纪录种和记述[J].中国媒介生物学及控制杂志,5:482-487.

周婷,王强,姚军,等,2007.中国狄斯瓦螨(Varroa destructor,大蜂螨)研究进展[J].中国蜂业,58(2):5-7.

赵亚男,李朝品,2019.甜果螨形态的扫描电镜观察[J].中国血吸虫病防治杂志,31(5):513-515.

赵红霞,罗岳雄,梁勤,等,2016.小蜂螨研究现状[J].环境昆虫学报,38(4):852-856.

赵恒章,王天有,刘保国,2005.兔耳痒螨病的诊治[J].中国兽医寄生虫病,13(4):53-54.

郝宝锋,于丽辰,许长新,2007.套袋苹果内新害螨:乱跗线螨[J].果树学报,2:180-184.

胡嗣基,1997.中国的巨须螨[J].宁波师院学报,19(5):56-59.

柳支英,陆宝麟,1990.医学昆虫学[M].北京:科学出版社.

段彬彬,湛孝东,宋红玉,等,2015.食用菌速生薄口螨休眠体光镜下形态观察[J].中国血吸虫病防治杂志,27(4):414-415,418.

夏斌,罗冬梅,邹志文,等,2007.普通肉食螨对椭圆食粉螨的捕食功能[J].昆虫知识,27(4):334-337.

柴强,陶宁,李朝品,2017.啤酒酵母粉中发现食虫狭螨[J].中国血吸虫病防治杂志,29(1):72-73,86.

徐雪萍,付雪红,陈志蓉,等,2010.绵羊痒螨越夏生物学研究[J].新疆农垦科技,4:36-37.

郭天宇,杨国华,潘凤庚,等,2001.川西南地区小型兽类体外寄生革螨调查报告[J].四川动物,20(4):198-201.

陶宁,孙恩涛,湛孝东,等,2016.居室储藏物中发现巴氏小新绥螨[J].中国媒介生物学及控制杂志,27(1):25-27.

陶宁,湛孝东,孙恩涛,等,2015.储藏干果粉螨污染调查[J].中国血吸虫病防治杂志,27(6):634-637.

黄丽琴,郭宪国,2010.我国医学革螨生态学研究概况[J].安徽农业科学,38(6):2971-2973,3014.

黄兵,沈杰,2006.中国畜禽寄生虫形态分类图谱[M].北京:中国农业科学技术出版社.

黄振兴,金道超,乙天慈,2016.中国巨螯螨科一新种和三新记录种记述暨名录增订(蜱螨亚纲:中气门目)[J].山地农业生物学报,35(4):6-12,41.

崔玉宝,2005.蒲螨与人类疾病[J].昆虫知识,42(5):592-294.

蒋峰,李朝品,2019.合肥市市售食物孳生粉螨调查情况调查[J].中国病原生物学杂志,14(6):697-698.

温廷恒,1976.真厉螨亚科(新亚科)和真厉螨属三新种[J].昆虫学报,19(3):348-356.

潘鎾文,邓国藩,1980.中国经济昆虫志(第17册·蜱螨目·革螨股)[M].北京:科学出版社.

Allawi J T F, 2008. Studies on the straw itch mite *Pyemotes tritici* (Newport) (Acari:Pyemotidae) [J]. Journal of Agricultural Sciences, 4(2):125-129.

Arroyave W D, Rabito F A, Carlson J C, 2013. The relationship between aspecific IgE level and asthma outcomes:results from the 2005—2006 national health and nutrition examination survey [J]. Journal of Allergy & Clinical Immunology in Practice, 1(5):501-508.

Britto E P, Lopes P C, Moraes G D, 2012. *Blattisocius* (Acari, Blattisociidae) species from Brazil, with description of a new species, redescription of *Blattisocius keegani* and a key for the separation of the world species of the genus. *Zootaxa*, 3479 (1), 33-51.

Castro T M M G, Moraes G J, 2010. Life cycle and behaviour of the predaceous mite *Cunaxatricha tarsospinosa* (Acari:Prostigmata:Cunaxidae) [J]. Experimental and Applied Acarology, 50:133-139.

Cebolla R, Pekár S, Hubert J, 2009. Prey range of the predatory mite Cheyletus malaccensis (Acari:Cheyletidae) and its efficacy in the control of seven stored-product pests [J]. Biological Control, 50(1):1-6.

Chen J, Liu D, Wang H F, 2010. Oribatid mites of China:a review of progress, with a checklist[J]. Zoosymposia, 4:186-224.

Dini L A, Frean J A, 2005. Clinical significance of mites in urine[J]. Journal of clinical microbiology, 43(12):6200-6201.

Ebermann E, Goloboff P A, 2002. Association between neotropical burrowing spiders (Araneae:Nemesiidae) and mites (Acari:Heterostigmata, Scutacaridae) [J]. Acarologia, 42(2):173-184.

Ermilov S G, Anichkin A E, 2014. A new species of *Scheloribates* (*Scheloribates*) from Vietnam, with notes on taxonomic status of some taxa in Scheloribatidae (Acari, Oribatida)[J]. International Journal of Acarology, 40(1):109-116.

Ermilov S G, Rybalov L B, 2013. Two new species of oribatid mites of the superfamily Oripodoidea (Acari:Oribatida) from Ethiopia[J]. Systematic and Applied Acarology, 18(1):71-79.

Fanelli A, Doménech G, Alonso F, et al., 2020. Otodectes cynotis in urban and peri-urban semi-arid areas:a widespread parasite in the cat population[J]. J. Parasit. Dis., 44:481-485.

Grobler L, Ozman S K, Cobanoglu S, 2003. The genera *Liacarus*, *Stenoxenillus* and *Xenillus* (Oribatida:Gustavioidea) from Turkey[J]. Acarologia, 43(1):133-149.

Hong X Y, Xue X F, Song Z W, 2010. Eriophyoidea of China:a review of progress, with a checklist. Zoosymposia[J]. Zoosymposia, 4(1):57-93.

HUANG-BASTOS M, BASSINI-SILVA R, ROLIM L S, et al., 2020. Otodectes cynotis (Sarcoptiformes:Psoroptidae):new records on wild carnivores in Brazil with a case report[J]. J. Med. Entomol., 57(4):1090-1095.

Hubert J, Hýblová J, Münzbergová Z, et al., 2007. Combined effect of an antifeedant α-amylase inhibitor and a predator Cheyletus malaccensis in controlling the stored-product mite Acarus siro[J]. Physiological Entomology, 32(1):41-49.

Jorrin J, 2014. Two new arthronotic mites from the south of Spain (Oribatida, Cosmochthoniidae), with a new subgenus and species of *Cosmochthonius* and one new species of Phyllozetes[J]. Acarologia, 54(2):183

-191.

Khaustov A A, 2017. Two new species of myrmecophilous scutacarid mites (Acari:Scutacaridae) from Chile [J]. Systemic Applied Acarology, 22(1):115-124.

Kim T B, Kim Y K, Chang Y S, et al., 2006. Association between sensitization to outdoor spider mites and clinical manifestations of asthma and rhinitis in the general population of adults[J]. J. Korean. Med. Sci., 21 (2):247-252.

Kim J, Bayartogtokh B, Jun C, 2016. First record of the genus *Phauloppia* Berlese, 1908 (Acari:Oribatida: Oribatulidae) with description of *Phauloppia lucorum* (C. L. Koch, 1841) from Korea[J]. Journal of Species Research, 5(3):368-371.

Krantz G, Walter D, 2009. A manual of acarology, 3rd. [M]. Lubbock, TX:Texas Tech U.

Li C P, Cui Y B, Wang J, et al., 2003. Acaroid mite, intestinal and urinary acariasis[J]. World Journal of Gastroenterology, 9(4):874-877.

Li C P, Wang J, 2000. Intestinal acariasis in Anhui Province[J]. World J Gasteroentero, 6(4):597.

Macías J O, Colina G O, 2004. Infestation of *Pyemotes tritici*(Acari:Pyemotidae)on Melipona colimana (Hymenoptera:Apidae:Meliponinae):a case study[J]. Agrociencia, 38(5):525-528.

Mąkol J, Wohltmann A, 2012. An annotated checklist of terrestrial Parasitengona (Actinotrichida:Prostigmata)of the world, excluding Trombiculidae and Walchiidae [J]. Annales Zoologici, 62:359-562.

Mullen G R, OConnor B M, 2019. Mites (Acari)[M]//Medical and veterinary entomology. Academic Press, 533-602.

Noël A, Le Conte Y, Mondet F, 2020. Varroa destructor:how does it harm Apis mellifera honey bees and what can be done about it?[J]. Emerg. Top. Life. Sci., 4(1):45-57.

Omukoko C A, Maniania N K, Wekesa V W, et al., 2020. Effects and persistence of endophytic Beauveria bassiana in tomato varieties on mite density Tetranychus evansi in the Screenhouse[C]//Sustainable Management of Invasive Pests in Africa.

Palyvos N E, Emmanouel N G, 2009. Temperature-dependent development of the predatory mite Cheyletus malaccensis(Acari:Cheyletidae)[J]. Experimental and Applied Acarology, 47(2):147-158.

Salarzehi S, Hajiqanbar H, Olyaie Torshiz A, et al., 2012. Description of a new species of the genus *Fessonia* (Acari:Prostigmata:Smarididae)from Iran [J]. Revue Suisse de Zoologie, 119:409-415.

Schatz H, 2002. The Oribatida literature and the described oribatid species(Acari)(1758-2001)an analysis[J]. Abhandlungen und Berichte des Naturkundemuseums Gorlits, 74(1):37-45.

Subías L S, Shtanchaeva U Y, 2012. Listado sistemático, sinonímico y biogeográfi co de los ácaros oribátidos (Acari:Oribatida) mediterráneos[J]. Boletin de la Real Sociedad Espanola de Historia Natural, 106:5-92.

Takashima S, Ohari Y, Itagaki T, 2020. The prevalence and molecular characterization of Acarapis woodi and Varroa Suppldestructor mites in honeybees in the Tohoku region of Japan[J]. Parasitol. Int., 75:102052.

Traynor K S, Mondet F, De Miranda J R, et al., 2020. Varroa destructor:A complex parasite, crippling honey bees worldwide[J]. Trends Parasitol., 36(7):592-606.

Van Alphen J J M, Fernhout B J, 2020. Natural selection, selective breeding, and the evolution of resistance of honeybees (Apis mellifera) against Varroa[J]. Zool. Lett., 6:6.

Wang Z Y, Li X L, Mu N, et al., 2020. Four new feather mites of the genus Mesalgoides Gaud &. Atyeo (Acariformes:Psoroptoididae) from passerines (Ayes:Passeriformes)of China[J]. Syst. Appl. Acarol. - UK, 25(2):236-254.

Wang H F, Wen Z G, Chen J, 2002. A checklist of oribatid mites of China (Ⅰ) (Acari:Oribatida). Acta Arachnologica Sinica, 11(2):107-127.

Wang H F, Wen Z G, Chen J, 2003. A checklist of oribatid mites of China (Ⅱ) (Acari:Oribatida). Acta

Arachnologica Sinica, 12(1):42-63.

Wohltmann A, 2010. Notes on the taxonomy and biology of Smarididae(Acari：Prostigmata：Parasitengona) [J]. Annales Zoologici, 60:355-381.

Wohltmann A, 2000. The evolution of life histories in Parasitengona(Acari Prostigmata) [J]. Acarologia, 41: 145-204.

Wohltmann A, Witte H, R Olomski, 2001. Patterns favouring adaptive radiation versus patterns of stasis in Parasitengonae(Acari：Prostigmata)[M]//Halliday R B, Walter D E, Proctor H C, et al. . Acarology：Proceedings of the 10th International Congress of Acarology. Melbourne：CSIRO Publishing, 83 99.

Yin J D, Li Y H, Li X, et al., 2019. Predation of Cheyletus malaccensis(Acari：Cheyletidae)on Megoura japonica(Hemiptera：Aphididae)under five different temperatures[J]. International Journal of Acarology, 45 (3):176-180.

Yu L, Zhang Z Q, He L, 2010. Two new species of Pyemotes closely related to P. tritici(Acari：Pyemotidae) [J]. Zootaxa, 2723(1):1-2.

Zhou Y, Jia H, Zhou X, et al., 2018. Epidemiology of spider mite sensitivity：a meta-analysis and systematic review[J]. Clin. Transl. Allergy, 8(1):1-10.

第六章　为　害

家栖螨类(domestic mites)生境广泛,可营自生生活,广泛孳生于贮藏的食物及中药材、纺织品及衣物、家具与家用电器、宠物及其窝巢与饲料、动物以及人类生产生活的室内环境中,包括以植物或动物有机残屑为食的植食、菌食、腐食性螨类,如粉螨、甲螨、肉食螨、蒲螨、跗线螨、叶螨、羽螨等。有些螨类的分泌物、排泄物、代谢物和蜕下的皮屑,死螨的螨体、碎片和裂解物,以及由螨类传播的细菌、真菌及其他病原微生物等,均可严重污染粮食、食物等储藏物,引起品质下降或变质,对人畜及农作物产生不同程度的危害。有些螨类也可过寄生生活引起人体螨病。

第一节　贮藏食物与中药材

家栖螨类可孳生在粮食仓库、食品加工厂、蔬菜储藏室、菇房、中草药库等环境中,当在储藏食物中大量繁殖时,霉菌及储粮昆虫亦随之猖獗繁殖,造成粮食、食品、干果、蔬菜、食用菌、中药材及其他储藏物等品质下降或变质,失去营养价值,有时食用变质或有螨污染的食物会引起中毒,直接危及人体健康和生命。

一、粮食

在谷物的收获、包装、运输、储藏及加工过程中,螨类均可侵入其中,也可通过自然的迁移和人为的携带而播散。螨类的分泌物、排泄物、代谢物和蜕下皮屑,死螨的螨体、碎片和裂解产物,以及由螨传播的真菌及其他微生物等,均可严重污染储藏物粮食。

(一)霉变

储粮霉菌的生长繁殖与螨类有密切关系。储藏物螨类不仅是霉菌的取食者,也是霉菌的传播者。如储藏物粉螨的体内常有大量的曲霉与青霉菌孢子,由于螨类的活动繁殖,引起储粮发热、水分增高,从而促使一些产毒霉菌繁殖。如黄曲霉(*Aspergillus flavas*)生长繁殖后,产生的黄曲霉毒素可致人体肝癌;黄绿青霉(*Penicillium citreo-virde*)生长繁殖后,产生的黄绿青霉毒素可引起动物中枢神经中毒和贫血;桔青霉(*Penicillium citrinum*)生长繁殖后,产生的桔霉素可使动物肝脏中毒或死亡。因此,仓螨的繁殖,引起霉菌增殖,霉菌的增殖,又可促使仓螨大量繁殖,这种生物之间的互相影响,使储粮及食品遭受严重损失。有些仓螨消化道的排泄物中常带有霉菌孢子,一粒螨粪中的孢子数可达10亿多。霉菌孢子抵抗力较强,通过螨体消化器官后,仍能保持较强的发芽力,甚至有些霉菌孢子的萌发,还以通过螨体为必备条件。

(二) 影响种子发芽

粮食种子一般属于长寿型,在一定的条件下,有些种子可保持8~10年仍有较高的发芽率。影响种子发芽率的因素很多,其中仓螨为害是重要因素之一。仓螨为害谷物,常先取食谷物的胚芽,使受害谷物的营养价值和发芽率明显下降。如粉螨科的椭圆食粉螨、腐食酪螨侵害种子时,首先食胚,在种子胚部聚集后,先咀一小孔,再进入胚内危害。粗脚粉螨危害玉米时,先食穿玉米胚部膜皮,再进入蛀食。种子胚部易遭受仓螨侵害,主要是因为胚部组织软嫩,含水量较其他部位高,同时富含营养物质及可溶性糖。胚是种子的生命中心,遭受危害后,种子即失去发芽力。种子发芽力丧失的大小,与种子含水量、螨口密度有密切关系。种子水分高,螨口密度大,发芽力丧失大;种子水分低,螨口密度小,发芽力丧失较小。据试验,在温度为20~26 ℃的条件下,感染粉螨的小麦水分为15%,粉螨密度为三级的发芽率较小麦水分为13%、粉螨密度为一级的发芽率降低38.8%。因此种子干燥时,可降低粉螨为害,这是保护种子发芽力的重要措施。

(三) 变色、变味

家栖螨类还可以引起储藏粮食变色、变味。螨类的分泌物、排泄物及死亡螨体等可严重污染储粮,在仓螨大量迁移的同时,多种真菌及其他微生物亦随之广泛播散,也加速了储粮的变质。如粗脚粉螨多危害粮食的胚部,使其形成沟状或蛀孔状斑点,外观无光泽,色变苍白发暗,食之有甜腥味或苦辣味;椭圆食粉螨的粪便、蜕皮及螨体污染粮食后,产生一种难闻的恶臭味。

二、食品

生活中食品种类众多,日常使用量大,在储存过程中,若存放不当,温湿度适宜时,螨类也较易孳生。因储藏食品中含有丰富的蛋白质、脂肪和糖类,既给螨类孳生提供了孳生物,也为真菌等微生物提供了营养。食品仓储环境中若有鼠类、节肢动物寄生,通过这些媒介的机械性携带和人为的运输都将为螨类的播散提供很好的条件。

(一) 霉变

螨类也可大量孳生于储藏食物中,不仅取食霉菌,同时也是霉菌的传播者,引起食物霉变,严重污染食物,进一步危害人类健康。

(二) 变色、变味

螨类在食物中大量繁殖时,携带的霉菌亦随之猖獗繁殖,食品营养被破坏,脂肪酸增高,进一步氧化为醛、酮类物质,产生苦味,使食品失去营养价值。受螨类污染严重的面粉制作的食品,不仅外观色泽不佳,而且严重影响食品的口感、味道。如糖类食品易受果螨科和食甜螨科螨类的为害。甜果螨污染白砂糖、蜜饯、干果和糕点等食品后,使这些食品的营养下降,甚至不能食用。沈兆鹏(1962)在上海地区的砂糖中发现甜果螨,之后又在蜜饯、干果等甜食上发现其大量身影,这些螨类很有可能是随进口砂糖带入。王酉之等(1979)报道了从四川省4市11县的红糖中分离出的螨,大都属于粉螨亚目(Acardida)的螨类。沈兆鹏(1995)记述腐食酪螨(*Tyrophagus putrescentiae*)严重为害火腿,从火腿表面上看好似重霜一层,粗看误认为是盐;亦有文献报道,每克红糖中检出粉螨3500只。随着农业生产的发展,储藏物的种类和数量增多,特别是国际贸易扩大,农产品交流日益频繁,储粮螨类的传播和危害已经成为国际农产品市场的一个问题。陆联高于20世纪60年代初在成都食糖仓库发现进口的古巴白砂糖中有严重的甜果螨发生,每千克白砂糖约有甜果螨150只,严重影响了其质量。2006年日照检验检疫局的工作人员从古巴进口的原糖中检出粗脚粉螨;2007年湛江检验检疫局在从古巴进口的原糖中检出甜果螨。因此,为了防止有害螨类从国外传入我国,有必要加强进口商品的检疫工作。

三、干果

家栖螨类对储藏干果同样会造成严重危害。螨在干果中孳生时,取食其成分,会导致干果的品质下降,造成经济损失。储藏干果中含有大量的蛋白、脂肪和糖类,既给螨类孳生提供了食物,同时也为真菌等微生物提供了孳生条件,造成霉菌在储藏干果中繁殖,加剧了干果的霉变。李朝品(1995)报道每只桂圆应子中可检出腐食酪螨64~289只,平均163只。陶宁(2015)报道了在储藏的49种干果中共发现12种粉螨,其中以甜果螨、腐食酪螨、粗脚粉螨、伯氏嗜木螨为优势螨种,并且在桂圆、平榛子、话梅中孳生密度较高。干果中孳生螨类也是螨类侵染人体引起人体螨病的一个重要途径。螨体的崩解物、排泄物亦是重要的过敏原,引起过敏反应性疾病。干果中携带的螨类若被人随食物误食进入人体后,还可引起消化系统螨病。可见螨类在干果中孳生的危害极大,需引起关注和重视。

四、蔬菜

蔬菜是人们日常生活的主要食物之一,是维生素、膳食纤维的重要来源,对人体健康至关重要。但蔬菜在种植、储藏及加工过程中也会有螨类的侵入,不仅使蔬菜种植业遭受重大经济损失,也会危害食用者的身体健康。如有些螨类以寄主植物的组织为食,可为害芋头、韭菜、葱、百合和马铃薯等的块茎和鳞茎等多种块根类植物的地下部分,严重危害时,可导致受害后的植株矮小、变黄以致枯萎,造成直接损失。其也可在孳生于腐烂的植物表层、菌物,枯枝落叶和富含有机质的土壤中。同时,还能导致传播腐烂病的尖孢镰刀菌(*Fusarium oxysporum*)侵染,给田间作物和储藏蔬菜带来间接损失,造成减产。苏秀霞(2007)曾在北京市中关村市场的市售蒜头上采集到大蒜根螨。张宗福等(1994)曾在湖北省猕猴桃肉质根上检获了猕猴桃根螨,猕猴桃根螨可孳生于猕猴桃肉质根上,在其内部取食为害。

五、食用菌

近年来我国食用菌害螨的危害逐年加重,已成为制约食用菌产业进一步发展的因素之一。由于螨类个体较小,分布广泛,繁殖能力强,易于躲藏栖息在菌褶中,不但影响鲜菇品质,而且危害人体健康。在食用菌播种初期,螨类直接取食菌丝,菌丝常不能萌发,或在菌丝萌发后引起菇蕾萎缩死亡,造成接种后不发菌或发菌后出现退菌现象,严重时螨可将菌丝吃光,造成绝收,甚至还会导致培养料变黑腐烂。若在出菇阶段即子实体生长阶段发生螨害时,大量的螨类爬上子实体,取食菌槽中的担孢子,被害部位变色或出现孔洞,严重影响产量与质量。若是成熟菇体受螨害,则失去商品价值。漯河市某食用菌生产基地2016年菌螨发生占菌棒总数的30%,其中严重发生达40%以上,造成产量损失30%~40%,严重时甚至绝收,当年菌螨为害造成减产超过130万千克。虽然对害螨每年都采取一定的防制措施,但随着螨类抗药性的增强,螨类也是食用菌生产中需要重点防范的生物。此外,螨自身及其分泌产物和代谢产物等是常见的致敏原,会对人体产生各种螨性疾病或过敏性疾病。

六、中药材

中药材和中西成药中也常有螨类侵袭,尤其是植物性和动物性中药材的营养丰富,当温湿度条件适宜时,螨类便在其中大量孳生。新鲜中草药螨类的孳生密度低,随着储藏时间延长,如6个月到2年时间,螨类孳生密度也会逐渐增高。尤其是一些富含淀粉、蛋白质、维生素的中草材如党参、当归、虫草、鹿茸、银耳、天麻、天冬、神曲、麦芽等易孳生螨类,引起损失。据陆联高(1994)记载,云南调查(1986)在东川市中药材库中发现大量针吸螨(*Spinibdella* sp.)、羽克螨(*Kleemannia* sp.)等;重庆市储运公司(1985)在储存土霉素、霍霉素、健胃片等成药的堆垛仓地上发现有大量粗脚粉螨和粉尘螨。蔡志学(1982)调查传统中药材地鳖虫螨类孳生情况发现,一地鳖虫饲养场地鳖虫10000多只,1980年因粉螨危害共死去4000余头,1981年5~6月又死亡近千头。中药材中螨类密度过大,还会造成螨类的迁移,螨类迁移及其所携带的多种霉菌均会加速中药材的变质。中药材中螨类的孳生无论对储藏药材的经济价值,还是防病治病的药用价值都有严重影响。此外,储藏物螨类对中药材和中西成药的污染,还可危及人体健康和生命。在我国陆续发现了长期从事中药材工作的保管员和工作人员患人体螨病,如肺螨病等。曾有学者报道,内蒙古药材站向兖州县运输数千斤柴胡时,运至河北承德站卸货转车时,搬运者便出现皮疹,全身发痒等表现,调查发现因柴胡被粉螨污染所致。可见,螨类在中草药材的采集、加工、储藏及生产、销售、应用等多个环节中均可孳生繁殖。对于中西成药及中药材的螨污染问题,已逐渐引起人们的重视,我国的药品卫生标准规定口服和外用药品中不得检出活螨。

第二节　纺织品与衣物

纺织品和我们的生活息息相关,且多数可直接接触人体皮肤,对人体健康影响较大。而粉螨是纺织品的大敌,每年都造成这些物品质量的严重损坏。受粉螨为害的纺织品很多,如被褥、衣服、裘皮、窗帘、地毯、沙发巾、床垫等,这些物品放置在库房或人们居住的房舍里,在特定的空间内有下水道、水龙头、饮具及盥洗设备等,为螨类的孳生维系了温湿适宜的屋宇生态环境,因此在房舍的灰尘中、物品上孳生有大量的螨类,其中主要是粉螨,而这些螨类如粉尘螨等是强烈的变应原,可引起过敏性哮喘、皮炎、鼻炎,甚至体内螨病等。

沈兆鹏(1995)比较了铺有地毯的房屋灰尘和不铺地毯的房屋灰尘的粉螨孳生情况,其中的粉螨(主要为尘螨)数目大不相同,即铺有地毯的房屋灰尘中的尘螨数要远远高于不铺地毯房屋灰尘中的尘螨数。有学者在韩国首尔进行了为期一年的采集房屋灰尘进行螨类调查研究,结果发现,在8月份(温度为25℃,相对湿度为66%)检出的螨最多,铺地毯和不铺地毯的房屋灰尘中尘螨的数目相差甚大,尤其是在环境温度较高而长期使用空调的房间里,铺设羊毛地毯,尘螨的数目会更多,因为地毯下面是尘螨理想的孳生场所。有学者对广州市居民家庭进行尘螨定点、定量调查,结果发现572份样品中检出尘螨的有531份,检出率高达92.8%,1份床上的灰尘(1克)有螨高达11849只,1份枕头灰尘(1克)有螨达11471只。随着社会经济的发展,汽车数量迅速增加,汽车坐垫常用内饰布进行装饰,其空隙往往成为螨类孳生繁衍的场所。Takahashi(2010)报道发现汽车等交通工具内部易孳生尘螨并造成污染,与过敏性疾病密切相关。湛孝东等(2013)调查发现汽车内饰环境中孳生粉螨科螨类最多(54.20%),以腐食酪螨(26.21%)和粗脚粉螨(10.56%)为主;出租车内粉螨的孳生率和孳生密度均大于私家车。综上,为减少纺织品螨类的为害,有必要采取措施控制螨类的孳生。

第三节 家具与家用电器

居室内家具及家用电器与人体接触密切,为尘螨提供了丰富的食物,同时空调室内自然采光低,且光照不足,也适宜尘螨孳生和繁殖。当打扫卫生时,可以将室内尘螨拍起悬浮于空中,被空调吸入并附着于空调机滤尘网中。若空调长期未清理,机滤尘网中就会附着许多灰尘和微生物,其中就包括屋尘螨、粉尘螨和腐食酪螨等家栖螨类。当空调开启维持室内温度和湿度时,空调滤尘网中的螨类就会随着空调风排入室内空气中,从而成为传播和扩散污染物的媒介,导致螨过敏性疾病如螨性皮炎、哮喘和人体内螨病等。过敏性哮喘病的发病率特别是在欧洲、美洲一些发达国家较高,家庭普遍装置空调、铺有羊毛地毯是重要原因。

荷兰的医学生物学家 Voorhorst 和 Spieksma 等早在1964年就已研究证明尘螨是屋尘中的主要过敏原之一。近年来,已有学者对空调滤尘网中屋尘螨、粉尘螨的变应原进行检测,证明空调滤尘网灰尘中存在屋尘螨、粉尘螨变应原。练玉银等(2007)分别对尘螨过敏的哮喘患者家庭及健康家庭进行空调使用前后空气中和空调滤网中灰尘的尘螨主要变应原进行检测,发现空调机滤尘网灰尘中存在尘螨抗原,这是室内尘螨变应原的重要来源,可以导致过敏性哮喘。湛孝东等(2013)还用ELISA法检测了从芜湖市区不同地区中采集的空调隔尘网灰尘的粉尘螨1类过敏原、屋尘螨1类过敏原的浓度及灰尘提取液的过敏原性,结果证实芜湖地区居民空调隔尘网中含有尘螨1类过敏原,可以诱发哮喘等疾病。马忠校等(2013)则检测了开启空气净化器前后室内空气中尘螨主要过敏原的含量变化,发现使用空气净化器就能够明显降低室内空气中的尘螨过敏原浓度。王克霞等(2014)采集了居民空调机滤尘网灰尘样品并且进行粉尘螨和屋尘螨1、2、3类变应原基因的检测,结果发现空调机滤尘网中含有尘螨1、2类变应原;同时还将空调开机前、后室内空气中粉尘螨1类过敏原和屋尘螨1类过敏原浓度进行了比较分析,发现使用空调后,空气中粉尘螨1类过敏原和屋尘螨1类过敏原浓度都明显增高。综上所述,空调滤尘网中存在粉螨变应原,应重视空调的清洁与净化、定期清洗,并且经常更换隔尘网,以减少粉螨的孳生,降低居住环境中变应原的含量,从而缓解粉螨导致的过敏性症状,降低过敏性疾病的发病率。

第四节　宠物及其窝巢与饲料

有些家栖螨类可孳生在宠物身上及其窝巢中,不仅可以通过宠物及其生活环境传播给人类引起直接危害,同时还能够携带多种病原体引起间接危害。孳生于畜禽饲料中的粉螨,不但会引起饲料本身质量下降或变质,同时食用被粉螨污染的饲料,也会引起家禽、家畜食欲不佳、发育不良、生长缓慢、繁殖力下降等一系列疾病。

一、宠物

螨类可通过叮咬和寄生等方式危害动物传播螨病,甚至传播其他病毒和细菌性疾病。螨类的足生有爪和爪间突,具有黏毛、刺毛或吸盘等攀附构造,使它们易于附着在其他物体上,然后被携带传播。在田间从事生产的人、畜和各种农机具,也在不知不觉中成为螨类的传播者。黑龙江省疾病预防控制中心曾报道,在受害动物的皮肤脓汁中,检查出粗脚粉螨、腐食酪螨、椭圆食粉螨、伯氏嗜木螨、纳氏皱皮螨、家食甜螨、谷蒲螨、马六甲肉食螨、滑菌甲螨、麦蒲螨等。

粉螨还会孳生在某些昆虫养殖环境中,尤其是具有经济价值和药用价值的昆虫上,如黄粉虫、地鳖虫等。粉螨的孳生使昆虫难以养殖,造成经济损失,同时降低了其药用疗效。王敦清等(1994)报道了在实验室饲养果蝇时,在饲养管中发现有食菌螨孳生。王克霞等(2013)报道地鳖虫养殖环境中粉螨群落的生态调查,在地鳖虫养殖场的样本中发现有8种螨类的孳生,优势螨种为伯氏嗜木螨(*Caloglyphus berlesei*)。地鳖虫为一种中药,粉螨的孳生降低了其药用及经济价值。

甲螨在畜牧业上是各种绦虫的中间宿主,可以传播牲畜及人类绦虫病。如莫尼茨绦虫病,常以地方性疾病方式流行,常见于羔羊和犊牛,不但引起幼畜的发育不良,而且可导致死亡,在世界各国都有广泛的分布,我国甘肃、宁夏、青海、陕西及新疆等很多地区内的羔羊均有感染,并受到不少损失。据报道有40多种甲螨参与裸头绦虫的生活史,在这些甲螨中,我国已报道了5科5属12种。如滑菌甲螨(*Scheloribates laevigatus*)及一种大翼甲螨(*Galumna* sp.)。

蒲螨是多种害虫的体外寄生性天敌,如球腹蒲螨组的种类寄主谱很广,可寄生于多种昆虫,即使不能在寄主上正常发育,由于球腹蒲螨毒素的作用,也可以使寄主麻痹死亡。球腹蒲螨组的寄主有同翅目、鞘翅目、鳞翅目、双翅目及膜翅目的幼虫或蛹体上,向寄主体内注入毒液造成寄主永久性麻痹,然后在寄主体上完成发育;雄螨则终生寄生于雌螨膨胀的末体上。如麦蒲螨(*Pyemotes tritici*)是粮仓中鳞翅目昆虫,即麦蛾和谷蛾的幼虫及蛹的天敌,将毒素注入昆虫体内,使其麻痹,甚至死亡。

此外,恙螨幼虫的宿主相当普遍、种类众多。迄今鉴定的动物宿主有250多种,寄生的动物包括哺乳类、鸟类、爬行类、两栖类及节肢动物等;其中哺乳类最多,其次是鸟类。Wharton et Fuller(1952)报告红纤恙螨寄生的动物宿主包括哺乳类和鸟类的达50种以上,地里纤恙螨寄生的动物宿主包括哺乳动物与鸟类高达70种以上。我国地里纤恙螨的动物宿主达100多种。随着恙虫病流行区的不断发现和研究的深入,将有更多的种类被证实是恙虫病的媒介。现代化禽鸟养殖工厂中,如果禽鸟严重感染羽螨后,会引起体重和产蛋率下降,羽毛脱落,甚至死亡,饲养者会有瘙痒等过敏性反应。谷蹈线螨体小而角皮光滑,能自由钻入宿主哺乳动物皮下和鸟类羽毛根中,引起危害。

二、窝巢

宠物的窝巢由于温湿度适宜,且具有螨类的食物来源,亦可孳生家栖螨类。如寄生于脊椎动物的革螨在自然界能携带多种病原体,可通过反复吸血传播病原体。巢穴型革螨耐饿力强,对某些人畜共患病还起着储存和扩大疫源地作用。自由生活或兼性血食型革螨可污染仓储食品、药品,危害人类健康。王敦清等(1964)在罗赛鼠洞窝中发现一种革螨洞窝鼠厉螨(*Mysolaelaps cunicularis*)。温廷桓(1965)在安徽仓鼠窝中发现一种足角螨(*Podocinum anhuense*)。郭宪国(1988)对贵州省思南县进行了啮齿目及食虫目动物体表及窝巢革螨的调查,共调查动物12种1065只,鼠巢165个,结果发现革螨8科17属31种。为进一步探索革螨在流行性出血热流行病学上的意义,江苏省卫生防疫站对黑线姬鼠鼠体和窝巢的革螨种群分布及季节消长进行了调查,共检查了黑线姬鼠1621只,窝巢802个,发现革螨36.90只,恙螨17只;窝巢螨占总螨数的97.82%,鼠体螨占2.18%;鼠体、窝巢优势螨种均为格氏血厉螨,占总螨数的68.74%。由于革螨分布广、数量大、反复吸血、传播病原体,可引起多种疾病,因此应加强对革螨的防制。

三、饲料

畜禽饲料的储藏环境不像谷物那样要求严格,并且具有高营养性,因此螨类更容易侵入并在其中孳生繁衍。螨类代谢产生的水和CO_2,使饲料的含水量增加,导致霉变,营养下降,短期内使饲料变质、结块,甚至产生恶臭;用被螨类污染的饲料喂养动物,家禽、家畜则食欲不佳、发育不良和生长缓慢。近几年的研究表明,用螨类污染的饲料喂养家禽家畜,轻者产卵、产奶量减少,繁殖率低,重者各类动物还常出现维生素A、B、C、D缺乏等营养不良症状,动物抗病能力减弱,甚至可引起动物流产、死胎、腹泻、过敏性湿疹和肠道疾病等,进而影响其繁殖率,造成奶牛产奶量减少,猪的生长速度减慢和产仔率降低等。被螨类和霉菌污染的饲料,霉菌毒素还可进一步引起畜禽肝脏及中枢神经毒性,影响肉质,造成肉类食品中螨类毒素残留和霉菌污染。此外,用螨类污染的饲料长期喂养动物,还易导致肝、肾、肾上腺和睾丸机能的衰退。陆联高等(1979)在四川、重庆调查时发现仓储米糠、麸皮饲料中,每千克饲料有腐食酪螨2000余只。螨类严重污染的饲料,重量损失可达4%~10%,营养损失70%~80%。据国外学者报道,粉螨的为害可致动物饲料的损失达50%。有学者曾用9对同胎仔猪(体重约20千克)做喂养实验,实验组给粉螨污染的饲料,对照组给无粉螨污染的饲料,结果实验组虽比对照组喂养的饲料多,但猪生长得较慢,两组之间比较有显著性差异,并且差异会随试验的进展而增大。英国学者曾用污染粉螨的饲料喂养怀孕的小白鼠,结果发现,小白鼠的食量增加,但鼠胎的死亡率亦增高,且重量减轻。因此,动物饲料中螨类为害已成为世界各国养殖业的一个重要问题。

(赵金红)

第五节　花 卉 植 物

家庭花卉养殖在我国有着悠久的传统,如牡丹、月季、碧桃、海棠、米兰、紫叶李、茉莉、桂花、金银花、蜡梅、菊花、蜀葵、仙人掌类等,室内养殖非常普遍。但花卉养殖常常受到螨类的为害。螨类可为害110多种植物,是一类为害家庭花卉的重要害螨。为害家庭花卉的螨类多达100余种,常见的有40多种,诸如二斑叶螨(*Tetranychus urticae*)、山楂叶螨(*Tetranychus viennensis*)、柑橘全爪螨(*Panonychus citri*)、朱砂叶螨(*Tetranychus cinnabarinus*)、苹果全爪螨(*Panonychus ulmi*)、茶树茶短须螨(*Brevipapus obovatus*)、葡萄缺节瘿螨(*Colomerus Vitis*)、桔芽瘿螨(*Aceria sheldoni*)、桔叶刺瘿螨(*Phyllocoptes obleivorus*)、荔枝瘤瘿螨(*Aceria litchii*)、斯氏尖叶瘿螨(*Acaphylla steinwedeni*)、斯氏狭跗线螨(*Steneotarsonemus spinki*)、拟叉毛跗线螨(*Steneotarsonemus subfurcatus*)、侧多食跗线螨(*Polyphagotarsonemus latus*)、刺足根螨(*Rhizoglyphus echinopus*)等,分布于全国各地。

家庭花卉螨类多栖息于叶背面,用刺吸式口器刺破植物的表皮细胞,深入到海绵组织和栅栏组织吸取汁液。受害细胞萎缩,表皮细胞坏死,使叶片呈灰白色或枯黄色细斑,虫口密度高时可导致叶片变黄、干枯、落叶、落果,影响植物的正常生长发育。有一些螨类还能分泌某些化学物质随唾液进入植物体内,使被害部分的细胞增生,最后导致变褐坏死。茶黄螨使叶片畸形、卷曲。瘿螨为害嫩叶幼梢、花和幼果,造成畸形果或果面粗糙,变黑褐色或锈果,有的形成虫瘿或毛毡,造成更大损失。根螨能刺吸块根、球茎营养,造成腐烂干瘪。

家庭花卉螨类非常容易传播。螨类能靠爬行、风、宠物等传播,也能随花苗移栽传播。所以家庭室内栽培花卉,只要从空气中飘落1~2只螨,短期内就可大量繁殖,使花卉受害,且常年均可对花卉造成为害。但多在5月中旬盛发,7~8月是全年的发生高峰期,尤以6月下旬到7月上旬为害最为严重,且在气温高、湿度大、通风不良的情况下繁殖较快。因此,温室大棚和通风差的阳台上,花草很容易孳生家庭花卉螨类。

(黄永杰)

第六节　室 内 环 境

随着社会经济的发展,人们生活水平的提高,家居装修日新月异,空调、地毯、地板、沙发、床垫等已成为百姓家庭必不可少的家居装饰。城市住宅密闭性强,通风不良,温湿度相对稳定;同时居室中沙发、床垫、被褥等与人体密切接触,皮屑量丰富,为螨类提供了丰富的食物,故室内环境也是家栖螨类容易孳生的场所。螨类广泛孳生于人们生活的家居环境中,其分泌物、排泄物、代谢物、虫卵及死亡螨体等均具有过敏原性,可引起皮肤瘙痒等过敏性症状,严重者可引起过敏性哮喘、过敏性鼻炎,若螨类侵入人体内则会引起肺螨病、肠螨病、尿螨病等。方宗君(2000)调查了螨过敏性哮喘患者的居室内尘螨的密度季节消长与发病关系,结果显示居室内一年四季尘螨密度差异具有显著性,秋季尘螨密度最高。李朝品等(2002)采用空气粉尘采样器和自制空气悬浮螨采样器对中药厂、面粉厂、纺织厂、粮库和某校教学楼工作环境内的悬浮螨进行了分离,共获得粉螨8种,即粗脚粉螨、小粗脚粉螨、腐食酪螨、椭圆食粉螨、纳氏皱皮螨、害嗜鳞螨、粉尘螨和屋尘螨,隶属于3科6属。由此可见,特定生境空气中粉螨的污染严重,应引起注意。Arlian 和 Morgan(2003)报道居室和交通工具是重要的尘螨、花粉等常见变应原暴露场所,易引起哮喘等过敏性疾病。吴子毅(2006)调查不同房间粉尘中螨的检出率,发现客厅为27.83%、卧室为36.78%、厨房为27.42%。张伟等(2009)报道了南北方不同城市冬季室内螨类孳生情况的调查,调查结果表明在冬季寒冷干燥的环境下,南方城市的室内仍有螨类孳生,而同时期的北方城市室内无螨类孳生。赵金红等(2009)对安徽省房舍孳生粉螨种类的调查发现,螨类总体孳生率为54.39%,孳生螨种26种,隶属于6科16属。

第七节 其 他

全球经济一体化带来了国际贸易与旅游业的快速发展,客货运业务不断攀升,人口交流、货物运输的过程极其有利于粉螨在不同地区播散。交通运输将媒介生物带到世界各地引起各种疾病屡见不鲜。目前,口岸及出入境交通工具螨类的检查是出入境检验检疫的常规项目。崔世全(1997)对中朝边境口岸交通工具携带病媒节肢动物的情况进行调查,共检获革螨14种。周勇等(2008)在合肥机场口岸分离出革螨4种,隶属于2科4属。目前过敏反应疾病的发病率逐年升高,因此由交通工具中螨类引发的过敏反应应从公共卫生的角度加以重视。

纸质书刊、字画和档案材料目前仍是图书馆、档案馆工作的物质基础。由于图书是以纸张、胶、浆糊等原料制作而成,在保存和馆藏过程中,不可避免遭受害虫、霉菌或者其他有害生物的入侵。节肢动物可通过钻蛀、污损和侵蚀等方式危害档案图书,导致图书残缺不全,污损变色,污迹斑斑,甚至可导致失去使用、保藏价值。由于螨类个体微小、种类繁多、分布广泛,时常潜伏在书籍和图书馆的各个角落中,尤其是在陈放多年的书籍和通风条件较差的阅览室和书库更容易发生。据报道,我国为害档案图书的节肢动物孳生种类繁多,共检出36种,分属于7个目,其中就包括毒厉螨(*Laelaps echidninus*)、居中纤恙螨(*Leptotrombidium intermedium*)、腐食酪螨(*Tyrophagus putrescentiae*)、菌食嗜菌螨(*Mycetoglyphus fungivorus*)、长嗜霉螨(*Euroglyphus longior*)、屋尘螨(*Dermatophagoides pteronyssinus*)等。李立红等(2004)对苏州大学图书馆害虫调查中发现,在过刊库和书库收集的8份灰尘样本中,均检出屋尘螨、粉尘螨孳生,旧库孳生的密度大于新库。李生吉等(2008)调查了图书馆内流通图书、过期书刊、古籍善本3类图书表面灰尘中螨孳生情况,发现过期书刊中螨类孳生率最高,为81.43%,调查共检获螨类23种。纸质图书、字画等是我国珍贵的历史文化遗产,需制定切实可行的图书害螨防制方案和技术。

食堂作为人们集中用餐的场所,食品使用量大,种类繁多,温湿度适宜,是重要的粉螨孳生场所,一旦存在粉螨污染,为害广泛且严重。在食堂必备的储存食料中,调味品最易遭受粉螨的侵染。宋红玉等(2015)报道高校食堂现用或已经打开的调味品容易孳生粉螨。在采集的13种调味品中检出9种孳生粉螨,检出率为69.23%;在29种储藏调味品中,检出18种孳生粉螨,检出率为62.07%,且多数调味品有2种及以上粉螨孳生。调味品中螨类孳生不仅降低调味品的食用价值,同时还会对用餐人员的健康构成严重危害。

(赵金红)

参 考 文 献

蔡志学,1982.粉螨及其对地鳖虫的危害与防治[J].湖北农业科学,1:20-21.

柴强,陶宁,段彬彬,等,2015.中药材刺猬皮孳生粉螨种类调查及薄粉螨休眠体形态观察[J].中国热带医学,15(11):1319-1321

陈琪,孙恩涛,刘志明,等,2013.芜湖地区储藏中药材孳生粉螨种类[J].热带病与寄生虫学,11(2):85-88.

陈琪,赵金红,湛孝东,等,2015.粉螨污染储藏干果的调查研究[J].中国微生态学杂志,27(12):1386-1390.

方宗君,蔡映云,2000.螨过敏性哮喘患者居室一年四季尘螨密度与发病关系[J].中华劳动卫生职业病杂志,18(6):350-352.

郭娇娇,孟祥松,李朝品,2018.安徽临泉居家常见储藏物孳生粉螨的群落研究[J].中国血吸虫病防治杂志,30(03):325-328.

郭娇娇,孟祥松,李朝品,2018.农户储藏物孳生粉螨种类的初步调查[J].中国血吸虫病防治杂志,30(6):656-659.

郭娇娇,孟祥松,李朝品,2017.芜湖市面粉厂粉螨种类调查[J].中国病原生物学杂志,12(10):987-989,986.

郭宪国,顾以铭,1990.贵州省思南县小兽体表及窝巢革螨名录[J].贵阳医学院学报,(2):121-125.

贺骥,江佳佳,王慧勇,等,2004.大学生宿舍尘螨孳生状况与过敏性哮喘的关系[J].中国学校卫生,25(4):485-486.

洪勇,柴强,湛孝东,等,2017.储藏中药材龙眼肉孳生甜果螨的研究[J].中国血吸虫病防治杂志,29(6):773-775.

洪勇,杜凤霞,赵丹,等,2017.齐齐哈尔市地脚粉孳生纳氏皱皮螨的初步调查[J].中国血吸虫病防治杂志,29(2):225-227.

洪勇,赵亚男,彭江龙,等,2019.海口市地脚米孳生热带无爪螨的初步调查[J].中国血吸虫病防治杂志,31(3):343-345.

胡文华,2002.食用菌制种栽培中菌螨的发生与防治[J].四川农业科技,2:25.

江佳佳,李朝品,2005.我国食用菌螨类及其防治方法[J].热带病与寄生虫学,3(4):250-252.

李朝品,贺骥,王慧勇,等,2005.储藏中药材孳生粉螨的研究[J].热带病与寄生虫学,3:143-146.

李朝品,贺骥,王慧勇,等,2007.淮南地区仓储环境孳生粉螨调查[J].中国媒介生物学及控制杂志,18(1):37-39.

李朝品,吕文涛,裴莉,等,2008.安徽省动物饲料孳生粉螨种类调查[J].四川动物,27(3):403-407.

李朝品,沈兆鹏.2016.中国粉螨概论[M].北京:科学出版社.

李朝品,唐秀云,吕文涛,等,2007.安徽省城市居民储藏物中孳生粉螨群落组成及多样性研究[J].蛛形学报,16(2):108-111.

李朝品,陶莉,王慧勇,等,2005.淮南地区粉螨群落与生境关系研究初报[J].南京医科大学学报,25(12):955-958.

李朝品,2002.腐食酪螨、粉尘螨传播霉菌的实验研究[J].蛛形学报,11(1):58-60.

李立红,2004.大学图书馆藏书及环境害虫污染调查[J].贵阳医学院学报,29(1):87-89.

李生吉,湛孝东,赵金红,等,2012.我国为害档案图书的节肢动物名录[J].医学动物防制,28(1):1-4,8.

李生吉,赵金红,湛孝东,等,2008.高校图书馆孳生螨类的初步调查[J].图书馆学刊,(3):67-69,72.

李生吉,赵金红,湛孝东,等,2008.高校图书馆孳生螨类的初步调查[J].图书馆学刊,30(162):66-69.

练玉银,刘志刚,王红玉,等,2007.室内空调机滤尘网及空气中浮动尘螨变应原的测定[J].中国寄生虫学与寄生虫病杂志,25(4):325-327.

梁裕芬,2019.尘螨的危害及防制措施概述[J].生物学教学,44(6):4-6.

刘桂林,邓望喜,1995.湖北省中药材贮藏期昆虫名录[J].华东昆虫学报,4(2):24-31.

刘学文,孙杨青,梁伟超,等,2005.深圳市储藏中药材孳生粉螨的研究[J].中国基层医药,12(8):1105-1106.

马忠校,刘晓宇,杨小猛,等,2013.空气净化器降低室内尘螨过敏原含量及其免疫反应性的实验研究[J].中国人兽共患病学报,29(2):35-39.

牛卫中,唐秀云,李朝品,2009.芜湖地区储藏物粉螨名录初报[J].热带病与寄生虫学,7(1):35-36,34.

裴伟,林贤荣,松冈裕之,2012.防治尘螨危害方法研究概述[J].中国病原生物学杂志,7(8):632-636.

祁国庆,刘志勇,赵金红,等,2015.芜湖市高校食堂孳生螨类的调查[J].热带病与寄生虫学,13(4):229-230,239.

余建军,范锁平,阮春来,等,2011.陕西省定边县鼠疫疫区革螨调查研究[J].中国媒介生物学及控制杂志,22(2):165-167.

沈莲,孙劲旅,陈军,2010.家庭致敏螨类概述[J].昆虫知识,47(6):1264-1269.

沈兆鹏,1996.动物饲料中的螨类及其危害[J].饲料博览,8(2):21-22.

沈兆鹏,2009.房舍螨类或储粮螨类是现代居室的隐患[J].黑龙江粮食,2:47-49.

沈兆鹏,1996.中国储粮螨类种类及其危害[J].武汉食品工业学院学报,1:44-52.

宋红玉,段彬彬,李朝品,2015.某地高校食堂调味品粉螨孳生情况调查[J].中国血吸虫病防治杂志,27(6):638-640.

宋红玉,赵金红,湛孝东,等,2016.医院食堂椭圆食粉螨孳生情况调查及其形态观察[J].中国病原生物学杂志,11(6):488-490.

孙庆田,陈日曌,孟昭军,2002.粗足粉螨的生物学特性及综合防治的研究[J].吉林农业大学学报,24(3):30-32.

孙艳宏,刘继鑫,李朝品,2016.储藏农产品孳生螨种及其分布特征[J].环境与健康杂志,33(6):497.

陶宁,湛孝东,李朝品,2016.金针菇粉螨孳生调查及静粉螨休眠体形态观察[J].中国热带医学,16(1):31-33.

陶宁,湛孝东,孙恩涛,等,201.储藏干果粉螨污染调查[J].中国血吸虫病防治杂志,27(6):634-637.

王敦清,廖灏溶,1964.采自罗赛鼠洞窝中的一种新革螨[J].动物分类学报(1):177-179.

王克霞,郭伟,湛孝东,等,2013.空调隔尘网尘螨变应原基因检测[J].中国病原生物学杂志,8(5):429-431.

王克霞,刘志明,姜玉新,等,2014.空调隔尘网尘螨过敏原的检测[J].中国媒介生物学及控制杂志,25(2):135-138.

王志高,徐剑琨,1979.流行性出血热疫区黑线姬鼠鼠体、窝巢革螨调查分析[J].江苏医药(10):33-34.

温廷桓,1965.仓鼠窝中发现的一新种足角螨[J].动物分类学报,4:353-356.

吴清,2015.图书馆尘螨过敏原及危害[J].生物灾害科学,38(1):57-60.

吴泽文,莫少坚,2000.出口中药材螨类研究[J].植物检疫,14(1):8-10.

吴子毅,罗佳,徐霞,等,2008.福建地区房舍螨类调查[J].中国媒介生物学及控制杂志,19(5):446-450.

徐朋飞,李娜,徐海丰,等,2015.淮南地区食用菌粉螨孳生研究(粉螨亚目)[J].安徽医科大学学报,50(12):

1721-1725.

许礼发,王克霞,赵军,等,2008.空调隔尘网粉螨、真菌、细菌污染状况调查[J].环境与职业医学,25(1):79-81.

杨庆贵,李朝品,2003.64种储藏中药材孳生粉螨的初步调查[J].热带病与寄生虫学,1(4):222.

杨志俊,易忠权,吴海磊,等,2018.出入境货物常见储粮螨类危害与分类鉴定方法[J].中华卫生杀虫药械,24(3):296-298.

于晓,范青海,2002.腐食酪螨的发生与防治[J].福建农业科技,6:49-50.

湛孝东,陈琪,郭伟,等,2013.芜湖地区居室空调粉螨污染研究[J].中国媒介生物学及控制杂志,24(4):301-303.

湛孝东,郭伟,陈琪,等,2013.芜湖市乘用车内孳生粉螨群落结构及其多样性研究[J].环境与健康杂志,30(4):332-334.

张荣波,马长玲,1998.40种中药材孳生粉螨的调查[J].安徽农业技术师范学院学报,12(1):36-38.

赵金红,陶莉,刘小燕,等,2009.安徽省房舍孳生粉螨种类调查[J].中国病原生物学杂志,4(9):679-681.

赵金红,王少圣,湛孝东,等,2013.安徽省烟仓孳生螨类的群落结构与多样性研究[J].中国媒介生物学及控制杂志,24(3):218-221.

赵金红,湛孝东,孙恩涛,等,2015.中药红花孳生谷跗线螨的调查研究[J].中国媒介生物学及控制杂志,26(6):587-589.

赵小玉,郭建军,2008.中国中药材储藏螨类名录[J].西南大学学报:自然科学版,30(9):101-107.

Arlian L G, Morgan M S, 2003. Biology, ecology, and prevalence of dust mites[J]. Immunology and allergy clinics of North America, 23(3):443-468.

Arroyave W D, Rabito F A, Carlson J C, 2014. The relationship between a specific IgE level and asthma outcomes:results from the 2005～2006 national health and nutrition examination Survey[J]. The journal of allergy and clinical immunology. In practice, 1(5):501-508.

Balashov Y S, 2000. Evolution of the nidicole parasitism in the Insecta and Acarina[J]. Ėntomologicheskoe Obozrenie, 79(4):925-940.

Binotti R S, Oliveira C H, Santos J C, et al., 2005. Survey of acarine fauna in dust samplings of curtains in the city of Campinas, Brazil[J]. Brazilian Journal of Biology, 65(1):25-28.

Kim S H, Shin S Y, Lee K H, et al., 2014. Long-term effects of specific allergen immunotherapy against house dust mites in polysensitized patients with allergic rhinitis[J]. Allergy Asthma. Immunol. Res., 6(6):535-540.

Konishi E, Uehara K, 1999. Contamination of public facilities with *Dermatophagoides* mites (Acari:Phyroglyphidae) in Japan[J]. Experimental & applied acarology, 23(1):41-50.

Li C, Chen Q, Jiang Y, et al., 2015. Single nucleotide polymorphisms of cathepsin S and the risks of asthma attack induced by acaroid mites[J]. Int. J. Clin. Exp. Med., 8(1):1178-1187.

Li C, Jiang Y, Guo W, et al., 2015. Morphologic features of *Sancassania berlesei* (Acari:Astigmata:Acaridae), a common mite of stored products in China[J]. Nutr Hosp, 31(4):1641-1646.

Li C, Zhan X, Sun E, et al., 2014. The density and species of mite breeding in stored products in China[J]. Nutr. Hosp., 31(2):798-807.

Li C, Zhan X, Zhao J, et al., 2014. *Gohieria fusca* (Acari:Astigmata) found in the filter dusts of air conditioners in China[J]. Nutr. Hosp., 31(2):808-182.

Neal J S, 2002. Dust mite allergens:ecology and distribution[J]. Current allergy and asthma reports, 2(5):401-411.

Stingeni L, Bianchi L, Tramontana M, et al., 2016. Indoor dermatitis due to Aeroglyphus robustus[J]. Br. J. Dermatol., 174(2):454-456.

Xu L F, Li H X, Xu P F, et al., 2015. Study of acaroid mites pollution in stored fruit derived Chinese medicinal materials[J]. Nutr. Hosp., 32(2):732-737.

Zhan X, Xi Y, Li C, et al., 2017. Composition and diversity of acaroids mites (Acari:Astigmata) community in the stored rhizomatic traditional Chinese medicinal materials[J]. Nutr. Hosp., 34(2):454-459.

Zhao J H, Li C P, Zhao B B, et al., 2015. Construction of the recombinant vaccine based on T-cell epitope encoding Der p1 and evaluation on its specific immunotherapy efficacy [J]. International Journal of Clinical and Experimental Medicine, 8(4):6436-6443.

第七章　与疾病的关系

螨类是一类分布广泛的小型节肢动物,其中在家庭环境中可以见到的螨类主要涉及革螨亚目、辐螨亚目、甲螨亚目、粉螨亚目等种类,这类螨类孳生于房舍、粮仓、粮食加工厂、饲料库等场所,因此和人的关系非常密切。孳生在这些场所的螨类不仅可以污染和破坏储藏物,使得储藏物品质下降,有些种类还可引起疾病。家栖螨类对人体的危害可以分为直接危害和间接危害两个方面。直接危害是指螨类通过骚扰、叮咬、螫刺、寄生或者引起超敏反应,也可称为螨源性疾病。例如,革螨和蒲螨叮咬引起的皮炎、蠕形螨寄生引起的蠕形螨病、尘螨引起的过敏性疾病等。间接危害是指螨类携带病原体、造成疾病在人和动物之间互相传播,亦可称为螨媒性疾病。例如,恙螨引起的恙虫病等。本章将从螨源性疾病和螨媒性疾病两个方面对家栖螨类对人体的危害进行介绍。

第一节　螨源性疾病

家栖螨类中的许多种类可对人体产生直接危害,比如革螨、蒲螨可以通过叮咬引起皮炎。尘螨的分泌物、排泄物可引起过敏性疾病,蠕形螨和疥螨可直接寄生人体。

一、皮炎

可以引起螨性皮炎的家栖螨种类有革螨、恙螨、蒲螨和粉螨等。这些螨叮刺皮肤时,可以将唾液和毒素注入人体,引起炎症。

鸡皮刺螨、柏氏禽刺螨和囊禽刺螨等革螨叮咬人体后可引起皮炎。革螨性皮炎的发病部位以腰部为主,其次为胸、腋下、上臂、腹股沟、膝、四肢及皮肤较嫩的部位。鸡皮刺螨叮咬的部位以腰周、下腹部、颈部、腋窝为主,胸背部、窝、阴部等次之(夏立照等,1976,1984)。婴幼儿周身均可见到皮疹。皮肤被咬伤后局部发红,有疹块,小的似米粒,大的成片犹如分币。通常呈红色丘疹、丘疱疹、水泡,间有红斑或风团样损害。有的皮疹顶端可化脓,系丘疹中心咬痕感染造成。多数表现为丘疹性荨麻疹样损害,有黄豆至指甲大,呈圆形、椭圆形或不规则形疱疹。革螨性皮炎的多数病人有剧烈的瘙痒,尤以夜间为甚,影响睡眠。个别病人可出现头昏、头痛、畏寒、发热、乏力、恶心、呕吐等全身症状,甚至发生结膜充血、哮喘等现象。血检白细胞增高尤以嗜酸性粒细胞增高明显,可出现蛋白尿。病程最短4天,长者达60天,通常在1周内即可痊愈。少数病人丘疹抓破后有继发感染,愈后留有暂时性浅表色素沉着。蒲螨皮炎又称谷痒症(grain itch)、枯草热或草痒症,是人们接触含有蒲螨的谷物、粮制品和草制品等的时候,被其叮咬所致,可急性发作,也可引起慢性感染,皮损局限成堆,亦可播散融成一片。蒲螨寄生于昆虫体表,人类偶然或暂时受其骚扰。蒲螨性皮炎可能与蒲螨的唾液成分有一定的关系。

蒲螨和人体接触后约20分钟，被叮咬处即出现持续性剧痒，继而出现皮疹，以丘疹或丘疱疹为主要特征，亦可有荨麻疹或紫红色斑丘疹。皮疹呈圆形或椭圆形，单个出现或成片出现，边缘可相互融合，直径大小不一，多为0.1~0.6 cm，皮疹上常可见蒲螨叮咬的痕迹，中央有水泡，抓挠水泡易被破坏。皮炎好发部位为颈部、面部、背部、腹部和前臂屈侧等裸露部位，重者可遍及全身，但以躯干居多，面部较少，叮刺多的可有200~300处，严重者无法计数。如无再次接触蒲螨，痒感一般在2~3天后渐退，5~6天后消失，亦有少数患者持续15天之久。部分患者可出现全身症状，可有发热、恶心、乏力、心动过速、全身不适、头痛、关节痛等。甚至尿中出现少量蛋白，局部淋巴结肿胀，血检有白细胞增高，诱发哮喘。因瘙痒抓破皮肤，可导致继发感染。如果患者连续接触蒲螨，则皮炎反复出现症状加重，温暖的床褥和出汗可增强病痛。

蒲螨性皮炎病程较短，能自愈，一般不引起注意，只有出现暴发流行和重症时才会得到重视；同时蒲螨螨体小，肉眼难以观察，所以临床医生检查时很难发现，常导致漏诊或误诊，因此实际流行地区及发病率要比文献记载的多。有时当患者出现持续性剧痒时，蒲螨已经离开人体，所以对一些不明原因的皮炎，检查环境中体外寄生虫的存在十分重要。

恙螨幼虫叮刺皮肤时，分泌的唾液能溶解宿主皮肤组织，造成局部凝固性坏死及其周围组织炎症性反应。人体被恙螨叮刺后，初觉皮肤剧痒难忍，被叮刺处出现红色丘疹，继而形成水疱、坏死和出血，晚期结成黑色焦痂，焦痂脱落后形成浅表溃疡。

食甜螨和果螨等叮咬引起的皮炎俗称杂货痒疹(grocery itch)，发疹部位先出现红色斑点，每个斑点上有3~4个咬迹，几个小斑点聚集成直径3~10 mm大小的丘疹或疱疹，皮疹可局部成堆，也可播散融成一片；患者因剧痒而常常抓破皮肤，出现脓疱、湿疹化、表皮脱落等症状，严重者可出现脓皮症(pyoderma)。而由屋尘螨、粉尘螨、长嗜霉螨、梅氏嗜霉螨等房舍中最常见的粉螨引起的皮疹则属过敏性皮疹，该类皮疹往往局限于某一部位或呈对称性分布，甚至可全身泛发。该类皮疹常出现大小不等的风团，呈鲜红色或苍白色，境界清楚，形态不一，可呈圆形、椭圆形、不规则形，彼此可融合为环状、片状、地图状；皮疹常突然发生，于数分钟或数小时内消退，不留痕迹，可反复发作，一般持续数小时到数周，也有少数可长年发作、迁延不愈；抓破后可引起糜烂、溢液、结痂、脱屑等。

二、过敏性疾病

过敏性疾病是一组由过敏原通过各种途径导致机体产生过敏反应的一大类临床常见疾病。近年来，过敏性疾病发病率逐渐上升，由于这类疾病病因复杂且不易被清除，临床上常反复发作，给患者造成生理和心理痛苦。这类疾病主要包括：特应性皮炎、过敏性哮喘、过敏性鼻炎和过敏性咳嗽等。

过敏性疾病病因复杂，尚不完全清楚，一般由多种内因和外因共同作用导致，很多患者难以明确病因。内因方面可能和遗传因素、精神因素、免疫等因素有关；外因方面与食物(如鱼、虾、蛋、奶、草莓等)、药物、感染、吸入物(如各种螨、花粉、动物皮毛等)、生活环境等因素有关。流行病学调查发现，发达国家过敏性疾病发病率高于发展中国家，城市明显高于农村。我国近年来发病率也逐渐增高。由吸入过敏原引起的发病呈逐渐增高趋势，其中各种螨类导致的过敏性疾病越来越受到重视。螨类引起的过敏性疾病国内外均有不少报道，国内不同学者在不同时间对不同省份、不同地区调查结果虽有一定差异。但总体来说,南方潮湿地区螨类致病阳性率明显高于北方干燥地区,陈实等在2009年1～12月对海南省121名过敏性哮喘或鼻炎儿童进行粉尘螨过敏原测试,阳性率高达100%,而最低的新疆乌鲁木齐地区2004年12月～2006年4月报道粉尘螨阳性率也达到12.50%,患有哮喘或者鼻炎等呼吸道疾病的患者,更容易对普通肉食螨过敏(Gonzalezperez等,2008)。

(一) 特应性皮炎

特应性皮炎(atopic dermatitis,AD)又称异位性皮炎或遗传过敏性皮炎,是一种以皮肤瘙痒和多形性皮疹为特征的慢性复发性炎症性疾病。该病的特点是皮肤不同程度瘙痒、皮肤干燥和反复皮肤感染,不同年龄段患者的临床表现不同。该病的病因尚不完全清楚,与遗传、环境和免疫等因素有关,患者常伴有皮肤屏障功能障碍。

AD的发病机制是多因素的,主要包括遗传因素、环境因素及机体的免疫因素等。遗传因素已经被证明在不同的种族群体中是不同的;环境因素在AD的发病机制中也占据相当重要的作用,各国的流行病学差异很大,发达国家的AD患病率似乎已经趋于平稳,但发展中国家AD患病率正在上升,这可能与城市化、污染、西方饮食消费和肥胖等因素增加有关。近年来研究证明,各种吸入物因素特别是花粉、螨类等引起的发病越来越高。已报道的可引起螨性皮炎(acarodermatitis)、皮疹(acarian eruption)的螨种很多,较常见的种类有粗脚粉螨、腐食酪螨、粉尘螨、蚸线螨等数十种。人体接触这些螨类并受其侵袭时,即可引起过敏性皮炎或瘙痒性皮疹。当人体接触到螨类的分泌物、排泄物、碎屑及死亡螨体裂解产物等强烈变应原,引起以红斑、丘疹为主要表现的变应性皮肤病。尘螨性皮炎多见于婴儿期,表现为面部湿疹,成人多见于四肢屈侧、肘窝、腋窝和腘窝等皮肤细嫩处。研究还表明气候、生活方式和社会经济阶层也影响特应性皮炎的发病率。

(二) 过敏性哮喘

过敏性哮喘又称变应性哮喘(allergic asthma),是指由过敏原引起或/和触发的一类哮喘,既往也称为外源性(extrinsic)哮喘,主要受Th2免疫反应驱动,发病机制涉及特应质(atopy)、过敏反应或变态反应(allergy)。

过敏性哮喘是由多种细胞(如嗜酸性粒细胞、肥大细胞、T淋巴细胞、中性粒细胞、平滑肌细胞、气道上皮细胞等)和细胞组分参与的气道慢性炎症性疾病。主要特征包括气道慢性炎症,气道对多种刺激因素呈现的高反应性,广泛多变的可逆性气流受限以及随病程延长而导致的一系列气道结构的改变,即气道重构。临床表现为反复发作的喘息、气急、胸闷或咳嗽等症状,常在夜间及凌晨发作或加重,多数患者可自行缓解或经治疗后缓解。根据全球和我国哮喘防治指南提供的资料,经过长期规范化治疗和管理,80%以上的患者可以达到哮喘的临床控制。

哮喘的发病受环境和遗传因素共同影响。引起哮喘发病和触发哮喘症状的过敏原多达数百种,新的过敏原也陆续被发现。根据进入人体的方式:过敏原主要分为吸入性和食物性两大类,其中,粉螨是最重要的常见吸入性(气传)过敏原。

国内外多项研究结果显示,粉螨是过敏性哮喘最主要的吸入性过敏原之一,对粉螨的过敏反应可发生在各个年龄段,多数过敏性哮喘的发生、发展和症状的持续与粉螨过敏密切相关。粉螨适宜生活在温暖潮湿的环境(温度为22 ℃左右,相对湿度为60%~80%),一年四季均可繁殖。常见种类有粉尘螨(*Dermatophagoides farinae*)等,而在热带、亚热带地区,无爪螨往往成为优势致敏螨类。这类螨主要孳生在家庭卧室内的地毯、沙发、被褥、床垫枕芯、食物、绒毛玩具和衣物内滋生,以人体身上脱落下来的皮屑为食饵。粉尘螨又称粉食皮螨,栖息于家禽饲料、仓库尘屑、粮仓和纺织厂尘埃、房舍灰尘、地毯和充填式家具中。Woodcock研究发现居室粉尘中以储藏螨为主,尤其是食甜螨属,屋尘螨阳性率为(66%)、腐食酪螨(50%)、粗脚粉螨(35%)、家食甜螨(40%)和害嗜鳞螨(45%)。Puerta用放射变应原吸附试验(RAST)检测97例过敏性哮喘患者和50例非过敏性哮喘患者血清中对棉兰皱皮螨和热带无爪螨的特异性IgE抗体水平,71例哮喘患者血清(73.2%)对棉兰皱皮螨IgE呈阳性。粉螨产生的过敏原主要来自其分泌物、排泄物及残骸。

(三) 过敏性鼻炎

过敏性鼻炎(hypersensitive rhinitis)又称变应性鼻炎(allergic rhinitis,AR)或变态反应性鼻炎。鼻炎是泛指包括免疫学机制和非免疫学机制介导的鼻黏膜高反应性鼻病(hyper-reactivity rhinopathy),其中免疫学机制诱发的鼻炎称为过敏性鼻炎。临床常将本病分为常年性过敏性鼻炎和季节性过敏性鼻炎,后者又称为"花粉症"。

多项研究认为,过敏性鼻炎是遗传基因和环境相互作用而引发的多因素疾病。有观点认为,遗传机制、大气污染以及人类生活方式中的花粉、螨类、动物皮屑、蟑螂过敏原、真菌过敏原、食物过敏原的暴露均容易导致过敏性鼻炎。本病以儿童、青壮年居多,男女性别发病无明显差异。

吸入性过敏原存在于人类生活环境中,除花粉颗粒、真菌孢子、粉尘螨、动物排泄物之外,还包括空气污染等。其中,气传花粉和真菌孢子是室外环境中最主要的吸入性过敏原,而屋尘螨和粉尘螨、真菌和动物(宠物)皮屑以及蟑螂则是室内主要过敏原,粉尘螨、屋尘螨的虫卵、虫体、皮屑及排泄物均是强烈致敏的过敏原,以排泄物的致敏性最强。国内外大量有关对过敏原谱的研究已得到肯定,粉尘螨伴屋尘螨致过敏性疾病发生的比例高达80%~90%。这些过敏原的浓度与呼吸道变异性疾病症状严重程度明显相关。Navpreet收集了125个患有AR和哮喘的125个家庭的500个粉尘样本,有466个样本检出螨类阳性,屋尘螨是最丰富和常见的过敏性螨种,依次是粉尘螨(*D. farinae*)、小角尘螨(*Dermatophagoides microceras*)、粗脚粉螨(*Acarus siro*)、腐食酪螨(*Tyrophagus putrescentiae*)、害嗜鳞螨(*Lepidoglyphus destructor*)和梅氏嗜霉螨(*Euroglyphus maynei*)。

(四) 过敏性咳嗽

过敏性咳嗽(allergic cough,AC)又称变应性咳嗽,主要指临床上某些慢性咳嗽患者具有一些特应性因素,临床无感染表现,抗生素治疗无效,抗组胺药物、糖皮质激素治疗有效,但不能诊断为哮喘、过敏性鼻炎或嗜酸性粒细胞性支气管炎。患者往往有个人或家族过敏症。

接触环境中的过敏原,如花粉、室内尘土、粉尘螨、霉菌、病毒、动物皮毛、蟑螂、羽毛、食物等常诱发过敏性咳嗽。

（五）其他过敏性疾病

家栖螨类除了可以引起过敏性皮炎、过敏性哮喘、过敏性鼻炎和过敏性咳嗽等过敏性疾病外，还可导致过敏性咽炎、过敏性紫癜、心脏荨麻疹等疾病，它们共同的特点是都有螨类过敏原的参与，其发病机制不一一赘述。

三、螨类非特异性侵染

螨类的孳生场所多种多样，但主要孳生于房舍、粮食仓库、粮食加工厂、饲料库、中草药库以及养殖场等人们生产、生活经常接触的地方。它们不仅污染和破坏了粮食等储藏物，而且对某些农作物的根茎、蘑菇及中药材造成损害，有些生存能力强的，还能在人体内生存，引起人体内螨病。非特异性侵染主要是指螨类通过人的取食、呼吸或其他途径进入人体内的消化、呼吸、泌尿以及其他部位，引起的各种疾病。螨类引起的疾病的临床症状是非特异性的，常常与其他不适症状重叠，导致经常误诊，很可能有许多漏诊病例。主要由粉螨科的粗脚粉螨、腐食酪螨、长食酪螨和跗线螨等螨类随被其污染的食物被人吞食后，寄生在肠腔或肠壁而引起的以胃肠症状为特征的消化系统疾病——肠螨病（Intestinal acariasis）；由粉螨科的粗脚粉螨、腐食酪螨、长食酪螨和跗线螨等螨类经呼吸道进入人体呼吸系统而引起的疾病——肺螨病（Pulmonary acariasis）；由粉尘螨、粗脚粉螨、赫氏蒲螨等螨类侵入人体泌尿系统而引起的疾病——尿螨病（Urinary acariasis）3种。另外，螨类还能进入脊髓、血液循环、输卵管及子宫，引起脊螨病、血螨病、输卵管及子宫充血螨病等。

（一）肺螨病

人体肺螨病（human pulmonary acariasis）是由螨类经呼吸道侵入人体并寄生于肺部组织及细支气管内或因虫体蜕皮、死亡后被吸入呼吸系统而引起的一种疾病。

1. 病原学

引起人体肺螨病的螨种主要为粉螨和跗线螨类，其中粉螨主要包括粗脚粉螨（*Acarus siro*）、腐食酪螨（*Tyrophagus putrescentia*）、椭圆食粉螨（*Aleuroglyphus ovatus*）、伯氏嗜木螨（*Caloglyphus berlesei*）、食菌嗜木螨（*Caloglyphus mycophagus*）、刺足根螨（*Rhizoglyphus echinopus*）、家食甜螨（*Glycyphagidae domesticus*）、粉尘螨（*Dermatophagoidae farinae*）、屋尘螨（*Dermatophagoidae pteronyssinus*）、梅氏嗜霉螨（*Euroglyphus maynei*）、甜果螨（*Carpoglyphus lactis*）和纳氏皱皮螨等10余种。也有文献报道，甲螨、革螨、跗线螨和肉食螨也可引起肺螨病。从患者痰内检出的螨种均是自由生活的螨。

2. 流行病学

关于螨侵入肺部的途径，很多学者提出了自己的见解。Helwing（1925）与Gay（1927）分别提出螨是由呼吸道侵入宿主肺脏的，首先到达支气管末端的肺泡囊，然后进入肺部寄生，Landois 及 Hoepke 等则认为肺刺螨侵入肺部的途径，或从呼吸道，或是随食物而进入淋巴管、血流，然后达到肺叶。Innes（1954）则认为是吞食了螨卵而感染，由卵孵出的幼虫经淋巴系统进入血流，随血行到达肺部。大岛（1970）及 Allexander（1972）都指出，屋尘螨类常寄生于室内灰尘里、衣服、被褥、床或炕面上，人们接触这些物件时易被吸入感染。Innes（1954）

和魏庆云等(1983)也曾提出可能会通过咳嗽与口鼻接触造成相互感染的见解。国内学者研究表明多数患者均在空间粉尘含量大的环境中工作,又无良好的除尘设备,因此环境里存在的大量螨可能随粉尘一起悬浮于空气中而被吸入呼吸道。至于人与人之间能否相互传播,曾调查了15户痰螨阳性者的家庭24个成员,痰检均未发现螨,因此推测粉螨在人与人之间尚不能进行交叉传播。

关于年龄、性别、职业、环境与患病的关系,魏庆云(1983)作了比较分析,结果发现16～45岁年龄组本病的发生率较高,可达各年龄组的82.9%。至于性别,发现41例患者中男23例,女16例,男女之比为3:2,男似多于女,同时也指出此病患者是以从事中草药剂或密切接触中草药者占大多数。然而是否本病对青壮年的危害比较严重及一般情况下发生率男性多于女性的问题尚需进一步探讨。

3. 致病机制

关于肺螨病的致病机制,国内学者的研究表明:螨在移行过程中机械性破坏肺组织所引起的急性炎症反应,环境中的螨在经各级气管、支气管到达寄生部位的过程中,常以其足体、颚体活动,破坏肺组织而致明显的机械性损伤,继而引起局部细胞浸润和纤维结缔组织增生。另外,螨的分泌物、代谢产物、螨体及死螨的分解物等刺激机体产生免疫病理反应。

国内学者用粉尘螨接种豚鼠进行肺组织病理研究,豚鼠接种后5天即可发现肺组织病变,其病变描述如下。

(1)大体病变:豚鼠两肺病灶散在分布,且病灶数量不等,呈圆锥形结节状,淡黄色,直径为1～2 mm,有的可达4～5 mm,切面病灶多位于胸膜下,有些病灶散在位于深部肺组织。解剖镜下观察,病灶显示为白色或微黄色凝胶物。较大的病灶有不规则裂隙,较小的病灶表面光滑。镜下病灶常孤立而散在分布,也有些病灶彼此接近或相互融合。病灶内常见金黄色物质,并可见螨类寄生,一般一个病灶内可见1～5只螨,也有更多者。有些肺组织可见广泛的肺实变和局部胸膜粘连。

(2)镜下病变:肺脏病灶主要表现为细支气管及细支气管周围肺实质病变,尤以胸膜下最明显。增生的炎性肉芽组织及纤维组织代替了坏死的大部分细支气管黏膜上皮,从而导致管腔狭窄或闭塞;其余小部分细支气管黏膜上皮呈腺样增生。部分细支气管腔内充满着变性的脱落上皮细胞、异物巨细胞和螨体残骸等。增生的结缔组织取代支气管平滑肌,且分布不均匀。少数支气管完全被破坏,仅有软骨残留。细支气管周围的肺实质内有散在异物性肉芽肿形成,其内含有PAS阳性物质和多核异形巨细胞。部分肺泡毛细血管扩张充血,并有淋巴细胞、巨噬细胞等炎性细胞浸润。近胸膜下大部分肺泡呈明显的萎陷状态,并有大小不等的相对集中的淋巴滤泡形成。肺结节性病灶切片内有粉螨存在,螨体切片的形状各异,有一层黄色折光的体壁,其周围出现细胞浸润和纤维组织增生(图7.1)。

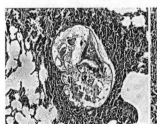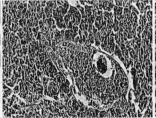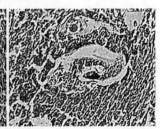

图7.1　豚鼠肺结节中的粉尘螨(肺组织病理切片)

(引自李朝品)

4. 临床表现

肺螨病的临床表现缺乏特征性,常被误诊。患者主要表现为咳嗽、咳痰、痰液量增多、痰血或咯血、胸闷、胸痛、气短、哮喘等呼吸系统症状,少数患者早晚咳嗽剧烈,并有乏力烦躁、低热、烦躁、背痛、头痛、头晕、腹痛、腹泻等症状。多数患者没有哮喘或过敏等既往病史。体检多数病人可闻及干性啰音;少数可闻及水泡音等。综合国内外研究资料,可将本病分为"四型",其中,Ⅲ、Ⅳ型患者多为重度感染,Ⅳ型病人往往需要住院治疗。

Ⅰ型(似感冒型):患者仅表现为咳嗽、咳痰、乏力、周身不适。多为轻型感染或许是吸入死螨及其碎片所致。

Ⅱ型(支气管炎型):患者除Ⅰ型症状外,还伴有胸闷、胸痛、气短等症状,多为中度感染。

Ⅲ型(过敏哮喘型):患者除Ⅰ、Ⅱ型的症状外,主要表现为哮喘、阵发性咳嗽、痰带血丝、背痛等症状。

Ⅳ型(似肺结核型):患者除Ⅰ~Ⅲ型表现的症状外,常常胸闷严重,干咳或多痰,痰有奇臭味,咯血、盗汗、低热、全身乏力或无力。

5. 实验室检查

血液标本,分离血清。肺螨病患者血液学检查嗜酸性粒细胞多数明显增高,个别减少。血清螨体抗原间接荧光抗体试验和酶联免疫吸附试验检测结果呈阳性反应。国外报道亦有白细胞总数达 10×10^9 个/L 以上者,最高达 41×10^9 个/L,嗜酸性粒细胞在分类中占 $0.33 \sim 0.81$,总数为 4.5×10^9 个/L $\sim 28.3 \times 10^9$ 个/L;国内报道白细胞数为 3.2×10^9 个/L $\sim 8.0 \times 10^9$ 个/L,嗜酸性粒细胞在分类中占 $0.08 \sim 0.46$ 不等。亦有报道,白细胞总数在 5.3×10^9 个/L $\sim 10.4 \times 10^9$ 个/L 范围,嗜酸性粒细胞在 $0.04 \sim 0.39$,最高达 0.48,总数为 0.32×10^9 个/L $\sim 5.05 \times 10^9$ 个/L。嗜碱性粒细胞脱颗粒试验(HBDT)总体阳性率可高达 95.92%(47/49),患者血清粉螨特异性抗体(IgG)总体阳性率达 95.92%(47/49),其中强阳性者占 22.45%(11/49)。肺螨病患者血清总 IgE、特异性 IgE 水平均较正常明显增高。本病患者的红细胞、血红蛋白和血小板计数以及血沉、肝功能等均未见异常。痰液标本,经消化离心后取沉渣涂片镜检螨虫。

6. 其他辅助检查

观察患者胸部 X 线片,可见在排除与既往病史有关的病变外,均显示出肺门阴影增强、肺纹理增深、紊乱。肺门及两肺野显示散在的、大小不一的、直径为 $2 \sim 50$ mm 大小的结节样病灶阴影。此外尚有部分患者胸片的肺实质部的透亮度变得灰暗模糊,个别患者两肺野有网状阴影分布。听诊双肺呼吸音粗糙;合并感染时可闻及干啰音。

7. 诊断

病原学诊断仍然是确诊本病的主要依据,此外结合流行病学调查,依据患者的临床表现及影像学、免疫学方法进行辅助诊断可确诊本病,以下几点可供参考:① 肺螨病的发病与职业有一定关系,如从事粮食和中草药材加工、贮藏的人群发生率高。② 患有呼吸系统疾病者,经治疗后原发病已愈,而其症状不消失或时轻时重,经久不愈,应考虑肺螨病存在的可能。③ 螨体抗原间接荧光抗体检测(Map IFAT)阳性。④ 嗜酸性粒细胞计数增高明显。⑤ 患者 X 线胸片显示肺门阴影增浓,肺纹理增深,常可见结节状阴影。⑥ 患者痰内病原学检查发现寄生螨类是确诊本病最可靠的依据。

8. 治疗

国外学者对肺螨病采用了卡巴胂(Carbarsone)、乙酰砷胺(Acetarsol)等砷剂治疗,也有采用枸橼酸乙胺嗪(Hetrazan)、硫代二苯胺(Thiodiphenylamine)、依米丁(Emetine)等,显示有较好的疗效。李朝品(1987)曾用阿苯哒唑、吡喹酮、枸橼酸乙胺嗪和甲硝唑4种药物进行治疗对比研究,结果认为甲硝唑的疗效较为满意。治疗肺螨病服用甲硝唑的同时须根据病情对症处理,如同时服用抗过敏药、抗生素等。此外,药物氨苄青霉素亦有一定疗效。

(二) 肠螨病

肠螨病(intestinal acariasis)是由某些粉螨随其污染的食物被人吞食后,寄生在肠腔或侵入肠黏膜甚至黏膜下层形成溃疡,引起的一系列以胃肠道症状为特征的消化系统疾病。

1. 病原学

据文献所载,迄今为止能够引起人体肠螨病的种类主要是粉螨,其次是跗线螨,其中粉螨包括粗脚粉螨、腐食酪螨、长食酪螨、甜果螨、家食甜螨、河野脂螨、害嗜鳞螨、隐秘食甜螨、粉尘螨和屋尘螨等10余种,隶属于粉螨科、果螨科、食甜螨科和麦食螨科等。

2. 流行病学

近几年有学者对某些地区作了肠螨病流行病学调查,共调查从事粮食和中草药贮藏、加工人员1548人(男889,女659),从事机械加工的工人120人(男80,女40),小学生1596人(男809,女787),门诊接诊48人(男28,女20),粪螨阳性者分别为79人,5人,98人和36人。检出的螨已鉴定的有5科6属,即粗脚粉螨、腐食酪螨、粉尘螨、屋尘螨、甜果螨、家食甜螨和谷附线螨。

从患者工作环境及部分食物中采样分离其中的孳生螨,所采集样品包括地脚粉、中药柜尘、中药、果脯及干果、红糖和超过保鲜期的糕点等,从中分离出螨22种,隶属9个科,把此螨与粪便中检出的螨相比较具有一致性。综合分析流行病学资料,认为肠螨病与工作环境(贮藏食物中螨的孳生密度)和饮食习惯有密切关系,而与年龄、性别似无明显关系。

3. 致病机制

家栖螨类进入肠道后,其颚体、螯肢和足爪等均可对肠壁组织造成机械性的刺激,引起相应部位损伤,螨在肠腔内生存可侵入肠黏膜或更深的肠组织中,引起炎症、坏死和溃疡,螨的排泄物、代谢产物和死亡螨体的裂解物等,均是强烈的过敏原,可引起人体变态反应。螨类的代谢产物对人还具有毒素作用。

4. 临床表现

人体感染家栖螨类后,轻者可无症状,亦可不治自愈,重者则可出现腹泻、腹痛,腹部不适、乏力和精神不振等临床症状,肠螨病最常见的症状是腹痛、腹泻和化脓。因此,这些症状有可能被误诊为各种消化系统疾病。感染者腹泻每日3~4次,少数患者可达每日6~8次以上,稀便,有时带黏液,腹泻可持续数月或数年,时发时愈,反复发作。分析30例肠螨病患者的临床症状,其发生频率为腹泻占87%(26例),腹痛66.7%(20例),腹部不适63.3%(19例),黏液稀便50%(15例),脓血便43.3%(13例),乏力83.3%(25例),消瘦30%(9例),肛门周围烧灼感46.7%(14例),精神不振26.7%(8例),腹胀76.7%(23例),此外还有哮喘、呕吐、食欲下降、低热、烦躁和全身不适等。

5. 实验室检查

肠螨病患者白细胞可略有增高,嗜酸性粒细胞增高。生物素-亲和素酶联免疫吸附试验(ABC-ELISA 法)检测患者血清中螨特异性抗体 IgG 是实验室诊断肠螨病的一种有效方法。间接荧光抗体试验检测患者血清螨特异性 IgG 亦具有一定的灵敏性。

6. 肠镜检查

直肠、结肠镜检可见肠壁苍白,黏膜呈颗粒状,且有少量点状淤斑、出血点和溃疡,溃疡直径为 1～2 mm,彼此不融合。损害严重部位可见肠壁组织脱落,直肠组织活检时,可发现螨和成簇的螨卵,尤其在溃疡边缘可取得活螨及卵。

7. 诊断

病原检查常用的方法有粪便直接涂片、饱和盐水漂浮法和沉淀浓集法,若为肠螨病患者,粪检可查见活螨、死螨、螨卵及其残体等。直肠镜检查,观察肠壁及黏膜有无典型病灶亦有助于本病的诊断。

8. 治疗

目前治疗肠螨病尚无特效药物,李友松(1972)报道用氯喹和驱虫净治疗本病有效。赵季琴(1984)报道六氯对二甲苯治疗本病有效,李朝品(2000)报道伊维菌素(ivermectin)连续治疗 3 个疗程后其症状基本消失。

(三) 尿螨病

泌尿系螨病(urinary acariasis)又称尿螨病,是由某些螨类侵入并寄生在人体泌尿系统而引起的一种疾病。

1. 病原学

引起尿螨病螨种主要是粉螨和跗线螨,包括粗脚粉螨、长食酪螨、家食甜螨、粉尘螨、谷跗线螨和赫氏蒲螨。此外在不同的病例中还发现人围胞螨、种子薄腹螨、人跗线螨、花跗线螨等。可自患者尿液中检出成螨、幼螨、休眠体、卵等不同生活史阶段,也可自同一份标本中存在两种或两种以上阶段。

2. 流行病学

李朝品(2002)对 69 例尿螨病患者进行分析,结果表明,尿螨病的发生与职业和环境有一定的关系。若人们长期在适宜螨孳生的环境中工作,受病原螨感染的机会明显增多,病原螨可通过呼吸道、消化道直接感染,据推测也可通过接触受螨污染的物品(内衣、内裤等)而逆行感染。

3. 致病机制

螨类寄生在泌尿道内,其颚体和爪刺激尿道上皮,破坏其上皮组织,螨类还具有挖掘的特性,因此除引起尿道上皮的破坏外,还可侵犯尿道的疏松结缔组织,甚至小血管,引起受损局部的小溃疡。螨类的代谢产物和排泄物还可引起组织的炎性反应。有关螨类侵入人体的途径,有人认为是从外阴侵入,逆行而达到肾脏;也有人认为是从皮肤侵入的;还有人认为是从呼吸、消化系统内侵入血流之后,继而侵入肾和泌尿道的。总之,螨究竟是如何侵入泌尿系统尚无确切意见和有力证据。

4. 临床表现

尿螨病的主要症状是夜间遗尿和尿频,少数患者可出现血尿、蛋白尿、脓尿、尿痛、发热、水肿及全身不适等症状。症状轻重与螨的感染度有密切关系。重度感染者,症状较明显,轻度感染者症状较轻微或无明显症状。

5. 实验室检查

李朝品(2002)对69例尿螨病患者进行血常规检查,发现白细胞计数在5.3×10^9个/L$\sim$$11.4\times10^9$个/L,白细胞分类中嗜酸性粒细胞有不同程度的增高,一般为$0.05\sim0.09$,最高达0.48;嗜酸性粒细胞计数为0.5×10^9个/L$\sim$$0.14\times10^9$个/L。69例患者的嗜酸性粒细胞构成比均数是20.94%。

尿螨病患者血清总IgE水平和螨特异性IgE水平均明显升高。重度病人表现最为明显。血清螨特异性IgE是反映尿螨病的特异指标,是病原螨感染的重要依据。

6. 诊断

尿螨病的诊断主要依靠尿液中检出成螨、若螨、螨卵或螨的体毛、碎片等,收集清晨第一次小便或24小时尿液,经离心沉淀后镜检螨体,检出上述螨的任何虫期和碎片均可诊断。尿螨病虽无特异性症状,但仍有诊断依据可循,提出如下几点参考标准:① 患者尿内查见螨类是确诊本病的最可靠依据。② 尿螨病的发生似乎与职业有一定关系,如从事粮食和中药材加工、贮藏的人群发生率较高。③ 血清总IgE水平和血清螨特异性IgE水平明显增高,螨抗原皮试阳性。④ 本病嗜酸性粒细胞计数增高。⑤ 膀胱镜检查可见特异性病变。活组织镜检可见膀胱三角区黏膜上皮增生、肥厚,固有膜内有浆细胞、淋巴细胞浸润,组织活检可查见螨等。⑥ 患者有泌尿系统疾病经治疗后,原发病已愈而其症状不消失或时轻时重、经久不愈,应考虑有尿螨病存在的可能。

7. 治疗

尿螨病的防治目前尚无理想药物,有报道用氯喹和甲硝哒唑进行治疗,效果良好。

四、疥疮

疥疮是由疥螨(scab mite)寄生所引起的一种皮肤性疾病,临床表现主要是剧烈的瘙痒,传染性强。

(一) 流行病学

疥疮流行呈周期性,以15$\sim$20年为一周期,一般认为与人群免疫力下降有关。疥螨感染多见于卫生条件较差的家庭及学校等集体住宿的人群中。秋冬季感染率高。患者是主要传染源,传播途径主要是人与人的密切接触,如与患者握手、同床睡眠等。夜间疥螨活动活跃,常至患者皮肤爬行和交配,致使传播机会增加(图7.2)。雌螨离开宿主后尚能生存数天,且仍可产卵和孵化。因此,亦可经患者衣服、被褥、手套、毛巾、鞋袜等间接传播。公共浴室的更衣间和休息室床位等是重要的社会传播场所。

(二) 发病机制

疥螨多在指间、手背、腕屈侧、肘窝、腋窝前后、脐周、腹股沟、阴囊、阴茎和臀部等皮肤柔嫩皱褶等处寄生,女性患者常见于乳房及乳头下方或周围,偶尔亦可在面部和头皮,尤其是耳后皱褶皮肤。儿童皮肤嫩薄,全身均可被侵犯,尤以足部最多。

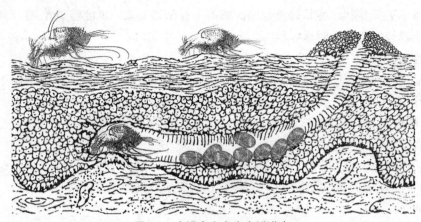

图7.2　疥螨寄生在皮内隧道中
（引自李朝品）

疥螨有较强烈的热趋向性，能感受到宿主体温、气味的刺激，当脱离宿主后，在一定范围内，可再次移向宿主。雌性成虫离开宿主后的活动、寿命及感染人的能力明显受环境温度及相对湿度的影响。温度较高、湿度较低时寿命较短，而在高湿低温的环境中更易存活。在外界较湿润的条件下，雌螨的适宜扩散温度为15～35℃，有效扩散时限为1～6天，在此时限内活动正常并具有感染能力。

疥螨寄生在宿主表皮角质层深部，以角质组织和淋巴液为食，并以螯肢和前两足跗节爪突挖掘，逐渐形成一条与皮肤平行的蜿蜒"隧道"，"隧道"一般长2～16 mm，最长可达1～2 cm。其中，幼虫与前若虫不能挖掘"隧道"，生活在雌螨所挖"隧道"中；后若虫与雄螨可单独挖掘，但能力较弱；雌螨挖掘"隧道"的能力最强，每天可挖0.5～5 mm，"隧道"每隔一段距离有小纵向通道通至表皮。交配受精后的雌螨最为活跃，每分钟可爬行2.5 cm，此时亦是最易感染新宿主的时期。

（三）临床表现

疥螨在皮肤角质层内挖掘"隧道"和移行过程中对宿主皮肤产生机械性刺激，其排泄物、分泌物和死亡虫体的崩解物可引起宿主产生由T淋巴细胞介导的迟发型超敏反应，导致寄生部位周围皮肤血管充血、炎性渗出，红斑和结痂，以及皮下组织增生，角质层增厚，棘细胞水肿、坏死；同时由于真皮乳头层水肿，炎性细胞浸润进而导致过敏性炎症反应，在临床上表现为皮肤的病理性损伤和剧痒。感染者因剧烈瘙痒而搔抓，致使疥螨在皮肤内移动、破坏加重。

疥疮的病变多从手指间皮肤开始，随后可蔓延至手腕屈侧、腋前缘、乳晕、脐周、阴部或大腿内侧等好发部位。局部皮肤可出现丘疹、水疱、脓疱、结节及隧道，病灶多呈散在分布。少数患者发生痂型疥疮，皮损表现为红斑、过度角化、结痂和角化赘疣。疥疮最突出的症状是剧烈瘙痒，白天较轻，夜晚加剧，睡后更甚，导致这些现象的原因可能由于虫体夜间在温暖的被褥内活动和啮食力增强所致，症状严重时患者往往难以入睡。由于剧痒而搔抓可产生抓痕、血痂、色素沉着等。若患处继发细菌感染，可导致毛囊炎、脓疱、疖肿或特殊型疥疮等，严重者可致湿疹样改变或苔藓化等病变。

（四）诊断

根据患者接触史及疥疮的好发部位、特异损害和夜间痛痒加剧等临床症状和体征,特别是典型的皮下"隧道",可作出初步诊断,确诊则需检获疥螨。

常用的检查疥螨的方法有:① 用蓝墨水滴在可疑隧道皮损上,再用棉签揉擦0.5~1分钟,然后用酒精棉球清除表面黑迹,即可见染成淡蓝色的"隧道"痕迹。亦可用四环素液,因其渗入"隧道"后,在紫外灯下呈亮黄绿色的荧光。② 用消毒针尖挑破"隧道"的尽端,取出疥螨镜检。③ 先用消毒的矿物油滴于新发的炎性丘疹上,再用刀片平刮数次,待丘疹顶端角质部分至油滴内出现细小血点为止。将6~7个丘疹的刮取物混合置于载玻片镜检。④ 直接用解剖镜观察皮损部位,查找"隧道"中疥螨的排泄物及其盲端的疥螨轮廓后,用手术刀尖端挑出疥螨。

（五）防制

预防措施主要包括加强卫生宣传教育,注意个人卫生,勤洗澡,勤换衣,被褥常洗晒。避免与患者接触及使用患者的衣物和用具。及时治疗病人,其衣被可用沸水或蒸汽处理,居室喷洒杀螨剂。常用治疗药物有硫磺软膏、苯甲酸下酯搽剂、复方美曲磷脂霜剂、复方甲硝唑软膏及伊维菌素等。同一家庭中的患者需同时治疗。

五、蠕形螨病

蠕形螨病是由蠕形螨(demodicid mite)寄生人体所导致。寄生于人体的种类主要有毛囊蠕形螨(*D. folliculorum*)和皮脂蠕形螨(*D. brevis*)。

（一）流行病学

人体蠕形螨呈世界性分布,国外报告人群感染率为27％~100％,国内人群感染率一般在20％以上,最高达97.86％。男性感染率高于女性。感染以毛囊蠕形螨多见,皮脂蠕形螨次之,部分患者存在双重感染。感染的年龄从4个月的婴儿至90岁老人。毛囊蠕形螨感染随年龄的增长感染机会增加,以40~60岁人群的感染率最高。检查方法、检查次数、取材部位和时间(昼或夜)以及环境因素均对检出率有影响。

（二）发病机制

人体蠕形螨主要寄生于人体的前额、鼻、鼻沟、颊部、下颌、眼睑周围和外耳道,亦可寄生于头皮、颈、肩背、胸部、乳头、睫毛、大阴唇、阴茎和肛门等处的毛囊和皮脂腺中,以毛囊上皮细胞核腺细胞的内容物为食,亦可取食皮脂腺分泌物、角质蛋白和细胞代谢物等。毛囊蠕形螨寄生于毛囊内,以其颚体朝向毛囊底部,一个毛囊内常有多个虫体寄居,一般为3~6个。皮脂蠕形螨常单个寄生于皮脂腺或毛囊中,其颚体朝向腺体基底(图7.3)。

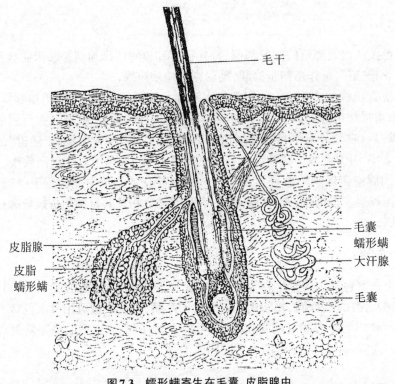

毛干

毛囊
蠕形螨

大汗腺

毛囊

皮脂腺

皮脂
蠕形螨

图7.3　蠕形螨寄生在毛囊、皮脂腺中
（引自孟阳春,李朝品,染国光）

　　人体蠕形螨对温度较敏感,发育的最适宜温度为37℃,其活动力可随温度上升而增强, 45℃以上活动减弱,54℃为致死温度。当宿主体温升高时,毛囊及毛囊口扩张,皮脂腺内容物变稀,利于虫体爬出,在体表爬行,爬出者多为雌螨。皮脂蠕形螨的运动能力明显比毛囊蠕形螨强。蠕形螨属于负趋光性,多在夜间爬出,在皮肤表面求偶。

　　人体蠕形螨对温湿度、酸性环境和某些药物等均具有一定的抵抗力。在5℃时,成虫可存活约1周;在干燥空气中可存活1~2天;在23~27℃条件下,55%的虫体能存活2天以上。两种蠕形螨对碱性环境的耐受力弱于酸性环境,尤以皮脂蠕形螨为明显。3%来苏液和75%酒精15分钟可杀死蠕形螨,日常用的肥皂不能将其杀死。

　　人体蠕形螨成虫具有坚硬的螯肢、须肢、带刺的4对足等,它们在皮肤内活动时对上皮细胞和腺细胞造成机械性破坏,使毛囊、皮脂腺失去正常的结构和功能,引起毛囊扩张,上皮变性。当寄生虫体较多时,可引起角化过度或角化不全,皮脂腺分泌阻塞及真皮层毛细血管增生并扩张等病变;虫体的机械刺激和其分泌物、代谢物的化学刺激可引起皮肤组织的炎症反应,导致宿主局部皮肤的非细菌性炎症反应。此外,虫体代谢物可引起变态反应,虫体的进出活动携带其他病原生物进入毛囊或皮脂腺可致继发感染,引起毛囊周围细胞浸润,纤维组织增生(图7.4)。

　　蠕形螨具低度致病性。绝大多数人体蠕形螨感染者无自觉症状,表现为无症状的带虫者,或仅有轻微痒感或烧灼感。临床症状因患者的免疫状态、营养状况、寄生的虫种及感染度等因素有关,并发细菌感染可加重症状,重者可引起蠕形螨病。临床上常见的症状有患处皮肤轻度潮红和异常油腻,继而出现弥漫性潮红、充血,继发性红斑湿疹或散在的针尖至粟粒大小不等的红色痤疮状丘疹、脓疱、结痂及脱屑,皮脂异常渗出、毛囊口扩大,表面粗糙,皮肤有瘙痒感及烧灼感等。

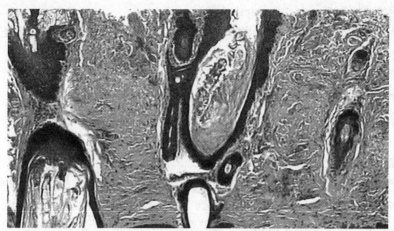

图7.4　蠕形螨寄生在毛囊内(组织病理切片)
(引自李朝品)

此外,酒渣鼻、毛囊炎、痤疮、脂溢性皮炎和睑缘炎等皮肤病患者的蠕形螨感染率及感染度均显著高于健康人及一般皮肤病患者,表明这些现象可能与蠕形螨的感染有关。

(三) 诊断

根据患者症状和皮肤损伤情况,并经显微镜检出蠕形螨即可确诊。制作镜检标本的常用方法有:① 透明胶纸法:嘱被检对象于睡前进行面部清洁后,用透明胶纸粘贴于面部的鼻、鼻沟、额、颧及颏部等处,至次晨取下,贴于载玻片上镜检。检出率与胶纸的黏性,粘贴的部位、面积和时间有关。② 直接刮拭法:用痤疮压迫器或蘸水笔尖后端等器具,从受检部位皮肤直接刮取皮脂腺和毛囊内容物。将刮出物置于载玻片上,滴加1滴甘油涂开后,覆盖玻片镜检。③ 挤压刮拭法:双手拇指相距1 cm左右先压后挤,取挤出物镜检。蠕形螨检出率夜间比白天高。

(四) 防制

人体蠕形螨可通过直接或间接接触而传播。人体蠕形螨对外界环境抵抗力较强,对酸碱度的适应范围也较大。日常生活中使用的肥皂、化妆品等均对人体蠕形螨不具杀灭作用。预防感染的措施包括避免与患者接触,家庭中毛巾、枕巾、被褥、脸盆等需专用并常烫煮消毒。不用公共盥洗器具,严格消毒美容、按摩等公共场所的用具。口服甲硝唑、伊维菌素、维生素B_6及复合维生素B,兼外用甲硝唑霜、苯甲酸苄酯乳剂和二氯苯醚菊酯霜剂、桉叶油以及百部、丁香和花椒煎剂等均有一定疗效。

第二节　螨媒性疾病

家栖螨类和人体接触频繁,除了可以对人体造成直接危害以外,还能携带病原体,造成疾病在人和动物之间相互传播。依据病原体与家栖螨类的关系,可将传播病原体的方式分为机械性传播和生物性传播两种类型。

1. 机械性传播（mechanical transmission）

螨类对病原体仅起着携带、输送的作用。病原体可附着于螨类的体表或经其消化道排出，通过污染食物、餐具等方式，机械性地从一个宿主被传播至另一个宿主。在携带和传播过程中病原体的数量和形态虽不发生变化，但仍保持感染力。

2. 生物性性传播（biological transmission）

病原体必须在螨体内经过一定时间的发育和/或繁殖后才具有感染性，然后再被传播到新的宿主。

由家栖螨类传播的疾病种类也较多，诸如恙虫病、立克次体痘、肾综合征出血热、淋巴细胞性脉络丛脑膜炎、布氏杆菌病、钩端螺旋体病、鹦鹉热、拟棉鼠丝虫病、其他疾病、森林脑炎、圣路易脑炎、鼠源性斑疹伤寒、土拉杆菌病、Q热、蜱传回归热、鼠疫、马脑炎、伪结核、类丹毒、弓形虫病等。本节着重介绍几种较为常见的对人体危害严重的螨媒性疾病。

一、肾综合征出血热

肾综合征出血热（hemorrhagic fever with renal syndrome，HFRS），又称流行性出血热（epidemic hemorrhagic fever，EHF），是由布尼亚病毒科、汉坦病毒属（*Hantavirus*）所引起的自然疫源性疾病。本病主要有发热、出血、肾脏损害三大症状，主要病变为全身小血管和毛细血管广泛性损害。

（一）病原学

1976年李镐汪和李平佑从啮齿类宿主——黑线姬鼠的肺分离出肾综合征出血热病毒。该病毒在电子显微镜下的形态呈圆形或卵圆形，外面有一双层单位膜包裹着，由比较疏松颗粒性线状结构的内浆所组成，表面有突起，平均直径为122nm[波动范围为78～210 nm，一般比布尼亚病毒（90～110）nm大]。病毒在细胞内繁殖时，产生大量特殊的包涵体，有3种形状即丝状或丝状颗粒包涵体、松散颗粒包涵体、致密包涵体，这在一般布尼亚病毒中是少见的。

从血清学方面证实出血热病毒与其他病毒性出血热无关，与已知布尼亚病毒科的4个属病毒也无血清学关系。根据不同国家、不同宿主来源的病毒株的抗原性分析，发现亚洲地区的肾综合征出血热（包括朝鲜出血热和苏联远东地区的肾综合征出血热）与欧洲地区的流行性肾病患者的免疫学荧光反应存在明显的差异。Lee（1992）报道，对从病人和动物的分离物中的病毒进行血清分型，认为至少有6～7个型。

我国肾综合征出血热的病原主要属于黑线姬鼠型和褐家鼠型，免疫荧光反应不能直接区分这两个血清型，但交叉中和、交叉阻断试验均可查见它们之间有明显的抗原差异。

鼠类为主要的传染源。黑线姬鼠为亚洲地区重型出血热的主要传染源；褐家鼠为城市型或家鼠型出血热的主要传染源；大白鼠为实验动物型出血热的传染源。肾综合征出血热病毒是潜存在多种动物体内，我国已查出50余种动物自然携带出血热病毒。

关于螨媒传播HFRS问题，1942年的日本，1956年的苏联曾先后报告分别将从鼠体采集的耶氏厉螨（*Laelaps jettmari*）、格氏血厉螨（*Haemolaelaps glasgowi*）、巢搜血革螨（*Haemogamasus nidi*）、淡黄赫刺螨（*Hirstionyssus isabellinus*）制成悬液注入人体后引起HFRS。

20世纪六七十年代,我国许多HFRS疫区的调查证明:格氏血厉螨、厩真厉螨、耶氏厉螨为当地的优势螨种,其季节消长基本上属秋冬型,与HFRS发病相关,格氏血厉螨等可通过鼠和人的正常皮肤叮刺吸血,认为革螨是HFRS的可疑媒介。20世纪80年代以来,随着特异性免疫荧光检测方法的应用和HFRS病毒分离成功,实验研究取得很大进展。

1. 姬鼠型HFRS方面

1980年周乐明等用抗原阳性鼠血感染革螨,待血消化后,再用螨叮刺实验鼠(非疫区黑线姬鼠),以格氏血厉螨、厩真厉螨分别叮刺18只和11只,各有2只阳性,证明革螨可通过叮刺在鼠间传播HFRS抗原。诸葛洪祥等(1987)从HFRS疫区黑线姬鼠窝的鼠颚毛厉螨(*Tricholaelaps myonysognathus*)和厩真厉螨分离出两株HFRS病毒。1987年董必军报道,从四川达县疫区的黑线姬鼠巢内的耶氏厉螨、上海真厉螨和格氏血厉螨体内分离到HFRS病毒。用聚合酶链反应方法和分子原位杂交方法证实了上海真厉螨传播姬鼠型HFRSV(吴建伟等,1998)。以上研究结果都证明:黑线姬鼠的优势革螨种可作为野鼠型HFRS鼠间传播媒介,并兼贮存宿主的作用。对格氏血厉螨、厩真厉螨和鼠颚毛厉螨的研究结果表明:这3种螨对在野鼠间传播HFRS病毒和维持疫源地方面起了重要的作用,还可能是鼠-人之间HFRS病毒传播途径之一。

2. 家鼠型HFRS方面

柏氏禽刺螨是家鼠和大白鼠等优势螨种,该螨专性吸血,分布广,数量多,经常侵袭人群,其季节消长与家鼠型HFRS相符。我国于1983年开始进行了一系列实验研究:用鉴定的HFRS病毒苏-163株人工感染乳小鼠,柏氏禽刺螨叮刺阳性鼠后,经15天从该螨中用细胞培养法分离出HFRS病毒(蓝明扬等,1984);柏氏禽刺螨成螨、若螨叮刺HFRS阳性小鼠后经15天、25天其若螨变成成螨,其子代至若螨期再叮刺健康乳小鼠,传播试验获得成功,证明第一若螨获得HFRS病毒后有经期传递,雌螨感染后有经卵传递、经期传递的能力(孟阳春等,1985;诸葛洪祥等,1987)。另外据冯心亮等1987年报道,1986年4～6月间河南扶沟县有60万人口,其中被柏氏禽刺螨袭击而引发皮炎者近10万人,在螨叮咬后的健康人群中HFRS隐性感染率高达31.58%,发病率为43.9/10万。在病人身上、被褥、鼠体找到大量的柏氏禽刺螨。

以上研究表明:该螨种可作为家鼠型HFRS鼠间传播媒介,并兼有储存宿主的作用,由于室内常有该种螨游离,又系专性吸血,对在鼠-人之间传播HFRS可能有一定作用。

恙螨也可能是肾综合征出血热病毒(HFRSV)的媒介。野外采集的小板纤恙螨幼虫在实验室培养,用IFAT检测恙螨体内的HFRSV的结果显示,在培养20天、80天、100天和115天后的恙螨均分离到HFRSV,说明该病毒在恙螨体可经期传递。用特异、敏感的Nested RT-PCR检测野外捕获的恙螨体内HFRSV RNA也说明小板纤恙螨有自然感染HFRSV(张云等,1997,1998)。余建军等(1998)等对须纤恙螨(*L. subpalpale*)作为肾综合征出血热传播媒介的可能性作了研究,发现须纤恙螨幼虫孳生地和生境符合HFRS疫源地基本特征,主要分布于流行区,为疫区宿主动物体外优势螨种,幼虫出现的高峰季节(11、12月),季节消长与人群HFRS发病基本一致,须纤恙螨幼虫叮咬阳性鼠可以获得感染,说明须纤恙螨具有作为HFRSV传播媒介的先决条件。但能否经卵传递尚须进一步的研究。

除革螨和恙螨传播肾综合征出血热外,肾综合征出血热的传播可以由人类接触带病毒的宿主动物及其排泄物、分泌物而受感染。同时研究也有证明可通过呼吸道伤口和消化道传播,在这里不一一叙述。

(二) 流行病学

HFRS流行病学方面虽已取得一系列重大进展,但仍存在许多有待解决的问题,诸如:除主要宿主鼠种外,其他带毒动物的流行病学作用;不同条件下,野鼠型、家鼠型HFRS在鼠间、鼠人间的主要和次要传播途径;革螨、恙螨对传病给人的媒介作用;自然疫源地的形成、演变及其控制策略;有效控制当前疫情发展的策略和有效措施;疫苗的研制、使用和评价都有待进一步研究解决。

(三) 临床表现

典型表现具有三大特征及五期经过,三大特征是发热、出血、肾脏损害,五期经过如下:① 发热期,是最早出现的症状,体温在38～40 ℃,最高可达41 ℃,热度越高病情严重,发热同时伴有三痛,即头痛、腰痛、眼眶痛和三红,即面部、颈部、前胸部皮肤充血、潮红。② 低血压休克期,主要为失血浆性低血容量性休克,低血压休克时间越长,肾功能损害越严重。③ 少尿期,尿量小于每天400 mL表现为急性肾衰竭。④ 多尿期,24小时尿量超过2000 mL,为进入多尿期的标志,有时尿量达4000～8000 mL,容易出现电解质紊乱。⑤ 恢复期,尿量减少回到每天2000 mL,症状逐渐消失,尿常规及生化异常改变恢复正常,90%在两个月内基本恢复。

(三) 防制

目前对于肾综合征出血热尚无特效疗法,主要是支持和对症治疗。近年针对出血热免疫病理变化和临床表现,采取综合性治疗措施,处理原则是"三早一就"(早发现、早休息、早治疗和就近治疗),注意抓好重症病人及各种并发症的治疗,在这方面强调早期预防性治疗。因为早治疗和早期预防性治疗是提高治愈率的关键。早期应用免疫调节药物,如环磷酰胺、阿糖胞苷等免疫抑制剂及转移因子,干扰素及干扰素诱导剂(poly IC和植物血凝素等)和中药黄芪等增强细胞免疫药物。近年来,湖北医学院、美国陆军传染病研究所合作应用病毒唑(ribavirin)治疗出血热早期病人,取得明显的效果。但最重要的是应采取有力的预防措施。

1. 灭鼠

① 加强领导,建立组织,实行责任制。② 推广"一役达标"的经验,即:集中力量打歼灭战,使在短期内达标,然后转入正常性的巩固工作。③ 主要使用缓效灭鼠剂。④ 投毒时要求:在较大范围内、全面、同时投毒,投饵量要足,以覆盖率、到位率和保留率为考核投毒质量的指标。⑤ 坚持监测,发动群众报鼠情,有鼠就灭。经灭鼠后鼠密度和HFRS的关键性措施:"大面积,药物为主,交替用药,反复灭"是灭鼠的有效方法;只要将鼠密度常年控制在1%以下,就能有效控制HFRS的流行。

2. 环境卫生

保持室内清洁、通风和干燥,尽可能不住在厨房、仓库内。做好食品卫生、食品消毒和食品贮藏等工作。进行有效的药物灭螨工作。

3. 个人卫生

在流行地区秋收时,应将衣服的袖口、领口和裤管扎紧,防止螨类进入衣裤。使用驱避剂也能有效地防止螨类侵袭。

4. 监测

在全国范围设立监测点,进行 HFRS 的流行病学监测,得到如下结果:① 野鼠型患者病后抗体持续时间比家鼠型患者长。② 黑线姬鼠在4月和12月带毒率较高,褐家鼠4月带毒率较高,且褐家鼠带毒率一般较黑线姬鼠高。③ 黑线姬鼠和褐家鼠成年鼠均比幼年鼠带毒率高。④ 灭鼠可以控制发病,其中家鼠型疫区比野鼠型和混合型疫区较易控制。⑤ 主要宿主动物密度和带毒率乘积(简称带毒指数)可作为人群发病率预测的主要指标。⑥ HFRS 流行病学监测指标应包括:主要宿主动物构成比、密度、带毒率和抗体阳性率,健康人群隐性感染率和发病率共6项。

本病的疫苗仍在研制中。目前由于缺少合适的动物模型,阻碍了疫苗研制的进展。从感染细胞培养(地鼠肾细胞和沙鼠肾细胞)和大白鼠和小白鼠乳脑组织制备的灭活疫苗已经动物实验证明其安全性,并且能有效诱导抗体反应,少量人群试用观察结果表明这些灭活疫苗安全有效。

二、森林脑炎

森林脑炎(russian spring summer encephalitis)是由森林脑炎病毒引起的一种以中枢神经病变为特征的急性传染病。曾列为我国法定乙类传染病,作为重点进行了监测与防治,使本病得以控制,在1989年从《中华人民共和国传染病防治法》中取之,而又列为职业病范围。该病主要传播媒介为全沟硬蜱,但是研究表明,有些螨类也可以作为传播媒介。

(一)病原学

森林脑炎病毒属于虫媒病毒(Arboviruses)中的黄病毒科(Flavivridae)、蜱媒脑炎复合组(tick-borne encephalitis complex)。森林脑炎病毒为球形颗粒,直径为40~70 nm,有囊膜,囊膜表面可见棘突。膜内有25~35 nm 的电子密度高核衣壳。森林脑炎病毒根据临床症状、传播媒介、流行病学和抗原性分为远东型和中欧型。两型的临床及媒介蜱虽然不同,但是病毒之间的差别甚微。远东型主要分布于苏联的亚洲地界及我国的东北,传播媒介主要为全沟硬蜱(*Ixodes persulcatus*),远东型较中欧型毒力强,临床症状较重,脑神经症状明显,存活的病人可有较长的恢复期,常残留肩和臂的瘫痪,病死率达20%。中欧型主要分布于欧洲的一些国家,传播媒介主要是蓖籽硬蜱(*Ixodes ricinus*),临床症状轻,25%~50%的病人以脑膜炎为主,呈双峰热,预后较远东型好,较少的病例出现后遗症,死亡率为1%~5%。

(二)流行病学

森林脑炎的传染源与贮存宿主主要是小型脊椎动物和啮齿动物,它们都是蜱的寄生宿主,主要传播媒介为全沟硬蜱。曾从格氏血厉螨、巢栖血革螨、鸡皮刺螨、蛭状皮刺螨、厉螨、杜氏鼠刺螨等10多种革螨中分离出自然携带的病毒。我国从长白山林区的革螨中分离出一株自然感染的森林脑炎病毒(陈国仕等,1979)。实验证明,用含森林脑炎病毒的鼠脑悬液血液喂饲革螨,病毒在厩真刺螨体内保存了18天;在淡黄赫刺螨体内,可保存病毒达75天以上,并可把病毒从受感染动物传播给正常动物。在新西伯利亚森林脑炎疫区,硬蜱经处理已消灭,从野生小哺乳动物和格氏血厉螨、按步血革螨分离到几株森林脑炎病毒,认为巢穴寄生革螨对该病毒的循环和保存起一定作用。革螨和本病毒的循环,可能主要是非流行的秋冬季,此时硬蜱已消失,兼性血食革螨完成循环和保毒作用。用柏氏禽刺螨做动物传播试验成功,并能经期传递和经卵传递,但该螨传递病毒量较小,动物一般不发病,而可产生免疫力。

(三)发病机制和病理

人体的感染通常都是带病毒蜱或革螨在叮咬吸血过程中,将病毒注入人体,注入的病毒有些即在叮咬处的局部,如皮下脂肪细胞、浅位淋巴结等组织中增殖,主要是随淋巴和血流循环;通过皮肤、黏膜上的小伤口以及消化道或呼吸道(主要是气溶胶状态)侵入的病毒,是随血流传播至全身各器官,迅速达到中枢神经系统,进入脑脊髓膜、脑内。由于病毒的嗜神经特性,严重累及脑脊髓灰质、脑核及脊髓颈椎前角细胞。脑膜出现淋巴细胞浸润,进而发生纤维化病变。软脑膜血管扩张、充血、肿胀并变厚,发生严重水肿。脑实质出现弥散性及局灶性炎症增生变化,大脑半球灰质和白质有严重的水肿。脊髓和脑干的运动神经元发生坏死和溃蚀,以致出现严重的运动障碍。相比之下,末梢神经系统受累轻微。

(四)临床表现

大多无任何前驱症状,仅少数病例有高热、全身不适、关节酸痛、头晕等前驱症状。临床上常出现发热型、脑膜型、脑膜脑炎型、脊髓灰质炎型和多发性神经根炎型。森林脑炎的发病形式有以下3种:① 突然发病、高热或过高热,头痛、恶心、呕吐、意识不清及迅速出现脑膜刺激症状,一般3天内出现昏迷,还未发生瘫痪便已死亡。② 突然高热后,迅速出现颈肌或肢体瘫痪,此类约占发病的90%。③ 少部分病人有发热、头痛、头晕、全身酸痛不适,时而出现耳鸣、食欲不振等前驱症状而缓慢发病,此型中约10%系轻症患者,预后良好。

(五)防治

患者应早期隔离休息。补充液体及营养,加强护理等方面与乙型脑炎相同。国外有报告干扰素及干扰素诱导剂聚肌胞在动物实验中获得满意疗效,但临床上还待进一步观察。国外试用核酸酶制剂,包括核糖核酸酶和脱氧核糖核酸酶,据称能对病毒的核酸合成起选择性破坏作用,干扰病毒的复制而不损害机体细胞。

近年来国内报告早期应用利巴韦林,静脉滴注,疗程为3~4周,疗效较好。应用中药板蓝根等组成方剂用于临床,在退热、缩短病程、恢复病情上治疗组均明显优于对照组。

曾发现森林脑炎患者细胞免疫功能显著低于正常人,其细胞免疫功能的高低与临床表现和转归有一定相关性,可选用免疫促进剂,如免疫核糖核酸、胸腺素、转移因子等治疗。病初3天内可用恢复期患者或林区居住多年工作人员血清治疗,肌内注射,用至体温降至38 ℃以下停用,有一定疗效。特异性高价免疫球蛋白,肌内注射,据报道疗效甚好。

本病有严格的地区性,凡是进入疫区的林业工作人员,须采取以下措施:① 接种森林脑炎疫苗,第一次肌注2 mL,7~10天后再肌注3 mL。② 搞好工作场所周围的环境卫生,加强防鼠、灭鼠、灭蜱、灭螨等工作。③ 进入林区时,做好个人防护,防止蜱螨叮咬。

三、淋巴细胞脉络丛脑膜炎

淋巴细胞脉络丛脑膜炎(lymphocytic choriomeningitis,LCM)简称淋巴脉络膜炎。淋巴脉络膜炎是人和动物特别是啮齿动物的病毒病,是由一种沙粒病毒属的淋巴脉络膜炎病毒引起的,本病的临床表现为流感样或脑膜炎、脑脊髓炎样感染到急性致死性脑膜脑脊髓炎。

(一) 病原学

淋巴脉络膜炎的病原因子是由 Littie 在 1933 年研究圣路易脑炎的暴发流行时发现的。一例怀疑为圣路易脑炎的病人死亡后的脑组织接种猴以后发现了一种原先不知道的病毒。暂时定为实验性淋巴细胞性脉络膜炎病毒。究竟本病毒是原来存在于猴中的还是由人组织中来的没能确定。不久以后其他人又分别从人和小鼠组织中分离出淋巴脉络膜炎病毒。3个小组分离的病毒在 1935 年经血清学证实是相似的。当时定的名称被以后研究该病毒的研究工作者所接受。

淋巴脉络膜炎病毒是沙粒病毒属的代表。病毒呈多形性,直径为 50～300 nm,含有不定数目的直径 20～30 nm 的电子稠密的颗粒,被认为是核糖体。本组病毒的名称是根据这些颗粒(沙粒样)而定的。病毒增殖时主要从胞浆膜出芽。

淋巴脉络膜炎病毒在活细胞外或人工实验条件下较不稳定。可以被脂溶剂、甲醛、酸(pH<5.5)、紫外线和 γ 射线灭活。20 ℃室温 3 小时后失去传染力,55 ℃ 20 分钟灭活。

本病的血清学比较稳定,但根据致病性鉴定了几个株。在动物中经脑接种系列传代后发生变异,脑内接种时仍保留致病性,而腹腔内接种时致病性减弱。在细胞培养系中,系列传代后产生空斑的能力不一。在细胞培养中传代后,改变产生缺陷性干扰颗粒的频率,其结果是致病性显著改变。

(二) 流行病学

淋巴脉络膜炎病毒的自然贮存宿主是小家鼠。在人工条件下,其他啮齿动物也能成为重要的病毒来源。在德国和美国,感染的黄金仓鼠(*Mesocricetus auratus*)群落曾被认为是人群中大流行的来源。其他实验动物包括灵长类、犬和豚鼠也曾发现有感染,可能是实验室暴露的结果。

细胞培养系可被感染并使以它们制作的病毒疫苗受到污染。在小鼠或仓鼠中传代保存的肿瘤组织可被淋巴脉络膜炎病毒感染,如果在研究所之间交换这样的标本而没有经过病毒过滤,则病毒有可能在实验室间扩散。在实验室条件下,培养寄生虫如弓形虫(*Toxoplasma gondii*)和旋毛虫(*Trichinella spiralis*)的培养基也可成为病毒的媒介。人受感染的主要来源是鼠。感染的小家鼠和仓鼠的排泄物,如尿、粪、唾液和鼻的分泌物中都有病毒。直接接触感染尿或尿污染的媒介物如饲养笼等,可能是最主要的传播方式。虽然很多研究表明病毒比较不稳定,但在某些条件它可以在空气中尘埃或微滴中存活,因此可被动物或人吸入。唾液中也有病毒,因此感染仓鼠咬人也能传播疾病。涂抹擦破或完整的皮肤也能感染病毒。节肢动物传播本病毒,在实验室内被证实。革螨作为本病的传播媒介是肯定的。曾从厩真厉螨、格氏血厉螨、巢栖血革螨和淡黄赫刺螨等革螨中分离病毒,证明其有自然带毒。

实验室中的柏氏禽刺螨、血异皮刺螨从鼠体感染的病毒能传给健康鼠。

虽然多种途径都可传播,吸入或黏膜接触病毒可能是最常见的感染途径。没有见到从人到人的传播。但如感染者的尿或呼出的飞沫中有病毒,传播也是可能的,因此应注意防止。

(三)临床表现

感染后5～10天出现"流感样症状"。发热通常为38.5～40 ℃,并伴有寒战。半数以上患者有不适、乏力、肌痛(特别是腰部)、眼眶后疼痛、畏光、缺乏食欲、恶心和头晕。咽痛和感觉迟钝等症状较少见。发病第一周,阳性体征少见;可有相对性心动过缓,咽部充血但无渗出。5天至3周后,患者可有1～2天感觉症状好转。但许多患者随后复发发热、头痛、皮疹、掌指和近端指关节肿胀、脑膜刺激征、睾丸炎、腮腺炎和秃发。无菌性脑膜炎患者几乎均可痊愈,不留任何后遗症。33%的脑炎患者有神经后遗症。

(四)防治

人或动物患淋巴脉络膜炎时没有特殊疗法。感染动物应杀死和妥善处理,不使其成为病毒扩散的来源。病人可用对症治疗。病人不需要隔离,抗生素或磺胺药对本病无任何作用。头痛病人经腰穿或服水杨酸制剂后可望缓解,但腰穿不能作为治疗措施。颅内压显著增高时可应用高渗葡萄糖或其他水剂静脉注射。

如果发现有疾病流行,必须弄清传播来源,如果有感染的野生啮齿动物群落,则应采取适当的灭鼠措施。如果流行起源于实验室的动物群落,则应将这样的群落全部处理掉,进行消毒,然后再用没有淋巴脉络膜炎病毒的动物群替代。商品动物饲养场的动物群如有感染,也应如此处理。两者都应确定病毒引入的来源并采取适当的措施。

实验室工作人员、商品动物的生产者和一般群众都应注意本病和其他动物传染病由啮齿动物传给人的潜在危险。基本的卫生措施即可减少本病的传播。

预防感染最好避免暴露于感染的啮齿动物。控制人们住处的小家鼠以及避免在自然环境中接触小鼠是重要的预防措施。

在实验室内对啮齿动物种群特别是小鼠和仓鼠进行定期的监测,是预防传播的最好方法。供商品出售的仓鼠和小鼠群也应定期抽查,以保证在繁殖的种群中没有本病。实验室和商品动物饲养场都应防止野鼠传入病毒。不同单位间交流,如实验动物、笼子、垫草和其他物品都应视为潜在的传染源而采取适当的预防措施。

对人的淋巴脉络膜炎感染不必有规律地监测。对易感的动物种群则应定期(至少每年1次)进行检查。

四、立克次体痘

立克次体痘(Rickettsialpox)也称疱疹性立克次体病(Vesicular rickettsiosis)或称国立植物园斑疹热(Kew gardens spotted fever)。该病由血红异皮螨(*Allodermanyssus sanguineus*)传播的螨立克次体(*Rickettsia akari*)病原引起的。其临床特点为发热、背部和全身肌痛、斑丘疹、水痘、全身淋巴结肿大。

（一）病原学

该病原体螨立克次体，用美蓝、革兰氏染色不易着色，但以吉姆萨染色可着色，呈红色双球菌或双杆菌状，与普氏立克次体相似，可同时在宿主细胞的胞质及胞核内生长繁殖。补体结合试验证明，螨立克次体与斑疹热组其他疾病的病原体如斑疹热立克次体及康纳氏立克次体存在交叉免疫反应，但可经过洗涤的立克次体悬液制成特异性抗原加以区别。

（二）流行病学

动物实验表明，非流行区的野生小鼠、小白鼠、豚鼠对螨立克次体易感。将病原悬液接种于鸡胚，可在卵黄囊组织与羊水腔内产生大量立克次体。

本病多见于美国东北部，此外前苏联的乌克兰南部及南非也有本病存在。从朝鲜捕获的东方田鼠中曾找到螨立克次体。调查发现我国某地区人群中对螨立克次体抗原的补体结合试验呈阳性反应者达 26.6%（41/154），提示我国存在本病。

家小鼠为本病主要传染源。野小鼠及其他啮齿动物也可以作为贮存宿主。本病的传播媒介为寄生于家小鼠等啮齿动物体表的血红异皮刺螨。该螨的若虫与成虫均需吸血。因其吸血极快，而且常于患者睡眠时叮咬，之后即离开宿主，故常不易为患者所察觉。

被鼠螨叮咬后，病原体经皮肤而感染，逐渐生长繁殖而引起立克次体血症，出现发热等一系列临床症状，并由于皮肤小血管及血管周围组织的炎性细胞浸润而疱疹形成。实验表明，小白鼠鼻内接种悬液可引起立克次体肺炎而死。

（三）临床表现

患者局部产生的原发病灶，其外观与恙虫病原发病灶颇相似。起初为一质硬的红色丘疹，渐成为直径 0.5~1.5 cm 的浅表溃疡，表面有褐色焦痂覆盖，周围有红晕，直径可达 2.5 cm。镜下可见真皮层炎性细胞浸润，与恙虫病的原发病灶相比，多形核细胞的浸润较局限而浅表，结缔组织无退行性变，血管病变较轻。血管周围有许多肥大细胞浸润。疱疹是本病的特点，水泡部位的上皮细胞有空泡形成，其下的真皮有多形核细胞及少许迷散单核细胞浸润，基底上皮细胞一般无损害。因疱疹浅表，愈后不留瘢痕。

本病的潜伏期为 10~24 天。一般于被感染性鼠螨咬后 7~10 天，在叮咬处出现原发灶，即红色丘疹，引起淋巴结肿大。其后丘疹渐增大，直径可达 1.0~1.5 cm。经 5~10 天后发病，出现全身症状，骤起寒战、发热、出汗、头痛、背痛、乏力、畏光等症状，全身淋巴结可肿大并有压痛。体温开始时较低，逐渐升高，每天波动于 36.7~40 ℃ 范围，晨间可略低。病初一般有背痛和全身肌肉痛，且几乎所有病例都有前额或后脑部疼痛，少数病人可有脾大。

常在发病同时或 2~4 天后，出现特征性皮疹：开始为斑丘疹，稀疏红色，数量多少不等，可散在或分布全身。一般最先见于臂、腿、腹、背、胸等部位，偶可见于口腔黏膜，而手掌与足底很少发疹。数日后丘疹中央形成一水泡，直径 2~8 mm，后逐渐干缩形成痂皮，最后脱落，不留瘢痕。

发热及全身症状一般持续 7~10 天后消退，严重病例病程稍长。轻症病例疱疹维持 2~3 天，严重病例可达 10 天。皮肤的原发病灶持续 3~4 周渐愈。本病预后良好，无任何并发症或后遗症。病后可获得较持久的免疫力，未见再次感染者。

（四）防治

治疗以四环素族药物及氯霉素治疗可取得良好效果,0.25克,每天4次,疗程3~5天。给药后48小时内体温可恢复正常,皮疹迅速消退,其他症状也明显改善。青霉素、链霉素对本病治疗无效。本病目前还没有有效的疫苗。对本病的预防措施主要是消灭鼠类贮存宿主,消灭螨类等媒介节肢动物。

五、Q热

一些革螨能参与Q热自然疫源地病原体的循环,在Q热疫源地从不同生态型革螨中多次分离出自然感染的贝氏立克次体,从巢穴寄生型兼性吸血者茅舍血厉螨和东北血革螨分离出病原体,从巢穴寄生型专性吸血者鸡皮刺螨、血异皮刺螨中分离出病原体,从经常性体表寄生型旅游肪刺螨(Steatonyssus viator)、仓鼠赫刺螨和耶氏厉螨也多次分离出病原体。

前苏联有人进一步做了传播试验,用感染的豚鼠喂养巢穴寄生型专性吸血者柏氏禽刺螨与鸡皮刺螨,于不同时期均能发生感染,用1~12天的螨叮咬健康豚鼠,也出现典型的病症。解剖感染动物的各种脏器,发现了病理变化,并用巢穴寄生型兼性吸血者螨类,例如格氏血厉螨、厩真厉螨、巢搜血革螨和经常性体表寄生型螨类,例如鼷鼠赫刺螨、仓鼠赫刺螨进行传播试验,证明以上各种螨均可吸血得到病原体,经叮咬其他动物而传播病原体。

并观察到鸡皮刺螨和柏氏禽刺螨可经卵传递病原体两代。感染后的雌螨在健康动物饲养时,能保存病原体达6个月之久,立克次氏体在死亡的感染螨体内可以保存1年之久。

这些资料证明这些革螨,可参与Q热疫源地循环,起保存与扩大疫源地作用。并有实验室动物周期性大量出现柏氏禽刺螨而引起人群感染的报告。

六、北亚蜱媒斑点热

北亚蜱媒斑点热(North-Asian tick-born typhus)病原体的贮存宿主与传播媒介是纳氏革蜱(Dermacentor nuttalli)及森林革蜱(D. silvarum)。在前苏联许多疫源地中,曾从啮齿动物及巢穴中所采到的革螨中分离出立克次体(R. sibirica),从东高加索阿尔泰鼢鼠采到的鼢鼠赫刺螨(H. miospalacis)与从仓鼠赫刺螨及膺盾螨属(Nothrholaspis)的一种革螨中,均曾分离出病原体。在前苏联南部滨海岛上疫源地,曾从远东田鼠及其巢中搜集的格氏血厉螨与淡黄赫刺螨的混合组均分离到病原体。其他一些学者也曾从一些革螨(未定型)中分离出这种立克次体。

七、土拉伦菌病

从1939年起就开始研究革螨对土拉伦菌的自然感染,从革螨分离出土拉伦菌已有40组试验。从经常性体表寄生型革螨:采自水鼾的鼠厉螨和两栖上厉螨(Hypcrlaelaps amphibious),从姬鼠体上采的活跃厉螨(L. hilaris),麝鼠身上采的多刺厉螨和鼾体上采的鼾厉螨(L. cletrionomydis)以及其巢穴的鼷鼠赫刺螨分离出病原体。同样也从巢穴寄生型兼性吸血者格氏血厉螨中分离出，1951年在疫源地有水䶄窝中的格氏血厉螨分离出4株细菌。后来又从达呼血革螨（*H. dauricus*）分离出3株，即格氏血厉螨、赛氏血革螨各分离出1株。另外还从一些未定种的混合革螨中分离出病原体。

实验研究曾用格氏血厉螨、鼠厉螨、鼷鼠赫刺螨、淡黄赫刺螨、仓鼠赫刺螨和柏氏禽刺螨，结果证明这些螨均可叮咬有病动物而感染。鼷鼠赫刺螨与淡黄赫刺螨二种对土拉伦菌有高度感染性，在吸血过程中有强烈的传播作用。仓鼠赫刺螨在动物体上吸血时亦能传播病原体。同时证明淡黄赫刺螨与鼷鼠赫刺螨可经卵传递病原体，病原体在螨体内繁殖。鼷鼠赫刺螨吸血得病原体并保持病原体，但不能经叮咬传播，病原体在螨体内不繁殖也不失去毒性。病原体在螨体内保存期限与温度有关，在18~20℃保存20~30天，在4~6℃保存28天。在人工巢穴内大量饲养鼷鼠赫刺螨时观察到2个半月中连续传播病原体7次，认为动物得病是由于动物吃螨而感染。Hopla（1951）用柏氏禽刺螨试验得到相似结果，螨可经卵传递与变态传递病原体，保存病原体可达12~18个月。

许多学者多次在冬季从疫源地搜集革螨中分离到病原体，在低温下螨体内保存病原体的时间延长，这在流行病学上有重要意义。有些地区需要进一步研究革螨在土拉伦菌病疫源地的作用，特别是在没有发现硬蜱的地区，而革螨是大量的啮齿动物的体外寄生虫。

八、恙虫病

恙螨是恙虫病（tsutsugamushi disease）的传播媒介。恙虫病又名丛林斑疹伤寒（scrub typhus），其病原体为恙虫病东方体（*Orientia tsutsgamushi*）（原称恙虫病立克次体，*Rickettsia tsutsugamushi*）。临床特征为突然起病、发热、叮咬处有焦痂或溃疡、淋巴结肿大及皮疹。

早在公元313年，我国晋代医学家葛洪曾描述如"人行经草丛、沙地、被一种红色微小沙虱叮咬，即发生红疹，三日后发热，叮咬局部溃疡结痂"，颇似现代恙虫病。但直到1948年才于广州分离出恙虫病东方体（*O. tsutsugamushi*）。

（一）病原学

恙虫病东方体原名恙虫病立克次体，属于立克次体科，立克次体族、立克次体属中的恙虫病群（scrub typhus group）。该群只有恙虫病立克次体（*R. tsutsugamushi*）1个种。近年研究发现，恙虫病立克次体在以下方面与立克次体属中的其他立克次体不同：① 恙虫病立克次体胞壁外叶小于内叶，缺少胞壁酸，葡糖胺、羟脂肪酸和2-酮-3-脱氧辛酸等组分，提示无肽聚糖和LPS结构，故恙虫病立克次体的抵抗力非常脆弱。② 在蛋白组分分析也表明恙虫病立克次体不同于其他立克次体，菌体表面富含的主要特异性抗原为56 kD（54~58 kD），在抗原变异株间含共同表位。③ 菌体从宿主细胞释放的出芽过程为其他立克次体少见，与包膜病毒的出芽过程相似。④ 除上述表型差异外，基因型有差别，恙虫病立克次体含有大于其他立克次体基因组2倍的环形染色体，16sRNA序列分析，其基因遗传关系树的距离，恙虫病立克次体与立克次体属中的其他成员关系较远。根据上述的研究结果，1995年日本学者Tamura等建议，将恙虫病立克次体从该属分出，另立新属——东方体属（*Genus Orientia*），恙虫病立克次体改称为恙虫病东方体（*Orientia tsutsgamushi*）。

恙虫病东方体体呈双球或短杆状，多成对排列，大小不等，为(0.2~0.5) μm×(0.3~

1.5）μm，寄生于细胞浆内，为原核微生物，类似革兰氏阴性细菌，有细胞壁、细胞质、细胞质内存在核糖体和高密度DNA核。恙虫病东方体的细胞壁内层小叶比外层薄，外周具有柔软脆弱的胞膜，易受刺激而被破坏。用吉姆萨染色，细胞核呈紫红色，胞浆为淡蓝色，东方体体为紫红色靠近胞核旁，成堆排列。患者的血液等标本接种在鸡胚卵黄囊、Hela细胞中均可分离出病原体。BALB/c小白鼠对东方体很敏感，常用来做病原分离。恙虫病东方体特异性抗原血清型较多，用小鼠毒素中和试验、补体结合试验、ELISA、微量凝集试验、微量免疫荧光抗体染色法及DNA长度多态性分析技术（RFLP）或PCR/RFLP、NEST-PCR等方法可进行恙虫病东方体分型：目前恙虫病东方体的株型除Karp，Gilliam，Kato，TA763，TA678，TA716等原株型外，又发现多株新基因型：Kawasaki，Kuroki，Shinlocoshi，Bolyong株，南韩发现Yonchon基因型，中国发现类似Kawasaki（江苏株）和Yoncllon（山西株）。因不同地区、不同株间的抗原性与毒力均有差异，故病情及病死率的差异也较大，恙虫病东方体具有与变形杆菌OXk共同抗原成分的耐热多糖抗原，临床上常用变形杆菌OXk为抗原作凝集试验协助诊断。但与OX2、OX19不发生凝集反应。病原体耐寒不耐热，低温可长期保存，经真空冻干，强毒株和弱毒株在-28℃分别可保存3年半和10年半。

（二）流行病学

恙虫病分布很广，横跨太平洋，印度洋的热带及亚热带地区，但以东南亚、澳大利亚及远东地区常见。我国主要发生于浙江、福建、台湾、广东、云南、四川、贵州，江西、以沿海岛屿为多发。近年江苏、山东、安徽、河北、天津、山西和某些地区也有小流行或散发，新疆、西藏和东北等省、自治区也发现动物恙虫病东方体血清学检测阳性。

1. 传染源

鼠类是主要传染源和贮存宿主，如沟鼠、黄胸鼠、家鼠、田鼠等。野兔、家兔、家禽及某些鸟类也能感染本病。鼠类感染后多隐性感染，但体内保存恙虫病东方体时间很长，故传染期较长。人患本病后，血中虽有病原体，但由于恙螨刺螯人类仅属偶然现象，所以患者作为传染源的意义不大。

螨种类超过500种，但目前已证明能传播本病者仅地里纤恙螨，红纤恙螨、高湖纤恙螨等数种。

2. 感染方式

恙螨传播恙虫病，主要通过幼虫叮咬把恙虫病东方体传给人或动物宿主如鼠类。恙螨一生中一般只叮咬宿主一次，但某些特殊情况如幼虫未达饱食脱离原来的宿主后就有可能再爬到另外宿主进行第二次叮咬。恙虫病的传播必须是上一代的幼虫叮咬宿主获得感染，然后经过若蛹、若虫、成蛹到成虫，成虫产卵孵出子代幼虫，才具有感染性。恙螨多孳生于潮湿隐蔽的草丛中，幼虫常集栖于草叶之上，当人类或动物进入草地活动，就有可能被感染有恙虫病东方体的恙螨幼虫叮咬而受到感染。

此外，尚有实验证明感染恙虫病东方体而发病濒死的小鼠所排出的尿液中，有大量的恙虫病东方体存在，因而有可能通过皮肤伤口引起感染。实验还证明鼠类间的相互蚕食，也可能造成健康鼠类经由消化道而得到感染。

3. 人群易感性

人群对本病均易感，但病人以青壮年和儿童居多，这与该组人群野外活动机会多，受恙螨叮咬的概率大有关。感染后免疫期仅持续数月,最长达10个月。且只能获得对园株病原体的免疫力,故可再次感染不同株而发病。

4. 流行特征

由于鼠类及恙虫的滋生、繁殖受气候与地理因素影响较大,本病流行有明显季节性与地区性。北方10月、11月为高发季节,南方则以6～8月为流行高峰,11月明显减少,而台湾、海南、云南因气候温暖,全年均可发病。本病多为散发,偶见局部流行。恙螨多生活在温暖、潮湿、灌木丛边缘、草莽平坦地带及江湖两岸。

(三)致病机理

恙虫病东方体阳性的恙螨幼虫叮咬人体后,病原体先在局部繁殖,然后直接或经淋巴系统入血,在小血管内皮细胞及其他单核-吞噬细胞系统内生长繁殖,不断释放东方体及毒素,引起东方体血症和毒血症。东方体死亡后释放的毒素是致病的主要因素。本病的基本病变与斑疹伤寒相似,为弥漫性小血管炎和小血管周围炎。小血管扩张充血,内皮细胞肿胀、增生,血管周围单核细胞、淋巴细胞和浆细胞浸润。皮疹由恙虫病东方体在真皮小血管内皮细胞增殖,引起内皮细胞肿胀、血栓形成、血管炎性渗出及浸润所致。幼虫叮咬的局部,因毒素损害、小血管形成栓塞、出现丘疹、水泡、坏死出血后成焦痂,痂脱即成溃疡。全身表浅淋巴结肿大,尤以焦痂附近的淋巴结肿大最为明显。体腔如胸腔、心包、腹腔可见草黄色浆液纤维蛋白渗出液,内脏普遍充血,肝脾可因网状内皮细胞增生而肿大。心脏呈局灶或弥漫性心肌炎;肺脏可有出血性肺炎或继发性支气管肺炎;脑可发生脑膜炎;肾脏可呈广泛急性炎症变化;胃肠道常广泛充血。

(四)临床表现

恙虫病的潜伏期4～20天,一般为感染后10～14天出现临床症状。一般的症状为包括发热、焦痂、淋巴结肿大及皮疹。重症病人可引发多脏器损害。

1. 发热

恙虫病起病急骤,先有畏寒或寒战,继而发热,体温迅速上升,1～2天内可达39～41 ℃,个别超过41 ℃,呈稽留型、弛张型或不规则型,大部分呈稽留型。伴有相对缓脉、头痛、全身酸痛、疲乏思睡、食欲不振、颜面潮红,结合膜充血。个别患者有眼眶后痛。严重者出现谵语、烦躁、肌颤、听力下降,脑膜刺激征,血压下降,还可并发肺炎。发热可持续14～21天,经合理抗病原治疗后,患者体温可在治疗后3～5天恢复正常。

2. 焦痂及溃疡

焦痂及溃疡为本病特征,见于67.1%～98%的患者。发病初期于被恙螨幼虫叮咬处出现红色丘疹,一般不痛不痒,不久形成水泡,破裂后呈新鲜红色小溃疡,边缘突起,周围红晕,1～2天后中央坏死,成为褐色或黑色焦痂,呈圆形或椭圆形,直径0.5～1 cm,痂皮脱落后形成溃疡,其底面为淡红色肉芽组织,干燥或有血清样渗出物,偶有继发化脓现象。多数患者只有1个焦痂或溃疡,少数2～3个,个别多达10个以上,常见于腋窝,腹股沟、外阴、肛周、腰带压迫等处,也可见于颈、背、胸、足趾等部位。

3. 淋巴结肿大

全身表浅淋巴结常肿大,近焦痂的局部淋巴结肿大尤为显著。一般大小如蚕豆至核桃大,可移动,有疼痛及压痛,消散较慢,严重者有出现和坏死,但无化脓倾向。但继发感染可呈现化脓性淋巴结炎变化。肿大的淋巴结消散较缓慢,在恢复期仍可扣及。

4. 皮疹

35%～100%的患者在4～6病日出现暗红色斑丘疹。少数病例可在发病开始即出现皮疹,或迟至病期14天才出现皮疹。皮疹多为暗红色粟粒样充血性丘疹,压之褪色,少数呈出血性,无痒感,大小不一,直径为0.2～0.5 cm,先见于躯干,后蔓延至四肢。轻症者无皮疹,重症者皮疹密集,融合或出血。皮疹持续3～10天消退,无脱屑,可留有色素沉着。有时在第7～8病日发现软硬腭及颊黏膜上有黏膜疹。

5. 肝脾大

50%患者脾大;10%～20%患者肝大。部分病人可见眼底静脉曲张,视乳头水肿或眼底出血。心肌炎较常见。亦可发生间质肺炎、睾丸炎、阴囊肿大、肾炎、消化道出血、全身感觉过敏、微循环障碍等。恙虫病患者如没有及时得到合理的抗病原治疗,易出现多脏器损害,危及生命。

(五)治疗

1. 一般治疗

患者应卧床休息,多饮水,进流食或软食,注意口腔卫生,保持皮肤清洁。高热者可用解热镇痛剂,重症患者可予皮质激素以减轻毒血症状,有心衰者应绝对卧床休息,用强心药、利尿剂控制心衰。

2. 病原治疗

可选用氯霉素(chloramphenicol)、四环素类如强力霉素(doxycycline)、美满霉素(minocycline)或红霉素类如罗红霉素(roxithromycin)、阿奇霉素(azithromycin)、红霉素(erythromycin)作病原治疗。患者多于开始治疗后24～48小时内体温恢复正常。也可用氟喹诺酮类如氧氟沙星(ofloxacin),环丙沙星(ciprofloxaxin)作病原治疗,但其疗效较前3类药物稍差,常于开始治疗后2～5天内体温才恢复正常。对于儿童和孕妇,不宜用氯霉素、四环素和氟喹诺酮类药物治疗,而应使用阿奇霉素和罗红霉素治疗,以避免由于药物治疗而引起的对婴幼儿的毒副作用。

一般病例抗病原治疗药物疗程为7～10天,疗程过短可增加恙虫病复发机会。由于恙虫病东方体的完全免疫在感染后两周发生,过早的抗生素治疗使机体无足够时间产生有效免疫应答,故不宜早期短疗程治疗,以免导致复发。有认为磺胺类药有促进恙虫病东方体的繁殖作用,应予慎重。

九、绦虫病

甲螨是数种绦虫的中间宿主,如羊的扩张莫氏绦虫(*Moniezia expansa*)与盖氏曲子宫绦虫(*Thysaniezia giardi*),反刍动物的叶状裸头绦虫(*Anoplocephala perfoliata*)、大裸头绦虫(*A. magna*)以及贝莫氏绦虫(*M. benedeni*)等都是由各种甲螨作为中间宿主传播。最重要的是莫尼茨绦虫病,常以地方性疾病方式流行,常见于羔羊和犊牛,不但引起幼畜的发育不良,而且可导致死亡,在世界各国都有广泛的分布,我国甘肃、宁夏、青海、陕西及新疆等很多地区内的羔羊均有感染,并受到不少损失。此病病原是扩张莫氏绦虫与贝莫氏绦虫,而其中间宿主则为甲螨。其次重要的是马裸头绦虫病,在我国哈尔滨、北京及兰州等地的马、驴、骡中广泛流行,其病原为大裸头绦虫、叶状裸头绦虫及小副裸头绦虫(*Paranoplocephala mamillana*),而这些病原的中间宿主则为尖棱甲螨科(Ceratozetidae)、丽甲螨科(Liacaridae)、尤翼甲螨科(Galumnidae)及步甲螨科(Carabodidae)等甲螨。

研究表明裸头科的立氏副裸头绦虫、叶状裸头绦虫、大裸头绦虫、扩张莫氏绦虫、盖氏曲子宫绦虫、齿状彩带绦虫(*Cittotaenia denticulata*)等均以草地的甲螨为中间宿主。据报道有40多种甲螨参与裸头绦虫的生活史,在这些甲螨中,我国已报道了5科5属12种。如滑菌甲螨(*Scheloribates laevigatus*)及一种大翼甲螨(*Galumna* sp.)是司氏伯特绦虫(*Bemiella studeri*)的中间宿主,该绦虫是猴和其他灵长类常见的寄生虫,偶可感染人,迄今报告已有20余例,见于东非、印度尼西亚、毛里求斯、菲律宾、印度和新加坡等地。绦虫虫卵被甲螨吞食后,卵内六钩蚴发育成拟囊尾蚴,人因误食含有拟囊尾蚴的螨类而感染。此外,一种合若甲螨(*Zygoribatula* sp.)可传播人体寄生绦虫。有报道在人体痰液中检获5种甲螨,故甲螨可能亦为人体肺螨病的病原之一。

十、其他疾病

以上列举了家栖螨类对人体的危害及其传播的疾病,实际上家栖螨类危害远远不止于此。例如,文献报道螨引起输卵管及子宫充血,肝脏出血,全身中毒等症状(Henryk,1958)。最突出的是Samsinak(1960)报道跗线螨科的人跗线螨(*Tarsonemus hominis*)与粉螨科一种皱皮螨(*Sugasia* sp.)进入人体脊髓,引起螨病。李朝品(1995)曾报道谷跗线螨"寄生"在人体阴部,该患者自觉瘙痒,阴部皮肤可见大小不等皮疹,直径多为3～5 mm,弥散在皮肤表面,单个散发或成片出现,皮疹周围皮色鲜红至暗红,中央可见针尖大暗红小点和水疱,因瘙痒抓破,可续发感染。1967～1968年在波兰华沙有厌恶跗线螨(*Tarsonemus noxius*)寄生在幼儿和老人皮肤内的报道等,因此螨类引起的人体疾病应引起足够的重视。相信随着研究的深入,定会有越来越多的相关病例被报道。

(湛孝东,刘继鑫)

参 考 文 献

马萍萍,宋文涛,马卫东,等,2019.不同特异性免疫疗法对尘螨过敏性哮喘患儿疗效及安全性的影响[J].临床肺科杂志,5:853-856.

王卫平,毛萌,李廷玉,等,2013.儿科学[M].8版.北京:人民卫生出版社.

王文辉,陈哲,胡驰,等,2019.粉尘螨变应原疫苗舌下含服联合布地奈德治疗儿童过敏性哮喘临床评价[J].中国药业,20:34-36.

王俊轶,何翔,张雷,等,2019.重组粉尘螨抗原纳米疫苗PLGA-Der f2免疫治疗小鼠过敏性哮喘的实验研究[J].南昌大学学报:医学版,5:1-5.

王倩,张际,梅其霞,等,2011.哮喘儿童心理行为问题特征及应对方式研究[J].中国全科医学,14:1134.

王清泰,肖燕萍,2015.小儿过敏性咳嗽患者高气道反应性分析[J].医学理论与实践,12:1648-1649.

王慧勇,李朝品,2005.粉螨危害及防制措施[J].中国媒介生物学及控制杂志,16(5):403-405.

王慧勇,崔玉宝,李朝品,2004.SPA-ELISA和Map-IFAT诊断肺螨病的研究[J].实用全科医学,2:562-563.

中华医学会儿科学分会呼吸学组,中华医学会《中华儿科杂志》编辑委员会,2004.儿童支气管哮喘防治常规(试行)[J].中华儿科杂志,42:100-106.

中华医学会变态反应分会呼吸过敏学组(筹),中华医学会呼吸病学分会哮喘学组,2019.中国过敏性哮喘诊治指南(第1版.2019年)[J].中华内科杂志,58:636-655.

牛蔚露,崔伟锋,2019.郑州地区609例皮炎、湿疹类疾病患者斑贴试验结果回顾性分析[J].检验医学与临床,19:2839-2842.

孔维佳,周梁,2015.耳鼻咽喉头颈外科学[M].北京:人民卫生出版社.

卢湘云,孙伟忠,赖余胜,等,2015.浙江嘉善儿童过敏性鼻炎患病状况、对生活学习的影响及发病因素调查分析[J].实用预防医学,22:949-942.

冯忠伟,崔玉宝,邢应如,2003.间接荧光抗体试验诊断肠螨病初探[J].临床输血与检验,6(4):252-253.

冯婷,黄世铮,鲁航,2015.变应性鼻炎相关危险因素的Logistic回归分析[J].中国医学前沿杂志(电子版),7(3):108-110.

朱万春,诸葛洪祥,2007.粉螨性哮喘发病机制研究进展[J].环境与健康杂志,3:184-186.

朱美君,宋磊,赵金华,等,2018.异常糖基化IgA1,与儿童过敏性紫癜相关性研究[J].浙江临床医学,20:310-311.

刘汉琪,刘永贵,1997.肺螨病的研究进展[J].康复与疗养杂志,12(3):135-136.

刘永春,李士根,郭永和,等,2002.螨成虫抗原间接荧光抗体实验检测肺螨病[J].中国寄生虫病防治杂志,15(4):6.

刘永春,郭永和,1997.肺螨病的研究进展[J].中国寄生虫病防治杂志,10(4):307-308.

刘春丽,陈如冲,罗炜,2013.变应性咳嗽的临床特征与气道炎症特点[J].广东医学,34:853-856.

刘春涛,2019.过敏性哮喘防治的重要性与特殊性[J].中华内科杂志,58:628-629.

刘维,江洪,蒲红,等,2019.评估粉尘螨舌下特异性免疫治疗对成人变应性哮喘伴鼻炎控制水平及肺功能的影响[J].临床耳鼻咽喉头颈外科杂志,9:850-854.

闫晶晶,2019.舌下含服粉尘螨滴剂联合氯雷他定治疗儿童过敏性哮喘伴变应性鼻炎的疗效及机制[J].临床与病理杂志,7:1441-1447.

孙杨青,梁伟超,刘学文,等,2005.深圳市肠螨病流行情况的调查[J].现代预防医学,32(8):916-917.

苏玉洁,张建华,2018.儿童上气道咳嗽综合征病因构成[J].河北医药,11:1617-1620.

李俊,吴美萍,2019.丙酸倍氯米松气雾剂治疗过敏性鼻炎的临床价值研究[J].数理医药学杂志,32:574-575.

李峰,2015.过敏性鼻炎的临床诊治探析[J].中国卫生标准管理,19:34-35.

李朝品,陈兴保,李立,1985.安徽省肺螨病的首次研究初报[J].蚌埠医学院学报,4:284.

李朝品,李立,1990.安徽人体螨性肺病流行的调查[J].中国寄生虫学与寄生虫病杂志,8(1):41-44.

李朝品,王克霞,徐广绪,等,1996.肠螨病的流行病学调查[J].中国寄生虫学与寄生虫病杂志,14:63-65

李朝品,武前文,1996.房舍和储藏物粉螨[M].合肥:中国科学技术大学出版社.

杨祁,吴昆昊,李泽卿,等,2020.变应性鼻炎病儿900例吸入性变应原临床分布特征[J].安徽医药,3:504-507.

吾玛尔·阿布力孜,孜比妮沙·吾布力,阿布都拉·阿巴斯,2009.生物学通报[J].44(4):12-15.

肖春才,张晨阳,王娟,2019.孟鲁司特联合卤米松软膏对成人特应性皮炎患者血清IL-4、IgE及IFN-γ水平的影响[J].实用药物与临床,7:711-714.

吴建平,梅志丹,陶泽璋,等,2016.变态反应性咽炎的诊断和治疗[J].临床耳鼻咽喉科杂志,20:1047.

宋迪,陈宪海,2016.变应性咳嗽病因病机及治法探讨[J].亚太传统医药,17:79-80.

张秀明,王伟佳,2015.过敏性疾病过敏原特异性LgE检测分析[J].国际检验医学杂志,19:2779-2781.

张学军,郑捷,2018.皮肤性病学[M].北京:人民卫生出版社.

张建基,时蕾,2019.儿童过敏性鼻炎诊疗——临床实践指南》发病机制部分解读[J].中国实用儿科杂志,
34:182-187.

张玲,王茜,解松刚,2010.扬州地区变态反应性疾病患者血清中体外过敏原检测与分析[J].检验医学与临
床,7:197-200.

张美玲,孙卉,孙文凯,等,2020.鼻腔滴入γ干扰素对变应性鼻炎大鼠外周血 Th17/Treg 细胞及相关细胞因
子的影响[J].山东大学学报:医学版,58:13-19.

张雪,肖春才,2014.变态反应性疾病573例过敏原结果分析[J].中国现代药物应用,8:51-52.

陈少藩,刘茹,陈霞,2016.过敏性咳嗽患儿食物不耐受抗体及血清细胞因子水平分析[J].甘肃医药,12:884
-886.

陈为静,周明书,尹斌,等,2012.2型糖尿病合并肺螨病1例报告[J].中国病原生物学杂志,7(2):封三.

陈仲全,刘永贵,1999.肺螨病研究进展[J].中国寄生虫病防治杂志,12(4):307-309.

陈兴保,温廷恒,2011.粉螨与疾病关系的研究进展[J].中华全科医学,9:437-440.

陈如冲,赖克方,钟南山,等,2010.伴有咽喉炎样表现的慢性咳嗽的病因分布[J].中国呼吸与危重监护杂
志,5:462-464.

陈宏,张伟,苏玉明,等,2020.补益肺肾法治疗变应性哮喘患儿IFN-γ、IL-4和IL-13的影响[J].天津中医
药,2:193-195.

陈其冰,王燕,李芬,等,2019.慢性咽炎病因和发病机制研究进展[J].听力学及言语疾病杂志,2:224-228.

陈雪梅,沈强,易述军,等,2019.螨过敏变应性咽炎舌下特异性免疫治疗临床疗效观察[J].中国医学文摘耳
鼻咽喉科学,34:338-341.

武文娣,刘大卫,李克莉,等,2014.中国2012年疑似预防接种异常反应监测数据分析[J].中国疫苗和免疫,
1:1-12.

罗甜,薛英,2020.雷公藤联合氯雷他定治疗轻度变应性鼻炎的临床疗效以及对血清 Th1/Th2、Treg/Th17
的影响[J].武汉大学学报:医学版,41:280-284.

周晓鹰,唐颖娟,魏涛,2019.环境因素和过敏性疾病[J].常州大学学报(自然科学版),4:76-85.

周海林,胡白,蒋法兴,等,2012.安徽省1062例慢性荨麻疹过敏原检测结果分析[J].安徽医药,16:
1615-1617.

郑敏,涂秋凤,徐匡根,等,2015.2008~2012年江西省预防接种异常反应病例的补偿现状调查[J].现代预防
医学,10:1803-1805.

孟建华,2019.过敏性鼻炎的诊断与治疗新进展[J].中国处方药,17:37-38.

洪元庚,2018.过敏性鼻炎的病因、治疗现状与影响因素[J].中国医学创新,15:144-148.

姚家会,唐蓉,2016.粉尘螨滴剂治疗粉尘螨阳性过敏性咳嗽的疗效观察[J].中国社区医师,23:56-57.

秦瀚霄,袁冬梅,廖琳,等,2016.肺螨病误诊1例[J].中国寄生虫学与寄生虫病杂志,34(2):封二-01.

徐美容,2018.酮替芬联合沙美特罗替卡松治疗变应性咳嗽临床观察[J].中国社区医师,34:37-39.

郭永井,宋悦,张晓锐,2019.舌下特异性免疫对儿童过敏性哮喘的治疗效果临床研究[J].11:117-118.

黄庆媛,2018.酮替芬联合沙美特罗替卡松治疗变应性咳嗽的疗效观察[J].临床合理用药杂志,22:65-66.

黄迎,钱秋芳,张志红,等,2019.1140例特应性皮炎患儿血清过敏原检测及分析[J].中国麻风皮肤病杂志,
11:689-691.

黄秋菊,魏欣,林霞,等,2020.粉尘螨舌下免疫治疗对海南地区变应性鼻炎患者特异性IgG4表达水平的影
响[J].临床耳鼻咽喉头颈外科杂志,34:135-139.

黄勇,李朝品,崔玉宝,2003.ABC-ELISA法诊断肠螨病的研究[J],中国人兽共患病杂志,19(3):95-97.

崔玉宝,李朝品,2003.间接血凝试验诊断肠螨病[J].中国公共卫生,19(11):1344-1344.

章燕琴,2019.耳鼻喉科疾病所致慢性咳嗽的病因及治疗分析[J].现代养生,20:83-84.

梁丽娜,李江全,2011.论风邪在小儿过敏性咳嗽发病机制中的重要作用[J].中国中医急症,20:1355-1356.

喻海琼,肖小军,陈小可,等,2019.屋尘螨提取液皮下注射治疗小鼠过敏性哮喘的机制研究[J].南昌大学学报:医学版,1:7-12.

程颖,张珍,刘晓依,等,2017.儿童特应性皮炎治疗前后生活质量的评估[J].中国当代儿科杂志,19:682-687.

温廷桓,2005.螨非特异性侵染[J].中国寄生虫学与寄生虫病杂志,23(5):374-378.

慕彰磊,张建中,2019.皮肤屏障与特应性皮炎[J].临床皮肤科杂志,11:707-709.

蔡茹,王健,2002.尿螨病临床症状的初步调查[J].中国媒介生物学及控制杂志,13:116-118.

谭华章,2014.粉尘螨舌下脱敏治疗双螨致敏变应性鼻炎的起效时间及机制讨论[J].临床耳鼻咽喉头颈外科杂志,28:296-298.

Ahmed A K, Kamal A M, Mowafy N M E, et al., 2020. Storage mite infestation of dry-stored food products and its relation to human intestinal acariasis in the city of Minia, Egypt[J]. J. Med. Entomol., 57(2):329-335.

Choi S J, Park S K, Uhm W S, et al., 2002. A case of refractory Henoch-Schönlein purpura treated with thalidomide[J]. Korean J. Intern. Med., 17:270-273.

Cingi C, Muluk N B, Ipci K, et al., 2015. Antileukotrienes in upper airway inflammatory diseases[J]. Curr Allergy Asthma. Rep., 15:61-64.

Cui Y, 2014. When mites attack:domestic mites are not just allergens[J]. Parasit Vectors, 7:411

D Lorenzini, M Pires, V Aoki, et al., 2015. Atopy patch test with *Aleuroglyphus ovatus* antigen in patients with atopic dermatitis[J]. JEADV, 29:38-41.

Da-Chin Wen, Shyh-Dar Shyur, Chau-Mei Ho, et al., 2005. Systemic anaphylaxis after the ingestion of pancake contaminated with the storage mite*Blomia freemani*[J]. Ann Allergy Asthma Immunol, 95:612-614.

Dalpiaz A, Schwamb R, Miao Y, et al., 2015. Urological manifestations of Henoch-Schönlein in Purpura:a review[J]. Curr. Urol., 8:66-73.

Darlenski R, Kazandjieva J, Zuberbier T, et al., 2014. Chronic urticaria as a systemic disease[J]. Clin. Dermatol., 32:420-423.

Davin J C, Coppo R, 2014. Henoch-Schönlein purpura nephritis in children[J]. Nat. Rev. Nephrol., 10:563-573.

De Paiva A C, Marson F A, Ribeiro J D, et al., 2014. Asthma:Gln27Glu and Arg16Gly polymorphisms of the beta2-adrenergic receptor gene as risk factors[J]. Allergy Asthma. Clin. Immunol., 10:8.

Debarati D, Gouta S, Sanjoy P, 2019. A review of house dust mite allergy inIndia[J]. Experimental & applied acarology, 78:1-14.

Deng F, Lu L, Zhang Q, et al., 2012. Improved outcome of Henoch-Schönlein purpura nephritis by early intensive treatment[J]. Indian J. Pediatr., 79:207-212.

Dicpinigaitis P V, 2004. Cough in asthma and eosinophilic bronchitis[J]. Thorax, 59:71-72.

Dilek F, Ozceker D, Ozkaya E, et al., 2016. Plasma levels of matrix metalloproteinase-9 in children with chronic spontaneous urticaria[J]. Allergy Asthma. Immunol. Res., 8:522-526.

Du Y, Hou L, Zhao C, et al., 2012. Treatment of children with Henoch-Schönlein purpura nephritis with mycophenolate mofetil[J]. Pediatr. Nephrol., 27:765-771.

Duman M A, Duru N S, Caliskan B, et al., 2016. Lumbar swelling as the unusual presentation of Henoch-Schönlein in purpura in a child[J]. Balkan. Med. J., 33:360-362.

Ferrando M, Bagnasco D, Varricchi G, et al., 2017. Personalized medicine in allergy[J]. Allergy Asthma. Immunol. Res., 9:15-24.

Ferrante G, Scavone V, Muscia MC, et al., 2015. The care pathway for children with urticaria, angioedema, mastocytosis[J]. World Allergy Organ. J., 8:5.

Fine LM, Bernstein J A, 2016. Guideline of chronic urticaria beyond[J]. Allergy Asthma. Immunol. Res., 8:396-403.

Flohr C, Nagel G, Weinmayr G, et al., 2011. Lack of evidence or a protective effect of prolonged breast-feeding on childhood eczema: lessons from the international study of asthma and allergies in childhood (ISAAC) phase two[J]. Br. J. Dermatol., 165:1280-1289.

Fujimura M, Kanozawa, 2003. Anthors reply[J]. Thorax, 58:736 -757.

Fujimura M, Ogawa H, Nishizawa Y, et al., 2003. Comparison of atopic cough with cough variant asthma: is atopic cough a precursor of asthma[J]. Thorax, 58:14-18.

Ghosh A, Dutta S, Podder P, et al., 2018. Sensitivity to house dust mites allergens with atopic asthma and its relationship with CD14 C(-159T) polymorphism in patients of West Bengal, India[J]. J. Med. Entomol., 55:14-19.

Gill N K, Dhaliwal A K, 2017. Seasonai variation of allergenic acarofauna from the homes of allergic rhinitis and asthmatic patients[J]. Journal of Medical Entomology, 21:1-7.

Gittler J K, Krueger J G, Guttman-Yassky E, 2013. Atopic dermatitis results in intrinsic barrier and immune abnormalities: implications for contact dermatitis[J]. J Allergy Clin. Immunol., 131:300-313.

Gonen K A, Erfan G, Oznur M, et al., 2014. The first case of Henoch-Schönlein purpura associated with rosuvastatin: colonic involvement coexisting with small intestine[J]. BMJ Case Rep. .

Gu Z W, Wang Y X, Gao Z W, 2017. Neutralizatong of interleu-kin-17 suppresses allergic rhinitissymptoms by downreg-ulating Th2 and Th17 responses and upregulating the Treg response[J]. Oncotarget, 8:22361-22369.

Hosoki K, Kainuma K, Toda M, et al., 2014. Montelukat suppresses epithelial to mesenchymal transition of-bronchial epithelial cell sinduced by eosinophils[J]. Biochem. Biophys. Res. Commun., 449:351-356.

Huang Y J, Yang X Q, Zhai W S, et al., 2015. Clinic atholo cal features and prognosis of membranoprolifemtive-like Henoch-Schönlein purpura nephritis in children[J]. World J. Pediatr., 11:338-345.

Jain S, 2014. Pathogenesis of chronic urticarial: an overview[J]. Dermatol. Res. Pract. ;674-709.

Jauhola O, Ronkainen J, Koskimies O, et al., 2010. Clinical course of extrarenal symptoms in Henoch-Schönlein purpura: a 6-month prospective study[J]. Arch. Dis. Child., 95:871-876.

Kakli H A, Riley T D, 2016. Allergic rhinitis[J]. Prim Care, 43:465-475.

Kang Y, Park J S, Ha Y J, et al., 2014. Differences in clinical manifestations and outcomes between adult and child patients with Henoch-Schönlein purpura[J]. J. Korean Med. Sci., 29:198-203.

Kappen J H, Durham S R, Veen H I, et al., 2017. Applications and mechanisms of immunotherapy in allergic rhinitis and asthma[J]. Therap. Adv. Respir. Dis., 11:73-86.

Kawasaki Y, Suyama K, Hashimoto K, et al., 2011. Methylprednisolone pulse plus mizoribine in children with Henoch-Schönlein purpura nephritis[J]. Clin. rheumato., 30:529-535.

Kawasaki Y, 2011. The pathogenesis and treatment of pediatric Henoch-Schönlein purpura nephritis[J]. Clin. Exp. Nephrol., 15:648-657.

Kim N, Bae K B, Kim M O, et al., 2012. Overexpression of cathepsin S induces chronic atopic dermatitis in mice[J]. J Invest. Dermatol., 132:1169-1176.

Kim Y H, Park C S, Jang T Y, 2012. Immunologic properties and clinical features of local allergic rhinitis[J]. J. Otolaryngol. Head Neck Surg., 41:51-57.

Kinney W C, 2003. Rhinosinusitic: an overview of the therapentis inferventions[J]. J. Respir. Dis., 24:292-296.

KObi Sade M D, Daniel Roitman M D, et al. 2010. Sensitization to *Dermatophagoides*, *Blomia tropicalis*, and other Mites in Atopic Patients[J]. Journal. of Asthma., 47:849-852.

Kong W J, Chen J J, Zheng Z Y, et al., 2009. Prevalence of allergic rhinitis in 3-6-years-old children in wuhan of china[J]. Clin. Exp. allergy, 39:869-874.

Kurokawa N, Hirai T, Takayama M, et al., 2016. An E8 promoter HSP terminator cassette promotes the high-level accumulation of recombinant protein predominantly in transgenic tomato fruits: a case study of miraculin[J]. Plant Cell Reports, 32:529-536.

Lalloo U G, 2003. The cough reflex and the healthy smoker[J]. Chest, 123:660-620.

Lapi F, Cassano N, Pegoraro V, et al., 2016. Epidemiology of chronic spontaneous urticaria: results from a nationwide, population-based study inItaly[J]. Br. J. Dermatol., 174:996-1004.

Lee Y H, Kim Y B, Koo J W, et al., 2016. Henoch-Schönlein purpura in children hospitalized at a tertiary hospital during 2004-2015 in Korea: epidemiology and clinical management[J]. Pediatr. Gastroenterol. Hepatol. Nutr., 19:175-185.

Li C P, Chen Q, Jiang Y X, et al., 2015. Single nucleotide polymorphisms of cathepsin S and the risks of asthma attack induced by acaroid mites. [J]. Int. J. Clin. Exp. Med., 8:1178-87.

Li C P, Cui Y B, Wang J, et al., 2003. Acaroid mite, intestinal and urinary acariasis[J]. World J. Gastroenterol., 9(4):874-877.

Li C P, Cui Y B, Wang J, et al., 2003. Diarrhea and acaroid mites: a clinical study[J]. World J. Gastroenterol., 9(7):1621-1624.

Li C P, Wang J, 2000. Intestinal acariasis in Anhui province[J]. World J. Gastroenterol., 6(4):597-600

Li J, Huang Y, Lin X, et al., 2012. Factors associated with allergen sensitizations in patients with asthma and/or rhinitis in China[J]. Am. J. Rhinol. Allergy, 26:85-91.

Li J, Kang J, Wang C, et al., 2016. Omalizumab improves quality of life and asthma control in Chinese patients with moderate to severe asthma: a randomized Phase Ⅲ study [J]. Allergy Asthma. Immunol. Res., 8:319-328.

Li L, Lou C Y, Li M, et al., 2016. Effect of montelukast sodium intervention on airway remodeling and percentage of Th17 cells/CD4+CD25+ regulatory T cells in asthmatic mice[J]. Zhongguo Dang Dai Er Ke Za Zhi, 18:1174-1180.

Licari A, Castagnoli R, Denicolò C, et al., 2017. Omalizumab in children with severe allergic asthma: the Italian real-life experience[J]. Curr. Respir. Med. Rev., 13:36-42.

Lin B J, Dai R, Lu L Y, et al., 2019. Breastfeeding and atopic dermatitis risk: a systematic review and meta-analysis of prospective cohort studies[J]. Dermatology (Basel, Switzerland), 373-383.

Lin J, Wang W, Chen P, et al., 2018. Prevalence and risk factors of asthma in mainland China: the CARE study[J]. Respir Med, 137:48-54.

Magerl M, Altrichter S, Borzova E, et al., 2016. The definition, diagnostic testing, and management of chronic inducible urticarias - The EAACI/GA(2) LEN/EDF/UNEV consensus recommendations 2016 update and revision[J]. Allergy, 71:780-802.

Martínez-Girón R, van Woerden H C, Ribas-Barceló A, 2007. Experimental method for isolating and identifying dust mites from sputum in pulmonary acariasis[J]. Exp. Appl. Acarol., 42(1):55-59.

Miajlovic H, Fallon P G, Irvine A D, et al., 2010. Effect of filaggrin breakdown products on growth of and protein expression by Staphylococcus aureus[J]. J. Allergy Clin. Immunol., 126:1184-1190.

Mishra V D, Mahmood T, Mishra J K, 2016. Identifcation of common allergens for united airway disease by skin prick test[J]. Indian J. Allergy, Asthma. Immunol., 30:76-79.

Modi S, Mohan M, Jennings A, 2016. Acute scrotal swelling in Henoch-Schönlein in purpura: case report and review of the literature[J]. Urol. Case Rep., 6:9-11.

Nickavar A, 2016. Treatment of Henoch-Schönlein nephritis; new trends[J]. J. Nephropathol., 5(4):116-

117.

Nikibakhsh A A, Mahmoodzadeh H, Karamyyar M, et al., 2014. Treatment of severe Henoch-Schönlein pur-
pura nephritis with mycophenolate mofetil[J]. Sandi. J. Kidney Dis. Transpl., 25:858-863.

Nutten S, 2015. Atopic dermatitis:global epidemiology and risk factors[J]. Ann. Nutr. Metab., 66:8-16.

O'Brien T P, 2013. Allergic conjunctivitis:an update on diagnosis and management[J]. Curr. Opin. Allergy.
Clin. immunol., 13:543-549.

Ogawa H, Fujimura M, Ohkura N, et al., 2014. Atopic cough and fungal allergy[J]. J. Thorac. Dis., 6:S689-
698.

Ohara S, Kawasaki Y, Matsuura H, et al., 2011. Successful therapy with tonsillectomy for severe ISKDC
grade VI Henoch-Schönlein purpura nephritis and persistent nephrotic syndrome[J]. Clin. Exp. Nephrol.,
15:749-753.

Ohara S, Kawasaki Y, Miyazaki K, et al., 2013. Efficacy of cyclosporine a for steroid. resistant severe Henoch
-Schönlein purpura nephritis[J]. Fukushima. J. Med. Sci., 59:102-107.

Oliver E T, Sterba P M, Devine K, et al., 2016. Altered expression of chemoattractant receptor-homologous-
molecule expressed on TH2 cells on blood basophils and eosinophils in patients with chronic spontaneous ur-
ticaria[J]. J. Allergy. Clin. Immunol., 137:304-306.

Pan X F, Gu J Q, Shan Z Y, 2015. The prevalence of thyroid autoimmunity in patients with urticaria:a sys-
tematic review and meta analysis[J]. Endocrine, 48:804-810.

Park J M, Won S C, Shin J I, et al., 2011. Cyelosporin A therapy for Henoch-Schönlein nephritis with ne-
phrotic-range proteinuria[J]. Pediatr. Nephrol., 26:411-417.

Pitsios C, Demoly P, Bilò M B, et al., 2015. Clinical contraindications to allergen immunotherapy:an EAACI
position paper[J]. Allergy, 70:897-909.

Powell R J, Leech S C, Till S, et al., 2015. BSACI guideline for the management of chronic urticaria and an-
gioedema[J]. Clin. Exp. Allergy, 45:547-565.

Priti M, Debarati D, Tania S, 2019. Evaluation of sensitivity toward storage mites and house dust mites
among nasobronchial allergic patients of Kolkata, India[J]. Journal of Medical Entomology, 56:347-352.

Puerta L, Lagares A, Mercado D, et al., 2005. Allerrgenic composition of the mite*Suidasia medanensis* and
cross-reactivity with *Blomia tropicalis*[J]. Allergy, 60:41-47.

Qin Y, Shi G P., 2011. Cysteinyl cathepsins and mast cell proteases in the pathogenesis and therapeutics of car-
diovascular diseases[J]. Pharmacol. Ther., 131:338-350.

Sanchez-Borges M, Capriles-Hulett A, Caballero-Fonseca F, 2015. Demographic and clinical profiles in pa-
tients with acute urticaria[J]. Allergol. Immunopathol. (Madr), 43:409-415.

Sariachvili M, Droste J, Dom S, et al., 2010. Early exposure to solid foods and the development of eczema in
children up to 4 years of age[J]. Pediatr. Allergy Immunol., 21:74-81.

Semeena N, Adlekha S, 2014. Henoch-Schönlein purpura associated with gangrenous appendicitis:a case re-
port[J]. Malays. J. Med. Sci., 21:71-73.

Shaw T E, Currie G P, Koudelka C W, et al., 2011, Eczema prevalence in theUnited States:Data from the
2003 National Survey of Children's Health[J]. J. Invest. Dermatol., 131:67-73.

Shi Y, Dai M, Wu G, et al., 2015. Levels of interleukin-35 and its relationship with regulatory T-cells in
chronic hepati-tis B patients[J]. Viral. Immunol, 28:93-100.

Shiari R, 2012. Neurologic manifestations of childhood rheumatic diseases[J]. Iran. J. Child Neurol., 6:1-7.

Shu M, Liu Q, Wang J, et al., 2011. Measles vaccine adverse events reported in the mass vaccination cam-
paign of Sichuan province, China from 2007 to 2008[J]. Vaccine, 29:3507-3510.

Silverberg J I, Hanifin J, Simpson E L, 2013. Climatic factors are associated with childhood eczemaprevalence in the United States[J]. J. Investig. Dermatol., 133:1752-1759.

Silverberg J I, Simpson E L, 2013. Association between severe eczema in children and multiple comor bid conditions and increased healthcare utilization[J]. Pediatr. Allergy. Immunol., 24:476-486.

Wang H Y, Li C P, 2005. Composition and diversity of acaroid mites (Acari Astigmata) community in stored food[J]. Journal of Tropical Disease and Parasitology, 3(3):139-142.

Zhan X, Li C, Wu Q, 2015. Cardiac urticaria caused by eucleid allergen[J]. Int. J Clin. Exp. Med., 8(11): 21659-21663.

Zhang R B, Huang Y, Li C P, et al., 2004. Diagnosis of intestinal acariasis with avidin-biotin system enzyme-linked immunosorbent assay[J]. World J. Gastroenterol., 10(9):1369-1371.

第八章　防　　制

家栖螨类广泛分布于世界各地,种类繁多,是房舍生态系统中的重要成员。其食性广泛,生存环境多样,既可以在储藏物、中药材、纺织品、家用电器等环境中自由生活,也可以在宠物、家禽、盆栽植物上寄生生活。取食方式多种多样,有取食植物汁液的植食性、取食腐殖质的杂食性,也有取食其他螨类以及小型昆虫的捕食性。捕食性的螨类常为害螨或者害虫的天敌,在家居环境中,一般不易出现暴发,也不需要大规模地消灭,如果出现危害,可在局部范围内采取防制措施。而植食性和杂食性的螨类如果种群数量过多,则会造成绿植萎缩,粮食、饲料、干果、中药材的品质下降或变质,也会危害人体、宠物、家禽的健康。家栖螨类的防制应针对不同的种类采取不同防制方法。防制家栖螨类应从生态环境和社会条件的整体观点出发,针对类群的特点,因地制宜和因时制宜地采取综合治理的方法,把家栖螨类的数量控制在不足以引起危害的水平。家栖螨类的防制措施主要包括环境防制、物理防制、化学防制、生物防制、遗传防制和法规防制等。

第一节　环境防制

环境防制是指根据螨类的生物学和生态学特点,通过改造、处理螨虫孳生地环境或者消灭孳生场所,创造不利于螨虫的生长、繁殖和生存的条件,从而达到防制的目的。环境防制是最基础也是最根本的方法。

一、保持环境洁净

保持环境洁净是防制家栖螨类最有效、最简便的措施。环境中的尘埃里会存在较多的尘螨、粉螨、谷跗线螨等。有研究表明,室内环境中,每克灰尘最多有数千只螨虫。因而保持环境洁净,定期清理居住环境中多灰尘的死角,如空调过滤网、床垫、地毯、养花及养鱼的场所,是控制家栖螨类孳生的一个有效措施。在日常的家居环境中,不宜放置过多的家具,家具类型宜采用木制,减少地毯、布艺品和毛绒玩具的使用;卧室内也不宜堆放大量书籍。在日常生活中,注意保持室内清洁,经常擦拭室内家具等物体表面,定期清洗空调过滤网,减少灰尘以抑制螨虫借助空气播散。在对家居环境清洁时最好戴上防螨口罩,养成"湿式作业"的习惯,减少尘土飘浮在空气中而被吸入的机会。也可以经常采用日晒衣物、床单、被褥和枕芯来清除房内灰尘保持环境洁净等方法来防制螨虫,还可同时使用吸尘器吸除床上用品、地毯、沙发等处的积灰,也会达到很好的防制效果。另外在居家装修时选用磷灰石抗菌除臭的过滤网,对各种微小颗粒,如灰尘、粉螨、花粉和霉菌等的吸附能力是普通过滤网的3倍,也可有效避免螨虫的孳生。

二、改善居住环境

有些革螨种类常在土壤、草丛中自由生活或在家禽、家鼠、宠物等体表寄生生活;有些植物害螨,例如跗线螨等也会在田园边的杂草、前茬作物等缝隙中越冬存活。因而针对这些螨类的防制,可以从其孳生的环境入手,改变其栖息环境,营造不利于它们的生存条件,这也是家栖螨类防制的治本措施。对于家庭而言,一般需要改善家居周边的居住环境,主要包括以下措施:

(一) 改善周边环境

定期清除家居环境周边的杂草和砖堆。有些植食性叶螨、跗线螨等在杂草丛中自由生活,因而定期清理杂草丛(必要时进行焚烧),可以减少螨类的孳生。有些根螨危害农作物的根部,可在田园播种或者移栽前,将前茬作物从田间移除,进行深埋或销毁。平时也要尽量铲除田边沟边的杂草,清理残株败叶,铲去杂草和表面浮土,消灭越冬虫源,可大量降低螨虫的种群数量,减少螨虫的孳生。

(二) 改善家禽环境

改造老旧的家养禽舍,清除垃圾杂物、瓦砾等,保持周边环境的整洁。有些禽类的体外寄生螨,如鸡皮刺螨,寄生于鸡体表,主要依靠吸取鸡血而生。不仅导致鸡日渐衰弱、贫血、产蛋量下降,也会对饲养员的健康产生影响。这种螨通常白天不活动,而是隐藏于禽舍内阴暗的角落。因而改造老旧的家养禽舍、定期清理、减少杂物堆积,也是降低鸡皮刺螨种群数量的根本措施。还有一些疥螨会危害家畜,如牛、羊、猪等,这些螨类可以通过动物直接接触感染,也可以通过圈舍、器具和场地等间接接触感染,甚至还可以通过工作人员的衣物传播。这些螨类主要生活在光照不足、卫生条件差的环境中,因而也要特别注意牛圈、羊圈、猪圈等的卫生。平时应定期对这些环境进行卫生处理,净化环境,减少螨虫的生活环境。

(三) 清理鼠巢

清理鼠巢以及适于鼠类取食、筑巢和繁殖的各种设施,并做好防鼠工作。鼠是恙螨幼虫的主要宿主,又是恙虫病的传染源,消灭鼠类可以减少或消灭螨虫的宿主数量,是防制恙虫病的根本方法。

三、保持个人卫生

在家庭环境中,除了要保持环境清洁外,还应该做好个人防护,注意个人卫生。在户外尤其是一些杂草繁茂、人为干扰较少的环境中,容易孳生革螨。进行户外作业时应尤其注意防控,可在衣服表面喷洒防螨剂。在野外工作和游玩结束后,应立即洗澡和换洗衣服,并将用过的衣服立即加以烫熨处理,以杀灭隐藏在衣服缝隙中的革螨幼虫。在进行家居环境改造时,也要做好个人的防护工作,不直接用手接触禽类、鼠类及其排泄物。穿"五紧"防护服,即扎紧领口、袖口和裤脚口。在家居环境中控制了革螨的数量,也可以减少或避免人-媒介-

病原体三者的接触机会,从而减少或防止虫媒病的传播。在平时的生活中注意养成良好的个人卫生习惯,勤洗澡、勤换衣服、勤晒被褥,并注意室内的通风换气。

第二节　物　理　防　制

物理防制是指利用各种物理因素、机械设备或工具等在一定的环境内对螨类进行捕杀、隔离或驱赶等方法对螨类的数量进行控制。物理防制具有简单方便、经济有效、毒副作用少等优点。家栖螨类对孳生环境的各种生态因子,例如温度、湿度以及光照等都有一定的要求,因而可以对这些生态因子进行简单的物理调控,以达到对家栖螨类种群数量进行控制的目的。

一、温度

螨类是变温动物,体壁调节体内温度的能力弱,体温基本取决于环境温度。环境温度对螨类的生长、发育和繁殖有着显著的影响,适宜的环境温度是螨类存活的必要条件。螨类的生长、发育和繁殖等生命活动均需要一定的温度范围。这个范围称为有效温区或者适应温区。在此温区内,螨类的生长、繁殖与温度呈正相关,随着温度的升高,螨的发育历期会缩短,种群数量会增加。例如,黄荣华等通过研究发现,在恒定的条件下,通过设置不同的温度处理,对螨类的种群数量及生物学特性进行分析,当温度为15 ℃时,螨类的发育历期最长,种群数量小,当温度为32.5 ℃时,螨类的发育历期最短,种群数量大。而当温度高于或者低于螨类的最适温区时,螨类的代谢活动变得缓慢,会引起生理功能失调,长时间的低温和高温则会导致螨类生长发育停滞甚至是死亡。Cunnington和Solomon等国内外学者证实了粗脚粉螨适宜的生长温度为25~30 ℃,腐食酪螨发育的最低温度极限为7~10 ℃,最高温度限为35~37 ℃。

研究表明,极端温度在螨害防制中发挥重要作用,利用螨类生存的极限温度防制螨类也可以取得较好的效果,可以部分或完全替代化学杀螨剂。因此在螨类适宜的生长季节内,定期对密闭的空间给予温度的变化,也会达到防制效果。方法如下:

(一) 高温杀螨

不同的螨类对温度的耐受高温都有一定的临界值,一旦超过这个值,容易造成螨类的发育迟缓或死亡。卢芙萍等(2011)通过研究温度对木薯单爪螨的影响,发现42 ℃是该螨生长发育的极端高温,在此温度下,木薯单爪螨的卵不能孵化,而螨的各种龄期也最多仅存活66小时,不能进一步发育;张洁等(2014)将带有根螨的百合种球进行热处理,结果表明,40 ℃是百合种球热处理除螨高温致死的临界点,40 ℃处理2小时以上,根螨致死率可达100%;Abbar(2016)在研究温度对不同发育阶段腐食酪螨的影响时发现,在高温40~45 ℃的条件下,1~4天内可以杀死所有的腐食酪螨。

因而在家居环境中,可以采用高温的方式杀螨,如针对过敏性疾病患儿或有过敏反应危险患儿的衣物最好用55 ℃的热水浸泡10分钟,织物玩具最好经过60 ℃水洗涤,不仅可以杀螨,而且可以使尘螨抗原变性。在日常生活中,也可以把被褥、枕头、地毯、沙发和靠垫等置于阳光下暴晒或者在超过60℃的热水中泡15分钟以上。而在家居不易暴晒的部位或者物品,也可以采用热风烘干杀螨的方式进行(热风温度85~100℃,保持60分钟以上,即可杀死绝大多数螨类)。

(二) 低温杀螨

螨类不仅对高温的耐受具有一定的临界值,同样也具有低温耐受值,如果条件不适合高温杀螨,也可以采用低温的方式杀螨。Eaton(2011)的研究结果显示,在某些不适合使用杀螨剂和熏蒸剂的场合下,使用低温冷冻的方法可以有效杀死食物中孳生的螨类。不同螨种对低温的耐受力不同,−5℃时腐食酪螨可存活12天;−10℃粗脚粉螨可以生活7~8天;−15℃时家食甜螨仅可存活3天;而在−18℃、5小时的条件下可以杀死90%的腐食酪螨。低温能够很好地抑制螨的生长和繁殖,因而采用低温冷冻也是控制螨类种群数量的有效途径。在家居环境中,也可以将日常的储藏物、生活用品等放置在冰箱冷冻过夜,从而达到杀螨的目的。

二、湿度

水是螨类进行一切生命活动的介质,也是螨类重要的生存条件。螨类体内水分的平衡主要通过环境中水分的吸收和排除来调节。所以,环境中的湿度是螨类生长和发育的重要影响因子。湿度可以对螨类体内的含水量造成影响,进而影响螨类的体温和代谢速率。研究表明,相对于其他生态因子,湿度是限制螨类生长和繁殖最重要的因素。王慧勇等(2019)比较了湿度、温度以及天敌数量等生态因子对螨类的影响,结果发现相对湿度对椭圆食粉螨种群数量的影响最大;吾玛尔·阿布力孜等(2019)通过对土壤螨类群落特征的分析,也表明土壤中的湿度是限制土壤螨类繁衍的最重要的制约因子;张伟等(2010)对广东省韶关市公共场所螨类孳生状况调查也发现,温湿度是影响螨类孳生的主要原因。

多数家栖螨类对孳生环境的湿度有一定的要求,喜高温高湿,最适的生长湿度为70%~80%,在此环境下,种群繁衍迅速,生长发育快。当环境湿度小于70%时,螨类的发育就会受到抑制,甚至停止生长。如果在粮食和储藏物中,保持环境含水量在10%以下,大部分粉螨便不能存活。因而可以利用环境中的湿度对螨类进行控制。在一般的家居环境中最好保持干燥和通风,定期晾晒储藏物以及纺织品等。也可以使用除湿机或空调去除环境中的水分,降低环境湿度,破坏螨类适宜的生长环境,控制螨类的孳生。

三、光照

在光照的刺激下,动物有定向行动反应,向光行动为正趋向性,背光行动为负趋向性。螨类一般对光照具有负趋向性,喜爱孳生于阴暗的环境下。因而在家栖螨类的防制中也可以利用螨类的这一行为特点进行物理防制。在日常生活中,可以采用灯光或日光等方式定期驱尘螨等种类,尽量避免室内长时间处于阴暗的环境中。另外也可以采用日晒的方式处理家庭中的储藏物、棉被、毛毯以及衣物等日常生活用品。家庭饲养的禽类、家畜以及宠物等也应该多晒太阳,可以减少革螨、恙螨和疥螨等寄生螨类的危害。

第三节 化 学 防 制

化学防制是指利用天然或者合成的各种化学药剂,通过毒杀、诱杀或者趋避等方法来控制螨类的危害。化学防制虽然存在环境污染和抗药性等问题,但其见效迅速,方法简便,急救性强,是目前螨类防制中的主要措施。家居环境与人类健康密切相关,家栖螨类包含的种类繁多,在使用化学试剂进行防制时,既要考虑到防制的效果,也要考虑到家居环境对人体健康的影响。而且由于杀虫剂的特殊性及螨类对杀虫剂的选择性,在使用药物防制螨类时,需要先确定孳生的螨种,"对螨下药",才能达到最有效的防制效果。另外,在用药时要注意几种不同的杀螨剂交替轮换使用,以防止螨类产生抗药性。

一、杀螨剂

螨类作为目前农业和卫生系统中的害虫,一直受到广泛关注。虽然目前在全球农药市场中,杀螨剂所占的份额较小,但新杀螨剂的研制和开发研究却从未停歇,市场中的杀螨剂也在不断更替。和杀虫剂相似,常用的杀螨剂作用方式可分为以下几种:

(一)神经毒剂

这类试剂是通过干扰破坏螨类神经系统的生理生化过程,引起颤抖、痉挛、麻痹及行为改变等,最终导致螨类死亡。具体又可以分为4种:① 对离子通道的作用,如有机氯农药(三氯杀螨醇、拟除虫菊酯),可阻止 Na^+ 通道的关闭,导致神经中毒、麻痹。② 抑制胆碱激性传导,如有机磷和氨基甲酸酯类(溴螨酯),可抑制乙酰胆碱酯酶活性,导致急性中毒。③ 对单胺激性系统的作用,如甲脒类(双甲脒)可抑制单胺氧化酶活性,对神经产生毒害。④ 抑制 γ-氨基丁酸(GABA),如阿维菌素可影响氯离子通道,造成神经膜电位超极化,导致对信号传递反应麻痹而死亡。

(二)呼吸毒剂

这类试剂主要是参与了体内的三羧酸循环(TCA)、电子传递及氧化磷酸化等过程。如灭多威在快速穿透体壁后被代谢为挥发性物质,螨类气管系统的缺乏使它们对这些体内产生的有毒物质更为敏感,导致其中毒死亡。

(三)生长调节剂

这类试剂具有抑制螨类表皮的几丁质合成的作用,可以抑制螨类产卵以及使卵不能正常孵化的作用,干扰螨类的蜕皮过程等。主要有灭幼脲、保幼激素类似物(JHA)及早熟素等。

(四)化学不育剂

可干扰腺苷酸合成酶系统,如5-氟尿嘧啶会影响害螨卵子的发育及蛋白质形成,使其产生不育的卵。

（五）其他机制

抑制几丁质、蛋白质的合成与代谢等，如华光霉素可抑制棉叶螨的几丁质和一些蛋白质的合成；苏云金芽孢杆菌是一种胃毒剂，也有触杀作用，主要抑制核酸生物合成的最后阶段，特别是抑制RNA聚合酶，从而阻断细胞的减数分裂。

由于螨类的繁殖能力强，螨虫也是最易产生抗药性的害虫之一。在使用杀螨剂时应注意将多种杀螨剂交替使用，这样可以有效延缓抗药性产生；也可以将多种杀螨剂科学合理复配，从而提高药效，降低使用量，减轻对环境的压力。

二、谷物保护剂

家庭中的储粮较易孳生螨类，尤其是在高温潮湿的环境下，螨类更易出现暴发的情况。然而现有的杀螨剂多是高效高毒的化合物，不适于在家居环境中使用。因此，针对家庭环境采用谷物保护剂（高效低毒的杀虫剂）较为适宜。

谷物保护剂是专门用于防制储粮害虫的高效低毒的化学试剂，此类试剂对任何哺乳动物低毒，且其分解产物也是低毒的，可以直接与粮食接触。另外，谷物保护剂还具有杀虫效果好、价格低廉、保护期长、对种子发芽率没有影响、操作方便等特点。目前常用的谷物保护剂主要包括以下几种：

（一）有机磷类杀虫剂

例如甲基嘧啶硫酸（俗称虫螨磷），常用剂量为5 ppm，可以有效地防治储粮螨类；甲基毒死蜱，剂量为1～2 ppm就可以防治玉米象等储粮害虫并可以有长达12个月的保护期；杀螟硫磷（俗称杀螟松），常用剂量为5～15 ppm；马拉硫酸（俗称马拉松），常用剂量为3 ppm。

（二）除虫菊酯类杀虫剂

例如溴氰菊酯（商品名为凯安保），常用剂量为0.5～1.0 ppm；生物苄呋菊酯（又名优选反灭虫聚酯和异除虫菊酯）。

（三）氨基甲酸酯类杀虫剂

例如西维因（又名甲萘威、胺甲威），研究表明，当温度为30 ℃、相对湿度为55％时，采用8 ppm西维因处理，可以保护小麦免受虫害达9个月之久。

（四）混配杀虫剂

例如微胶囊缓释谷物保护剂——保粮磷，常用剂量为2.5～5.0 ppm。

三、熏蒸剂

熏蒸剂是利用挥发时所产生的蒸气毒杀有害生物的一类农药。在家居环境中，如果发生螨害,且其孳生的位置不易被发现或不宜使用其他防制方法时,可以采用熏蒸剂进行防制。杀螨熏蒸剂的研究较晚,已经开发使用的熏蒸剂约有20余种,如溴甲烷、磷化氢、三溴乙烯、二溴乙烷、氯化苦、二氯乙烷、四氯化碳、二硫化碳、环氯乙烷+二氧化碳、臭氧、乙炔等。英国学者Bowley和Bell(1981)测试了12种熏蒸剂(丙烯腈、四氯化碳、溴乙烷、甲酸乙酯、二溴化乙烯、二氯化乙烯、环氧乙烷、甲代烯丙基氯、溴甲烷、三氯甲烷、甲酸甲酯和磷化氢)对3种粉螨(长食酪螨 *Tyrophagus longior*、害嗜鳞螨 *Lepidoglyphus destructor*、粗脚粉螨 *Acarus siro*)的毒力测定,结果见表8.1。结果显示在10 ℃的条件下,经每种熏蒸剂熏蒸后立即进行检查,未发现活螨。但在之后的不同时期可见到幼螨,说明熏蒸剂未能杀死所有的螨卵。

表8.1　10 ℃条件下,12种熏蒸剂对3种粉螨的毒力测定结果(CT值)

熏蒸剂	试验浓度范围 (mg·L⁻¹)	长食酪螨 (mg·h·L⁻¹)		害嗜鳞螨 (mg·h·L⁻¹)		粗脚粉螨 (mg·h·L⁻¹)	
		存活最大值	防制最小值	存活最大值	防制最小值	存活最大值	防制最小值
丙烯腈	5~11	160	180	45	80	80	120
四氯化碳	100~150	41000	51500	35000	41000	35000	41000
溴甲烷	45~50	7700△		6700	7700	6700	7700
甲酸甲酯	45~50	9100△		4600	6300▲	3000	4600▲
二溴化乙烯	9~15	460	660		240	460	660
二氯化乙烯	90~105	9460	11850	4750	9460	9460	11850
环氧乙烷	13~14	980		650	980	980	
甲代烯丙基氯	45~50	10000△		7000	9000	7000	9000
溴甲烷	9~14	620△		430	620▲	430	620
三氯甲烷	95~200	34100	58200	34100	58200	34100	58200
甲酸甲酯	43~47	6100	7600	2900	4500	4500	6100
磷化氢	0.1~0.4	190		150	190▲	130△	

资料来源:沈兆鹏,1994.螨类防制技术.粮食储藏,23(Z1):91~99。

注:试验的最低浓度时间(CT)值;△:试验的最高CT值;▲:受霉菌影响。

　　虽然已经开发的熏蒸剂种类较多,但其中有些药剂由于对人和畜具有一定的毒性(如氯化苦),还有一些具有致癌性(如二氯乙烷、二溴乙烷),再有一些杀螨效果不理想(如臭氧、二溴乙烯)等原因,已逐渐被淘汰。能够被广泛使用的杀螨熏蒸剂主要是磷化氢和溴甲烷。然而,磷化氢只适用于长期或者较高温条件下的熏蒸,如果需要快速或较低温条件下(高于4 ℃)的熏蒸,溴甲烷是最有效的试剂。但现已证明溴甲烷可以破坏臭氧层,1992年11月在联合国环境纲要蒙特利尔草案(United Nations Environmental Program Montreal Protocol)协商会上,决定将溴甲烷列入破坏臭氧层物质名单,并减少其使用量,而到2015年,溴甲烷已经在全球禁用。

四、植物提取物

植物提取物即植物精油是植物的次生代谢产物,取自草本植物的花、叶、根、树皮、果实、种子、树脂等。常见的植物精油为具有芳香气味的油状液体,一般分子量比较小,常温下具有挥发性。一般而言,植物精油按化学成分可分为4类:萜烯类、芳香族化合物、脂肪族化合物及含氮含硫类化合物。源于分子量大小及其沸点等的限制,有应用价值的基本集中在单萜、倍半萜、二萜及其含氧衍生物,以及芳香族化合物之中,其他脂肪族化合物以及含氮含硫类化合物则应用价值不大。

近年来,植物精油被誉为"无公害农药"。相较于一般的杀虫剂或杀螨剂,植物精油具有以下优点:

(一)环境相容性

植物精油活性成分是自然存在的物质,自然界有其顺畅的降解途径,不会对环境质量产生影响。

(二)生物活性多样

植物精油对多种害虫和害螨具有触杀、熏蒸、驱避、引诱、抑制生长发育等作用,且对许多农药具增效性。

(三)安全低毒

大多植物精油毒性较低、对高等动物安全,而且专一性强,对非靶标生物影响很小,符合人们对卫生杀虫剂天然、安全、环保的消费需求。

(四)不易产生抗药性

植物精油作用机理复杂,具有多位靶点,往往含有数种有效成分相互协同增效,且与一般化学农药作用机制不同,故害虫不易对其产生抗性。

随着人们健康理念的转变以及对生态安全的日益重视,利用植物精油来防控害螨已成为近年来的一大热点。在家栖螨类的化学防制中,植物精油无疑是一种非常好的选择。王彦芳等(2018)比较了3种化学试剂(双甲脒、吡虫啉和害吉灭)和3种植物精油(香茅油、冬青油、樟脑油)的杀螨效果,结果显示植物精油杀螨的效果非常理想,对螨虫的致死率均能达到95%以上。李红莉等(2019)比较了11种植物精油对茶橙瘿螨的触杀和驱避作用,结果表明,11种植物精油均对茶橙瘿螨表现出了不同程度的触杀活性和驱避作用。周强等(2019)比较了多种杀虫剂与植物精油对鸡皮刺螨的防制效果,结果证明,鸡皮刺螨对目前多种常用化学药物和抗生素类药物已产生耐药性,反而是部分植物源杀虫剂有较好的杀螨作用和应用前景。

现代农药科学正在朝着高效、低毒、低残留、生态安全的可持续方向发展,在众多的新型农药门类里,植物源物质因其对环境的友好、可持续,无疑极具竞争力。目前,虽然植物精油较易挥发,提取过于繁杂、制作成本高,对空气、日光及温度较敏感,易分解。但是考虑到其安全无毒以及较好的杀螨效果,植物精油仍在家栖螨类化学防制中具有不可忽视的地位。

五、硅藻土

Armitage等人研究发现,硅藻土也可以用以防制螨类,尤其是储粮中孳生的螨。硅藻土粉是一种直径小于10 μm的颗粒,这种颗粒极细的硅藻土粉具有强大的吸收酯类(蜡质)的能力。而一般储藏物中的螨类的体壁较薄,且在表皮中有1层极薄的蜡层和黏质层,主要用以保持螨类体内的水分。当螨在含有硅藻土中的储藏物中爬行时,硅藻土的颗粒与螨的体壁相互摩擦,这样就会使螨的体壁受到破坏,从而导致螨体缺水而死亡。目前,由于储藏物中所混合的硅藻土是否会带来健康问题等还需要研究,再加上费用过高等原因,在储藏物中使用硅藻土专项进行螨类的防制还未能全面开展。然而,在家居环境中,硅藻土已经被用于很多室内外涂料和装修材料,这也可以对螨类的防制起到一定的作用。

第四节　生 物 防 制

生物防制是利用某种生物(天敌)或其代谢物来控制或消灭另一种有害生物的防制方法。生物防制具有不污染环境、对人畜安全,能够避免或延缓害虫产生抗药性、对害虫种群还具有经常性和持久性的控制作用等优点。目前针对螨类的生物防制可以采用的是一些捕食性天敌、寄生性天敌、细菌、真菌、病毒和病原动物等来杀螨。

一、捕食性天敌

(一)以螨治螨

在害螨综合治理措施中,生物防治占有突出地位。它的最大优点就是对环境及人体安全无害,且持续时间长。而利用捕食螨防治害螨的"以螨治螨"是害螨生物防治的重要方面。捕食性螨类是一类以捕食为生的螨类,它们以害螨、蚜虫、粉虱、蚧、跳虫等微小动物及其卵为食,也可以捕食线虫。主要包括植绥螨科(Phytoseiidae)、厉螨科(Laelapidae)、绒螨科(Trombidiidae)、肉食螨科(Cheyletidae)、大赤螨科(Anystidae)、长须螨科(Stigmaeidae)和巨须螨科(Cunaxidae)等。有关于捕食螨类的关注最早开始于农业害螨的研究。从19世纪初开始,国外学者就注意到植绥螨是叶螨和瘿螨的重要捕食者;1990年Gerson et Smiley报道巨须螨爬行敏捷,能不加挑剔地捕食各种作物和其他生境中的小型节肢动物;单纯鞘硬瘤螨(*Coleoscirus simple*)可以捕食根结线虫(*Meloidgyne* sp.)等线虫及土壤中的小型节肢动物;普劳螨属的种类(*Pulaeus* sp.)也可以取食节肢动物和线虫。而后,有学者又发现捕食螨在储藏害螨的防制中也具有巨大的潜力。例如,马六甲肉食螨(*Cheyletus malaccensis*)是腐食酪螨(*Tyrophagus putrescentiae*)的天敌,1只马六甲肉食螨每天可捕食约10只腐食酪螨;普通肉食螨(*Cheyletus eruditus*)是粗脚粉螨(*Acarus siro*)的天敌,1只普通肉食螨每天可捕食粗脚粉螨12~15只。Ewing认为一种肉食螨(*Cheyletus* sp.)能在短期内大量繁殖,可杀死贮藏物中95％的粉螨;孙为伟等(2019)通过普通肉食螨对粗脚粉螨的捕食功能研究发现,普通肉食螨的原若螨、后若螨、雌成螨3种螨态对粗脚粉螨卵、幼螨、若螨和成螨的捕食功能反应均属于Holling Ⅱ型。普通肉食螨对粗脚粉螨的捕食能力大小均为:雌成螨＞后若螨＞原若螨,也具有很好的防制潜能。

目前在农业领域,捕食螨的应用进展迅速,已经发现了多种可供商用的捕食螨,例如:智利小植绥螨(*Phytoseiulus persimilis*)、巴氏新小绥螨(*Neoseiulus barkeri*)、胡瓜新小绥螨(*Neoseiulus cucumeris*)、加州新小绥螨(*Neoseiulus californicus*)、拟长毛钝绥螨(*Amblyseius pseudolongispinosus*)等。其中,智利小植绥螨是国际上防制叶螨的明星产品,也是我国目前生物防制中成功应用的捕食性天敌之一。智利小植绥螨通常能捕食叶螨各螨态5～30头/天,而捕食能力最强的雌成螨对叶螨卵的捕食量可高达60～70粒/天。

(二)其他天敌

除了捕食螨之外,还有一些捕食性的昆虫,也可以作为螨虫的天敌用于生物防制,如瓢虫、草蛉、小花蝽、塔六点蓟马等。捕食性的瓢虫是一种天敌昆虫,也可以用作螨类的防制。现在农业上常使用瓢虫来防制叶螨并取得了较好的效果,目前已经成功开发的瓢虫种类包括小食螨瓢虫、深点食螨瓢虫、小十三星瓢虫等。草蛉属于脉翅目、草蛉科,其低龄幼虫对农业害虫具有较大的捕食量,且草蛉的适应性强、繁殖能力强、易于人工饲养,长期以来作为一类重要的捕食性天敌昆虫被广泛应用于农业害虫的防制。其中对叶螨控制能力较强的有日本通草蛉、大草蛉和丽草蛉等。小花蝽属于半翅目、花蝽科,也是农业的重要天敌。小花蝽对叶螨也具有非常强捕食作用,有研究表明,南方小花蝽对二斑叶螨不同螨态的捕食功能反应均符合Holling Ⅱ型。目前小花蝽已经在国际上实现了商品化。塔六点蓟马是我国近年来施用较为成功的果园害虫天敌,目前塔六点蓟马的规模化饲养方法已获得国家发明专利授权,该方法操作简单,成本低廉,仅用十几片花生叶即可繁殖出供一亩果园释放的塔六点蓟马,基本可以实现果园螨类害虫防控的绿色化。

二、微生物防制

除了利用捕食性的天敌杀螨外,自然界中病原体的存在常可以控制或减少螨口密度,因而也可以用微生物中的细菌、真菌、病毒和原生动物等来杀螨。Oude mans通过研究发现白僵菌属的一种白僵菌(*Beau reinabassiana*)可使蚲线螨死亡;Barko曾报道一种真菌(*Conidiobolus brefeldianus*)寄生在腐食酪螨体上,可以使腐食酪螨引起真菌病而死亡;还有研究表明,有一种微粒子虫(*Nosema steinhausi*)属于原生动物,能使腐食酪螨患微粒子虫病,常导致腐食酪螨群体死亡。

目前,螨类微生物防制的研究工作进展还较为缓慢,虽已证实一些病原体可以在温暖湿润的气候条件下控制害螨,但多数还未能真正投入生产,在防制方法上还未能与其他的方法相结合。

虽然生物防制的作用缓慢,不如化学防制见效迅速,生物天敌的批量生产也不如化学农药容易,使用方法也不如化学农药简便,防制中受环境的因素影响也较大,有时防制的效果也不稳定。但近年来经验显示,由于滥用杀虫剂,环境污染越来越严重,同时也导致了螨类的抗药性逐渐增强。生物防制对环境污染小,对人体安全、能够避免或延缓害虫产生抗药性,对害虫种群具有经常性和持久性的控制等特点,越来越受到人们的青睐。随着以后对螨类防制效果的要求和环境安全的关注,螨类的生物防制必将具有更加广阔的前景。

第五节 遗 传 防 制

遗传防制是最新发展起来的害虫防制方法,其主要原理是通过各种方法处理以改变或移换螨类的遗传物质,降低其繁殖势能或生存竞争力,从而达到控制或消灭螨类的目的。遗传防制的主要方法有以下几种:

一、杂交绝育

通过强迫两种近缘种团和复合种杂交,使其染色体配对发生异常,导致子代中的雌螨正常而雄螨绝育。例如,在牛蜱防制中,有学者将环形牛蜱和微小牛蜱进行杂交,杂交后代中雄蜱不育,雌蜱可育;将产生的不育雄蜱与雌蜱进行交配后,雌蜱产生的卵基本不能孵育。

二、化学绝育

采用某些药剂处理,使螨丧失一定的生殖能力。例如保幼激素可明显减少腐食酪螨(*Tyrophagus putrscentiae*)的产卵量;从脱叶链霉菌变种中分离出的抗生素 MYC8005,能够显著抑制朱砂叶螨(*Tetranychus cinnabarinus*)幼螨的生长并降低雌成螨的产卵量;使用四螨嗪和噻螨酮处理朱砂叶螨(棉红蜘蛛),在处理后的两天内雌螨所产的卵不能正常孵化。

三、照射绝育

螨体经射线照射后会破坏染色体,虽不会影响螨体的存活,但会导致其绝育。研究发现,使用 50 Gy 的电离辐射照射害螨 24 小时,可降低螨类的产卵能力及卵的生活力,若用超过 250 Gy 的电离辐射照射螨类,则可使之绝育。

四、胞质不育

精子进入卵细胞的原生质内时受到不亲和细胞质的破坏,精子不能与卵核结合而成为不育卵。例如,桑全爪螨(*Panonychus mori*)感染了沃尔巴克菌(Wolbachia)后能够产生生殖不亲和性,降低卵的孵化率和雌性后代数。

五、染色体易位

通过两个非同源染色体的断裂,断片重新相互交换连接,使正常的基因排列发生改变。

目前的遗传防制主要集中在农业有害昆虫以及卫生害虫等方面,如蚊、蝇、棉铃虫等,螨类的遗传防制相对较为匮乏。相信随着科技的不断进步,以后螨类的遗传防制将会有所突破。

第六节　法　规　防　制

法规防制是由国家或地区政府设立专门的机构,利用法律、法规或条例,对各种有害螨类进行检验检疫、监督处理并制定各种预防措施,以限制和禁止害螨的人为传播和扩散蔓延的措施。

随着国际交往的增加,特别是贸易的发展,家栖螨类可以通过人员、交通运输工具和进出口货物及包装等传入或传出。因而制定相关的法律法规,加强对海港及口岸的检疫、卫生监督和强制防制等工作对限制螨类的传播是非常有必要的。依据法规对待检疫物品,必要时采取消毒、杀螨等具体措施,使除螨灭病工作走向法制化。

我国虽已制定了一系列关于害虫的检疫标准,但对螨类检疫的标准还不够完善。有关螨类检疫条款、螨类抽检制度、螨类检疫技术标准与规范、螨类检疫专家库等还没有形成,相比国外不少国家均建立了相应的植物螨类检疫制度,我国在这方面还比较落后。由于螨类的危害在国际上受到越来越多的重视,对于螨类的检疫壁垒越来越高,我国也应该加强螨类的法规防制,建立相关螨类检疫条款及制度,制定螨类检疫技术标准与规范,设立螨类检疫专家库,在全国系统内共享资源,对创新我国检疫机制是个有益的尝试,同时也可以提高我国产品的国际竞争力。

第七节　其　　他

一、防螨产品的使用

近年来,鉴于对家居环境安全的重视以及科技的迅速发展,越来越多的防螨抗菌纤维制成的纺织品被开发和使用。这部分产品不仅可以驱螨、抑螨、有效遏制与家栖螨类相关疾病的发生,还在一定程度上起到抗菌的作用,从而可以明显地改善人们的生活环境。这类防螨类的纺织品的原理包括以下几种:

(1)用高密高支的纺织品来阻止螨虫的通过。根据美国Vigrinia大学的研究表明,纺织品的孔径在53 μm就可防止螨虫通过,在10 μm以下就可以阻止螨虫的排泄物通过。

(2)在成纤聚合物中添加防螨整理剂,再纺丝成防螨纤维。

(3)对纤维进行化学改性,使其具有防螨效果。

(4)通过喷淋、浸轧、涂层等方法将防螨整理剂加入纺织品。

目前国内各大检测机构对于防螨产品的检测依据为我国在2009年所出台的《纺织品防螨性能评价》(GB/T 24253—2009),这也是我国第一部防螨纺织品国家标准。这一标准主要以趋避率和抑制率作为纺织品防螨评价标准,通过食物引诱,对比防螨织物与纯棉贴衬对照样上存活的螨虫数,计算得出趋避率与抑制率。

随着科技的发展,目前家庭中防螨产品已不局限于纺织品,各种电子类的产品也陆续出现,如除螨吸尘器、防螨空调等。这些产品也可以对家栖螨类的防制起到一定的作用。

二、气调方法

气调方法是指利用自然或人工的方式来改变环境中的气体成分的含量,创造不利于螨类的生长环境,从而达到控制害螨的目的。由于家栖环境与人的健康息息相关,因而气调方法不适于在家居环境中大面积采用,但对于局部环境较为适宜。李隆术等(1992)曾采用三元一次正交组合设计的方法研究了温度、CO_2浓度和O_2浓度3个因子不同水平的组合对腐食酪螨的极性致死作用,结果表明,导致该螨死亡的最重要的因子是CO_2浓度。该研究表示,在密闭的条件下,人为造成一个高CO_2低O_2的不利于螨类生存的气体环境,即可以达到控制螨虫孳生的效果,且该措施的控制效果理想,不需要用任何化学药剂。目前,气调中所采用的方法包括自然缺氧法、微生物辅助缺氧法、抽氧补充CO_2法等。

三、微波、高频加热、电离辐射防制

主要是应用波长介于普通无线电波和可见光之间的电磁波,对物质进行微波加热处理,从而达到杀螨的目的。高频加热与微波防制螨的原理相同,均是利用电磁电场电介质加热,螨由于发生热效应而使体内结构受到破坏,从而导致死亡。电离辐射是用放射性同位素 ^{60}Co γ线照射,使孳生于其中的螨死亡或不育,从而达到防制螨虫的目的。如腐食酪螨(*Tyrophagus putrescentae*)雌成螨在高剂量γ线的辐射下死亡率很高。这些方法污染少,在防制粮油、饲料中的螨类中应用广泛。

四、综合防制

随着现代生活水平的逐步提高,人们对家居环境的重视度也越来越高。家栖螨类对环境的适应性强,繁殖速度快,个体小,不易被发现。如果发生量不是特别大,可以首先选择环境防制和物理防制。如果发生量较大,对人类的生活造成了一定的影响,则应该考虑化学防制。但家栖螨类的防制不应该也不可能消除所有螨的个体,而应该遵循害虫综合治理(integrated pest management, IPM)的原则,对其进行种群数量的控制。对于绝大多数螨类而言,仅凭单一的措施往往很难奏效,应该采取全部种群管理的策略,综合利用化学防制、群体防制、统防统制,将家栖螨类的种群数量控制在不足以危害的水平。

(张　旭)

参 考 文 献

王飞生,刘敏超,2001.综合防治粉螨技术研究[J].西部粮油科技,26(6):48-49.
王彦芳,张发,刘硕然,等,2018.探究化学试剂与天然植物在螨污染培养基熏蒸除螨法中的应用[J].楚雄师范学院学报,33(3):66-69,78.

王海防,代玉华,公茂庆,2013.蚊虫遗传防制的应用进展[J].中国血吸虫病防治杂志,25(3):316-319.

王新祥,2004.熏蒸剂及其配合CO_2对朱砂叶螨的熏蒸作用和对鲜切花的影响[D].重庆:西南农业大学.

王慧勇,焦守峰,李蓓莉,2019.椭圆食粉螨种群与生态因子关联分析[J].齐齐哈尔医学院学报,40(2):216-218.

方凤,2004.过敏原与过敏性疾病[J].人民军医,47(12):730-2.

刘晓艳,闵勇,饶犇,等,2019.杀螨剂研究进展[J].生物资源,41(4):305-313.

刘璐,曹阳,贺培欢,等,2018.不同湿度条件下马六甲肉食螨的生长发育初探[J].河南工业大学学报(自然科学版),39(5):102-107.

许佳,王赛寒,袁良慧,等,2020.安徽某口岸货场储粮区粉螨孳生种类调查[J].中国国境卫生检疫杂志,43(1):24-25,31.

孙贝贝,郑书恒,梁铁双,等,2020.几种常见捕食螨的研究与应用[J].农业工程技术(温室园艺),1:20-23.

孙为伟,贺培欢,曹阳,等,2019.普通肉食螨对粗脚粉螨的捕食功能研究[J].粮油食品科技,27(4):73-77.

苏拉依曼·沙特尔,2020.温室草莓叶螨生物学特性和防治方法分析[J].现代园艺,43(19):108-110.

杜升,付雪,叶乐夫,等,2018.设施农业螨害发生成因及防控策略研究进展[J].中国农学通报,34(34):113-117.

李红莉,崔宏春,黄海涛,等,2019.11种植物精油对茶橙瘿螨的触杀和驱避作用研究[J].植物保护,45(5):247-251.

李隆术,张肖薇,郭依泉,1992.不同温度下低氧高二氧化碳对腐食酪螨的急性致死作用[J].粮食储藏,5:3-7.

李隆术,1989.蜱螨学[M].重庆:重庆出版社.

李朝品,江佳佳,王慧勇,等,2006.淮南储藏物粉螨防制研究[J].安徽大学学报:自然科学版,30(1):85-88.

李朝品,沈兆鹏,2018.房舍和储藏物粉螨[M].北京:科学出版社.

李朝品,武前文,1996.房舍和储藏物粉螨[M].合肥:中国科学技术大学出版社.

李朝品,2009.医学节肢动物学[M].北京:人民卫生出版社.

李聪,胡玥,吕志跃,2017.虫媒病的生物防制[J].热带医学杂志,17(11):1556-1560.

杨文喆,蒋峰,李朝品,2019.砀山家常储粮孳生粉螨的种类调查[J].中国病原生物学杂志,14(7):819-821.

杨庆贵,陶莉,朱国强,等,2015.出入境货物滋生螨类硫酰氟熏蒸抗性初步调查[J].中国国境卫生检疫杂志,38(3):205-207.

吾玛尔·阿布力孜,排孜丽耶·合力力,木开热木·阿吉木,等,2019.新疆艾比湖流域平原区土壤螨类群落特征[J].干旱区资源与环境,33(7):134-140.

吴光华,李法卿,赵学忠,等,1987.革螨与流行性出血热的关系及其防制方法的研究[J].人民军医,7:18-20.

沈兆媛,李莉莉,张秀芬,等,2020.一起革螨叮咬引起结疖性皮炎疫情的调查及处置[J].中华卫生杀虫药械,26(1):68-71.

沈兆鹏,2006.中国重要储粮螨类的识别与防治(四)储粮螨类的防治[J].黑龙江粮食,5:35-39.

沈兆鹏,2005.谷物保护剂:现状和前景[J].黑龙江粮食,1:20-22.

启萌,2018.防螨纺织品的原理、功能和实现方法[J].纺织装饰科技,4:4-5.

张一宾,2017.全球杀螨剂市场的发展[J].世界农药,39(1):18-21.

张伟,孙宗科,鲁波,等,2010.广东省韶关市公共场所螨类滋生状况调查[J].中国公共卫生,26(5):604-605.

张季,2017.一例商品蛋鸡皮刺螨病的诊治[J].畜牧兽医科技信息,3:54.

张思学,2019.新型杀虫剂和驱避剂在兽医临床上的应用[J].现代畜牧科技,2:13,147.

张洁,郭文杰,蔡宣梅,等,2014.热处理对百合种球根螨防治效果的研究[J].热带作物学报,35(5):980-984.

张晓,王东,王永明,等,2016.家鼠防制中的环境治理措施[J].中国媒介生物学及控制杂志,27(4):413-415.

张铃娟,李胜臻,崔玉宝,2019.浅谈防螨纺织品的发展现状[J].中国纤检,10:124-126.

陆联高,1994.中国仓储螨类[M].成都:四川科学技术出版社.

陈卫东,陈艳丽,2019.国内天然植物精油的应用研究概况[J].现代盐化工,5:39-41.

林坚贞,孙恩涛,张艳璇,等,2017.羽美绥螨雌螨重新描述(蜱螨亚纲·中气门目·美绥螨科)[J].武夷科学,33:25-27.

林莉,2008.进出口花卉、蔬菜类繁殖材料根螨种类检疫调查的现状与对策[J].广东农业科学,12:98-100.

林锦彬,2013.控制仓湿防治螨类研究[J].中国农业信息,7S:117-118.

罗芳,张继军,刘增加,2011.西北地区双革螨科、犹伊螨科小记[J].医学动物防制,27(5):424-425.

周光智,王治,黄尉初,等,2013.驻山东省部队营区革螨种类调查及防治效果评价[J].中国媒介生物学及控制杂志,24(6):535-537.

周红,丁伟,2020.螨类化学控制存在的问题及其对策[J].植物医生,33(1):27-32.

周强,王占新,鲁俊鹏,等,2019.多种杀虫剂与植物精油对鸡皮刺螨的体外杀灭试验[J].中国家禽,41(13):52-55.

孟宪新,李洪芬,张振海,2005.德州市革螨种群分布及季节消长调查[J].中国媒介生物学及控制杂志,5:62-63.

赵英杰,李守根,刘朝伟,等,2010.储粮保护剂的应用技术[J].粮食科技与经济,35(4):15-26.

郝慧华,李国寅,崔志富,等,2020.海南橡胶园捕食螨种类调查及优势种评价[J].热带作物学报,41(1):141-147.

郝蕙玲,代浩,2019.植物精油在卫生杀虫中的应用与挑战[J].中华卫生杀虫药械,25(3):284-288.

胡嗣基,1997.中国的巨须螨[J].宁波师院学报(自然科学版),15(1):56-59.

钟留情,侯伟峰,郭超,等,2016.丁香酚对兔痒螨的体外杀螨活性研究[J].黑龙江畜牧兽医,4:189-191.

侯华民,张兴,2001.植物精油杀虫活性的研究进展[J].世界农业,4:40-42.

骆昕,曲绍轩,马林,等,2018.六种杀螨剂对罗宾根螨和腐食酪螨的室内毒力测定[J].食用菌学报,25(2):132-136.

袁仲飞,2014.家中床铺、地毯等处杀螨虫:几种方案比较[J].电子报,11:1-3.

徐雪娇,何玮毅,杨婕,等,2019.害虫遗传防控技术的研究与应用[J].中国科学:生命科学,49(8):938-950.

凌峰,屈志强,覃玉斌,等,2020.我国病媒生物防制研究进展[J].医学动物防制,36(4):346-351.

高德良,宋化稳,庄治国,等,2020.十种杀螨剂对朱砂叶螨不同发育阶段的毒力比较[J].应用昆虫学报,57(2):434-441.

郭志南,林赞铭,汪家旭,等,2017.厦门市恙螨宿主及恙螨种类调查[J].中华卫生杀虫药械,23(2):131-133.

郭娇娇,孟祥松,李朝品,2017.芜湖市面粉厂粉螨种类调查[J].中国病原生物学杂志,12(10):986-989.

陶宁,郭伟,王少圣,等,2016.地鳖虫养殖环境中肉食螨种类调查及网真扇毛螨形态观察[J].中国血吸虫病防治杂志,28(4):429-431.

梁裕芬,2019.尘螨的危害及防制措施概述[J].生物学教学,44(6):4-6.

梁裕芬,2015.恙螨及其对人类的危害概述[J].生物学教学,40(4):6-7.

程作慧,马新耀,刘耀华,等,2016.薰衣草油与肉桂油对朱砂叶螨的生物活性和行为分析[J].植物保护学报,43(3):493-500.

湛孝东,2019.腐食酪螨种群遗传分化的时空格局[D].芜湖:安徽师范大学,1-82.

赖艳,刘星月,2020.中国草蛉科天敌昆虫及其生防应用研究进展[J].植物保护学报,47(6):1169-1187.

赫英姿,宋策,刘孝良,等,2013.蜱螨驱避药剂RB对柞蚕生产安全的试验研究[J].北方蚕业,34(1):19-21.

蔡仁莲,金道超,郭建军,等,2016.南方小花蝽成虫对二斑叶螨的捕食作用研究[J].西南大学学报(自然科学版),38(7):40-45.

裴莉,2018.大连地区农户储粮孳生粉螨群落组成及多样性研究[J].热带病与寄生虫学,16(3):153-155.

谭海军,2019.新型喹啉类杀虫杀螨剂Flometoquin及其开发[J].现代农药,18(2):45-49.

蒯福记,1996.储藏物螨类熏蒸防治方法研究状况及进展[J].粮食储藏,25(3):3-10.

霍梅俊,武路广,罗广营,等,2012.犬疥螨病的防制与体会[J].中国工作犬业,9:17-18.

Abbar S, Schilling M W, Phillips T W, 2016. Time-mortality relationships to control Tyrophagus putrescenti-ae (Sarcoptiformes:Acaridae) exposed to high and low temperatures[J]. Journal of economic entomolo-gy, 109(5):2215-2220.

Arlian L G, Platts-Mills T A E, 2001. The biology of dust mites and the remediation of mite allergens in aller-gic disease[J]. Journal of Allergy and Clinical Immunology, 107(3):S406-S413.

Gerson U, Weintraub P G, 2007. Mites for the control of pests in protected cultivation[J]. Pest Management Science:formerly Pesticide Science, 63(7):658-676.

McMurtry J A, De Moraes G J, Sourassou N F, 2013. Revision of the lifestyles of phytoseiid mites (Acari:Phytoseiidae) and implications for biological control strategies[J]. Systematic and Applied Acarology, 18(4):297-320.

Nadchatram M, 2005. House dust mites, our intimate associates[J]. Trop Biomed, 22(1):23-37.

Van Leeuwen T, Tirry L, Yamamoto A, et al., 2015. The economic importance of acaricides in the control of phytophagous mites and an update on recent acaricide mode of action research[J]. Pesticide biochemistry and physiology, 121:12-21.

彩　图

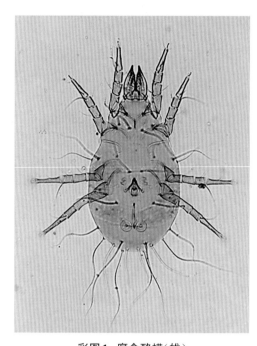

彩图1　腐食酪螨（雄）

Fig.1　*Tyrophagus putrescentiae*（♂）

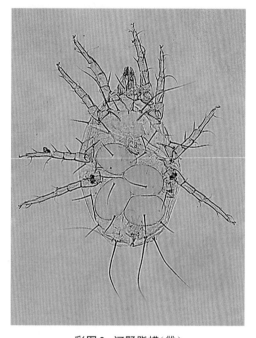

彩图2　河野脂螨（雌）

Fig.2　*Lardoglyphus konoi*（♀）

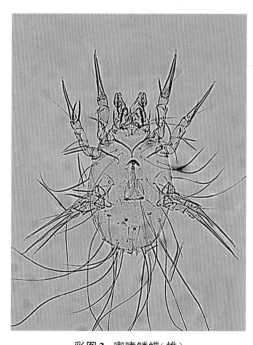

彩图3　害嗜鳞螨（雄）

Fig.3　*Lepidoglyphus destructor*（♂）

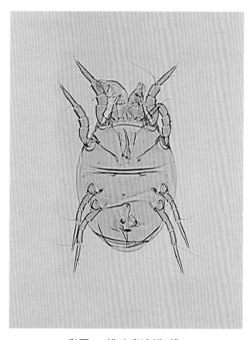

彩图4　拱殖嗜渣螨（雄）

Fig.4　*Chortoglyphus arcuatus*（♂）

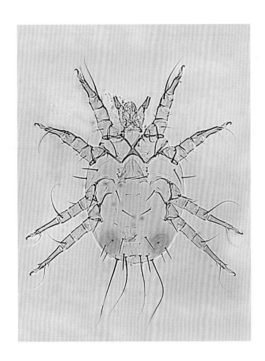

彩图 5　甜果螨（雌）

Fig.5　*Carpoglyphus lactis*（♀）

彩图 6　速生薄口螨（雌）

Fig.6　*Histiostoma feroniarum*（♀）

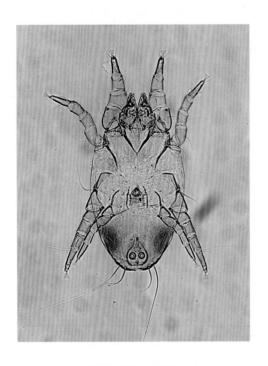

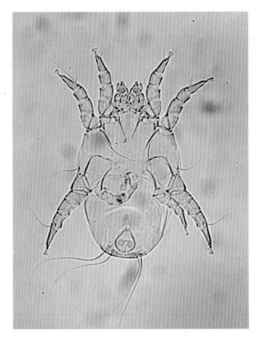

彩图 7　粉尘螨（雄）

Fig.7　*Dermatophagoides farinae*（♂）

彩图 8　屋尘螨（雄）

Fig.8　*Dermatophagoides pteronyssinus*（♂）

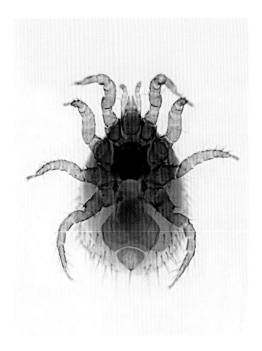

彩图9　毒厉螨（雌）

Fig.9 *Laelaps echidninus*（♀）

彩图10　毒厉螨（雌）

Fig.10 *Laelaps echidninus*（♀）

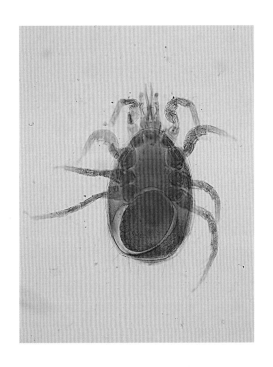

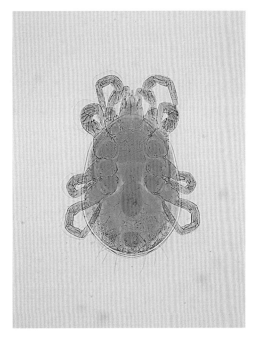

彩图11　格氏血厉螨（雌）

Fig.11 *Haemolaelaps glasgowi*（♀）

彩图12　格氏血厉螨（雌）

Fig.12 *Haemolaelaps glasgowi*（♀）

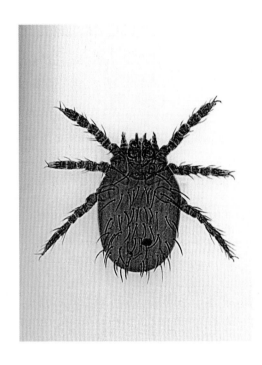

彩图13　小板纤恙螨（幼虫）

Fig.13　Larva of *Leptotrombidium scutellare*

彩图14　地里纤恙螨（幼虫）

Fig.14　Larva of *Leptotrombidium deliense*

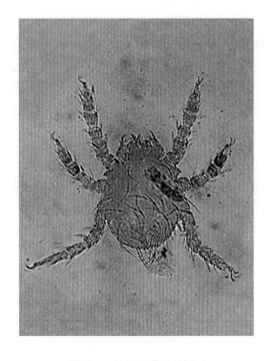

彩图15　居中纤恙螨（幼虫）

Fig.15　Larva of *Leptotrombidium intermedium*

彩图16　地里纤恙螨（幼虫）

Fig.16　Larva of *Leptotrombidium deliense*

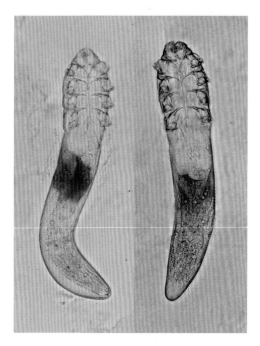

彩图17 毛囊蠕形螨（A）和皮脂蠕形螨（B）

Fig.17 *Demodex folliculorum*（A）and
***Demodex brevis*（B）**

彩图18 毛囊蠕形螨

Fig.18 *Demodex folliculorum*

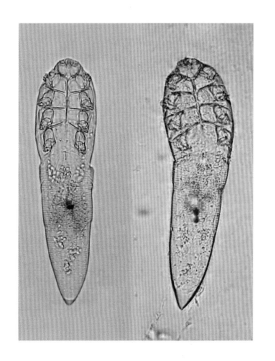

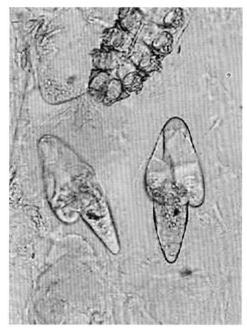

彩图19 皮脂蠕形螨

Fig.19 *Demodex brevis*

彩图20 毛囊蠕形螨卵

Fig.20 Egg of *Demodex folliculorum*

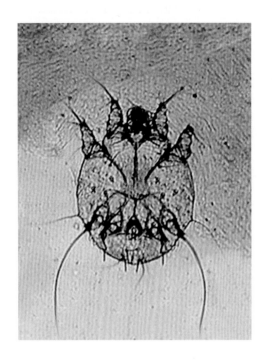

彩图21　人疥螨（雄）

Fig.21　*Sarcoptes scabiei*（♂）

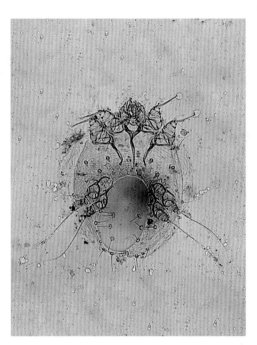

彩图22　人疥螨（雌）

Fig.22　*Sarcoptes scabiei*（♀）

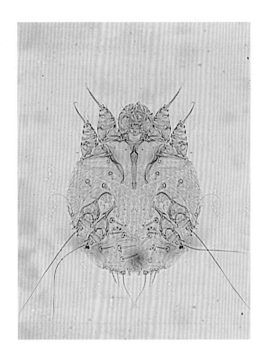

彩图23　人疥螨（雌）

Fig.23　*Sarcoptes scabiei*（♀）

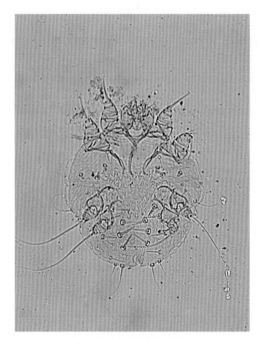

彩图24　人疥螨（雌）

Fig.24　*Sarcoptes scabiei*（♀）

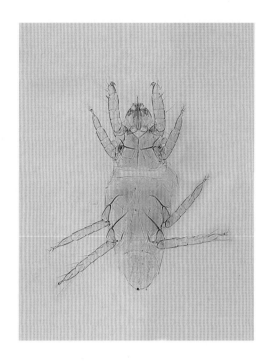

彩图 25　赫氏蒲螨（雌未孕）

Fig.25　*Pyemotes herfsi*（♀ not pregnant）

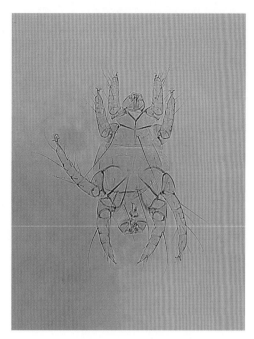

彩图 26　赫氏蒲螨（雄）

Fig.26　*Pyemotes herfsi*（♂）

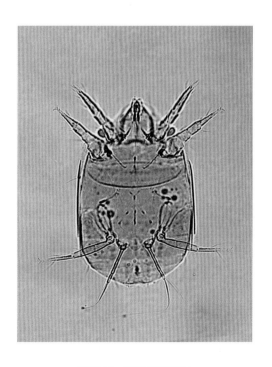

彩图 27　谷跗线螨（雌）

Fig.27　*Tarsonemus granarius*（♀）

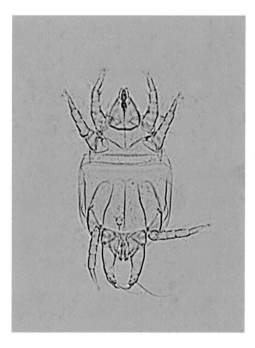

彩图 28　谷跗线螨（雄）

Fig.28　*Tarsonemus granarius*（♂）

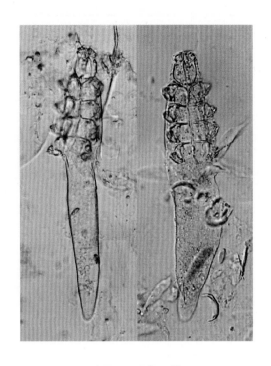

彩图 29　犬蠕形螨
Fig.29　*Demodex canis*

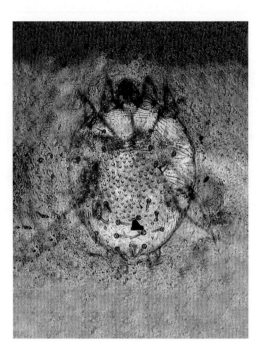

彩图 30　犬疥螨（雌）
Fig.30　*Sarcoptes canis*（♀）

彩图 31　家鸡麦氏羽螨（雌）
Fig.31　*Megninia cubitalis*（♀）

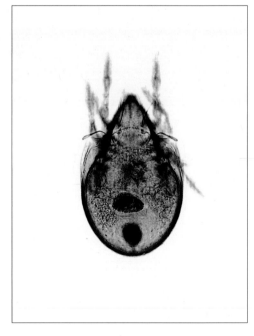

彩图 32　滑菌甲螨（雌）
Fig.32　*Scheloribates laevigatus*（♀）